Hans-Jürgen Meyer
Riedel **Allgemeine und Anorganische Chemie**
De Gruyter Studium

Weitere empfehlenswerte Titel.

RIEDEL Moderne Anorganische Chemie
Janiak, Meyer, Gudat, Schulzke, 2023
ISBN 978-3-11-079007-8, e-ISBN (PDF) 978-3-11-079022-1,
e-ISBN (EPUB) 978-3-11-079038-2

Anorganische Chemie
Riedel, Janiak, 2022
ISBN 978-3-11-069604-2, e-ISBN (PDF) 978-3-11-069444-4,
e-ISBN (EPUB) 978-3-11-069458-1

Übungsbuch
Allgemeine und Anorganische Chemie
Riedel, Janiak, 2022
ISBN 978-3-11-070105-0, e-ISBN (PDF) 978-3-11-070106-7,
e-ISBN (EPUB) 978-3-11-070115-9

Grundlagen der Organischen Chemie
Schmidt, Hermanns, Buddrus, 2022
ISBN 978-3-11-070087-9, e-ISBN (PDF) 978-3-11-070088-6,
e-ISBN (EPUB) 978-3-11-070092-3

Physikalische Chemie Kapieren
Thermodynamik, Kinetik, Elektrochemie
Seiffert, Schärtl, 2021
ISBN 978-3-11-069826-8, e-ISBN (PDF) 978-3-11-071322-0,
e-ISBN (EPUB) 978-3-11-071338-1

Hans-Jürgen Meyer

Riedel

Allgemeine und Anorganische Chemie

13. Auflage

DE GRUYTER

Autor
Prof. Dr. Hans-Jürgen Meyer
Eberhard Karls Universität Tübingen
Abt. für Festkörperchemie und Theoretische Anorganische Chemie
Institut für Anorganische Chemie
Auf der Morgenstelle 18
72076 Tübingen
juergen.meyer@uni-tuebingen.de

Einbandabbildung: Das Titelbild zeigt die Gegenwart von Wasserstoff in unserer Welt. Wasserstoff ist neben Helium das häufigste chemische Element im Universum, jedoch nicht auf der Erde. Da leichte Gase wie H_2 oder He aus der Erdatmosphäre in den Weltraum entweichen, ist Wasserstoff auf der Erde überwiegend im Wasser gebunden. Unter den Bedingungen des Weltalls kommt das gasförmige Element Wasserstoff sowohl atomar als H als auch molekular als H_2 vor; anders als auf der Erde, wo Wasserstoff unter Normalbedingungen als H_2 vorkommt.

ISBN 978-3-11-133588-9
e-ISBN (PDF) 978-3-11-133624-4
e-ISBN (EPUB) 978-3-11-133668-8

Library of Congress Cataloging-in-Publication Data: 2024937905

Bibliografische Information der Deutschen Nationalbibliothek
Die Deutsche Nationalbibliothek verzeichnet diese Publikation in der Deutschen Nationalbibliografie; detaillierte bibliografische Daten sind im Internet über http://dnb.dnb.de abrufbar.

© 2024 Walter de Gruyter GmbH, Berlin/Boston
Coverabbildung: RomoloTavani / iStock / Getty Images Plus
Coverentwurf: Hans-Jürgen Meyer
Satz: Meta Systems Publishing & Printservices GmbH, Wustermark

www.degruyter.com

Vorwort zur 13. Auflage

Das Lehrbuch „Allgemeine und Anorganische Chemie" präsentiert sich seit vielen Jahren als ein Standardwerk der Chemie. Es richtet sich an Studierende, die sich mit den Grundlagen der Chemie vertraut machen und sich Basiswissen für ihr Studium aneignen möchten. Das Lehrbuch wurde ursprünglich von Erwin Riedel konzipiert und erschien erstmals im Jahr 1979. Seit der 11. Auflage wird das Buch von Hans-Jürgen Meyer als Mitautor, und seit der 13. Auflage als Autor bearbeitet. Die regelmäßige Aktualisierung des Lehrbuchs soll sicherstellen, dass grundlegende Konzepte und Wissensgebiete der Chemie nach dem aktuellen Stand der Wissenschaft und gemäß den neuesten Erkenntnissen und Entwicklungen abgebildet werden.

Die Titelbilder der letzten Auflagen zeigten die Motive der Strukturen von Graphen (11. Auflage) und von Nanoteilchen (12. Auflage). Beide Themengebiete standen für jeweils bahnbrechende Entwicklungen in der Chemie. In der aktuellen 13. Auflage steht das Element Wasserstoff im Zentrum des Buchcovers, dem vermeintlich wichtigsten und umweltfreundlichen Energieträger der Zukunft, der sowohl auf der Erde als auch im Weltraum vorkommt.

Auf der Erde kommt das Element Wasserstoff überwiegend in gebundener Form im Wassermolekül vor. Zugleich ist Wasserstoff Bestandteil von fossilen Rohstoffen wie Erdgas, Erdöl sowie Mineralien. Im Erdinneren ist H_2 als sogenannter *weißer* Wasserstoff in bisher unerforschten Mengen in natürlichen Lagerstätten vorhanden. Die Erdatmosphäre enthält kaum Wasserstoff, da die leichten Gase H_2 und He in den Weltraum entweichen. Im Universum ist Wasserstoff jedoch mit einem Massenanteil von etwa 70 % das häufigste chemische Element. Unter den Bedingungen des Weltalls existiert das gasförmige Element Wasserstoff sowohl atomar (H) als auch molekular (H_2), anders als auf der Erde, wo das Element Wasserstoff in seiner stabilen Form ausschließlich als H_2 vorkommt.

Da Wasserstoff ein universeller und umweltfreundlicher Energieträger ist, steht die Herstellung von *grünem* Wasserstoff aus erneuerbaren Energien im Zentrum gegenwärtiger Forschung.

Das Wasserstoffatom ist das am einfachsten aufgebaute Atom im Periodensystem der Elemente. Deshalb lassen sich am Beispiel des Wasserstoffatoms wichtigste Grundlagen zum Verständnis der Chemie in einfacher Weise beschreiben; angefangen vom Bohr'schen Atommodell, über die Quantenzahlen bis zur Schrödinger-Gleichung, deren Lösung den Aufenthaltsort und die Energie eines Elektrons beschreibt. Diese grundlegenden Teile des Lehrbuchs wurden in der aktuellen Auflage sorgfältig, aber ohne gravierende Änderungen überarbeitet.

In den weiteren Teilen wurde die vorliegende 13. Auflage des Lehrbuchs aktualisiert und ergänzt. Dazu zählen die Themen Kernkraftwerke und Kernfusion, Röntgenstrahlen und Röntgenspektren, Lewis-Säuren und -Basen, intermetallische Verbindungen (Phase, Mischkristall, Legierung) und Zintl-Phasen, die Unterscheidung der Begriffe Halbmetall und Semimetall, Supraleiter, die Definition von Kathode und Anode, die

https://doi.org/10.1515/9783111336244-202

Wasserelektrolyse, die Wasserstoff-Sauerstoff-Brennstoffzelle, elektrochemische Stromquellen (Batterien und Akkumulatoren), Li-Ionen-Batterien, der Nickel-Metallhydrid-Akkumulator, der Lithium-Eisenphosphat-Akkumulator, die Metall-Luft-Batterie, das Recycling von Aluminium, die Roheisengewinnung durch Reduktion mit Wasserstoff und der neu konzipierte Abschnitt über Gasentladungslampen, LEDs und pc-LEDs. Auch einige Abbildungen wurden präzisiert, korrigiert oder ergänzt (z. B. Röntgenspektrum, Mischkristall, NaTl-Struktur, Li-Akkumulator).

Der Abschnitt über Umweltprobleme richtet sich an Studierende und Interessierte, die sich mit den Auswirkungen chemischer Prozesse auf die Umwelt und den Klimawandel vertraut machen möchten. Dieser Abschnitt wurde aktualisiert und durch die Themen Feinstaub, Aerosole, Mikroplastik und Landwirtschaft ergänzt.

Für Korrekturhinweise danke ich meinem Kollegen, Herrn Prof. Dr. Christoph Janiak. Anregungen von aufmerksamen Lesern auf sinnvolle Ergänzungen und Korrekturen, die zur Verbesserung des Buches beitragen können, werden dankend angenommen.

Tübingen, im April 2024   H.-Jürgen Meyer

Inhalt

1 Atombau

1.1 Der atomare Aufbau der Materie

1.1.1 Der Elementbegriff

Die Frage nach dem Wesen und dem Aufbau der Materie beschäftigte bereits die griechischen Philosophen im 6. Jh. v. Chr. (Thales, Anaximander, Anaximenes, Heraklit). Sie vermuteten, dass die Materie aus unveränderlichen, einfachsten Grundstoffen, Elementen, bestehe. Empedokles (490–430 v. Chr.) nahm an, dass die materielle Welt aus den vier Elementen Erde, Wasser, Luft und Feuer zusammengesetzt sei. Für die Alchimisten des Mittelalters galten außerdem Schwefel, Quecksilber und Salz als Elemente. Allmählich führten die experimentellen Erfahrungen zu dem von Jungius (1642) und Boyle (1661) definierten naturwissenschaftlichen Elementbegriff.

Elemente sind Substanzen, die sich nicht in andere Stoffe zerlegen lassen (Abb. 1.1).

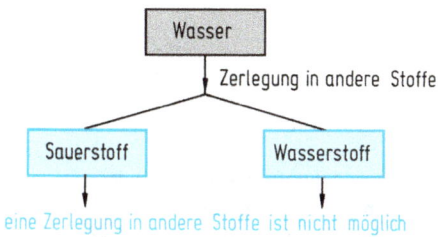

Abb. 1.1: Wasser kann in Wasserstoff und Sauerstoff zerlegt werden. Diese beiden Stoffe besitzen völlig andere Eigenschaften als Wasser. Wasserstoff und Sauerstoff lassen sich nicht weiter in andere Stoffe zerlegen. Sie sind daher Grundstoffe, Elemente.

Die 1789 von Lavoisier veröffentlichte Elementtabelle enthielt 21 Elemente. Als Mendelejew 1869 das Periodensystem der Elemente aufstellte, waren ihm 63 Elemente bekannt. Heute kennen wir 118 Elemente (siehe Abb. 1.39), 88 davon kommen in fassbarer Menge in der Natur vor.

Die Idee der Philosophen bestätigte sich also: die vielen mannigfaltigen Stoffe sind aus relativ wenigen Grundstoffen aufgebaut.

Für die Elemente wurden von Berzelius (1813) Elementsymbole eingeführt.

Beispiele:

Element	Elementsymbol
Sauerstoff (Oxygenium)	O
Wasserstoff (Hydrogenium)	H
Schwefel (Sulfur)	S
Eisen (Ferrum)	Fe
Kohlenstoff (Carboneum)	C

Die Elemente und Elementsymbole sind in der Tab. 1 des Anhangs 2 enthalten.

https://doi.org/10.1515/9783111336244-001

1.1.2 Daltons Atomtheorie

Schon der griechische Philosoph Demokrit (460–371 v. Chr.) nahm an, dass die Materie aus Atomen, kleinen nicht weiter teilbaren Teilchen, aufgebaut sei. Demokrits Lehre übte einen großen Einfluss aus. So war z. B. auch der große Physiker Newton davon überzeugt, dass Atome die Grundbausteine aller Stoffe seien. Aber erst 1808 stellte Dalton eine Atomtheorie aufgrund exakter naturwissenschaftlicher Überlegungen auf. Daltons Atomtheorie verbindet den Element- und den Atombegriff wie folgt:

Chemische Elemente bestehen aus kleinsten, nicht weiter zerlegbaren Teilchen, den Atomen. Alle Atome eines Elements sind einander gleich, besitzen also gleiche Masse und gleiche Gestalt. Atome verschiedener Elemente haben unterschiedliche Eigenschaften. Jedes Element besteht also aus nur einer für das Element typischen Atomsorte (Abb. 1.2).

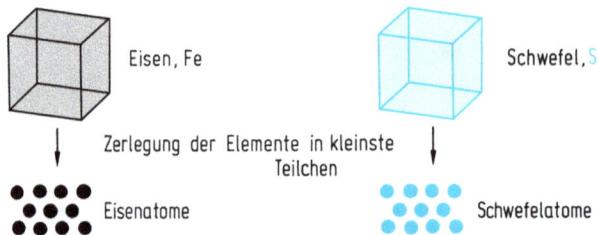

Eisen, Fe   Schwefel, S

Zerlegung der Elemente in kleinste Teilchen

Eisenatome   Schwefelatome

Abb. 1.2: Eisen besteht aus untereinander gleichen Eisenatomen, Schwefel aus untereinander gleichen Schwefelatomen. Eisenatome und Schwefelatome haben verschiedene Eigenschaften, die in der Abbildung durch verschiedene Farben angedeutet sind. 1 cm^3 Materie enthält etwa 10^{23} Atome.

Chemische Verbindungen entstehen durch chemische Reaktion von Atomen verschiedener Elemente. Die Atome verbinden sich in einfachen Zahlenverhältnissen.

Chemische Reaktionen werden durch chemische Gleichungen beschrieben. Man benutzt dabei die Elementsymbole als Symbole für ein einzelnes Atom eines Elements. In Kap. 3 werden wir sehen, dass eine chemische Gleichung auch beschreibt, welche Stoffe in welchen Stoffmengenverhältnissen miteinander reagieren.

Beispiele:
Ein Kohlenstoffatom verbindet sich mit einem Sauerstoffatom zur Verbindung Kohlenstoffmonooxid:

$$C + O = CO$$

Ein Kohlenstoffatom verbindet sich mit zwei Sauerstoffatomen zur Verbindung Kohlenstoffdioxid:

$$C + 2O = CO_2$$

Bei jeder chemischen Reaktion erfolgt nur eine Umgruppierung der Atome, die Gesamtzahl der Atome jeder Atomsorte bleibt konstant. In einer chemischen Gleichung muss daher die Zahl der Atome jeder Sorte auf beiden Seiten der Gleichung gleich groß sein. CO und CO_2 sind die Summenformeln der chemischen Verbindungen Kohlenstoffmonooxid und Kohlenstoffdioxid. Aus den Summenformeln ist das Atomverhältnis C : O der Verbindungen ersichtlich, sie liefern aber keine Information über die Struktur der Verbindungen. Strukturformeln werden in Kap. 2 behandelt.

Die Atomtheorie erklärte einige grundlegende Gesetze chemischer Reaktionen, die bis dahin unverständlich waren.

Gesetz der Erhaltung der Masse (Lavoisier 1785). Bei allen chemischen Vorgängen bleibt die Gesamtmasse der an der Reaktion beteiligten Stoffe konstant. Nach der Atomtheorie erfolgt bei chemischen Reaktionen nur eine Umgruppierung von Atomen, bei der keine Masse verloren gehen kann.

Stöchiometrische Gesetze

Gesetz der konstanten Proportionen (Proust 1799). Eine chemische Verbindung bildet sich immer aus konstanten Massenverhältnissen der Elemente.

> Beispiel:
> 1 g Kohlenstoff verbindet sich immer mit 1,333 g Sauerstoff zu Kohlenstoffmonooxid, aber nicht mit davon abweichenden Mengen, z. B. 1,5 g oder 2,3 g Sauerstoff.

Diese Feststellung basiert darauf, dass die Massenverhältnisse, in denen sich chemische Reaktionen vollziehen, auf das Verhältnis der Atommassen der Reaktionspartner (hier: C und O, also 12/12 : 16/12 = 1 : 1,333) zurückzuführen ist und bildet die Grundlage des stöchiometrischen Rechnens.

Gesetz der multiplen Proportionen (Dalton 1803). Bilden zwei Elemente mehrere Verbindungen miteinander, dann stehen die Massen desselben Elements zueinander im Verhältnis kleiner ganzer Zahlen.

> Beispiel:
> 1 g Kohlenstoff reagiert mit 1 · 1,333 g Sauerstoff zu Kohlenstoffmonooxid
> 1 g Kohlenstoff reagiert mit 2 · 1,333 g = 2,666 g Sauerstoff zu Kohlenstoffdioxid

Die Massen von Kohlenstoff stehen im Verhältnis 1 : 1, die Massen von Sauerstoff im Verhältnis 1 : 2. Nach der Atomtheorie bildet sich Kohlenstoffmonooxid nach der Gleichung C + O = CO. Da alle Kohlenstoffatome untereinander und alle Sauerstoffatome untereinander die gleiche Masse haben, erklärt die Reaktionsgleichung das Gesetz der konstanten Proportionen. Kohlenstoffdioxid entsteht nach der Reaktionsgleichung C + 2 O = CO_2. Aus den beiden Reaktionsgleichungen folgt für Sauerstoff das Atomverhältnis 1 : 2 und damit auch das Massenverhältnis 1 : 2.

1.2 Der Atomaufbau

1.2.1 Elementarteilchen, Atomkern, Atomhülle

Die Existenz von Atomen ist heute ein gesicherter Tatbestand. Zu Beginn des Jahrhunderts erkannte man aber, dass Atome nicht die kleinsten Bausteine der Materie sind, sondern dass sie aus noch kleineren Teilchen, den sogenannten Elementarteilchen, aufgebaut sind. Erste Modelle über den Atomaufbau stammen von Rutherford (1911) und Bohr (1913).

Man nahm zunächst an: Elementarteilchen sind kleinste Bausteine der Materie, die nicht aus noch kleineren Einheiten zusammengesetzt sind. Sie sind aber ineinander umwandelbar, also keine Grundbausteine im Sinne unveränderlicher Teilchen. Man kennt gegenwärtig einige Hundert Elementarteilchen. Für die Diskussion des Atombaus sind nur einige wenige von Bedeutung. Später erkannte man aber, dass noch einfachere Grundbausteine existieren. Protonen und Neutronen z. B. werden aus Quarks aufgebaut.

Die Atome bestehen aus drei Elementarteilchen: Elektronen, Protonen, Neutronen. Sie unterscheiden sich durch ihre Masse und ihre elektrische Ladung (Tab. 1.1).

Das Neutron ist ein ungeladenes, elektrisch neutrales Teilchen. Das Proton trägt eine positive, das Elektron eine negative Elementarladung.

Die Elementarladung ist die bislang kleinste beobachtete elektrische Ladung. Sie beträgt

$$e = 1{,}6022 \cdot 10^{-19}\ \text{C}$$

e wird daher auch als elektrisches Elementarquantum bezeichnet. Alle auftretenden Ladungsmengen können immer nur ein ganzzahliges Vielfaches der Elementarladung sein.

Protonen und Neutronen sind schwere Teilchen. Sie besitzen annähernd die gleiche Masse. Das Elektron ist ein leichtes Teilchen, es besitzt ungefähr $\frac{1}{1800}$ der Protonen- bzw. Neutronenmasse.

Tab. 1.1: Eigenschaften von Elementarteilchen.

Elementarteilchen	Elektron	Proton	Neutron
Symbol	e	p	n
Masse	$0{,}9109 \cdot 10^{-30}$ kg $5{,}4859 \cdot 10^{-4}$ u	$1{,}6726 \cdot 10^{-27}$ kg $1{,}007276$ u	$1{,}6748 \cdot 10^{-27}$ kg $1{,}008665$ u
	leicht	schwer, nahezu gleiche Masse	
Ladung	$-e$ negative Elementarladung	$+e$ positive Elementarladung	keine Ladung neutral

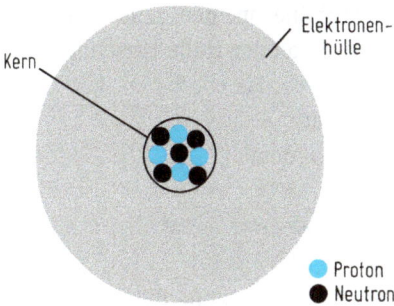

Protonenzahl = Kernladungszahl = 4
Nukleonenzahl = Protonenzahl + Neutronenzahl = 9
Zahl der Elektronen = Zahl der Protonen = 4

Abb. 1.3: Schematische Darstellung eines Atoms. Die Neutronen und Protonen sind im Atomkern konzentriert. Der Atomkern hat einen Durchmesser von 10^{-14}–10^{--15} m. Er enthält praktisch die Gesamtmasse des Atoms. Bei richtigem Maßstab würde bei einem Kernradius von 10^{-3} m der Radius des Atoms 10 m betragen. Nahezu der Gesamtraum des Atoms steht für die Elektronen zur Verfügung. Wie die Elektronen in der Hülle verteilt sind, wird später behandelt.

Atommassen gibt man in atomaren Masseneinheiten an. Eine atomare Masseneinheit (u) ist definiert als $\frac{1}{12}$ der Masse eines Atoms des Kohlenstoffnuklids ^{12}C (zum Begriff des Nuklids vgl. Abschn. 1.2.2).

$$\text{Masse eines Atoms } {}^{12}_{6}\text{C} = 12 \text{ u}$$
$$1\,\text{u} = 1{,}6605 \cdot 10^{-27} \text{ kg}$$

Die Größe der atomaren Masseneinheit ist so gewählt, dass die Masse eines Protons bzw. Neutrons ungefähr 1 u beträgt.

Atome sind annähernd kugelförmig mit einem Radius von der Größenordnung 10^{-10} m. Ein cm^3 Materie enthält daher ungefähr 10^{23} Atome. Man unterscheidet zwei Bereiche des Atoms, den Kern und die Hülle (Abb. 1.3).

Die Protonen und Neutronen sind im Zentrum des Atoms konzentriert. Sie bilden den positiv geladenen Atomkern. Protonen und Neutronen werden daher als Nukleonen (Kernteilchen) bezeichnet. Atomkerne sind nahezu kugelförmig, ihre Radien sind von der Größenordnung 10^{-14}–10^{-15} m. Der im Vergleich zum Gesamtatom sehr kleine Atomkern enthält fast die gesamte Masse des Atoms.

Die Protonenzahl (Symbol Z) bestimmt die Größe der positiven Ladung des Kerns. Sie wird auch Kernladungszahl genannt.

Protonenzahl = Kernladungszahl

Die Gesamtanzahl der Protonen und Neutronen bestimmt die Masse des Atoms. Sie wird Nukleonenzahl (Symbol A) genannt. Die ältere Bezeichnung Massenzahl soll nicht mehr verwendet werden.

Nukleonenzahl = Protonenzahl + Neutronenzahl

Die Elektronen sind als negativ geladene Elektronenhülle um den zentralen Kern angeordnet. Fast das gesamte Volumen des Atoms wird von der Hülle eingenommen. Die Struktur der Elektronenhülle ist ausschlaggebend für das chemische Verhalten der Atome. Sie wird eingehend im Abschn. 1.4 behandelt.

Atome sind elektrisch neutral, folglich gilt für jedes Atom

Protonenzahl = Elektronenzahl

Das Kernmodell wurde 1911 von Rutherford entwickelt. Er bestrahlte dünne Goldfolien mit α-Strahlen (zweifach positiv geladene Heliumkerne; vgl. Abschn. 1.3.1). Die meisten durchdrangen unbeeinflusst die Metallfolien, nur wenige wurden stark abgelenkt. Die Materieschicht konnte also nicht aus dicht gepackten massiven Atomen aufgebaut sein. Die mathematische Auswertung ergab, dass die Ablenkung durch kleine, im Vergleich zu ihrer Größe weit voneinander entfernte, positiv geladene Zentren bewirkt wird.

1.2.2 Chemische Elemente, Isotope, Atommassen

In der Dalton'schen Atomtheorie wurde postuliert, dass jedes chemische Element aus einer einzigen Atomsorte besteht. Mit der Erforschung des Atomaufbaus stellte sich jedoch heraus, dass es sehr viel mehr Atomsorten als Elemente gibt. Die meisten Elemente bestehen nämlich nicht aus identischen Atomen, sondern aus einem Gemisch von Atomen, die sich in der Zusammensetzung der Atomkerne unterscheiden.

Das Element Wasserstoff z. B. besteht aus drei Atomsorten (Abb. 1.4). Alle Wasserstoffatome besitzen ein Proton und ein Elektron, die Anzahl der Neutronen ist unterschiedlich, sie beträgt null, eins oder zwei.

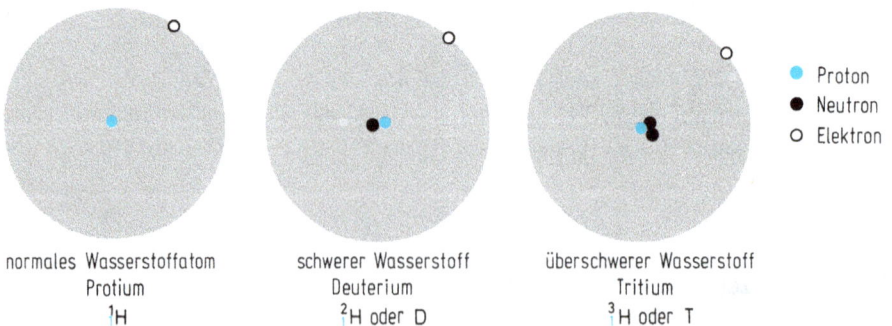

normales Wasserstoffatom	schwerer Wasserstoff	überschwerer Wasserstoff	● Proton
Protium	Deuterium	Tritium	● Neutron
^1_1H	^2_1H oder D	^3_1H oder T	○ Elektron

Abb. 1.4: Atomarten des Wasserstoffs. Alle Wasserstoffatome besitzen ein Proton und ein Elektron. Die Neutronenzahl ist unterschiedlich, sie beträgt null, eins oder zwei. Die Atomarten eines Elementes heißen Isotope. Wasserstoff besteht aus drei Isotopen. Isotope haben die gleiche Elektronenhülle.

Ein chemisches Element besteht aus Atomen mit gleicher Protonenzahl (Kernladungszahl), die Neutronenzahl kann unterschiedlich sein.

Die für jedes Element charakteristische Protonenzahl wird als Ordnungszahl (Z) bezeichnet. Für die Elemente bis $Z = 118$ ist die Folge der Protonenzahlen lückenlos (vgl. Abb. 1.39).

Atome mit gleicher Protonenzahl verhalten sich chemisch gleich, da sie die gleiche Elektronenzahl und auch die für das chemische Verhalten entscheidende gleiche Struktur der Elektronenhülle besitzen. Die Kerne erfahren bei chemischen Reaktionen keine Veränderungen.

Eine durch Protonenzahl und Neutronenzahl charakterisierte Atomsorte bezeichnet man als Nuklid. Für die Nuklide und Elementarteilchen benutzt man die folgenden Schreibweisen:

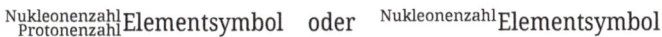

$$_{\text{Protonenzahl}}^{\text{Nukleonenzahl}}\text{Elementsymbol} \quad \text{oder} \quad ^{\text{Nukleonenzahl}}\text{Elementsymbol}$$

Protonenzahl = Kernladungszahl
Neutronenzahl = Nukleonenzahl − Protonenzahl

Beispiele:
Nuklide des Elements Wasserstoff: $_1^1\text{H}, _1^2\text{H}, _1^3\text{H}$ oder $^1\text{H}, ^2\text{H}, ^3\text{H}$
Nuklide des Elements Kohlenstoff: $_6^{12}\text{C}, _6^{13}\text{C}, _6^{14}\text{C}$ oder $^{12}\text{C}, ^{13}\text{C}, ^{14}\text{C}$

Neutron: $_0^1\text{n}$ oder einfacher n
Proton: $_1^1\text{H}$ oder einfacher p
Elektron: $_{-1}^0\text{e}$ oder einfacher e

Die natürlich vorkommenden Nuklide der ersten 10 Elemente sind in der Tab. 1.2 aufgeführt.

Es gibt insgesamt 340 natürlich vorkommende Nuklide. Davon sind 270 stabil und 70 radioaktiv (vgl. Abschn. 1.3.1).

Nuklide mit gleicher Protonenzahl, aber verschiedener Neutronenzahl heißen Isotope.

Beispiele:
Isotope des Elements Wasserstoff: $_1^1\text{H}, _1^2\text{H}, _1^3\text{H}$
Isotope des Elements Stickstoff: $_7^{14}\text{N}, _7^{15}\text{N}$

Die meisten Elemente sind Mischelemente. Sie bestehen aus mehreren Isotopen, die in sehr unterschiedlicher Häufigkeit vorkommen (vgl. Tab. 1.2).

Eine Reihe von Elementen (z. B. Beryllium, Fluor, Natrium) sind Reinelemente. Sie bestehen in ihren natürlichen Vorkommen aus nur einer Nuklidsorte (vgl. Tab. 1.2).

Tab. 1.2: Nuklide der ersten zehn Elemente.

Ord-nungs-zahl = Kern-ladungs-zahl	Element	Nuklid-symbol	Proto-nen- bzw. Elekt-ronen-zahl	Neutro-nenzahl	Nukle-onen-zahl	Nuklid-masse in u	Atomzahl-anteil (Isotopen-häufigkeit) in %	Mittlere Atom-masse in u
1	Wasserstoff	^{1}H	1	0	1	1,007825	99,985	1,00794
	H	^{2}H	1	1	2	2,01410	0,015	
		^{3}H	1	2	3		Spuren	
2	Helium	^{3}He	2	1	3	3,01603	0,00013	4,00260
	He	^{4}He	2	2	4	4,00260	99,99987	
3	Lithium	^{6}Li	3	3	6	6,01512	7,42	6,941
	Li	^{7}Li	3	4	7	7,01600	92,58	
4	Beryllium Be	^{9}Be	4	5	9	9,01218	100,0	9,01218
5	Bor	^{10}B	5	5	10	10,01294	19,78	10,811
	B	^{11}B	5	6	11	11,00931	80,22	
6	Kohlenstoff	^{12}C	6	6	12	12	98,89	12,011
	C	^{13}C	6	7	13	13,00335	1,11	
		^{14}C	6	8	14		Spuren	
7	Stickstoff	^{14}N	7	7	14	14,00307	99,63	14,00674
	N	^{15}N	7	8	15	15,00011	0,36	
8	Sauerstoff	^{16}O	8	8	16	15,99491	99,759	15,9994
	O	^{17}O	8	9	17	16,99913	0,037	
		^{18}O	8	10	18	17,99916	0,204	
9	Fluor F	^{19}F	9	10	19	18,99840	100	18,99840
10	Neon	^{20}Ne	10	10	20	19,99244	90,92	20,1797
	Ne	^{21}Ne	10	11	21	20,99395	0,26	
		^{22}Ne	10	12	22	21,99138	8,82	

Der Zahlenwert der mittleren Atommasse in u ist gleich der relativen Atommasse A_r.

Isobare nennt man Nuklide mit gleicher Nukleonenzahl, aber verschiedener Protonenzahl.

Beispiel:
$^{14}_{6}$C, $^{14}_{7}$N

Die Atommasse eines Elements erhält man aus den Atommassen der Isotope unter Berücksichtigung der natürlichen Isotopenhäufigkeit.

Die relative Atommasse A_r eines Elements X ist auf $\frac{1}{12}$ der Atommasse des Nuklids ^{12}C bezogen

$$A_r(X) = \frac{\text{mittlere Atommasse von X}}{\frac{1}{12}\ (\text{Nuklidmasse von } ^{12}\text{C})}$$

Die Zahlenwerte von A_r sind identisch mit den Zahlenwerten für die Atommassen, gemessen in der atomaren Masseneinheit u. Die relativen Atommassen der Elemente sind in der Tab. 1 des Anhangs 2 angegeben.

Die Atommasse eines Elements ist nahezu ganzzahlig, wenn die Häufigkeit eines Isotops sehr überwiegt (vgl. Tab. 1.2). Für die Anzahl auftretender Isotope gibt es keine Gesetzmäßigkeit, jedoch wächst mit steigender Ordnungszahl die Anzahl der Isotope, und bei Elementen mit gerader Ordnungszahl treten mehr Isotope auf. Das Verhältnis Neutronenzahl : Protonenzahl wächst mit steigender Ordnungszahl von 1 auf etwa 1,5 an. Es ist ein immer größerer Neutronenüberschuss notwendig, damit die Nuklide stabil sind.

Eine Isotopentrennung gelingt unter Ausnützung der unterschiedlichen physikalischen Eigenschaften der Isotope, die durch ihre unterschiedlichen Isotopenmassen zustande kommen. (Zum Beispiel durch Diffusion, Thermodiffusion, Zentrifugieren).

Zum Isotopennachweis benutzt man das Massenspektrometer. Gasförmige Teilchen werden ionisiert und im elektrischen Feld beschleunigt. Durch Ablenkung in einem elektrischen und anschließend in einem magnetischen Feld erreicht man, dass nur Teilchen mit gleicher spezifischer Ladung (Quotient aus Ladung und Masse) an eine bestimmte Stelle gelangen und dort nachgewiesen werden können. Die Teilchen werden also nach ihrer Masse getrennt, man erhält ein Massenspektrum. Die Massenspektrometrie dient nicht nur zur Bestimmung der Anzahl, Häufigkeit und Atommasse (Genauigkeit bis 10^{-6} u) von Isotopen, sondern auch zur Ermittlung von Spurenverunreinigungen, zur Analyse von Verbindungsgemischen, zur Aufklärung von Molekülstrukturen und Reaktionsmechanismen. Die Isotopenanalyse ist auch geeignet für Altersbestimmungen (s. S. 18), zur Herkunftsbestimmung archäologischer Proben und neuerdings zur Lebensmittelüberwachung. Die mittleren Isotopenverhältnisse der Elemente in Lebensmitteln (Wasserstoff, Kohlenstoff, Sauerstoff, Stickstoff, Schwefel) hängen von ihrer geographischen, klimatischen, botanischen und (bio-)chemischen Entstehung ab. Daher wird die Isotopenanalyse zur Überprüfung der Herkunft und zum Nachweis von Fälschungen verwendet. Dazu bestimmt werden z. B. die Isotope ^{2}H, ^{13}C und ^{18}O.

1.2.3 Massendefekt, Äquivalenz von Masse und Energie

Ein $^4_2$He-Kern ist aus zwei Protonen und zwei Neutronen aufgebaut. Addiert man die Massen dieser Bausteine, erhält man als Summe 4,0319 u. Der $^4_2$He-Kern hat jedoch

Abb. 1.5: Zwei Protonen und zwei Neutronen gehen bei der Bildung eines He-Kerns in einen energieärmeren, stabilen Zustand über. Dabei wird die Kernbindungsenergie von 28,3 MeV frei. Gekoppelt mit der Energieabnahme des Kerns von 28,3 MeV ist eine Massenabnahme von 0,03 u.

nur eine Masse von 4,0015 u, er ist also um 0,030 u leichter als die Summe seiner Bausteine. Dieser Massenverlust wird als Massendefekt bezeichnet. Massendefekt tritt bei allen Nukliden auf.

Die Masse eines Nuklids ist stets kleiner als die Summe der Massen seiner Bausteine.

Der Massendefekt kann durch das Einstein'sche Gesetz der Äquivalenz von Masse und Energie

$$E = m\,c^2$$

gedeutet werden. Es bedeuten E Energie, m Masse und c Lichtgeschwindigkeit im leeren Raum. c ist eine fundamentale Naturkonstante, ihr Wert beträgt

$$c = 2{,}99793 \cdot 10^8 \text{ m s}^{-1}.$$

Das Gesetz besagt, dass Masse in Energie umwandelbar ist und umgekehrt. Einer atomaren Masseneinheit entspricht die Energie von $931 \cdot 10^6$ eV = 931 MeV.

$$1\,\text{u} \triangleq 931 \text{ MeV}$$

Der Zusammenhalt der Nukleonen im Kern wird durch die sogenannten Kernkräfte bewirkt. Bei der Vereinigung von Neutronen und Protonen zu einem Kern wird Kernbindungsenergie frei. Der Energieabnahme des Kerns äquivalent ist eine Massenabnahme. Wollte man umgekehrt den Kern in seine Bestandteile zerlegen, dann müsste man eine dem Massendefekt äquivalente Energie zuführen (Abb. 1.5). Die Kernbindungsenergie des He-Kerns beträgt 28,3 MeV, der äquivalente Massendefekt 0,03 u. Dividiert man die Gesamtbindungsenergie durch die Anzahl der Kernbausteine, so erhält man eine durchschnittliche Kernbindungsenergie pro Nukleon. Für $^4_2$He beträgt sie 28,3 MeV/4 = 7,1 MeV.

Abb. 1.6 zeigt den Massendefekt und die Kernbindungsenergie pro Nukleon mit zunehmender Nukleonenzahl der Nuklide. Ein Maximum tritt bei den Elementen Fe,

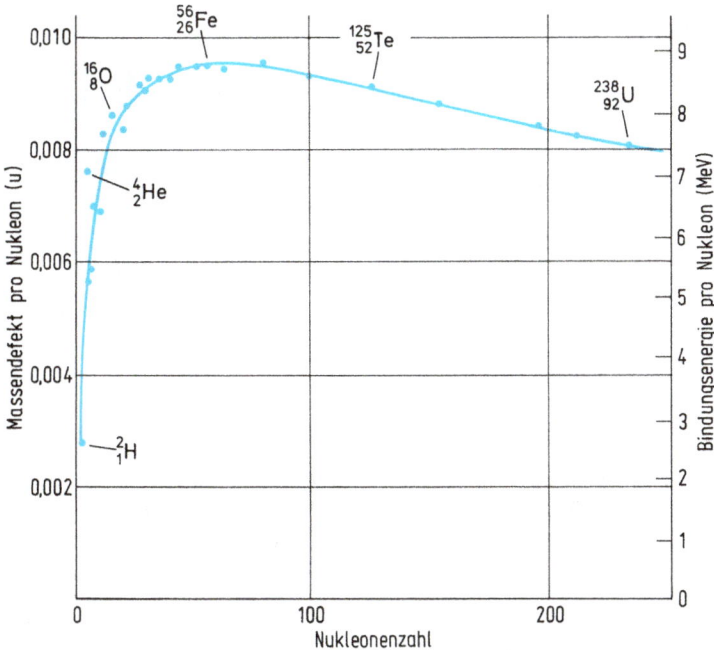

Abb. 1.6: Die Kernbindungsenergie pro Nukleon für Kerne verschiedener Massen beträgt durchschnittlich 8 MeV, sie durchläuft bei den Nukleonenzahlen um 60 ein Maximum, Kerne dieser Nukleonenzahlen sind besonders stabile Kerne. Die unterschiedliche Stabilität der Kerne spielt bei der Gewinnung der Kernenergie (vgl. Abschn. 1.3.3) und bei der Entstehung der Elemente (vgl. Abschn. 1.3.4) eine wichtige Rolle. Der durchschnittliche Massenverlust der Nukleonen durch ihre Bindung im Kern beträgt 0,0085 u, die durchschnittliche Masse eines gebundenen Nukleons beträgt daher 1,000 u.

Co, Ni auf. Erhöht sind die Werte bei den leichten Nukliden ^{4}He, ^{12}C und ^{16}O. Durchschnittlich beträgt die Kernbindungsenergie pro Nukleon 8 MeV, der Massendefekt 0,0085 u. Freie Nukleonen haben im Mittel eine Masse von ca. 1,008 u, im Kern gebundene Nukleonen haben aufgrund des Massendefekts im Mittel eine Masse von 1,000 u, daher sind die Nuklidmassen annähernd ganzzahlig (vgl. Tab. 1.2).

1.3 Kernreaktionen

Bei chemischen Reaktionen finden Veränderungen in der Elektronenhülle statt, die Kerne bleiben unverändert. Da der Energieumsatz nur einige eV beträgt, gilt das Gesetz der Erhaltung der Masse, die Massenänderungen sind experimentell nicht erfassbar.

Bei Kernreaktionen ist die Veränderung des Atomkerns entscheidend, die Elektronenhülle spielt keine Rolle. Der Energieumsatz ist etwa 10^6 mal größer als bei chemischen Reaktionen. Als Folge davon treten messbare Massenänderungen auf, und es gilt das Masse-Energie-Äquivalenzprinzip.

Beispiel:
Bei der Bildung eines He-Kerns erfolgt eine Energieabgabe von 28,3 MeV, dies entspricht einer Massenabnahme von 0,03 u. Für 1 mol gebildete $^4_2$He-Kerne, das sind $6 \cdot 10^{23}$ Teilchen (vgl. Abschn. 3.1), beträgt die Massenabnahme 0,03 g. Ist bei einer chemischen Reaktion die Energieänderung 10 eV, dann erfolgt pro Mol nur eine Massenänderung von 10^{-8} g.

1.3.1 Radioaktivität

1896 entdeckte Becquerel, dass Uranverbindungen spontan Strahlen aussenden. Er nannte diese Erscheinung Radioaktivität. 1898 wurde von Pierre und Marie Curie in der Pechblende, einem Uranerz, das radioaktive Element Radium entdeckt und daraus isoliert. 1903 erkannten Rutherford und Soddy, dass die Radioaktivität auf einen Zerfall der Atomkerne zurückzuführen ist und die radioaktiven Strahlen Zerfallsprodukte der instabilen Atomkerne sind.

Instabile Nuklide wandeln sich durch Ausstoßung von Elementarteilchen oder kleinen Kernbruchstücken in andere Nuklide um. Diese spontane Kernumwandlung wird als radioaktiver Zerfall bezeichnet.

Instabil sind hauptsächlich schwere Kerne, die mehr als 83 Protonen enthalten. Bei den natürlichen radioaktiven Nukliden werden vom Atomkern drei Strahlungsarten emittiert (Abb. 1.7).

α-Strahlung. Sie besteht aus $^4_2$He-Teilchen (Heliumkerne).

β-Strahlung. Sie besteht aus Elektronen.

γ-Strahlung. Dabei handelt es sich um eine energiereiche elektromagnetische Strahlung.

Reichweite und Durchdringungsfähigkeit der Strahlungen nehmen in der Reihenfolge α, β, γ stark zu.

Reichweite in Luft: α-Strahlung 3,5 cm, β-Strahlung 4 m. γ-Strahlung wird nur von Stoffen hoher Dichte absorbiert, z. B. von Blei der Dicke mehrerer cm.

Kernprozesse können mit Hilfe von Kernreaktionsgleichungen formuliert werden.

Beispiele:
α-Zerfall: $\quad ^{226}_{88}\text{Ra} \longrightarrow \, ^{222}_{86}\text{Rn} + \, ^4_2\text{He}$

β-Zerfall: $\quad ^{40}_{19}\text{K} \longrightarrow \, ^{40}_{20}\text{Ca} + \, ^{\,0}_{-1}\text{e}$

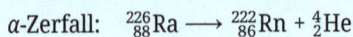

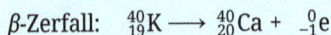

Die Summe der Nukleonenzahlen und die Summe der Kernladungen (Protonenzahl) müssen auf beiden Seiten einer Kernreaktionsgleichung gleich sein.

Die beim β-Zerfall emittierten Elektronen stammen nicht aus der Elektronenhülle, sondern aus dem Kern. Im Kern wird ein Neutron in ein Proton und ein Elektron

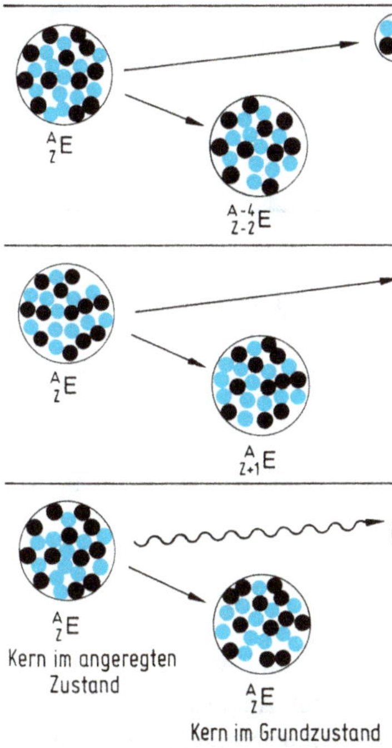

Eigenschaften der Strahlungsteilchen

Kernumwandlung	Teilchen der Strahlung	Bezeichnung der Strahlung	Kernladungszahl	Nukleonenzahl	Durchdringungsfähigkeit
$^{A}_{Z}E$ → $^{A-4}_{Z-2}E$	He-Kerne	α- Strahlung	+2	4	gering
$^{A}_{Z}E$ → $^{A}_{Z+1}E$	Elektronen	β - Strahlung	−1	0	mittel
$^{A}_{Z}E$ Kern im angeregten Zustand → $^{A}_{Z}E$ Kern im Grundzustand	Photonen (elektromagnet. Wellen)	γ - Strahlung	0	0	groß

● Proton　　● Neutron

Abb. 1.7: Natürliche Radioaktivität. Schwere Kerne mit mehr als 83 Protonen sind instabil. Sie wandeln sich durch Aussendung von Strahlung in stabile Kerne um. Bei natürlichen radioaktiven Stoffen treten drei verschiedenartige Strahlungen auf. Vom Kern werden entweder α-Teilchen, Elektronen oder elektromagnetische Wellen ausgesandt. Die spontane Kernumwandlung wird als radioaktiver Zerfall bezeichnet.

umgewandelt, das Elektron wird aus dem Kern herausgeschleudert, das Proton verbleibt im Kern.

$$^{1}_{0}n \longrightarrow ^{1}_{1}p + ^{\;\;0}_{-1}e$$

Der radioaktive Zerfall ist mit einem Massendefekt verbunden. Die der Massenabnahme äquivalente Energie wird von den emittierten Teilchen als kinetische Energie aufgenommen. Beim α-Zerfall von $^{226}_{88}Ra$ beträgt der Massendefekt 0,005 u, das α-Teilchen erhält die kinetische Energie von 4,78 MeV.

Radioaktive Verschiebungssätze
Die Beispiele zeigen, dass beim radioaktiven Zerfall Elementumwandlungen auftreten.

Tab. 1.3: Radioaktive Zerfallsreihen.

Zerfallsreihe	Nukleonen-zahlen	Ausgangs-nuklid	Stabiles Endprodukt	Abgegebene Teilchen	
				α	β
Thoriumreihe	$4n$	$^{232}_{90}\text{Th}$	$^{208}_{82}\text{Pb}$	6	4
Neptuniumreihe	$4n + 1$	$^{237}_{93}\text{Np}$	$^{209}_{83}\text{Bi}$	7	4
Uran-Radium-Reihe	$4n + 2$	$^{238}_{92}\text{U}$	$^{206}_{82}\text{Pb}$	8	6
Actinium-Uran-Reihe	$4n + 3$	$^{235}_{92}\text{U}$	$^{207}_{82}\text{Pb}$	7	4

Beim α-Zerfall entstehen Elemente mit um zwei verringerter Protonenzahl (Kernladungszahl) Z und um vier verkleinerter Nukleonenzahl A.

$$^{A}_{Z}X \longrightarrow {}^{A-4}_{Z-2}Y + {}^{4}_{2}He$$

Beim β-Zerfall entstehen Elemente mit einer um eins erhöhten Protonenzahl, die Nukleonenzahl ändert sich nicht.

$$^{A}_{Z}X \longrightarrow {}^{A}_{Z+1}Y + {}^{0}_{-1}e$$

Der γ-Zerfall führt zu keiner Änderung der Protonenzahl und der Nukleonenzahl, also zu keiner Elementumwandlung, sondern nur zu einer Änderung des Energiezustandes des Atomkerns. Befindet sich ein Kern in einem angeregten, energiereichen Zustand, so kann er durch Abgabe eines γ-Quants (vgl. Gl. 1.22) einen energieärmeren Zustand erreichen.

Das bei einer radioaktiven Umwandlung entstehende Element ist meist ebenfalls radioaktiv und zerfällt weiter, so dass Zerfallsreihen entstehen. Am Ende einer Zerfallsreihe steht ein stabiles Nuklid. Die Glieder einer Zerfallsreihe besitzen aufgrund der Verschiebungssätze entweder die gleiche Nukleonenzahl (β-Zerfall) oder die Nukleonenzahlen unterscheiden sich um vier (α-Zerfall). Es sind daher vier verschiedene Zerfallreihen möglich, deren Glieder die Nukleonenzahlen $4n$, $4n + 1$, $4n + 2$ und $4n + 3$ besitzen (Tab. 1.3). Die in der Natur vorhandenen schweren, radioaktiven Nuklide sind Glieder einer der Zerfallsreihen.

Die Neptuniumreihe kommt in der Natur nicht vor. Sie wurde erst nach der Darstellung von künstlichem Neptunium aufgefunden. Die einzelnen Glieder der Uran-Radium-Reihe zeigt Tab. 1.4.

Außer bei den schweren Elementen tritt natürliche Radioaktivität auch bei einigen leichten Elementen auf, z. B. bei den Nukliden $^{3}_{1}H$, $^{14}_{6}C$, $^{40}_{19}K$, $^{87}_{37}Rb$. Bei diesen Nukliden tritt nur β-Strahlung auf.

Aktivität, Energiedosis, Äquivalentdosis
Die Aktivität A einer radioaktiven Substanz ist definiert als Anzahl der Strahlungsemissionsakte durch Zeit. Ihre SI-Einheit ist das Becquerel (Bq). 1 Becquerel ist die

Aktivität einer radioaktiven Substanzportion, in der im Mittel genau ein Strahlungs-emissionsakt je Sekunde stattfindet.

$$1\,\text{Bq} = 1\,\text{s}^{-1}$$

Die früher übliche Einheit war das Curie (Ci; 1 g Radium hat die Aktivität 1 Ci).

$$1\,\text{Ci} = 3{,}7 \cdot 10^{10}\,\text{Bq} = 37\,\text{GBq}$$

Die Energiedosis D ist die einem Körper durch ionisierende Strahlung zugeführte massenbezogene Energie. Die SI-Einheit ist das Gray (Gy).

$$1\,\text{Gy} = 1\,\text{J}\,\text{kg}^{-1}$$

Bei der Bestrahlung von biologischem Gewebe hängt die biologische Wirksamkeit, d. h. die Art und Anzahl der in den Zellen erzeugten Strahlenschäden, von der Strahlungsart und der Energie der Strahlung ab. Die relative biologische Wirksamkeit (RBW) unterschiedlicher Strahlungsquellen wird durch den Bewertungsfaktor q berücksichtigt, der das Verhältnis der Dosis einer Bezugsstrahlung zu der Dosis einer Vergleichsstrahlung beschreibt.

$$\text{RBW} = \frac{\text{Strahlendosis der Bezugsstrahlung}}{\text{Strahlendosis der Vergleichsstrahlung}}$$

Durch Multiplikation der Energiedosis mit dem Bewertungsfaktor der Strahlung erhält man die Äquivalentdosis H mit der SI-Einheit Sievert (Sv): $H = q \cdot D$.

Die max. tolerierbare Strahlenbelastung beträgt für beruflich strahlenexponierte Personen 20 mSv/Jahr. Die Belastung durch natürliche Radioaktivität beträgt in Deutschland im Mittel 2,2 mSv/Jahr. Fast die gesamte zivilisatorische Strahlenbelastung von ca. 1,9 mSv/Jahr stammt aus medizinischer Anwendung. Die Einheiten Rad (rd) für die Energiedosis und Rem (rem) für die Äquivalentdosis sind nicht mehr zugelassen (vgl. Anhang 1).

Radioaktive Zerfallsgeschwindigkeit

Der radioaktive Zerfall kann nicht beeinflusst werden. Der Kernzerfall erfolgt völlig spontan und rein statistisch. Dies bedeutet, dass pro Zeiteinheit immer der gleiche Anteil der vorhandenen Kerne zerfällt. Die Anzahl der pro Zeiteinheit zerfallenen Kerne $-\frac{dN}{dt}$ ist also proportional der Gesamtanzahl radioaktiver Kerne N und einer für jede instabile Nuklidsorte typischen Zerfallskonstante λ

$$-\frac{dN}{dt} = \lambda N \qquad (1.1)$$

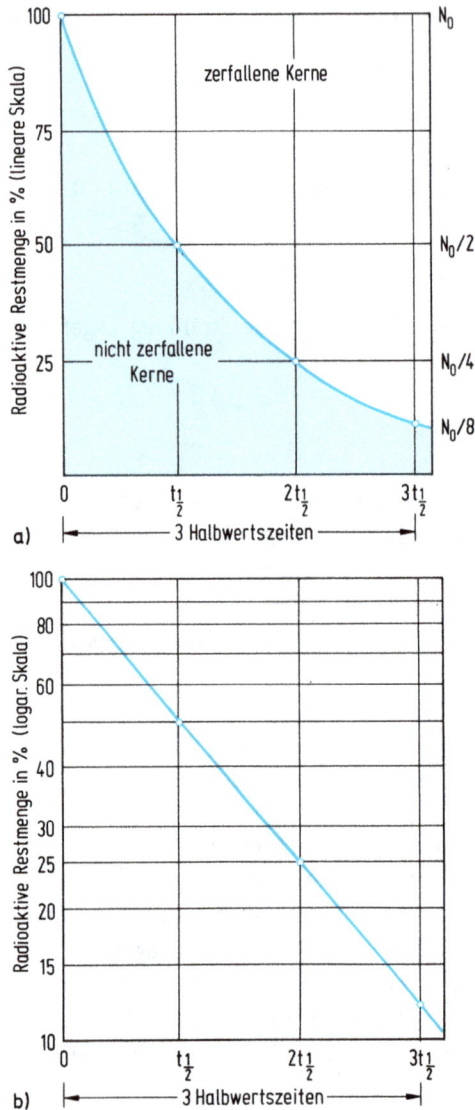

Abb. 1.8: Graphische Wiedergabe des Zerfalls einer radioaktiven Substanz in a) linearer
b) logarithmischer Darstellung. Der Zerfall erfolgt nach einer Exponentialfunktion (Gl. 1.4).
Radium hat eine Halbwertzeit von $t_{1/2} = 1600$ Jahre. Sind zur Zeit $t = 0$ 10^{22} Ra-Atome
vorhanden, dann sind nach Ablauf der 1. Halbwertzeit $0,5 \cdot 10^{22}$ Ra-Atome zerfällen.
Von den noch vorhandenen $0,5 \cdot 10^{22}$ Ra-Atomen zerfällt in der 2. Halbwertzeit wieder
die Hälfte. Nach Ablauf von zwei Halbwertzeiten $2 \cdot t_{1/2} = 3200$ Jahre sind $0,25 \cdot 10^{22}$ Ra-Atome,
also 25 %, noch nicht zerfallen.

Durch Integration erhält man

$$\int_{N_0}^{N_t}\frac{\mathrm{d}N}{N}=-\int_0^t\lambda\,\mathrm{d}t \tag{1.2}$$

$$\ln\frac{N_0}{N_t}=\lambda t \tag{1.3}$$

$$N_t=N_0\,\mathrm{e}^{-\lambda t} \tag{1.4}$$

N_0 ist die Anzahl der radioaktiven Kerne zur Zeit $t=0$, N_t die Anzahl der noch nicht zerfallenen Kerne zur Zeit t. N_t nimmt mit der Zeit exponentiell ab (vgl. Abb. 1.8). Der radioaktive Zerfall ist ein Beispiel für eine Reaktion 1. Ordnung (s. Abschn. 3.6).

Als Maß für die Stabilität eines instabilen Nuklids wird die Halbwertszeit $t_{1/2}$ benutzt. Es ist die Zeit, während der die Hälfte eines radioaktiven Stoffes zerfallen ist (Abb. 1.8).

$$N_{t_{1/2}}=\frac{N_0}{2} \tag{1.5}$$

Die Kombination von Gl. (1.3) mit Gl. (1.5) ergibt

$$t_{1/2}=\frac{\ln 2}{\lambda}=\frac{0{,}693}{\lambda} \tag{1.6}$$

Die Halbwertszeit ist für jede instabile Nuklidsorte eine charakteristische Konstante; sie liegt zwischen 10^{-9} Sekunden und 10^{14} Jahren (s. z. B. Tab. 1.4).

Tab. 1.4: Halbwertszeiten ausgewählter Radionuklide.

Nuklid	Halbwertszeit $t_{1/2}$	Nuklid	Halbwertszeit $t_{1/2}$	Nuklid	Halbwertszeit $t_{1/2}$
$^{238}_{92}$U	$4{,}51\cdot10^9$ Jahre	$^{226}_{88}$Ra	1600 Jahre	$^{214}_{84}$Po	$1{,}64\cdot10^{-4}$ Sekunden
$^{234}_{90}$Th	24,1 Tage	$^{222}_{86}$Rn	3,83 Tage	$^{210}_{82}$Pb	21 Jahre
$^{234}_{91}$Pa	1,17 Minuten	$^{218}_{84}$Po	3,05 Minuten	$^{210}_{83}$Bi	5,01 Tage
$^{234}_{92}$U	$2{,}47\cdot10^5$ Jahre	$^{214}_{82}$Pb	26,8 Minuten	$^{210}_{84}$Po	138,4 Tage
$^{230}_{90}$Th	$8{,}0\cdot10^4$ Jahre	$^{214}_{83}$Bi	19,7 Minuten	$^{206}_{82}$Pb	stabil

Altersbestimmungen

Da die radioaktive Zerfallsgeschwindigkeit durch äußere Bedingungen wie Druck und Temperatur nicht beeinflussbar ist und auch davon unabhängig ist, in welcher chemischen Verbindung ein radioaktives Nuklid vorliegt, kann der radioaktive Zerfall als geologische Uhr verwendet werden. Es sollen zwei Anwendungen besprochen werden.

^{14}C-Methode (Libby 1947). In der oberen Atmosphäre wird durch kosmische Strahlung aufgrund der Reaktion (vgl. Abschn. 1.3.2)

$$^{14}_{7}N + ^{1}_{0}n \longrightarrow ^{14}_{6}C + ^{1}_{1}p$$

in Spuren radioaktives ^{14}C erzeugt. ^{14}C ist ein β-Strahler mit der Halbwertszeit $t_{1/2} = 5\,730$ Jahre, es ist im Kohlenstoffdioxid der Atmosphäre chemisch gebunden. Im Lauf der Erdgeschichte hat sich ein konstantes Verhältnis von radioaktivem CO_2 zu inaktivem CO_2 eingestellt. Da bei der Assimilation die Pflanzen CO_2 aufnehmen, wird das in der Atmosphäre vorhandene Verhältnis von radioaktivem Kohlenstoff zu inaktivem Kohlenstoff auf Pflanzen und Tiere übertragen. Nach dem Absterben hört der Stoffwechsel auf, und der ^{14}C-Gehalt sinkt als Folge des radioaktiven Zerfalls. Misst man den ^{14}C-Gehalt, kann der Zeitpunkt des Absterbens bestimmt werden. Das Verhältnis ^{14}C : ^{12}C in einem z. B. vor 5 730 Jahren gestorbenen Lebewesen ist gerade halb so groß wie bei einem lebenden Organismus. Radiokohlenstoff-Datierungen sind mit konventionellen Messungen bis zu Altern von 60 000 Jahren möglich. Durch Isotopenanreicherung konnte die Datierung bis auf 75 000 Jahre ausgedehnt werden. Die Methode ist also besonders für archäologische Probleme geeignet.

Die Altersbestimmung von Tonscherben ist durch die Analyse eingelagerter Lipide möglich.

Alter von Mineralien. $^{238}_{92}U$ zerfällt in einer Zerfallsreihe in 14 Schritten zu stabilem $^{206}_{82}Pb$ (Tab. 1.3). Dabei entstehen acht α-Teilchen. Die Halbwertszeit des ersten Schrittes ist mit $4,5 \cdot 10^9$ Jahren die größte der Zerfallsreihe und bestimmt die Geschwindigkeit des Gesamtzerfalls. Aus 1 g $^{238}_{92}U$ entstehen z. B. in $4,5 \cdot 10^9$ Jahren 0,5 g $^{238}_{92}U$, 0,4326 g $^{206}_{82}Pb$ und 0,0674 g Helium (aus α-Strahlung). Man kann daher aus den experimentell bestimmten Verhältnissen $^{206}_{82}Pb/^{238}_{92}U$ und $^{4}_{2}He/^{238}_{92}U$ das Alter von Uranmineralien berechnen.

Bei anderen Methoden werden die Verhältnisse $^{87}_{38}Sr/^{87}_{37}Rb$ bzw. $^{40}_{18}Ar/^{40}_{19}K$ ermittelt. Durch Messung von Nuklidverhältnissen wurden z. B. die folgenden Alter bestimmt: Steinmeteorite $4,6 \cdot 10^9$ Jahre; Granodiorit aus Kanada (ältestes Erdgestein) $4,0 \cdot 10^9$ Jahre; Mondproben $3,6$–$4,2 \cdot 10^9$ Jahre.

Wie bei $^{238}_{92}U$ betragen die Halbwertszeiten von $^{232}_{90}Th$ und $^{235}_{92}U$ 10^9–10^{10} Jahre, alle drei Zerfallsreihen (vgl. Tab. 1.3) sind daher in der Natur vorhanden. Im Gegensatz dazu ist die Neptuniumreihe bereits zerfallen, da die größte Halbwertszeit in der Reihe ($t_{1/2}$ von $^{237}_{93}Np$ beträgt $2 \cdot 10^6$ Jahre) sehr viel kleiner als das Erdalter ist.

1.3.2 Künstliche Nuklide

Beim natürlichen radioaktiven Zerfall erfolgen Elementumwandlungen durch spontane Kernreaktionen. Kernreaktionen können erzwungen werden, wenn man Kerne mit α-Teilchen, Protonen, Neutronen, Deuteronen ($_1^2$H-Kerne) u. a. beschießt.

Die erste künstliche Elementumwandlung gelang Rutherford 1919 durch Beschuss von Stickstoffkernen mit α-Teilchen.

$$_7^{14}\text{N} + {}_2^4\text{He} \longrightarrow {}_8^{17}\text{O} + {}_1^1\text{H}$$

Dabei entsteht das stabile Sauerstoffisotop $_8^{17}$O. Eine andere gebräuchliche Schreibweise ist $_7^{14}$N (α, p) $_8^{17}$O. Die Kernreaktion

$$_4^9\text{Be} + {}_2^4\text{He} \longrightarrow {}_6^{12}\text{C} + {}_0^1\text{n}$$

führte 1932 zur Entdeckung des Neutrons durch Chadwick.

Die meisten durch erzwungene Kernreaktionen gebildeten Nuklide sind instabile radioaktive Nuklide und zerfallen wieder. Die künstliche Radioaktivität wurde 1934 von I. und F. Joliot-Curie beim Beschuss von Al-Kernen mit α-Teilchen entdeckt. Zunächst entsteht ein in der Natur nicht vorkommendes Phosphorisotop, das mit einer Halbwertszeit von 2,5 Minuten unter Aussendung von Positronen zerfällt.

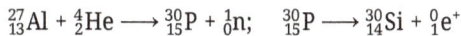

$$_{13}^{27}\text{Al} + {}_2^4\text{He} \longrightarrow {}_{15}^{30}\text{P} + {}_0^1\text{n}; \quad {}_{15}^{30}\text{P} \longrightarrow {}_{14}^{30}\text{Si} + {}_1^0\text{e}^+$$

Positronen (e^+) sind Elementarteilchen, die die gleiche Masse wie Elektronen besitzen, aber eine positive Elementarladung tragen.

Elektronen und Positronen sind Antiteilchen. Es gibt zu jedem Elementarteilchen ein Antiteilchen, z. B. Antiprotonen und Antineutronen. Treffen Teilchen und Antiteilchen zusammen, so vernichten sie sich unter Aussendung von Photonen (Zerstrahlung). Umgekehrt kann aus Photonen ein Teilchen-Antiteilchen-Paar entstehen (Paarbildung). Schon 1933 fanden I. und F. Joliot-Curie, dass aus einem γ-Quant der Mindestenergie 1,02 MeV ein Elektron-Positron-Paar entsteht.

Durch Kernreaktionen sind eine Vielzahl künstlicher Nuklide hergestellt worden. Die Gesamtzahl der bisher größtenteils unerforschten Nuklide wird auf ungefähr 4 000 geschätzt, die meisten davon sind radioaktiv.

Die größte Ordnungszahl der natürlichen Elemente besitzt Uran ($Z = 92$). Mit Hilfe von Kernreaktionen ist es gelungen, die in der Natur nicht vorkommenden Elemente der Ordnungszahlen 93–118 (Transurane) herzustellen (vgl. Abschn. 1.3.3 und Anhang 2, Tab. 1). Technisch wichtig ist Plutonium. Die äußerst kurzlebigen Elemente mit $Z \geq 107$ wurden durch Reaktion schwerer Kerne hergestellt. Das Nuklid Meitnerium, ^{266}Mt entsteht durch Beschuss von ^{209}Bi mit ^{58}Fe.

$$_{83}^{209}\text{Bi} + {}_{26}^{58}\text{Fe} \longrightarrow {}_{109}^{266}\text{Mt} + {}_0^1\text{n}$$

Künstliche radioaktive Isotope gibt es heute praktisch von allen Elementen. Sie haben u. a. große Bedeutung für diagnostische und therapeutische Zwecke in der Medizin. Zum Beispiel werden ^{131}I (Iod), ^{226}Ra (Radium) und ^{60}Co (Cobalt) zur Strahlentherapie verwendet. Darüber hinaus dienen sie als Indikatoren zur Aufklärung von Reaktions- mechanismen und zur Untersuchung von Diffusionsvorgängen in Festkörpern. Eine wichtige spurenanalytische Methode ist die Neutronen-Aktivierungsanalyse (Empfind- lichkeit 10^{-12} g/g). Das in Spuren vorhandene Element wird durch Neutronenbeschuss zu einem radioaktiven Isotop aktiviert. Die charakteristische Strahlung des Isotops ermöglicht die Identifizierung und quantitative Bestimmung des Elements.

1.3.3 Kernspaltung, Kernfusion

Eine völlig neue Reaktion des Kerns entdeckten 1938 Hahn und Straßmann beim Be- schuss von Uran mit langsamen Neutronen:

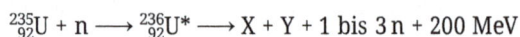

$$^{235}_{92}\text{U} + \text{n} \longrightarrow {}^{236}_{92}\text{U*} \longrightarrow \text{X} + \text{Y} + 1 \text{ bis } 3\,\text{n} + 200\text{ MeV}$$

Durch Einfang eines Neutrons entsteht aus $^{235}_{92}$U ein instabiler Zwischenkern (* be- zeichnet einen angeregten Zustand), der unter Abgabe einer sehr großen Energie in zwei Kernbruchstücke X, Y und 1 bis 3 Neutronen zerfällt. Diese Reaktion bezeichnet man als Kernspaltung (Abb. 1.9). X und Y sind Kernbruchstücke mit Nukleonenzahlen von etwa 95 und 140. Eine mögliche Reaktion ist

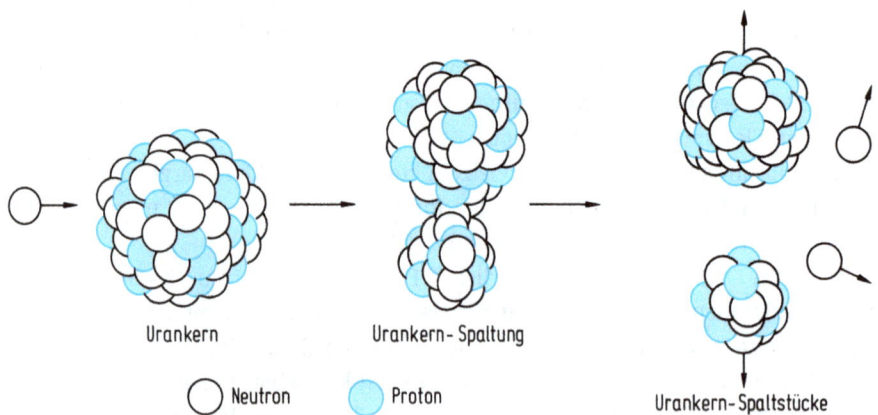

$$^{236}_{92}\text{U*} \longrightarrow {}^{92}_{36}\text{Kr} + {}^{142}_{56}\text{Ba} + 2\,{}^{1}_{0}\text{n}$$

Urankern　　　　Urankern-Spaltung

◯ Neutron　　●Proton　　　Urankern-Spaltstücke

Abb. 1.9: Kernspaltung. Beim Beschuss mit Neutronen spaltet der Urankern ^{235}U durch Einfang eines Neutrons in zwei Bruchstücke. Außerdem entstehen Neutronen, und der Energiebetrag von 200 MeV wird frei.

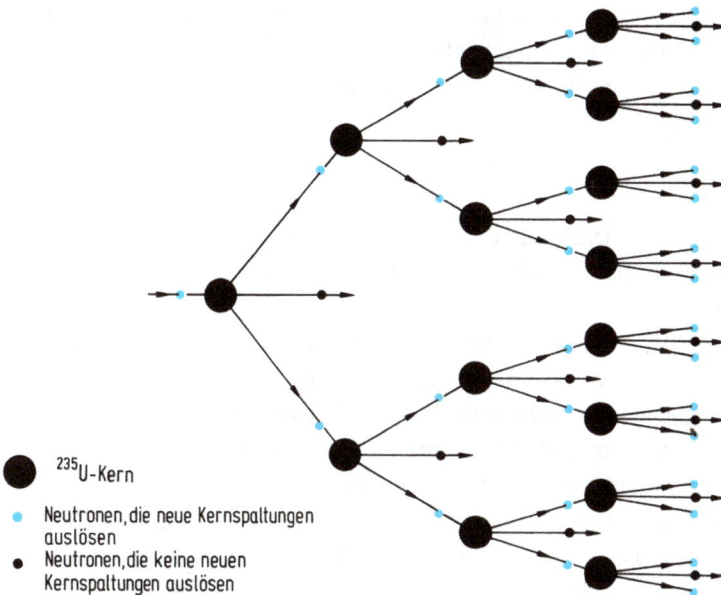

Abb. 1.10: Schema der ungesteuerten Kettenreaktion. Bei jeder ^{235}U-Kernspaltung entstehen durchschnittlich drei Neutronen. Davon lösen im Mittel zwei Neutronen neue Kernspaltungen aus (k = 2). Die Zahl der Spaltungen wächst dadurch lawinenartig an.

Der große Energiegewinn bei der Kernspaltung entsteht dadurch, dass beim Zerfall des schweren Urankerns in zwei leichtere Kerne die Bindungsenergie um etwa 0,8 MeV pro Nukleon erhöht wird (vgl. Abb. 1.6). Für 230 Nukleonen kann daraus eine Bindungsenergie von etwa 190 MeV abgeschätzt werden, die bei der Kernspaltung frei wird.

Bei jeder Spaltung entstehen Neutronen, die neue Kernspaltungen auslösen können. Diese Reaktionsfolge bezeichnet man als Kettenreaktion. Man unterscheidet ungesteuerte und gesteuerte Kettenreaktionen. Bei der ungesteuerten Kettenreaktion führt im Mittel mehr als eines der bei einer Kernspaltung entstehenden 1 bis 3 Neutronen zu einer neuen Kernspaltung. Dadurch wächst die Zahl der Spaltungen lawinenartig an. Dies ist schematisch in der Abb. 1.10 dargestellt.

Man definiert als Multiplikationsfaktor k die durchschnittlich pro Spaltung erzeugte Zahl der Neutronen, durch die neue Kernspaltungen ausgelöst werden. Bei ungesteuerten Kettenreaktionen ist k > 1. Bei der in Abb. 1.10 dargestellten ungesteuerten Kettenreaktion beträgt k = 2.

Bei der gesteuerten Kettenreaktion muss k = 1 sein. Pro Spaltung ist also im Durchschnitt 1 Neutron vorhanden, das wieder eine Spaltung auslöst. Dadurch entsteht eine einfache Reaktionskette (vgl. Abb. 1.11). Wird k < 1, erlischt die Kettenreaktion. Um eine Kettenreaktion mit gewünschtem Multiplikationsfaktor zu erhalten, müssen folgende Faktoren berücksichtigt werden:

Konkurrenzreaktionen. Verwendet man natürliches Uran als Spaltstoff, so werden die bei der Spaltung entstehenden schnellen Neutronen bevorzugt durch das viel häufigere Isotop $^{238}_{92}U$ in einer Konkurrenzreaktion abgefangen:

$$^{238}_{92}U + {}^{1}_{0}n \longrightarrow {}^{239}_{92}U$$

Damit die Kettenreaktion nicht erlischt, müssen die Neutronen an Bremssubstanzen (z. B. Graphit) durch elastische Stöße verlangsamt werden, erst dann reagieren sie bevorzugt mit ^{235}U.

Neutronenverlust. Ein Teil der Neutronen tritt aus der Oberfläche des Spaltstoffes aus und steht nicht mehr für Kernspaltungen zur Verfügung. Abhängig von der Art des Spaltstoffes, der Geometrie seiner Anordnung und seiner Umgebung wird erst bei einer Mindestmenge spaltbaren Materials (kritische Masse) $k > 1$.

Neutronenabsorber. Neutronen lassen sich durch Absorption an einer Bremssubstanz wie Cadmium oder Bor aus der Reaktion entfernen. Dadurch lässt sich die Kettenreaktion kontrollieren und verhindern, dass die gesteuerte Kettenreaktion in eine ungesteuerte Kettenreaktion übergeht.

Abb. 1.11 zeigt schematisch an einer gesteuerten Kettenreaktion, dass von drei Neutronen ein Neutron aus der Oberfläche austritt, ein weiteres durch Konkurrenzreaktion verbraucht wird, während das dritte die Kettenreaktion erhält.

Die gesteuerte Kettenreaktion wird in Atomreaktoren benutzt. Der erste Reaktor wurde bereits 1942 in Chicago in Betrieb genommen. Atomreaktoren dienen als Energiequellen und Stoffquellen. 1 kg ^{235}U liefert die gleiche Energie wie $2,5 \cdot 10^6$ kg Steinkohle. Die bei der Spaltung freiwerdenden Neutronen können zur Erzeugung radioaktiver Nuklide und neuer Elemente (z. B. Transurane) genutzt werden.

Von den natürlich vorkommenden Nukliden ist nur ^{235}U mit langsamen Neutronen spaltbar. Sein Anteil an natürlichem Uran beträgt 0,71 %. Als Kernbrennstoff wird natürliches Uran oder mit $^{235}_{92}U$ angereichertes Uran verwendet. Mit langsamen (thermischen) Neutronen spaltbar sind außerdem das Plutoniumisotop ^{239}Pu und das Uranisotop ^{233}U. Diese Isotope können im Atomreaktor nach den folgenden Reaktionen hergestellt werden:

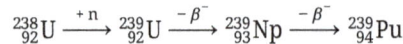

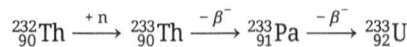

$$^{238}_{92}U \xrightarrow{+n} {}^{239}_{92}U \xrightarrow{-\beta^-} {}^{239}_{93}Np \xrightarrow{-\beta^-} {}^{239}_{94}Pu$$

$$^{232}_{90}Th \xrightarrow{+n} {}^{233}_{90}Th \xrightarrow{-\beta^-} {}^{233}_{91}Pa \xrightarrow{-\beta^-} {}^{233}_{92}U$$

In jedem mit natürlichem Uran arbeitenden Reaktor wird aus dem Isotop ^{238}U Plutonium, also spaltbares Material erzeugt. Ein Reaktor mit einer Leistung von 10^6 kW liefert täglich 1 kg Plutonium. In Atomreaktoren erfolgt also Konversion in spaltbares Material. Man bezeichnet als Konversionsgrad K das Verhältnis der Anzahl erzeugter

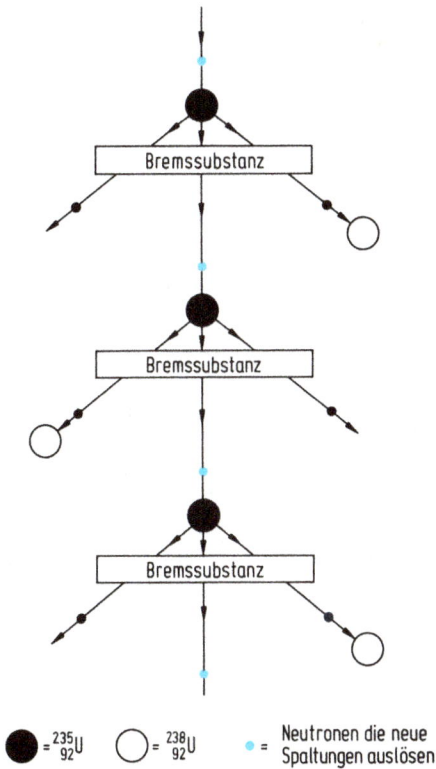

Abb. 1.11: Schema der gesteuerten Kettenreaktion. Bei der Spaltung von ^{235}U entstehen drei Neutronen. Nur ein Neutron steht für neue Spaltungen zur Verfügung ($k = 1$). Es entsteht eine unverzweigte Reaktionskette. Ein Neutron tritt aus der Oberfläche des Spaltstoffes aus, ein weiteres wird von ^{238}U eingefangen.

spaltbarer Kerne zur Anzahl verbrauchter spaltbarer Kerne. Ist $K > 1$, wird mehr spaltbares Material erzeugt, als verbraucht wird. Man nennt solche Reaktoren Brutreaktoren. (*engl.* Fast Breeder Reactor, FBR). Brutreaktoren dienen sowohl der Energiegewinnung als auch der Erzeugung von weiterem spaltbaren Material.

Im Jahr 2023 existieren weltweit ca. 420 Atomkraftwerke, die eine Leistung von rund 380 Gigawatt produzieren und damit ca. 10 % der Stromversorgung. Als Kernbrennstoff wird natürliches Uran oder an ^{235}U angereichertes Uran verwendet. In Deutschland wurde 2011 der Atomausstieg beschlossen, so dass inzwischen alle Kernkraftwerke stillgelegt wurden. Eine Lösung für die sichere Endlagerung von radioaktiven Abfällen aus abgebrannten Kernbrennstoffen wurde noch nicht gefunden.

Bei einer ungesteuerten Kettenreaktion wird die Energie der Kernspaltungen explosionsartig frei. Die in Hiroshima 1945 eingesetzte Atombombe bestand aus $^{235}_{92}$U (50 kg, entsprechend einer Urankugel von 8,5 cm Radius), die zweite 1945 in Nagasaki abgeworfene A-Bombe bestand aus $^{239}_{94}$Pu.

Kernenergie kann nicht nur durch Spaltung schwerer Kerne, sondern auch durch Verschmelzung sehr leichter Kerne erzeugt werden, z. B. bei der Umsetzung von Deuteronen mit Tritonen zu He-Kernen:

$$\ce{^2_1H + ^3_1H -> ^4_2He + ^1_0n}$$

Bei der Verschmelzung von Deuterium und Tritium entsteht Helium und ein Neutron. Dabei findet eine massive Zunahme der Bindungsenergie statt, wie in Abb. 1.6 gezeigt ist. Die Kernverschmelzung durch eine kontrollierte Kernfusion erfordert hohe Teilchenenergien und extrem hohe Temperaturen in der Größenordnung von 10^8 K. Dabei werden Elektronen und Atomkerne voneinander getrennt und bilden ein elektrisch leitendes Plasma. Das Plasma wird durch ein starkes Magnetfeld angezogen, so dass es die Wandungen der Plasmakammer nicht berührt. Der International Thermonuclear Experimental Reactor (ITER, *lat.* der Weg) ist der derzeit größte europäische Forschungsreaktor, in dem die Fusion von Wasserstoffkernen in die Praxis umgesetzt werden soll. Der ITER soll eine Leistung von 500 Megawatt produzieren, was der Leistung eines kleineren Kernkraftwerks entspräche. Die Inbetriebnahme ist noch nicht konkret absehbar. Die Kernfusion steht daher nicht rechtzeitig zur Klimastabilisierung zur Verfügung.

Die Energiegewinnung durch Kernfusion hat gegenüber der Kernspaltung zwei wesentliche Vorteile. Im Gegensatz zu spaltbarem Material sind die Rohstoffe zur Kernfusion in beliebiger Menge vorhanden. Bei der Kernfusion entstehen keine direkten Brennstoffabfälle, die sicher endgelagert werden müssen. Kommerzielle Fusionskraftwerke wird es aber nicht vor Mitte des Jahrhunderts geben.

Die Kernfusion wurde technisch in der erstmalig 1952 erprobten Wasserstoffbombe realisiert. Als Fusionsbrennstoff dient festes Lithiumdeuterid ^{6}LiD. Die zur thermonuklearen Reaktion notwendige Temperatur wird durch Zündung einer Atombombe erreicht. ^{6}Li liefert durch Reaktion mit Neutronen das erforderliche Tritium. Die Kernfusion verläuft nach folgendem Reaktionsschema:

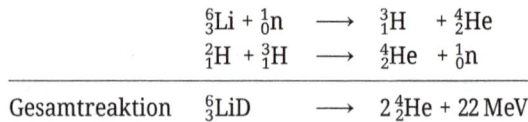

$$\ce{^6_3Li + ^1_0n -> ^3_1H + ^4_2He}$$
$$\ce{^2_1H + ^3_1H -> ^4_2He + ^1_0n}$$

Gesamtreaktion	$\ce{^6_3LiD}$	$\longrightarrow$ $\ce{2 ^4_2He} + 22\,\text{MeV}$

Die Sprengkraft der größten H-Bombe entsprach $(50{-}60) \cdot 10^6$ Tonnen Trinitrotoluol (TNT). Dies ist mehr als das tausendfache der in Hiroshima abgeworfenen A-Bombe, deren Sprengkraft $12{,}5 \cdot 10^3$ t TNT betrug.

1.3.4 Kosmische Elementhäufigkeit, Elemententstehung

Da die Zusammensetzung der Materie im gesamten Kosmos ähnlich ist, ist es sinnvoll eine mittlere kosmische Häufigkeitsverteilung der Elemente anzugeben (Abb. 1.12). Etwa $\frac{2}{3}$ der Gesamtmasse des Milchstraßensystems besteht aus Wasserstoff (^{1}H), fast $\frac{1}{3}$ aus Helium (^{4}He), alle anderen Kernsorten tragen nur wenige Prozent bei. Schwerere Elemente als Eisen sind nur zu etwa einem Millionstel Prozent vorhanden. Elemente mit gerader Ordnungszahl sind häufiger als solche mit ungerader Ordnungszahl. Die Entstehung der Elemente[1] ist mit der Geschichte unseres Universums zu verstehen. Unser Universum entstand in einem Urknall (Big Bang) vor 14 Milliarden Jahren. Nach 10^{-33} s bestand das Universum aus einem Gemisch aus Teilchen und Antiteilchen (Quarks, Elektronen, Neutrinos, Photonen) mit einer Temperatur von 10^{27} K. Nach 10^{-6} s und einer Temperatur von 10^{13} K entstanden daraus Neutronen und Protonen. In den nächsten 3–4 Minuten erfolgten bei einer Temperatur von ca. 10^9 K im gesamten Universum Fusionsreaktionen. Danach bestand das Universum aus Atomkernen mit 75 % Wasserstoff, 24 % Helium, 0,002 % Deuterium und 0,00000001 % Lithium. Erst als nach 400 000 Jahren die Temperatur auf etwa 3 000 K gefallen war, konnten die Atomkerne Elektronen einfangen und das Universum enthielt dann ein homogen verteiltes Gasgemisch aus Wasserstoff und Helium. In den folgenden 200 Millionen Jahren stagnierte die Entwicklung der Elemente. In dieser Zeit bildeten sich durch Gravitation massereiche Gasbälle aus Wasserstoff und Helium und nachdem der Druck auf 200 Milliarden bar und die Temperatur auf 45 Millionen K anstieg, fusionierte Wasserstoff zu Helium, es entstanden die Ursterne. Sie hatten Massen von einigen hundert bis tausend Sonnenmassen, ihre Lebenszeit betrug nur einige Millionen Jahre. Sie erbrüteten die ersten schweren Elemente bis zum Element Eisen (^{56}Fe), die sie beim Ableben in Supernovaexplosionen in das umgebende Wolkengas schleuderten. Die nächste Sterngeneration enthielt nun bereits diese schwereren Elemente.

Heute ist die Mehrzahl der Sterne masseärmer als die Sonne und ihre Lebensdauer beträgt Milliarden Jahre. Die Entstehung der meisten Elemente kann man mit den im Inneren der Sterne ablaufenden Fusionsprozessen erklären. Sie lassen sich für alle Sternpopulationen einheitlich beschreiben. Sterne unterschiedlicher Masse haben aber eine unterschiedliche Geschichte.

Die erste Phase der Fusionsprozesse ist das Wasserstoffbrennen. Bei etwa 15 Millionen K verschmelzen vier Protonen zu einem Heliumkern.

$$4\,{}^{1}_{1}\text{H} \longrightarrow {}^{4}_{2}\text{He} + 2\,{}^{0}_{1}\text{e}^+$$

---

[1] Ausführlicher in *Chem. Unserer Zeit* **2005**, *39*, 100: Jörn Müller, Harald Lesch: *Die Entstehung der chemischen Elemente.*

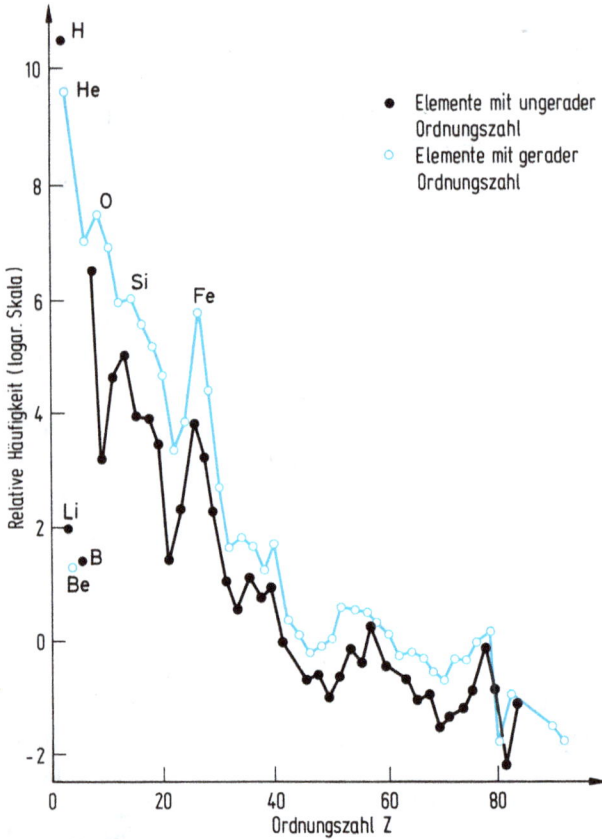

Abb. 1.12: Kosmische Häufigkeitsverteilung der Elemente. Die Häufigkeiten der Elemente sind in Teilchenanzahlen bezogen auf den Wert 10^6 für Si angegeben.

Pro He-Kern wird dabei die Energie von 25 MeV frei. Diese Reaktion läuft in unserer Sonne ab und liefert die von der Sonne ausgestrahlte Energie. Pro Sekunde werden $7 \cdot 10^{14}$ g Wasserstoff verbrannt. Das Wasserstoffbrennen dauert bei den Sternen von der Größe unserer Sonne etwa 10 Milliarden Jahre, von der etwa die Hälfte der Zeit vergangen ist. Nach dem Ausbrennen des Wasserstoffs erfolgt eine Kontraktion des Sternzentrums, Druck und Temperatur erhöhen sich, und es folgt die Phase des Heliumbrennens, die ca. 50 Millionen Jahre dauert. Beim Heliumbrennen werden drei α-Teilchen durch Kernfusion in ein ^{12}C umgewandelt. Durch Einfangen von weiteren α-Teilchen entstehen ^{16}O und in geringer Menge ^{20}Ne, ^{24}Mg und ^{28}Si. Am Ende des Heliumbrennens bläht sich der Stern zu einem Roten Riesen auf und erreicht schließlich das Vielfache des Sonnenradius und der Sonnenleuchtkraft. Die äußeren Gasschichten können nicht mehr durch Gravitation festgehalten werden und bis zu 60 % der Sternenmasse wird in den interstellaren Raum geschleudert, damit auch die durch Fusion entstandenen schweren Elemente. Das Ende des Sterns ist ein Weißer Zwerg, ein Materiehaufen aus Kohlenstoff und Sauerstoff.

In Sternen mit mehr als acht Sonnenmassen sind die Fusionsreaktionen bis zum Heliumbrennen nahezu gleich, aber sie laufen viel schneller ab. Druck und Temperatur erhöhen sich auf Werte, bei denen weitere Fusionsprozesse ablaufen. Bei einer Milliarde Grad beginnt das Neonbrennen (Fusionsprodukte ^{20}Ne, ^{24}Mg, ^{28}Si), bei zwei Milliarden Grad das Sauerstoffbrennen (Fusionsprodukte ^{24}Mg, ^{28}Si, ^{31}S, ^{31}P, ^{32}S), bei drei Milliarden Grad das Siliciumbrennen (Fusionsprodukte Ni, Fe). Nach dem Siliciumbrennen explodiert der Stern in einer gewaltigen Explosion, einer Supernova. Die gesamte Hülle wird vom Kern abgesprengt und mit den erbrüteten Elementen Millionen Lichtjahre weggeschleudert. Es entsteht eine Leuchtkraft, die für kurze Zeit die Leuchtkraft aller Sterne einer Galaxie übertrifft. Übrig bleibt ein nur wenige Kilometer großer, superdichter Neutronenstern.

Eisen ist das Element mit der größten Kernbindungsenergie pro Nukleon (vgl. Abschn. 1.2.3). Die auf Eisen folgenden Elemente können daher nicht durch thermonukleare Reaktionen gebildet werden, sondern sie entstehen durch Neutronenanlagerung und anschließenden β-Zerfall (n, β-Reaktion). Durch langsamen Neutroneneinfang (s-Prozess) entstehen schwerere Isotope, bis schließlich ein instabiles radioaktives Isotop gebildet wird. Durch Umwandlung eines Kernneutrons in ein Proton und Emission eines Elektrons (vgl. Abschn. 1.3.1) entsteht daraus das nächst höhere Element. Durch schrittweisen Aufbau entstehen Elemente bis Bismut. Dort stoppt der Prozess, da bei weiterer Anlagerung von Neutronen radioaktive Kerne entstehen, die α-Teilchen abspalten. Die schwereren Elemente wie Thorium und Uran entstehen durch schnelle Neutronenanlagerung (r-Prozess). Bei sehr hohen Neutronendichten, die bei Supernovaexplosionen auftreten, können sich in kurzer Zeit mehrere Neutronen anlagern, ohne dass dieser Prozess durch β-Zerfall unterbrochen wird. Es entstehen neutronenreiche Kerne und aus diesen durch sukzessiven β-Zerfall die schweren Elemente. Die Elemente unserer 4,56 Milliarden Jahre alten Erde sind also Produkte sehr alter Sternentwicklungen.

1.4 Die Struktur der Elektronenhülle

1.4.1 Bohr'sches Modell des Wasserstoffatoms

Für die chemischen Eigenschaften der Atome ist die Struktur der Elektronenhülle entscheidend.

Schon 1913 entwickelte Bohr für das einfachste Atom, das Wasserstoffatom, ein Atommodell. Er nahm an, dass sich in einem Wasserstoffatom das Elektron auf einer Kreisbahn um das Proton bewegt (vgl. Abb. 1.13).

Zwischen elektrisch geladenen Teilchen treten elektrostatische Kräfte auf. Elektrische Ladungen verschiedenen Vorzeichens ziehen sich an, solche gleichen Vorzeichens

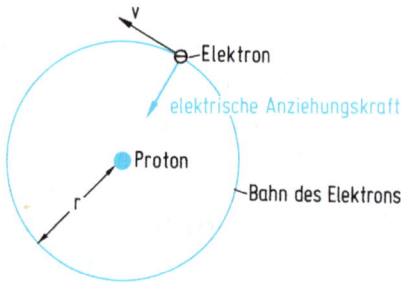

Abb. 1.13: Bohr'sches Wasserstoffatom. Das Elektron bewegt sich auf einer Kreisbahn mit der Geschwindigkeit v um das Proton. Die elektrische Anziehungskraft zwischen Proton und Elektron (Zentripetalkraft) zwingt das Elektron auf die Kreisbahn. Für eine stabile Umlaufbahn muss die Zentripetalkraft gleich der Zentrifugalkraft des umlaufenden Elektrons sein.

stoßen sich ab. Die Größe der elektrostatischen Kraft wird durch das Coulomb'sche Gesetz beschrieben. Es lautet

$$F = f \cdot \frac{q_1 \cdot q_2}{r^2} \tag{1.7}$$

Die auftretende Kraft ist dem Produkt der elektrischen Ladungen q_1 und q_2 direkt, dem Quadrat ihres Abstandes r umgekehrt proportional. Der Zahlenwert des Proportionalitätsfaktors f ist vom Einheitensystem abhängig. Er beträgt im SI für den leeren Raum

$$f = \frac{1}{4\pi\varepsilon_0}$$
$$\varepsilon_0 = 8{,}854 \cdot 10^{-12} \ \text{A}^2\,\text{s}^4\,\text{kg}^{-1}\,\text{m}^{-3}$$

ε_0 ist die elektrische Feldkonstante (Dielektrizitätskonstante des Vakuums). Setzt man in Gl. (1.7) die elektrischen Ladungen in Coulomb (1 C = 1 As) und den Abstand in m ein, so erhält man die elektrostatische Kraft in Newton (1 N = 1 kg m s^{-2}).

Zwischen dem Elektron und dem Proton existiert also nach dem Coulomb'schen Gesetz die

$$\text{elektrische Anziehungskraft } F_{el} = -\frac{e^2}{4\pi\varepsilon_0\, r^2}$$

r bedeutet Radius der Kreisbahn. Bewegt sich das Elektron mit einer Bahngeschwindigkeit v um den Kern, besitzt es die

$$\text{Zentrifugalkraft } F_z = \frac{m\,v^2}{r}$$

wobei m die Masse des Elektrons bedeutet.

Für eine stabile Umlaufbahn muss die Bedingung gelten: Die Zentrifugalkraft des umlaufenden Elektrons ist entgegengesetzt gleich der Anziehungskraft zwischen dem Kern und dem Elektron, also $-F_{e1} = F_z$

$$\frac{e^2}{4\pi\varepsilon_0 r^2} = \frac{m v^2}{r} \tag{1.8}$$

bzw.

$$\frac{e^2}{4\pi\varepsilon_0 r} = m v^2 \tag{1.9}$$

Wir wollen nun die Energie eines Elektrons berechnen, das sich auf einer Kreisbahn bewegt. Die Gesamtenergie des Elektrons ist die Summe von kinetischer Energie und potenzieller Energie.

$$E = E_{kin} + E_{pot} \tag{1.10}$$

E_{kin} ist die Energie, die von der Bewegung des Elektrons stammt.

$$E_{kin} = \frac{m v^2}{2} \tag{1.11}$$

E_{pot} ist die Energie, die durch die elektrische Anziehung zustande kommt.

$$E_{pot} = \int_{\infty}^{r} \frac{e^2}{4\pi\varepsilon_0 r^2} \, dr = -\frac{e^2}{4\pi\varepsilon_0 r} \tag{1.12}$$

Die Gesamtenergie ist demnach

$$E = \frac{1}{2} m v^2 - \frac{e^2}{4\pi\varepsilon_0 r} \tag{1.13}$$

Ersetzt man $m v^2$ durch Gl. (1.9), so erhält man

$$E = \frac{1}{2} \frac{e^2}{4\pi\varepsilon_0 r} - \frac{e^2}{4\pi\varepsilon_0 r} = -\frac{e^2}{8\pi\varepsilon_0 r} \tag{1.14}$$

Nach Gl. (1.14) hängt die Energie des Elektrons nur vom Bahnradius r ab. Für ein Elektron sind alle Bahnen und alle Energiewerte von Null ($r = \infty$) bis Unendlich ($r = 0$) erlaubt.

Diese Vorstellung war zwar in Einklang mit der klassischen Mechanik, sie stand aber in Widerspruch zur klassischen Elektrodynamik. Nach deren Gesetzen sollte das umlaufende Elektron Energie in Form von Licht abstrahlen und aufgrund des ständigen Geschwindigkeitsverlustes auf einer Spiralbahn in den Kern stürzen. Die Erfahrung zeigt aber, dass dies nicht der Fall ist.

Bohr machte nun die Annahme, dass das Elektron nicht auf beliebigen Bahnen den Kern umkreisen kann, sondern dass es nur ganz bestimmte Kreisbahnen gibt, auf denen es sich strahlungsfrei bewegen kann. Die erlaubten Elektronenbahnen sind solche, bei denen der Bahndrehimpuls des Elektrons $m\upsilon r$ ein ganzzahliges Vielfaches einer Grundeinheit des Drehimpulses ist. Diese Grundeinheit des Bahndrehimpulses ist $\frac{h}{2\pi}$.

h wird Planck-Konstante oder auch Planck'sches Wirkungsquantum genannt, ihr Wert beträgt

$$h = 6{,}626 \cdot 10^{-34}\,\text{kg}\,\text{m}^2\,\text{s}^{-1}\,(= \text{J s})$$

h ist eine fundamentale Naturkonstante, sie setzt eine untere Grenze für die Größe von physikalischen Eigenschaften wie den Drehimpuls oder, wie wir später noch sehen werden, die Energie elektromagnetischer Strahlung.

Die mathematische Form des Bohr'schen Postulats lautet:

$$m\upsilon r = n\,\frac{h}{2\pi} \tag{1.15}$$

n ist eine ganze Zahl (1, 2, 3, ..., ∞), sie wird Quantenzahl genannt.

Die Umformung von Gl. (1.15) ergibt

$$\upsilon = \frac{nh}{2\pi m r} \tag{1.16}$$

Setzt man Gl. (1.16) in Gl. (1.9) ein und löst nach r auf, so erhält man

$$r = \frac{h^2 \varepsilon_0}{\pi m e^2} \cdot n^2 \tag{1.17}$$

Wenn wir die Werte für die Konstanten h, m, e und ε_0 einsetzen, erhalten wir daraus

$$r = n^2 \cdot 0{,}53 \cdot 10^{-10}\,\text{m}$$

Das Elektron darf sich also nicht in beliebigen Abständen vom Kern aufhalten, sondern nur auf Elektronenbahnen mit den Abständen 0,053 nm, 4 · 0,053 nm, 9 · 0,053 nm usw. (vgl. Abb. 1.14).

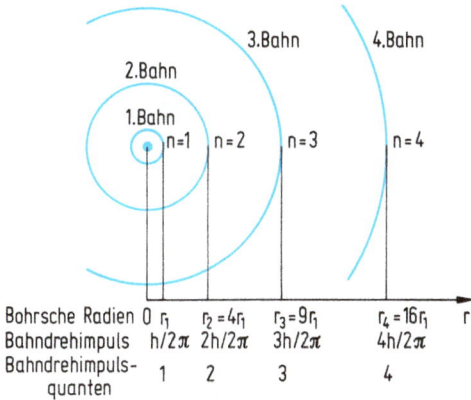

Abb. 1.14: Bohr'sche Bahnen. Das Elektron kann das Proton nicht auf beliebigen Bahnen umkreisen, sondern nur auf Bahnen mit den Radien $r = n^2 \cdot 0,053$ nm. Auf diesen Bahnen beträgt der Bahndrehimpuls $nh/(2\pi)$. Es gibt für das Elektron nicht beliebige Bahndrehimpulse, sondern nur ganzzahlige Vielfache des Bahndrehimpulsquants $h/(2\pi)$.

Für die Geschwindigkeit der Elektronen erhält man durch Einsetzen von Gl. (1.17) in Gl. (1.16)

$$v = \frac{1}{n} \cdot \frac{e^2}{2\,h\,\varepsilon_0} \tag{1.18}$$

und unter Berücksichtigung der Konstanten

$$v = \frac{1}{n} \cdot 2{,}18 \cdot 10^6 \,\text{m s}^{-1}$$

Auf der innersten Bahn ($n = 1$) beträgt die Elektronengeschwindigkeit $2 \cdot 10^6$ m s^{-1}.

Setzt man Gl. (1.17) in Gl. (1.14) ein, erhält man für die Energie des Elektrons

$$E = -\frac{m\,e^4}{8\,\varepsilon_0^2\,h^2} \cdot \frac{1}{n^2} \tag{1.19}$$

Das Elektron kann also nicht beliebige Energiewerte annehmen, sondern es gibt nur ganz bestimmte Energiezustände, die durch die Quantenzahl n festgelegt sind. Die möglichen Energiezustände des Wasserstoffatoms sind in der Abb. 1.15 in einem Energieniveauschema anschaulich dargestellt.

Die Quantelung des Bahndrehimpulses hat also zur Folge, dass für das Elektron im Wasserstoffatom nicht beliebige Bahnen, sondern nur ganz bestimmte Bahnen mit bestimmten dazugehörigen Energiewerten erlaubt sind.

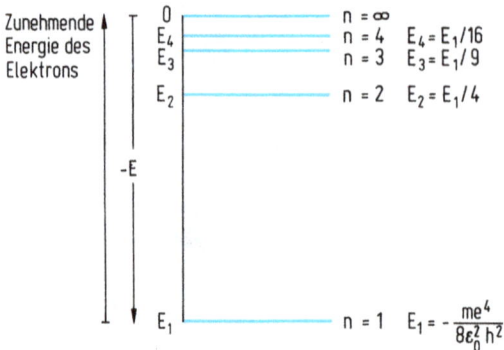

Abb. 1.15: Energieniveaus im Wasserstoffatom. Das Elektron kann nicht beliebige Energiewerte annehmen, sondern nur die Werte $E = E_1/n^2$. E_1 ist die Energie des Elektrons auf der 1. Bohr'schen Bahn, E_2 die Energie auf der 2. Bahn usw. Dargestellt sind nur die Energieniveaus bis $n = 4$. Bei großen n-Werten entsteht eine sehr dichte Folge von Energieniveaus. Nimmt n den Wert Unendlich an, dann ist das Elektron so weit vom Kern entfernt, dass keine anziehenden Kräfte mehr wirksam sind (Nullpunkt der Energieskala). Nähert sich das Elektron dem Kern, wird auf Grund der Anziehungskräfte das System Elektron-Kern energieärmer. Das Vorzeichen der Energie muss daher negativ sein.

1.4.2 Die Deutung des Spektrums der Wasserstoffatome mit der Bohr'schen Theorie

Wenn man Wasserstoffatome erhitzt, so senden sie elektromagnetische Wellen aus. Elektromagnetische Wellen breiten sich im leeren Raum mit der Geschwindigkeit $c = 2{,}998 \cdot 10^8$ m s^{-1} (Lichtgeschwindigkeit) aus. Abb. 1.16 zeigt das Profil einer elektromagnetischen Welle. Die Geschwindigkeit c erhält man durch Multiplikation der Wellenlänge λ mit der Schwingungsfrequenz ν, der Anzahl der Schwingungsperioden pro Zeit.

$$c = \nu \lambda \tag{1.20}$$

Die reziproke Wellenlänge $\frac{1}{\lambda}$ wird Wellenzahl genannt. Sie wird meist in cm^{-1} angegeben.

Zu den elektromagnetischen Strahlen gehören Radiowellen, Mikrowellen, Licht, Röntgenstrahlen und γ-Strahlen. Sie unterscheiden sich in der Wellenlänge (vgl. Abb. 1.17).

Beim Durchgang durch ein Prisma wird Licht verschiedener Wellenlängen aufgelöst. Aus weißem Licht aller Wellenlängen des sichtbaren Bereichs entsteht z. B. ein kontinuierliches Band der Regenbogenfarben, ein kontinuierliches Spektrum. Erhält man bei der Auflösung nur einzelne Linien mit bestimmten Wellenlängen, bezeichnet man das Spektrum als Linienspektrum.

Elemente senden charakteristische Linienspektren aus. Man kann daher die Elemente durch Analyse ihres Spektrums identifizieren (Spektralanalyse). Abb. 1.18 zeigt das Linienspektrum der Wasserstoffatome. Schon lange vor der Bohr'schen Theorie

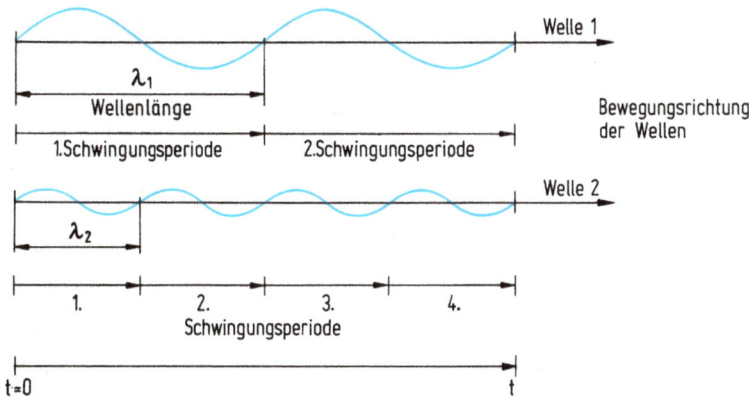

Abb. 1.16: Profile elektromagnetischer Wellen. Elektromagnetische Wellen verschiedener Wellenlängen bewegen sich mit der gleichen Geschwindigkeit. Die Geschwindigkeit ist gleich dem Produkt aus Wellenlänge λ mal Frequenz v (Anzahl der Schwingungsperioden durch Zeit). Für die dargestellten Wellen ist $\lambda_2 = \lambda_1/2$. Wegen der gleichen Geschwindigkeit gilt $v_2 = 2\,v_1$.

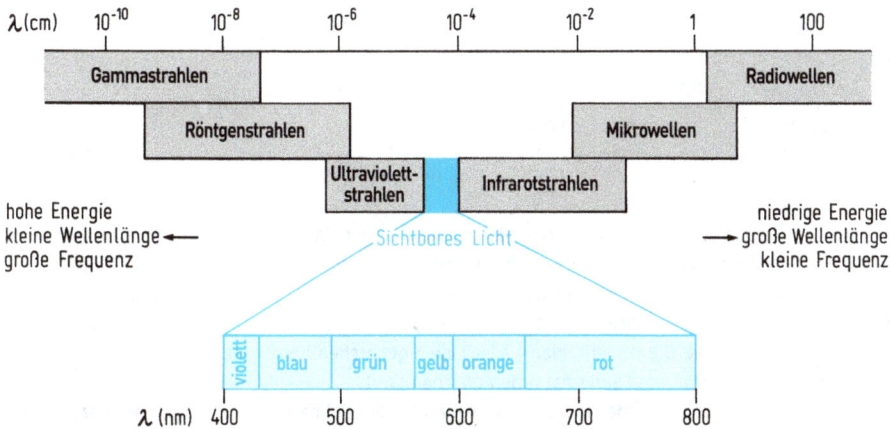

Abb. 1.17: Spektrum elektromagnetischer Wellen. Sichtbare elektromagnetische Wellen (Licht) machen nur einen sehr kleinen Bereich des Gesamtspektrums aus.

war bekannt, dass sich die Spektrallinien des Wasserstoffspektrums durch die einfache Gleichung, die als Rydberg-Formel bekannt ist, beschreiben lassen.

$$\frac{1}{\lambda} = R\left(\frac{1}{n^2} - \frac{1}{m^2}\right) \tag{1.21}$$

Darin ist λ die Wellenlänge irgendeiner Linie, m und n sind ganze positive Zahlen, wobei m größer ist als n. R ist die Rydberg-Konstante eines beliebigen Elements. Die Rydberg-Konstante für Wasserstoff ($R_H = 109\,678 \text{ cm}^{-1}$) wurde um 1890 von Rydberg

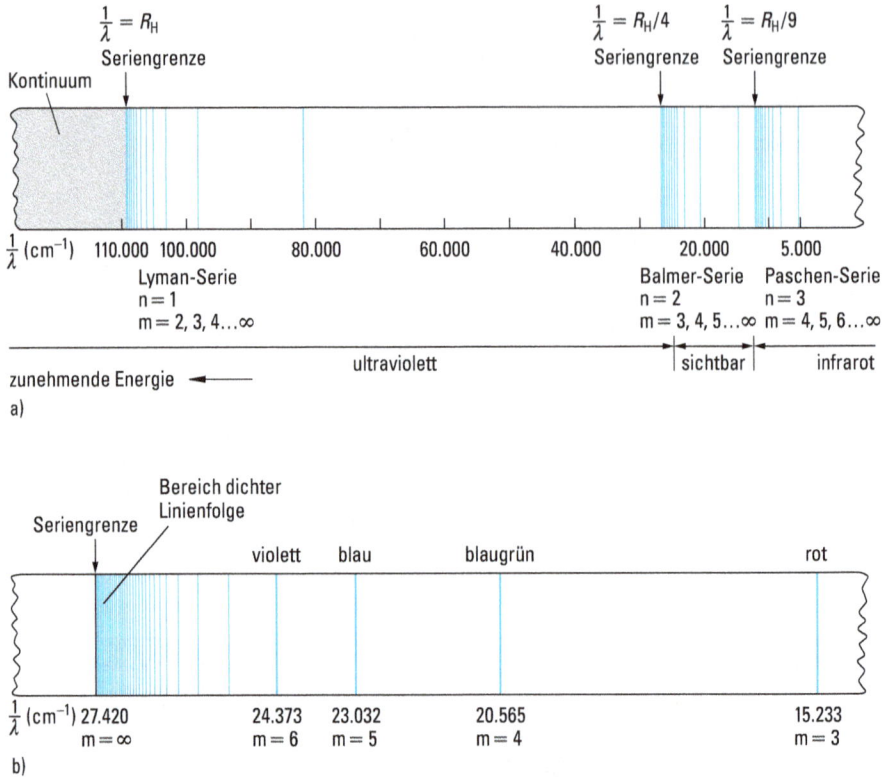

$\frac{1}{\lambda} = R_H$

Seriengrenze

Kontinuum

$\frac{1}{\lambda} = R_H/4$ $\frac{1}{\lambda} = R_H/9$

Seriengrenze   Seriengrenze

$\frac{1}{\lambda}$ (cm^{-1}) 110.000 100.000   80.000   60.000   40.000   20.000   5.000

Lyman-Serie   Balmer-Serie Paschen-Serie
n = 1   n = 2   n = 3
m = 2, 3, 4...∞   m = 3, 4, 5...∞ m = 4, 5, 6...∞

zunehmende Energie ◄——   ultraviolett | sichtbar | infrarot

a)

Bereich dichter
Linienfolge

Seriengrenze

violett blau   blaugrün   rot

$\frac{1}{\lambda}$ (cm^{-1}) 27.420   24.373 23.032   20.565   15.233
m = ∞   m = 6 m = 5   m = 4   m = 3

b)

Abb. 1.18: a) Das Linienspektrum von Wasserstoffatomen. Erhitzte Wasserstoffatome senden elektromagnetische Strahlen aus. Die emittierte Strahlung ist nicht kontinuierlich, es treten nur bestimmte Wellenlängen auf. Das Spektrum besteht daher aus Linien. Die Linien lassen sich zu Serien ordnen, in denen analoge Linienfolgen auftreten. Nach den Entdeckern werden sie als Lyman-, Balmer- und Paschen-Serie bezeichnet. Die Wellenzahlen $\frac{1}{\lambda}$ aller Linien gehorchen der Beziehung $\frac{1}{\lambda} = R_H \left(\frac{1}{n^2} - \frac{1}{m^2} \right)$. Für die Linien einer bestimmten Serie hat n den gleichen Wert.
b) Balmer-Serie des Wasserstoffspektrums. Die Wellenzahlen der Balmer-Serie gehorchen der Beziehung $\frac{1}{\lambda} = R_H \left(\frac{1}{4} - \frac{1}{m^2} \right)$ ($n = 2$; $m = 3, 4...∞$). Für große m-Werte wird die Folge der Linien sehr dicht. Die Seriengrenze ($m = ∞$) liegt bei $R_H/4$.

zur Berechnung der Wellenzahlen der Spektrallinien des Wasserstoffatoms eingeführt. Sobald ein Atom mehr als ein Elektron besitzt, passen die mit dem Bohr-Modell berechneten Linienpositionen nicht zu den gemessenen Spektren. Damit gilt für jede Atomsorte eine eigene Rydberg-Konstante. Die Rydberg-Konstante für ein Atom mit einem unendlich schweren punktförmigen Kern wird mit $R_∞$ bezeichnet ($R_∞$ = 109 737 cm^{-1}). Die Annahme eines unendlich schweren Kerns ist eine Näherung, die einen ruhenden Kern beschreibt. Ein endlich schwerer Kern vollführt aber unter dem Einfluss der Elektronen eine Bewegung, die eine Korrektur von R erfordert.

Der stabilste Zustand eines Atoms ist der Zustand niedrigster Energie. Er wird Grundzustand genannt. Aus Gl. (1.19) und Abb. 1.15 folgt, dass das Elektron des Wasser-

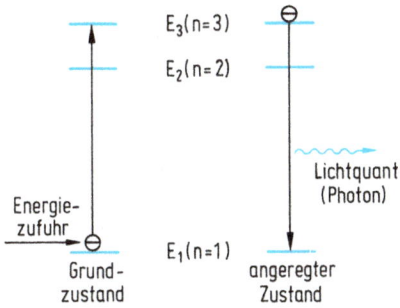

Abb. 1.19: Im Grundzustand befindet sich das Wasserstoffelektron auf dem niedrigsten Energieniveau. Angeregte Zustände entstehen, wenn das Elektron durch Energiezufuhr auf höhere Energieniveaus gelangt. Um auf das Energieniveau E_3 gelangen zu können, muss genau der Energiebetrag $E_3 - E_1$ zugeführt werden. Springt das Elektron von einem angeregten Zustand in den Grundzustand zurück, verliert es Energie. Diese Energie wird als Lichtquant abgegeben. Für den Übergang von E_3 nach E_1 ist die Wellenlänge des Photons durch $E_3 - E_1 = h\frac{c}{\lambda}$ gegeben.

stoffatoms sich dann im energieärmsten Zustand befindet, wenn die Quantenzahl $n = 1$ beträgt. Zustände mit den Quantenzahlen $n > 1$ sind weniger stabil als der Grundzustand, sie werden angeregte Zustände genannt. Das Elektron kann vom Grundzustand mit $n = 1$ auf ein Energieniveau mit $n > 1$ gelangen, wenn gerade der dazu erforderliche Energiebetrag zugeführt wird. Die Energie kann beispielsweise als Lichtenergie zugeführt werden. Umgekehrt wird beim Übergang eines Elektrons von einem angeregten Zustand ($n > 1$) auf den Grundzustand ($n = 1$) Energie in Form von Licht abgestrahlt.

Planck (1900) zeigte, dass ein System, das Strahlung abgibt, diese nicht in beliebigen Energiebeträgen abgeben kann, sondern nur als ganzzahliges Vielfaches von kleinsten Energiepaketen. Sie werden Photonen oder Lichtquanten genannt. Für Photonen gilt nach Planck-Einstein die Beziehung

$$E = h\nu \tag{1.22}$$

oder durch Kombination mit Gl. (1.20)

$$E = hc \cdot \frac{1}{\lambda} \tag{1.23}$$

Strahlung besitzt danach Teilchencharakter, und Licht einer bestimmten Wellenlänge kann immer nur als kleines Energiepaket, als Photon, aufgenommen oder abgegeben werden.

Beim Übergang eines Elektrons von einem höheren auf ein niedrigeres Energieniveau wird ein Photon einer bestimmten Wellenlänge ausgestrahlt. Dies zeigt schematisch Abb. 1.19. Das Spektrum von Wasserstoff entsteht also durch Elektronenüber-

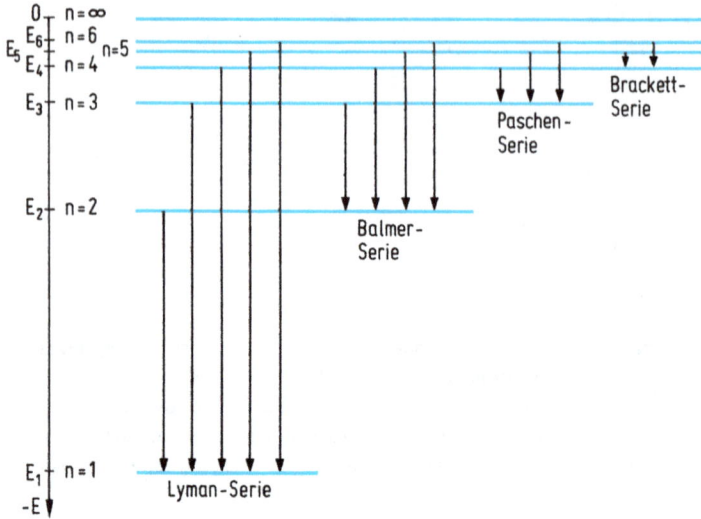

Abb. 1.20: Beim Übergang des Wasserstoffelektrons von einem Niveau höherer Energie auf ein Niveau niedrigerer Energie wird ein Lichtquant ausgesandt, dessen Wellenlänge durch die Energieänderung des Elektrons bestimmt wird: $\Delta E = h \frac{c}{\lambda}$. In der Abb. sind alle möglichen Elektronenübergänge zwischen den Energieniveaus bis $n = 6$ dargestellt.

gänge von den höheren Energieniveaus auf die niedrigeren Energieniveaus des Wasserstoffatoms. Die möglichen Übergänge sind in Abb. 1.20 dargestellt.

Beim Übergang eines Elektrons von einem Energieniveau E_2 mit der Quantenzahl $n = n_2$ auf ein Energieniveau E_1 mit der Quantenzahl $n = n_1$ wird nach Gl. (1.19) die Energie

$$E_2 - E_1 = \left(-\frac{m\,e^4}{8\,\varepsilon_0^2\,n_2^2\,h^2} \right) - \left(-\frac{m\,e^4}{8\,\varepsilon_0^2\,n_1^2\,h^2} \right)$$

frei. Eine Umformung ergibt

$$E_2 - E_1 = \frac{m\,e^4}{8\,\varepsilon_0^2\,h^2} \left(\frac{1}{n_1^2} - \frac{1}{n_2^2} \right) \tag{1.24}$$

Durch Kombination mit der Planck-Einstein-Gleichung (1.23) erhält man

$$\frac{1}{\lambda} = \frac{m\,e^4}{8\,\varepsilon_0^2\,h^3 c} \left(\frac{1}{n_1^2} - \frac{1}{n_2^2} \right) \qquad (n_2 > n_1) \tag{1.25}$$

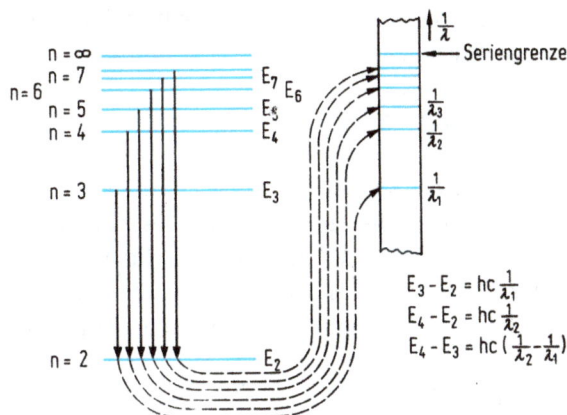

Abb. 1.21: Zusammenhang zwischen den Energieniveaus des H-Atoms und den Wellenzahlen der Balmerserie. Die Balmerserie entsteht durch Elektronenübergänge von Energieniveaus mit n = 3, 4, 5 ... auf das Energieniveau mit n = 2. Die Linienfolge spiegelt exakt die Lage der Energieniveaus wider. Die Differenzen der Wellenzahlen sind proportional den Differenzen der Energieniveaus. Die dichte Linienfolge an der Seriengrenze entspricht der dichten Folge der Energieniveaus bei großen n-Werten.

Gl. (1.25). Diese entspricht der experimentell gefundenen Gl. (1.21), wenn man $n_1 = n$, $n_2 = m$ und $R_\infty = \frac{m e^4}{8 \varepsilon_0^2 h^3 c}$ setzt. Auf der Basis von R_∞ kann die Rydberg-Konstante eines beliebigen Atoms unter Einbeziehung von dessen Elektronen- und Kernmasse berechnet werden. Dadurch weicht der Wert von R_H etwas von R_∞ ab (vgl. S. 34).

Mit der Bohr'schen Theorie lässt sich also für das Wasserstoffatom voraussagen, welche Spektrallinien auftreten dürfen und welche Wellenlängen diese Spektrallinien haben müssen. Dies ist eine Bestätigung dafür, dass die Energiezustände des Elektrons im Wasserstoffatom durch die Gl. (1.19) richtig beschrieben werden. Den Zusammenhang zwischen den Energieniveaus des H-Atoms und den Wellenzahlen des Wasserstoffspektrums zeigt anschaulich Abb. 1.21.

Das Bild eines Elektrons, das den Kern auf einer genau festgelegten Bahn umkreist – so wie der Mond die Erde umkreist – war leicht zu verstehen und die theoretische Deutung des Wasserstoffspektrums war ein großer Erfolg der Bohr'schen Theorie. Nach und nach wurde aber klar, dass die Bohr'sche Theorie nicht ausreichte. Es gelang z. B. nicht, die Spektren von Atomen mit mehreren Elektronen zu erklären. Erst in den zwanziger Jahren schufen de Broglie, Heisenberg, Schrödinger u. a. die Grundlagen für das leistungsfähigere wellenmechanische Atommodell.

1.4.3 Die Unbestimmtheitsbeziehung

Heisenberg stellt 1927 die Unbestimmtheitsbeziehung auf. Sie besagt, dass es unmöglich ist, den Impuls und den Aufenthaltsort eines Elektrons gleichzeitig zu bestimmen.

Das Produkt aus der Unbestimmtheit des Ortes Δx und der Unbestimmtheit des Impulses $\Delta(m\,v)$ hat die Größenordnung der Planck-Konstante.

$$\Delta x \cdot \Delta(m\,v) \approx h$$

Wir wollen die Unbestimmtheitsbeziehung auf die Bewegung des Elektrons im Wasserstoffatom anwenden. Nach der Bohr'schen Theorie beträgt die Geschwindigkeit des Wasserstoffelektrons im Grundzustand $v = 2{,}18 \cdot 10^6$ m s^{-1} (vgl. Abschn. 1.4.1). Dieser Wert sei uns mit einer Genauigkeit von etwa 1 % bekannt. Die Unbestimmtheit der Geschwindigkeit Δv beträgt also 10^4 m s^{-1}. Für die Unbestimmtheit des Ortes gilt

$$\Delta x = \frac{h}{m\,\Delta v}$$

Durch Einsetzen der Zahlenwerte erhalten wir

$$\Delta x = \frac{6{,}6 \cdot 10^{-34} \text{ kg m}^2 \text{ s}^{-1}}{9{,}1 \cdot 10^{-31} \text{ kg} \cdot 10^4 \text{ ms}^{-1}}$$

$$\Delta x = 0{,}7 \cdot 10^{-7} \text{ m}.$$

Die Unbestimmtheit des Ortes beträgt 70 nm und ist damit mehr als tausendmal größer als der Radius der ersten Bohr'schen Kreisbahn, der nur 0,053 nm beträgt (vgl. Abschn. 1.4.1). Bei genau bekannter Geschwindigkeit ist der Aufenthaltsort des Elektrons im Atom vollkommen unbestimmt.

Bei makroskopischen Körpern ist die Masse so groß, dass Geschwindigkeit und Ort scharfe Werte haben (Grenzfall der klassischen Mechanik). Zum Beispiel erhält man für $m = 1$ g

$$\Delta x \cdot \Delta v = 6{,}6 \cdot 10^{-31} \text{ m}^2 \text{ s}^{-1}$$

Im Bohr'schen Atommodell stellt man sich das Elektron als Teilchen vor, das sich auf seiner Bahn von Punkt zu Punkt mit einer bestimmten Geschwindigkeit bewegt. Nach der Unbestimmtheitsrelation ist dieses Bild falsch. Zu einem bestimmten Zeitpunkt kann dem Elektron kein bestimmter Ort zugeordnet werden, es ist im gesamten Raum des Atoms anzutreffen. Daher müssen wir uns vorstellen, dass das Elektron an einem bestimmten Ort des Atoms nur mit einer gewissen Wahrscheinlichkeit anzutreffen ist. Dieser Beschreibung des Elektrons entspricht die Vorstellung einer über das Atom verteilten Elektronenwolke. Die Gestalt der Elektronenwolke gibt den Raum an, in dem sich das Elektron mit größter Wahrscheinlichkeit aufhält.

Abb. 1.22 zeigt die Elektronenwolke des Wasserstoffelektrons im Grundzustand. Sie ist kugelsymmetrisch. An Stellen mit großer Aufenthaltswahrscheinlichkeit des Elektrons hat die Ladungswolke eine größere Dichte, die anschaulich durch eine größere Punktdichte dargestellt wird. Die Ladungswolke hat nach außen keine scharfe

Bohr'sches Wasserstoffatom
mit einer Elektronenbahn

Ladungswolke des
Wasserstoffelektrons

Das Wasserstoffelektron als
Kugel, die 99 % der Gesamtladung des Elektrons enthält.

Abb. 1.22: Verschiedene Darstellungen des Elektrons eines Wasserstoffatoms im Grundzustand.

Begrenzung. Die Grenzfläche in Abb. 1.22 ist willkürlich gewählt. Sie umschließt eine Kugel, die 99 % der Gesamtladung des Elektrons enthält. Man darf aber nicht vergessen, dass das Elektron sich mit einer gewissen Wahrscheinlichkeit auch außerhalb dieser Kugel aufhalten kann.

Die räumliche Ladungsverteilung kann rechnerisch ermittelt werden. Diese Rechnungen zeigen, dass die Elektronenwolken nicht immer kugelsymmetrisch sind, und wir werden im Abschn. 1.4.5 andere, kompliziertere Ladungsverteilungen kennenlernen.

1.4.4 Der Wellencharakter von Elektronen

Eine weitere für das Verständnis des Atombaus grundlegende Entdeckung gelang de Broglie (1924). Er postulierte, dass jedes bewegte Teilchen Welleneigenschaften besitzt. Zwischen der Wellenlänge λ und dem Impuls p des Teilchens besteht die Beziehung

$$\lambda = \frac{h}{p} = \frac{h}{mv} \tag{1.26}$$

Elektronen der Geschwindigkeit $v = 2 \cdot 10^6 \ \mathrm{m\,s^{-1}}$ zum Beispiel haben die Wellenlänge $\lambda = 0,333$ nm. Diese Wellenlänge liegt im Bereich der Röntgenstrahlen (vgl. Abb. 1.17). Die Welleneigenschaften von Elektronen konnten durch Beugungsexperimente an Kristallen nachgewiesen werden. Mit Elektronenstrahlen erhält man Beugungsbilder wie mit Röntgenstrahlen.

Elektronen können also je nach den experimentellen Bedingungen sowohl Welleneigenschaften zeigen als auch sich wie kleine Partikel verhalten. Welleneigenschaften und Partikeleigenschaften sind komplementäre Beschreibungen des Elektronenverhaltens.

Wie können wir uns nach diesem Bild ein Elektron im Atom vorstellen? Nach de Broglie muss es im Atom Elektronenwellen geben. Das Elektron befindet sich aber nur

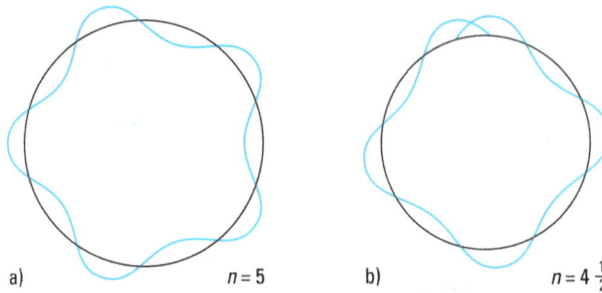

a) $n = 5$ b) $n = 4\frac{1}{2}$

Abb. 1.23: a) Eindimensionale stehende Elektronenwelle auf einer Bohr'schen Bahn. Die Bedingung für eine stehende Welle ist $n\lambda = 2r\pi$ ($n = 1, 2, 3 \ldots$). b) Die Bedingung für eine stehende Welle ist nicht erfüllt.

dann in einem stabilen Zustand, wenn die Elektronenwelle zeitlich unveränderlich ist.

Eine zeitlich unveränderliche Welle ist eine stehende Welle. Eine nicht stehende Elektronenwelle würde sich durch Interferenz zerstören, sie ist instabil (Abb. 1.23). Stehende Elektronenwellen können sich auf einer Bohr'schen Kreisbahn nur dann ausbilden, wenn der Umfang der Kreisbahn ein ganzzahliges Vielfaches der Wellenlänge ist (Abb. 1.23):

$$n\lambda = 2\pi r$$

Ersetzt man λ durch Gl. (1.26) und formt um, folgt

$$\frac{nh}{2\pi} = m\upsilon r$$

Man erhält also die von Bohr willkürlich postulierte Quantelung des Drehimpulses (vgl. Abschn. 1.4.1).

Wir sehen also, dass sowohl das Auftreten der Quantenzahl n als auch die Unbestimmtheit des Aufenthaltsortes eines Elektrons im Atom eine Folge der Welleneigenschaften von Elektronen sind.

1.4.5 Atomorbitale und Quantenzahlen des Wasserstoffatoms

Im vorangehenden Abschnitt sahen wir, dass die Entdeckung der Welleneigenschaften von Elektronen dazu zwang, die Vorstellung aufzugeben, dass Elektronen in Atomen sich als winzige starre Körper um den Kern bewegen. Wir sahen weiter, dass wir das Elektron als eine diffuse Wolke veränderlicher Ladungsdichte betrachten können. Die Position des Elektrons im Atom wird als Wahrscheinlichkeitsdichte oder Elektronendichte diskutiert. Dies bedeutet, dass an jedem Ort des Atoms das Elektron nur mit einer bestimmten Wahrscheinlichkeit anzutreffen ist. Im Bereich großer Ladungsdichten ist diese Wahrscheinlichkeit größer als dort, wo die Ladungsdichten klein sind.

Elektronenwolken sind dreidimensional schwingende Systeme, deren mögliche Schwingungszustände dreidimensionale stehende Wellen sind. Die Welleneigenschaften des Elektrons können mit einer von Schrödinger aufgestellten Wellengleichung, der Schrödinger-Gleichung, beschrieben werden. Sie ist für das Wasserstoffatom exakt lösbar, für andere Atome sind nur Näherungslösungen möglich. Durch Lösen der Schrödinger-Gleichung erhält man für das Wasserstoffelektron eine begrenzte Anzahl erlaubter Schwingungszustände, die dazu gehörenden räumlichen Ladungsverteilungen und Energien. Diese erlaubten Zustände sind durch drei Quantenzahlen festgelegt (vgl. Abschn. 1.4.6). Die Quantenzahlen ergeben sich bei der Lösung der Schrödinger-Gleichung und müssen nicht wie beim Bohr'schen Atommodell willkürlich postuliert werden. Eine vierte Quantenzahl ist erforderlich, um die speziellen Eigenschaften eines Elektrons zu berücksichtigen, die beobachtet werden, wenn es sich in einem Magnetfeld befindet.

Wir wollen nun die Ergebnisse des wellenmechanischen Modells des Wasserstoffatoms im Einzelnen diskutieren.

Die Hauptquantenzahl *n*

n kann die ganzzahligen Werte 1, 2, 3, 4, ..., ∞ annehmen. Die Hauptquantenzahl *n* bestimmt die möglichen Energieniveaus des Elektrons im Wasserstoffatom. In Übereinstimmung mit der Bohr'schen Theorie (Gl. 1.19) gilt die Beziehung

$$E_n = -\frac{m\,e^4}{8\,\varepsilon_0^2\,h^2}\,\frac{1}{n^2}$$

Die durch die Hauptquantenzahl *n* festgelegten Energieniveaus werden Schalen genannt. Die Schalen werden mit den großen Buchstaben K, L, M, N, O usw. bezeichnet.

n	Schale	Energie	
1	K	E_1	Grundzustand
2	L	$\frac{1}{4}E_1$	
3	M	$\frac{1}{9}E_1$	
4	N	$\frac{1}{16}E_1$	angeregter Zustände
5	O	$\frac{1}{25}E_1$	

Befindet sich das Elektron auf der K-Schale (*n* = 1), dann ist das H-Atom im energieärmsten Zustand. Der energieärmste Zustand wird Grundzustand genannt, in diesem liegen H-Atome normalerweise vor. Die Energie des Grundzustands beträgt für das

Wasserstoffatom E_1 = −13,6 eV. Zustände höherer Energie ($n > 1$) nennt man angeregte Zustände.

Je größer n wird, umso dichter aufeinander folgen die Energieniveaus (vgl. Abb. 1.15). Führt man dem Elektron so viel Energie zu, dass es nicht mehr in einen angeregten Quantenzustand gehoben wird, sondern das Atom verlässt, entsteht ein positives Ion und ein freies Elektron. Die Mindestenergie, die dazu erforderlich ist, nennt man Ionisierungsenergie. Die Ionisierungsenergie des Wasserstoffatoms beträgt 13,6 eV.

Die Nebenquantenzahl *l*

n und l sind durch die Beziehung $l \leqq n - 1$ verknüpft. l kann also die Werte 0, 1, 2, 3, ..., $n - 1$ annehmen. Diese Quantenzustände werden als s-, p-, d-, f-Zustände bezeichnet. (Die Bezeichnungen stammen aus der Spektroskopie, und die Buchstaben s, p, d, f sind abgeleitet von sharp, principal, diffuse, fundamental.)

Schale	K	L	M	N
n	1	2	3	4
l	0	0 1	0 1 2	0 1 2 3
Bezeichnung	s	s p	s p d	s p d f

Die K-Schale besteht nur aus s-Zuständen, die L-Schale aus s- und p-Zuständen, die M-Schale aus s-, p-, d-, die N-Schale aus s-, p-, d- und f-Niveaus.

Die magnetische Quantenzahl m_l

m_l kann Werte von $-l$ bis $+l$ annehmen. Die Anzahl der m_l-Werte gibt also an, wie viele s-, p-, d-, f-Zustände existieren.

l	m_l	Anzahl der Zustände $2l + 1$
0	0	ein s-Zustand
1	−1 0 +1	drei p-Zustände
2	−2 −1 0 +1 +2	fünf d-Zustände
3	−3 −2 −1 0 +1 +2 +3	sieben f-Zustände

Die Nebenquantenzahl, auch Bahndrehimpulsquantenzahl genannt, bestimmt die Größe des Bahndrehimpulses L. Er beträgt $L = \sqrt{l(l + 1)}\,\frac{h}{2\pi}$. Bei Anlegen eines Magnetfeldes gibt es nicht beliebige, sondern nur $2l + 1$ Orientierungen des Bahndrehimpulsvektors zum Magnetfeld. Die Komponenten des Bahndrehimpulsvektors in Feldrichtung können nur die Werte $\frac{h}{2\pi}\,m_l$ annehmen. Sie betragen also für s-Elektronen 0, für

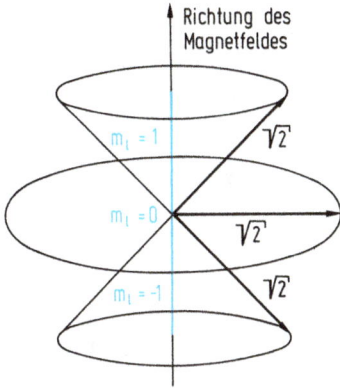

Abb. 1.24: Für p-Elektronen beträgt der Bahndrehimpuls $L = \sqrt{2}\frac{h}{2\pi}$. Es gibt drei Orientierungen des Bahndrehimpulsvektors zum Magnetfeld, deren Projektionen in Feldrichtung zu den m_l-Werten −1, 0, +1 führen.

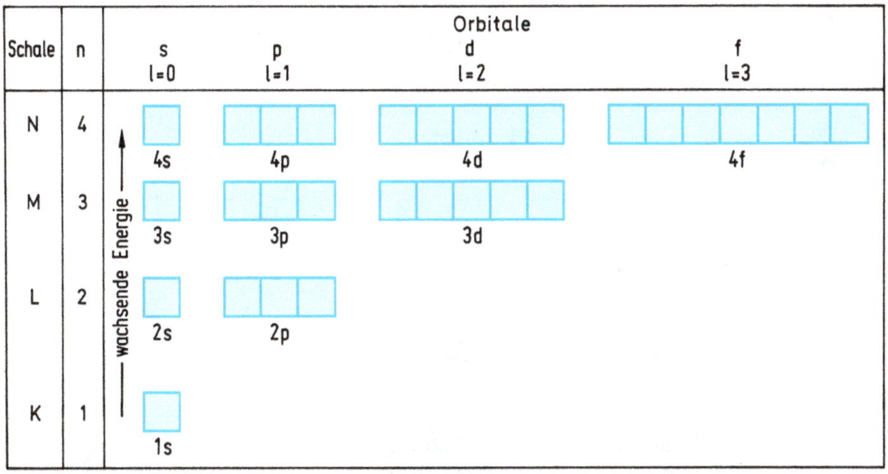

Abb. 1.25: Die möglichen Atomorbitale des Wasserstoffatoms bis $n = 4$. Ein AO ist als Kästchen dargestellt. Die Bezeichnung des AOs ist darunter gesetzt. Alle Atomorbitale einer Schale haben dieselbe Energie, sie sind entartet. Die Lage der Energieniveaus der Schalen ist nur schematisch angedeutet. Maßstäblich richtig ist die Lage der Energieniveaus in der Abbildung 1.15 dargestellt.

p-Elektronen $-\frac{h}{2\pi}$, 0, $+\frac{h}{2\pi}$ (Abb. 1.24). Im Magnetfeld wird dadurch z. B. die Entartung der p-Zustände aufgehoben. p-Zustände spalten im Magnetfeld symmetrisch in drei spektroskopisch nachweisbare Zustände unterschiedlicher Energie auf (Zeemann-Effekt). Daher wird m_l magnetische Quantenzahl genannt.

Die durch die drei Quantenzahlen n, l und m_l charakterisierten Quantenzustände werden als Atomorbitale bezeichnet (abgekürzt AO). n, l, m_l werden daher Orbitalquantenzahlen genannt.

Abb. 1.25 zeigt für die ersten vier Schalen des Wasserstoffatoms die möglichen Atomorbitale und ihre energetische Lage. Ein Atomorbital ist als Kästchen dargestellt, die Bezeichnung des Orbitals darunter gesetzt.

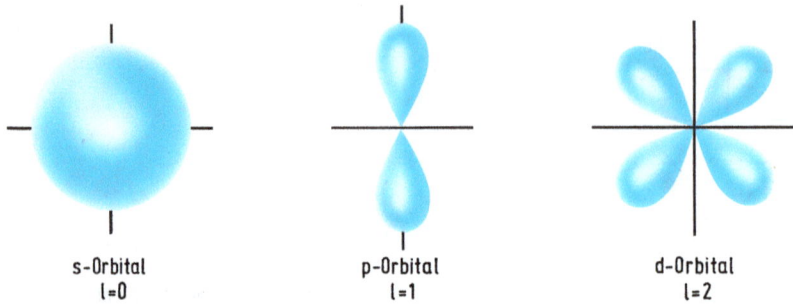

s-Orbital	p-Orbital	d-Orbital
$l=0$	$l=1$	$l=2$

Abb. 1.26: Die Nebenquantenzahl l bestimmt die Gestalt der Orbitale. s-Orbitale sind kugelsymmetrisch, p-Orbitale zweiteilig hantelförmig, d-Orbitale vierteilig rosettenförmig. Die graphische Darstellung des p- und des d-Orbitals ist vereinfacht. Die wirkliche Ausdehnung der Ladungswolke z. B. für p-Orbitale zeigt die Abb. 1.35.

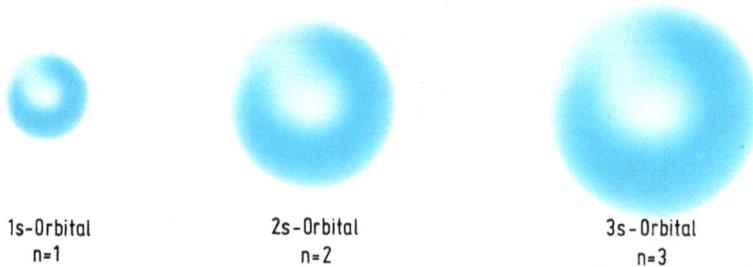

1s-Orbital	2s-Orbital	3s-Orbital
$n=1$	$n=2$	$n=3$

Abb. 1.27: Die Hauptquantenzahl n bestimmt die Größe des Orbitals.

Die Energie der Orbitale nimmt im Wasserstoffatom in der angegebenen Reihenfolge zu: 1s < 2s = 2p < 3s = 3p = 3d < 4s = 4p = 4d = 4f. Zustände mit gleicher Energie nennt man entartet. Zum Beispiel sind das 2s-Orbital und die drei 2 p-Orbitale entartet, da die Energie der Orbitale im Wasserstoffatom nur von der Hauptquantenzahl n abhängt.

Die Atomorbitale unterscheiden sich hinsichtlich der Größe, Gestalt und räumlichen Orientierung ihrer Ladungswolken. Diese Eigenschaften sind mit den Orbitalquantenzahlen verknüpft.

Die Hauptquantenzahl n bestimmt die Größe des Orbitals.

Die Nebenquantenzahl l gibt Auskunft über die Gestalt eines Orbitals.

Die magnetische Quantenzahl m_l beschreibt die Orientierung des Orbitals im Raum.

Die Orbitale können graphisch dargestellt werden, und wir werden diese Orbitalbilder bei der Diskussion der chemischen Bindung benutzen.

Die s-Orbitale haben eine kugelsymmetrische Ladungswolke. Bei den p-Orbitalen ist die Elektronenwolke zweiteilig hantelförmig, bei den d-Orbitalen rosettenförmig (Abb. 1.26). Mit wachsender Hauptquantenzahl nimmt die Größe des Orbitals zu (Abb. 1.27).

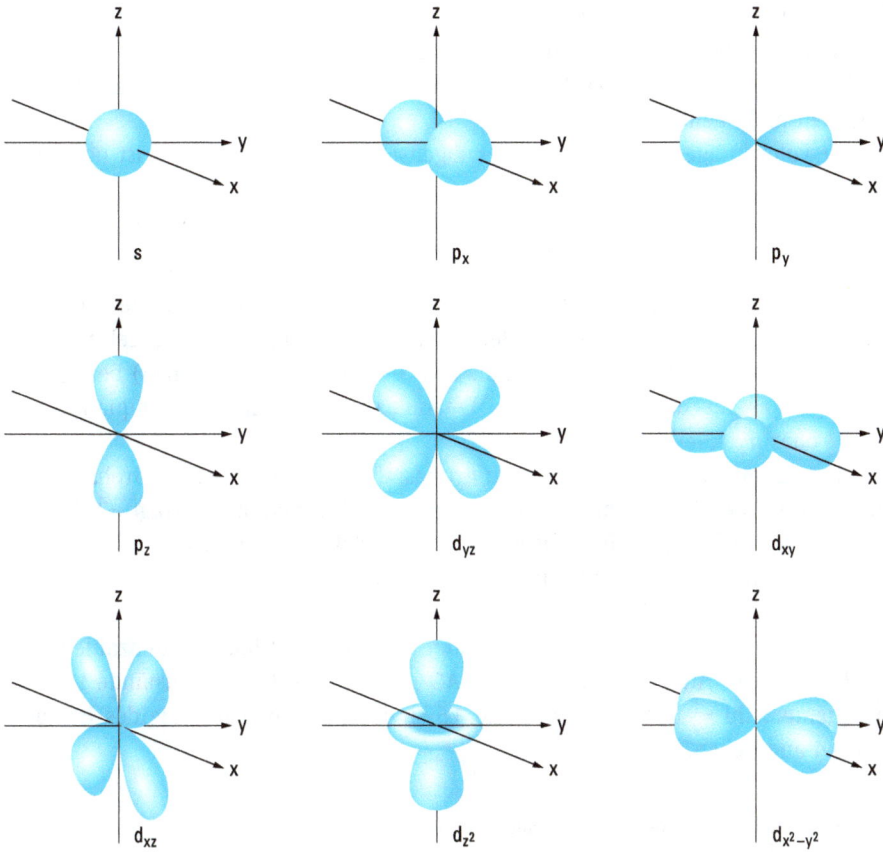

Abb. 1.28: Gestalt und räumliche Orientierung der s-, p- und d-Orbitale. s-Orbitale sind kugelsymmetrisch. Sie haben keine räumliche Vorzugsrichtung. p-Orbitale sind hantelförmig. Beim p_x-Orbital
liegen die Hanteln in Richtung der x-Achse; die x-Achse ist die Richtung größter Elektronendichte.
Entsprechend hat das p_y-Orbital eine maximale Elektronendichte in y-Richtung, das p_z-Orbital in
z-Richtung. Die d-Orbitale sind rosettenförmig. In den Zeichnungen ist nicht die exakte Elektronendichteverteilung dargestellt. Bei 3p-Orbitalen z. B. hat die Elektronenwolke nicht nur eine größere
Ausdehnung als bei 2p-Orbitalen, sondern auch eine etwas andere Form. Allen p-Orbitalen jedoch ist
gemeinsam, dass ihre Form hantelförmig ist und dass die maximale Elektronendichte in Richtung der
x-, y- und z-Achse liegt. Die in der Abbildung dargestellten p-Orbitale können daher zur qualitativen
Beschreibung aller p-Orbitale benutzt werden. Entsprechendes gilt für die s- und d-Orbitale. (Genauer
ist die Darstellung von Orbitalen in Abschn. 1.4.6 behandelt. Die Vorzeichen der Orbitallappen sind in
der Abb. 1.34 angegeben. Zur Ursache für die abweichende Gestalt des d_{z^2}-Orbitals siehe Legende von
Tab. 1.7).

In der Abb. 1.28 sind die Gestalten und räumlichen Orientierungen der s-, p- und
d-Orbitale dargestellt. Für die kugelsymmetrischen s-Orbitale gibt es nur eine räumliche Orientierung. Die drei hantelförmigen p-Orbitale liegen in Richtung der x-, y-
und z-Achse des kartesischen Koordinatensystems. Sie werden demgemäß als p_x-,

p_y- bzw. p_z-Orbital bezeichnet. Die räumliche Orientierung und die zugehörige Bezeichnung der d-Orbitale sind aus der Abb. 1.28 zu ersehen.

Auf Bilder von f-Orbitalen kann verzichtet werden, da sie bei den weiteren Diskussionen nicht benötigt werden.

Zur vollständigen Beschreibung der Eigenschaften eines Elektrons ist noch eine vierte Quantenzahl erforderlich.

Die magnetische Spinquantenzahl m_s

Elektronen besitzen eine Eigendrehung, einen Spin. Anschaulich kann man sich vorstellen, dass es zwei Möglichkeiten der Eigenrotation gibt, eine Linksdrehung oder eine Rechtsdrehung, manchmal auch als spin up (↑) oder spin down (↓) bezeichnet. Daher gibt es für das Elektron zwei Quantenzustände mit der Spinquantenzahl $m_s = +\frac{1}{2}$ oder $m_s = -\frac{1}{2}$.

Im Magnetfeld gibt es zwei Orientierungsmöglichkeiten des Eigendrehimpulses zur Richtung der Feldlinien. Die Komponente in Feldrichtung beträgt $+\frac{1}{2}\frac{h}{2\pi}$ oder $-\frac{1}{2}\frac{h}{2\pi}$. Daher spaltet z. B. ein s-Zustand im Magnetfeld symmetrisch in zwei energetisch unterschiedliche Zustände auf.

Aus den erlaubten Kombinationen der vier Quantenzahlen erhält man die Quantenzustände des Wasserstoffatoms. Jede Kombination der Orbitalquantenzahlen (n, l, m_l) definiert ein Atomorbital. Für jedes AO gibt es zwei Quantenzustände mit der Spinquantenzahl $+\frac{1}{2}$ und $-\frac{1}{2}$. In der Tab. 1.5 sind die Quantenzustände des H-Atoms bis $n = 4$ angegeben.

Tab. 1.5: Quantenzustände des Wasserstoffatoms bis $n = 4$.

Schale	n	l	Orbital-typ	m_l	Anzahl der Orbitale	m_s	Anzahl der Quanten-zustände	
K	1	0	1s	0	1	±1/2	2	2
L	2	0	2s	0	1	±1/2	2	8
		1	2p	−1 0 +1	3	±1/2	6	
M	3	0	3s	0	1	±1/2	2	
		1	3p	−1 0 +1	3	±1/2	6	18
		2	3d	−2 −1 0 +1 +2	5	±1/2	10	
N	4	0	4s	0	1	±1/2	2	
		1	4p	−1 0 +1	3	±1/2	6	32
		2	4d	−2 −1 0 +1 +2	5	±1/2	10	
		3	4f	−3 −2 −1 0 +1 +2 +3	7	±1/2	14	

Im Grundzustand besetzt das Elektron des Wasserstoffatoms einen 1s-Zustand, alle anderen Orbitale sind unbesetzt. Durch Energiezufuhr kann das Elektron Orbitale höherer Energien besetzen.

1.4.6 Die Wellenfunktion, Eigenfunktionen des Wasserstoffatoms

In diesem Abschnitt soll die Besprechung des wellenmechanischen Atommodells vertieft werden.

Da ein Elektron Welleneigenschaften besitzt, kann man die Elektronenzustände im Atom mit einer Wellenfunktion $\psi(x, y, z)$ beschreiben. ψ ist eine Funktion der Raumkoordinaten x, y, z und kann positive, negative oder imaginäre Werte annehmen. Die Wellenfunktion ψ selbst hat keine anschauliche Bedeutung. Eine anschauliche Bedeutung hat aber das Quadrat des Absolutwertes der Wellenfunktion $|\psi|^2$. Das Produkt $|\psi|^2 \, dV$ ist ein Maß für die Wahrscheinlichkeit, das Elektron zu einem bestimmten Zeitpunkt im Volumenelement dV anzutreffen. Die Elektronendichteverteilung im Atom, die Ladungswolke, steht also in Beziehung zu $|\psi|^2$. Je größer $|\psi|^2$ ist, ein umso größerer Anteil des Elektrons ist im Volumenelement dV vorhanden. An Stellen mit $|\psi|^2 = 0$ ist auch die Ladungsdichte null. Die Änderung von $|\psi|^2$ als Funktion der Raumkoordinaten beschreibt, wie die Ladungswolke im Atom verteilt ist.

In der von Schrödinger 1926 veröffentlichten und nach ihm benannten Schrödinger-Gleichung sind die Wellenfunktion ψ und die Elektronenenergie E miteinander verknüpft.

$$\frac{\partial^2 \psi}{\partial x^2} + \frac{\partial^2 \psi}{\partial y^2} + \frac{\partial^2 \psi}{\partial z^2} + \frac{8\,\pi^2\,m}{h^2}\,(E - V)\,\psi = 0$$

Es bedeuten: V potentielle Energie des Elektrons, m Masse des Elektrons, h Planck-Konstante, E Elektronenenergie für eine bestimmte Wellenfunktion ψ. Diejenigen Wellenfunktionen, die Lösungen der Schrödinger-Gleichung sind, werden Eigenfunktionen genannt; die Energiewerte, die zu den Eigenfunktionen gehören, nennt man Eigenwerte. Die Eigenfunktionen beschreiben also die möglichen stationären Schwingungszustände im Wasserstoffatom.

Die Schrödinger-Gleichung kann für das Wasserstoffatom exakt gelöst werden, für Mehrelektronenatome sind nur Näherungslösungen möglich. Die Wasserstoffeigenfunktionen haben die allgemeine Form

$$\psi_{n,\,l,\,m_l} = \underset{\text{Normierungskonstante}}{[N]} \cdot \underset{\text{radiusabhängiger Anteil}}{[R_{n,\,l}(r)]} \cdot \underset{\text{winkelabhängiger Anteil}}{[\chi_{l,\,m_l}(\vartheta,\varphi)]}$$

N ist eine Normierungskonstante. Ihr Wert ist durch die Bedingung $\int |\psi|^2 \, dV = 1$ festgelegt. Dies bedeutet, dass die Wahrscheinlichkeit, das Elektron irgendwo im Raum anzutreffen, gleich 1 sein muss. Wellenfunktionen, für die diese Bedingung erfüllt ist, heißen normierte Funktionen. Bei normierten Funktionen gibt $|\psi|^2$ die absolute Wahrscheinlichkeit an, das Elektron an der Stelle x, y, z anzutreffen.

Die Wellenfunktion ψ wird im allgemeinen nicht als Funktion der kartesischen Koordinaten x, y, z angegeben, sondern als Funktion der Polarkoordinaten r, ϑ, φ. Die Polarkoordinaten eines beliebigen Punktes P erhält man aus den kartesischen Koor-

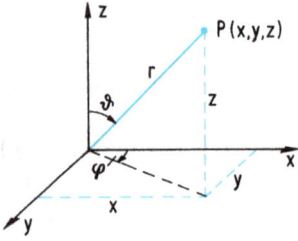

Abb. 1.29: Zusammenhang zwischen den kartesischen Koordinaten x, y, z und den Polarkoordinaten r, φ, ϑ eines Punktes P.

dinaten durch eine Transformation nach folgenden Gleichungen, die sich aus der Abb. 1.29 ergeben.

$$x = r \sin \vartheta \cos \varphi \qquad y = r \sin \vartheta \sin \varphi \qquad z = r \cos \vartheta$$

$R_{n,l}(r)$ wird Radialfunktion genannt. $|R_{n,l}(r)|^2$ gibt die Wahrscheinlichkeit an, mit der man das Elektron in beliebiger Richtung im Abstand r vom Kern antrifft. Durch die Radialfunktion wird die Ausdehnung der Ladungswolke des Elektrons bestimmt (vgl. Abb. 1.31 und 1.32).

Die Winkelfunktion $\chi_{l,m_l}(\vartheta,\varphi)$ gibt den Faktor an, mit dem man die Radialfunktion R in der durch ϑ und φ gegebenen Richtung multiplizieren muss, um den Wert von ψ zu erhalten. Dieser Faktor ist unabhängig von r. χ bestimmt also die Gestalt und räumliche Orientierung der Ladungswolke. Die Winkelfunktion χ wird auch Kugelflächenfunktion genannt, da χ die Änderung von ψ auf der Oberfläche einer Kugel vom Radius r angibt. Kugelflächenfunktionen sind in der Abb. 1.34 dargestellt.

Die Wasserstoffeigenfunktionen ψ_{n,l,m_l} werden Orbitale genannt. Die Orbitale sind mit den Quantenzahlen n, l, m_l verknüpft. ψ_{n,l,m_l} kann nur dann eine Eigenfunktion sein, wenn für die Quantenzahlen die folgenden Bedingungen gelten.

Hauptquantenzahl: $\qquad n = 1, 2, 3, ...$
Nebenquantenzahl: $\qquad l \leq n - 1$
Magnetische Quantenzahl: $\quad -l \leq m_l \leq +l$

Bei der Lösung der Schrödinger-Gleichung erhält man die zu den Eigenfunktionen gehörenden Eigenwerte der Energie

$$E_n = -\frac{1}{n^2} \frac{m e^4}{8 \varepsilon_0^2 h^2}$$

Die Eigenwerte hängen nur von der Hauptquantenzahl n ab. Für jeden Eigenwert gibt es n^2 entartete Eigenfunktionen (vgl. Abschn. 1.4.5). Einige Wasserstoffeigenfunktionen sind in der Tab. 1.6 angegeben.

s-Orbitale besitzen eine konstante Winkelfunktion, sie sind daher kugelsymmetrisch. Verschiedene Möglichkeiten der Darstellung des 1s-Orbitals sind in der Abb. 1.30 wiedergegeben.

Tab. 1.6: Einige Eigenfunktionen des Wasserstoffatoms.
(Die Winkelfunktionen sind in Polarkoordinaten und kartesischen Koordinaten angegeben)

Quantenzahlen			Orbital	Eigenwert	Normierte Radialfunktion	Normierte Winkelfunktion	
n	l	m_l		E_n	$R_{n,l}(r)$	$\chi_{l,m_l}(\vartheta,\varphi)$	$\chi_{l,m_l}\left(\frac{x}{r},\frac{y}{r},\frac{z}{r}\right)$
1	0	0	1s	E_1	$\frac{2}{\sqrt{a_0^3}}\,e^{-\frac{r}{a_0}}$	$\frac{1}{2\sqrt{\pi}}$	$\frac{1}{2\sqrt{\pi}}$
2	0	0	2s	$E_2=\frac{E_1}{4}$	$\frac{1}{2\sqrt{2a_0^3}}\left(2-\frac{r}{a_0}\right)e^{-\frac{r}{2a_0}}$	$\frac{1}{2\sqrt{\pi}}$	$\frac{1}{2\sqrt{\pi}}$
2	1	1	$2p_x$	$E_2=\frac{E_1}{4}$	$\frac{1}{2\sqrt{6a_0^3}}\frac{r}{a_0}\,e^{-\frac{r}{2a_0}}$	$\frac{\sqrt{3}}{2\sqrt{\pi}}\sin\vartheta\cos\varphi$	$\frac{\sqrt{3}}{2\sqrt{\pi}}\frac{x}{r}$
2	1	0	$2p_z$	$E_2=\frac{E_1}{4}$	$\frac{1}{2\sqrt{6a_0^3}}\frac{r}{a_0}\,e^{-\frac{r}{2a_0}}$	$\frac{\sqrt{3}}{2\sqrt{\pi}}\cos\vartheta$	$\frac{\sqrt{3}}{2\sqrt{\pi}}\frac{z}{r}$
2	1	−1	$2p_y$	$E_2=\frac{E_1}{4}$	$\frac{1}{2\sqrt{6a_0^3}}\frac{r}{a_0}\,e^{-\frac{r}{2a_0}}$	$\frac{\sqrt{3}}{2\sqrt{\pi}}\sin\vartheta\sin\varphi$	$\frac{\sqrt{3}}{2\sqrt{\pi}}\frac{y}{r}$

a_0 ist der Bohr-Radius (vgl. Gl. 1.17). Er beträgt $a_0=\frac{h^2\varepsilon_0}{\pi m e^2}$. Die Indizes der p-Orbitale x, y bzw. z entsprechen den Winkelfunktionen dieser Orbitale, angegeben in kartesischen Koordinaten. Ganz entsprechend ist z. B. beim d_{xy}-Orbital die Winkelfunktion proportional xy und beim $d_{x^2-y^2}$-Orbital proportional x^2-y^2 (vgl. Tab. 1.7).

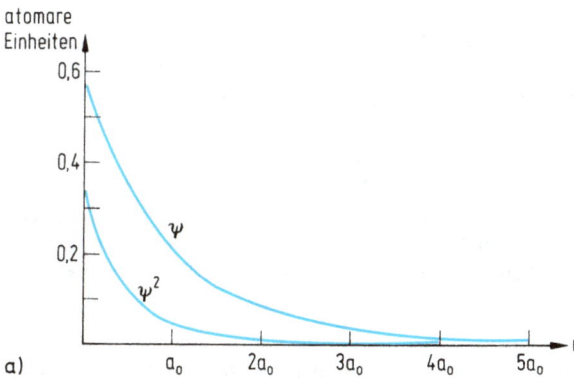

Abb. 1.30: a) Darstellung von $\psi(r)$ und $\psi^2(r)$ des 1s-Orbitals von Wasserstoff $\psi=\frac{1}{\sqrt{\pi a_0^3}}\,e^{-\frac{r}{a_0}}$.
Der Abstand r ist in Einheiten des Bohr'schen Radius a_0 angegeben ($a_0=0{,}529\cdot10^{-10}$ m).
ψ nimmt mit wachsendem Abstand exponentiell ab. Die Aufenthaltswahrscheinlichkeit ψ^2 erreicht auch bei sehr großen Abständen nicht null.

b)

c)

d)

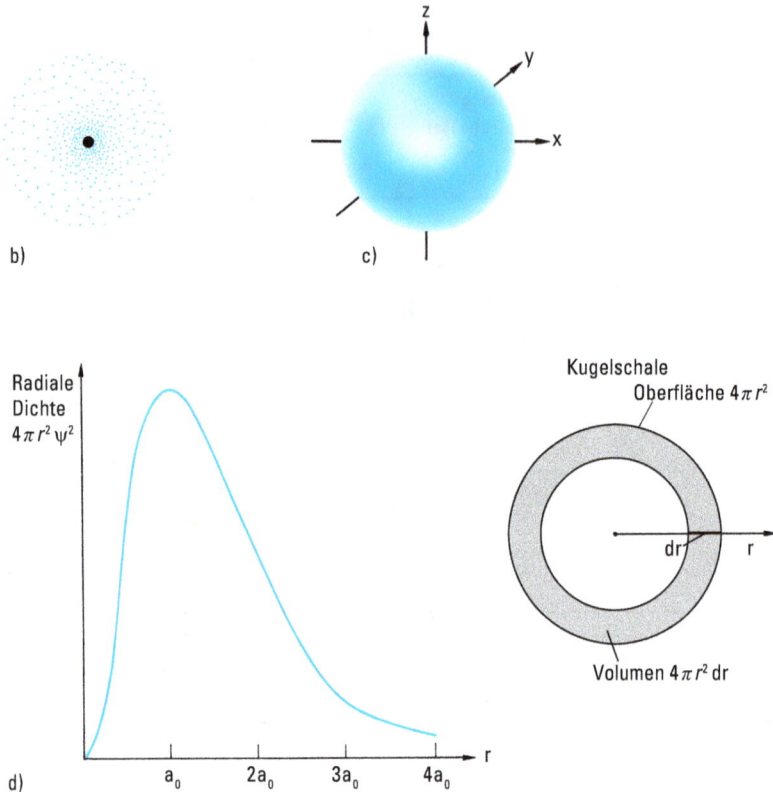

Abb. 1.30: b) Schnitt durch den Atomkern. ψ^2 wird durch eine unterschiedliche Punktdichte dargestellt. Die Punktdichte vermittelt einen anschaulichen Eindruck von der Ladungsverteilung des Elektrons.
c) Das 1s-Orbital wird als Kugel dargestellt. Innerhalb der Kugel mit dem Radius $2{,}2 \cdot 10^{-10}$ m hält sich das Elektron mit 99 % Wahrscheinlichkeit auf.
d) Der Raum um den Kern kann in eine unendliche Zahl unendlich dünner Kugelschalen unterteilt werden. Das Volumen der Kugelschalen der Dicke dr beträgt $4\pi r^2$ dr. Die Wahrscheinlichkeit, das Elektron in einer solchen Kugelschale anzutreffen, ist daher $\psi^2(r)\,4\pi r^2$ dr. Man bezeichnet $4\pi r^2\,\psi^2$ als radiale Dichte. Da ψ^2 mit wachsendem r abnimmt, $4\pi r^2$ aber zunimmt, muss die radiale Dichte ein Maximum durchlaufen. Der Abstand des Elektronendichtemaximums des 1s-Orbitals von Wasserstoff ist identisch mit dem Bohr-Radius a_0.

Die Wellenfunktion und die radiale Dichte (vgl. Abb. 1.30 d) des 2s- und des 3s- Orbitals sind in der Abb. 1.31 dargestellt. Beide Orbitale besitzen Knotenflächen, an denen die Wellenfunktion ihr Vorzeichen wechselt. Die Knotenflächen einer dreidimensionalen stehenden Welle entsprechen den Knotenpunkten einer eindimensionalen Welle. Die Anzahl der Knotenflächen eines Orbitals ist $n - 1$ (*n* = Hauptquantenzahl). Bei s-Orbitalen sind die Knotenflächen Kugeloberflächen.

p-Orbitale und d-Orbitale setzen sich aus einer Radialfunktion und einer winkelabhängigen Funktion zusammen. Die Radialfunktion hängt nur von den Quantenzahlen *n* und *l* ab. Alle p-Orbitale und alle d-Orbitale gleicher Hauptquantenzahl besitzen

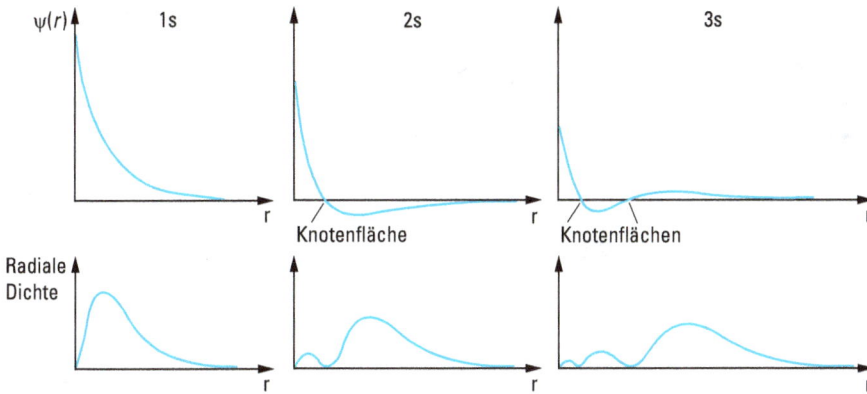

Abb. 1.31: Schematische Darstellungen der Wellenfunktion $\psi(r)$ und der radialen Dichte von s-Orbitalen. Mit wachsender Hauptquantenzahl verschiebt sich das Maximum der Elektronendichte zu größeren r-Werten. Beim 2s-Orbital beträgt die Aufenthaltswahrscheinlichkeit außerhalb der Knotenfläche 94,6 %, beim 3s-Orbital beträgt die Wahrscheinlichkeit zwischen den Knotenflächen 9,5 % und außerhalb der äußeren Knotenfläche 89,0 %.

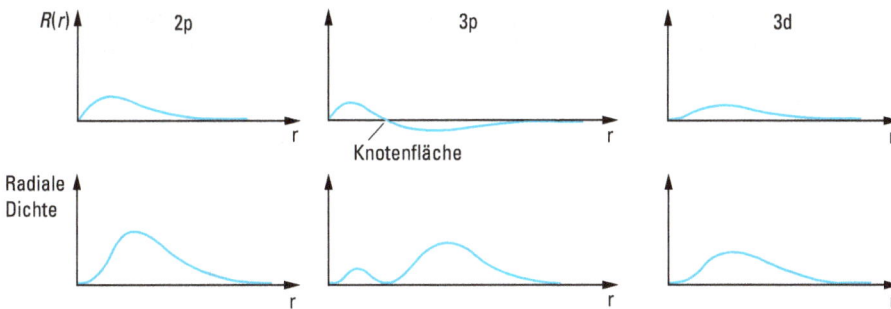

Abb. 1.32: Schematische Darstellung der Radialfunktion $R(r)$ und der radialen Dichte für 2p-, 3p- und 3d-Orbitale. Im Gegensatz zu s-Orbitalen ist bei p- und d-Orbitalen bei $r = 0$ die Radialfunktion null.

dieselbe Radialfunktion. In der Abb. 1.32 sind die Radialfunktion und die radiale Dichte für die 2p-, 3p- und 3d-Orbitale dargestellt. Die Nebenquantenzahl l gibt die Anzahl der Knotenflächen an, die durch den Atommittelpunkt gehen.

Die normierten Winkelfunktionen χ sind für die p-Orbitale in der Tab. 1.6, für die d-Orbitale in der Tab. 1.7 angegeben. Zur Darstellung der Kugelflächenfunktion (Winkelfunktion) χ eignen sich sogenannte Polardiagramme. Sie sind in der Abb. 1.34 für die Sätze der p- und d-Orbitale dargestellt. Die Konstruktion des Polardiagramms des p_z-Orbitals zeigt Abb. 1.33. In jeder durch ϑ und φ gegebenen Richtung wird der dazugehörige Wert der Funktion χ ausgehend vom Koordinatenursprung aufgetragen. χ hängt nicht von der Hauptquantenzahl n ab, daher sind die Polardiagramme für die p- und d-Orbitale aller Hauptquantenzahlen gültig.

Tab. 1.7: Normierte Winkelfunktionen für die d-Orbitale des Wasserstoffatoms in Polarkoordinaten und kartesischen Koordinaten.

Orbital	$\chi_{l,m_l}(\vartheta,\varphi)$	$\chi_{l,m_l}\left(\frac{x}{r},\frac{y}{r},\frac{z}{r}\right)$
(d_{xy})	$\left(\dfrac{15}{4\pi}\right)^{1/2}\sin^2\vartheta\,\sin\varphi\,\cos\varphi$	$\left(\dfrac{15}{4\pi}\right)^{1/2}\dfrac{xy}{r^2}$
(d_{xz})	$\left(\dfrac{15}{4\pi}\right)^{1/2}\sin\vartheta\,\cos\vartheta\,\cos\varphi$	$\left(\dfrac{15}{4\pi}\right)^{1/2}\dfrac{xz}{r^2}$
(d_{yz})	$\left(\dfrac{15}{4\pi}\right)^{1/2}\sin\vartheta\,\cos\vartheta\,\sin\varphi$	$\left(\dfrac{15}{4\pi}\right)^{1/2}\dfrac{yz}{r^2}$
$(d_{x^2-y^2})$	$\left(\dfrac{15}{16\pi}\right)^{1/2}\sin^2\vartheta\,\cos 2\varphi$	$\left(\dfrac{15}{16\pi}\right)^{1/2}\dfrac{x^2-y^2}{r^2}$
(d_{z^2})	$\left(\dfrac{5}{16\pi}\right)^{1/2}(3\cos^2\vartheta-1)$	$\left(\dfrac{5}{16\pi}\right)^{1/2}\dfrac{3z^2-r^2}{r^2}$

Aus den kartesischen Koordinaten ist die Bezeichnung der Orbitale abgeleitet.

Die Ladungswolken der d_{z^2}-Orbitale sind nicht wie die der anderen d-Orbitale rosettenförmig (vgl. Abb. 1.28). Dies liegt daran, dass das d_{z^2}-Orbital durch eine Linearkombination aus dem $d_{z^2-x^2}$-Orbital und dem $d_{y^2-z^2}$-Orbital als fünfte unabhängige d-Eigenfunktion erhalten wird. Nur die Linearkombination dieser beiden Orbitale ist orthogonal zu allen anderen d-Orbitalen. Orthogonal bedeutet, dass die Integration des Produkts zweier Wellenfunktionen über den ganzen Raum null ergeben muss.

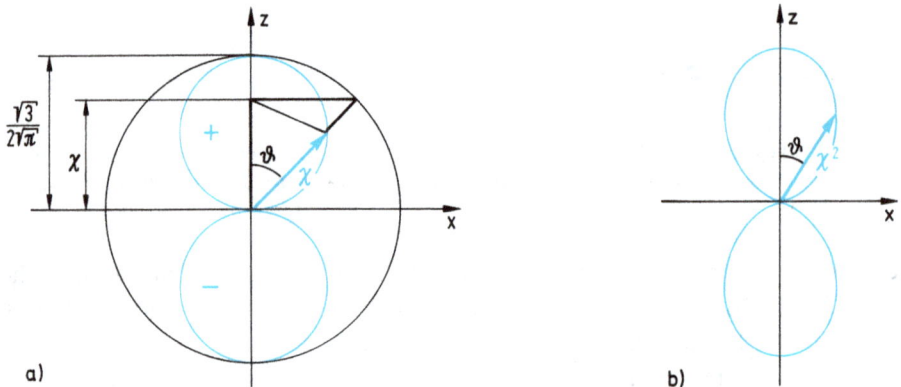

Abb. 1.33: a) Konstruktion des Polardiagramms für die Winkelfunktion $\chi=\frac{\sqrt{3}}{2\sqrt{\pi}}\cos\vartheta$ des p_z-Orbitals. In der x- und y-Richtung hat χ den Wert null, da $\vartheta=90°$ beträgt. In der z-Richtung ist $\vartheta=0°$ und $\cos\vartheta=1$ oder $\vartheta=180°$ und $\cos\vartheta=-1$. Für die Winkelfunktion erhält man die maximalen Werte $\chi=\frac{\sqrt{3}}{2\sqrt{\pi}}$ bzw. $\chi=-\frac{\sqrt{3}}{2\sqrt{\pi}}$. Berechnet man χ für alle möglichen ϑ-Werte, erhält man zwei Kugeln. Bei der oberen Kugel hat χ ein positives, bei der unteren Kugel ein negatives Vorzeichen.
b) Darstellung des Quadrats der Winkelfunktion χ^2 für das p_z-Orbital.

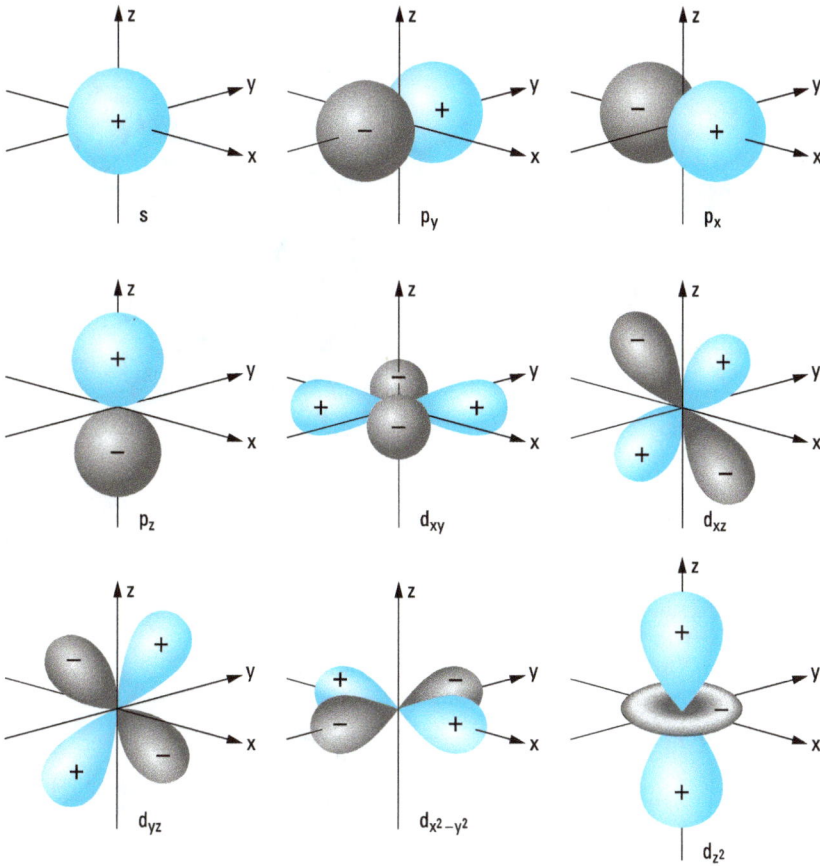

Abb. 1.34: Polardiagramme der Winkelfunktion χ für die p- und d-Orbitale.

Die Darstellungen von χ oder χ^2 werden manchmal fälschlich als Orbitale bezeichnet. Bei diesen Darstellungen werden zwar die Richtungen maximaler Elektronendichte richtig wiedergegeben, aber die wahre Elektronendichteverteilung der Orbitale erhält man nur bei Berücksichtigung der gesamten Wellenfunktion $\psi = R \cdot \chi$, und genaugenommen kommt nur der Darstellung von ψ die Bezeichnung Orbital zu. Die Abb. 1.35 zeigt am Beispiel des $2p_z$- und des $3p_z$-Orbitals, dass sich diese beiden Orbitale sowohl hinsichtlich ihrer Ausdehnung als auch ihrer Gestalt unterscheiden. Hauptsächlich bestimmt zwar die Winkelfunktion die hantelförmige Gestalt und ist für die Ähnlichkeit aller p-Orbitale verantwortlich, aber die unterschiedlichen Radialfunktionen haben nicht nur eine unterschiedliche Ausdehnung des Orbitals zur Folge, sondern auch eine unterschiedliche „innere Gestalt". Für eine qualitative Diskussion von Bindungsproblemen ist dieser Unterschied aber unwichtig, und es können die Orbitalbilder benutzt werden, die in der Abb. 1.28 wiedergegeben sind.

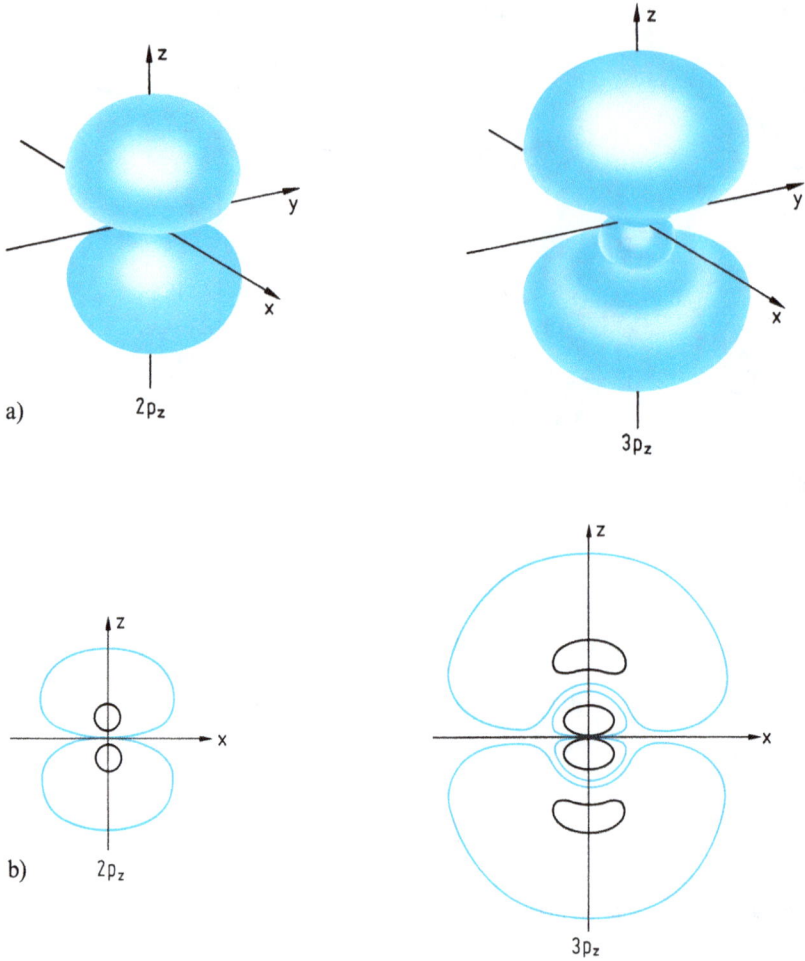

Abb. 1.35: a) Räumliche Darstellungen des $2p_z$- und des $3p_z$-Orbitals. Die Grenzflächen der Orbitale sind Flächen mit gleichen ψ^2-Werten. Innerhalb der Begrenzung beträgt die Aufenthaltswahrscheinlichkeit des Elektrons 99 %.
b) Konturliniendiagramme des $2p_z$- und des $3p_z$-Orbitals. Die Konturlinien sind Schnitte durch Flächen gleicher Elektronendichte. Innerhalb dieser Flächen beträgt die Aufenthaltswahrscheinlichkeit des Elektrons 50 % (schwarze Linien) bzw. 99 % (blaue Linien).

1.4.7 Aufbau und Elektronenkonfiguration von Mehrelektronen-Atomen

In diesem Abschnitt soll der Aufbau der Elektronenhülle von Atomen mit mehreren Elektronen behandelt werden. Für Mehrelektronen-Atome kann die Schrödinger-Gleichung nicht exakt gelöst werden. Es gibt aber Näherungslösungen. Die Ergebnisse zeigen: Wie beim Wasserstoffatom sind die Elektronenhüllen von Mehrelektronen-Atomen aus Schalen aufgebaut. Die Schalen bestehen aus der gleichen Anzahl von Atomorbitalen des gleichen Typs wie die des Wasserstoffatoms. Die Atomorbitale von Mehrelektronen-Atomen gleichen zwar nicht völlig den Wasserstofforbitalen, aber die Gestalt der Orbitale ist wasserstoffähnlich und die Richtungen der maximalen Elektronendichten stimmen überein. So besitzen beispielsweise alle Atome pro Schale – mit Ausnahme der K-Schale – drei hantelförmige p-Orbitale, die entlang der x-, y- und z-Achse liegen. Die Bilder der Orbitale des H-Atoms werden daher auch zur Beschreibung der elektronischen Struktur anderer Atome benutzt.

Ein grundsätzlicher Unterschied zwischen dem Wasserstoffatom und den Mehrelektronen-Atomen besteht darin, dass die Energie der Orbitale im Wasserstoffatom nur von der Hauptquantenzahl n abhängt, während sie bei Atomen mit mehreren Elektronen außer von der Hauptquantenzahl n auch von der Nebenquantenzahl l beeinflusst wird.

Im Wasserstoffatom befinden sich alle Orbitale einer Schale, also alle AO mit der gleichen Hauptquantenzahl n, auf dem gleichen Energieniveau, sie sind entartet (Abb. 1.25). In Atomen mit mehreren Elektronen besitzen nicht mehr alle Orbitale einer Schale dieselbe Energie. Energiegleich sind nur noch die Orbitale gleichen Typs, also alle p-Orbitale, d-Orbitale, f-Orbitale (Abb. 1.36).

Man bezeichnet daher die energetisch äquivalenten Sätze der s-, p-, d-, f-Orbitale als Unterschalen.

Für die Besetzung der wasserstoffähnlichen Atomorbitale mit Elektronen (Aufbauprinzip) sind die folgenden drei Prinzipien maßgebend.

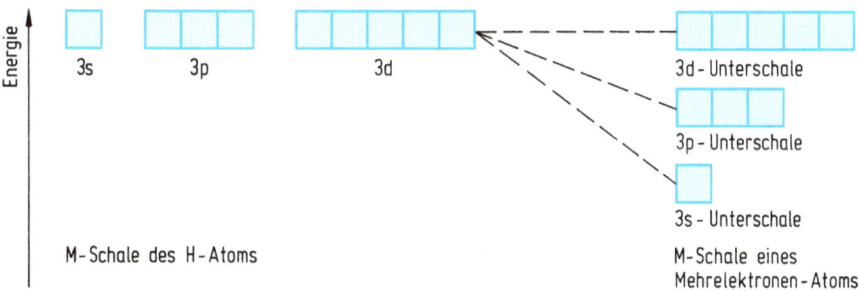

Abb. 1.36: Aufhebung der Entartung in Mehrelektronen-Atomen. Die relative Lage der Energieniveaus der Unterschalen in Abhängigkeit von der Ordnungszahl zeigt Abbildung 1.38.

Das Pauli-Prinzip. Ein Atom darf keine Elektronen enthalten, die in allen vier Quantenzahlen übereinstimmen. Dies bedeutet, dass jedes Orbital nur mit zwei Elektronen entgegengesetzten Spins besetzt werden kann.

Beispiel zum Pauli-Prinzip:

↑↓
1s

Nach dem Pauli-Prinzip kann das 1s-Orbital nur mit zwei Elektronen besetzt werden. Jedes Elektron ist durch einen Pfeil symbolisiert. Die Orbitalquantenzahlen sind für beide Elektronen identisch: $n = 1$, $l = 0$, $m_l = 0$. Die Elektronen unterscheiden sich aber in der Spinquantenzahl. Die Spinquantenzahlen $m_s = +\frac{1}{2}$ und $m_s = -\frac{1}{2}$ werden durch die entgegengesetzte Pfeilrichtung dargestellt.

↑↓↑
1s

Die Besetzung des 1s-Orbitals mit 3 Elektronen ist aufgrund des Pauli-Prinzips verboten. Die beiden Elektronen mit gleicher Pfeilrichtung stimmen in allen vier Quantenzahlen überein. Sie besitzen außer den gleichen Orbitalquantenzahlen $n = 1$, $l = 0$, $m_l = 0$ auch die gleiche Spinquantenzahl.

Die Anzahl der Elektronen, die unter Berücksichtigung des Pauli-Prinzips von den verschiedenen Schalen eines Atoms aufgenommen werden kann, ist in der Tab. 1.8 angegeben. Sie stimmt mit der Anzahl der Quantenzustände des Wasserstoffatoms überein (Tab. 1.5).

Tab. 1.8: Anzahl der Elektronen, die von den Unterschalen und Schalen eines Atoms aufgenommen werden können.

Schale	n	Unterschale	Anzahl der Orbitale	Anzahl der Elektronen	
				Unterschale	Schale ($2n^2$)
K	1	1s	1	2	2
L	2	2s	1	2	8
		2p	3	6	
M	3	3s	1	2	18
		3p	3	6	
		3d	5	10	
N	4	4s	1	2	32
		4p	3	6	
		4d	5	10	
		4f	7	14	

Die Hund'sche Regel. Die Orbitale einer Unterschale werden so besetzt, dass die Anzahl der Elektronen mit gleicher Spinrichtung maximal wird.

Beispiel zur Hund'schen Regel:

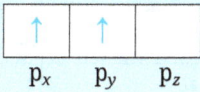

↑	↑	
p_x	p_y	p_z

Die Besetzung entspricht der Hund'schen Regel. Die beiden Elektronen haben gleichen Spin. Sie müssen daher zwei verschiedene p-Orbitale besetzen.

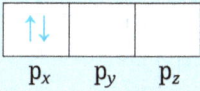

↑↓		
p_x	p_y	p_z

Ein p-Orbital ist mit zwei Elektronen besetzt, die entgegengesetzten Spin haben. Diese Besetzung stimmt nicht mit der Hund'schen Regel überein.

Im Grundzustand werden die wasserstoffähnlichen Orbitale der Atome in der Reihenfolge wachsender Energie mit Elektronen aufgefüllt.

Tab. 1.9 zeigt den Aufbau der Elektronenhülle im Grundzustand für die ersten 36 Elemente.

Die Verteilung der Elektronen auf die Orbitale nennt man Elektronenkonfiguration.

Aus der Tab. 1.9 ist ersichtlich, dass mit wachsender Ordnungszahl Z nicht einfach eine Schale nach der anderen mit Elektronen aufgefüllt wird. Ab der M-Schale überlappen die Energieniveaus verschiedener Schalen. Beim Element Kalium ($Z = 19$) wird das 19. Elektron nicht in das 3d-Niveau der M-Schale, sondern in die 4s-Unterschale der nächsthöheren N-Schale eingebaut. Noch bevor die Auffüllung der M-Schale abgeschlossen ist, wird bereits mit der Besetzung der folgenden N-Schale begonnen.

Die Reihenfolge, in der mit wachsender Ordnungszahl die Unterschalen der Atome mit Elektronen aufgefüllt werden, kann man sich mit Hilfe des in der Abb. 1.37 dargestellten Schemas leicht ableiten. Die Unterschalen werden in der Reihenfolge 1s, 2s, 2p, 3s, 3p, 4s, 3d, 4p, 5s usw. besetzt.

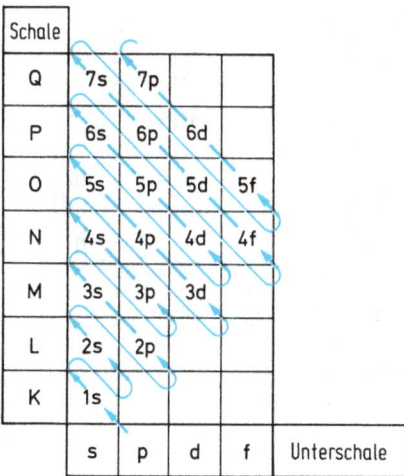

Schale					
Q	7s	7p			
P	6s	6p	6d		
O	5s	5p	5d	5f	
N	4s	4p	4d	4f	
M	3s	3p	3d		
L	2s	2p			
K	1s				
	s	p	d	f	Unterschale

Abb. 1.37: Schema zur Reihenfolge der Besetzung von Unterschalen.

Tab. 1.9: Elektronenkonfigurationen der ersten 36 Elemente.

Z	Element	K 1s	L 2s	L 2p	M 3s	M 3p	M 3d	N 4s	N 4p	Symbol	Periode
1	H	↑								$1s^1$	1
2	He	↑↓								$1s^2$	
3	Li	↑↓	↑							$[He]\,2s^1$	2
4	Be	↑↓	↑↓							$[He]\,2s^2$	
5	B	↑↓	↑↓	↑						$[He]\,2s^2 2p^1$	
6	C	↑↓	↑↓	↑ ↑						$[He]\,2s^2 2p^2$	
7	N	↑↓	↑↓	↑ ↑ ↑						$[He]\,2s^2 2p^3$	
8	O	↑↓	↑↓	↑↓ ↑ ↑						$[He]\,2s^2 2p^4$	
9	F	↑↓	↑↓	↑↓ ↑↓ ↑						$[He]\,2s^2 2p^5$	
10	Ne	↑↓	↑↓	↑↓ ↑↓ ↑↓						$[He]\,2s^2 2p^6$	
11	Na	Neonkonfiguration [Ne]			↑					$[Ne]\,3s^1$	3
12	Mg				↑↓					$[Ne]\,3s^2$	
13	Al				↑↓	↑				$[Ne]\,3s^2 3p^1$	
14	Si				↑↓	↑ ↑				$[Ne]\,3s^2 3p^2$	
15	P				↑↓	↑ ↑ ↑				$[Ne]\,3s^2 3p^3$	
16	S				↑↓	↑↓ ↑ ↑				$[Ne]\,3s^2 3p^4$	
17	Cl				↑↓	↑↓ ↑↓ ↑				$[Ne]\,3s^2 3p^5$	
18	Ar				↑↓	↑↓ ↑↓ ↑↓				$[Ne]\,3s^2 3p^6$	
19	K	Argonkonfiguration [Ar]						↑		$[Ar]\,4s^1$	4
20	Ca							↑↓		$[Ar]\,4s^2$	
21	Sc						↑	↑↓		$[Ar]\,4s^2 3d^1$	
22	Ti						↑ ↑	↑↓		$[Ar]\,4s^2 3d^2$	
23	V						↑ ↑ ↑	↑↓		$[Ar]\,4s^2 3d^3$	
24	*Cr						↑ ↑ ↑ ↑ ↑	↑		$[Ar]\,4s^1 3d^5$	
25	Mn						↑ ↑ ↑ ↑ ↑	↑↓		$[Ar]\,4s^2 3d^5$	
26	Fe						↑↓ ↑ ↑ ↑ ↑	↑↓		$[Ar]\,4s^2 3d^6$	
27	Co						↑↓ ↑↓ ↑ ↑ ↑	↑↓		$[Ar]\,4s^2 3d^7$	
28	Ni						↑↓ ↑↓ ↑↓ ↑ ↑	↑↓		$[Ar]\,4s^2 3d^8$	
29	*Cu						↑↓ ↑↓ ↑↓ ↑↓ ↑↓	↑		$[Ar]\,4s^1 3d^{10}$	
30	Zn						↑↓ ↑↓ ↑↓ ↑↓ ↑↓	↑↓		$[Ar]\,4s^2 3d^{10}$	
31	Ga						↑↓ ↑↓ ↑↓ ↑↓ ↑↓	↑↓	↑	$[Ar]\,4s^2 3d^{10} 4p^1$	
32	Ge						↑↓ ↑↓ ↑↓ ↑↓ ↑↓	↑↓	↑ ↑	$[Ar]\,4s^2 3d^{10} 4p^2$	
33	As						↑↓ ↑↓ ↑↓ ↑↓ ↑↓	↑↓	↑ ↑ ↑	$[Ar]\,4s^2 3d^{10} 4p^3$	
34	Se						↑↓ ↑↓ ↑↓ ↑↓ ↑↓	↑↓	↑↓ ↑ ↑	$[Ar]\,4s^2 3d^{10} 4p^4$	
35	Br						↑↓ ↑↓ ↑↓ ↑↓ ↑↓	↑↓	↑↓ ↑↓ ↑	$[Ar]\,4s^2 3d^{10} 4p^5$	
36	Kr						↑↓ ↑↓ ↑↓ ↑↓ ↑↓	↑↓	↑↓ ↑↓ ↑↓	$[Ar]\,4s^2 3d^{10} 4p^6$	

Ein Kästchen symbolisiert ein Orbital, ein Pfeil ein Elektron, die Pfeilrichtung die Spinrichtung des Elektrons. Zur Vereinfachung der Schreibweise werden für abgeschlossene Edelgaskonfigurationen wie $1s^2\,2s^2\,2p^6$ oder $1s^2\,2s^2\,2p^6\,3s^2\,3p^6$ die Symbole [Ne] bzw. [Ar] verwendet. Unregelmäßige Elektronenkonfigurationen sind mit einem Stern markiert.

Es gibt jedoch einige Unregelmäßigkeiten (vgl. Tab. 1.9 und Tab. 2, Anhang 2). Beispiele dafür sind die Elemente Chrom und Kupfer. Bei Cr ist die Konfiguration $3d^5 4s^1$ gegenüber der Konfiguration $3d^4 4s^2$ bevorzugt, bei Cu die Konfiguration $3d^{10} 4s^1$ gegenüber $3d^9 4s^2$. Eine halbgefüllte oder vollständig aufgefüllte d-Unterschale ist energetisch besonders günstig. Obwohl das 4f-Niveau vor dem 5d-Niveau besetzt werden sollte, besitzt das Element Lanthan kein 4f-Elektron, sondern ein 5d-Elektron. Erst bei den folgenden Elementen wird die 4f-Unterschale aufgefüllt. Aufgrund der sehr ähnlichen Energien der 5f- und der 6d-Unterschale ist auch beim Element Actinium und einigen Actinoiden die Besetzung unregelmäßig.

Die Elektronenkonfigurationen der Elemente sind in der Tab. 2 des Anhangs 2 angegeben.

Das Schema der Abb. 1.37 gilt jedoch nur für das letzte eingebaute Elektron jedes Elements. Die Lage der Energien der Orbitale ist nicht unabhängig von der Ordnungszahl Z, sie ändert sich mit Z, wie in der Abb. 1.38 schematisch dargestellt ist.

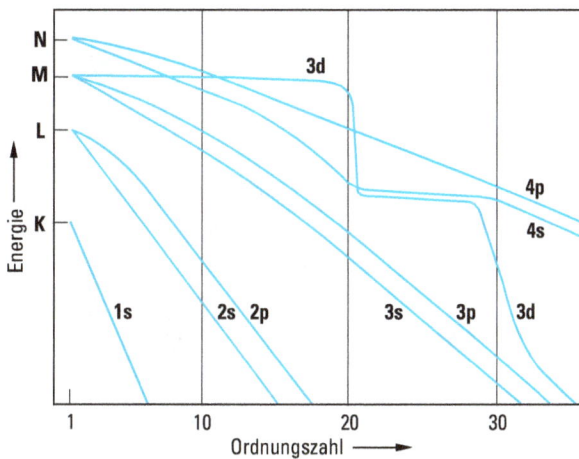

Abb. 1.38: Änderung der Energie der Unterschalen mit wachsender Ordnungszahl.

1.4.8 Das Periodensystem (PSE)

Bei der Auffüllung der Atomorbitale mit Elektronen kommt es zu periodischen Wiederholungen gleicher Elektronenanordnungen auf der jeweils äußersten Schale (vgl. Tab. 1.9 und Tab. 2 im Anhang 2). Elemente, deren Atome analoge Elektronenkonfigurationen besitzen, haben ähnliche Eigenschaften und können zu Gruppen zusammengefasst werden.

Beispiele:

Edelgase

He $1s^2$

Ne [He] $2s^2\,2p^6$

Ar [Ne] $3s^2\,3p^6$

Kr [Ar] $3d^{10}\,4s^2\,4p^6$

Xe [Kr] $4d^{10}\,5s^2\,5p^6$

Die Elemente Helium, Neon, Argon, Krypton und Xenon gehören zur Gruppe der Edelgase. Mit Ausnahme von Helium haben die Edelgasatome auf der äußersten Schale die Elektronenkonfiguration $s^2\,p^6$, d. h. alle s- und p-Orbitale sind vollständig besetzt. Solche abgeschlossenen Elektronenkonfigurationen sind energetisch besonders stabil (vgl. Abb. 1.40). Die Edelgase sind daher äußerst reaktionsträge Elemente.

Alkalimetalle

Li [He] $2s^1$

Na [Ne] $3s^1$

K [Ar] $4s^1$

Rb [Kr] $5s^1$

Cs [Xe] $6s^1$

Die Elemente Lithium, Natrium, Kalium, Rubidium und Caesium gehören zur Gruppe der Alkalimetalle. Die Alkalimetallatome haben auf der äußersten Schale die Elektronenkonfiguration s^1. Dieses Elektron kann leicht abgegeben werden. Dabei bilden sich einfach positiv geladene Ionen wie Na^+. Alkalimetalle sind sehr reaktionsfähige, weiche Leichtmetalle mit niedrigem Schmelzpunkt.

Halogene

F [He] $2s^2\,2p^5$

Cl [Ne] $3s^2\,3p^5$

Br [Ar] $3d^{10}\,4s^2\,4p^5$

I [Kr] $4d^{10}\,5s^2\,5p^5$

Die Elemente Fluor, Chlor, Brom und Iod gehören zur Gruppe der Halogene (Salzbildner) mit der gemeinsamen Konfiguration $s^2\,p^5$ auf der äußersten Schale. Die Halogene sind typische Nichtmetalle und sehr reaktionsfähige Elemente. Sie bilden mit Metallen Salze. Dabei nehmen sie ein Elektron auf, es entstehen einfach negativ geladene Ionen wie z. B. Cl^-.

Die periodische Wiederholung analoger Elektronenkonfigurationen führt zum periodischen Auftreten ähnlicher Elemente. Sie ist die Ursache der Systematik der Elemente, die als Periodensystem der Elemente (abgekürzt PSE) bezeichnet wird.

Die Versuche, eine Systematik der Elemente zu finden und die Anzahl möglicher Elemente theoretisch zu begründen, führten schon 1829 Döbereiner zur Aufstellung der Triaden. Triaden sind Dreiergruppen von Elementen mit ähnlichen Eigenschaften und gleicher Zunahme ihrer Atommassen (z. B. Cl, Br, I oder Ca, Sr, Ba). Obwohl nur etwa 60 Elemente bekannt waren und noch keine Kenntnisse über den Atomaufbau vorlagen, stellten bereits 1869 unabhängig voneinander Meyer und Mendelejew das Periodensystem der Elemente auf. Sie ordneten die Elemente nach steigender Atommasse und fanden aufgrund des Vergleichs der chemischen Eigenschaften, dass periodisch Elemente mit ähnlichen chemischen Eigenschaften auftreten. Durch Untereinanderstellen dieser Elemente erhielten sie das Periodensystem.

Eine jetzt gebräuchliche Form des Periodensystems zeigt Abb. 1.39. Aufgrund der Kenntnis des Atombaus wissen wir heute, dass die Reihenfolge der Elemente durch die Ordnungszahl Z (= Protonenzahl = Elektronenzahl) bestimmt wird. Die nach den Atommassen geordneten Elemente ergaben im wesentlichen dieselbe Reihenfolge, in einigen Fällen (Ar, K; Co, Ni; Te, I) musste jedoch die Reihenfolge vertauscht werden.

Im Periodensystem untereinander stehende Elemente werden Gruppen genannt. In einer Gruppe stehen Elemente mit ähnlichen chemischen Eigenschaften.

Nach Empfehlung der IUPAC (International Union of Pure and Applied Chemistry) werden die Gruppen mit den Ziffern 1 (Alkalimetalle) bis 18 (Edelgase) bezeichnet.

Die Gruppen 1, 2 und 13–18 werden Hauptgruppen genannt. Die Atome der Elemente einer Hauptgruppe haben auf der äußersten Schale dieselbe Elektronenkonfiguration. Bei den Hauptgruppen ändert sich die Elektronenkonfiguration von s^1 auf $s^2 p^6$. Die d- und f-Orbitale der Hauptgruppenelemente sind leer oder vollständig besetzt. Vorher war lange Zeit die verwendete Bezeichnung der Hauptgruppen Ia–VIIIa (vgl. Abb. 1.39).

Die für das chemische Verhalten verantwortlichen Elektronen der äußersten Schale bezeichnet man als Valenzelektronen, ihre Konfiguration als Valenzelektronenkonfiguration. Bei den Hauptgruppenelementen ändert sich die Zahl der Valenzelektronen von 1 bis 8. Die chemische Ähnlichkeit der Elemente einer Gruppe ist eine Folge ihrer identischen Valenzelektronenkonfiguration.

Einige Hauptgruppen haben Gruppennamen: 1 Alkalimetalle, 2 Erdalkalimetalle, 13 Triele, 14 Tetrele, 15 Pentele (veraltet Pnictogene), 16 Chalkogene (Erzbildner), 17 Halogene (Salzbildner), 18 Edelgase.

Die Gruppen 3–12 werden Nebengruppen genannt. Bei ihnen erfolgt die Auffüllung der d-Unterschalen. Da die Nebengruppen auf der äußersten Schale ein besetztes s-Orbital besitzen, wird bei der Auffüllung der d-Unterschalen die zweitäußerste Schale aufgefüllt. Die Gruppen 3–12 (vgl. PSE) haben daher die Elektronenkonfiguration $d^1 s^2$ bis $d^{10} s^2$, wobei zu beachten ist, dass die s-Elektronen eine um eins höhere Hauptquantenzahl haben als die d-Elektronen. Die Besetzung der d-Orbitale erfolgt nicht ganz regelmäßig (vgl. Tab. 2 im Anhang 2). Die Nebengruppenelemente werden auch als Übergangselemente bezeichnet und zwar je nachdem, welche d-Unterschale aufgefüllt wird, als 3d-, 4d- bzw. 5d-Übergangselemente. Eine früher verwendete Bezeich-

	Haupt-gruppen		Nebengruppen										Hauptgruppen					
	1	2	3	4	5	6	7	8	9	10	11	12	13	14	15	16	17	18
	Ia	IIa	IIIb	IVb	Vb	VIb	VIIb	VIIIb			Ib	IIb	IIIa	IVa	Va	VIa	VIIa	VIIIa
	s^1	s^2	d^1	d^2	d^3	d^4	d^5	d^6	d^7	d^8	d^9	d^{10}	p^1	p^2	p^3	p^4	p^5	p^6
1 1s	1 H																	2 He
2 2s 2p	3 Li	4 Be											5 B	6 C	7 N	8 O	9 F	10 Ne
3 3s 3p	11 Na	12 Mg											13 Al	14 Si	15 P	16 S	17 Cl	18 Ar
4 4s 3d 4p	19 K	20 Ca	21 Sc	22 Ti	23 V	24 *Cr	25 Mn	26 Fe	27 Co	28 Ni	29 *Cu	30 Zn	31 Ga	32 Ge	33 As	34 Se	35 Br	36 Kr
5 5s 4d 5p	37 Rb	38 Sr	39 Y	40 Zr	41 *Nb	42 *Mo	43 *Tc	44 *Ru	45 *Rh	46 *Pd	47 *Ag	48 Cd	49 In	50 Sn	51 Sb	52 Te	53 I	54 Xe
6 6s4f5d6p	55 Cs	56 Ba	57–71 La–Lu	72 Hf	73 Ta	74 W	75 Re	76 Os	77 Ir	78 *Pt	79 *Au	80 Hg	81 Tl	82 Pb	83 Bi	84 Po	85 At	86 Rn
7 7s 5f 6d	87 Fr	88 Ra	89–103 Ac–Lr	104 Rf	105 Db	106 Sg	107 Bh	108 Hs	109 Mt	110 Ds	111 Rg	112 Cn	113 Nh	114 Fl	115 Mc	116 Lv	117 Ts	118 Og

Lanthanoide (4f-Elemente)	57 *La	58 Ce	59 Pr	60 Nd	61 Pm	62 Sm	63 Eu	64 *Gd	65 Tb	66 Dy	67 Ho	68 Er	69 Tm	70 Yb	71 Lu
Actinoide (5f-Elemente)	89 *Ac	90 *Th	91 *Pa	92 *U	93 *Np	94 Pu	95 Am	96 *Cm	97 Bk	98 Cf	99 Es	100 Fm	101 Md	102 No	103 Lr

Abb. 1.39: Periodensystem der Elemente. Bei jeder Periode ist angegeben, welche Orbitale aufgefüllt werden. Bei jeder Gruppe ist die Bezeichnung für das jeweils letzte Elektron, das beim Aufbau der Elektronenschale hinzukommt, angegeben. Die Elektronenkonfiguration eines Elements kann sofort abgelesen werden. Elektronenkonfigurationen, die nicht mit der in Abbildung 1.37 angegebenen Reihenfolge der Besetzung von Unterschalen übereinstimmen, sind mit einem Stern (*) markiert. Nichtmetalle sind durch blaue Kästchen gekennzeichnet, Metalle durch weiße Kästchen. Hellblaue Kästchen kennzeichnen Elemente, deren Eigenschaften zwischen Metallen und Nichtmetallen liegen. Wasserstoff gehört nur hinsichtlich der Konfiguration s^1 zur Gruppe 1, den chemischen Eigenschaften nach gehört er keiner Gruppe an und hat eine Sonderstellung. Helium gehört zur Gruppe der Edelgase, da es als einziges s^2-Element eine abgeschlossene Schale besitzt.

nung der Nebengruppen war Ib–VIIIb (vgl. Abb. 1.39). Bei dieser Bezeichnung kam zum Ausdruck, dass bei einigen Gruppen formale Analogien (z. B. maximale Oxidationszahl) zwischen den Hauptgruppenelementen und den Nebengruppenelementen gleicher Gruppennummer vorhanden sind (z. B. IIa und IIb, siehe Abb. 1.39).

Bei den Nebengruppenelementen können außer den s-Elektronen auch die d-Elektronen als Valenzelektronen wirksam werden. Die Elemente der Gruppen 3 (zwei s-Elektronen + ein d-Elektron) und 4 (zwei s- und zwei d-Elektronen) besitzen daher die gleiche Zahl an Valenzelektronen wie die Elemente der Gruppen 13 bzw. 14. Bei den Gruppen 11 und 12 ist die d-Unterschale vollständig aufgefüllt. Sie haben wie die Elemente der Gruppen 1 und 2 ein s-Elektron bzw. zwei s-Elektronen auf der äußersten Schale und bilden daher wie diese einfach bzw. zweifach positiv geladene Ionen. Bei der Gruppe 11 (Cu, Ag, Au) sind allerdings durch Ionisation von d-Elektronen auch zweifach und dreifach positiv geladene Ionen häufig (s. Abschn. 5.8).

Die im PSE nebeneinander stehenden Elemente bilden die Perioden. Die Anzahl der Elemente der ersten sechs Perioden beträgt 2, 8, 8, 18, 18, 32. Sie ist ab der 3. Periode nicht identisch mit der maximalen Aufnahmefähigkeit der Schalen, die ja $2n^2$ beträgt.

Bei den Elementen der 1. Periode H und He wird das 1s-Orbital der K-Schale besetzt, bei den acht Elementen der 2. Periode Li, Be, B, C, N, O, F, Ne das 2s-Orbital und die 2p-Orbitale der L-Schale. Innerhalb einer Periode ändern sich die Eigenschaften, am Anfang und am Ende der Periode stehen daher Elemente mit ganz verschiedenen Eigenschaften. Lithium und Beryllium sind typische Metalle und bei Normaltemperatur Feststoffe. Sauerstoff und Fluor sind typische Nichtmetalle, die bei Normaltemperatur gasförmig sind. Neon ist ein Edelgas, das sich mit keinem chemischen Element verbindet. Bei den folgenden acht Elementen der 3. Periode, Na, Mg, Al, Si, P, S, Cl, Ar, werden das 3s-Orbital und die 3p-Orbitale der M-Schale besetzt. Nach dem Element Neon erfolgt eine sprunghafte Eigenschaftsänderung und eine periodische Wiederholung der Eigenschaften der 2. Periode. Die ersten Elemente der 3. Periode, Natrium, Magnesium und Aluminium, sind wieder typische Metalle, am Ende der Periode stehen die Nichtmetalle Schwefel, Chlor und das Edelgas Argon. Vor der Besetzung der 3d-Unterschale wird bei den Elementen Kalium und Calcium das 4s-Orbital der N-Schale besetzt, erst dann erfolgt bei den 10 Elementen Scandium bis Zink die Auffüllung der 3d-Niveaus. Nach der Auffüllung der 3d-Unterschale werden bei den Elementen Gallium bis Krypton die 4p-Orbitale besetzt. Die 3. Periode enthält daher nur 8 Elemente, die 4. Periode 18 Elemente. Die 5. Periode enthält ebenfalls 18 Elemente, bei denen nacheinander die Unterschalen 5s, 4d und 5p besetzt werden. In der 6. Periode wird bei den Elementen Caesium und Barium das 6s-Orbital besetzt. Beim Element Lanthan wird zunächst ein Elektron in die 5d-Unterschale eingebaut. La hat die Elektronenkonfiguration [Xe] $5d^1 6s^2$. Lanthan und die auf Lanthan folgenden Elemente werden (gemäß IUPAC) als Lanthanoide bezeichnet. Bei den auf das Lanthan folgenden 14 Elementen Ce–Lu wird die 4f-Unterschale aufgefüllt. Bei diesen f-Elementen erfolgt also die vollständige Auffüllung der N-Schale. Erst dann werden die 5d- und die 6p-Unterschale weiter aufgefüllt. Die 6. Periode enthält daher 32 Elemente. Die Lanthanoide zeigen untereinander eine große chemische Ähnlichkeit, da sie sich nur im Aufbau der drittäußersten Schale unterscheiden. Die Auffüllung der 5f-Unterschale erfolgt bei den 14 Elementen, die auf das Element Actinium folgen. Die 14 Actinoide sind radioaktive, überwiegend künstlich hergestellte Elemente.

Links im Periodensystem stehen Metalle, rechts Nichtmetalle. Der metallische Charakter wächst innerhalb einer Hauptgruppe mit wachsender Ordnungszahl. Die typischsten Metalle stehen daher im PSE links unten (Rb, Cs, Ba), die typischsten Nichtmetalle rechts oben (F, O, Cl). Alle Nebengruppenelemente, die Lanthanoide und Actinoide sind Metalle.

Tab. 1.10: Vergleich der vorausgesagten und beobachteten Eigenschaften von Germanium und einigen Germaniumverbindungen.

Mendelejews Voraussage	Nach der Entdeckung des Elements durch Winkler (1886) beobachtete Eigenschaften
Atommasse ungefähr 72	Atommasse 72,6
Dunkelgraues Metall mit hohem Schmelzpunkt	Weißlich graues Metall; Schmelzpunkt 958 °C
Dichte 5,5 g/cm^3	Dichte 5,36 g/cm^3
spezifische Wärmekapazität 0,306 J/(K·g)	spezifische Wärmekapazität 0,318 J/(K·g)
Beim Erhitzen an der Luft entsteht XO_2	Beim Erhitzen an der Luft entsteht GeO_2
XO_2 ist schwerflüchtig;	Schmelzpunkt von GeO_2 1100 °C;
Dichte 4,7 g/cm^3	Dichte 4,7 g/cm^3
Das Chlorid XCl_4 ist eine leichtflüchtige Flüssigkeit (Siedepunkt wenig unter 100 °C); Dichte 1,9 g/cm^3	$GeCl_4$ ist flüssig (Siedepunkt 83 °C); Dichte 1,88 g/cm^3

Im PSE wird die Vielzahl der Elemente übersichtlich geordnet. Man braucht die Eigenschaften der Elemente nicht einzeln zu erlernen, sondern man kann viele wichtige Eigenschaften eines Elements aus seiner Stellung im Periodensystem ableiten. Wie genau dies möglich ist, zeigt die Voraussage der Eigenschaften des Elements Germanium durch Mendelejew. Sie wurde nach der Entdeckung dieses Elements durch Winkler glänzend bestätigt (Tab. 1.10).

Natürlich zeigt sich erst bei einer detaillierten Besprechung der Elemente in vollem Umfang, wie nützlich und unentbehrlich das PSE für das Verständnis der chemischen Eigenschaften der Elemente und ihrer Verbindungen ist. Wir werden dies in den Kap. 4 und 5 sehen.

1.4.9 Ionisierungsenergie, Elektronenaffinität, Röntgenspektren

Die meisten Eigenschaften der Elemente hängen von den äußeren Elektronen ab. Sie ändern sich daher mit zunehmender Ordnungszahl periodisch. Zwei wichtige Beispiele dafür sind die Ionisierungsenergie und die Elektronenaffinität.

Eigenschaften, die von den inneren Elektronen abhängen, ändern sich nicht periodisch mit der Ordnungszahl. Als Beispiel werden die Röntgenspektren besprochen.

Ionisierungsenergie. Die Ionisierungsenergie I eines Atoms ist die Mindestenergie, die benötigt wird, um ein Elektron vollständig aus dem Atom zu entfernen. Dabei entsteht aus dem Atom ein einfach positiv geladenes Ion.

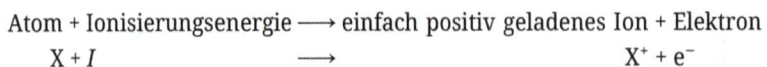

$$\text{Atom} + \text{Ionisierungsenergie} \longrightarrow \text{einfach positiv geladenes Ion} + \text{Elektron}$$
$$X + I \longrightarrow X^+ + e^-$$

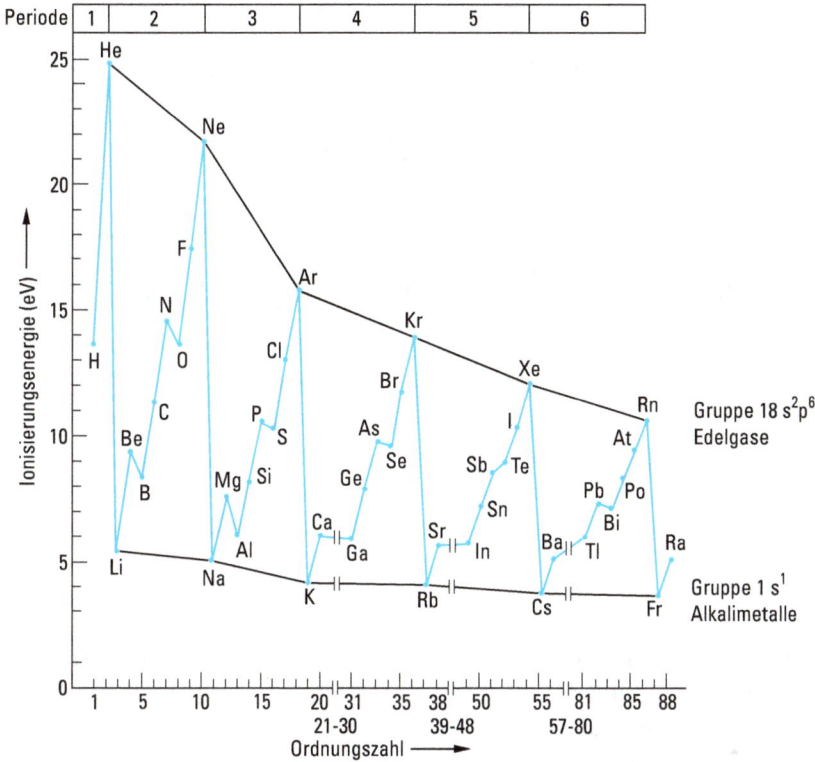

Abb. 1.40: Ionisierungsenergie der Hauptgruppenelemente. Die Ionisierungsenergie spiegelt direkt den Aufbau der Elektronenhülle in Schalen und Unterschalen wider. Die Stabilität voll besetzter (s^2, s^2p^6) und halbbesetzter (s^2p^3) Unterschalen ist an den Ionisierungsenergien abzulesen. In jeder Periode sind bei den Edelgasen mit den Konfigurationen s^2 und s^2p^6 Maxima vorhanden. Bei Alkalimetallen mit der Konfiguration s^1, bei denen mit dem Aufbau einer neuen Schale begonnen wird, treten Minima auf.

Die Ionisierungsenergie ist ein Maß für die Festigkeit, mit der das Elektron im Atom gebunden ist.

In der Abb. 1.40 ist die Änderung der Ionisierungsenergie mit wachsender Ordnungszahl für die Hauptgruppenelemente dargestellt.

Innerhalb einer Periode nimmt I stark zu, da aufgrund der zunehmenden Kernladung die Elektronen einer Schale stärker gebunden werden. Bei den Edelgasen mit den abgeschlossenen Elektronenkonfigurationen s^2 und s^2p^6 hat I jeweils ein Maximum. Bei den auf die Edelgase folgenden Alkalimetallen sinkt I drastisch, da mit dem Aufbau einer neuen Schale begonnen wird. Die Alkalimetalle mit der Konfiguration s^1 weisen daher Minima auf.

Innerhalb einer Gruppe nimmt I mit zunehmender Ordnungszahl ab, da auf jeder neu hinzukommenden Schale die Elektronen schwächer gebunden sind.

Innerhalb einer Periode erfolgt der Anstieg von I unregelmäßig, da Atome mit gefüllten oder halb gefüllten Unterschalen eine erhöhte Stabilität besitzen.

Beispiele:

Berylliumatome haben eine höhere Ionisierungsenergie als Boratome.

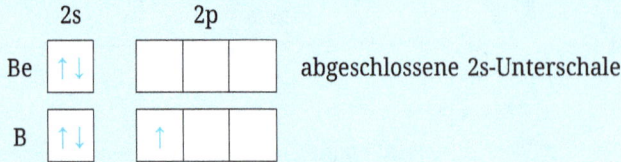

	2s	2p	
Be	↑↓					abgeschlossene 2s-Unterschale
B	↑↓	↑			

Stickstoffatome haben eine höhere Ionisierungsenergie als Sauerstoffatome.

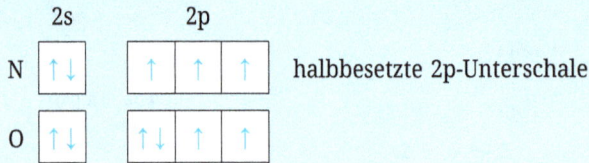

	2s	2p	
N	↑↓	↑ ↑ ↑	halbbesetzte 2p-Unterschale
O	↑↓	↑↓ ↑ ↑	

Die Ionisierungsenergien spiegeln die Strukturierung der Elektronenhülle in Schalen und Unterschalen und auch die erhöhte Stabilität halbbesetzter Unterschalen unmittelbar wider.

Bei Atomen mit mehreren Elektronen sind weitere Ionisierungen möglich. Man nennt die Energie, die erforderlich ist, das erste Elektron abzuspalten 1. Ionisierungsenergie I_1, die Energie, die aufgewendet werden muss, das zweite Elektron abzuspalten 2. Ionisierungsenergie I_2 usw. In der Tab. 1.11 sind Werte der Ionisierungsenergien für die ersten 13 Elemente angegeben. Auch bei den positiven Ionen zeigt sich die außerordentlich große Stabilität von edelgasartigen Ionen mit den Konfigurationen $1s^2$ oder $2s^2 2p^6$. Na-Atome sind leicht zu Na^+-Ionen zu ionisieren ($Na \rightarrow Na^+ + e$, $I_1 = 5{,}1$ eV). Bei der Entfernung des zweiten Elektrons aus der Elektronenhülle mit Neonkonfiguration ($Na^+ \rightarrow Na^{2+} + e$, $I_2 = 47{,}3$ eV) steigt die Ionisierungsenergie sprunghaft an. Ganz entsprechend erfolgt bei Mg-Atomen ein sprunghafter Anstieg bei der 3. Ionisierungsenergie und bei Al-Atomen bei der 4. Ionisierungsenergie.

Elektronenaffinität. Die Elektronenaffinität E_{ea} eines Atoms ist die Energie, die frei wird (negative E_{ea}-Werte) oder benötigt wird (positive E_{ea}-Werte), wenn an ein Atom ein Elektron unter Bildung eines negativ geladenen Ions angelagert wird.

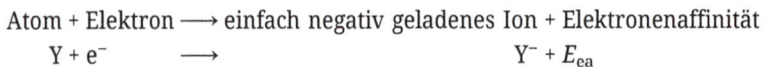

$$\text{Atom} + \text{Elektron} \longrightarrow \text{einfach negativ geladenes Ion} + \text{Elektronenaffinität}$$
$$Y + e^- \longrightarrow Y^- + E_{ea}$$

Da es schwierig ist, E_{ea}-Werte experimentell zu bestimmen, sind nicht von allen Atomen Werte bekannt, und ihre Zuverlässigkeit und Genauigkeit sind sehr unterschiedlich. In der Tab. 1.12 sind die bekannten Werte für die Hauptgruppenelemente zusammengestellt.

Auch in den E_{ea}-Werten kommt die Struktur der Elektronenhülle mit stabilen Konfigurationen zum Ausdruck. Die Werte der Tab. 1.12 zeigen, dass bei den Elemen-

Tab. 1.11: Ionisierungsenergien I der ersten 13 Elemente in eV.

Z	Ele-ment	I_1	I_2	I_3	I_4	I_5	I_6	I_7	I_8	I_9	I_{10}
1	H	13,6									
2	He	24,5	54,4								
3	Li	5,4	75,6	122,4							
4	Be	9,3	18,2	153,9	217,7						
5	B	8,3	25,1	37,9	259,3	340,1					
6	C	11,3	24,4	47,9	64,5	392,0	489,8				
7	N	14,5	29,6	47,4	77,5	97,9	551,9	666,8			
8	O	13,6	35,1	54,9	77,4	113,9	138,1	739,1	871,1		
9	F	17,4	35,0	62,6	87,1	114,2	157,1	185,1	953,6	1100,0	
10	Ne	21,6	41,1	63,5	97,0	126,3	157,9	207,0	238,0	1190,0	1350,0
11	Na	5,1	47,3	71,6	98,9	138,4	172,1	208,4	264,1	299,9	1460,0
12	Mg	7,6	15,0	80,1	109,3	141,2	186,5	224,9	266,0	328,2	367,0
13	Al	6,0	18,8	28,4	120,0	153,8	190,4	241,4	284,5	331,6	399,2

Bei jedem Element erfolgt rechts von der Treppenkurve eine sprunghafte Erhöhung von I.
Diese Ionisierungsenergien geben die Abspaltung eines Elektrons aus einer Edelgaskonfiguration an.
(z. B. $Mg^{2+} \longrightarrow Mg^{3+} + e^-$). Blau gedruckte I-Werte sind Ionisierungsenergien des jeweils
letzten Elektrons eines Atoms. Diese Werte zeigen keine Periodizität mehr, sie sind proportional Z^2
(I_2 (He) = 4 I_1 (H); I_{10} (Ne) = 100 I_1 (H)).

Tab. 1.12: Elektronenaffinitäten E_{ea} einiger Elemente in eV.

H −0,75							He >0
Li −0,62	Be +0,19	B −0,28	C −1,26	N +0,07	O −1,46 (+8,1)	F −3,40	Ne +0,30
Na −0,55	Mg +0,29	Al −0,44	Si −1,38	P −0,75	S −2,08 (+6,1)	Cl −3,62	Ar +0,36
K −0,50	Ca +1,93	Ga −0,3	Ge −1,2	As −0,81	Se −2,02	Br −3,26	Kr +0,40
Rb −0,49	Sr +1,51	In −0,3	Sn −1,2	Sb −1,07	Te −1,97	I −3,06	Xe +0,42
Cs −0,47	Ba +0,48	Tl −0,2	Pb −0,36	Bi −0,95			Rn +0,42

Negative Zahlenwerte bedeuten, dass bei der Reaktion $Y + e^- \longrightarrow Y^-$ Energie abgegeben wird.
Es muss jedoch darauf hingewiesen werden, dass die Vorzeichengebung nicht einheitlich erfolgt.
Eingeklammerte Zahlenwerte sind die Elektronenaffinitäten der Reaktion $Y^- + e^- \longrightarrow Y^{2-}$.
Zur Anlagerung eines zweiten Elektrons ist immer Energie erforderlich.

ten der Gruppen 1, 14 und 17 Minima der E_{ea}-Werte auftreten. Die Elektronenanlagerung ist also dann begünstigt, wenn dadurch die Konfigurationen s^2 oder $s^2 p^3$ (voll oder halb besetzte Unterschale) und $s^2 p^6$ (Edelgaskonfiguration) entstehen. Die hohen Werte der Halogene zeigen die starke Tendenz zur Anlagerung des 8. Valenzelektrons und somit zur Ausbildung der stabilen Edelgaskonfiguration. Die positiven Elektronenaffinitäten der Erdalkalimetalle und der Edelgase zeigen das Widerstreben die energetisch günstige s^2- und $s^2 p^6$-Konfiguration um ein zusätzliches Elektron zu erweitern. Bei den Nichtmetallen haben die Elemente der 2. Achterperiode (Si, P, S, Cl) eine höhere (negative) Elektronenaffinität als die der 1. Achterperiode (C, N, O, F).

Röntgenstrahlen und Röntgenspektren. Die bahnbrechende Entdeckung der Röntgenstrahlung geht auf den Physiker Wilhelm Conrad Röntgen im Jahre 1895 zurück. Bei Röntgenstrahlen handelt es sich um eine elektromagnetische Strahlung (Photonen), vgl. Abb. 1.17. In Röntgenröhren werden Elektronen mit Hilfe von Hochspannung beschleunigt und treffen dann auf eine Anode aus Metall. Die Abbremsung der Elektronen im Anodenmaterial erzeugt Röntgenstrahlen und Wärme (Abb. 1.41). Bei der Röntgenstrahlung wird zwischen Bremsstrahlung und charakteristischer Strahlung unterschieden.

Die Abbremsung der beschleunigten Elektronen erfolgt beim Auftreffen auf das Anodenmaterial. Dabei übertragen die Elektronen ihre Energie über Stöße auf die Hüllenelektronen der Atome des Anodenmaterials. Die übertragene Energie erzeugt ein kontinuierliches Emissionsspektrum, das sog. Bremsspektrum („weiße Röntgenstrahlung"), in dem λ_0 die vollständige Abbremsung von Elektronen kennzeichnet (Abb. 1.41).

Die charakteristische Röntgenstrahlung wird durch hochenergetische Elektronen ausgelöst, die ihre Energie auf innere Elektronen der Atome im Anodenmaterial übertragen. Zur Erzeugung von charakteristischer Strahlung muss die Energie der Elektronen demnach die Bindungsenergie der inneren Elektronen übertreffen. Dazu ist eine hohe Energie erforderlich, die nach der Planck'schen Beziehung $E = h c \frac{1}{\lambda}$ eine kleine Wellenlänge (kurzwellige Stahlung) erzeugt. Wenn ein Elektron aus der K-Schale eines Atoms herausgeschlagen wird, entsteht ein Elektronenloch, das durch ein Elektron aus einer höheren Schale aufgefüllt wird. Bei diesem Übergang von einem höheren in einen niedrigeren Energiezustand wird eine bestimmte Energie als Röntgenstrahlung mit einer charakteristischen Wellenlänge frei. Aufgrund von sogenannten Auswahlregeln sind nur bestimmte Übergänge auf die K-Schale möglich. Beim Auffüllen der K-Schale mit einem Elektron aus der L-Schale resultieren zwei mögliche Übergänge, die als $K_{\alpha 1}$ und $K_{\alpha 2}$ bezeichnet werden.

Moseley erkannte 1913, dass die reziproke Wellenlänge der K_α-Röntgenlinie aller Elemente dem Quadrat der um eins verminderten Kernladungszahl Z proportional ist.

$$\frac{1}{\lambda} = \frac{3}{4} R_\infty (Z - 1)^2$$

R_∞ ist die schon erwähnte Rydberg-Konstante für einen schwere Kerne (vgl. Abschn. 1.4.2). Aus den Röntgenspektren der Elemente können daher ihre Ordnungszahlen bestimmt werden.

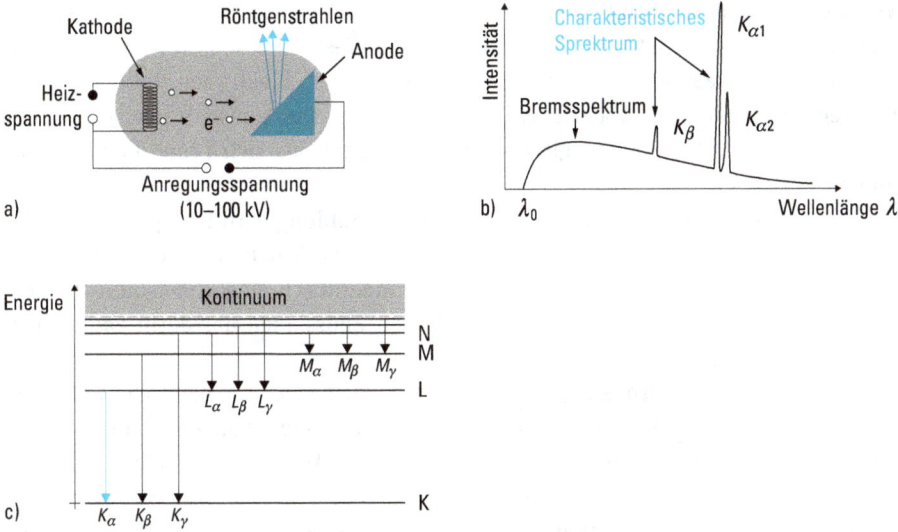

Abb. 1.41: Entstehung von Röntgenstrahlen.
a) Röntgenstrahlen entstehen, wenn hochenergetische Elektronen auf eine Metallplatte treffen.
b) Das Röntgenspektrum ist durch die Bremsstrahlung und die charakteristische Strahlung repräsentiert. Die höchste Energie wird bei der vollständigen Abbremsung von Elektronen bei λ_0 frei. Die $K_{\alpha 1}$-Strahlung hat die höchste Intensität.
c) Mögliche energetische Übergänge innerhalb der Elektronenhülle (Schalenmodell mit K-, L-, M-, N-Schale) eines Atoms, bei der Erzeugung von charakteristischer Röntgenstrahlung. Die intensitätsstärkste K_α-Strahlung entsteht durch elektronische Übergänge von der L-Schale (n = 2) auf die K-Schale (n = 1). Die L-Schale besteht aus drei Unterschalen, zwei davon erlauben Übergänge in die K-Schale. Die dabei emittierten Strahlungsarten werden $K_{\alpha 1}$ und $K_{\alpha 2}$ genannt.

Wirkt auf ein Elektron eine positive Kernladung $Z \cdot e$, so erhält man bei der Ableitung der Energiezustände statt Gl. (1.19)

$$E = -\frac{Z^2 \, m \, e^4}{8 \, \varepsilon_0^2 \, h^2} \frac{1}{n^2}$$

und statt Gl. (1.25)

$$\frac{1}{\lambda} = Z^2 \, R_\infty \left(\frac{1}{n_1^2} - \frac{1}{n_2^2} \right)$$

Für den Übergang eines Elektrons von der L-Schale auf die leere K-Schale folgt daraus

$$\frac{1}{\lambda} = \frac{3}{4} R_\infty \, Z^2$$

Wenn die K-Schale aber mit einem Elektron besetzt ist, ist nur die abgeschirmte Kernladung $(Z-1)e$ wirksam, man erhält das Moseley-Gesetz. Im Moseley-Gesetz kommt zum Ausdruck, dass sich im Gegensatz zu den äußeren Elektronen die Energie der inneren Elektronen nicht periodisch mit Z ändert. Die Ionisierungsenergien der Tab. 1.11 zeigen, dass die Energie des innersten Elektrons sich proportional mit Z^2 ändert.

Die Anregung von charakteristischer Röntgenstrahlung wird bei der EDX-Analyse (*engl.* Energy Dispersive X-ray Spectroscopy) zum Zweck der Elementaranalyse verwendet. Dazu wird das Anodenmaterial im Grunde durch eine unbekannte Probensubstanz ersetzt und über die charakteristischen Emissionen der darin enthaltenen Elemente indentifiziert.

Darüber hinaus wird Röntgenstrahlung für chemische, medizinische und technische Anwendungen genutzt. In einigen praktischen Anwendungen kommen die intensitätsstarken K_α-Strahlen der Elemente Cu, Mo und W mit Wellenlängen von rund 154 pm, 71 pm und 21 pm zum Einsatz. In Bereichen der Chemie, Biochemie und Pharmazie wird die Röntgenbeugung am Kristallgitter zur Bestimmung und Verfeinerung von Kristallstrukturen verwendet. Im medizinischen Bereich werden Röntgenstrahlen in der Diagnostik und in der Strahlentherapie verwendet. Lebendes Gewebe wird von Röntgenstrahlen durchdrungen und teilweise absorbiert, wodurch Kontrastbilder von Knochen und Gewebearten sichtbar gemacht werden können.

Genau wie jede andere ionisierende Strahlungsart ist Röntgenstrahlung in hohen Dosen für Organismen schädlich. Die Beeinträchtigung der DNA im Zellkern kann schwere Folgen haben und Krebs erzeugen. Die Strahlenbelastung beim Menschen wird in Sievert (Sv) angegeben. Dabei kann für eine Einzelperson in Deutschland eine durchschnittliche Strahlenbelastung von etwa 2 mSv/J angenommen werden. Der Jahresdosisleistung (Grenzwert) für beruflich strahlenexponierte Personen liegt bei 20 mSv/J.

2 Die chemische Bindung

Die Bindungskräfte, die zur Bildung chemischer Verbindungen führen, sind unterschiedlicher Natur. Es werden daher verschiedene Grenztypen der chemischen Bindung unterschieden. Dies sind
- die Ionenbindung,
- die Atombindung,
- die metallische Bindung,
- die van-der-Waals-Bindung.

Wir werden aber sehen, dass zwischen diesen Idealtypen fließende Übergänge existieren.

Aus didaktischen Gründen wird die metallische Bindung erst im Kapitel Metalle behandelt.

2.1 Die Ionenbindung

Für diesen Bindungstyp ist auch die Bezeichnung heteropolare Bindung üblich.

2.1.1 Allgemeines, Ionenkristalle

Ionenverbindungen entstehen durch Vereinigung von ausgeprägt metallischen Elementen mit ausgeprägt nichtmetallischen Elementen, also aus Elementen, die im PSE links stehen (Alkalimetalle, Erdalkalimetalle) mit Elementen, die im PSE rechts stehen (Halogene, Sauerstoff).

Als typisches Beispiel einer Ionenverbindung soll Natriumchlorid NaCl besprochen werden.

Bei der Reaktion von Natrium mit Chlor werden von den Na-Atomen, die die Elektronenkonfiguration $1s^2\,2s^2\,2p^6\,3s^1$ besitzen, die 3s-Elektronen abgegeben. Dadurch entstehen die einfach positiv geladenen Ionen Na^+. Diese Ionen haben die Elektronenkonfiguration des Edelgases Neon $1s^2\,2s^2\,2p^6$. Man sagt, sie haben Neonkonfiguration. Die Cl-Atome nehmen die abgegebenen Elektronen unter Bildung der einfach negativ geladenen Ionen Cl^- auf. Aus einem Cl-Atom mit der Elektronenkonfiguration $1s^2\,2s^2\,2p^6\,3s^2\,3p^5$ entsteht durch Elektronenaufnahme ein Cl^--Ion mit der Argonkonfiguration $1s^2\,2s^2\,2p^6\,3s^2\,3p^6$. Stellt man die Elektronen der äußersten Schale als Punkte dar, lässt sich dieser Vorgang folgendermaßen formulieren:

$$Na^{\cdot} + {\cdot}\overset{\cdot}{\underset{\cdot}{Cl}}{:} \rightarrow Na^+ + {:}\overset{\cdot}{\underset{\cdot}{Cl}}{:}^-$$

https://doi.org/10.1515/9783111336244-002

Durch Elektronenübergang vom Metallatom zum Nichtmetallatom entstehen aus den neutralen Atomen elektrisch geladene Teilchen, Ionen. Die positiv geladenen Ionen bezeichnet man als Kationen, die negativ geladenen als Anionen.

Wegen der veränderten Elektronenkonfiguration zeigen die Ionen gegenüber den neutralen Atomen völlig veränderte Eigenschaften. Cl- und Na-Atome sind chemisch aggressive Teilchen. Die Ionen Na^+ und Cl^- sind harmlose, reaktionsträge Teilchen. Die chemische Reaktionsfähigkeit wird durch die Elektronenkonfiguration bestimmt. Teilchen mit der abgeschlossenen Elektronenkonfiguration der Edelgase sind chemisch reaktionsträge. Dies gilt nicht nur für die Edelgasatome selbst, sondern auch für Ionen mit Edelgaskonfiguration.

Kationen und Anionen ziehen sich aufgrund ihrer entgegengesetzten elektrischen Ladung an. Die Anziehungskraft wird durch das Coulomb'sche Gesetz (vgl. Abschn. 1.4.1) beschrieben. Es lautet für ein Ionenpaar

$$F = \frac{1}{4\pi\varepsilon_0} \cdot \frac{z_K e\, z_A e}{r^2} \tag{2.1}$$

Es bedeuten: z_K und z_A Ladungszahl des Kations bzw. Anions, e Elementarladung, ε_0 elektrische Feldkonstante, r Abstand der Ionen.

Die Anziehungskraft F ist proportional dem Produkt der Ionenladungen $z_K e$ und $z_A e$. Sie ist umgekehrt proportional dem Quadrat des Abstandes r der Ionen.

Die elektrostatische Anziehungskraft ist ungerichtet, das bedeutet, dass sie in allen Raumrichtungen wirksam ist. Daher umgeben sich die positiven Na^+-Ionen symmetrisch mit möglichst vielen negativen Cl^--Ionen und die negativen Cl^--Ionen mit positiven Na^+-Ionen (vgl. Abb. 2.1). Aus den Elementen Natrium und Chlor bildet sich daher nicht eine Verbindung, die aus Na^+Cl^--Ionenpaaren besteht, sondern es entsteht ein Ionenkristall, in dem die Ionen eine regelmäßige dreidimensionale Anordnung bilden. Abb. 2.2 zeigt die Anordnung der Na^+- und Cl^--Ionen im NaCl-Kristall. Jedes Na^+-Ion ist von 6 Cl^--Ionen und jedes Cl^--Ion von 6 Na^+-Ionen in oktaedrischer Anordnung umgeben. Charakteristisch für die verschiedenen Strukturtypen ist die Koordinationszahl KZ. Sie gibt die Anzahl der nächsten gleich weit entfernten Nachbarn in einer Struktur an. In der NaCl-Struktur haben beide Ionensorten die Koordinationszahl sechs.

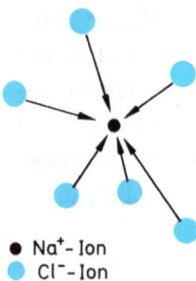

● Na^+- Ion
● Cl^-- Ion

Abb. 2.1: Da das elektrische Feld des Na^+-Ions in jeder Raumrichtung wirkt, ist zwischen dem positiven Na^+-Ion und allen Cl^--Ionen eine Anziehungskraft wirksam. An das Na^+-Ion lagern sich daher so viele negative Cl^--Ionen an wie gerade Platz haben.

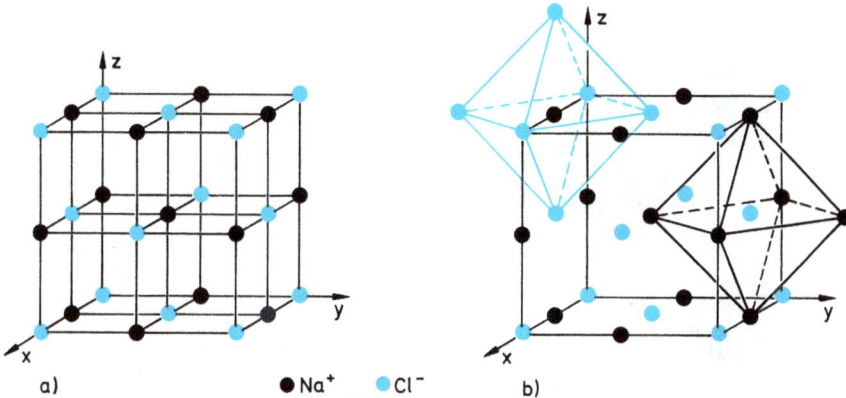

Abb. 2.2: a) Kristallstruktur des NaCl-Ionenkristalls (Natriumchlorid-Typ). In den drei Raumrichtungen existiert die gleiche periodische Folge von Na$^+$- und Cl$^-$-Ionen. Damit die Struktur besser sichtbar wird, sind die Ionen nicht maßstabgetreu, sondern nur als kleine Kugeln dargestellt.
b) In der Struktur von NaCl hat jedes Na$^+$-Ion 6 Cl$^-$-Ionen als Nachbarn, die ein Oktaeder bilden. Jedes Cl$^-$-Ion ist von 6 Na$^+$-Ionen in oktaedrischer Anordnung umgeben. Für beide Ionensorten ist also die Koordinationszahl KZ = 6. Jedes Ion ist daher gleich stark an sechs Nachbarn gebunden.

Kationen und Anionen nähern sich einander im Ionenkristall nur bis zu einer bestimmten Entfernung. Zwischen den Ionen müssen daher auch Abstoßungskräfte existieren. Diese Abstoßungskräfte kommen durch die gegenseitige Abstoßung der Elektronenhüllen der Ionen zustande. Bei größerer Entfernung der Ionen wirken im Wesentlichen nur die Anziehungskräfte. Bei dichter Annäherung der Ionen beginnen Abstoßungskräfte wirksam zu werden, die mit weiterer Annäherung der Ionen wesentlich stärker werden als die Anziehungskräfte. Die Ionen nähern sich deshalb im Kristall bis zu einem Gleichgewichtsabstand, bei dem die Coulomb'schen Anziehungskräfte gerade gleich den Abstoßungskräften der Elektronenhüllen sind (vgl. Abb. 2.21). Die Ionen verhalten sich in einem Ionenkristall daher in erster Näherung wie starre Kugeln mit einem charakteristischen Radius (vgl. Abb. 2.3). Die Elektronenhüllen der Ionen durchdringen sich nicht, die Elektronendichte sinkt zwischen den Ionen fast auf Null (vgl. Abb. 2.4).

Ionenverbindungen bestehen also nicht aus einzelnen Molekülen, sondern sind aus Ionen aufgebaute Kristalle, in denen zwischen einem Ion und allen seinen entgegengesetzt geladenen Nachbarionen starke Bindungskräfte vorhanden sind. Ein Ionenkristall kann nur insgesamt als „Riesenmolekül" aufgefasst werden. Ionenverbindungen sind daher Festkörper mit hohen Schmelzpunkten (vgl. Tab. 2.6).

Da in Ionenkristallen die Ionen nur wenig beweglich sind, sind Ionenverbindungen meist schlechte Ionenleiter. Schmelzen von Ionenkristallen leiten dagegen den elektrischen Strom, da auch in der Schmelze Ionen vorhanden sind, die gut beweglich sind. Wenn sich Ionenkristalle in polaren Lösemitteln wie Wasser lösen, bleiben die Ionen erhalten. Da die Ionen frei beweglich sind, leiten solche Lösungen den elektrischen Strom (vgl. Abschn. 3.7.1).

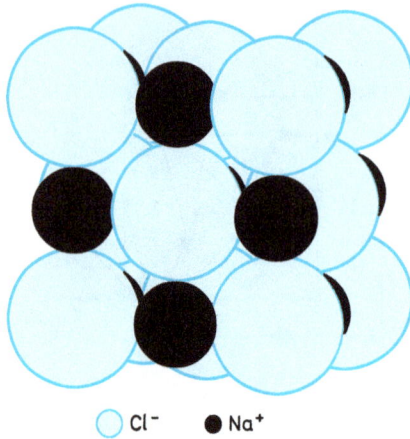

○ Cl⁻   ● Na⁺

Abb. 2.3: Darstellung des NaCl-Kristalls mit den Cl⁻- und Na⁺-Ionen als Kugeln, maßstäblich richtig. Die Na⁺-Ionen haben einen Radius von 102 pm, die Cl⁻-Ionen von 181 pm.

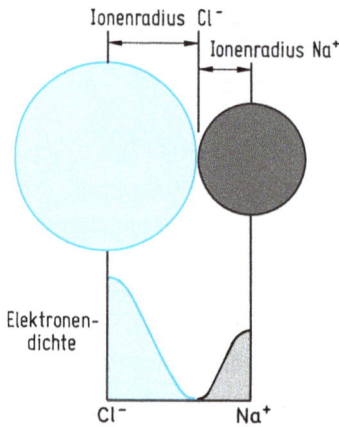

Abb. 2.4: Schematischer Verlauf der Elektronendichte bei der Ionenbindung. Die Na⁺- und Cl⁻-Ionen in der NaCl-Struktur berühren sich, die Elektronenhüllen durchdringen sich nicht. Die Elektronendichte sinkt daher an der Berührungsstelle der Ionen auf annähernd null.

Tab. 2.1: Ionen mit Edelgaskonfiguration.

Hauptgruppe		Ionenladungszahl	Beispiele
I	Alkalimetalle	+1	Li^+, Na^+, K^+
II	Erdalkalimetalle	+2	Be^{2+}, Mg^{2+}, Ca^{2+}, Sr^{2+}, Ba^{2+}
III	Triele	+3	Al^{3+}
VI	Chalkogene	−2	O^{2-}, S^{2-}
VII	Halogene	−1	F^-, Cl^-, Br^-, I^-

In Ionenkristallen haben die meisten Ionen, die von den Elementen der Hauptgruppen gebildet werden, Edelgaskonfiguration. Ausnahmen sind Sn^{2+} und Pb^{2+}. Für die edelgasartigen Ionen besteht zwischen der Ionenladungszahl und der Stellung im Periodensystem ein einfacher Zusammenhang, der in der Tab. 2.1 dargestellt ist.

Die Bildung von Ionen mit Edelgaskonfiguration ist aufgrund der Ionisierungs-energien (vgl. Tab. 1.11) und Elektronenaffinitäten (vgl. Tab. 1.12) plausibel. Die Me-tallatome geben ihre Valenzelektronen relativ leicht ab, ein weiteres Elektron lässt sich aus Kationen mit Edelgaskonfiguration aber nur unter Aufbringung einer ex-trem hohen Ionisierungsenergie entfernen. Es gibt daher keine Ionenverbindungen mit Na^{2+}- oder Mg^{3+}-Ionen. Bei der Anlagerung eines Elektrons an ein Halogenatom wird Energie frei. Die Anlagerung von Elektronen an edelgasartige Anionen ist nur unter erheblichem Energieaufwand möglich, daher treten in Ionenverbindungen kei-ne Cl^{2-}- oder O^{3-}-Ionen auf.

Es wird nun auch klar, warum Ionenverbindungen durch Reaktion von Metallen mit ausgeprägten Nichtmetallen entstehen. Der Elektronenübergang von einem Reak-tionspartner zum anderen ist begünstigt, wenn der eine eine kleine Ionisierungsener-gie, der andere eine große Elektronenaffinität besitzt. Die Alkalimetallhalogenide sind dementsprechend auch die typischsten Ionenverbindungen.

2.1.2 Ionenradien

Man kann die Ionen in Ionenkristallen in erster Näherung als starre Kugeln betrach-ten. Ein bestimmtes Ion hat in verschiedenen Ionenverbindungen auch bei gleicher Koordinationszahl zwar nicht eine genau konstante Größe, aber die Größen stimmen doch so weit überein, dass man jeder Ionensorte einen individuellen Radius zuordnen kann. Die Ionenradien können aus den Abständen, die zwischen den Ionen in den Strukturen auftreten, ermittelt werden. Man erhält zunächst, wie in Abb. 2.5 darge-stellt ist, aus den Kationen–Anionen-Abständen für verschiedene Ionenkombinatio-nen die Radiensummen von Kation und Anion $r_A + r_K$. Zur Ermittlung der Radien selbst muss der Radius wenigstens eines Ions unabhängig bestimmt werden. Pauling hat den Radius des O^{2-}-Ions theoretisch zu 140 pm berechnet. Die in der Tab. 2.2 ange-gebenen Ionenradien basieren auf diesem Wert. Die Radien gelten für die Koordinati-onszahl 6. Ein weniger gebräuchlicher Radiensatz basiert auf einem O^{2-}-Radius von

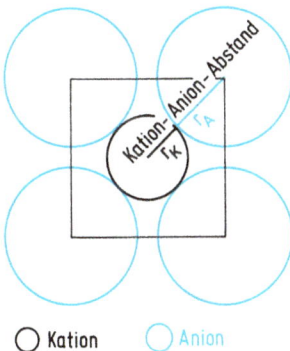

Abb. 2.5: Das Kation ist oktaedrisch von Anionen umgeben. Dargestellt sind die vier Nachbarn in einer Ebene. Kation und Anionen berühren sich. Aus dem Abstand Kation–Anion in einer Struktur erhält man die Radiensumme von Kation und Anion $r_K + r_A$.

○ Kation   ○ Anion

126 pm, der aus röntgenographisch bestimmten Elektronendichteverteilungen abgeleitet wurde. Es ist also schwierig, absolute Radien zu bestimmen.

Für andere Koordinationszahlen ändern sich die Ionenradien. Mit wachsender Zahl benachbarter Ionen vergrößern sich die Abstoßungskräfte zwischen den Elektronenhüllen der Ionen, der Gleichgewichtsabstand wächst. Aus den bei verschiedenen Koordinationszahlen experimentell bestimmten Ionenradien ergibt sich, dass die relativen Änderungen für die einzelnen Ionen individuelle Größen sind und sich nur in erster Näherung eine mittlere Änderung angeben lässt (vgl. Fußnote der Tab. 2.2). Dafür erhält man die folgende Abhängigkeit.

KZ	8	6	4
r	1,1	1,0	0,8

Bei den Koordinationszahlen 8, 6 und 4 verhalten sich die Radien für ein und dasselbe Ion annähernd wie $1,1:1:0,8$. Das heißt also, dass das Bild von den starren Kugeln

Tab. 2.2: Ionenradien in pm. (Ionenradien werden häufig auch in der Einheit Ångström angegeben; $1 \text{ Å} = 10^{-10} \text{ m} = 100 \text{ pm}$)

H^-	154	Be^{2+}	45	Al^{3+}	54	Si^{4+}	40
F^-	133	Mg^{2+}	72	Ga^{3+}	62	Sn^{4+}	69
Cl^-	181	Ca^{2+}	100	Tl^{3+}	89	Pb^{4+}	78
Br^-	196	Sr^{2+}	118	Bi^{3+}	103	Ti^{4+}	61
I^-	220	Ba^{2+}	135	Sc^{3+}	75	V^{4+}	58
O^{2-}	140	Sn^{2+}	93	Ti^{3+}	67	Mn^{4+}	53
S^{2-}	184	Pb^{2+}	119	V^{3+}	64	Zr^{4+}	72
N^{3-}	171	Ti^{2+}	86	Cr^{3+}	62	Pd^{4+}	62
Li^+	76	V^{2+}	79	Mn^{3+}	65	Hf^{4+}	71
Na^+	102	Cr^{2+}	80	Fe^{3+}	65	W^{4+}	66
K^+	138	Mn^{2+}	83	Co^{3+}	61	Pt^{4+}	63
Rb^+	152	Fe^{2+}	78	Ni^{3+}	60	Ce^{4+}	87
Cs^+	167	Co^{2+}	75	Rh^{3+}	67	U^{4+}	89
NH_4^+	143	Ni^{2+}	69	La^{3+}	103	V^{5+}	54
Tl^+	150	Cu^{2+}	73	$Au^{3+}*$	85	Nb^{5+}	64
Cu^+	77	Zn^{2+}	74	Ce^{3+}	101	Ta^{5+}	64
Ag^+	115	$Pd^{2+}*$	86	Gd^{3+}	94	Cr^{6+}	44
Au^+	137	Cd^{2+}	95	Lu^{3+}	86	Mo^{6+}	59
		$Pt^{2+}*$	80	V^{3+}	64	W^{6+}	60
		Hg^{2+}	102			U^{6+}	73

Die Radien gelten für die Koordinationszahl 6. Nur die mit * bezeichneten Radien sind für die quadratisch-planare Koordination angegeben.

Die Radien der Kationen sind empirische Radien, die aus Oxiden und Fluoriden ermittelt wurden. Sie entstammen dem Radiensatz von Shannon und Prewitt (Acta Crystallogr. (1976) A32, 751). Dort sind auch die Radien für andere Koordinationszahlen angegeben. Daraus wurde die oben angegebene mittlere Änderung der Radien mit der KZ ermittelt. Der Einfluss des Spinzustandes auf die Ionengröße wird im Abschn. 5.7.6 „Ligandenfeldtheorie" behandelt.

für isoliert betrachtete Ionen nicht gilt, sondern dass sich die Ionenradien aus dem Gleichgewichtsabstand in einem bestimmten Kristall ergeben. In verschiedenen Verbindungen verhält sich ein bestimmtes Ion nur dann wie eine starre Kugel mit annähernd konstantem Radius, wenn die Anzahl seiner nächsten Nachbarn, die Koordinationszahl, gleich ist.

Für die Ionenradien gelten folgende Regeln:

Kationen sind kleiner als Anionen. Ausnahmen sind die großen Kationen K^+, Rb^+, Cs^+, NH_4^+, Ba^{2+}. Sie sind größer als das kleinste Anion F^-.

In den Hauptgruppen des PSE nimmt der Ionenradius mit steigender Ordnungszahl zu:

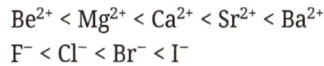

$$Be^{2+} < Mg^{2+} < Ca^{2+} < Sr^{2+} < Ba^{2+}$$
$$F^- < Cl^- < Br^- < I^-$$

Der Grund dafür ist der Aufbau neuer Schalen.

Bei Ionen mit gleicher Elektronenkonfiguration (isoelektronische Ionen) nimmt der Radius mit zunehmender Ordnungszahl ab:

$$O^{2-} > F^- > Na^+ > Mg^{2+} > Al^{3+}$$

Für die Änderung der Radien sind zwei Ursachen zu berücksichtigen. Mit zunehmender Kernladung wird die Elektronenhülle stärker angezogen. Mit zunehmender Ionenladung verringert sich der Gleichgewichtsabstand zwischen den Ionen, da die Anziehungskraft nach dem Coulomb'schen Gesetz mit der Ionenladung zunimmt. Die Radien nehmen daher bei den isoelektronischen positiven Ionen viel stärker ab als bei den isoelektronischen negativen Ionen.

Gibt es von einem Element mehrere positive Ionen, nimmt der Radius mit zunehmender Ladung ab:

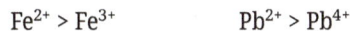

$$Fe^{2+} > Fe^{3+} \qquad\qquad Pb^{2+} > Pb^{4+}$$

2.1.3 Wichtige ionische Strukturen, Radienquotientenregel

In Ionenkristallen treten die Koordinationszahlen 2, 3, 4, 6, 8 und 12 auf. Da zwischen den Ionen ungerichtete elektrostatische Kräfte wirken, bilden die Ionen jeweils Anordnungen höchster Symmetrie (vgl. dazu Abb. 2.6 und Abb. 2.7).

Zunächst sollen Strukturen besprochen werden, die bei Verbindungen der Zusammensetzungen AB und AB_2 auftreten. In den Abbildungen sind die Kristallstrukturen durch Elementarzellen dargestellt; diese genügen zur vollständigen Beschreibung eines kristallinen Stoffes.

AB-Strukturen. Die wichtigsten AB-Strukturtypen sind die Caesiumchlorid-Struktur, die Natriumchlorid-Struktur und die Zinkblende-Struktur. Sie sind in den Abb. 2.8,

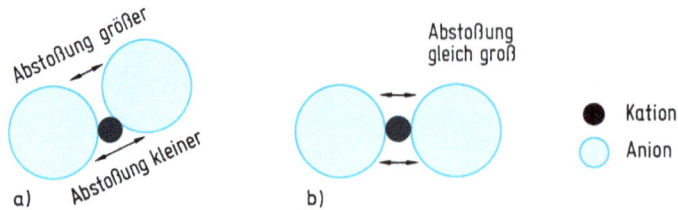

Abb. 2.6: Die in a) dargestellte Anordnung der Ionen ist nicht stabil. Wegen der gegenseitigen Abstoßung der negativ geladenen Anionen geht a) in b) über. Die Anordnung a) ist nur bei gerichteter Bindung möglich. Entsprechend entstehen in Ionenkristallen auch bei anderen Koordinationszahlen Anordnungen höchster Symmetrie.

KZ	2	3	4	6	8	12
Geometrie der Anordnung	Gerade	gleichseitiges Dreieck	Tetraeder	Oktaeder	Würfel	Kuboktaeder

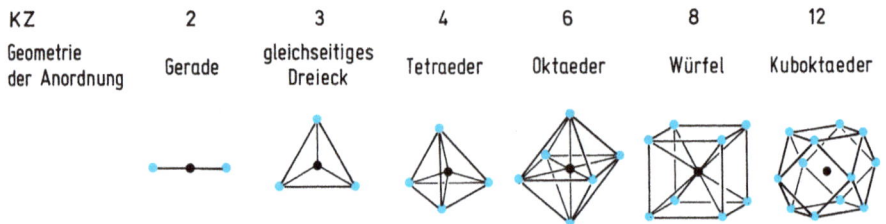

Abb. 2.7: Koordinationszahlen und Geometrie der Anordnungen der Ionen in Ionenkristallen.

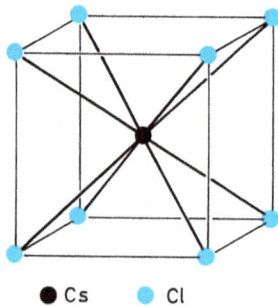

● Cs ● Cl

Abb. 2.8: Caesiumchlorid-Typ (CsCl), KZ 8. Jedes Cs^+-Ion ist von 8 Cl^--Ionen und jedes Cl^--Ion von 8 Cs^+-Ionen in Form eines Würfels umgeben.

2.2 und 2.9 dargestellt. Da bei den AB-Strukturen die Anzahl der Anionen und Kationen gleich ist, haben beide Ionensorten jeweils dieselbe Koordinationszahl. Beispiele für Ionenkristalle, die in den genannten Strukturen auftreten, enthält die Tab. 2.4.

AB_2-Strukturen. Die wichtigsten AB_2-Strukturtypen sind die Fluorit-Struktur, die Rutil-Struktur und die Cristobalit-Struktur. Sie sind in den Abb. 2.10, 2.11 und 2.12 dargestellt. In den AB_2-Strukturen ist das Verhältnis Anzahl der Anionen durch Anzahl der Kationen gleich zwei. Die Koordinationszahl der Anionen muss daher gerade halb so groß sein wie die der Kationen. Beispiele für die AB_2-Strukturen sind in der Tab. 2.5 angegeben.

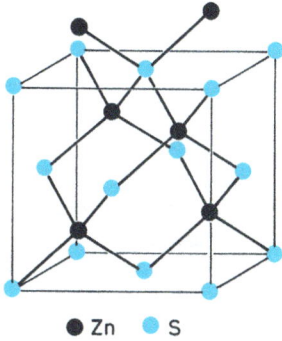

Zn ● S ●

Abb. 2.9: Zinkblende-Typ (ZnS), KZ 4. Die Zn-Atome sind von 4 S-Atomen und die S-Atome von 4 Zn-Atomen in Form eines Tetraeders umgeben.

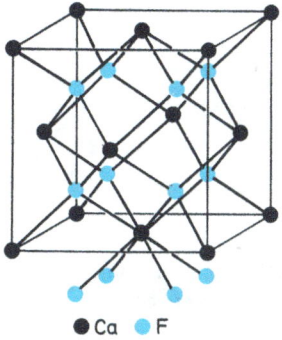

Ca ● F ●

Abb. 2.10: Fluorit-Typ (CaF$_2$), KZ 8 : 4. Die Ca^{2+}-Ionen sind würfelförmig von 8 F$^-$-Ionen umgeben, die F$^-$-Ionen sind von 4 Ca^{2+}-Ionen tetraedrisch koordiniert.
Als Antifluorit-Typ bezeichnet man den AB$_2$-Strukturtyp, bei dem die negativen Ionen würfelförmig und die positiven Ionen tetraedrisch koordiniert sind. Beispiel Li$_2$O.

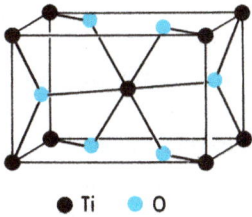

Ti ● O ●

Abb. 2.11: Rutil-Typ (TiO$_2$), KZ 6 : 3. Jedes Ti^{4+}-Ion ist von 6 O^{2-}-Ionen in Form eines etwas verzerrten Oktaeders umgeben, jedes O^{2-}-Ion von 3 Ti^{4+}-Ionen in Form eines nahezu gleichseitigen Dreiecks.

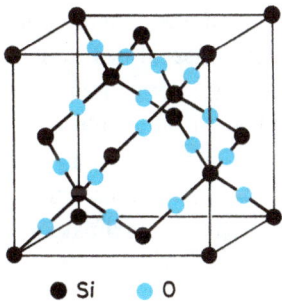

Si ● O ●

Abb. 2.12: Cristobalit-Typ (SiO$_2$), KZ 4 : 2. Die Si-Atome sind tetraedrisch von 4 Sauerstoffatomen umgeben, die Sauerstoffatome sind von 2 Si-Atomen linear koordiniert.

Abb. 2.13: Sind die Kationen kleiner als die Anionen, was meistens der Fall ist, werden die Koordinationsverhältnisse in einer Kristallstruktur durch die Koordinationszahl des Kations bestimmt. Bei den in der Zeichnung dargestellten Größenverhältnissen der Ionen ist die Koordinationszahl des Kations drei. An das Anion können sehr viel mehr Kationen angelagert werden, aber dann ließe sich keine symmetrische Struktur aufbauen.

Abb. 2.14: Die Koordinationszahl eines Kations hängt vom Größenverhältnis Kation/Anion ab, nicht von der Absolutgröße der Ionen. Ist der Radienquotient $r_K/r_A = 1$, lassen sich in einer Ebene gerade sechs Anionen um ein Kation packen.

Die besprochenen Strukturen sind keineswegs auf Ionenkristalle beschränkt. Wie wir später noch sehen werden, kommen diese Strukturen auch bei vielen Verbindungen vor, in denen andere Bindungskräfte vorhanden sind.

Wir wollen uns nun der Frage zuwenden, warum verschiedene AB- bzw. AB_2-Verbindungen in unterschiedlichen Strukturen vorkommen. Da die Coulomb'schen Anziehungskräfte in allen Raumrichtungen wirksam sind, werden sich in einer Kristallstruktur um ein Ion möglichst viele Ionen entgegengesetzter Ladung so dicht wie möglich anlagern. In der Regel sind die Kationen kleiner als die Anionen, daher sind die Koordinationsverhältnisse meist durch die Koordinationszahl des Kations bestimmt (vgl. Abb. 2.13). Die Anzahl der Anionen, mit denen sich ein Kation umgeben kann, hängt vom Größenverhältnis der Ionen ab, nicht von ihrer Absolutgröße (vgl. Abb. 2.14). Die Koordinationszahl eines Kations hängt vom Radienquotienten r_{Kation}/r_{Anion} ab. Sind Kationen und Anionen gleich groß, können 12 Anionen um das Kation gepackt werden. Mit abnehmendem Verhältnis r_K/r_A wird die maximal mögliche Zahl der Anionen, die mit dem Kation in Berührung stehen, kleiner.

Aus der Anordnung der Ionen in einer Struktur lässt sich der Zusammenhang zwischen der Koordinationszahl und dem Radienquotienten berechnen. Am Beispiel der Caesiumchlorid-Struktur soll gezeigt werden, bei welchem Radienverhältnis der Übergang von der KZ 8 zur KZ 6 erfolgt. Ist das Verhältnis $r_K/r_A = 1$, berühren sich, wie Abb. 2.15a zeigt, Anionen und Kationen, aber nicht die Anionen untereinander. Sinkt r_K/r_A auf 0,732, haben sich die Anionen einander soweit genähert, dass sowohl Berührung der Anionen und Kationen als auch der Anionen untereinander erfolgt (Abb. 2.15b). Wird das Verhältnis $r_K/r_A < 0,732$, können sich nun, wie Abb. 2.15c zeigt, die Anionen den Kationen nicht mehr weiter nähern. Dies ist erst dann wieder möglich, wenn die Anionen von der würfelförmigen Anordnung mit der KZ 8 in die oktaedrische Koordination mit der KZ 6 übergehen.

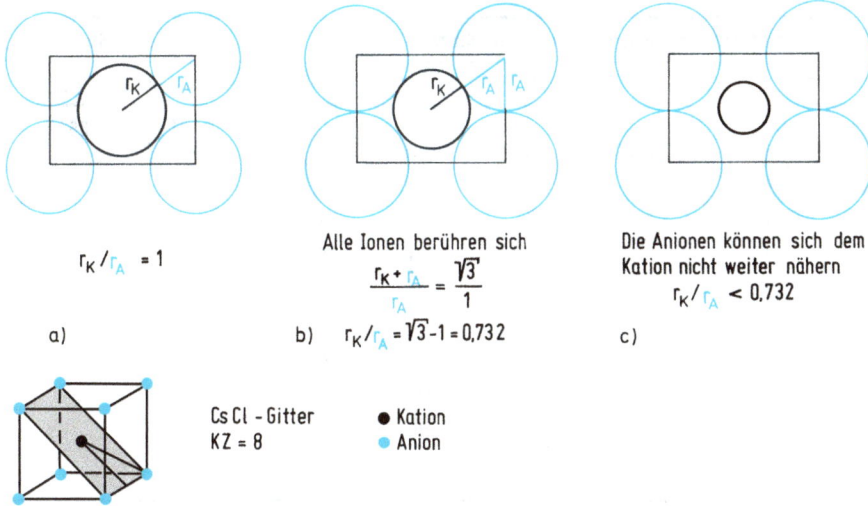

a) $r_K/r_A = 1$

b) Alle Ionen berühren sich
$$\frac{r_K + r_A}{r_A} = \frac{\sqrt{3}}{1}$$
$r_K/r_A = \sqrt{3}-1 = 0,732$

c) Die Anionen können sich dem Kation nicht weiter nähern
$r_K/r_A < 0,732$

CsCl - Gitter
KZ = 8

● Kation
● Anion

Abb. 2.15: Stabilität der Caesiumchlorid-Struktur in Abhängigkeit vom Radienquotienten r_K/r_A.

In der Tab. 2.3 sind die Bereiche der Radienverhältnisse für die verschiedenen Koordinationszahlen angegeben. Beispiele zum Zusammenhang zwischen Strukturtyp und Radienverhältnis sind für AB-Verbindungen in der Tab. 2.4 und für AB_2-Verbindungen in der Tab. 2.5 zusammengestellt. In einigen Fällen treten Abweichungen auf. So kristallisieren z. B. einige Alkalimetallhalogenide in der Natriumchlorid-Struktur, obwohl der Radienquotient Caesiumchlorid-Struktur erwarten ließe. Die Abhängigkeit der Koordinationszahl vom Radienquotienten gilt also nicht streng. Die Ursachen werden im Abschn. 2.1.4 diskutiert.

Auf die Vielzahl weiterer Strukturen kann nur kurz eingegangen werden.

Die wichtigste **A_2B_3-Struktur** ist die Korund (α-Al_2O_3)-Struktur. In ihr kristallisieren die Oxide Cr_2O_3, Ti_2O_3, V_2O_3, α-Fe_2O_3, α-Ga_2O_3 und Rh_2O_3.

Zwei häufig auftretende Strukturen sind die **Perowskit-Struktur** und die **Spinell-Struktur**. In beiden Strukturen treten Kationen in zwei verschiedenen Koordinations-

Tab. 2.3: Radienquotienten und Koordinationszahl.

Koordinations-zahl KZ	Koordinations-polyeder	Radienquotient r_K/r_A	Strukturtyp
4	Tetraeder	0,225–0,414	Zinkblende, Cristobalit
6	Oktaeder	0,414–0,732	Natriumchlorid, Rutil
8	Würfel	0,732–1	Caesiumchlorid, Fluorit

Tab. 2.4: Radienquotienten r_K/r_A einiger AB-Ionenkristalle.

Caesiumchlorid-Struktur		Natriumchlorid-Struktur				Zinkblende-Struktur	
$r_K/r_A > 0,73$		$r_K/r_A = (0,41–0,73)$				$r_K/r_A = (0,22–0,41)$	
CsCl	0,94	BaO	0,97	LiF	056	BeO[3]	0,25
CsBr	0,87	KF[2]	0,96	CaS	0,54	BeS	0,19
NH$_4$Cl[1]	0,83	CsF[2]	0,78	CoO	0,53		
TlCl	0,83	NaF	0,77	NaBr	0,52		
CsI	0,79	KCl	0,76	MgO	0,51		
NH$_4$Br[1]	0,77	CaO	0,71	NiO	0,49		
TlBr	0,77	KBr	0,71	NaI	0,47		
		KI	0,64	LiCl	0,41		
		NaH	0,66	MgS	0,39		
		SrS	0,61	LiBr	0,38		
		MnO	0,59	LiI	0,34		
		NaCl	0,56				
		VO	0,56				

[1] Die Hochtemperaturmodifikationen kristallisieren in der NaCl-Struktur.
[2] Da das Anion kleiner ist als das Kation, ist der Wert für r_A/r_K angegeben.
[3] BeO kristallisiert im Wurtzit-Typ, der dem Zinkblende-Typ eng verwandt ist. Die beiden Ionensorten sind ebenfalls tetraedrisch koordiniert (vgl. Abb. 2.45).

Tab. 2.5: Radienquotienten r_K/r_A einiger AB$_2$-Ionenkristalle.

Fluorit-Struktur		Rutil-Struktur				Cristobalit-Struktur	
$r_K/r_A > 0,73$		$r_K/r_A = (0,41–0,73)$				$r_K/r_A = (0,22–0,41)$	
BaF$_2$	1,02	MnF$_2$	0,62	CaBr$_2$	0,51	SiO$_2$	0,29
PbF$_2$	0,89	FeF$_2$	0,59	SnO$_2$	0,49	BeF$_2$	0,26
SrF$_2$	0,85	PbO$_2$	0,56	MgH$_2$	0,47		
BaCl$_2$	0,75	ZnF$_2$	0,56	WO$_2$	0,46		
CaF$_2$	0,75	CoF$_2$	0,56	TiO$_2$	0,44		
CdF$_2$	0,71	CaCl$_2$	0,55	VO$_2$	0,42		
UO$_2$	0,69	MgF$_2$	0,54	CrO$_2$	0,39		
SrCl$_2$	0,62	NiF$_2$	0,52	MnO$_2$	0,38		
				GeO$_2$	0,38		

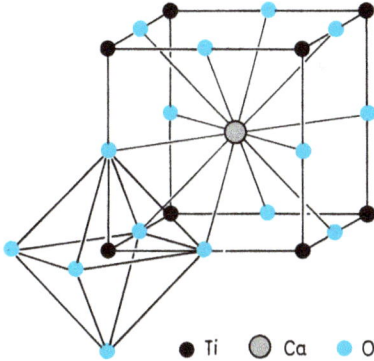

Abb. 2.16: Perowskit-Typ ABX_3. Beispiel $CaTiO_3$. Die Ti^{4+}-Ionen sind von $6\,O^{2-}$-Ionen oktaedrisch koordiniert, die Ca^{2+}-Ionen von $12\,O^{2-}$-Ionen in Form eines Kuboktaeders. Aus der Perowskit-Struktur entsteht die ReO_3-Struktur, wenn die Ca^{2+}-Plätze unbesetzt bleiben.

In der idealen Struktur gilt für die Radien der Ionen die Beziehung $r_A + r_X = \sqrt{2}(r_B + r_X)$. Abweichungen davon werden durch den Toleranzfaktor t erfasst $r_A + r_X = t\,\sqrt{2}(r_B + r_X)$. Er liegt meist zwischen 0,9 und 1,1. In den „verzerrten" Perowskiten ist die kubische Symmetrie erniedrigt (tetragonal, orthorhombisch, rhomboedrisch).

zahlen auf. Verbindungen mit Perowskit-Struktur (Abb. 2.16) haben die Zusammensetzung ABX_3. Typische Vertreter des Perowskit-Typs sind die Verbindungen

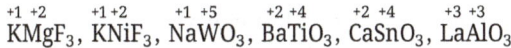

$$\overset{+1\ +2}{KMgF_3},\ \overset{+1\ +2}{KNiF_3},\ \overset{+1\ +5}{NaWO_3},\ \overset{+2\ +4}{BaTiO_3},\ \overset{+2\ +4}{CaSnO_3},\ \overset{+3\ +3}{LaAlO_3}$$

Die Kationen können Ladungszahlen von +1 bis +5 haben, die Summe der Ladungen der A- und B-Ionen muss aber immer gleich der Summe der Ladungen der Anionen sein. Das kleinere der beiden Kationen hat die Koordinationszahl 6, das größere die Koordinationszahl 12. Ein Perowskit mit gemischten Anionen ist $\overset{+2\ +3}{BaScO_2F}$.

Die Spinell-Struktur (Abb. 2.17) tritt bei Verbindungen der Zusammensetzung AB_2X_4 auf. In den Oxiden AB_2O_4 mit Spinell-Struktur müssen durch die Kationen acht negative Anionenladungen neutralisiert werden, was durch folgende drei Kombinationen von Kationen erreicht wird: $(A^{2+} + 2\,B^{3+})$, $(A^{4+} + 2\,B^{2+})$ und $(A^{6+} + 2\,B^{+})$. Man bezeichnet diese Verbindungen als (2,3)-, (4,2)- und (6,1)-Spinelle. Am häufigsten sind (2,3)-Spinelle. $\frac{2}{3}$ der Kationen sind oktaedrisch, $\frac{1}{3}$ tetraedrisch koordiniert. Normale Spinelle haben die Ionenverteilung $A(BB)O_4$; die Ionen, die die Oktaederplätze besetzen, sind in Klammern gesetzt. Spinelle mit der Ionenverteilung $B(AB)O_4$ nennt man inverse Spinelle. Beispiele:

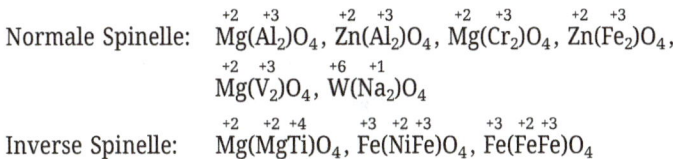

Normale Spinelle: $\overset{+2\ \ \ +3}{Mg(Al_2)O_4}$, $\overset{+2\ \ \ +3}{Zn(Al_2)O_4}$, $\overset{+2\ \ \ +3}{Mg(Cr_2)O_4}$, $\overset{+2\ \ \ +3}{Zn(Fe_2)O_4}$,

$\overset{+2\ \ \ +3}{Mg(V_2)O_4}$, $\overset{+6\ \ \ +1}{W(Na_2)O_4}$

Inverse Spinelle: $\overset{+2\ +2\ +4}{Mg(MgTi)O_4}$, $\overset{+3\ +2\ +3}{Fe(NiFe)O_4}$, $\overset{+3\ +2\ +3}{Fe(FeFe)O_4}$

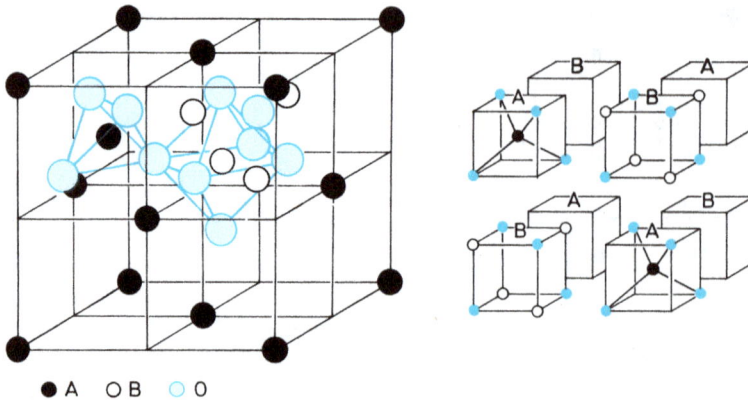

● A   ○ B   ○ O

Abb. 2.17: Spinell-Typ AB_2X_4. Beispiel $MgAl_2O_4$. Die Mg^{2+}-Ionen sind von $4\,O^{2-}$-Ionen tetraedrisch, die Al^{3+}-Ionen von $6\,O^{2-}$-Ionen oktaedrisch koordiniert. Die Sauerstoffionen sind in der kubisch-dichtesten Kugelpackung angeordnet (vgl. Abschn. 5.2 und Abb. 5.6).
    Es sei erwähnt, dass A und B nicht nur zur Bezeichnung der Ionensorten, sondern auch zur Bezeichnung der Atompositionen verwendet werden. Man nennt häufig die tetraedrisch koordinierten Plätze A-Plätze und die oktaedrisch koordinierten Plätze B-Plätze.

Auch Spinelle, bei denen die Ionenverteilung zwischen diesen Grenztypen liegt, sind bekannt. Ob bei einer Verbindung AB_2O_4 die normale oder die inverse Struktur auftritt, hängt im Wesentlichen von den folgenden Faktoren ab: Relative Größen der A- und B-Ionen, Ligandenfeldstabilisierungsenergien der Ionen (vgl. Abschn. 5.7.6), kovalente Bindungsanteile. Einige Ionen besetzen bevorzugt bestimmte Positionen in der Struktur. Zu den Ionen, die bevorzugt die Tetraederplätze besetzen, gehören Zn^{2+}, Cd^{2+} und Fe^{3+}, die oktaedrische Koordination ist besonders bei Cr^{3+} und Ni^{2+} begünstigt.

Fe_2O_3 existiert außer in der im Korund-Typ kristallisierenden α-Modifikation in einer γ-Modifikation. γ-Fe_2O_3 besitzt eine fehlgeordnete Spinellstruktur, die sich vom Fe_3O_4 ableiten lässt. Man ersetzt die Fe^{2+}-Ionen der Oktaederplätze zu $\frac{2}{3}$ durch Fe^{3+}-Ionen, $\frac{1}{3}$ der Eisenplätze bleiben unbesetzt (unbesetzte Plätze nennt man Leerstellen, Symbol $\square$), dies führt zur Formel $Fe^{3+}(Fe^{3+}_{5/3}\square_{1/3})O_4$. Die analoge Struktur besitzt γ-Al_2O_3.

Beispiele für Spinelle mit Schwefel-, Selen-, Tellur- und Fluoranionen sind: $ZnAl_2S_4$, $FeCr_2S_4$, Co_3S_4, $CuTi_2S_4$, $CdCr_2S_4$, $CuCr_2S_4$, $CuCr_2Se_4$, $CuCr_2Te_4$, $NiLi_2F_4$.

Bei den bisher besprochenen Strukturen gibt es keine isolierten Baugruppen. In vielen Ionenkristallen treten räumlich abgegrenzte Baugruppen auf, z. B. die Ionen

CO_3^{2-} Carbonat-Ion
NO_3^{-} Nitrat-Ion
SO_4^{2-} Sulfat-Ion
PO_4^{3-} Phosphat-Ion

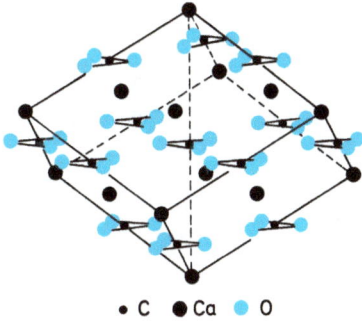

Abb. 2.18: Calcit-Typ ($CaCO_3$). Die Calcit-Struktur lässt sich aus der Natriumchlorid-Struktur ableiten. Die Ca^{2+}-Ionen besetzen die Na^+-Positionen, die planaren CO_3^{2-}-Gruppen die Cl^--Positionen. Die Raumdiagonale, die senkrecht zu den Ebenen der CO_3^{2-}-Ionen liegt, ist gestaucht, da in dieser Richtung die CO_3^{2-}-Gruppen weniger Platz benötigen.

• C   ● Ca   ● O

Innerhalb dieser Gruppen liegt keine Ionenbindung, sondern Atombindung vor. In der Abb. 2.18 ist als Beispiel eine der beiden Kristallstrukturen von $CaCO_3$, der Calcit-Typ, dargestellt. Obwohl $CaCO_3$ und $CaTiO_3$ die analogen Formeln besitzen, sind die Kristallstrukturen ganz verschieden.

2.1.4 Gitterenergie von Ionenkristallen

Die Gitterenergie von Ionenkristallen[2] ist die Energie, die frei wird, wenn sich Ionen aus unendlicher Entfernung einander nähern und zu einem Ionenkristall ordnen. Man kann die Gitterenergie von Ionenkristallen berechnen. Der einfachste Ansatz berücksichtigt nur die Coulomb'schen Wechselwirkungskräfte zwischen den Ionen und die Abstoßungskräfte zwischen den Elektronenhüllen.

Nähert man die Ionen einander, wird die Coulombenergie frei. Um die Abstoßung zu überwinden, muss den Ionen die Abstoßungsenergie zugeführt werden. Abb. 2.19 zeigt die Größe der beiden Energiebeträge in Abhängigkeit vom Ionenabstand. Bei großen Ionenabständen überwiegt die Coulombenergie, bei kleinen Abständen die Abstoßungsenergie. Die resultierende Gesamtenergie durchläuft daher ein Minimum. Im Zustand des Energieminimums herrscht Gleichgewicht, die Anziehungskräfte sind gerade gleich groß den Abstoßungskräften. Die Lage des Energieminimums bestimmt den Gleichgewichtsabstand der Ionen r_0 in der Struktur, die freiwerdende Gesamtenergie beim Gleichgewichtsabstand r_0 ist gleich der Gitterenergie.

Aus der Abb. 2.19 ist zu erkennen, dass die Abstoßungsenergie nur einen kleinen Beitrag zur Gitterenergie liefert und die Gitterenergie im Wesentlichen durch den Beitrag der Coulombenergie bestimmt wird. Es ist daher plausibel, dass die Gitterenergie von Ionenkristallen einer bestimmten Struktur mit abnehmender Ionengröße und zunehmender Ionenladung größer wird (vgl. Tab. 2.6). Dies folgt unmittelbar aus dem Coulomb'schen Gesetz (Gl. 2.1).

---

[2] In diesem Abschnitt werden Kenntnisse über die Begriffe Stoffmenge und Reaktionsenthalpie vorausgesetzt. Sie werden in den Abschn. 3.1 und 3.4 behandelt.

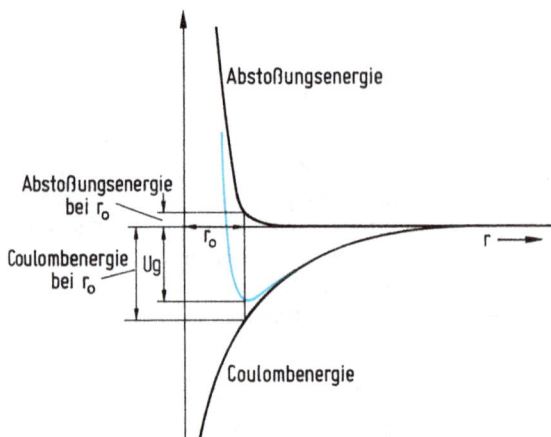

Abb. 2.19: Energiebeträge bei der Bildung eines Ionenkristalls als Funktion des Ionenabstands. Schon bei großen Ionenabständen wird Coulomb-Energie frei. Sie wächst bei abnehmendem Abstand mit $\frac{1}{r}$. Die Abstoßungsenergie ist bei größeren Ionenabständen viel kleiner als die Coulomb-Energie, wächst aber mit abnehmendem Abstand rascher an. Die resultierende Gitterenergie (blau gezeichnete Kurve) durchläuft daher ein Minimum. Die Lage des Minimums bestimmt den Gleichgewichtsabstand der Ionen r_0 in der Struktur. Bei r_0 hat die frei werdende Gitterenergie den größtmöglichen Wert, der Ionenkristall erreicht einen Zustand tiefster Energie.

Die Größe der Gitterenergie ist ein Ausdruck für die Stärke der Bindungen zwischen den Ionen im Kristall. Daher hängen einige physikalische Eigenschaften der Ionenverbindungen von der Größe der Gitterenergie ab. Vergleicht man Ionenkristalle gleicher Struktur, dann nehmen mit wachsender Gitterenergie Schmelzpunkt, Siedepunkt und Härte zu, der thermische Ausdehnungskoeffizient und die Kompressibilität ab. Daten für einige in der Natriumchlorid-Struktur kristallisierende Ionenverbindungen sind in der Tab. 2.6 angegeben. Als weiteres Beispiel sei Al_2O_3 angeführt, das aufgrund seiner extrem hohen Gitterenergie von 13 000 kJ mol^{-1} sehr hart ist und daher als Schleifmittel verwendet wird.

Die Gitterenergie ist auch von Bedeutung für die Löslichkeit von Salzen. Bei der Auflösung eines Salzes muss die Gitterenergie durch einen Energie liefernden Prozess aufgebracht werden. Dieser Prozess ist bei der Lösung in Wasser die Hydratation der Ionen (vgl. Abschn. 3.7.1). Obwohl die Löslichkeit eines Salzes ein kompliziertes Problem ist und eine Voraussage über die Löslichkeit von Salzen schwierig ist, verstehen wir, dass Ionenverbindungen mit hohen Gitterenergien wie MgO und Al_2O_3 in Wasser unlöslich sind.

Die verfeinerte Berechnung der Gitterenergie[3] zeigt, dass außer der Coulombenergie und der Abstoßungsenergie zwei weitere Energiebeträge eine, wenn auch unter-

---

3 Siehe z. B. Riedel/Janiak, Anorganische Chemie, 10. Aufl., 2022.

Tab. 2.6: Zusammenhang zwischen Ionengröße, Gitterenergie*, Schmelzpunkt und Härte.

Verbindung	Summe der Ionenradien in pm	Gitterenergie in kJ/mol	Schmelzpunkt in °C	Ritzhärte nach Mohs
NaF	235	913	992	3,2
NaCl	283	778	800	2–2,5
NaBr	297	737	747	2
NaI	318	695	662	–
KF	271	808	857	–
KCl	319	703	770	2,2
KBr	333	674	742	1,8
KI	354	636	682	1,3
MgO	212	3920	2642	6
CaO	240	3513	2570	4,5
SrO	253	3283	2430	3,5
BaO	276	3114	1925	3,3

* Bisher wurden Energiegrößen wie z. B. die Ionisierungsenergie für einzelne Teilchen angegeben. Die Gitterenergie wird für 1 mol angegeben, das sind $6 \cdot 10^{23}$ Formeleinheiten (vgl. Abschn. 3.1).

geordnete Rolle spielen. Hier sei nur die van-der-Waals-Energie (vgl. Abschn. 2.3) erwähnt. Sie beträgt z. B. für NaCl −24 kJ/mol und für CsI −52 kJ/mol.

In der Radienquotientenregel kommt zum Ausdruck, dass eine Ionenverbindung in der Struktur kristallisiert, für die die Coulombenergie am größten ist. Das Problem, in welcher Struktur eine Ionenverbindung kristallisiert, ist jedoch oft komplizierter und eine Voraussage aufgrund der Coulombenergie allein nicht möglich. Es wird diejenige Struktur auftreten, für die die Gitterenergie am größten ist. In gewissen Fällen ist der Beitrag der van-der-Waals-Energie ausschlaggebend dafür, dass dies nicht die Struktur mit der größten Coulombenergie ist. Es ist daher nicht verwunderlich, dass Abweichungen von der Radienquotientenregel auftreten. Sie ist aber als Faustregel nützlich und führt, wie die Tab. 2.4 und 2.5 zeigen, zur richtigen Voraussage, wenn die Radienquotienten nicht nahe bei solchen Werten liegen, bei denen ein Strukturwechsel zu erwarten ist.

2.2 Die Atombindung

Für diesen Bindungstyp sind außerdem die Bezeichnungen kovalente Bindung und homopolare Bindung üblich.

2.2.1 Allgemeines, Lewis-Formeln

Die Atombindung tritt dann auf, wenn Nichtmetallatome miteinander eine chemische Bindung eingehen. Dabei bilden sich häufig kleine Moleküle wie H_2, N_2, Cl_2, H_2O,

NH_3, CO_2, SO_2. Die Stoffe, die aus diesen Molekülen bestehen, sind im Normzustand (p_n = 1,013 bar, t_n = 0 °C) oft Gase oder Flüssigkeiten. Durch Atombindungen zwischen Nichtmetallatomen können aber auch harte, hochschmelzende, kristalline Festkörper entstehen. Dies ist z. B. bei der Kohlenstoffmodifikation Diamant der Fall.

Nach den schon 1916 von Lewis entwickelten Vorstellungen erfolgt bei einer Atombindung der Zusammenhalt zwischen zwei Atomen durch ein Elektronenpaar, das beiden Atomen gemeinsam angehört. Dies kommt in den Lewis-Formeln zum Ausdruck, in denen Elektronen durch Punkte, Elektronenpaare durch Striche dargestellt werden.

Beispiele für Lewis-Formeln:

$$H{\cdot} \ + \ {\cdot}H \ \rightarrow \ H : H$$

bindendes Elektronenpaar

$$:\ddot{C}l \ + \ \ddot{C}l: \ \rightarrow \ :\ddot{C}l \ \ddot{C}l:$$

bindendes Elektronenpaar

$$:\dot{N}{\cdot} \ + \ {\cdot}\dot{N}: \ \rightarrow \ :N \ \vdots \ N:$$

drei bindende Elektronenpaare

$$2H \ + \ \ddot{O}: \ \rightarrow \ H \ \ddot{O} \ H$$

$$3H{\cdot} \ + \ {\cdot}\dot{N}: \ \rightarrow \ N : \dot{N} : H$$
$$H$$

$$2:\ddot{O} \ + \ \dot{C} \ \rightarrow \ \ddot{O} :: C :: \ddot{O}$$

Die gemeinsamen, bindenden Elektronenpaare sind durch blaue Punkte symbolisiert. Nicht an der Bindung beteiligte Elektronenpaare werden als „einsame" oder „nicht-bindende" Elektronenpaare bezeichnet. Sie sind durch schwarze Punkte dargestellt.

Einfacher ist die Schreibweise

$$|\overline{Cl} - \overline{Cl}|, \ |N {\equiv} N| \quad \text{bzw.} \quad \overline{O} {=} C {=} \overline{O} \ .$$

Bei allen durch obige Formeln beschriebenen Molekülen entstehen die bindenden Elektronenpaare aus Elektronen, die sich auf der äußersten Schale der Atome befinden. Elektronen innerer Schalen sind an der Bindung nicht beteiligt. Bei den Lewis-Formeln brauchen daher nur die Elektronen der äußersten Schale berücksichtigt werden. Bei Übergangsmetallen können allerdings auch die d-Elektronen der zweitäußersten Schale an Bindungen beteiligt sein.

Während es bei der Ionenbindung durch Elektronenübergang vom Metallatom zum Nichtmetallatom zur Ausbildung stabiler Edelgaskonfigurationen kommt, erreichen in Molekülen mit Atombindungen die Atome durch gemeinsame bindende Elektronenpaare eine abgeschlossene stabile Edelgaskonfiguration.

Beispiele:

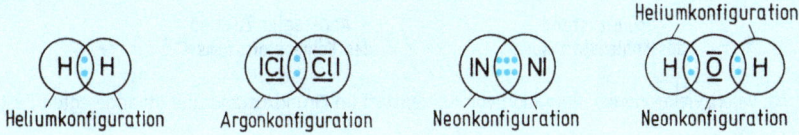

Die Anzahl der Atombindungen, die ein Element ausbilden kann, hängt von seiner Elektronenkonfiguration ab. Wasserstoffatome und Chloratome erreichen durch eine Elektronenpaarbindung die Helium- bzw. Argonkonfiguration. Sauerstoffatome müssen zwei, Stickstoffatome drei Bindungen ausbilden, um ein Elektronenoktett zu erreichen.

2.2.2 Bindigkeit, angeregter Zustand

Mit dem Prinzip der Elektronenpaarbindung kann man verstehen, wie viele kovalente Bindungen ein bestimmtes Nichtmetallatom ausbilden kann. Betrachten wir einige Wasserstoffverbindungen von Elementen der 14. bis 18. Gruppe.

Gruppe	14	15	16	17	18
2. Periode	C	N	O	F	Ne
3. Periode	Si	P	S	Cl	Ar
Elektronen-konfiguration der Valenzschale					
Zahl möglicher Elektronenpaar-bindungen	2	3	2	1	0
Experimentell nachgewiesene einfache Wasserstoff-bindungen	CH_4 SiH_4	NH_3 PH_3	H_2O H_2S	HF HCl	keine
Lewis Formel	H H:C:H H	H:N:H H	H:O:H	H:F|	–

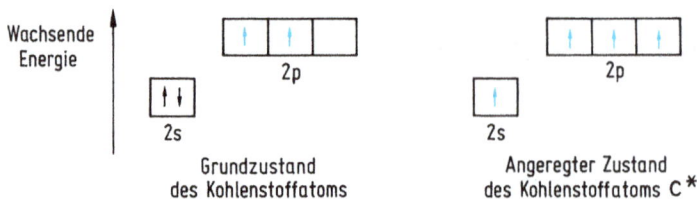

Abb. 2.20: Valenzelektronenkonfiguration von Kohlenstoff im Grundzustand und im angeregten Zustand.

Bei den Elementen der 14.–18. Gruppe stimmt die Anzahl ungepaarter Elektronen mit der Anzahl der Bindungen überein. Kohlenstoff und Silicium bilden aber nicht, wie die Anzahl ungepaarter Elektronen erwarten lässt, die Moleküle CH_2 und SiH_2, sondern die Verbindungen CH_4 und SiH_4 mit vier kovalenten Bindungen. Dazu sind vier ungepaarte Elektronen erforderlich.

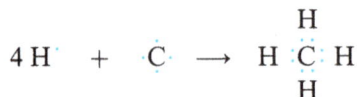

$$4\,H\cdot \;+\; \dot{\underset{\cdot}{C}}\cdot \;\longrightarrow\; H\,\overset{H}{\underset{H}{:\!\ddot{C}\!:}}\,H$$

Eine Elektronenkonfiguration des C-Atoms mit vier ungepaarten Elektronen entsteht durch den Übergang eines Elektrons aus dem 2s-Orbital in das 2p-Orbital (Abb. 2.20). Man nennt diesen Vorgang Anregung oder „Promotion" eines Elektrons. Dazu ist beim C-Atom eine Energie von 406 kJ/mol aufzuwenden. Ein angeregter Zustand wird durch einen Stern am Elementsymbol dargestellt. Trotz der aufzuwendenden Promotionsenergie wird durch die beiden zusätzlichen Bindungen soviel Bindungsenergie (vgl. Tab. 2.12) geliefert, dass die Bildung von CH_4 energetisch begünstigt ist.

Die Anzahl der Atombindungen, die ein bestimmtes Atom ausbilden kann, wird seine Bindigkeit genannt. In der Tab. 2.7 ist der Zusammenhang zwischen Elektronenkonfiguration und Bindigkeit für die Elemente der 2. Periode zusammengestellt. Die Atome von Elementen der zweiten Periode können maximal vier kovalente Bindungen ausbilden, da nur vier Orbitale für Bindungen zur Verfügung stehen und auf der äußersten Schale maximal acht Elektronen untergebracht werden können. Die Tendenz der Atome, eine stabile Außenschale von acht Elektronen zu erreichen, wird Oktett-Regel genannt. Daraus ergibt sich z. B. sofort, dass für die Salpetersäure HNO_3 die Lewisformel

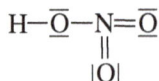

$$H-\overline{\underline{O}}-N=\overline{\underline{O}}$$
$$\overset{\|}{\underset{|\underline{O}|}{}}$$

falsch sein muss. Nur ein angeregtes Stickstoffatom könnte fünfbindig sein. Dazu müsste jedoch ein Elektron aus der L-Schale in die nächsthöhere M-Schale angeregt werden.

Tab. 2.7: Elektronenkonfiguration und Bindigkeit der Elemente der 2. Periode.

Atom oder Ion	Elektronenkonfiguration K — L			Bindigkeit	Außenelektronen im Bindungszustand	Beispiel
	1s	2s	2p			
Li	↑↓	↑	☐ ☐ ☐	1	2	LiH
Be*	↑↓	↑	↑ ☐ ☐	2	4	$BeCl_2$
B*	↑↓	↑	↑ ↑ ☐	3	6	BF_3
B⁻, C*, N⁺	↑↓	↑	↑ ↑ ↑	4	8	BF_4^-, CH_4, NH_4^+
N, O⁺	↑↓	↑↓	↑ ↑ ↑	3	8	NH_3, H_3O^+
O, N⁻	↑↓	↑↓	↑↓ ↑ ↑	2	8	H_2O, NH_2^-
O⁻, F	↑↓	↑↓	↑↓ ↑↓ ↑	1	8	OH⁻, HF
O²⁻, F⁻, Ne	↑↓	↑↓	↑↓ ↑↓ ↑↓	0	–	–

N: [↑↓] [↑ ↑ ↑]   N*: [↑] [↑ ↑ ↑ ↑]

2s   2p   2s   2p   Orbitale der M-Schale

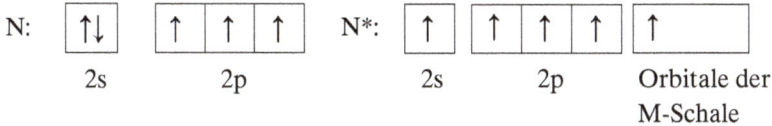

Wegen der großen Energiedifferenz zwischen den Orbitalen der L-Schale und der M-Schale wird keine chemische Verbindung mit einem angeregten N-Atom gebildet.

Analoge Verbindungen gibt es bei den Elementen höherer Perioden. Beispiele: CCl_4, $SiCl_4$, $GeCl_4$, $SnCl_4$, $PbCl_4$; NH_3, PH_3, AsH_3, SbH_3, BiH_3; H_2O, H_2S, H_2Se, H_2Te; HF, HCl, HBr, HI.

Die Elemente der 3. Periode und höherer Perioden bilden aber auch Verbindungen bei denen in den üblichen Lewis-Formeln am Zentralatom mehr als 4 Elektronenpaare vorhanden sind. Beispiele enthält die Tab. 2.8. Die Zentralatome haben oft hohe Oxidationsstufen. Die höchsten Oxidationsstufen werden aber nur mit sehr elektronegativen Bindungspartnern wie Fluor und Sauerstoff erreicht. Die Wasserstoffverbindungen PH_5 oder SH_6 existieren nicht.

Die Bindungsverhältnisse werden im Abschnitt 2.2.13 unter dem Begriff Schwache Mehrzentrenbindungen kurz behandelt. Sie zeigen, dass auch für diese Elemente das Oktett-Prinzip anwendbar ist, aber dies ist aus den üblichen Lewis-Formeln nicht ablesbar (siehe auch S. 107).

Tab. 2.8: Lewis-Formeln von Molekülen mit mehr als vier Valenzelektronenpaaren am Zentralatom.

Molekül	Valenzelektronen am Zentralatom	Bindigkeit	Lewis-Formel
$\overset{+4}{S}O_2$	10	4	$\overline{\underline{S}}$ mit Doppelbindungen zu zwei O-Atomen
$\overset{+4}{S}F_4$	10	4	S mit vier F-Atomen und einem freien Elektronenpaar
$H_3\overset{+5}{P}O_4$	10	5	$H{-}\overline{O}{-}P{-}\overline{O}{-}H$ mit $P{=}O$ und $P{-}O{-}H$
$\overset{+6}{S}O_3$	12	6	S mit drei O-Atomen (Doppelbindungen)
$\overset{+6}{S}F_6$	12	6	S mit sechs F-Atomen
$H_2\overset{+6}{S}O_4$	12	6	$H{-}\overline{O}{-}S{-}\overline{O}{-}H$ mit zwei $S{=}O$
$H\overset{+7}{C}lO_4$	14	7	$\overline{O}{=}Cl{-}\overline{O}{-}H$ mit zwei weiteren $Cl{=}O$

2.2.3 Donor–Akzeptor-Bindung, dative Bindung und formale Ladung

In einer kovalenten Bindung müssen die beiden Elektronen nicht notwendigerweise von beiden beteiligten Atomen stammen. Ein Beispiel ist das Produkt der Reaktion von Ammoniak NH_3 mit Bortrifluorid BF_3. Die Umsetzung zu einem Addukt $H_3N\text{-}BF_3$ entspricht der Reaktion einer Lewis-Base mit einer Lewis-Säure zu einem molekularen Donor-Akzeptor-Komplex („Lewispaar"). Eine Lewis-Base ist ein Molekül, welches ein freies Elektronenpaar besitzt und als Elektronenpaar-Donor zur Ausbildung einer kovalenten Bindung geeignet ist. Demgegenüber besitzt eine Lewis-Säure ein leeres äußeres Orbital und kann als Elektronenpaar-Akzeptor ein Elektronenpaar zur Ausbildung einer kovalenten Bindung aufnehmen. Die dabei gebildete Bindung wird nach einem von R. S. Mulliken formulierten Konzept als dative Bindung bezeichnet. Die bindenden Elektronen der Stickstoff-Bor-Bindung werden beide vom N-Atom geliefert. Man schreibt daher auch $H_3N \longrightarrow BF_3$.

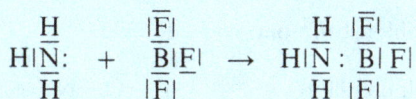

$$\begin{array}{ccc} H & \overline{|F|} & H \; \overline{|F|} \\ H|\underline{\overline{N}}: \;+\; \overline{B}|\overline{F}| &\to& H|\underline{\overline{N}}: \overline{B}|\,\overline{F}| \\ H & |\underline{F}| & H \;\; |\underline{F}| \end{array}$$

Teilt man die bindenden Elektronen zwischen den an der Bindung beteiligten Atomen zu gleichen Teilen auf, dann gehören zu H ein, zu F sieben, zu N vier und zu B vier Elektronen. Verglichen mit den neutralen Atomen hat N ein Elektron weniger, B ein Elektron mehr. Dem Stickstoffatom wird daher die formale Ladung +1, dem Boratom die formale Ladung −1 zugeordnet.

$$H_3\overset{\oplus}{N} - \overset{\ominus}{B}F_3$$

Für die beschriebene Bindung werden die Bezeichnungen dative Bindung und koordinative Bindung benutzt. Der einzige Unterschied zwischen einer derart bezeichneten Bindung und einer gewöhnlichen kovalenten Bindung besteht nur darin, dass bei der dativen Bindung die Bindungselektronen von einem Atom stammen und nicht wie bei der kovalenten Bindung von beiden Atomen. Es handelt sich also nicht um eine spezielle Bindungsart. Die Festlegung einer formalen Ladung ist für ein Atom deshalb sinnvoll, weil ein einfacher Zusammenhang zwischen der formalen Ladung eines Atoms und seiner Bindigkeit besteht (vgl. Tab. 2.7 und Tab. 2.8). Es ist jedoch wichtig zwischen der formalen Ladung und der tatsächlichen Ladung eines Atoms zu unterscheiden. Das diskutierte Addukt H_3N-BF_3 enthält zwar Formalladungen aber keine effektive Ladung.

Bei der Reaktion von NH_3 mit einem Proton H^+ (Wasserstoffatom ohne Elektron) entsteht das Ammoniumion NH_4^+. Das freie Elektronenpaar des N-Atoms bildet mit H^+ eine kovalente Bindung. Dabei resultiert für NH_4^+ eine echte Ladung.

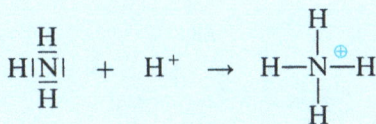

$$\begin{array}{ccccc} & H & & & H \\ & | & & & | \\ H|\underline{\overline{N}}| & + & H^+ &\to& H-\overset{\oplus}{N}-H \\ & H & & & | \\ & & & & H \end{array}$$

Bei einer Bindung zwischen zwei verschiedenen Atomen gehört das bindende Elektronenpaar den beiden Atomen nicht zu genau gleichen Teilen an, wie bei der Zuordnung von Formalladungen vorausgesetzt wurde. So ist z. B. auch die tatsächliche Ladung des N-Atoms im NH_4^+-Ion kleiner als +1, da die bindenden Elektronen vom N-Atom stärker angezogen werden als vom H-Atom (vgl. Abschn. 2.2.10).

Beispiele für neutrale Verbindungen mit formalen Ladungen sind Kohlenmonoxid oder Salpetersäure.

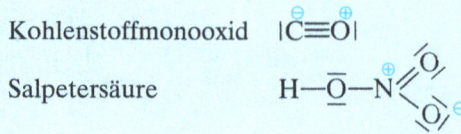

Kohlenstoffmonooxid $|\overset{\ominus}{C}\!\equiv\!\overset{\oplus}{O}|$

Salpetersäure

2.2.4 Das Valenzschalen-Elektronenpaar-Abstoßungs-Modell

Zur Deutung der Molekülgeometrie wurde von Gillespie und Nyholm das Modell der Valenzschalen-Elektronenpaar-Abstoßung entwickelt (VSEPR-Modell, nach valence shell electron pair repulsion). Es beruht auf vier Regeln.

In Molekülen des Typs AB_n ordnen sich die Elektronenpaare in der Valenzschale des Zentralatoms so an, dass der Abstand möglichst groß wird.

Die Elektronenpaare verhalten sich so, als ob sie einander abstoßen. Dies hat zur Folge, dass sich die Elektronenpaare den kugelförmig um das Zentralatom gedachten Raum gleichmäßig aufteilen. Wenn jedes Elektronenpaar durch einen Punkt symbolisiert und auf der Oberfläche einer Kugel angeordnet wird, deren Mittelpunkt das Zentralatom A darstellt, dann entstehen Anordnungen mit maximalen Abständen der Punkte. Für die Moleküle des Typs AB_n erhält man die in der Abb. 2.21 dargestellten geometrischen Strukturen. Beispiele dafür sind in der Tab. 2.9 zu finden.

Mit dem VSEPR-Modell können auch solche Molekülstrukturen verstanden werden, bei denen im Molekül freie Elektronenpaare, unterschiedliche Substituenten oder Mehrfachbindungen vorhanden sind.

Die freien Elektronenpaare E in einem Molekül vom Typ AB_lE_m befinden sich im Gegensatz zu den bindenden Elektronenpaaren im Feld nur eines Atomkerns. Sie beanspruchen daher mehr Raum als die bindenden Elektronenpaare und verringern dadurch die Bindungswinkel.

Beispiele für die tetraedrischen Strukturen AB_4, AB_3E und AB_2E_2 sind CH_4, NH_3 und H_2O.

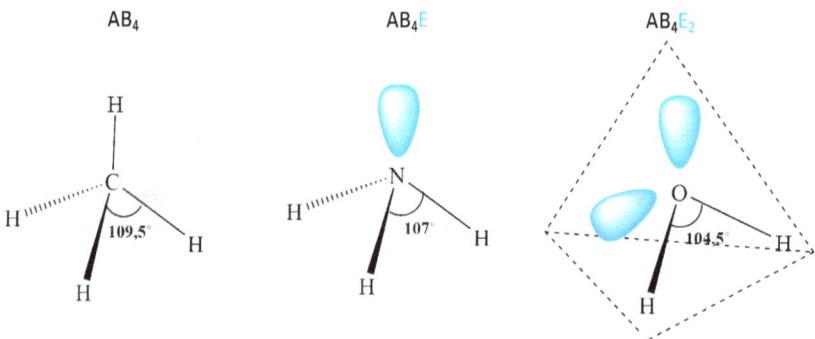

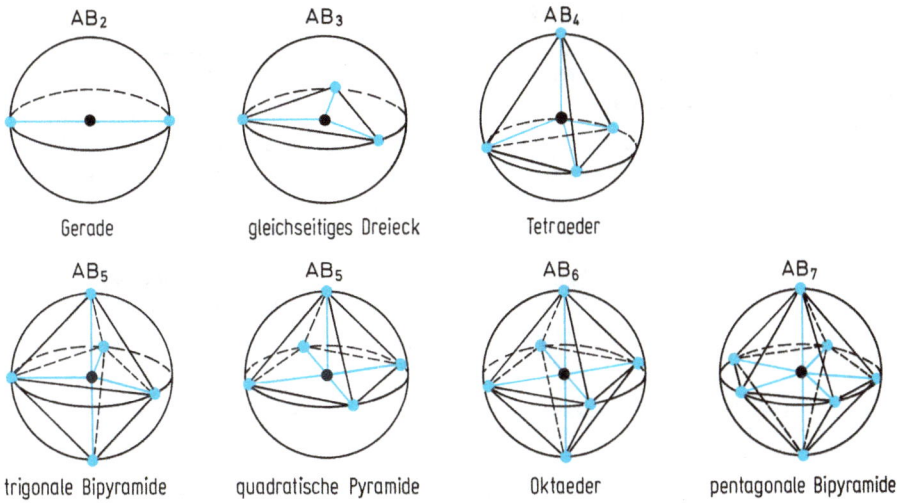

AB₂	AB₃	AB₄
Gerade	gleichseitiges Dreieck	Tetraeder

AB₅	AB₅	AB₆	AB₇
trigonale Bipyramide	quadratische Pyramide	Oktaeder	pentagonale Bipyramide

Abb. 2.21: Anordnungen von Punkten (Elektronenpaare bzw. Liganden) auf einer Kugeloberfläche, bei denen die Punkte maximale Abstände besitzen. Bei fünf Liganden gibt es zwei Lösungen. Die meisten Moleküle AB₅ bevorzugen die trigonale Bipyramide. Die drei äquatorialen Positionen sind den beiden axialen Positionen nicht äquivalent.

Gibt es für freie Elektronenpaare in einem Molekül mehrere mögliche Positionen, so werden solche Positionen eingenommen, bei denen die gegenseitige Abstoßung am kleinsten ist und die Wechselwirkung mit den bindenden Elektronenpaaren möglichst klein ist.

In den oktaedrischen Strukturen AB_4E_2 besetzen die beiden Elektronenpaare daher trans-Positionen, es liegt ein planares Molekül vor.

Beispiele für die oktaedrischen Strukturen AB_6, AB_5E und AB_4E_2 sind SF_6, BrF_5 und XeF_4.

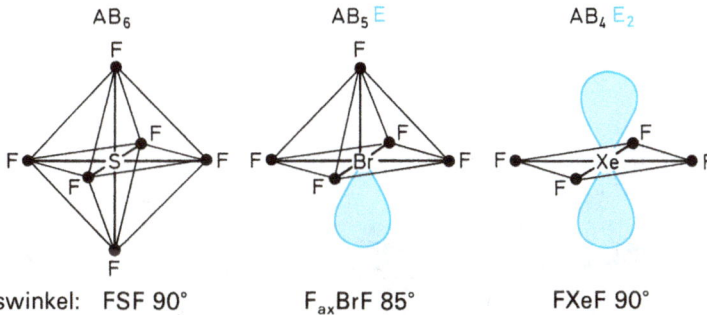

AB₆	AB₅ E	AB₄ E₂

Bindungswinkel: FSF 90° $F_{ax}BrF$ 85°   FXeF 90°

In trigonal-bipyramidalen Strukturen besetzen freie Elektronenpaare die äquatorialen Positionen. Ursache: Die Bindungswinkel in der äquatorialen Ebene betragen 120°, die Winkel zu den Pyramidenspitzen nur 90°. Der Abstand zu einem Nachbaratom in der Äquatorebene ist daher größer als zu einem Nachbaratom in der Pyramidenspitze.

Tab. 2.9: Molekülgeometrie nach dem VSEPR-Modell. (X einfach gebundenes Atom)

Anzahl der Elektronen-paare	Geometrie der Elektronenpaare	Molekültyp	Molekülgestalt	Beispiele
2	linear	AB_2	linear	HgX_2, CdX_2, ZnX_2, $BeCl_2$
3	dreieckig	AB_3	dreieckig	BX_3, GaI_3
		AB_2E	V-förmig	$SnCl_2$
4	tetraedrisch	AB_4	tetraedrisch	BeX_4^{2-}, BX_4^-, CX_4, NX_4^+, SiX_4, GeX_4, AsX_4^+
		AB_3E	trigonal-pyramidal	NX_3, OH_3^+, PX_3, AsX_3, SbX_3, P_4O_6
		AB_2E_2	V-förmig	OX_2, SX_2, SeX_2, TeX_2
5	trigonal-bipyramidal	AB_5	trigonal-bipyramidal	PCl_5, PF_5, PCl_3F_2, $SbCl_5$
		AB_4E	tetraedrisch verzerrt	SF_4, SeF_4, SCl_4
		AB_3E_2	T-förmig	ClF_3, BrF_3
		AB_2E_3	linear	ICl_2^-, I_3^-, XeF_2
5	quadratisch-pyramidal	AB_5	quadratisch-pyramidal	SbF_5
6	oktaedrisch	AB_6	oktaedrisch	SF_6, SeF_6, TeF_6, PCl_6^-, PF_6^-, SiF_6^{2-}, $Te(OH)_6$
		AB_5E	quadratisch-pyramidal	ClF_5, BrF_5, IF_5
		AB_4E_2	quadratisch-planar	ICl_4^-, I_2Cl_6, BrF_4^-, XeF_4
7	pentagonal-bipyramidal	AB_7	pentagonal-bipyramidal	IF_7, TeF_7^-

Beispiele für die trigonal-bipyramidalen Strukturen AB_5, AB_4E, AB_3E_2, AB_2E_3 sind PF_5, SF_4, ClF_3 und XeF_2.

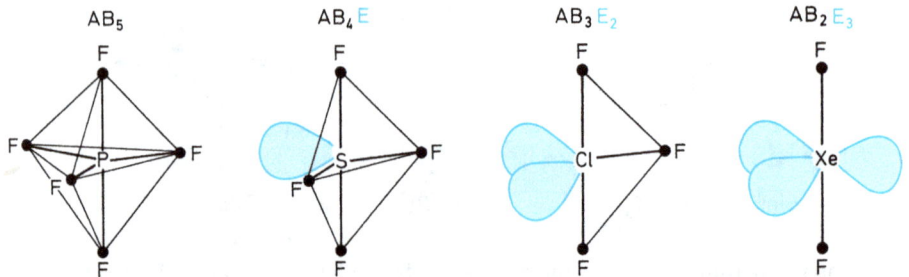

Bindungswinkel:

AB_5: $F_{äq}PF_{äq}$ 120°, $F_{ax}PF_{ax}$ 180°

AB_4E: $F_{äq}SF_{äq}$ 101°, $F_{ax}SF_{ax}$ 173°

AB_3E_2: $F_{ax}ClF_{äq}$ 87,5°, $F_{ax}ClF_{ax}$ 175°

AB_2E_3: $F_{ax}XeF_{ax}$ 180°

Der größere Raumbedarf der freien Elektronenpaare verringert die idealen Bindungswinkel 90°, 120°, 180° der trigonalen Bipyramide. In den trigonal-bipyramidalen Molekülen sind die äquatorialen Abstände um 5 bis 15 % kleiner als die axialen Abstände.
In der Ebene sind die Atome also fester gebunden.

Ein Beispiel für die pentagonal-bipyramidale Struktur AB_7 ist IF_7.

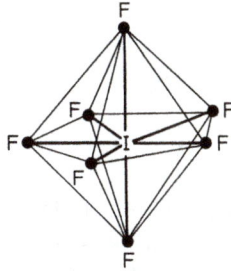

Elektronegative Substituenten ziehen bindende Elektronenpaare stärker an sich heran und vermindern damit deren Raumbedarf. Die Bindungswinkel nehmen daher
mit steigender Elektronegativität der Substituenten ab.

Beispiele:

PI_3	102°	AsI_3	101°
PBr_3	101°	$AsBr_3$	100°
PCl_3	100°	$AsCl_3$	98°
PF_3	98°	AsF_3	96°

$x_F > x_{Cl} > x_{Br} > x_I$

Bei gleichen Substituenten, aber abnehmender Elektronegativität des Zentralatoms,
nehmen die freien Elektronenpaare mehr Raum ein, die Bindungswinkel verringern
sich.

Beispiele:

H_2O	104°	NF_3	102°
H_2S	92°	PF_3	98°
H_2Se	91°	AsF_3	96°
H_2Te	89°	SbF_3	88°

$x_O > x_S > x_{Se} > x_{Te}$ $x_N > x_P > x_{As} > x_{Sb}$

In der trigonalen Bipyramide besetzen die elektronegativeren Atome – da sie weniger
Raum beanspruchen – die axialen Positionen.

Beispiele:

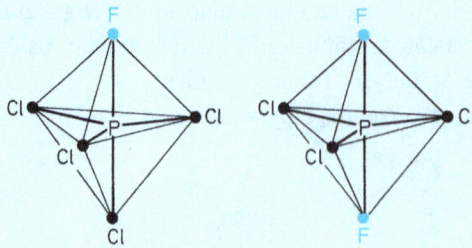

Mehrfachbindungen beanspruchen mehr Raum als Einfachbindungen und verringern die Bindungswinkel der Einfachbindungen.

Ist neben der Doppelbindung auch ein freies Elektronenpaar vorhanden, verstärkt sich die Abnahme des Bindungswinkels. Sind mehrere Doppelbindungen vorhanden, ist der Winkel zwischen diesen der größte des Moleküls.

Beispiele:

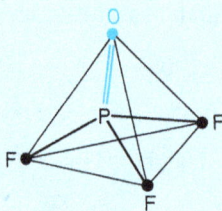 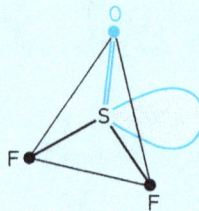 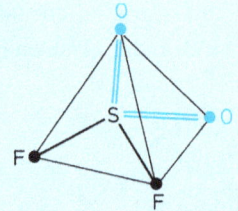

Bindungswinkel: FPF 101°   OSF 107°   OSO 124°
                            FSF 93°   FSF 96°

Das VSEPR-Modell setzt eine Äquivalenz der Elektronenpaare voraus. Es ignoriert die Unterschiedlichkeit der Energien und räumlichen Orientierungen der Atomorbitale. Mit wenigen an der Erfahrung orientierten Regeln liefert es aber eine anschauliche und leicht verständliche Systematik der Molekülstrukturen. Für Nebengruppenelemente ist es jedoch in der Regel nicht anwendbar.

2.2.5 Überlappung von Atomorbitalen, σ-Bindung

Mit der Theorie von Lewis konnte formal das Auftreten bestimmter Moleküle erklärt werden. Sauerstoff und Wasserstoff können das Molekül H_2O bilden, aber beispielsweise nicht ein Molekül der Zusammensetzung H_4O. Wieso aber ein gemeinsames Elektronenpaar zur Energieabgabe und damit zur Bindung führt (vgl. Abb. 2.22), blieb unverständlich. Im Gegensatz zur Ionenbindung ist die Atombindung mit klassischen Gesetzen nicht zu erklären. Erst die Wellenmechanik führte zum Verständnis der Atombindung.

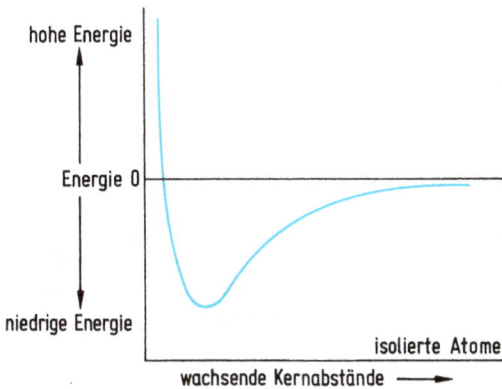

Abb. 2.22: Energie von zwei Wasserstoffatomen als Funktion der Kernabstände. Bei Annäherung von zwei H-Atomen nimmt die Energie zunächst ab, die Anziehung überwiegt. Bei kleineren Abständen überwiegt die Abstoßung der Kerne, die Energie nimmt zu. Das Energieminimum beschreibt den stabilsten zwischenatomaren Abstand und den Energiegewinn, die Stabilität des Moleküls, bezogen auf zwei isolierte H-Atome.

Es gibt zwei Näherungsverfahren, die zwar von verschiedenen Ansätzen ausgehen, aber im Wesentlichen zu den gleichen Ergebnissen führen: die Valenzbindungstheorie (VB-Theorie) und die Molekülorbitaltheorie (MO-Theorie).

Ähnlich wie man für einzelne Atome ein Energieniveauschema von Atomorbitalen aufstellt, stellt man in der MO-Theorie für das Molekül als Ganzes ein Energieniveauschema von Molekülorbitalen auf. Unter Berücksichtigung des Pauli-Verbots und der Hund'schen Regel werden die Molekülorbitale mit den Elektronen des Moleküls besetzt (vgl. Abschn. 1.4.7).

In der VB-Theorie geht man von den einzelnen Atomen aus und betrachtet die Wechselwirkung der Atome bei ihrer Annäherung.

Die Bildung des H_2-Moleküls lässt sich nach der VB-Theorie wie folgt beschreiben (vgl. Abb. 2.26). Bei der Annäherung zweier Wasserstoffatome kommt es zu einer Überlappung der 1s-Orbitale. Überlappung bedeutet, dass ein zu beiden Atomen gehörendes, gemeinsames Orbital entsteht, das aufgrund des Pauli-Verbots mit nur einem Elektronenpaar besetzbar ist und dessen beide Elektronen entgegengesetzten Spin haben müssen. Die beiden Elektronen gehören nun nicht mehr nur zu den Atomen, von denen sie stammen, sondern sie sind ununterscheidbar, können gegenseitig die Plätze wechseln und sich im gesamten Raum der überlappenden Orbitale aufhalten. Das Elektronenpaar gehört also, wie schon Lewis postulierte, beiden Atomen gleichzeitig an. Die Bildung eines gemeinsamen Elektronenpaares führt zu einer Konzentration der Elektronendichte im Gebiet zwischen den Kernen, während außerhalb dieses Gebiets die Ladungsdichte im Molekül geringer ist als die Summe der Ladungsdichten, die von den einzelnen, ungebundenen Atomen herrühren. Die Bindung kommt durch die Anziehung zwischen den positiv geladenen Kernen und der negativ geladenen Elektronenwolke zustande. Die Anziehung ist umso größer, je größer die Elektronen-

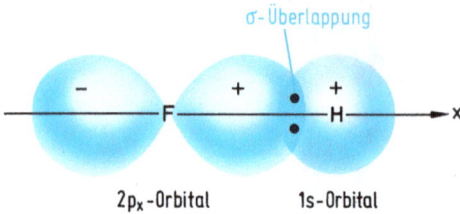

σ-Überlappung

F   H   x

2p$_x$-Orbital   1s-Orbital

Abb. 2.23: Überlappung des 1s-Orbitals von Wasserstoff mit einem 2p-Orbital von Fluor im Molekül HF. Das bindende Elektronenpaar gehört beiden Atomen gemeinsam. Jedes der beiden Elektronen kann sich sowohl im p- als auch im s-Orbital aufhalten. Durch die Überlappung kommt es zwischen den Atomen zu einer Erhöhung der Elektronendichte und zur Bindung der Atome aneinander.

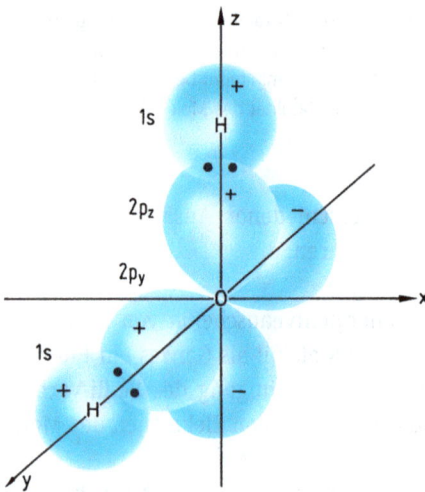

Abb. 2.24: Modell des H_2O-Moleküls.
Zwei 2p-Orbitale des Sauerstoffatoms überlappen mit den 1s-Orbitalen der beiden Wasserstoffatome. Da die beiden p-Orbitale senkrecht zueinander orientiert sind, ist das H_2O-Molekül gewinkelt. Die Atombindungen sind gerichtet.

dichte zwischen den Kernen ist. Je stärker zwei Atomorbitale überlappen, umso stärker ist die Elektronenpaarbindung.

Lewis-Formeln (Abschn. 2.2.1) geben keine Auskunft über den räumlichen Bau von Molekülen. Für die Moleküle H_2O und NH_3 sind verschiedene räumliche Anordnungen der Atome denkbar. H_2O könnte ein lineares oder ein gewinkeltes Molekül sein. NH_3 könnte die Form einer Pyramide haben oder ein ebenes Molekül sein.

Über den räumlichen Aufbau der Moleküle erhält man Auskunft, wenn man feststellt, welche Atomorbitale bei der Ausbildung der Elektronenpaarbindungen überlappen. In den Abb. 2.23, 2.24 und 2.25 ist die Überlappung der Atomorbitale für die Moleküle HF, H_2O und NH_3 dargestellt. Bei den Abb. sind die Ladungswolken der Orbitale und die Überlappungen aus zeichnerischen Gründen schematisch dargestellt und nicht realistisch. Dies gilt auch für die folgenden Abbildungen.

H_2O sollte danach ein gewinkeltes Molekül mit einem H—O—H-Winkel von 90° sein. Experimente bestätigen, dass H_2O gewinkelt ist, der Winkel beträgt jedoch 104,5°. Beim Molekül H_2S wird ein H—S—H-Winkel von 92° gefunden. Für NH_3 ist eine Pyra-

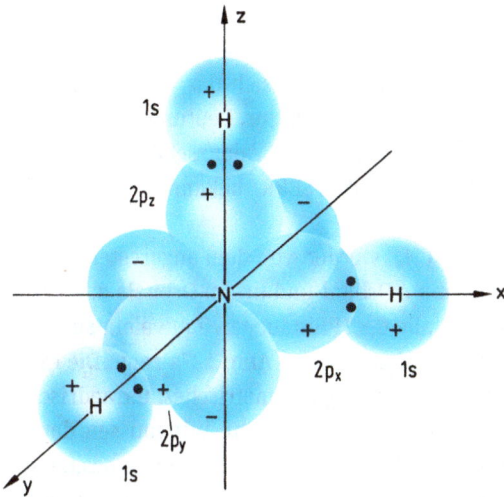

Abb. 2.25: Modell des NH_3-Moleküls. Die drei p-Orbitale des Stickstoffatoms überlappen mit den 1s-Orbitalen der Wasserstoffatome. Im NH_3-Molekül bildet N daher die Spitze einer dreiseitigen Pyramide.

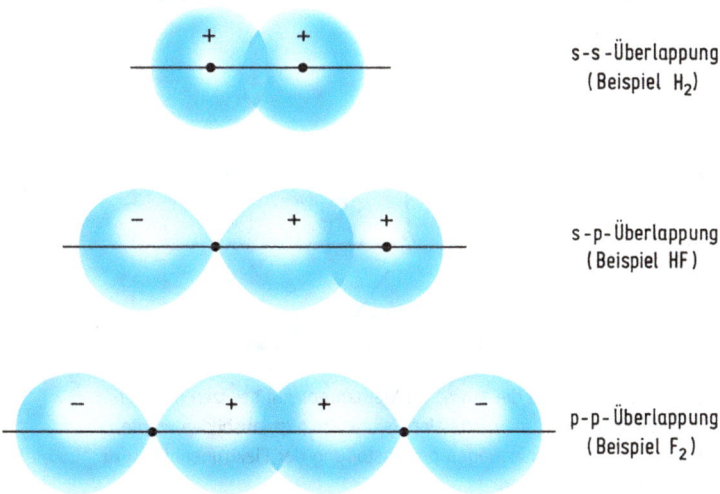

s-s-Überlappung (Beispiel H_2)

s-p-Überlappung (Beispiel HF)

p-p-Überlappung (Beispiel F_2)

Abb. 2.26: σ-Bindungen, die durch Überlappung von s- und p-Orbitalen gebildet werden können. Bei σ-Bindungen liegen die Orbitale rotationssymmetrisch zur Verbindungsachse der Kerne.

midenform mit H—N—H-Winkeln von 90° zu erwarten. Die pyramidale Anordnung der Atome wird durch das Experiment bestätigt, die H—N—H-Winkel betragen allerdings 107°. Bei PH_3 werden H—P—H-Winkel von 93° gefunden.

Atombindungen, die wie bei H_2 durch Überlappung von zwei s-Orbitalen oder wie bei HF durch Überlappung eines s- mit einem p-Orbital zustande kommen, nennt man σ-Bindungen. Die möglichen σ-Bindungen zwischen s- und p-Orbitalen sind in der Abb. 2.26 dargestellt.

2.2.6 Hybridisierung

Zur Erklärung des räumlichen Baus von Molekülen eignet sich das von Pauling entwickelte Konzept der Hybridisierung. Ein anderes Modell zur Deutung der Molekülgeometrie, das auf der Abstoßung der Elektronenpaare der Valenzschale basiert und das als Valence-Shell-Electron-Pair-Repulsion-Modell (VSEPR) bekannt ist, wurde im Abschn. 2.2.4 besprochen.

sp³-Hybridorbitale. Im Methanmolekül, CH_4, werden von dem angeregten C-Atom vier σ-Bindungen gebildet. Da zur Bindung ein s-Orbital und drei p-Orbitale zur Verfügung stehen, sollte man erwarten, dass nicht alle C—H-Bindungen äquivalent sind und dass das Molekül einen räumlichen Aufbau besitzt, wie ihn Abb. 2.27a zeigt. Die experimentellen Befunde zeigen jedoch, dass CH_4 ein völlig symmetrisches, tetraedrisches Molekül mit vier äquivalenten C—H-Bindungen ist (Abb. 2.27b). Wir müssen daraus schließen, dass das C-Atom im Bindungszustand vier äquivalente Orbitale besitzt, die auf die vier Ecken eines regulären Tetraeders ausgerichtet sind. Diese vier äquivalenten Orbitale entstehen durch Kombination aus dem s- und den drei p-Orbitalen. Man nennt diesen Vorgang Hybridisierung, die dabei entstehenden „gemischten" Orbitale werden Hybridorbitale genannt (Abb. 2.28).

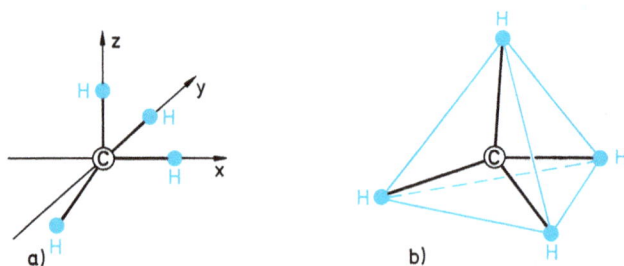

Abb. 2.27: a) Geometrische Anordnung, die die Atome im Methanmolekül besitzen müssten, wenn das C-Atom die C—H-Bindungen mit den Orbitalen 2s, $2p_x$, $2p_y$, $2p_z$ ausbilden würde. Das an das 2s-Orbital gebundene H-Atom hat wegen der Abstoßung der Elektronenhüllen zu den anderen H-Atomen die gleiche Entfernung.
b) Experimentell gefundene Anordnung der Atome im CH_4-Molekül. Alle C—H-Bindungen und alle H—C—H-Winkel sind gleich. CH_4 ist ein symmetrisches, tetraedrisches Molekül.

Die vier Hybridorbitale des Kohlenstoffatoms besitzen $\frac{1}{4}$ s- und $\frac{3}{4}$ p-Charakter. Man bezeichnet sie als sp³-Hybridorbitale, um ihre Zusammensetzung aus einem s- und drei p-Orbitalen anzudeuten. Jedes sp³-Hybridorbital des C-Atoms ist mit einem ungepaarten Elektron besetzt. Durch Überlappung mit den 1s-Orbitalen des Wasserstoffs entstehen im CH_4-Molekül vier σ-Bindungen, die tetraedrisch ausgerichtet sind. Dies zeigt Abb. 2.29.

In die Hybridisierung können auch Elektronenpaare einbezogen sein, die nicht an einer Bindung beteiligt sind. In den Molekülen NH_3 und H_2O sind die Bindungswinkel

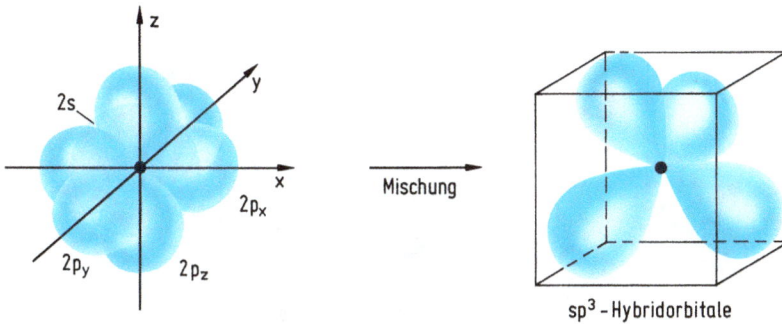

Abb. 2.28: Bildung von sp³-Hybridorbitalen. Durch Hybridisierung der s-, p_x-, p_y- und p_z-Orbitale entstehen vier äquivalente sp³-Hybridorbitale, die auf die Ecken eines Tetraeders gerichtet sind. Die sp³-Hybridorbitale sind aus zeichnerischen Gründen vereinfacht dargestellt.

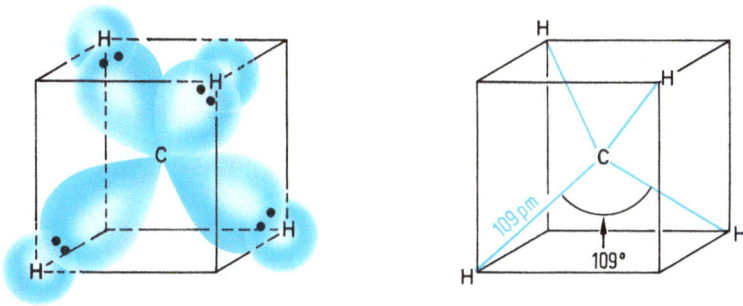

Abb. 2.29: Bindung im CH_4-Molekül. Die vier sp³-Hybridorbitale des C-Atoms überlappen mit den 1s-Orbitalen der H-Atome. Alle C—H-Bindungslängen und alle H—C—H-Bindungswinkel sind übereinstimmend mit dem Experiment gleich.

dem Tetraederwinkel von 109° viel näher als dem rechten Winkel. Diese Moleküle lassen sich daher besser beschreiben, wenn man annimmt, dass die Bindungen statt von p-Orbitalen (vgl. Abb. 2.24 und 2.25) von sp³-Hybridorbitalen gebildet werden. Beim NH_3 ist ein nicht an der Bindung beteiligtes Elektronenpaar, beim H_2O sind zwei einsame Elektronenpaare in die Hybridisierung einbezogen. Dies ist in der Abb. 2.30 dargestellt.

sp-Hybridorbitale. Aus *einem* p-Orbital und *einem* s-Orbital entstehen *zwei* äquivalente sp-Hybridorbitale, die miteinander einen Winkel von 180° bilden (Abb. 2.31).

sp-Hybridorbitale werden z. B. im Molekül $BeCl_2$ zur Bindung benutzt. $BeCl_2$ besteht im Dampfzustand aus linearen Molekülen mit gleichen Be—Cl-Bindungen. Das angeregte Be-Atom hat die Konfiguration $1s^2\ 2s^1\ 2p^1$. Durch Hybridisierung des 2s- und eines 2p-Orbitals entstehen zwei sp-Hybridorbitale, die mit je einem Elektron besetzt sind. Be kann daher zwei gleiche σ-Bindungen in linearer Anordnung bilden (Abb. 2.32).

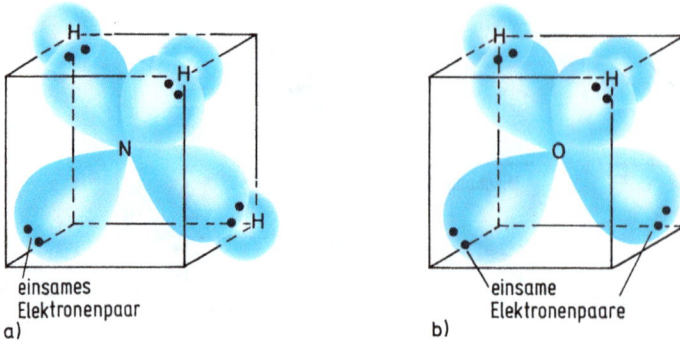

einsames
Elektronenpaar
a)

einsame
Elektronenpaare
b)

Abb. 2.30: a) Modell des Moleküls NH_3. Drei der vier sp^3-Hybridorbitale des N-Atoms bilden σ-Bindungen mit den 1s-Orbitalen der H-Atome.
b) Modell des Moleküls H_2O. Zwei der vier sp^3-Hybridorbitale des O-Atoms bilden σ-Bindungen mit den 1s-Orbitalen der H-Atome.
σ-Bindungen mit Hybridorbitalen beschreiben diese Moleküle besser als σ-Bindungen mit p-Orbitalen (vgl. Abbildung 2.24 und 2.25).

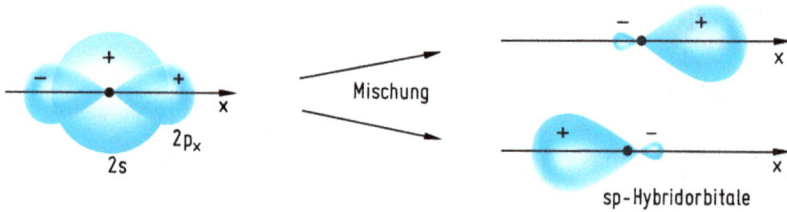

Mischung

$2p_x$

$2s$

sp-Hybridorbitale

Abb. 2.31: Schematische Darstellung der Bildung von sp-Hybridorbitalen. Aus einem 2s- und einem $2p_x$-Orbital entstehen zwei sp-Hybridorbitale. Die sp-Hybridorbitale bilden miteinander einen Winkel von 180°.

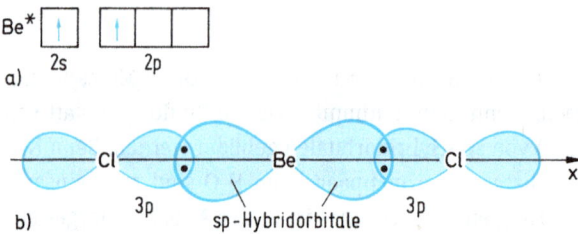

Be*
$2s$ $2p$
a)

Cl ——— Be ——— Cl → x
$3p$ sp-Hybridorbitale $3p$
b)

Abb. 2.32: a) Elektronenkonfiguration des angeregten Be-Atoms.
b) Bildung von $BeCl_2$. Das 2s- und ein 2p-Orbital des Be-Atoms hybridisieren zu sp-Hybridorbitalen. Die beiden sp-Hybridorbitale von Be bilden mit den 3p-Orbitalen der Cl-Atome σ-Bindungen.

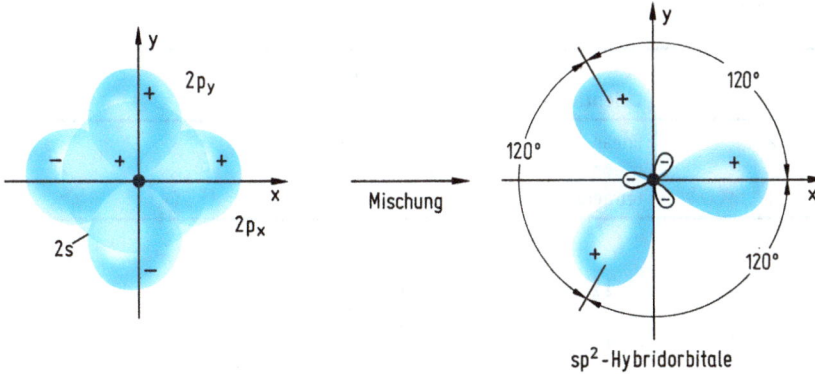

Abb. 2.33: Schematische Darstellung der Bildung von sp²-Hybridorbitalen. Aus den 2s-, 2p$_x$- und 2p$_y$-Orbitalen entstehen drei äquivalente sp²-Hybridorbitale. Die Orbitale liegen in der *xy*-Ebene und bilden Winkel von 120° miteinander.

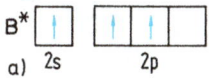

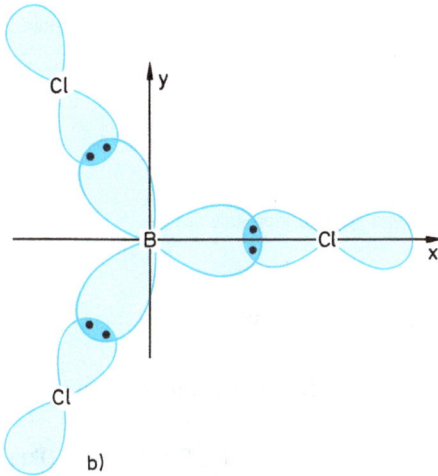

Abb. 2.34: a) Elektronenkonfiguration der Valenzelektronen des angeregten B-Atoms. b) Schematische Darstellung der Bindungen im Molekül BCl₃. B bildet unter Benutzung von drei sp²-Hybridorbitalen drei σ-Bindungen mit den 3p-Orbitalen der Cl-Atome. Das Molekül ist eben. Die Cl—B—Cl-Bindungswinkel betragen 120°.

sp²-Hybridorbitale. Hybridisieren ein s-Orbital und zwei p-Orbitale, entstehen drei äquivalente sp²-Hybridorbitale (Abb. 2.33).

Alle Moleküle, bei denen das Zentralatom zur Ausbildung von Bindungen sp²-Hybridorbitale benutzt, haben trigonal ebene Gestalt. Ein Beispiel ist das Molekül BCl₃. Im angeregten Zustand hat Bor die Konfiguration 1s² 2s¹ 2p². Durch Hybridisierung entstehen drei sp²-Hybridorbitale, die mit je einem Elektron besetzt sind. Bor kann daher drei gleiche σ-Bindungen bilden, die in einer Ebene liegen und Winkel von 120° miteinander bilden (Abb. 2.34).

Tab. 2.10: Häufig auftretende Hybridisierungen.

Hybridorbitale			Beispiele
Typ	Zahl	Orientierung	
sp	2	linear	CO_2, HCN, C_2H_2, $HgCl_2$
sp^2	3	trigonal	SO_3, NO_3^-, CO_3^{2-}, NO_2^-
sp^3	4	tetraedrisch	NH_4^+, BF_4^-, SO_4^{2-}, ClO_4^-

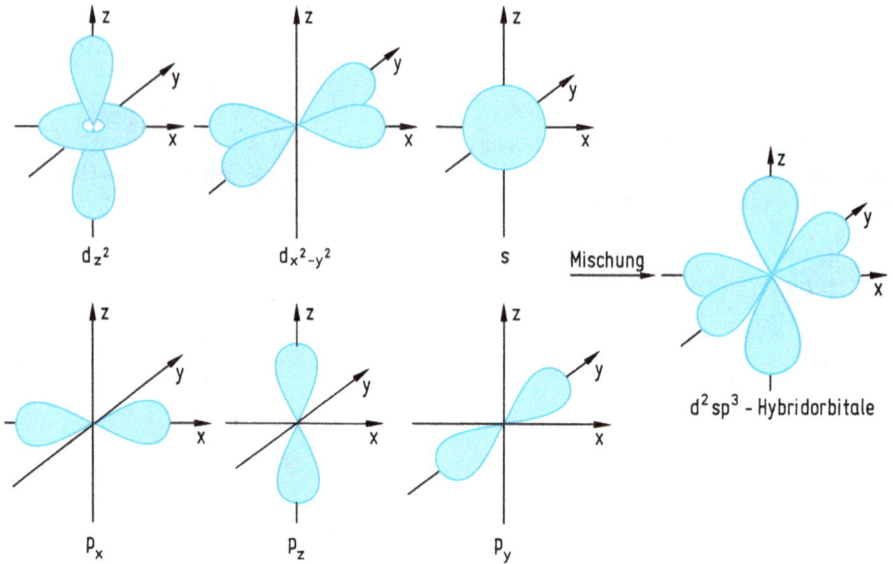

Abb. 2.35: Schematische Darstellung der Bildung der sechs d^2sp^3-Hybridorbitale aus den Atomorbitalen d_{z^2}, $d_{x^2-y^2}$, s, p_x, p_y, p_z.

Die Beispiele $BeCl_2$, BF_3 und CH_4 zeigen (Tab. 2.10), dass das VSEPR- und das Hybridisierungsmodell zum gleichen Ergebnis führen.

Sind an der Hybridisierung auch d-Orbitale beteiligt, gibt es eine Reihe weiterer Hybridisierungsmöglichkeiten. Hier sollen nur drei besprochen werden.

d^2sp^3-Hybridorbitale. Die sechs Hybridorbitale sind auf die Ecken eines Oktaeders ausgerichtet. Sie entstehen durch Kombination der Orbitale s, p_x, p_y, p_z, $d_{x^2-y^2}$, d_{z^2} (Abb. 2.35).

dsp^3-Hybridorbitale. Die Kombination der Orbitale s, p_x, p_y, p_z, d_{z^2} führt zu fünf Hybridorbitalen, die auf die Ecken einer trigonalen Bipyramide gerichtet sind.

dsp^2-Hybridorbitale. Durch Kombination der Orbitale s, p_x, p_y, $d_{x^2-y^2}$ entstehen vier Hybridorbitale, die in einer Ebene liegen und auf die Ecken eines Quadrats gerichtet sind.

Lange Zeit nahm man an, dass bei Nichtmetallen der 3. Periode und höherer Perioden d-Orbitale an σ-Bindungen (s. Tab. 2.8) beteiligt sind. So erklärte man z. B. die räumliche Struktur von SF_6 mit d^2sp^3-Hybridorbitalen der Schwefelatome. Theore-

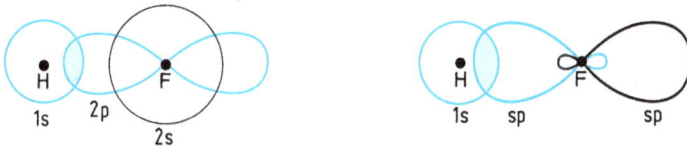

Abb. 2.36: Das 1s-Orbital von H überlappt mit einem sp-Hybridorbital von F stärker als mit einem 2p-Orbital von F, da die Elektronenwolke des sp-Orbitals in Richtung des H-Atoms größer ist als die des p-Orbitals. Hybridisierung führt zu einem Gewinn an Bindungsenergie.

tische Rechnungen zeigen aber, dass die d-Orbitale der Hauptgruppenelemente nur unwesentlich an den Bindungen beteiligt sind.

In Komplexverbindungen der Übergangsmetalle aber sind die d-Orbitale der Zentralatome ganz entscheidend an den Bindungen beteiligt und für die Erklärung der Eigenschaften dieser Verbindungen erforderlich. Dies wird im Abschn. 5.7.6 Ligandenfeldtheorie behandelt.

Es soll noch einmal zusammenfassend auf die wesentlichen Merkmale der Hybridisierung hingewiesen werden.

Die Anzahl gebildeter Hybridorbitale ist gleich der Anzahl der Atomorbitale, die an der Hybridbildung beteiligt sind.

Es kombinieren nur solche Atomorbitale zu Hybridorbitalen, die ähnliche Energien haben, z. B.: 2s-2p; 3s-3p; 4s-4p; 4s-3d.

Die Hybridbildung führt zu einer völlig neuen räumlichen Orientierung der Elektronenwolken.

Hybridorbitale besitzen größere Elektronenwolken als die nicht hybridisierten Orbitale. Eine Bindung mit Hybridorbitalen führt daher zu einer stärkeren Überlappung (Abb. 2.36) und damit zu einer stärkeren Bindung. Der Gewinn an zusätzlicher Bindungsenergie ist der eigentliche Grund für die Hybridisierung.

Der hybridisierte Zustand ist aber nicht ein an einem isolierten Atom tatsächlich herstellbarer und beobachtbarer Zustand wie z. B. der angeregte Zustand. Das Konzept der Hybridisierung hat nur für gebundene Atome eine Berechtigung. Bei der Verbindungsbildung treten im ungebundenen Atom weder der angeregte Zustand noch der hybridisierte Zustand als echte Zwischenprodukte auf. Es ist aber zweckmäßig, die Verbindungsbildung gedanklich in einzelne Schritte zu zerlegen und für die Atome einen hypothetischen Valenzzustand zu formulieren.

Ein Beispiel ist in der Abb. 2.37 dargestellt.

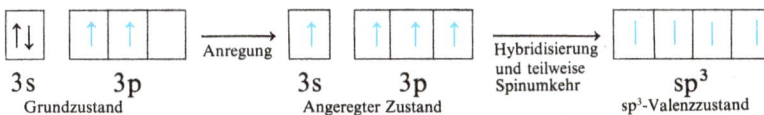

Abb. 2.37: Entstehung des hypothetischen Valenzzustandes aus dem Grundzustand am Beispiel des Siliciumatoms. Im sp³-Valenzzustand sind die Spins der Valenzelektronen statistisch verteilt. Dies wird durch „Pfeile ohne Spitze" symbolisiert.

2.2.7 π-Bindung

Im Molekül N_2 sind die beiden Stickstoffatome durch eine Dreifachbindung aneinander gebunden. Dadurch erreichen beide Stickstoffatome ein Elektronenoktett.

$$|N\equiv N|$$

Die drei Bindungen im N_2-Molekül sind nicht gleichartig. Dies geht aus der Lewis-Formel nicht hervor, wird aber sofort klar, wenn man die Überlappung der an der Bindung beteiligten Orbitale betrachtet. Jedem N-Atom stehen drei p-Elektronen für Bindungen zur Verfügung. In der Abb. 2.38 sind die p-Orbitale der beiden N-Atome und ihre gegenseitige Orientierung zueinander dargestellt. Durch Überlappung der p_x-Orbitale, die in Richtung der Molekülachse liegen, wird eine σ-Bindung gebildet. Wie auch die MO-Theorie zeigt (Abb. 2.53), ist jedoch anzunehmen, dass die σ-Bindung

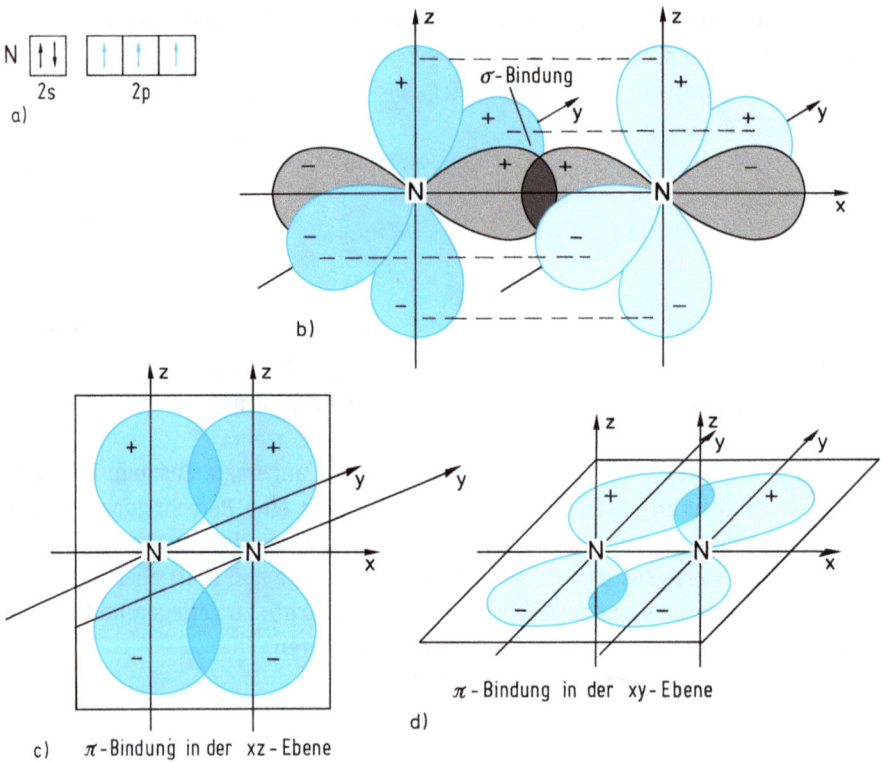

Abb. 2.38: Bindung im N_2-Molekül.
a) Valenzelektronenkonfiguration des Stickstoffatoms.
b) Die p_x-Orbitale der N-Atome bilden durch Überlappung eine σ-Bindung.
c), d) Durch Überlappung der beiden p_z-Orbitale und der beiden p_y-Orbitale werden zwei π-Bindungen gebildet, die senkrecht zueinander orientiert sind. p-Orbitale, die π-Bindungen bilden, liegen nicht rotationssymmetrisch zur Kernverbindungsachse.

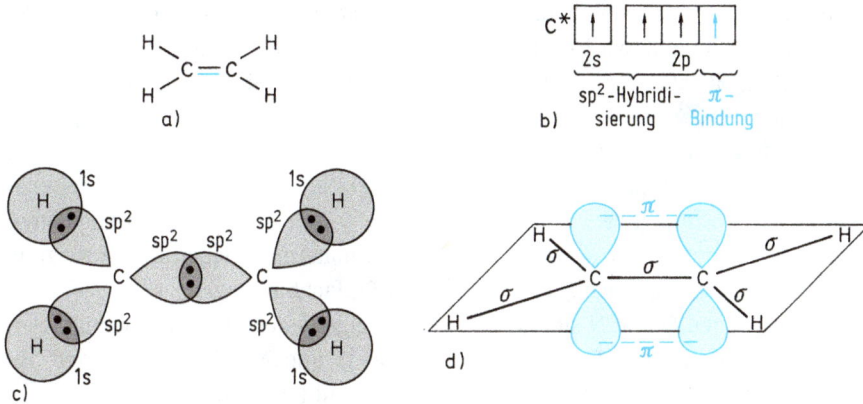

Abb. 2.39: Bindung in Ethen, C_2H_4.
a) Lewis-Formel.
b) Valenzelektronenkonfiguration des angeregten C-Atoms. Drei Orbitale (2s, $2p_x$, $2p_y$) bilden sp^2-Hybridorbitale.
c) Jedes C-Atom bildet mit seinen drei sp^2-Hybridorbitalen drei σ-Bindungen.
d) Die p-Orbitale, die senkrecht zur Molekülebene stehen, bilden eine π-Bindung.

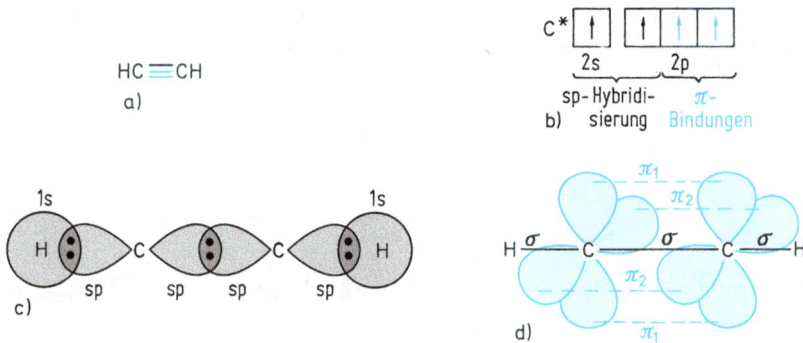

Abb. 2.40: Bindung in Ethin, C_2H_2.
a) Lewis-Formel.
b) Valenzelektronenkonfiguration des angeregten C-Atoms. Zwei Valenzelektronen bilden sp-Hybridorbitale.
c) Jedes C-Atom kann mit seinen zwei sp-Hybridorbitalen zwei σ-Bindungen bilden.
d) Die senkrecht zur Molekülebene stehenden p-Orbitale überlappen unter Ausbildung von zwei π-Bindungen.

durch sp-Hybridorbitale gebildet wird, die zu einer stärkeren Überlappung führen. Bei den senkrecht zur Molekülachse stehenden p_y- und p_z-Orbitalen kommt es zu einer anderen Art der Überlappung, die als π-Bindung bezeichnet wird. Die Dreifachbindung im N_2-Molekül besteht aus einer σ-Bindung und zwei äquivalenten π-Bindungen. Die beiden π-Bindungen sind senkrecht zueinander orientiert.

Große Bedeutung haben π-Bindungen bei Kohlenstoffverbindungen. In den Abb. 2.39 und 2.40 sind die Bindungsverhältnisse für die Moleküle Ethylen (Ethen) $H_2C{=}CH_2$ und Acetylen (Ethin) $HC{\equiv}CH$ dargestellt. Für das Auftreten von π-Bindungen gilt:

Einfachbindungen sind σ-Bindungen. Doppelbindungen bestehen in der Regel aus einer σ-Bindung und einer π-Bindung, Dreifachbindungen aus einer σ-Bindung und zwei π-Bindungen. π-Bindungen, die durch Überlappung von p-Orbitalen gebildet werden, treten bevorzugt zwischen den Atomen C, O und N auf, also bei Elementen der 2. Periode. (Doppelbindungsregel). Bei Atomen höherer Perioden ist die Neigung zu (p—p)π-Bindungen geringer, sie bilden häufig Einfachbindungen.

Bei den Atomen O und N sind Mehrfachbindungen energetisch begünstigt, weil die Bindungsenergien der Einfachbindungen O—O und N—N aufgrund der Abstoßung der freien Elektronenpaare anomal klein sind (vgl. Tab. 2.12).

Beispiele zur Doppelbindungsregel:

$|N{\equiv}N|$

Stickstoff besteht aus N_2-Molekülen, in denen die N-Atome durch eine σ-Bindung und zwei π-Bindungen aneinander gebunden sind. Weißer Phosphor besteht aus P_4-Molekülen, in denen jedes P-Atom drei σ-Bindungen ausbildet.

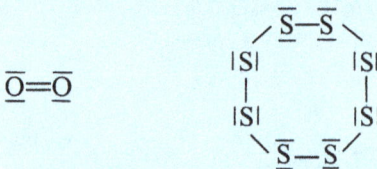

$\overline{O}{=}\overline{O}$

Sauerstoff besteht aus O_2-Molekülen. Die O-Atome sind durch eine σ- und eine π-Bindung aneinander gebunden (Zur Beschreibung des Moleküls O_2 mit der MO-Theorie vgl. Abschn. 2.2.12). Im Schwefel sind ringförmige Moleküle vorhanden, in denen die S-Atome durch σ-Bindungen verknüpft sind.

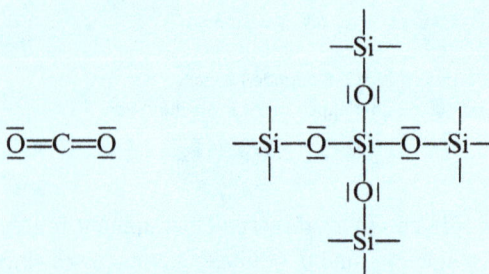

$\overline{O}{=}C{=}\overline{O}$

Kohlenstoffdioxid besteht aus einzelnen CO_2-Molekülen. Das Kohlenstoffatom ist an die beiden Sauerstoffatome durch je eine σ- und eine π-Bindung gebunden. Im

Gegensatz dazu besteht Siliciumdioxid nicht aus einzelnen SiO_2-Molekülen, sondern aus einem polymeren Netzwerk, in dem die Atome durch Einfachbindungen verbunden sind.

Zunächst meinte man, dass die Hauptgruppenelemente höherer Perioden (> 2) mit sich selbst keine stabilen Verbindungen mit (p—p)π-Bindungen bilden. In den achtziger Jahren wurden jedoch viele Verbindungen synthetisiert, in denen diese Elemente an (p—p)π-Bindungen beteiligt sind. Die Fähigkeit, (p—p)π-Bindungen zu bilden, ist aber bei den Elementen der 2. Periode wesentlich größer als bei den Elementen höherer Perioden, man erhält dafür die Reihe O > N ≈ C ≫ S > P > Si ≈ Ge. Die Werte für die atomaren π-Bindungsenergien in kJ/mol betragen:

O	C	N	S	P	Si
157	136	125	96	71	52

Daraus lassen sich für die Bindungen C=C, C=N, N=N und N=O pπ-Bindungsenergien von 250–280 kJ/mol abschätzen. Verglichen damit, betragen die pπ-Bindungsenergien für die Bindungen Si=Si 105 kJ/mol und für P=P 140 kJ/mol.

Verbindungen mit (p—p)π-Bindungen der schweren Hauptgruppenelemente untereinander können hauptsächlich durch zwei Kunstgriffe stabilisiert werden. Thermodynamische Stabilisierung durch Mesomerie (Delokalisierung von π-Bindungen s. Abschn. 2.2.8), Beispiel a). Kinetische Stabilisierung durch raumerfüllende Liganden („einbetonierte" Doppelbindungen), Beispiel b). Reicht die Stabilisierung nicht aus, dann oligomerisieren die Verbindungen zu ketten- oder ringförmigen Verbindungen mit σ-Bindungen.

Beispiele

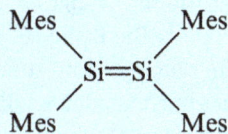

a)   b)

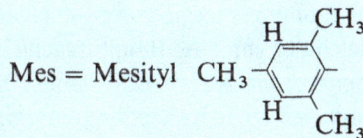

Mes = Mesityl

Ursprünglich bedeutete die Doppelbindungsregel, dass nur Elemente der 2. Periode mit sich selbst (p—p)π-Bindungen bilden, in modifizierter Form, dass diese untereinander stabilere (p—p)π-Bindungen bilden als die Hauptgruppenelemente höherer Perioden.

Tab. 2.11: Bindungslängen einiger kovalenter Bindungen in pm.

Bindung	Bindungslänge	Bindung	Bindungslänge
H—H	74	C—H	109
F—F	142	N—H	101
Cl—Cl	199	O—H	96
Br—Br	228	F—H	92
I—I	267	Cl—H	127
C—C	154	Br—H	141
C=C	134	I—H	161
C≡C	120	C—O	143
O=O	121	C=O	120
N≡N	110	C—N	147

Als Bindungslänge einer kovalenten Bindung wird der Abstand zwischen den Kernen der aneinander gebundenen Atome bezeichnet. Die Bindungslänge einer Einfachbindung zwischen zwei Atomen A und B ist in verschiedenen Verbindungen nahezu konstant und hat eine für diese Bindung charakteristische Größe. So wird z. B. für die C—C-Bindung in verschiedenen Verbindungen eine Bindungslänge von 154 pm gefunden. Die Bindungslängen hängen natürlich von der Größe der Atome ab: F—F < Cl—Cl < Br—Br < I—I; H—F < H—Cl < H—Br. Die Bindungslängen nehmen mit der Anzahl der Bindungen ab. Doppelbindungen sind kürzer als Einfachbindungen, Dreifachbindungen kürzer als Doppelbindungen. In der Tab. 2.11 sind einige Werte angegeben.

Für die kovalenten Bindungen lassen sich charakteristische mittlere Bindungsenergien ermitteln. Die Werte der Tab. 2.12 zeigen die folgenden Bereiche

$$\text{Einfachbindung} \quad 140- \ 595 \ \text{kJ mol}^{-1}$$
$$\text{Doppelbindung} \quad 420- \ 710 \ \text{kJ mol}^{-1}$$
$$\text{Dreifachbindung} \quad 810-1\,080 \ \text{kJ mol}^{-1}$$

Außer von der Bindungsordnung hängt die Bindungsenergie von der Bindungslänge und der Bindungspolarität ab. Die Reihe H—H, Cl—Cl, Br—Br, I—I ist ein Beispiel für die abnehmende Bindungsenergie mit zunehmender Bindungslänge. Die Zunahme der Bindungsenergie mit zunehmender Bindungspolarität wird im Abschn. 2.2.10 Elektronegativität genauer diskutiert.

Auffallend klein ist die Bindungsenergie von F—F. Trotz der kleineren Bindungslänge ist die Bindungsenergie von F—F kleiner als die der Homologen Cl—Cl, Br—Br und fast gleich der von I—I. Hauptursache ist die gegenseitige Abstoßung der freien Elektronenpaare, die wegen des kleinen Kernabstands wirksam wird. Aus demselben Grund sind auch die Bindungsenergien der Bindungen —O—O—, >N—N<, >N—O— und —O—F klein. Die Anomalie dieser Bindungsenergien ist eine wesentliche Ursache dafür, dass F_2 sehr reaktionsfähig ist und dass H_2O_2 und N_2H_4 thermodynamisch instabil sind.

Mit den Bindungsenergien kann die thermodynamische Stabilität von Verbindungen und die Stabilität alternativer Strukturen abgeschätzt werden.

Tab. 2.12: Mittlere Bindungsenergien bei 298 K in $kJ\,mol^{-1}$.

Einfachbindungen

	H	B	C	Si	N	P	O	S	F	Cl	Br	I
H	436											
B	372	310										
C	416	352	345									
Si	323	–	306	302								
N	391	(500)	305	335	159							
P	327	–	264	–	290	205						
O	463	(540)	358	444	181	407	144					
S	361	(400)	289	226	–	(285)	–	268				
F	570	646	489	595	278	496	214	368	159			
Cl	432	444	327	398	193	328	206	272	256	243		
Br	366	369	272	329	159	264	(239)	–	280	218	193	
I	298	269	214	234	–	184	(201)	–	–	211	179	151

Mehrfachbindungen

C=C	615	C=N	616	C=O	708	C=S	587	N=N	419
O=O	498	S=O	420	S=S	423				
C≡C	811	C≡N	892	C≡O	1077	N≡N	945		

Die Bindungsenergie/-enthalpie D°_{298} einer Bindung A—B ist hier als Reaktionsenthalpie ΔH°_{298} (also bei 298 K) der Dissoziationsreaktion A—B(g) ⟶ A(g) + B(g) definiert. Die Spezies A und B können Atome oder Molekülfragmente sein. Die Bindungsenergie entspricht damit der Dissoziationsenergie. Bei mehratomigen Molekülen sind auch bei gleichartigen Bindungen die Dissoziationsenergien der stufenweisen Dissoziationen verschieden. So beträgt für das H_2O-Molekül die Dissoziationsenergie für die erste O—H-Bindung 497 kJ/mol, für die zweite O—H-Bindung 429 kJ/mol. Die Bindungsenergie der O—H-Bindung ist dann der Mittelwert 463 kJ/mol.

Beispiel:

Bildung von Ozon O_3 aus Disauerstoff O_2

$$3\,O_2 \longrightarrow 2\,O_3$$

Man erkennt sofort, dass von den beiden möglichen Strukturen des Ozonmoleküls

die ringförmige weniger stabil ist, da die Doppelbindung mehr Energie liefert als zwei Einfachbindungen. Für die Umwandlung von $3\,O_2$ in $2\,O_3$ muss Energie aufgewendet werden, da aus drei Doppelbindungen zwei Einfachbindungen und zwei Doppelbindungen entstehen. O_3 ist daher thermodynamisch instabil.

2.2.8 Mesomerie

Statt Mesomerie ist auch der Begriff Resonanz gebräuchlich. Eine Reihe von Molekülen und Ionen werden durch eine einzige Lewis-Formel unzureichend beschrieben.
Dies soll am Beispiel des Ions CO_3^{2-} diskutiert werden.

Lewis-Formel von CO_3^{2-}:

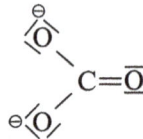

$$
\overset{\ominus}{\overline{\underline{O}}} \diagdown \atop \overset{\ominus}{\underline{\underline{O}}} \diagup \! \! C = \overline{\underline{O}}
$$

Ein s- und zwei p-Orbitale des angeregten C-Atoms hybridisieren zu drei sp²-Hybridorbitalen. Durch Überlappung mit den p-Orbitalen der drei Sauerstoffatome entstehen
drei σ-Bindungen. In Übereinstimmung damit ergeben die Experimente, dass CO_3^{2-} ein
planares Ion mit O—C—O-Winkeln von 120° ist. Das dritte p-Elektron bildet mit einem
Sauerstoffatom eine π-Bindung.

Die Experimente zeigen jedoch, dass alle C—O-Bindungen gleich sind, und dass
alle O-Atome die gleiche negative Ladung besitzen. Zur Beschreibung des Ions reicht
eine einzige Lewis-Formel nicht aus, man muss drei Lewis-Strukturen kombinieren,
die man als mesomere Formen (Grenzstrukturen, Resonanzstrukturen) bezeichnet:

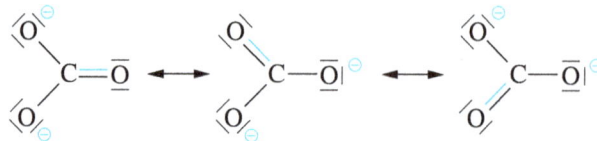

$$
\overset{\ominus}{\overline{O}} \diagdown \atop \underline{O} \diagup \! \! C = \overline{\underline{O}} \quad \longleftrightarrow \quad \overset{}{O} \diagdown \atop \underline{O} \diagup \! \! C — \overline{\underline{O}} |^{\ominus} \quad \longleftrightarrow \quad \overset{\ominus}{\overline{O}} \diagdown \atop \underline{O} \diagup \! \! C — \overline{\underline{O}} |^{\ominus}
$$

Das bedeutet nicht, dass das CO_3^{2-}-Ion ein Gemisch aus drei durch die Formeln wieder-
gegebenen Ionensorten ist. Real ist nur ein Zustand. Das Zeichen ⟷ bedeutet, dass
dieser eine wirkliche Zustand nicht durch eine der Formeln allein beschrieben werden kann, sondern einen Zwischenzustand darstellt, den man sich am besten durch
die Überlagerung mehrerer Grenzstrukturen vorstellen kann.

Das heißt im Fall des CO_3^{2-}-Ions, dass die tatsächliche Elektronenverteilung zwischen den Elektronenverteilungen der Grenzformeln liegt. Sowohl die Doppelbindung als auch die negativen Ladungen sind über das ganze Ion verteilt, sie sind
delokalisiert (Abb. 2.41b, c). Die Bindungslängen der C—O-Einfachbindung und der
C=O-Doppelbindung betragen 143 pm bzw. 120 pm. Die Bindungslänge im CO_3^{2-}-Ion
liegt mit 131 pm dazwischen.

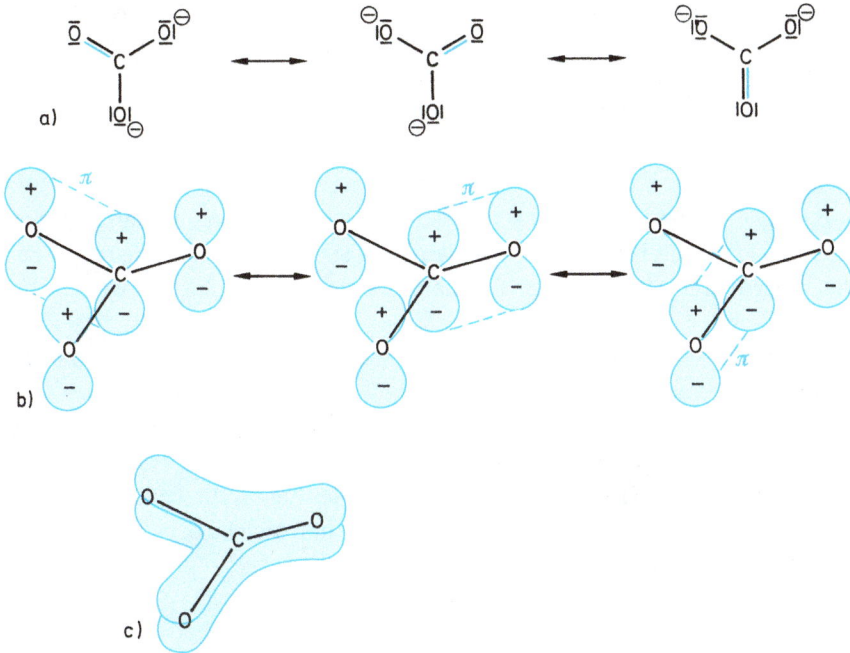

Abb. 2.41: a) Grenzstrukturen des CO_3^{2-}-Ions.
b) Die Darstellung der zur π-Bindung geeigneten p-Orbitale zeigt, dass eine Überlappung des Kohlenstoff-p-Orbitals mit den p-Orbitalen aller drei Sauerstoffatome gleich wahrscheinlich ist.
c) Durch diese Überlappung entsteht ein über das gesamte Ion delokalisiertes π-Bindungssystem.

Weitere Beispiele für Mesomerie:

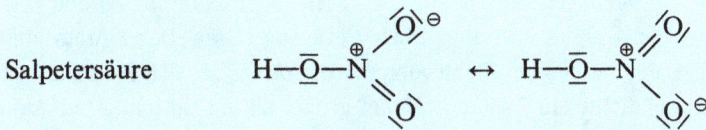

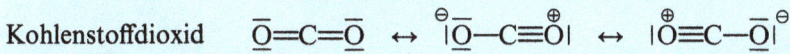

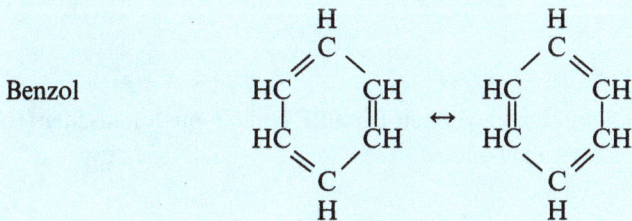

Allerdings gibt es viel mehr Resonanzstrukturen als bei den obigen Beispielen formuliert wurden. Zur Beschreibung einer Verbindung ermittelt man die Resonanzstrukturen mit den höchsten Gewichten, die also die reale Struktur am besten wiedergeben (siehe z. B. im Abschn. 2.2.12 Benzol).

Die Resonanzstrukturen eines Moleküls dürfen sich nur in den Elektronenverteilungen unterscheiden, die Anordnung der Atomkerne muss dieselbe sein. Durch Mesomerie erfolgt eine Stabilisierung des Moleküls. Der Energieinhalt des tatsächlichen Moleküls ist kleiner als der jeder Grenzstruktur. Die Stabilisierungsenergie relativ zur energieärmsten Grenzstruktur wird Resonanzenergie genannt. Sie beträgt z. B. für Benzol 151 kJ/mol.

Die Resonanzenergie ist umso größer, je ähnlicher die Energien der Grenzstrukturen sind. Die Resonanzenergie wird durch die Delokalisierung von Elektronen gewonnen, die dadurch in den Anziehungsbereich mehrerer Kerne gelangen können. Je energieähnlicher die Grenzstrukturen sind, umso stärker ist die Delokalisierung der Elektronen; sie ist vollständig zwischen energiegleichen Grenzstrukturen.

Die Beschreibung delokalisierter π-Bindungen mit Molekülorbitalen wird in Abschn. 2.2.12 behandelt.

2.2.9 Polare Atombindung, Dipole

Die Atombindung und die Ionenbindung sind Grenztypen der chemischen Bindung. In den meisten Verbindungen sind Übergänge zwischen diesen beiden Bindungsarten vorhanden.

Eine unpolare kovalente Bindung tritt in Molekülen mit gleichen Atomen auf, z. B. bei F_2 und H_2. Die Elektronenwolke des bindenden Elektronenpaares ist gleichmäßig zwischen den beiden Atomen verteilt, die Bindungselektronen gehören beiden Atomen zu gleichen Teilen.

Bei Molekülen mit verschiedenen Atomen, z. B. HF, werden die bindenden Elektronen von den beiden Atomen unterschiedlich stark angezogen. Das F-Atom zieht die Elektronenwolke des bindenden Elektronenpaares stärker an sich heran als das H-Atom. Die Elektronendichte am F-Atom ist daher größer als am H-Atom. Am F-Atom entsteht die negative Partialladung $\delta-$, am H-Atom die positive Partialladung $\delta+$.

$$\overset{\delta+ \ \ \delta-}{H : F}$$

Im Gegensatz zur formalen Ladung gibt die Partialladung δ eine tatsächlich auftretende Ladung an. Die Atombindung zwischen H und F enthält einen ionischen Anteil, sie ist eine polare Atombindung. Moleküle, in denen die Ladungsschwerpunkte der positiven Ladung und der negativen Ladung nicht zusammenfallen, stellen einen Dipol dar.

Beispiele:

Molekül

$\overset{\delta +}{H}\!-\!\overset{\delta -}{F}$

$\underset{\overset{\delta +}{H}}{\overset{\overset{\delta +}{H}}{}}\!\!\searrow\!\!\overset{\delta -}{O}$

$\underset{\overset{\delta +}{H}}{\overset{\overset{\delta +}{H}}{}}\!\!\searrow\!\!\overset{\delta +}{H}\!-\!\overset{\delta -}{N}$

Dipol

| + | − | | + | − | | + | − |

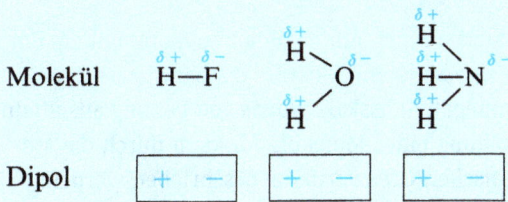

Symmetrische Moleküle sind trotz polarer Bindungen keine Dipole, da die Ladungs-schwerpunkte zusammenfallen.

Beispiele:

$\overset{\delta -}{\underline{O}}\!=\!\overset{\delta +}{C}\!=\!\overset{\delta -}{\underline{O}}$

$\underset{\overset{|}{\overset{F}{\delta -}}}{\overset{\overset{\delta -}{F}\searrow\,\swarrow\overset{\delta -}{F}}{\overset{\delta +}{B}}}$

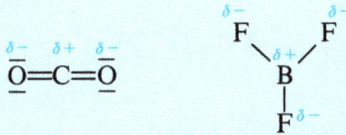

Beim Grenzfall der Ionenbindung, z. B. bei LiF, wird das Valenzelektron des Li-Atoms vollständig vom F-Atom an sich gezogen, es hält sich nur noch in einem Orbital des Fluoratoms auf. Dadurch entstehen die Ionen Li^+ und F^-.

Dipolmoleküle besitzen ein messbares Dipolmoment μ. Haben die positive Ladung $+xe$ und die negative Ladung $-xe$ einen Abstand d, so beträgt das Dipolmoment

$$\mu = x\,e\,d$$

Die SI-Einheit des Dipolmoments μ ist C m. Bei Moleküldipolen benutzt man als Einheit meist das Debye (D): $1\,D = 3,336 \cdot 10^{-30}$ C m. Zwei Elementarladungen im Abstand von 10^{-10} m erzeugen ein Dipolmoment von 4,80 D. Das Dipolmoment ist ein Vektor, dessen Spitze zum negativen Ende des Dipols zeigt. Das Dipolmoment eines Moleküls ist die Vektorsumme der Momente der einzelnen Molekülteile. Für einige Moleküle sind die Dipolmomente in der Tab. 2.13 angegeben.

Tab. 2.13: Dipolmomente einiger Moleküle, μ in D.

Molekül	Dipolmoment	Molekül	Dipolmoment
HF	1,82	H_2O	1,85
HCl	1,08	H_2S	0,97
HBr	0,82	NH_3	1,47
HI	0,44	CO	0,11

2.2.10 Die Elektronegativität

Ein Maß für die Fähigkeit eines Atoms, in einer Atombindung das bindende Elektronenpaar an sich zu ziehen, ist die Elektronegativität x.

Die erste Elektronegativitätsskala wurde von Pauling aus Bindungsenergien abgeleitet. Die polare Bindung eines Moleküls AB kann durch die Mesomerie einer kovalenten und einer ionischen Grenzstruktur beschrieben werden.

$$A-B \longleftrightarrow A^+ \; B^-$$

Die Dissoziationsenergie eines Moleküls AB mit einer polaren Atombindung ist größer als der Mittelwert der Dissoziationsenergien der Moleküle A_2 und B_2 mit unpolaren Bindungen

$$D^\circ_{298}(AB) = \frac{1}{2} D^\circ_{298}(A_2) + \frac{1}{2} D^\circ_{298}(B_2) + \Delta$$

Δ hängt von der Bindungspolarität ab. Je polarer eine Bindung ist, je größer also der Anteil der ionischen Grenzstruktur ist, umso größer ist Δ. In der Tab. 2.14 sind als Beispiel die Δ-Werte der Wasserstoffhalogenide angegeben.

Tab. 2.14: Dissoziationsenergien in kJ/mol und Ionenbindungsanteil von Wasserstoffhalogeniden.

AB	$D^\circ_{298}(AB)$	$\frac{1}{2} D^\circ_{298}(A_2)$	$\frac{1}{2} D^\circ_{298}(B_2)$	Δ	Δx^*	Ionen-bindungs-anteil in %
HF	570	218	79	270	1,9	43
HCl	432	218	121	92	0,9	17
HBr	366	218	96	53	0,7	13
HI	298	218	76	4	0,4	7

* berechnet aus x-Werten der Tabelle 3, Anhang 2

Pauling postulierte, dass Δ dem Quadrat der Elektronegativitätsdifferenz der Atome A und B proportional sei

$$\Delta = 96 \, (x_A - x_B)^2$$

Der Faktor 96 entsteht durch Umrechnung des Δ-Wertes von kJ/mol in eV. Der x-Wert von Fluor wird willkürlich zu $x_F = 4{,}0$ festgesetzt, aus den Δ-Werten erhält man dann die x-Werte aller anderen Elemente (Tab. 3, Anhang 2).

Statt des arithmetischen Mittels wurde später das geometrische Mittel $\sqrt{D^\circ_{298}(A_2) \cdot D^\circ_{298}(B_2)}$ verwendet.

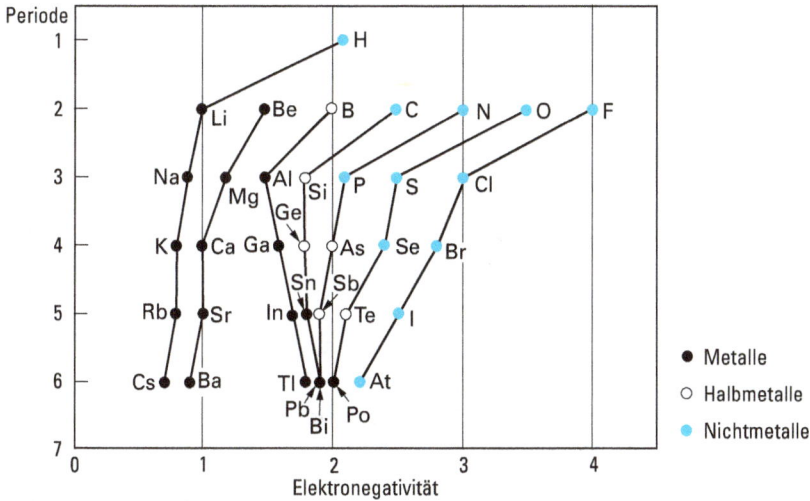

Abb. 2.42: Elektronegativität der Hauptgruppenelemente. Mit steigender Ordnungszahl Z nimmt innerhalb der Perioden die Elektronegativität zu, innerhalb der Gruppen ab. Rechts oben im PSE stehen daher die Elemente mit ausgeprägtem Nichtmetallcharakter, links unten die typischen Metalle.

Eine andere Elektronegativitätsskala stammt von Mulliken. Er fand, dass die Elektronegativität eines Atoms der Differenz seiner Ionisierungsenergie und Elektronenaffinität proportional ist. Dies bedeutet anschaulich, dass die Tendenz eines gebundenen Atoms, die Bindungselektronen an sich zu ziehen, umso größer ist, je größer die Fähigkeit des Atoms ist, sein eigenes Elektron festzuhalten und ein zusätzliches Elektron aufzunehmen.

Im PSE nimmt die Elektronegativität mit wachsender Ordnungszahl in den Hauptgruppen ab, in den Perioden zu. Die elektronegativsten Elemente sind also die Nichtmetalle der rechten oberen Ecke des PSE. Das elektronegativste Element ist Fluor. Die am wenigsten elektronegativen Elemente sind die Metalle der linken unteren Ecke des PSE (Abb. 2.42).

Aus der Differenz der Elektronegativitäten der Bindungspartner kann man die Polarität einer Bindung abschätzen (Abb. 2.43). Je größer Δx ist, um so ionischer ist die Bindung (vgl. Tab. 2.14). Wenig polar ist z. B. die C—H-Bindung. H—Cl hat einen Ionenbindungsanteil von etwa 20 %. Aber auch bei den als Ionenkristalle beschriebenen Verbindungen wie CsCl, NaCl, BeO und CaF_2 ist die Bindung nicht rein ionisch, sie haben nur Ionenbindungsanteile zwischen 50 % und 80 %. In erster Näherung lassen sie sich aber befriedigend so beschreiben, als wäre nur eine elektrostatische Wechselwirkung zwischen den Ionen vorhanden.

Für den Kristalltyp und die charakteristischen physikalischen Eigenschaften einer Verbindung ist jedoch nicht nur der Bindungscharakter maßgebend. Bei den Fluoriden der Elemente der 2. Periode erfolgt ein kontinuierlicher Übergang von einer Ionenbindung zu einer kovalenten Bindung.

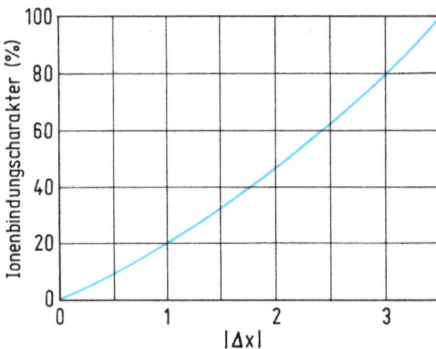

Abb. 2.43: Beziehung zwischen dem prozentualen Ionenbindungscharakter und der Elektronegativitätsdifferenz. Die Kurve gehorcht der Beziehung: Ionenbindungscharakter (%) = $16 \,|\Delta x| + 3{,}5\,|\Delta x|^2$.

Verbindung	LiF	BeF$_2$	BF$_3$	CF$_4$	NF$_3$	OF$_2$	F$_2$
Elektronegativitätsdifferenz	3,0	2,5	2,0	1,5	1,0	0,5	0
Kristalltyp		Ionenkristall		Molekülkristall			
Aggregatzustand bei Raumtemperatur		fest		gasförmig			

LiF und BeF$_2$ sind hochschmelzende Ionenkristalle. BF$_3$ ist bei Zimmertemperatur ein Gas und bildet im festen Zustand keine ionische, sondern eine molekular aufgebaute Struktur, obwohl die Elektronegativitätsdifferenz ebenso groß ist wie bei NaCl. Ursache für die sprunghafte Änderung der physikalischen Eigenschaften ist nicht die Änderung des Bindungscharakters, sondern die Änderung der Koordinationsverhältnisse. Von Li$^+$ über Be^{2+} zu B^{3+} ändern sich die Koordinationszahlen von 6 über 4 auf 3. Ein Raumgitter aus Ionen kann daher nur noch für BeF$_2$ mit den Koordinationszahlen 4:2 aufgebaut werden. BF$_3$ mit den Koordinationszahlen 3:1 bildet eine Molekülstruktur mit isolierten BF$_3$-Baugruppen.

2.2.11 Atomkristalle, Molekülkristalle

In einem Atomkristall sind die Atome durch kovalente Bindungen dreidimensional verknüpft. Die Elemente der 4. Hauptgruppe, C, Si, Ge, Sn, kristallisieren in einer Struktur mit tetraedrischer Koordination der Atome. Nach der Kohlenstoffmodifikation Diamant wird dieser Strukturtyp als **Diamant-Struktur** bezeichnet (Abb. 2.44a). In der Diamant-Struktur ist jedes Atom durch vier σ-Bindungen an seine Nachbaratome gebunden. Die Bindungen kommen durch Überlappung tetraedrisch ausgerichteter sp^3-Hybridorbitale zustande (2.44b). Die Koordinationszahl ist also durch die Zahl der

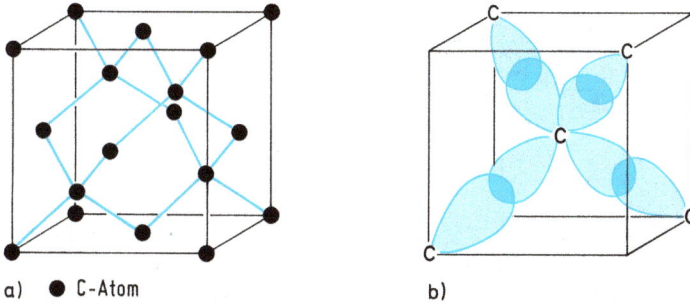

a) ● C-Atom   b)

Abb. 2.44: a) Diamant-Struktur. Jedes C-Atom ist von vier C-Atomen tetraedrisch umgeben. b) Jedes C-Atom ist durch vier σ-Bindungen an Nachbaratome gebunden. Die C—C-Bindungen kommen durch Überlappung tetraedrisch ausgerichteter sp³-Hybridorbitale zustande.

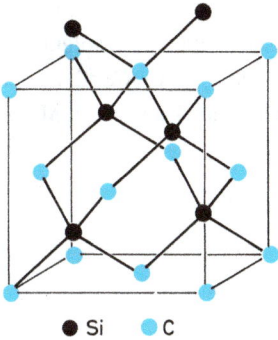

● Si   ● C

Abb. 2.45: Zinkblende-Struktur. Jedes Si-Atom ist tetraedrisch von vier C-Atomen umgeben, ebenso jedes C-Atom von vier Si-Atomen. Die Bindungen entstehen durch Überlappung von sp³-Hybridorbitalen.

Atombindungen festgelegt. Da die C—C-Bindungen sehr fest sind, ist Diamant eine hochschmelzende, sehr harte, elektrisch nichtleitende Substanz. Eng verwandt mit der Diamant-Struktur ist die **Zinkblende-Struktur** (Abb. 2.45). In der Zinkblende-Struktur kristallisieren die folgenden Verbindungen:

SiC	BN	AlSb	BeS	ZnS	CuCl
	BP	GaP	BeSe	ZnSe	CuBr
	BAs	GaAs	BeTe	ZnTe	CuI
	AlP	GaSb			AgI
	AlAs				

In diesen Verbindungen ist die Summe der Valenzelektronen beider Atome acht. Jedes Atom ist wie im Diamant durch vier sp³-Hybridorbitale an die Nachbaratome gebunden. Auch die III-V-Verbindungen (der Gruppen 13–15) kristallisieren wie z. B. AlP im Zinkblende-Typ.

$$
\begin{array}{c}
\quad\ \ |\quad\quad\ \ |\\
-\ \overset{|}{P}{}^{\oplus}\ -\overset{|}{Al}{}^{\ominus}-\\
\ \ |\quad\quad\quad\ \ |\quad\quad\ \ |\quad\quad\ \ |\\
-P{}^{\oplus}-Al{}^{\ominus}-P{}^{\oplus}-Al{}^{\ominus}-\\
\ \ |\quad\quad\quad\ \ |\quad\quad\ \ |\quad\quad\ \ |\\
-\ \overset{|}{P}{}^{\oplus}\ -\overset{|}{Al}{}^{\ominus}-\\
\quad\ \ |\quad\quad\ \ |
\end{array}
$$

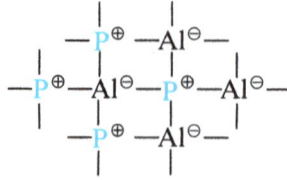

Kovalente Bindungen sind gerichtet, ihre Wirkung beschränkt sich auf die Atome, die durch gemeinsame Elektronenpaare aneinander gebunden sind. In Molekülen sind daher die Atome bindungsmäßig abgesättigt. Zwischen den Molekülen können keine Atombindungen gebildet werden. Molekülkristalle sind aus Molekülen aufgebaut, zwischen denen nur schwache zwischenmolekulare Bindungskräfte existieren. Molekülkristalle haben daher niedrige Schmelzpunkte und sind meist weich. Molekülkristalle sind Nichtleiter. Die Natur der zwischenmolekularen Bindungskräfte, der van-der-Waals-Kräfte, wird in Abschn. 2.3 näher besprochen.

Abb. 2.46 zeigt als Beispiel die Molekülstruktur von festem CO_2. Innerhalb der CO_2-Moleküle sind starke Atombindungen vorhanden, zwischen den CO_2-Molekülen nur schwache Anziehungskräfte. Festes CO_2 sublimiert daher schon bei $-78\,°C$. Dabei verlassen CO_2-Moleküle die Oberfläche des Kristalls und bilden ein Gas aus CO_2-Molekülen.

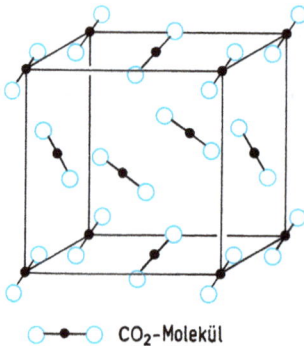

○—●—○ CO_2-Molekül

Abb. 2.46: Molekülstruktur von CO_2. Zwischen den CO_2-Molekülen sind nur schwache zwischenmolekulare Bindungskräfte vorhanden, während innerhalb der CO_2-Moleküle starke Atombindungen auftreten.

Sind Atome durch kovalente Bindungen eindimensional verknüpft, entstehen Kettenstrukturen. Innerhalb der Ketten sind starke Atombindungen vorhanden, zwischen den Ketten schwache van-der-Waals-Kräfte. Sind Atome durch kovalente Bindungen zweidimensional verknüpft, entstehen Schichtstrukturen. Die Schichten sind durch schwache van-der-Waals-Kräfte aneinander gebunden. Beispiele sind die Elemente der 16. und 15. Gruppe (vgl. Abb. 4.2 und Abb. 4.5).

2.2.12 Molekülorbitaltheorie

Die Valenzbindungstheorie geht von einzelnen Atomen aus, berücksichtigt die Wechselwirkung der Atome bei ihrer Annäherung und erklärt die Bindung durch die Überlappung bestimmter dafür geeigneter Atomorbitale.

Die Molekülorbitaltheorie (Mulliken und Hund 1928) geht von einem einheitlichen Elektronensystem des Moleküls aus. Die Elektronen halten sich nicht in Atomorbitalen auf, die zu bestimmten Kernen gehören, sondern in Molekülorbitalen, die sich über das ganze Molekül erstrecken und die sich im Feld mehrerer Kerne befinden.

Hält sich ein Elektron gerade in der Nähe *eines* Kernes auf, so wird es von den anderen Kernen wenig beeinflusst werden. Bei Vernachlässigung dieses Einflusses verhält sich das Elektron so, als ob es sich in einem Atomorbital des Kerns befände. Das Molekülorbital in der Nähe des Kerns ist näherungsweise gleich einem Atomorbital. In der Nähe des Kerns A z. B. ähnelt das Molekülorbital dem Atomorbital ψ_A. Entsprechend ähnelt das Molekülorbital in der Nähe des Kerns B dem Atomorbital ψ_B. Das Molekülorbital hat also sowohl charakteristische Eigenschaften von ψ_A als auch von ψ_B, es wird daher durch eine Linearkombination beider angenähert. Molekülorbitale sind in der einfachsten Näherung Linearkombinationen von Atomorbitalen. Man nennt diese Methode, Molekülorbitale aufzufinden, abgekürzt **LCAO-Näherung** (linear combination of atomic orbitals).

Die Ermittlung der Molekülorbitale für das Wasserstoffmolekül H_2 ist anschaulich in der Abb. 2.47 dargestellt. Die 1s-Orbitale der beiden H-Atome kann man auf zwei Arten miteinander kombinieren. Die erste Linearkombination ist eine Addition. Sie führt zu einem Molekülorbital, in dem die Elektronendichte zwischen den Kernen der Wasserstoffatome konzentriert ist. Dadurch kommt es zu einer starken Anziehung zwischen den Kernen und den Elektronen. Man nennt dieses Molekülorbital daher bindendes MO. Elektronen in diesem MO haben eine niedrigere Energie als in den 1s-Atomorbitalen (Abb. 2.48).

Die Subtraktion der 1s-Atomorbitale führt zu einem MO mit einer Knotenebene zwischen den Kernen. Die Elektronen halten sich bevorzugt außerhalb des Überlappungsbereiches auf, das Energieniveau des Molekülorbitals liegt über denen der 1s-Atomorbitale. Dieses MO nennt man daher antibindendes MO. Antibindende Molekülorbitale werden mit einem * bezeichnet.

Die Besetzung der Molekülorbitale mit den Elektronen des Moleküls erfolgt unter Berücksichtigung des Pauli-Prinzips und der Hund'schen Regel. Aufgrund des Pauli-Verbots kann jedes MO nur mit zwei Elektronen antiparallelen Spins besetzt werden. Das H_2-Molekül besitzt zwei Elektronen. Sie besetzen das energieärmere bindende MO (Abb. 2.48). Die Elektronenkonfiguration ist $(1\sigma_g)^2$. Es existiert also im H_2-Molekül ein bindendes Elektronenpaar mit antiparallelen Spins in einem Orbital mit σ-Symmetrie. Die Ergebnisse der MO-Theorie und der VB-Theorie sind äquivalent: Im H_2-Molekül existiert eine σ-Bindung, die durch ein gemeinsames, zum gesamten Molekül gehörendes Elektronenpaar zustande kommt (vgl. Abschn. 2.2.5). Mit beiden Theorien kann die Bindungsenergie richtig berechnet werden.

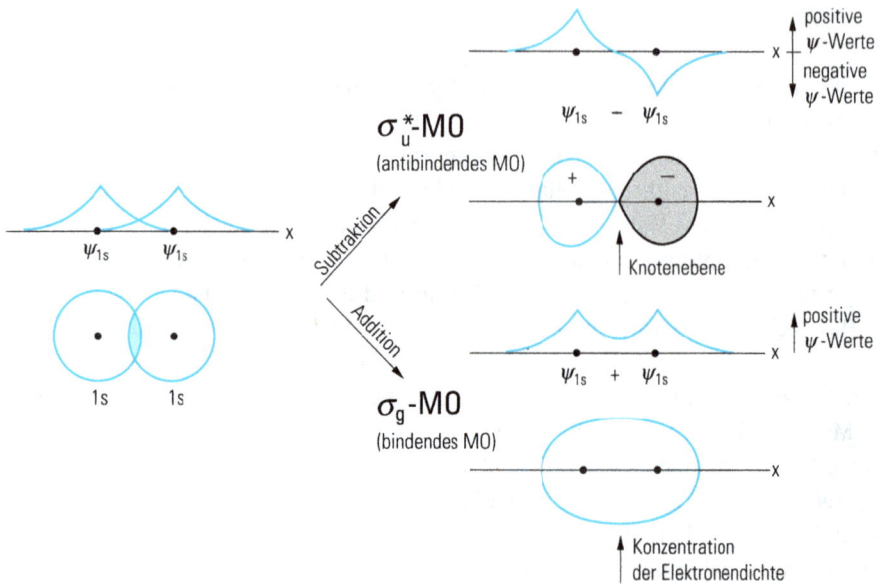

positive ψ-Werte
negative ψ-Werte

σ_u^*-MO
(antibindendes MO)

ψ_{1s} − ψ_{1s}

Knotenebene

ψ_{1s}

ψ_{1s}

1s 1s

Subtraktion

Addition

σ_g-MO
(bindendes MO)

ψ_{1s} + ψ_{1s}

positive ψ-Werte

Konzentration
der Elektronendichte

Abb. 2.47: Linearkombination von 1s-Atomorbitalen zu Molekülorbitalen. Dargestellt ist sowohl der Verlauf der Wellenfunktion ψ als auch die räumliche Form der Elektronenwolken der Molekülorbitale. Beide MOs besitzen σ-Symmetrie, d. h. sie sind rotationssymmetrisch in Bezug auf die x-Achse. Dabei ist die bindende Orbitalkombination symmetrisch (gerade, σ_g) und die antibindende antisymmetrisch (ungerade, σ_u^*) zum Inversionszentrum.

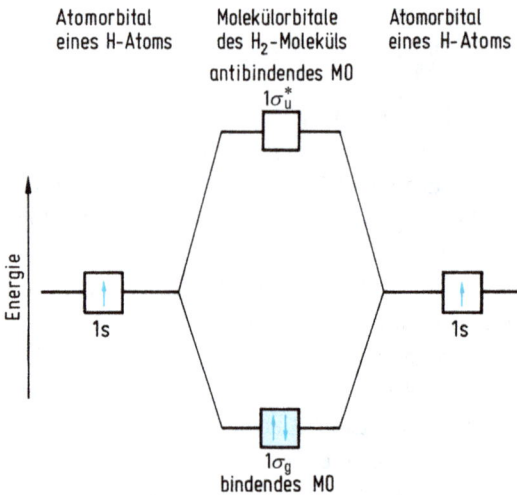

Atomorbital
eines H-Atoms

Molekülorbitale
des H_2-Moleküls
antibindendes MO
$1\sigma_u^*$

Atomorbital
eines H-Atoms

Energie

1s

1s

$1\sigma_g$
bindendes MO

Abb. 2.48: Energieniveaudiagramm des H_2-Moleküls. Durch Linearkombination der 1s-Orbitale der H-Atome entstehen ein bindendes und ein antibindendes MO. Im Grundzustand besetzen die beiden Elektronen des H_2-Moleküls das σ_g-MO. Dies entspricht einer σ-Bindung.

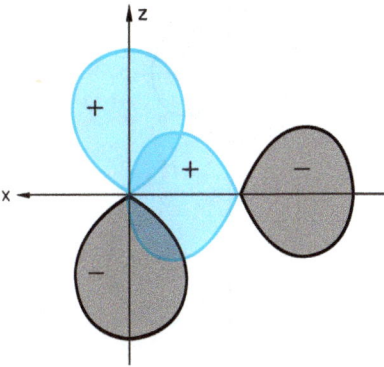

Abb. 2.49: Die Kombination eines p_z- und eines p_x-Orbitals ergibt kein MO. Die Gesamtüberlappung ist null.

Aus dem Energieniveaudiagramm der Abb. 2.48 geht hervor warum ein Molekül He_2 nicht existiert. Da sowohl das bindende als auch das antibindende Molekülorbital mit je zwei Elektronen besetzt sein müssten, resultiert keine Bindungsenergie. Bei den Molekülionen H_2^+ und He_2^+ mit drei Elektronen hingegen tritt eine Bindungsenergie auf, sie sind existent (vgl. Tab. 2.15).

Bei den Elementen der zweiten Periode müssen außer den s-Orbitalen auch die p-Orbitale berücksichtigt werden. Es lassen sich nicht beliebige Atomorbitale zu Molekülorbitalen kombinieren, sondern nur Atomorbitale vergleichbarer Energie und gleicher Symmetrie bezüglich der Kernverbindungsachse. Die Kombination eines p_x-Orbitals mit einem p_z-Orbital z. B. ergibt kein MO, die Gesamtüberlappung ist null, es tritt keine bindende Wirkung auf (Abb. 2.49). Die möglichen Linearkombinationen zweier p-Atomorbitale sind in der Abb. 2.50 dargestellt. Es entstehen zwei Gruppen von Molekülorbitalen, die sich in der Symmetrie ihrer Elektronenwolken unterscheiden.

Bei den aus p_x-Orbitalen gebildeten Molekülorbitalen ist die Symmetrie ebenso wie bei den aus s-Orbitalen gebildeten MOs rotationssymmetrisch in Bezug auf die Kernverbindungsachse des Moleküls. Als Kernverbindungsachse ist die x-Achse gewählt. Wegen der gleichen Symmetrie werden diese MOs gemeinsam als σ-Molekülorbitale bezeichnet und gemäß ihrer Symmetrie als σ_g- und σ_u-MOs unterschieden. Die Linearkombination der p_y- und der p_z-Atomorbitale führt zu einem anderen MO-Typ. Die Ladungswolken sind nicht mehr rotationssymmetrisch zur x-Achse. Diese MOs werden π-Molekülorbitale genannt.

Bei allen Linearkombinationen führt die Addition zu den stabilen, bindenden Molekülorbitalen, bei denen die Elektronendichte zwischen den Kernen konzentriert ist. Die π_y- und π_z-Molekülorbitale haben Ladungswolken gleicher Gestalt, die nur um 90° gegeneinander verdreht sind. Bei der Bildung der bindenden π_u-MOs erfolgt daher dieselbe Energieerniedrigung, bei der Bildung der antibindenden π_g^*-MOs dieselbe Energieerhöhung.

In den Abb. 2.51 und 2.52 sind die Energieniveaudiagramme für die Moleküle F_2 und O_2 dargestellt. Da beim Fluor und beim Sauerstoff die Energiedifferenz zwischen den 2s- und den 2p-Atomorbitalen groß ist, erfolgt keine Wechselwirkung zwischen

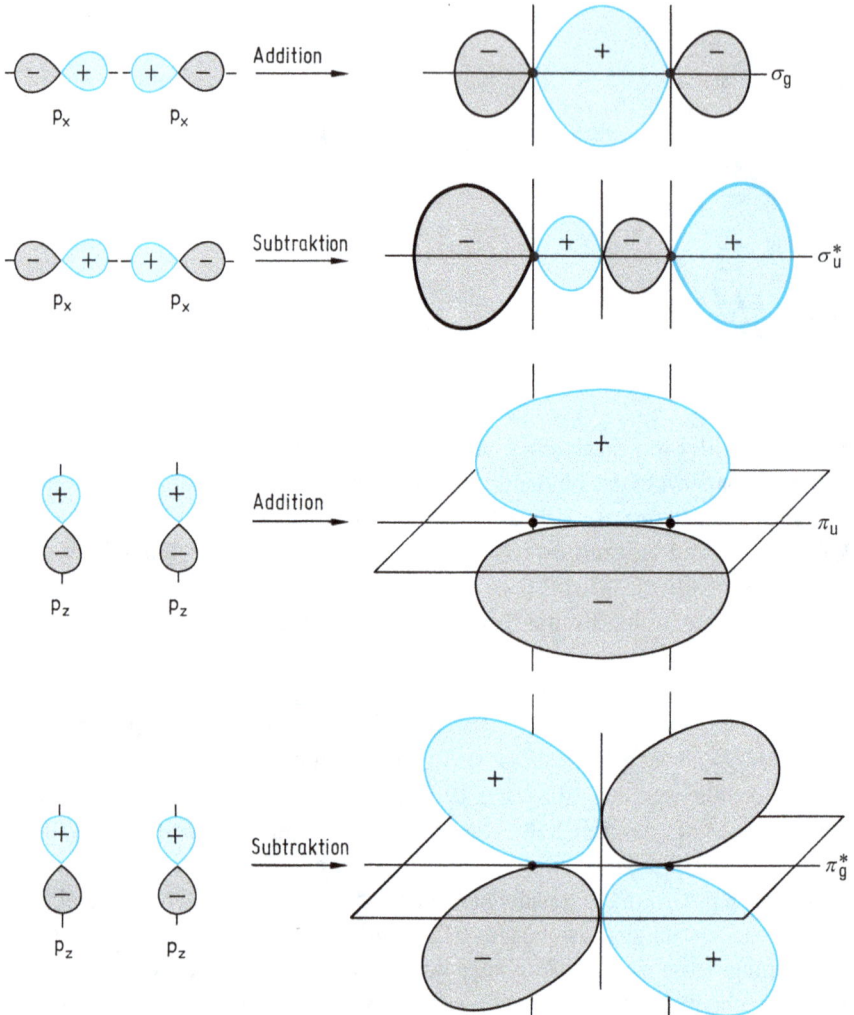

Abb. 2.50: Bildung von Molekülorbitalen aus p-Atomorbitalen. Nur die aus den p_x-Orbitalen gebildeten σ-MOs sind rotationssymmetrisch zur Kernverbindungsachse. Dabei ist die σ_g-Kombination symmetrisch und σ_u antisymmetrisch zum Inversionszentrum. Die durch Linearkombination der p_z-Orbitale gebildeten Molekülorbitale mit π_u- und π_g-Symmetrie sind mit den korrespondierenden Molekülorbitalen aus p_y-Orbitalen identisch und bilden mit diesen einen Winkel von 90°. Bei den bindenden MOs ist die Elektronendichte zwischen den Kernen erhöht, bei den antibindenden MOs sind zwischen den Kernen Knotenflächen vorhanden.

den 2s- und $2p_x$-Orbitalen. Die 2s-Orbitale kombinieren daher nur miteinander zu den $2\sigma_g$- und $2\sigma_u^*$-MOs und die $2p_x$-Orbitale miteinander zu den $3\sigma_g$- und $3\sigma_u^*$-MOs. Bei gleichem Kernabstand und gleicher Orbitalenergie ist die Überlappung zweier σ-Orbitale stärker als die zweier π-Orbitale, das $2\sigma_g$-MO ist daher stabiler als die entarteten π_u-MOs.

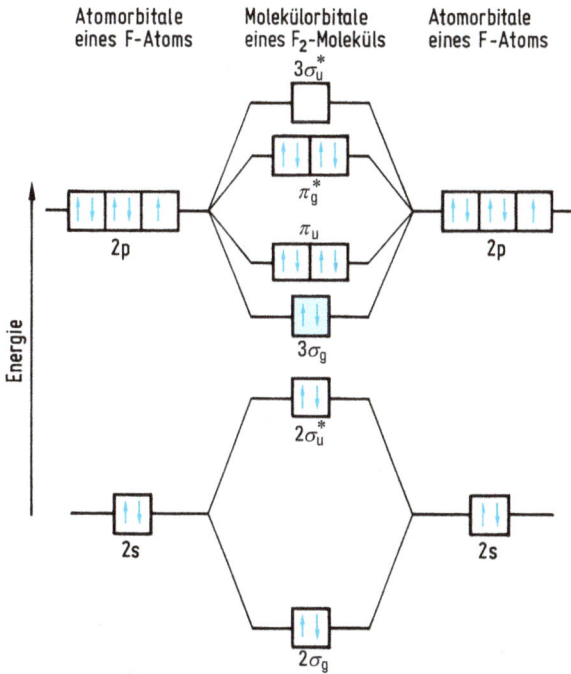

Abb. 2.51: Energieniveaudiagramm für das F_2-Molekül. Ein Energiegewinn entsteht nur durch die Besetzung des $3\sigma_g$-MOs, das aus den p_x-Orbitalen gebildet wird.

Die 14 Valenzelektronen des F_2-Moleküls besetzen die 7 energieärmsten Molekülorbitale. F_2 hat die Elektronenkonfiguration

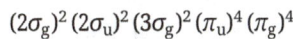

$$(2\sigma_g)^2\,(2\sigma_u)^2\,(3\sigma_g)^2\,(\pi_u)^4\,(\pi_g)^4$$

Die F—F-Bindung im F_2-Molekül entsteht durch die Besetzung des $3\sigma_g$-Molekülorbitals. In Übereinstimmung mit der Valenzbindungstheorie gibt es eine σ-Bindung.

Das O_2-Molekül hat die Elektronenkonfiguration

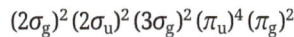

$$(2\sigma_g)^2\,(2\sigma_u)^2\,(3\sigma_g)^2\,(\pi_u)^4\,(\pi_g)^2$$

Die Bindungsenergie entsteht durch die Besetzung des $3\sigma_g$- und eines π_u-Molekülorbitals. Die Elektronen in den π_g-MOs haben aufgrund der Hund'schen Regel den gleichen Spin. Substanzen mit ungepaarten Elektronen sind paramagnetisch. Die im Abschn. 2.2.7 verwendete Lewis-Formel $\overline{O}{=}\overline{O}$ beschreibt nicht das O_2-Molekül im paramagnetischen Grundzustand, sondern einen diamagnetischen angeregten Zustand.

Bei kleinen Energiedifferenzen 2s – 2p tritt wie für N_2 eine Wechselwirkung zwischen den 2s- und den 2p-Orbitalen auf (Orbitalmischung). Das Mischen von zwei

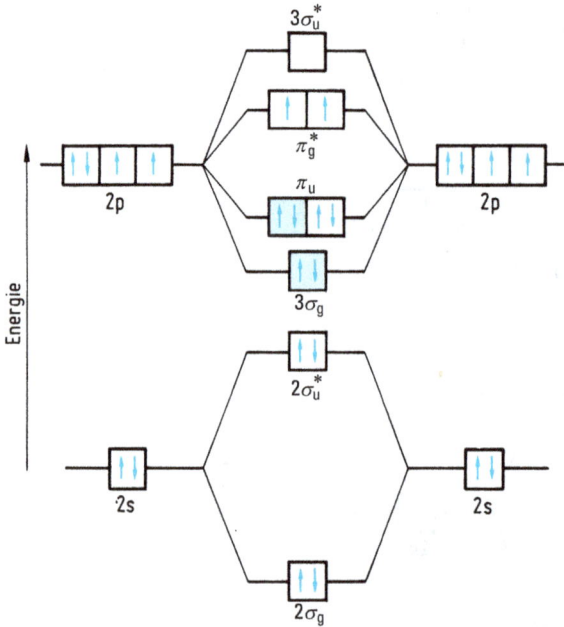

Abb. 2.52: Energieniveaudiagramm für das O_2-Molekül. Bindungsenergie entsteht durch die Besetzung des $3\sigma_g$- und eines π_u-Orbitals. Die ungepaarten Elektronen in den entarteten π_g^* MOs sind für den Paramagnetismus des O_2-Moleküls verantwortlich.

symmetriegleichen Molekülorbitalen (σ_g—σ_g oder σ_u—σ_u) führt in jedem Fall zur Absenkung desjenigen Energieniveaus mit der niedrigen Energie und zur Anhebung des jeweils anderen. Im Fall des N_2-Moleküls resultieren hierdurch Absenkungen der $2\sigma_g$- und $2\sigma_u$-Energieniveaus und Anhebungen der $3\sigma_g$- und $3\sigma_u$-Energieniveaus. Dadurch werden die π_u-MOs stabiler als das $3\sigma_g$-MO. Für das N_2-Molekül erhält man das in Abb. 2.53 dargestellte Energieniveaudiagramm. Die Elektronenkonfiguration ist

$$(2\sigma_g)^2 \, (2\sigma_u)^2 \, (\pi_u)^4 \, (3\sigma_g)^2$$

Im N_2-Molekül gibt es in Übereinstimmung mit der VB-Theorie eine σ-Bindung und zwei π-Bindungen.

Die **zweiatomigen Moleküle und Ionen** C_2^{2-}, CO, NO^+ und CN^- enthalten 10 Valenzelektronen und sind isoelektronisch mit N_2. Somit haben sie dieselbe Elektronenkonfiguration wie N_2. NO hat ein Elektron mehr und damit die Elektronenkonfiguration

$$(2\sigma_g)^2 \, (2\sigma_u)^2 \, (\pi_u)^4 \, (3\sigma_g)^2 \, (\pi_g)^1.$$

Atomorbitale eines N-Atoms	Molekülorbitale eines N_2-Moleküls	Atomorbitale eines N-Atoms

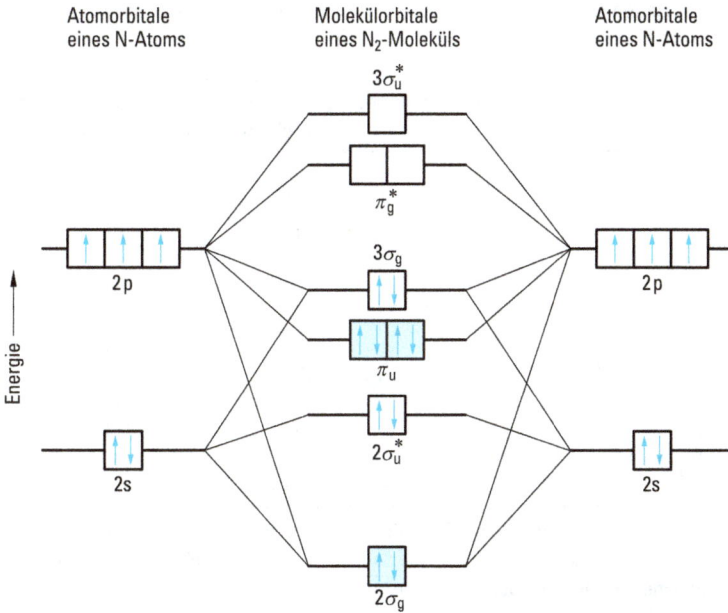

Abb. 2.53: Energieniveauschema des N_2-Moleküls. Die Besetzung der MOs zeigt, dass im N_2-Molekül eine σ-Bindung und zwei π-Bindungen existieren. Auf Grund der Wechselwirkung zwischen den 2s- und den $2p_x$-Orbitalen sind die π_u-MOs stabiler als das $3\sigma_g$-MO.

Die Bindungsordnung (BO) ist für Moleküle mit Zweizentrenbindungen wie folgt definiert:

$$BO = \frac{\text{Anzahl der Elektronen in bindenden MOs} - \text{Anzahl der Elektronen in antibindenden MOs}}{2}$$

In der Tab. 2.15 sind die Bindungsordnungen und einige Bindungseigenschaften für **homonukleare zweiatomige Moleküle** angegeben. Bei den Elementen jeder Periode nimmt die Bindungsenergie mit wachsender Bindungsordnung zu, der Kernabstand ab.

Bei **mehratomigen Molekülen** reicht zur Beschreibung delokalisierter π-Bindungen eine Lewis-Formel nicht aus, sondern es sind mehrere mesomere Grenzstrukturen notwendig. Im Abschn. 2.2.8 sahen wir bereits, dass es im Ion CO_3^{2-} eine π-Bindung gibt, die über das ganze Ion verteilt ist und dementsprechend gibt es drei Grenzstrukturen.

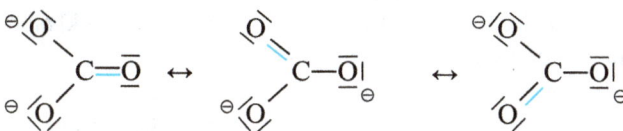

Tab. 2.15: Bindungseigenschaften einiger zweiatomiger Moleküle, von denen unter Normalbedingungen nur H_2, N_2, O_2 und F_2 stabil sind.

Molekül oder Ion	Anzahl der Valenzelektronen	Bindungsordnung	Dissoziationsenergie in kJ mol^{-1}	Kernabstand in pm
H_2^+	1	0,5	256	106
H_2	2	1	436	74
He_2^+	3	0,5	≈ 300	108
He_2	4	0	0	–
Li_2	2	1	110	267
Be_2	4	> 0*	10	245
B_2	6	1	297	159
C_2	8	2	610	131
N_2	10	3	945	110
O_2	12	2	498	121
F_2	14	1	159	142
Ne_2	16	0	0	–

* Durch Mischung der leeren p-Orbitale mit den gefüllten $2\sigma_u$* und $2\sigma_g$-Niveaus wird ersteres weniger antibindend und letzteres stärker bindend (vgl. Abb. 2.53). So kommt trotz Wechselwirkung von zwei gefüllten s^2-Unterschalen eine schwache Bindung zustande.

Nach der Molekülorbitaltheorie befindet sich das delokalisierte Elektronenpaar, das alle vier Atome aneinander bindet (Mehrzentrenbindung), in einem Molekülorbital, das sich über das ganze Ion erstreckt. In der Abb. 2.41c ist dieses π-MO anschaulich dargestellt.

Benzolmolekül. Die sechs senkrecht zur Molekülebene stehenden p_z-Orbitale von C_6H_6 bilden sechs sich über das gesamte Benzolmolekül erstreckende π-Molekülorbitale. Davon sind im Grundzustand die drei energieärmsten bindenden MOs mit je einem Elektronenpaar besetzt, die drei π-Bindungen sind vollständig delokalisiert. Außer den schon im Abschn. 2.2.8 formulierten beiden Resonanzstrukturen

gibt es eine Vielzahl weiterer mesomerer Formen. Für alle möglichen p-Resonanzstrukturen (über 100) gibt es das Symbol

Der Energiegewinn aufgrund der Delokalisierung der π-Elektronen – die Mesomerieenergie – ist im Falle des Benzols besonders hoch, er beträgt 151 kJ mol^{-1} und erklärt die große Stabilität dieses aromatischen Systems.

Diamant. In Festkörpern erstrecken sich die Molekülorbitale über den gesamten Kristall. Im Graphit bilden die senkrecht zu einer ebenen Schicht der Struktur stehen-

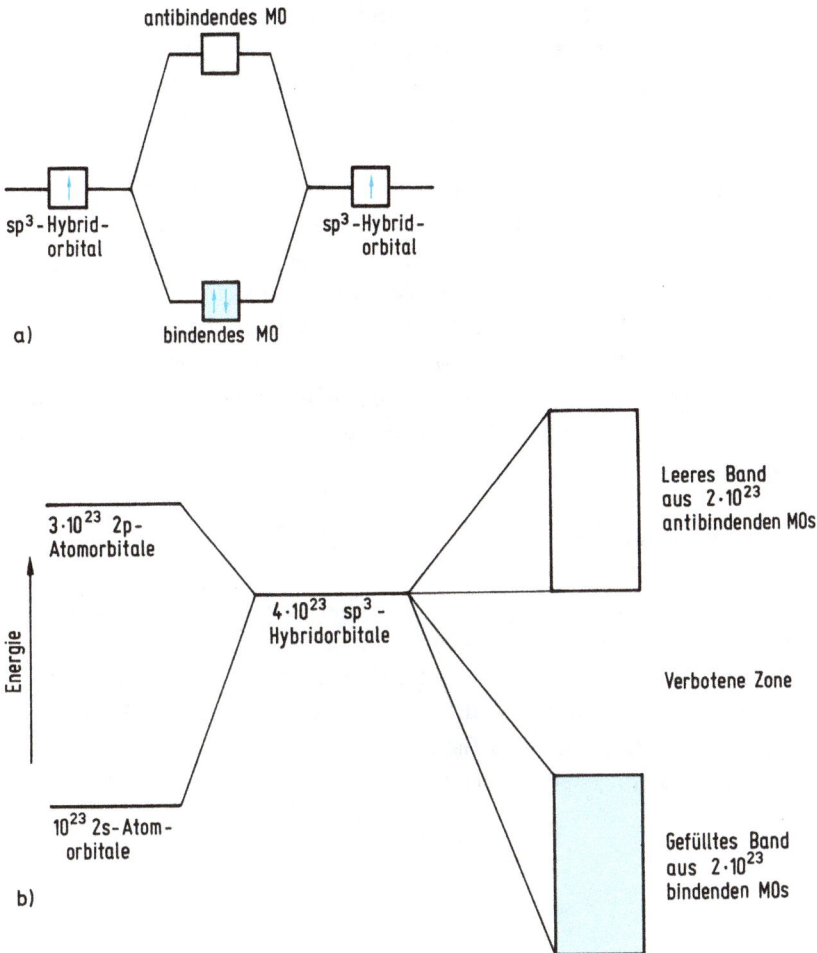

Abb. 2.54: Bildung von Molekülorbitalen im Diamantkristall.
a) Linearkombination zweier sp³-Hybridorbitale.
b) Im Diamantkristall spalten die durch Linearkombination von sp³-Hybridorbitalen der C-Atome gebildeten Molekülorbitale in Bänder auf. Da das aus den bindenden MOs entstandene Band vollständig besetzt und durch eine breite verbotene Zone von dem leeren Band der antibindenden MOs getrennt ist, ist Diamant ein Isolator.

den p-Orbitale π-Molekülorbitale, die über die gesamte Schicht ausgedehnt sind (vgl. Abb. 4.8 und Abschn. 4.7.2). Das Zustandekommen der Molekülorbitale im Diamantkristall (vgl. Abb. 2.44, Abschn. 2.2.11 und Abschn. 4.7.2) ist schematisch in der Abb. 2.54 dargestellt. Es ist ein anschauliches Modell mit Hybridorbitalen. Bei der Linearkombination von sp³-Hybridorbitalen zweier C-Atome entstehen ein bindendes und ein antibindendes MO. Sind in einem Diamantkristall 10^{23} C-Atome vorhanden, die miteinander in Wechselwirkung treten, so erhält man aus den vier pro C-Atom vorhandenen sp³-Hybridorbitalen $4 \cdot 10^{23}$ Molekülorbitale, die sich über den gesamten Kristall erstrecken. Davon bilden $2 \cdot 10^{23}$ eine dichte Folge bindender MOs (Valenzband), die anderen $2 \cdot 10^{23}$ ein Band, das aus antibindenden MOs besteht (Leitungsband). Die bindenden MOs des Valenzbandes sind vollständig besetzt und durch eine 5 eV breite Lücke (verbotene Zone) von den unbesetzten MOs des Leitungsbandes getrennt. Diamant ist daher ein Isolator.

In Eigenhalbleitern sind die bindenden und die antibindenden MOs nur durch eine schmale verbotene Zone getrennt, und einige Elektronen des Valenzbandes besitzen genügend thermische Energie, um die verbotene Zone zu überspringen und in das Leitungsband zu gelangen. In Metallkristallen bilden die Molekülorbitale ein einheitliches Band, das nur teilweise mit Elektronen besetzt ist (siehe Abschn. 5.4.2). In Stoffen mit nur zum Teil besetzten Bändern können sich die Elektronen durch den gesamten Kristall bewegen, sie sind daher Elektronenleiter. Das Energiebändermodell von Metallen, Isolatoren und Halbleitern wird im Abschn. 5.4.3 ausführlich behandelt.

2.2.13 Schwache Mehrzentrenbindungen

Von den Beispielen der Tab. 2.8, bei denen scheinbar das Oktettprinzip nicht gilt, sollen exemplarisch zwei Beispiele besprochen werden.

Als einfaches Beispiel ist das Molekül Schwefeltrioxid, **SO₃**, geeignet. Die sechs Valenzelektronen des Schwefelatoms bilden mit sp^2-Hybridorbitalen das σ-Bindungsgerüst. Es bestimmt die trigonal ebene Gestalt des Moleküls. Am Schwefelatom verbleiben drei positive Ladungen, die Sauerstoffatome sind einfach negativ geladen.

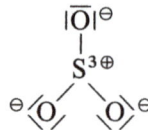

MO-Rechnungen ergeben, dass die Atome etwa so geladen sind wie die einfache Grenzstruktur sie beschreibt. Beim Schwefelatom existiert senkrecht zur Molekülebene ein unbesetztes $3p_\pi$-Orbital und es kommt – begünstigt durch die positiven Ladungen am S-Atom – zu einem teilweisen Übergang von Ladungen der nichtbindenden p-Elektronen der Sauerstoffatome in dieses Orbital. Es entsteht *eine* (p—p)π-Bindung über die vier Zentren des Moleküls, also eine Mehrzentrenbindung. Man kann diese Mehrzentrenbindung mit drei Resonanzstrukturen beschreiben. Im Bild des MO-Modells bedeutet dies, dass im Molekül SO₃ dafür *ein* bindendes Molekülorbital vorhanden ist, das mit einem Elektronenpaar besetzt ist.

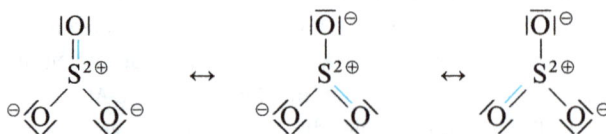

Die verdoppelnden Valzenzstriche — bedeuten Mehrzentren-π-Bindungen, die schwächer sind als klassische π-Bindungen (z. B. beim Molekül N_2). Die Valenzstriche sind Symbole, die für unterschiedliche Bindungen verwendet werden.

Üblicherweise wird das Molekül SO_3 mit der Formel

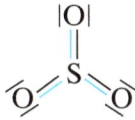

$$|O|$$
$$\|$$
$$\overline{O}^{\diagup}\,{}^S\,{}^{\diagdown}\overline{O}$$

beschrieben. Diese Formulierung soll zeigen, dass den σ-Bindungen schwache bindungsstabilisierende π-Bindungen überlagert sind. Diese Mehrzentrenbindung verursacht kleinere Kernabstände und vergrößert die Bindungsenergie.

Ein komplizierteres Beispiel ist das Perchlorat-Ion ClO_4^-. Bei diesem Ion bildet das Cl-Atom mit dem 3s-Elektron und den 3p-Elektronen sp^3-Hybridorbitale und damit ein σ-Gerüst, das die tetraedrische Gestalt des Ions erklärt. Zu den vier σ-Bindungen steuert das Cl-Atom sieben Elektronen bei und die Sauerstoffatome ein Elektron. Am Chloratom sind drei positive Ladungen vorhanden, an den Sauerstoffatomen je eine negative Ladung. In der Lewis-Formel ist für das ClO_4^- die Oktett-Regel realisiert.

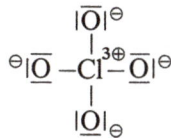

$$|\overline{O}|^{\ominus}$$
$$|$$
$$^{\ominus}|\overline{O} - \overset{}{\underset{}{Cl}}\overset{3\oplus}{} \overline{O}|^{\ominus}$$
$$|$$
$$|\underline{O}|_{\ominus}$$

Das MO-Diagramm von ClO_4^- (Abb. 2.55a) führt zum gleichen Ergebnis. Das 3s-Orbital und die drei 3p-Orbitale von Cl^{3+} bilden mit den σ-bindenden 2p-Orbitalen von O^- die beiden bindenden Linearkombinationen σ_s und σ_p und die entsprechenden antibindenden Linearkombinationen σ_s^* und σ_p^*. Die acht Elektronen von Cl^{3+} und der vier O^- besetzen die vier bindenden Orbitale. Es gibt also vier σ-Bindungen. Die stark polaren σ-Bindungen mit der hohen positiven Ladung am Cl-Atom führen zu einer Anziehung auf die p_π-Elektronen der Sauerstoffatome. Der Transfer von Ladungen der Liganden-π-Orbitale kann in antibindende Orbitale des Zentralatoms erfolgen. Man bezeichnet dies als **Hyperkonjugation**. Hyperkonjugation ist die Überlappung eines gefüllten Orbitals mit einem leeren antibindenden Orbital und dem damit verbundenen Transfer von Elektronendichte. Bleiben andere Delokalisierungen unberücksichtigt zeigt das MO-Diagramm (Abb. 2.55b) dass drei delokalisierte schwache π-Bindungen durch Linearkombination von drei antibindenden σ_p^*-Orbitalen mit drei besetzten $2p_\pi$-Orbitalen der Sauerstoffatome entstehen.

Diese Bindungsverhältnisse können annähernd durch Strukturformeln mit Mehrfachbindungen beschrieben werden.

Atomorbitale von Cl^{3+} Molekülorbitale von ClO_4^- Atomorbitale von $4O^-$

a)

antibindende σ_p^*-Orbitale von ClO_4^- Hyperkonjugation $p_O \rightarrow \sigma_p^*$ p_π-Orbitale der O-Atome

b)

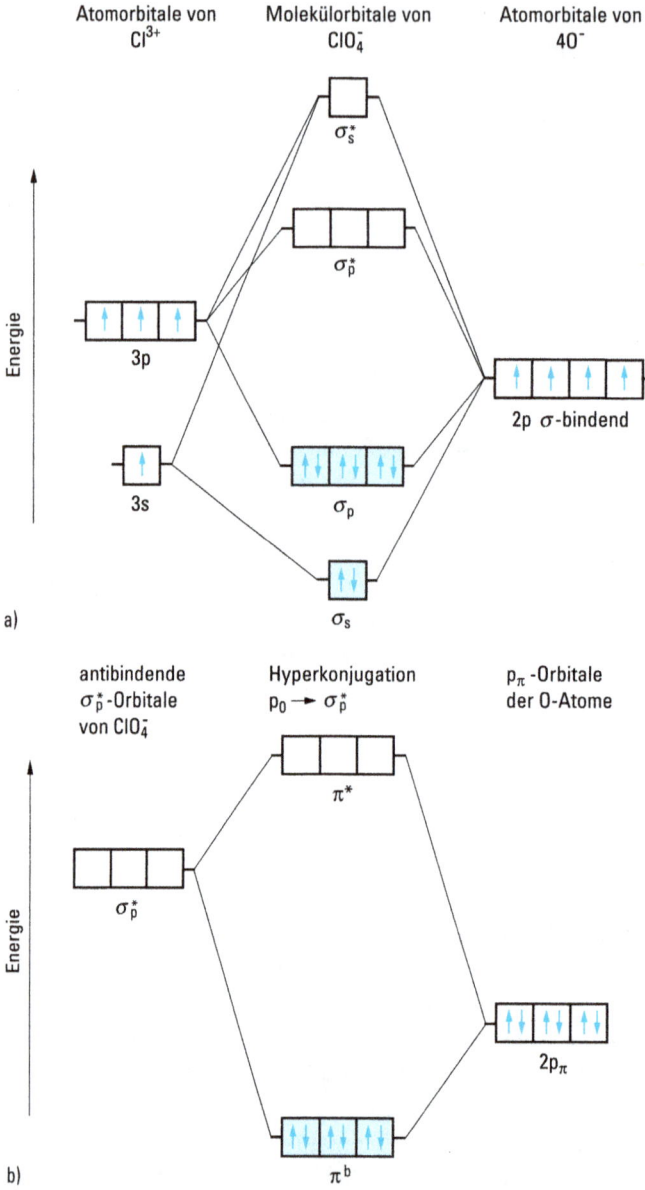

Abb. 2.55: Schematisches MO-Diagramm von ClO_4^-.
a) Bildung von vier σ-Bindungen durch Linearkombination des 3s-Orbitals und der drei 3p-Orbitale des Chloratoms mit Orbitalen der Sauerstoffatome.
b) Hyperkonjugation durch Überlappung gefüllter p_π-Orbitale von Sauerstoffatomen mit den antibindenden σ_p^*-Orbitalen. Es entstehen drei delokalisierte π-Bindungen.

$$\overline{|O|}^{\ominus} \quad |O| \quad |O| \quad |O|$$

$$\overline{O}-Cl-\overline{O} \leftrightarrow \overline{O}-Cl-\overline{O}|^{\ominus} \leftrightarrow \overline{O}=Cl-\overline{O} \leftrightarrow {}^{\ominus}|\overline{O}-Cl=\overline{O}$$

$$|O| \qquad |O| \qquad |\underline{O}|_{\ominus} \qquad |O|$$

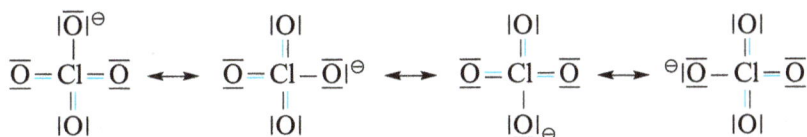

Mit der Mesomerie wird die Delokalisierung der π-Bindungen berücksichtigt. Die für die Bindungen verwendeten Valenzstriche geben aber (ohne zusätzliche Informationen) keine Auskunft über Art und Stärke der Mehrzentren-π-Bindungen. Bindungsabstände z. B. sind ein Maß für die Stärke einer π-Bindung (vgl. Tab. 2.11 und Abschnitt 2.2.7). Auch die Polarität der Element–O-Doppelbindung, die die Gesamtbindungsstärke und die Bindungsabstände beeinflusst, wird mit den Strukturfomeln nicht erfasst. Wie im Ion ClO_4^- gibt es auch bei den isoelektronischen Ionen SO_4^{2-} und PO_4^{3-} vier σ-Bindungen mit sp³-Hybridorbitalen. Bei den Lewis-Formeln (siehe unten) ist die Oktett-Regel erfüllt. Die starke Polarität der σ-Bindungen bewirkt eine Delokalisierung der Elektronendichte von den Liganden zum Zentralatom und den σ-Bindungen überlagern sich schwache Mehrzentrenbindungen. Dadurch nimmt die äußere Schale der Zentralatome mehr als nach der Edelgaskonfiguration von s- und p-Orbitalen mögliche Zahl von acht Elektronen auf (Hypervalenz).

Beispiel Sulfation

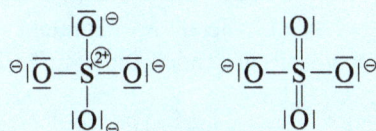

$$\overline{|O|}^{\ominus} \qquad |O|$$
$$^{\ominus}|\overline{O}-S^{\textcircled{2+}}-\overline{O}|^{\ominus} \qquad {}^{\ominus}|\overline{O}-S-\overline{O}|^{\ominus}$$
$$|\underline{O}|_{\ominus} \qquad |O|$$

Im Kapitel 4 werden für Moleküle und Ionen wie H_2SO_4, H_3PO_4, P_4O_{10}, SO_4^{2-}, PO_4^{3-} etc. Strukturformeln verwendet, die Mehrfachbindungen enthalten. Die Bindungsverhältnisse werden damit nur unvollkommen wiedergegeben, aber es ist die klassische Schreibweise.

2.3 van-der-Waals-Kräfte

Die Edelgase und viele Stoffe, die aus Molekülen aufgebaut sind, lassen sich erst bei tiefen Temperaturen verflüssigen und zur Kristallisation bringen (Tab. 2.16).

Tab. 2.16: Siedepunkt einiger flüchtiger Stoffe in °C.

He	−269	F_2	−188	N_2	−196
Ne	−246	Cl_2	− 34	O_2	−183
Ar	−189	Br_2	+ 59	HCl	− 85
Kr	−157	I_2	+184	NH_3	− 33
Xe	−112				

Zwischen den Molekülen und zwischen den Edelgasatomen existieren nur schwache ungerichtete Anziehungskräfte, die als van-der-Waals-Kräfte bezeichnet werden.

Die van-der-Waals-Kräfte kommen durch Anziehung zwischen Dipolen (vgl. Abschn. 2.2.9) zustande, sie sind also elektrostatischer Natur. Die Reichweite ist sehr gering – sie ist praktisch auf die nächsten Nachbarn beschränkt –, denn da die Wechselwirkungsenergie proportional r^{-6} ist, nimmt sie mit zunehmendem Abstand viel schneller ab als die Ionen−Ionen-Wechselwirkung. Man unterscheidet drei Komponenten der van-der-Waals-Kräfte.

Wechselwirkung permanenter Dipol – permanenter Dipol (Richteffekt). Bei der Anziehung von Dipolen mit einem permanenten Dipolmoment kommt es zu einer Ausrichtung der Dipole, die dadurch in einen energieärmeren Zustand übergehen. Der Richteffekt ist temperaturabhängig, da die Wärmebewegung der Ausrichtung der Dipole entgegenwirkt.

Wechselwirkung permanenter Dipol – induzierter Dipol (Induktionseffekt). Ein permanenter Dipol induziert in einem benachbarten Teilchen ein Dipolmoment, es kommt zu einer Anziehung. Besitzt das benachbarte Teilchen ein permanentes Dipolmoment, so überlagern sich Induktionseffekt und Richteffekt. Der Induktionseffekt ist temperaturunabhängig.

Wechselwirkung fluktuierender Dipol-induzierter Dipol (Dispersionseffekt). In allen Atomen und Molekülen entstehen durch Schwankungen in der Ladungsdichte der Elektronenhülle fluktuierende Dipole. Im Nachbaratom werden durch diese „momentan" vorhandenen Dipole gleichgerichtete Dipole induziert, so dass eine Anziehung entsteht (Abb. 2.56). Da Elektronen mit zunehmender Größe der Atome bzw. Moleküle leichter verschiebbar sind, lassen sich leichter Dipole induzieren und die van-der-Waals-Anziehung nimmt zu. Die thermischen Daten z. B. der Edelgase ändern sich als Folge davon gesetzmäßig mit der Ordnungszahl (vgl. Tab. 2.16).

„Weiche" Atome mit großer Polarisierbarkeit sind die schweren Nichtmetallatome wie Xe, I, Br, Se. „Harte" Atome mit kleiner Polarisierbarkeit sind C, N, O, F und Ne.

Der Dispersionseffekt ist zwischen allen Atomen, Ionen und Molekülen wirksam. Er liefert auch zur Gitterenergie von Kristallen und zur Bindungsenergie kovalenter Bindungen einen Beitrag. Verglichen mit der Gitterenergie von Ionenkristallen und Atomkristallen ist jedoch die Gitterenergie von Molekülkristallen klein (meistens klei-

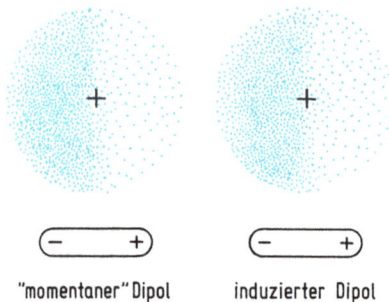

"momentaner" Dipol   induzierter Dipol

Abb. 2.56: Anziehung „momentaner" Dipol – induzierter Dipol auf Grund statistischer Schwankungen der Ladungsdichte der Elektronenhüllen. Die Ladungsdichte ändert sich dauernd. Die Abbildung ist eine Momentaufnahme.

ner als 25 kJ mol^{-1}). Bei Teilchen ohne Dipolmoment (Edelgase, SF$_6$, CH$_4$) ist der Dispersionseffekt die alleinige Ursache der van-der-Waals-Anziehung. Aber auch bei Molekülen mit Dipolmomenten $\mu < 1$ D (CO, HI, HBr) überwiegt der Dispersionseffekt bei weitem. Erst bei Molekülen mit größeren Dipolmomenten als 1 D wird der Richteffekt etwa gleich groß (NH$_3$: $\mu = 1{,}47$ D) oder größer (H$_2$O: $\mu = 1{,}85$ D) als der Dispersionseffekt. Der Induktionseffekt ist immer klein und meist vernachlässigbar.

2.4 Vergleich der Bindungsarten

Für die bisher behandelten Bindungsarten werden in der folgenden Tab. 2.17 die wichtigsten Merkmale zusammengefasst und verglichen.

Tab. 2.17: Vergleich zwischen Ionenbindung, Atombindung, zwischenmolekularer Bindung und metallischer Bindung.

	Ionenbindung	Atombindung	Zwischenmole-kulare Bindung	Metallische[*] Bindung
Teilchen, zwischen denen die Bindung wirksam ist	Ionen	Atome	Moleküle	Atome
Bindungskräfte	elektrostatische Kräfte zwischen Ionen, ungerichtet, stark	kovalente Bindungen durch gemeinsame Elektronenpaare, gerichtet, stark	van-der-Waals-Kräfte (Dipol-Dipol-Anziehung), ungerichtet, schwach	Bindung zwischen Atomrümpfen und delokalisierten Elektronen, ungerichtet, wechselnde Stärke
Entstehende Strukturen	Ionenkristalle, meist große KZ	Moleküle mit geschlossenen Elektronenschalen, Atomkristalle, kleine KZ	Molekülkristalle, komplizierte Strukturen, niedrigsymmetrisch	Metallkristalle, wenige Strukturen, sehr große KZ
Eigenschaften kristalliner Feststoffe	hoher Schmelzpunkt, hart, Ionenleitung in der Schmelze und in Lösung	hoher Schmelzpunkt, hart, Isolator oder Halbleiter	niedriger Schmelzpunkt, weich, Isolator	unterschiedliche Schmelzpunkte, duktil, Elektronenleiter
Beispiele kristalliner Feststoffe	NaCl, BaO, CaF$_2$	Diamant, SiC, AlP	H$_2$, Cl$_2$, CO$_2$, CCl$_4$	Fe, Al, MgZn$_2$, AuCu$_3$, feste Lösungen

[*] Die metallische Bindung wird im Abschn. 5.4 behandelt.

3 Die chemische Reaktion

An chemischen Reaktionen sind eine Vielzahl von Teilchen beteiligt. Die Gesetzmäßigkeiten chemischer Reaktionen sind Gesetzmäßigkeiten des Kollektivverhaltens vieler Teilchen. Zur quantitativen Beschreibung benötigen wir zunächst Definitionen über die an der Reaktion beteiligten Stoffportionen.

3.1 Stoffmenge, Konzentration, Anteil, Äquivalent

Die sog. Stoffportion kann für einen abgegrenzten Materiebereich durch die Art des Stoffes und durch die sie konstituierenden Größen, wie Masse m, Volumen V, Teilchenzahl N und die Stoffmenge n angegeben werden. Der **Stoffmenge $n(X)$** kommt eine wichtige Bedeutung zu. Die SI-Einheit der Stoffmenge ist das Mol (Einheitszeichen: mol).

Das Mol dient zur Mengenangabe bei chemischen Reaktionen. Die Avogadro-Konstante $N_A = 6{,}02214076 \cdot 10^{23}$ (602 Trilliarden) gibt die Anzahl der Teilchen an, die in einem Mol eines Stoffes enthalten sind, ausgedrückt in der Einheit mol^{-1}. Bei den Teilchen kann es sich um Atome, Moleküle oder Ionen oder Formeleinheiten handeln.

Chemiker rechnen vorzugsweise mit der Stoffmenge und nicht mit der Masse. Der Vorteil ist, dass gleiche Stoffmengen verschiedener Stoffe die gleiche Teilchenanzahl enthalten. Bei chemischen Reaktionen ist die Teilchenanzahl wichtig.

> Beispiel:
> 1 Mol Na   (22,99 g) reagiert mit
> 1 Mol Cl   (35,45 g) zu
> 1 Mol NaCl (58,44 g)

Die **molare Masse** M eines Stoffes X ist der Quotient aus der Masse $m(X)$ und der Stoffmenge $n(X)$ dieses Stoffes

$$M(X) = \frac{m(X)}{n(X)}$$

Die SI-Einheit ist kg mol^{-1}, die übliche Einheit g mol^{-1}.

> Beispiele:
> $M(^{12}C)$ = 12 g mol^{-1}
> $M(Na)$ = 22,99 g mol^{-1}
> $M(CO_2)$ = 44,01 g mol^{-1}
> $M(NaCl)$ = 58,44 g mol^{-1}

https://doi.org/10.1515/9783111336244-003

Die relative Atommasse A_r und die relative Molekülmasse M_r eines Stoffs in g sind gerade 1 mol. Die relative Molekülmasse ist gleich der Summe der relativen Atommassen der im Molekül enthaltenen Atome. Besteht die Verbindung nicht aus Molekülen, wie z. B. bei Ionenverbindungen, so wird der Begriff Formelmasse verwendet.

Beispiele:
$M_r(CO_2) = A_r(C) + 2 A_r(O) = 12{,}01 + 2 \cdot 16{,}00 = 44{,}01$
$M_r(NaCl) = A_r(Na) + A_r(Cl) = 22{,}99 + 35{,}45 = 58{,}44$

Die **Stoffmengenkonzentration** $c(X)$ (oder einfacher Konzentration) ist die Stoffmenge $n(X)$, die in einem Volumen V vorhanden ist.

$$c(X) = \frac{n(X)}{V}$$

Die SI-Einheit ist mol/m³, die übliche Einheit mol/l. Mit zunehmender Teilchenzahl pro Volumen nimmt auch die Konzentration zu. Die Stoffmengenkonzentration kann für flüssige und feste Lösungen sowie für Gasmischungen benutzt werden.

Beispiel:
$c(HCl) = 0{,}1$ mol/l
In 1 l einer HCl-Lösung sind 0,1 mol gasförmiges HCl gelöst.

Bei wässrigen Lösungen wird das Lösungsmittel nicht angegeben. Bei nichtwässrigen Lösungen muss es z. B. heißen $c(LiAlH_4$ in Ether$) = 0{,}01$ mol/l.

Nicht mehr verwendet werden soll
– die Schreibweise 0,1 M HCl-Lösung
– die Bezeichnung 0,1 molare Salzsäure
– der Begriff Molarität statt Stoffmengenkonzentration

Eine andere Konzentrationsgröße ist die **Massenkonzentration**

$$\rho(X) = \frac{m(X)}{V}$$

Beispiel:
$\rho(NaCl) = 57{,}44$ g/l
In 1 l Wasser sind 57,44 g NaCl gelöst.

Bei Konzentrationsgrößen bezieht man also die Größe eines Bestandteils X einer Lösung, z. B. $m(X)$, $n(X)$ auf das Gesamtvolumen der Lösung.

Die **Molalität** b ist der Quotient aus der Stoffmenge $n(X)$ und der Masse m des Lösungsmittels.

$$b(X) = \frac{n(X)}{m}$$

Die SI-Einheit und die übliche Einheit ist mol/kg.

Beispiel:
$b(NaOH) = 0,1$ mol/kg
In der NaOH-Lösung ist 0,1 mol NaOH in 1 kg Wasser gelöst.

Nicht mehr verwendet werden soll
-   die Bezeichnung 0,1 molale Natronlauge

Die Molalität hat gegenüber der Stoffmengenkonzentration den Vorteil, dass sie unabhängig von thermisch bedingten Volumenänderungen ist.
    Der **Massenanteil** $w(X)$ eines Stoffes X in einer Substanzportion ist die Masse $m(X)$ des Stoffes bezogen auf die Gesamtmasse.

$$w(X) = \frac{m(X)}{\Sigma\, m}$$

Beispiel:
Eine verdünnte Schwefelsäure hat den Massenanteil $w(H_2SO_4) = 9\,\%$. 100 g der verdünnten Schwefelsäure enthalten 9 g H_2SO_4 und 91 g H_2O.

Nicht mehr verwendet werden soll
-   Masseprozent (Gewichtsprozent)

Der **Stoffmengenanteil** (Molenbruch) $x(X)$ eines Stoffes X in einer Substanzportion ist die Stoffmenge $n(X)$ des Stoffes bezogen auf die Gesamtstoffmenge

$$x(X) = \frac{n(X)}{\Sigma\, n}$$

Nicht mehr verwendet werden soll
-   Molprozent, Atomprozent

Beim Anteil wird also die Größe eines Bestandteils X z. B. $m(X)$, $n(X)$, $V(X)$ auf dieselbe Größe aller Bestandteile einer Stoffportion bezogen.

3.2 Ideale Gase

Da an vielen chemischen Reaktionen Gase teilnehmen, ist die Beschreibung des Gaszustandes wichtig. Im Gaszustand sind die Moleküle oder Atome, aus denen das Gas besteht, in regelloser Bewegung. Ein Gas verhält sich ideal, wenn zwischen den Gasteilchen keine Anziehungskräfte wirksam sind und wenn das Volumen der Gasteilchen vernachlässigbar klein ist gegen das Volumen des Gasraums. Für diesen Grenzfall gilt das ideale Gasgesetz

$$p\,V = n\,R\,T$$

Es bedeuten: p Druck des Gases, V Gasvolumen, n Stoffmenge, T thermodynamische Temperatur. Zwischen der thermodynamischen Temperatur T in Kelvin und der Celsius-Temperatur t in °C besteht der Zusammenhang

$$T/K = t/°C + 273{,}15$$

Dem absoluten Nullpunkt mit der Temperatur $T = 0$ K entspricht also die Temperatur $t = -273{,}15$ °C. Im Labor wurde mit 10^{-9} K der absolute Nullpunkt fast erreicht.

Die SI-Einheit des Drucks ist das Pascal (Pa). Auch die Einheit Bar (bar) darf verwendet werden.

$$1\,\text{Pa} = 1\,\text{N}\,\text{m}^{-2}$$
$$1\,\text{bar} = 10^5\,\text{Pa}$$

Als Produkt aus den beiden seit 2019 exakt definierten Avogadro- und Boltzmannkonstanten, N_A und k_B ist auch die Gaskonstante R exakt.

$$R = N_A \cdot k_B = 8{,}31446\,\text{J/(K}\cdot\text{mol)}$$

Für konstante Temperaturen geht das ideale Gasgesetz in das Gesetz von Boyle-Mariotte über (Abb. 3.1).

$$p\,V = \text{const}$$

Nach Gay-Lussac gilt für konstante Drücke

$$V = \text{const}\ T$$

und für konstante Volumina (Abb. 3.2)

$$p = \text{const}\ T$$

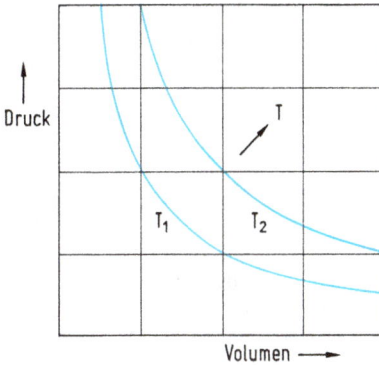

Abb. 3.1: Gesetz von Boyle-Mariotte. Bei konstanter Temperatur gilt für ideale Gase pV = const.

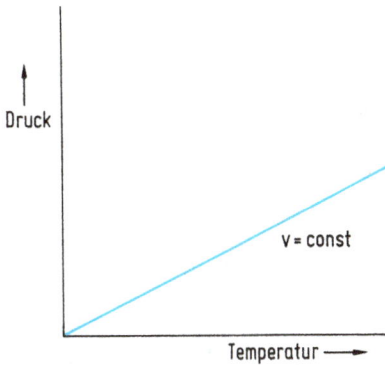

Abb. 3.2: Gesetz von Gay-Lussac. Bei konstantem Volumen gilt für ideale Gase p = const · T.

Für ein Mol eines idealen Gases (n = 1) gilt

$$V = \frac{RT}{p}$$

Bei allen idealen Gasen nimmt daher bei 1 bar und 0 °C ein Mol ein Volumen von 22,711 l ein (bei 1,013 bar = 1 atm und 0 °C sind es 22,414 l). Dieses Volumen wird molares Normvolumen (früher Molvolumen) *des* idealen Gases V_0 genannt. Es enthält N_A Teilchen, da ja ein Mol jeder Substanz N_A Teilchen enthält (vgl. Abschn. 3.1).

Schon 1811 hatte Avogadro auf empirischem Wege das Avogadro-Gesetz gefunden: Gleiche Volumina idealer Gase enthalten bei gleichem Druck und gleicher Temperatur gleich viele Teilchen.

Je kleiner der Druck eines Gases und je höher seine Temperatur ist, umso besser sind die Voraussetzungen für ein ideales Verhalten erfüllt. Bei Drücken $p \leq 1$ bar und Temperaturen $T \geq 273$ K gehorchen beispielsweise Wasserstoff, Stickstoff, Sauerstoff, Chlor, Methan, Kohlenstoffdioxid, Kohlenstoffmonooxid und die Edelgase dem idealen Gasgesetz.

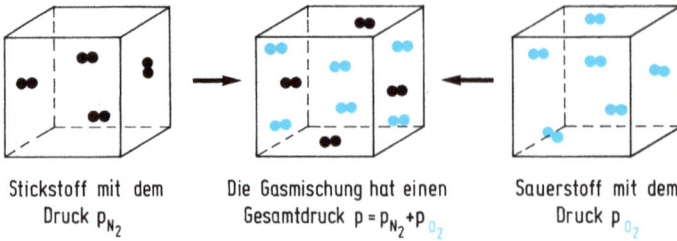

Stickstoff mit dem
Druck p_{N_2} Die Gasmischung hat einen
Gesamtdruck $p = p_{N_2} + p_{O_2}$ Sauerstoff mit dem
Druck p_{O_2}

Abb. 3.3: Stickstoff und Sauerstoff werden bei konstanter Temperatur und unter Konstanthaltung der Volumina der Gase vermischt. In der Gasmischung übt jede Komponente denselben Druck aus wie vor der Vermischung. Den Druck einer Komponente in der Gasmischung nennt man Partialdruck. Der Gesamtdruck des Gasgemisches ist daher gleich der Summe der Partialdrücke von Stickstoff und Sauerstoff.

In einer Mischung aus idealen Gasen übt jede einzelne Komponente einen Druck aus, der als Partialdruck bezeichnet wird. Der Partialdruck einer Komponente eines Gasgemisches entspricht dem Druck, den diese Komponente ausüben würde, wenn sie sich allein in dem betrachteten Gasraum befände. Der Gesamtdruck des Gasgemisches p_{gesamt} ist gleich der Summe der Partialdrücke der einzelnen Komponenten (Abb. 3.3).

$$p_{gesamt} = p_A + p_B + p_C + \dots$$

wobei p_A, p_B, p_C die Partialdrücke der Komponenten A, B, C bedeuten.

> **Beispiel:**
> Ein Liter Sauerstoff mit einem Druck von 0,2 bar und ein Liter Stickstoff mit einem Druck von 0,8 bar werden bei der konstanten Temperatur von 300 K in einem Gefäß von einem Liter vermischt. Die Partialdrücke betragen: p_{O_2} = 0,2 bar, p_{N_2} = 0,8 bar. Das Gasgemisch hat einen Gesamtdruck von 1 bar.

Für eine Mischung aus idealen Gasen mit den Komponenten A und B gilt das ideale Gasgesetz sowohl für die einzelnen Komponenten als auch für die Gasmischung.

$$p_A V = n_A RT$$
$$p_B V = n_B RT$$
$$\underbrace{(p_A + p_B)}_{p} V = \underbrace{(n_A + n_B)}_{n} RT$$

n_A und n_B sind die Stoffmengen von A und B, p_A und p_B die Partialdrücke, p ist der Gesamtdruck, n die Gesamtstoffmenge.

Aus dem Gasgesetz folgt das Chemische Volumengesetz von Gay-Lussac (1808): Die Volumina gasförmiger Stoffe, die miteinander zu chemischen Verbindungen reagieren, stehen im Verhältnis einfacher ganzer Zahlen zueinander. So verbinden sich z. B. zwei Volumenteile Wasserstoff mit einem Volumenteil Sauerstoff. Das ist natür-

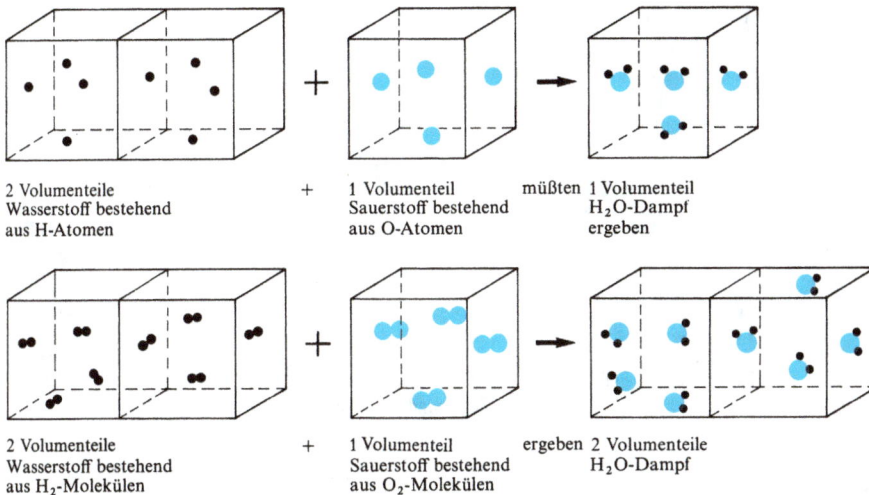

2 Volumenteile   +   1 Volumenteil   müßten 1 Volumenteil
Wasserstoff bestehend   Sauerstoff bestehend H_2O-Dampf
aus H-Atomen   aus O-Atomen   ergeben

2 Volumenteile   +   1 Volumenteil   ergeben 2 Volumenteile
Wasserstoff bestehend   Sauerstoff bestehend H_2O-Dampf
aus H_2-Molekülen   aus O_2-Molekülen

Abb. 3.4: Gleiche Volumina idealer Gase enthalten bei gleichem Druck und gleicher Temperatur dieselbe Anzahl Teilchen. Ein Volumenteil Sauerstoff reagiert mit zwei Volumenteilen Wasserstoff zu zwei Volumenteilen Wasserdampf. Wasserstoff und Sauerstoff müssen daher aus zweiatomigen Molekülen bestehen.

lich eine Konsequenz der Tatsache, dass alle idealen Gase bei gleicher Temperatur und gleichem Druck in gleichen Volumina gleich viele Teilchen enthalten. Der Umsatz führt zu zwei Volumenteilen H_2O-Gas. Daraus schloss Avogadro, dass Sauerstoff und Wasserstoff im Gaszustand nicht aus Atomen, sondern aus den Molekülen H_2 und O_2 bestehen. Wären im Gaszustand H-Atome und O-Atome vorhanden, dann könnte sich nur ein Volumenteil H_2O bilden (Abb. 3.4).

Die makroskopischen Gaseigenschaften Druck und Temperatur können auf die mechanischen Eigenschaften der einzelnen Gasteilchen zurückgeführt werden. Dies geschieht in der kinetischen Gastheorie. Die Gasteilchen befinden sich in dauernder schneller Bewegung. Sowohl zwischen den einzelnen Teilchen als auch zwischen den Teilchen und der Gefäßwand des Gases kommt es zu elastischen Zusammenstößen. In gasförmigem Wasserstoff unter Normalbedingungen erfährt z.B. ein H_2-Molekül durchschnittlich 10^{10} Zusammenstöße pro Sekunde. Die durchschnittliche Entfernung, die ein Molekül zwischen zwei Zusammenstößen zurücklegt, wird mittlere freie Weglänge genannt, sie beträgt für Wasserstoff etwa 10^{-5} cm.

Der Druck des Gases entsteht durch den Aufprall der Gasmoleküle auf die Gefäßwand. Je größer die Anzahl der Moleküle pro Volumen ist und je höher die durchschnittlichen Molekülgeschwindigkeiten sind, umso größer ist der Druck eines Gases. Die genaue Beziehung ist

$$p = \frac{2N}{3V} \frac{m v^2}{2}$$

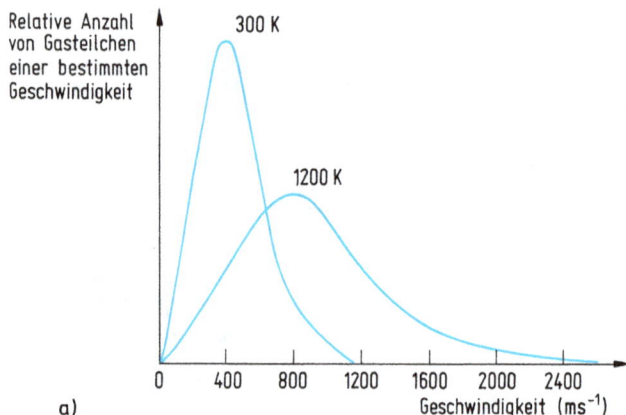

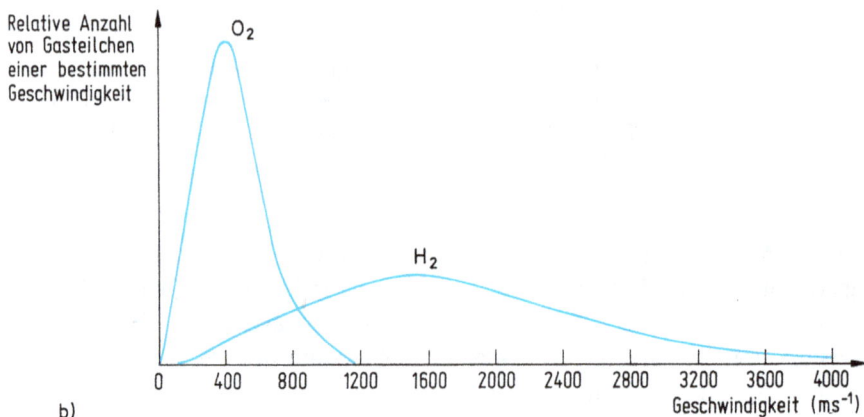

Abb. 3.5: a) Geschwindigkeitsverteilung von Sauerstoffmolekülen bei zwei Temperaturen.
Mit wachsender Temperatur erhöht sich die mittlere Geschwindigkeit der Moleküle. Gleichzeitig wird
die Geschwindigkeitsverteilung diffuser: der Geschwindigkeitsbereich verbreitert sich, die Anzahl von
Molekülen mit Geschwindigkeiten im Bereich der mittleren Geschwindigkeit wird kleiner.
b) Geschwindigkeitsverteilung von Sauerstoffmolekülen und Wasserstoffmolekülen bei 300 K. Die mittlere
Geschwindigkeit der leichteren Moleküle ist größer, die Geschwindigkeitsverteilung diffuser.

Es bedeuten: N Anzahl der Teilchen, m Masse der Teilchen, v^2 Mittelwert aus den
verschiedenen Geschwindigkeitsquadraten (nicht identisch mit dem Quadrat der mittleren Geschwindigkeit), $\frac{mv^2}{2}$ mittlere kinetische Energie der Teilchen. Aus dem Gasgesetz
folgt für 1 mol

$$\frac{3}{2}\,RT = N_A\,\frac{m\,v^2}{2}$$

Die Temperatur eines Gases ist ein Maß für die mittlere kinetische Energie der Moleküle. Je höher die Temperatur eines Gases ist, umso größer ist demnach die mittlere

Geschwindigkeit der Gasteilchen. Da die Moleküle aller idealen Gase bei gegebener Temperatur die gleiche mittlere kinetische Energie besitzen, haben leichte Gasteilchen eine höhere mittlere Geschwindigkeit als schwere Gasteilchen. Die mittlere Geschwindigkeit beträgt bei 20 °C z. B. für H_2 1760 m s^{-1}, für O_2 440 m s^{-1}. Die Geschwindigkeiten der Gasmoleküle sind über einen weiten Bereich verteilt. Die Gasteilchen haben eine von der Temperatur abhängige charakteristische Geschwindigkeitsverteilung. Die Abb. 3.5 enthält dafür Beispiele.

3.3 Zustandsdiagramme

Elemente und Verbindungen können in den drei Aggregatzuständen fest, flüssig und gasförmig auftreten. Zum Beispiel kommt die Verbindung H_2O als festes Eis, als flüssiges Wasser und als Wasserdampf vor. In welchem Aggregatzustand ein Stoff auftritt, hängt vom Druck und von der Temperatur ab. Der Zusammenhang zwischen Aggregatzustand, Druck und Temperatur eines Stoffes lässt sich anschaulich in einem Zustandsdiagramm darstellen. Als Beispiel soll das Zustandsdiagramm von Wasser (Abb. 3.6) besprochen werden.

Aus der Oberfläche einer Flüssigkeit treten Moleküle dieser Flüssigkeit in den Gasraum über. Diesen Vorgang nennt man Verdampfung (vgl. Abb. 3.7a). Befindet sich die Flüssigkeit in einem abgeschlossenen Gefäß, dann üben die verdampften Teilchen im Gasraum einen Druck aus, den man Dampfdruck nennt. Natürlich kehren aus der

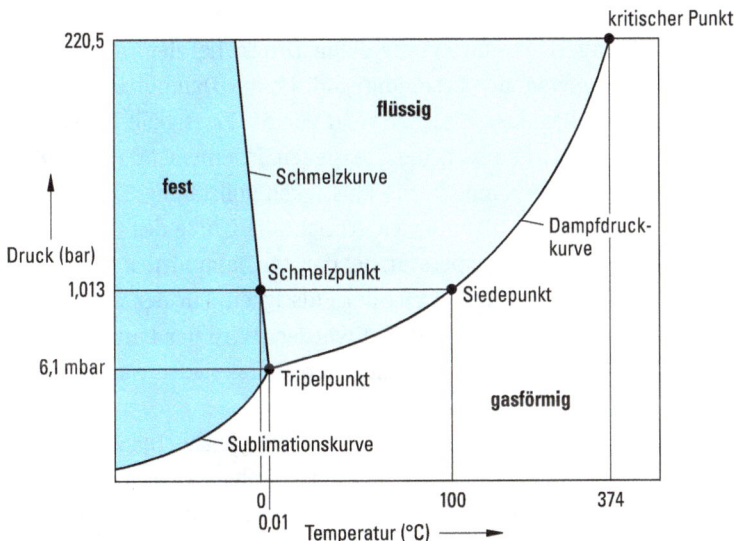

Abb. 3.6: Zustandsdiagramm von Wasser (nicht maßstabsgerecht).

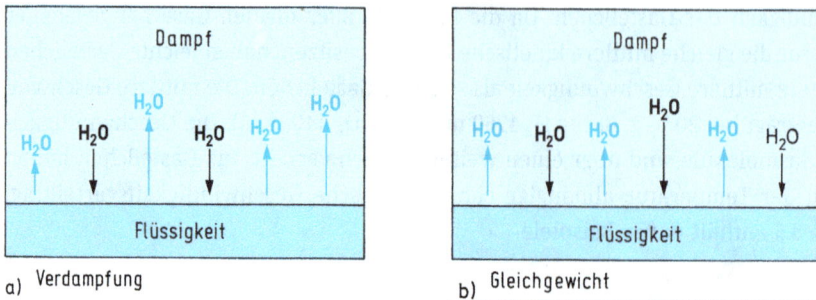

a) Verdampfung

b) Gleichgewicht

Abb. 3.7: a) Es verdampfen mehr H_2O-Moleküle als kondensieren. Der Dampfdruck ist kleiner als der Sättigungsdampfdruck. Ein verdampfendes H_2O-Molekül ist durch $H_2O\uparrow$, ein kondensierendes durch $H_2O\downarrow$ symbolisiert.
b) Die Anzahl verdampfender und kondensierender H_2O-Moleküle ist gleich. Es herrscht ein dynamisches Gleichgewicht zwischen flüssiger Phase und Gasphase. Der im Gleichgewichtszustand vorhandene Dampfdruck heißt Sättigungsdampfdruck.

Gasphase auch Moleküle wieder in die Flüssigkeit zurück (Kondensation). Solange die Anzahl der die Flüssigkeitsoberfläche verlassenden Teilchen größer als die der zurückkehrenden ist, findet noch Verdampfung statt. Sobald aber die Anzahl der kondensierenden Moleküle und die Anzahl der verdampfenden Moleküle gleich geworden sind, befinden sich Flüssigkeit und Gasphase im dynamischen Gleichgewicht (Abb. 3.7b). Der im Gleichgewichtszustand auftretende Dampfdruck heißt Sättigungsdampfdruck. Er hängt von der Temperatur ab und steigt mit wachsender Temperatur. Den Zusammenhang zwischen Temperatur und Sättigungsdampfdruck gibt die Dampfdruckkurve an (Abb. 3.6).

Für eine bestimmte Temperatur gibt es nur einen Druck, bei dem die flüssige Phase und die Gasphase nebeneinander beständig sind. Ist der Dampfdruck kleiner als der Sättigungsdampfdruck, liegt kein Gleichgewicht vor, die Flüssigkeit verdampft. Dies ist beispielsweise der Fall, wenn sich die Flüssigkeit in einem offenen Gefäß befindet. In einem offenen Gefäß verdampft eine Flüssigkeit vollständig. Erhitzt man eine Flüssigkeit an der Luft, und der Dampfdruck erreicht die Größe des Luftdrucks, beginnt die Flüssigkeit zu sieden. Die Temperatur, bei der der Dampfdruck einer Flüssigkeit gleich 1,013 bar beträgt, ist der Siedepunkt der Flüssigkeit. Für den Siedepunkt von Wasser ist die Temperatur von 100 °C festgelegt worden. Wird der Luftdruck verringert, sinkt die Siedetemperatur. In einem evakuierten Gefäß siedet Wasser schon bei Raumtemperatur.

Bei sehr hohen Dampfdrücken erreicht der Dampf die gleiche Dichte wie die Flüssigkeit (vgl. Abb. 3.8). Der Unterschied zwischen der Gasphase und der flüssigen Phase verschwindet, es existiert nur noch eine einheitliche Phase. Der Punkt, bei dem die einheitliche Phase entsteht und an dem die Dampfdruckkurve endet (vgl. Abb. 3.6), heißt kritischer Punkt. Der zum kritischen Punkt gehörige Druck heißt kritischer

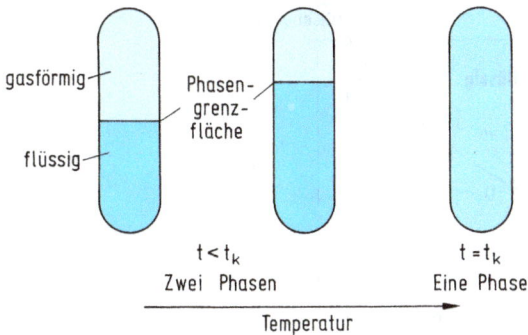

gasförmig

flüssig

Phasen-
grenz-
fläche

$t < t_k$
Zwei Phasen

$t = t_k$
Eine Phase

Temperatur

Abb. 3.8: Kritischer Zustand. Eine Flüssigkeit wird in einem abgeschlossenen Gefäß erhitzt. Unterhalb der kritischen Temperatur t_k existieren die flüssige und die gasförmige Phase nebeneinander. Die flüssige Phase hat eine größere Dichte als die Gasphase. Wird die kritische Temperatur erreicht, verschwindet die Phasengrenzfläche. Es entsteht eine einheitliche Phase mit einer einheitlichen Dichte. Der bei der kritischen Temperatur auftretende Druck heißt kritischer Druck.

Tab. 3.1: Kritische Daten einiger Substanzen.

Substanz	Kritischer Druck p_k in bar	Kritische Temperatur t_k in °C
H_2O	220,5	+374
CO_2	73,7	+ 31
N_2	33,9	−147
H_2	13,0	−240
O_2	50,3	−119

Druck p_k, die zugehörige Temperatur kritische Temperatur t_k. Oberhalb der kritischen Temperatur können daher Gase auch bei beliebig hohen Drücken nicht verflüssigt werden. In der Tab. 3.1 sind für einige Stoffe die kritischen Daten angegeben.

Feste Phasen haben ebenfalls einen, allerdings geringeren Dampfdruck. Die Verdampfung einer festen Phase nennt man Sublimation. Den Gleichgewichtsdampfdruck für verschiedene Temperaturen gibt die Sublimationskurve an. Sie verläuft steiler als die Dampfdruckkurve.

Das Zustandsdiagramm von CO_2 z. B. (Abb. 3.9) zeigt, dass bei 1,013 bar festes CO_2 (Trockeneis) nicht verflüssigt werden kann. Der Übergang in die Gasphase erfolgt ohne Schmelzen durch Sublimation. Eine flüssige CO_2-Phase kann erst oberhalb 5,2 bar auftreten. Auch bei festem H_2O, z. B. Schnee, kann man beobachten, dass er bei tieferen Temperaturen ohne zu schmelzen durch Sublimation verschwindet.

Die Gleichgewichtskurve zwischen fester und flüssiger Phase wird Schmelzkurve genannt. Die Temperatur, bei der die feste Phase unter einem Druck von 1,013 bar schmilzt, wird als Schmelzpunkt bezeichnet. Für den Schmelzpunkt von Eis ist die Temperatur 0 °C festgelegt worden. Der Schmelzpunkt ist mit dem Gefrierpunkt iden-

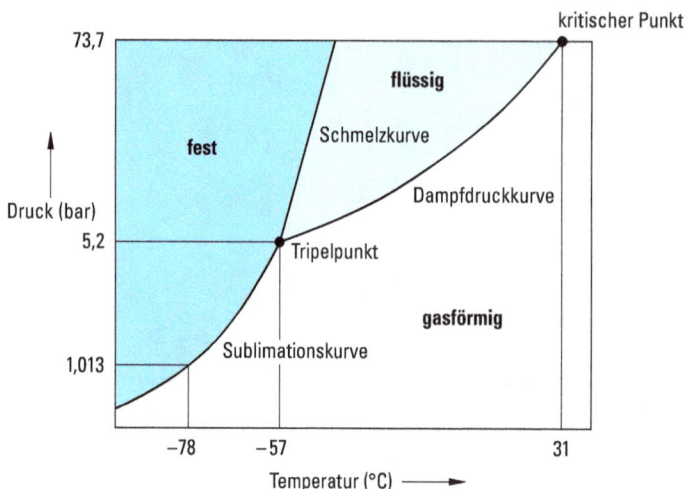

Abb. 3.9: Zustandsdiagramm von Kohlenstoffdioxid (nicht maßstabsgerecht).

tisch. Die Schmelztemperatur von Eis sinkt mit steigendem Druck. Dies wird nur bei wenigen Substanzen wie Antimon, Bismut und Wasser beobachtet und ist eine Folge der Tatsache, dass sich die flüssige Phase beim Gefrieren ausdehnt (vgl. Abb. 3.6 und Abb. 3.9). Eis kann daher durch Druck verflüssigt werden. Beim Schlittschuhlaufen z. B. wird das Eis durch Druck gleitfähig.

Der Punkt, in dem sich Dampfdruckkurve, Sublimationskurve und Schmelzkurve treffen, heißt Tripelpunkt. Am Tripelpunkt sind alle drei Phasen nebeneinander beständig. Für H_2O liegt der Tripelpunkt bei 6,10 mbar und 0,01 °C, für CO_2 bei 5,2 bar und −57 °C.

Zum Verdampfen, Schmelzen und Sublimieren muss Energie zugeführt werden. Die dafür notwendigen Energiebeträge bezeichnet man als Verdampfungswärme, Schmelzwärme und Sublimationswärme.

Energieumsätze von Vorgängen, die bei konstantem Druck ablaufen, heißen Enthalpieänderungen. Zugeführte Energien erhalten definitionsgemäß positive Vorzeichen (vgl. Abschn. 3.4). Für 1 mol H_2O beträgt die Schmelzenthalpie +6,0 kJ, die Verdampfungsenthalpie +40,7 kJ.

Den Übergang von der Gasphase in die flüssige Phase nennt man Kondensation, den Übergang von der flüssigen Phase in die feste Phase Kristallisation oder Erstarrung. Dabei wird Energie frei. Frei werdende Energien erhalten ein negatives Vorzeichen. Für 1 mol Wasser beträgt die Kondensationsenthalpie −40,7 kJ und die Kristallisationsenthalpie −6,0 kJ.

Die Änderung des Energieinhalts von H_2O in Abhängigkeit von der Temperatur ist in der Abb. 3.10 dargestellt.

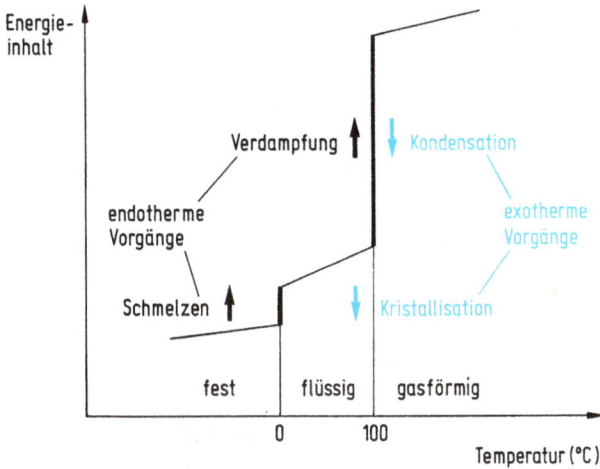

Abb. 3.10: Änderung des Energieinhalts von Wasser in Abhängigkeit von der Temperatur. Bei den Phasenübergängen ändert sich der Energieinhalt sprunghaft. Schmelzen und Verdampfung sind endotherme Vorgänge, es muss Energie zugeführt werden. Kondensation und Kristallisation (Gefrieren) sind exotherme Vorgänge, bei denen Energie frei wird.

Phasengesetz

Es lautet: Anzahl der Phasen P + Anzahl der Freiheitsgrade F = Anzahl der Komponenten K + 2

$$P + F = K + 2$$

Beispiel Wasser:
Es gibt nur eine stoffliche Komponente: $K = 1$. Das Phasengesetz heißt dann $P + F = 3$. Freiheitsgrade sind veränderliche Bestimmungsgrößen, also Druck, Temperatur, Konzentration. Wir können drei Fälle unterscheiden (vgl. Abb. 3.6).
$P = 3$, $F = 0$. Die drei Phasen Wasserdampf, flüssiges Wasser, Eis können nur bei einer einzigen Temperatur und einem einzigen Druck nebeneinander existieren (Tripelpunkt). Es existieren keine Freiheitsgrade.
$P = 2$, $F = 1$. Nur eine Größe, Druck oder Temperatur ist frei wählbar, wenn sich zwei Phasen im Gleichgewicht befinden (Dampfdruckkurve, Schmelzkurve, Sublimationskurve).
$P = 1$, $F = 2$. Innerhalb des Existenzbereichs einer Phase können sowohl Druck als auch Temperatur variiert werden.
Beispiel Lösungen:
Die Lösung soll aus zwei Komponenten bestehen: $K = 2$. Das Phasengesetz lautet $P + F = 4$.

$P = 2$, $F = 2$. Wir betrachten das Gleichgewicht Flüssigkeit-Dampf. Bei einer bestimmten Temperatur ist jetzt der Dampfdruck erst bei Wahl der Konzentration festgelegt (vgl. Abb. 3.11). Lösungen haben gegenüber dem reinen Lösungsmittel veränderte Dampfdrücke, die von der Konzentration abhängen.

Ist die Lösung gesättigt, also ein fester Bodenkörper vorhanden, erhält man $P = 3$, $F = 1$. Bei einer gewählten Temperatur ist also Sättigungskonzentration und Dampfdruck festgelegt.

Dampfdruckerniedrigung von Lösungen, Gesetz von Raoult

Wenn man durch Auflösen nichtflüchtiger Stoffe in einem Lösungsmittel eine Lösung herstellt, so ist der Dampfdruck der Lösung kleiner als der des Lösungsmittels. Die Dampfdruckerniedrigung wächst mit zunehmender Konzentration der Lösung. Als Folge der Dampfdruckerniedrigung treten bei einer Lösung eine Gefrierpunktserniedrigung und eine Siedepunktserhöhung auf. Dieser Effekt lässt sich mit Hilfe der Abb. 3.11 verstehen.

Verglichen mit dem reinen Lösungsmittel, wird wegen der Dampfdruckerniedrigung bei einer Lösung der Dampfdruck von 1,013 bar erst bei einer höheren Temperatur erreicht. Dies bedeutet eine Erhöhung des Siedepunktes. Die Dampfdruckkurve einer Lösung schneidet die Sublimationskurve bei einer tieferen Temperatur als die

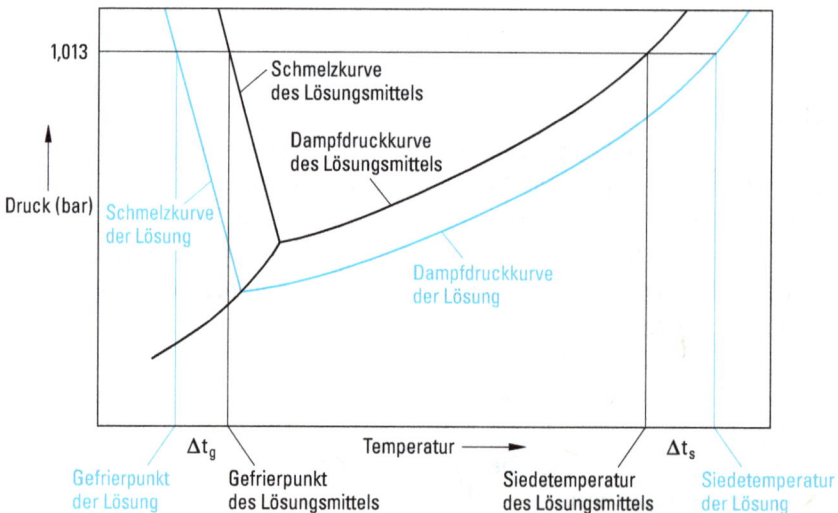

Abb. 3.11: Bei einer Lösung ist der Sättigungsdampfdruck des Lösungsmittels niedriger als bei einem reinen Lösungsmittel. Dies hat eine Siedepunktserhöhung Δt_s und eine Gefrierpunktserniedrigung Δt_g der Lösung zur Folge.

Dampfdruckkurve des Lösungsmittels. Dies bedeutet, dass der Gefrierpunkt (= Schmelzpunkt) erniedrigt wird. Die Verschiebung des Gefrierpunktes bzw. des Siedepunktes ist proportional der Molalität b, also proportional der Anzahl gelöster Teilchen:

$$\text{Gefrierpunktserniedrigung} \qquad \Delta t_g = E_g\, b$$
$$\text{Siedepunktserhöhung} \qquad \Delta t_s = E_s\, b$$

Für $b = 1$ ist $\Delta t_g = E_g$, die molale Gefrierpunktserniedrigung, und $\Delta t_s = E_s$, die molale Siedepunktserhöhung. Wenn 1 mol Substanz in 1000 g Wasser gelöst ist ($b = 1$ mol/kg), dann beträgt die Siedepunktserhöhung 0,51 °C, die Gefrierpunktserniedrigung 1,86 °C, unabhängig davon, welche Substanz gelöst ist. E_s und E_g sind Stoffkonstanten, die für jedes Lösungsmittel einen charakteristischen Wert aufweisen.

Beispiele:

	E_s in $\mathrm{K\,kg\,mol^{-1}}$	E_g in $\mathrm{K\,kg\,mol^{-1}}$
Wasser	0,51	−1,86
Ethanol	1,21	−1,99
Essigsäure	3,07	−3,90
Ammoniak	0,34	−1,32

Beim Lösen von Salzen ist die Dissoziation zu beachten. Im Falle einer NaCl-Lösung entstehen durch Dissoziation zwei Teilchen. Für die Gefrierpunktserniedrigung erhält man dadurch

$$\Delta t_g = 2\, E_g\, b_{\mathrm{NaCl}}.$$

Aufgrund der Gefrierpunktserniedrigung, die durch Lösen von Salzen in Wasser auftritt, kann man aus Eis und Salz Kältemischungen herstellen. Die Verhinderung der Eisbildung auf den Straßen durch Streuen von Salz beruht ebenfalls auf der Gefrierpunktserniedrigung von Salzlösungen gegenüber reinem Wasser.

3.4 Reaktionsenthalpie, Standardbildungsenthalpie

Bei einer chemischen Reaktion findet eine Umverteilung von Atomen statt. Dabei erfolgt nicht nur eine stoffliche Veränderung, sondern damit verbunden ist gleichzeitig ein Energieumsatz. Mit den energetischen Effekten chemischer Reaktionen befasst sich die Chemische Thermodynamik.

Mit dem Begriff System wird ein Reaktionsraum definiert, der von seiner Umgebung durch physikalische oder nur gedachte Wände abgegrenzt ist und bei dem nur

Systemtyp   Beispiele

Abgeschlossen | M   E | Verschlossene (ideale) Thermosflasche

Geschlossen | M   E → | Isothermes System: Die Temperatur bleibt beim Energieaustausch konstant

Adiabatisches System: Das System ist wärmeisoliert, es findet kein Wärmeaustausch statt.

Offen | ← M   E → | Pflanzen, Tiere

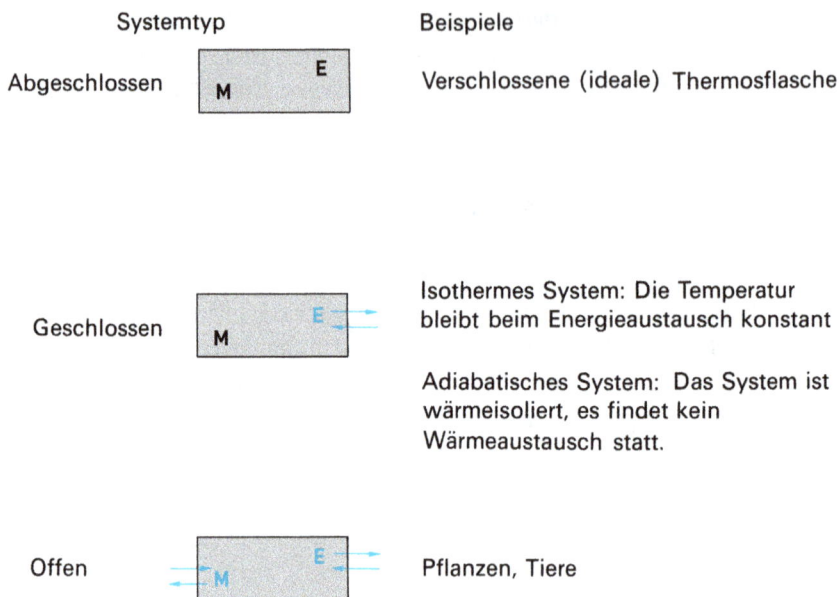

Abb. 3.12: Energie- und Materieaustausch eines Systems mit der Umgebung.

kontrollierte Einflüsse der Umgebung zugelassen sind (Abb. 3.12). Man unterscheidet:

Isolierte oder abgeschlossene Systeme. Es findet weder ein Stoffaustausch noch ein Energieaustausch mit der Umgebung statt.

Geschlossene Systeme. Es wird zwar Energie, aber keine Materie mit der Umgebung ausgetauscht.

Offene Systeme. Sowohl Energie- als auch Stoffaustausch ist möglich.

Der jeweilige Zustand eines Systems kann mit Zustandsgrößen beschrieben werden.

Zustandsgrößen sind z. B. Druck, Temperatur, Volumen, Konzentration. Sie hängen nicht davon ab, auf welchem Wege der Zustand erreicht wurde.

Beispiel:
Für 1 mol eines idealen Gases gilt die Zustandsgleichung $pV = RT$. Der Zustand des Systems ist durch zwei Zustandsgrößen eindeutig bestimmt.

Eine wichtige Zustandsgröße ist der „Energieinhalt" eines Systems, seine innere Energie U. Die innere Energie ändert sich, wenn vom System Wärme Q aus der Umgebung aufgenommen bzw. an die Umgebung abgegeben wird oder wenn vom System bzw. am System Arbeit W geleistet wird.

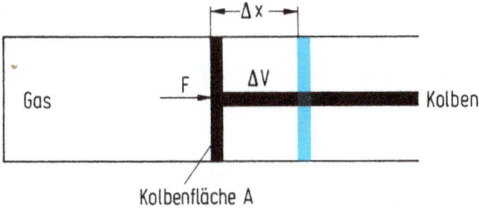

Abb. 3.13: Volumenarbeit.

Das Gas in einem Zylinder dehnt sich aus. Dabei wird der Kolben um die Wegstrecke Δx bewegt. Dazu ist eine Kraft F erforderlich. Die geleistete (vom System verrichtete) Arbeit ist:

$$-W = F\Delta x$$
$$-W = \frac{F}{A}\Delta x \cdot A$$
$$W = -p\,\Delta V$$

1. Hauptsatz der Thermodynamik: Die von einem geschlossenen System mit der Umgebung ausgetauschte Summe von Arbeit und Wärme ist gleich der Änderung der inneren Energie des Systems.

$$\Delta U = Q + W \qquad\qquad (3.1)$$

ΔU bedeutet $U_{\text{Endzustand}} - U_{\text{Anfangszustand}}$. Werden Wärme und Arbeit vom System abgegeben, so ist Q und W negativ und die innere Energie U nimmt ab; werden sie dem System zugeführt, ist Q und W positiv und U nimmt zu.

Für ein abgeschlossenes System gilt

$$\Delta U = 0 \quad \text{und} \quad U = \text{const.}$$

Energie kann nicht vernichtet werden oder neu entstehen (Energieerhaltungssatz).

Ändert sich das Volumen eines Systems, so wird die Volumenarbeit

$$W = -p\,\Delta V$$

geleistet. Wenn ΔV positiv ist, erfolgt Volumenzunahme, ist ΔV negativ, erfolgt Volumenabnahme (Abb. 3.13). Volumenarbeit ist bei solchen chemischen Reaktionen von Bedeutung, bei denen der Druck konstant bleibt.

Berücksichtigt man nur Volumenarbeit, so erhält man aus Gleichung (3.1)

$$\Delta U = Q_V \qquad\qquad \text{für } V = \text{const}$$
$$\Delta U = Q_p - p\Delta V \qquad \text{für } p = \text{const}$$

Nimmt die innere Energie des Systems ab, so wird bei konstantem Volumen ΔU nur in Form von Wärme abgegeben. Bei konstantem Druck des Systems kann nur noch ein Teil als Wärme abgegeben werden, der Rest muss für Volumenarbeit zur Verfügung stehen, um den Druck konstant zu halten.

Man definiert daher eine neue Zustandsgröße, die Enthalpie H

$$H = U + pV$$

Für Enthalpieänderungen bei konstantem Druck erhält man

$$\Delta H = \Delta U + p\,\Delta V = Q_p$$

Die vom System bei konstantem Druck abgegebene Wärme ist nun gleich der Enthalpieabnahme ΔH des Systems.

Es gibt chemische Reaktionen, bei denen Energie freigesetzt wird und andere, bei denen Energie verbraucht wird. Die bei einer chemischen Reaktion pro Formelumsatz entwickelte oder verbrauchte Wärmemenge heißt Reaktionswärme. Im SI-System werden die Reaktionswärmen normalerweise in kJ angegeben, die vorher übliche Einheit war die kcal.

$$1\ \text{kcal} = 4{,}187\ \text{kJ}$$

Die Reaktionswärme einer chemischen Reaktion, die bei konstantem Druck abläuft, bezeichnet man als Reaktionsenthalpie. Das Symbol für die Reaktionsenthalpie ist ΔH.

Die übliche Einheit der Reaktionsenthalpie ist kJ/mol.

Bei den folgenden Beispielen läuft die chemische Reaktion in einem geschlossenen System ab. Bei der Reaktion soll im Reaktionsraum die Temperatur konstant (isothermes System) und der Druck konstant (isobares System) bleiben.

Unter einem Formelumsatz versteht man z. B. bei der Reaktion $3\,H_2 + N_2 \longrightarrow 2\,NH_3$ den gesamten Umsatz von 3 mol Wasserstoff und 1 mol Stickstoff zu 2 mol Ammoniak. Dabei wird eine Reaktionswärme von 91,8 kJ entwickelt und an die Umgebung abgegeben.

Wird die Reaktionswärme an die Umgebung abgegeben, erhält der ΔH-Wert definitionsgemäß ein negatives Vorzeichen. Die gesamte Reaktionsgleichung mit Stoff- und Energiebilanz lautet:

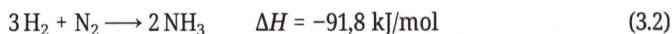

$$3\,H_2 + N_2 \longrightarrow 2\,NH_3 \qquad \Delta H = -91{,}8\ \text{kJ/mol} \tag{3.2}$$

Bei der Bildung von 2 mol Stickstoffoxid aus 1 mol Stickstoff und 1 mol Sauerstoff wird eine Reaktionswärme von 182,6 kJ verbraucht, also der Umgebung entzogen. Die aus der Umgebung aufgenommene Reaktionswärme erhält ein positives Vorzeichen. Die Reaktionsgleichung lautet:

$$N_2 + O_2 \longrightarrow 2\,NO \qquad \Delta H = +182{,}6\ \text{kJ/mol} \tag{3.3}$$

Reaktionen, bei denen ΔH negativ ist, nennt man exotherm, Reaktionen, bei denen ΔH positiv ist, endotherm (Abb. 3.14).

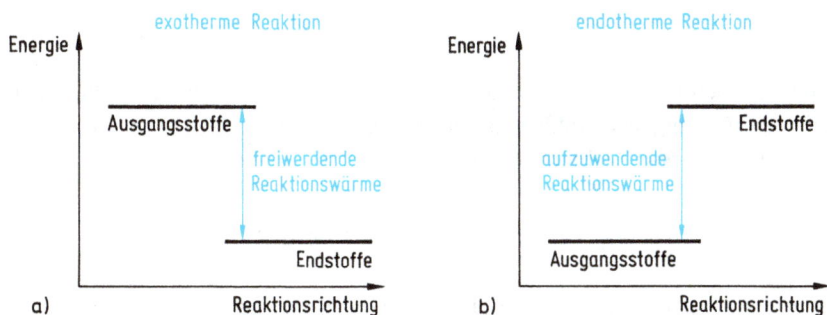

Abb. 3.14: Schematische Energiediagramme.
a) Exotherme Reaktion. Der Energieinhalt der Endstoffe ist kleiner als der der Ausgangsstoffe, die Differenz wird als Reaktionswärme frei. ΔH ist negativ.
b) Endotherme Reaktion. Der Energieinhalt der Endstoffe ist größer als der der Ausgangsstoffe. Diese Energiedifferenz muss während der Reaktion zugeführt werden. ΔH ist positiv.

Für eine bestimmte Reaktion bezieht sich die Größe der Reaktionsenthalpie natürlich immer auf die dazugehörige Gleichung, in der durch die stöchiometrischen Zahlen der jeweilige Formelumsatz angegeben wird.

> Beispiel:
>
> $H_2 + Cl_2 \longrightarrow 2\,HCl \qquad \Delta H = -184{,}6$ kJ/mol
>
> $\frac{1}{2}H_2 + \frac{1}{2}Cl_2 \longrightarrow HCl \qquad \Delta H = -92{,}3$ kJ/mol

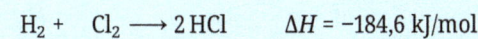

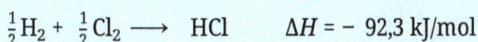

Die Größe der Reaktionsenthalpie ΔH hängt von der Temperatur und dem Druck ab, bei denen die Reaktion abläuft. Man gibt daher die Reaktionsenthalpie für einen definierten Anfangs- und Endzustand der Reaktionsteilnehmer, den so genannten Standardzustand an. Als Standardzustände wählt man bei Gasen den idealen Zustand, bei festen und flüssigen Stoffen den Zustand der reinen Phase, jeweils bei 1 bar Druck.

Für die Standardreaktionsenthalpie wird das Symbol $\Delta H°$ verwendet. Die jeweilige Reaktionstemperatur wird als Index angegeben. bedeutet also die Standardreaktionsenthalpie bei 293 K. Im Allgemeinen gibt man $\Delta H°$ für die Standardtemperatur 25 °C an: $\Delta H°_{298}$. $\Delta H°$-Werte, bei denen zur Vereinfachung der Schreibweise die Temperaturangabe weggelassen ist, beziehen sich im Folgenden immer auf die Standardtemperatur 25 °C. Die Temperaturabhängigkeit der Reaktionsenthalpie kann mit Hilfe der Wärmekapazitäten berechnet werden (siehe Lehrbücher der physikalischen Chemie).

Satz von Heß

Eine Verbindung kann auf verschiedenen Reaktionswegen entstehen. Betrachten wir als Beispiel die Bildung von Kohlenstoffdioxid (vgl. Abb. 3.15). CO_2 kann direkt aus Kohlenstoff und Sauerstoff gebildet werden:

Weg 1 $\qquad\qquad$ C + O_2 $\longrightarrow$ CO_2 $\qquad$ $\Delta H° = -393{,}5$ kJ/mol

Ein anderer Reaktionsweg führt in zwei Reaktionsschritten über die Zwischenverbindung Kohlenstoffmonooxid zu CO_2.

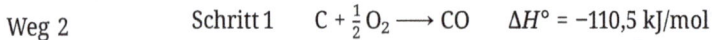

Weg 2 $\qquad\qquad$ Schritt 1 $\quad$ C + $\frac{1}{2}O_2$ $\longrightarrow$ CO $\quad$ $\Delta H° = -110{,}5$ kJ/mol

$\qquad\qquad\qquad\quad$ Schritt 2 $\quad$ CO + $\frac{1}{2}O_2$ $\longrightarrow$ CO_2 $\quad$ $\Delta H° = -283{,}0$ kJ/mol

Nach dem Satz von Heß hängt die Reaktionsenthalpie nicht davon ab, auf welchem Weg CO_2 entsteht. Bei gleichem Anfangs- und Endzustand der Reaktion ist die Reaktionsenthalpie für jeden Reaktionsweg gleich groß und unabhängig davon, ob die Reaktion direkt oder in verschiedenen, getrennten Schritten durchgeführt wird. Für die Bildung von CO_2 gilt danach

$$\Delta H°_{Weg1} = \Delta H°_{Weg2}$$

Der Satz von Heß lautet einfacher: ΔH ist eine Zustandsgröße. Er ist ein Spezialfall des 1. Hauptsatzes der Thermodynamik.

Aufgrund des Heß'schen Satzes können experimentell schwer bestimmbare Reaktionsenthalpien rechnerisch ermittelt werden. Die Reaktionsenthalpie der Reaktion C + $\frac{1}{2} O_2 \rightarrow$ CO ist experimentell schwierig zu bestimmen, kann aber aus den gut messbaren Reaktionsenthalpien der Oxidation von C und CO zu CO_2 berechnet werden.

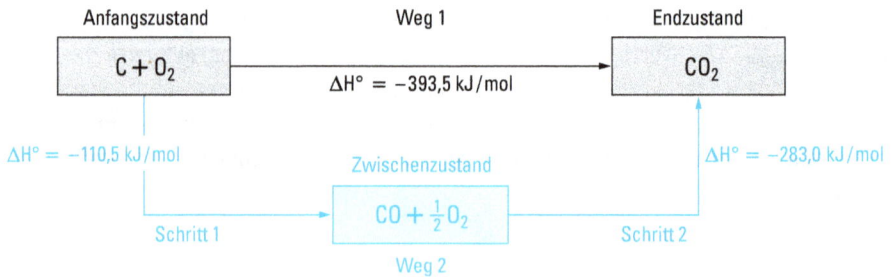

Abb. 3.15: Nach dem Satz von Heß ist die Reaktionsenthalpie ΔH eine Zustandsgröße, die nicht vom Reaktionsweg abhängig ist: $\Delta H°_{Weg1} = \Delta H°_{Weg2}$.

Standardbildungsenthalpie

Da ΔH eine Zustandsgröße ist, können wir die Reaktionsenthalpien von chemischen Reaktionen berechnen, wenn wir die Enthalpien der Endstoffe und Ausgangsstoffe kennen.

$$\Delta H = \Sigma\, H \text{ (Endstoffe)} - \Sigma\, H \text{ (Ausgangsstoffe)}$$

Unglücklicherweise lassen sich aber nur Enthalpieänderungen messen, der Absolutwert der Enthalpie (Wärmeinhalt) eines Stoffes ist nicht messbar. Man muss daher eine Enthalpieskala mit Relativwerten der Enthalpien aufstellen. Für diese Enthalpieskala ist es notwendig, einen willkürlichen Nullpunkt festzulegen. Er ist folgendermaßen definiert: Die stabilste Form eines Elements bei 25 °C und einem Druck von 1 bar besitzt die Enthalpie null (vgl. Abb. 3.16). Die Enthalpie einer Verbindung erhält man nun aus der Reaktionswärme, die bei ihrer Bildung aus den Elementen auftritt. Die pro Mol der Verbindung unter Standardbedingungen auftretende Reaktionsenthalpie nennt man Standardbildungsenthalpie.

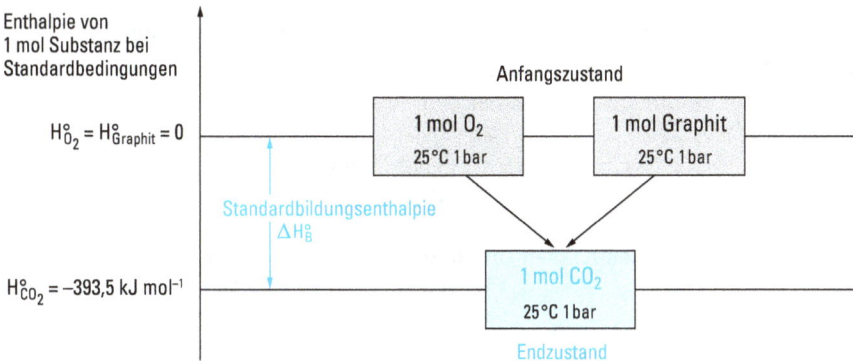

Abb. 3.16: Die Standardbildungsenthalpie ΔH_B° tritt auf, wenn 1 mol einer Verbindung im Standardzustand aus den Elementen bei Standardbedingungen entsteht. Bei Elementen mit mehreren Modifikationen ist für Rücklieferung ΔH_B° auf die bei 298 K und 1 bar thermodynamisch stabile Modifikation bezogen.

Die Standardbildungsenthalpie ΔH_B° einer Verbindung ist die Reaktionsenthalpie, die bei der Bildung von 1 mol der Verbindung im Standardzustand aus den Elementen im Standardzustand bei der Reaktionstemperatur 25 °C auftritt.

Beispiel:
Standardbildungsenthalpie von CO_2

$$\Delta H_B^{\circ}(CO_2) = -393,5 \text{ kJ/mol}$$

Dies bedeutet: Lässt man bei 25 °C 1 mol Sauerstoffmoleküle von 1 bar Druck und 1 mol Kohlenstoff unter 1 bar Druck zu 1 mol CO_2 mit dem Druck 1 bar reagieren,

Tab. 3.2: Standardbildungsenthalpien ΔH_B° einiger Verbindungen in kJ/mol.

$P_4(g)$	+ 58,9	CO	− 110,5	CaO (s)	− 634,9
$S_8(g)$	+101,3	CO_2	− 393,5	α-Al_2O_3 (s)	−1675,7
O_3	+142,7	NH_3	− 45,9	SiO_2 (s)	− 910,7
HF	−273,3	NO	+ 91,3	α-Fe_2O_3 (s)	− 824,2
HCl	− 92,3	NO_2	+ 33,2	Fe_3O_4 (s)	−1118,4
HBr	− 36,3	P_4O_{10} (s)	−2986,2	FeS_2 (s)	− 178,2
HI	+ 26,5	SO_2	− 296,8	CuO (s)	− 157,3
H_2O (g)	−241,8	SO_3 (g)	− 395,7	H	+ 218,0
H_2O (l)	−285,8	NaCl (s)	− 411,2	O	+ 249,2
H_2O_2 (g)	−136,3	NaF (s)	− 576,6	F	+ 79,4
H_2O_2 (l)	−187,8	MgO (s)	− 601,6	Cl	+ 121,3
H_2S	− 20,6			N	+ 472,7

so tritt die exotherme Reaktionsenthalpie von 393,5 kJ auf. Kohlenstoff muss als Graphit vorliegen, da bei 298 K und 1 bar die beständige Kohlenstoffmodifikation der Graphit und nicht der Diamant ist (vgl. Abb. 3.16).

In den Reaktionsgleichungen (3.2) und (3.3) sind die Reaktionsenthalpien für 298 K pro Formelumsatz angegeben. Die Standardbildungsenthalpien von NH_3 und NO, also jeweils für 1 mol Verbindung, sind daher (vgl. Abb. 3.16):

$$\Delta H_B^{\circ}(NH_3) = -45,7 \text{ kJ/mol}$$
$$\Delta H_B^{\circ}(NO) = +91,3 \text{ kJ/mol}$$

Weitere Standardbildungsenthalpien sind in der Tab. 3.2 angegeben. Mit den ΔH_B°-Werten kann man die Reaktionsenthalpien einer Vielzahl von Reaktionen berechnen.

Für die allgemeine Reaktion

$$a\,A + b\,B \longrightarrow c\,C + d\,D$$

mit den Verbindungen A, B, C, D beträgt die Reaktionsenthalpie

$$\Delta H_{298}^{\circ} = d\,\Delta H_B^{\circ}(D) + c\,\Delta H_B^{\circ}(C) - b\,\Delta H_B^{\circ}(B) - a\,\Delta H_B^{\circ}(A)$$

Beispiel:
Für die Reaktion

$$Fe_2O_3 \text{ (s)} + 3\,CO \text{ (g)} \longrightarrow 2\,Fe \text{ (s)} + 3\,CO_2 \text{ (g)}$$

erhält man die Reaktionsenthalpie

$$\Delta H_{298}^{\circ} = 3\,\Delta H_B^{\circ}(CO_2) - \Delta H_B^{\circ}(Fe_2O_3) - 3\,\Delta H_B^{\circ}(CO)$$
$$\Delta H_{298}^{\circ} = 3\,(-393,5 \text{ kJ mol}^{-1}) - 1\,(-824,2 \text{ kJ mol}^{-1}) - 3\,(-110,5 \text{ kJ mol}^{-1})$$
$$\Delta H_{298}^{\circ} = -24,2 \text{ kJ/mol}$$

Die Bildungsenthalpie von Fe ist definitionsgemäß null.

Aus den Standardbildungsenthalpien können Bindungsenergien ermittelt werden.

> Beispiel:
> Dissoziationsenergie von HCl
>
> $$\frac{1}{2}H_2 + \frac{1}{2}Cl_2 \xleftarrow{\;-\Delta H_B^\circ = 92\,\text{kJ/mol}}$$
>
> $\Delta H_B^\circ = 218\,\text{kJ/mol}$ $\qquad \Delta H_B^\circ = 121\,\text{kJ/mol}$ $\qquad$ HCl
>
> $$H + Cl \xrightarrow{\qquad D^\circ \qquad}$$
>
> $D^\circ = 431\,\text{kJ mol}^{-1}$. Die Dissoziationsenergie ist gleich der Bindungsenergie (vgl. Tab. 2.12). Bei mehratomigen Molekülen mit gleichen Bindungen erhält man eine mittlere Bindungsenergie

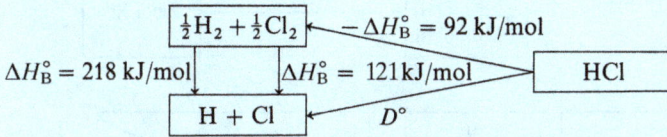

3.5 Das chemische Gleichgewicht

3.5.1 Allgemeines

Lässt man Wasserstoffmoleküle und Iodmoleküle miteinander reagieren, bildet sich Iodwasserstoff.

$$H_2 + I_2 \longrightarrow 2\,HI$$

Es reagieren aber nicht alle H_2- und I_2-Moleküle miteinander zu HI-Molekülen, sondern die Reaktion verläuft unvollständig. Bringt man in ein Reaktionsgefäß 1 mol H_2 und 1 mol I_2, so bilden sich z. B. bei 490 °C nur 1,544 mol HI im Gemisch mit 0,228 mol H_2 und 0,228 mol I_2, die nicht miteinander weiterreagieren.

Bringt man in das Reaktionsgefäß 2 mol HI, so erfolgt ein Zerfall von HI-Molekülen in H_2- und I_2-Moleküle nach der Reaktionsgleichung

$$2\,HI \longrightarrow H_2 + I_2$$

Auch diese Reaktion läuft nicht vollständig ab. Bei 490 °C zerfallen nur solange HI-Moleküle bis im Reaktionsgefäß wiederum ein Gemisch von 0,228 mol H_2, 0,228 mol I_2 und 1,544 mol HI vorliegt.

Zwischen den Molekülen H_2, I_2 und HI bildet sich also ein Zustand, bei dem keine weitere Änderung der Zusammensetzung des Reaktionsgemisches erfolgt. Diesen Zustand nennt man chemisches Gleichgewicht. Wenn bei 490 °C im Reaktionsraum 0,228 mol H_2, 0,228 mol I_2 und 1,544 mol HI nebeneinander vorhanden sind, liegt ein Gleichgewichtszustand vor. Dies ist in der Abb. 3.17 schematisch dargestellt.

Der Gleichgewichtszustand ist kein Ruhezustand. Nur makroskopisch sind im Gleichgewichtszustand keine Veränderungen feststellbar. Tatsächlich erfolgt aber auch

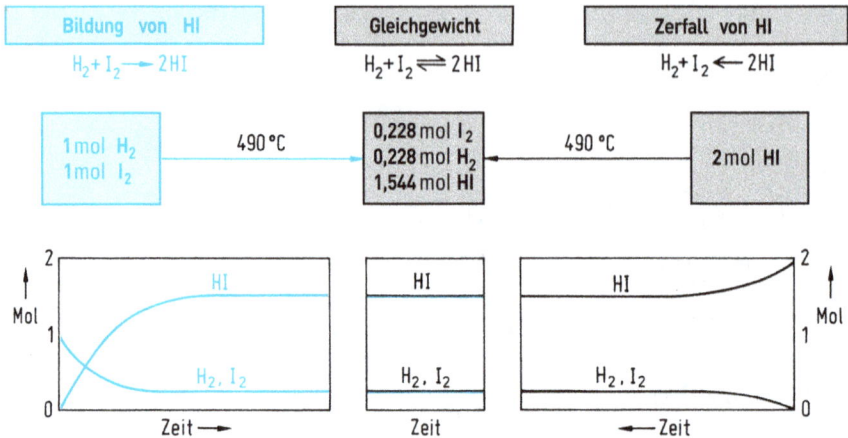

Bildung von HI	Gleichgewicht	Zerfall von HI
$H_2 + I_2 \longrightarrow 2HI$	$H_2 + I_2 \rightleftharpoons 2HI$	$H_2 + I_2 \longleftarrow 2HI$

Abb. 3.17: Chemisches Gleichgewicht. Bildung und Zerfall von HI führen zum gleichen Endzustand. Im Endzustand sind die drei Reaktionsteilnehmer in bestimmten Konzentrationen nebeneinander vorhanden. Diese Konzentrationen verändern sich mit fortschreitender Zeit nicht mehr. Ein solcher Zustand wird chemisches Gleichgewicht genannt.

im Gleichgewichtszustand dauernd Zerfall und Bildung von HI-Teilchen. Wie sich im Verlauf der Reaktion die Anzahl der pro Zeiteinheit gebildeten und zerfallenen HI-Moleküle ändert, zeigt schematisch Abb. 3.18.

Zu Beginn der Reaktion ist die Anzahl entstehender HI-Moleküle groß, sie sinkt im Verlauf der Reaktion, da die Konzentrationen der reagierenden H_2- und I_2-Moleküle abnehmen. Die Anzahl zerfallender HI-Moleküle ist zu Beginn der Reaktion natürlich null, da noch keine HI-Teilchen vorhanden sind. Je größer die Konzentration der HI-Moleküle im Verlauf der Reaktion wird, umso mehr HI-Moleküle zerfallen. Bildungskurve und Zerfallskurve nähern sich im Verlauf der Reaktion, bis schließlich die Anzahl zerfallender und gebildeter HI-Moleküle pro Zeiteinheit gleich groß ist, es ist Gleichgewicht erreicht. In der folgenden Zeit tritt keine makroskopisch wahrnehmbare Veränderung mehr ein.

Das Auftreten eines Gleichgewichts wird bei der Formulierung von Reaktionsgleichungen durch einen Doppelpfeil $\rightleftharpoons$ wiedergegeben, wobei $\longrightarrow$ die Hinreaktion und $\longleftarrow$ die Rückreaktion symbolisiert.

$$H_2 + I_2 \rightleftharpoons 2\,HI$$

Bei vielen chemischen Reaktionen sind allerdings im Gleichgewicht überwiegend die Komponenten einer Seite vorhanden. Man sagt dann, dass das Gleichgewicht ganz auf einer Seite liegt. Bei der Reaktion

$$2\,H_2 + O_2 \rightleftharpoons 2\,H_2O$$

z. B. liegt das Gleichgewicht ganz auf der rechten Seite, d. h. im Gleichgewichtszustand sind praktisch nur H_2O-Moleküle vorhanden.

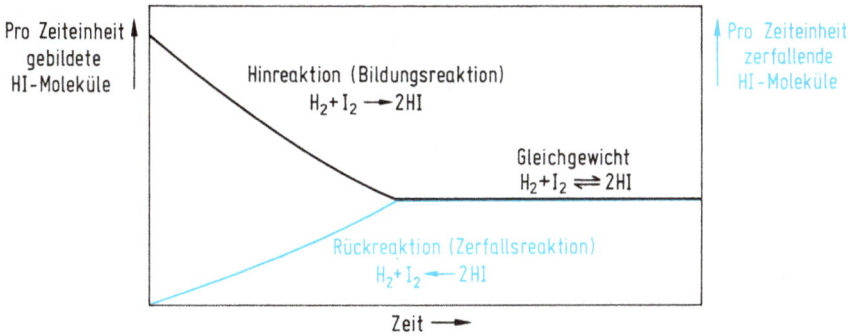

Abb. 3.18: Bei der Reaktion von H_2 mit I_2 zu HI werden nicht nur HI-Moleküle gebildet, sondern gleichzeitig zerfallen auch gebildete HI-Moleküle wieder. Vor Erreichen des Gleichgewichtszustandes bilden sich pro Zeitintervall aber mehr HI-Moleküle als zerfallen, die Bildungsreaktion ist schneller als die Zerfallsreaktion. Im Gleichgewichtszustand ist die Anzahl sich bildender und zerfallender HI-Moleküle gleich groß geworden.

3.5.2 Das Massenwirkungsgesetz (MWG)

Das MWG wurde 1867 von Guldberg und Waage empirisch gefunden. Es kann aber auf Grund thermodynamischer Gesetze exakt abgeleitet werden. Mit dem MWG wird die Lage eines chemischen Gleichgewichts beschrieben. Es lautet für die Gleichgewichtsreaktion

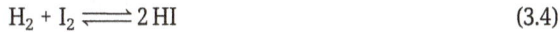

$$H_2 + I_2 \rightleftharpoons 2\,HI \tag{3.4}$$

$$\frac{c_{HI}^2}{c_{H_2} \cdot c_{I_2}} = K_c$$

c_{HI}, c_{I_2} und c_{H_2} sind die Stoffmengenkonzentrationen von HI, I_2 und H_2 im Gleichgewichtszustand. Eine große Konzentration bedeutet eine große Teilchenzahl pro Volumen. K_c wird Gleichgewichtskonstante oder Massenwirkungskonstante genannt. Sie ist definiert als Produkt der Konzentrationen der Endstoffe („Rechtsstoffe") dividiert durch das Produkt der Konzentrationen der Ausgangsstoffe („Linksstoffe"). Die Gleichgewichtskonstante hängt nur von der Reaktionstemperatur ab.

Für die Reaktion (3.4) erhält man den Wert der Gleichgewichtskonstante K_c für die Temperatur 490 °C aus den in Abschn. 3.5.1 angegebenen Gleichgewichtskonzentrationen. Hat das dort beschriebene Reaktionsgefäß ein Volumen von 1 Liter, erhält man

$$K_c = \frac{1{,}544^2 \ mol^2/l^2}{0{,}228 \ mol/l \cdot 0{,}228 \ mol/l} = 45{,}9$$

Es gibt natürlich beliebig viele Kombinationen der H_2-, I_2- und HI-Konzentrationen, für die das MWG erfüllt ist. Lässt man z. B. 1 mol I_2 mit 0,5 mol H_2 reagieren, dann sind bei 490 °C im Gleichgewichtszustand 0,930 mol HI, 0,535 mol I_2 und 0,035 mol H_2 nebeneinander vorhanden:

$$K_c = \frac{0{,}9296^2 \ mol^2/l^2}{0{,}5352 \ mol/l \cdot 0{,}0352 \ mol/l} = 45{,}9$$

Für Gasreaktionen ist es zweckmäßig, das MWG in der Form

$$\frac{p_{HI}^2}{p_{H_2} \cdot p_{I_2}} = K_p$$

zu schreiben. p_{HI}, p_{H_2} und p_{I_2} sind die Partialdrücke (vgl. Abschn. 3.2) von HI, H_2 und I_2 im Gleichgewichtszustand.

Für die allgemein geschriebene Reaktionsgleichung

$$a\,A + b\,B \rightleftharpoons c\,C + d\,D$$

lautet das MWG

$$\frac{c_C^c \, c_D^d}{c_A^a \, c_B^b} = K_c$$

Im MWG sind die Konzentrationen der Stoffe multiplikativ verknüpft, die stöchiometrischen Zahlen a, b, c und d treten daher als Exponenten der Konzentrationen auf. Dies wird sofort klar, wenn man die Reaktion (3.4) in der Form $H_2 + I_2 \rightleftharpoons HI + HI$ schreibt. Das MWG lautet dann

$$K_c = \frac{c_{HI} \cdot c_{HI}}{c_{H_2} \cdot c_{I_2}} = \frac{c_{HI}^2}{c_{H_2} \cdot c_{I_2}}$$

Die Gleichgewichtskonstanten verschiedener chemischer Reaktionen können sehr unterschiedliche Werte haben.

Ist $K \gg 1$, läuft die Reaktion nahezu vollständig in Richtung der Endprodukte ab. Die Ausgangsstoffe sind im Gleichgewicht in so geringer Konzentration vorhanden, dass diese oft nicht mehr messbar ist.

Beispiel:

$$2\,H_2 + O_2 \rightleftharpoons 2\,H_2O(g)$$

$$\frac{p_{H_2O}^2}{p_{H_2}^2 \cdot p_{O_2}} = K_p$$

Bei 25 °C beträgt $K_p = 10^{80}$ bar^{-1}. Wasser zersetzt sich bei Normaltemperatur nicht.

Ist $K \approx 1$, liegen im Gleichgewichtszustand alle Reaktionsteilnehmer in vergleichbar großen Konzentrationen vor.

Ein Beispiel ist die schon besprochene Reaktion $H_2 + I_2 \rightleftharpoons 2\,HI$. Bei 490 °C ist $K_p = 45{,}9$.

Wenn $K \ll 1$ ist, läuft die Reaktion praktisch nicht ab. Im Gleichgewichtszustand sind ganz überwiegend die Ausgangsstoffe vorhanden.

Beispiel:

$$N_2 + O_2 \rightleftharpoons 2\,NO$$

$$\frac{p_{NO}^2}{p_{N_2} \cdot p_{O_2}} = K_p$$

Bei 25 °C beträgt $K_p = 10^{-30}$.
In der Luft sind praktisch nur N_2- und O_2-Moleküle vorhanden.

Gleichgewichtskonstanten beziehen sich auf eine Reaktion mit bestimmter Stöchiometrie. Bei der Benutzung von Zahlenwerten muss man darauf achten, für welche Reaktion die Gleichgewichtskonstante angegeben ist.

Beispiel:

$$N_2 + O_2 \rightleftharpoons 2\,NO \qquad \frac{p_{NO}^2}{p_{N_2} \cdot p_{O_2}} = K_p(1) = 10^{-30}$$

$$\tfrac{1}{2}N_2 + \tfrac{1}{2}O_2 \rightleftharpoons NO \qquad \frac{p_{NO}}{p_{N_2}^{1/2} \cdot p_{O_2}^{1/2}} = K_p(2) = 10^{-15}$$

$$K_p(1) = K_p^2(2)$$

Homogene Gleichgewichte sind Gleichgewichte, bei denen alle an der Reaktion beteiligten Stoffe in derselben Phase vorhanden sind.

Beispiele für Reaktionen, bei denen alle Reaktionsteilnehmer gasförmig vorliegen:

Reaktion	MWG

$$3\,H_2 + N_2 \rightleftharpoons 2\,NH_3 \qquad \frac{c_{NH_3}^2}{c_{H_2}^3 \cdot c_{N_2}} = K_c \quad \text{oder} \quad \frac{p_{NH_3}^2}{p_{H_2}^3 \cdot p_{N_2}} = K_p$$

$$2\,SO_2 + O_2 \rightleftharpoons 2\,SO_3 \qquad \frac{c_{SO_3}^2}{c_{SO_2}^2 \cdot c_{O_2}} = K_c \quad \text{oder} \quad \frac{p_{SO_3}^2}{p_{SO_2}^2 \cdot p_{O_2}} = K_p$$

$$H_2 \rightleftharpoons 2\,H \qquad \frac{c_H^2}{c_{H_2}} = K_c \quad \text{oder} \quad \frac{p_H^2}{p_{H_2}} = K_p$$

Im MWG stehen die Konzentrationen solcher Teilchen, die in der Reaktionsgleichung auftreten. Bei der Oxidation von SO_2 mit Sauerstoff tritt im MWG die Konzentration von Sauerstoffmolekülen c_{O_2} auf und nicht die von Sauerstoffatomen c_O. Bei der Dissoziation von Wasserstoffmolekülen treten im MWG sowohl die Konzentrationen von Wasserstoffmolekülen c_{H_2} als auch die von Wasserstoffatomen c_H auf.

Heterogene Gleichgewichte sind Gleichgewichte, an denen mehrere Phasen beteiligt sind. Beispiele für Reaktionen, bei denen feste (s) und gasförmige (g) Reaktionsteilnehmer auftreten:

Reaktion	MWG
$C\,(s) + O_2\,(g) \rightleftharpoons CO_2\,(g)$	$\dfrac{c_{CO_2}}{c_{O_2}} = K_c$
$C\,(s) + CO_2\,(g) \rightleftharpoons 2\,CO\,(g)$	$\dfrac{p_{CO}^2}{p_{CO_2}} = K_p$
$CaCO_3\,(s) \rightleftharpoons CaO\,(s) + CO_2\,(g)$	$p_{CO_2} = K_p$

Die Gegenwart fester Stoffe wie C, CaO, $CaCO_3$ ist zwar für den Ablauf der Reaktionen notwendig, aber es ist gleichgültig, in welcher Menge sie bei der Reaktion vorliegen. Sie haben keine veränderlichen Konzentrationen, es treten daher im MWG für feste reine Phasen keine Konzentrationsglieder auf.

Der Zusammenhang zwischen den Gleichgewichtskonstanten K_c und K_p lässt sich mit Hilfe des idealen Gasgesetzes ableiten. Betrachten wir zunächst die Reaktion $H_2 + I_2 \rightleftharpoons 2\,HI$. Nach dem idealen Gasgesetz $pV = nRT$ besteht zwischen der Konzentration und dem Partialdruck von H_2 die Beziehung

$$p_{H_2} = \frac{n_{H_2}}{V} RT = c_{H_2}RT$$

Entsprechend gilt für I_2 und HI

$$p_{I_2} = c_{I_2}RT$$

und

$$p_{HI} = c_{HI}RT$$

Setzt man diese Beziehungen in das MWG ein, erhält man

$$K_p = \frac{p_{HI}^2}{p_{I_2} \cdot p_{H_2}} = \frac{c_{HI}^2 (RT)^2}{c_{I_2}RT \cdot c_{H_2}RT} = K_c$$

Für Reaktionen, bei denen auf beiden Seiten der Reaktionsgleichung die Gesamtstoffmenge der im MWG auftretenden Komponenten gleich groß ist, ist $K_c = K_p$. Dies ist dann der Fall, wenn die Summe der stöchiometrischen Zahlen dieser Komponenten auf beiden Seiten gleich groß ist. In allen anderen Fällen ist K_c ungleich K_p. Ein Beispiel dafür ist die Reaktion $H_2 \rightleftharpoons 2\,H$.

$$K_p = \frac{p_H^2}{p_{H_2}} = \frac{c_H^2 (RT)^2}{c_{H_2}\, RT}$$

$$K_p = K_c\, RT$$

Für das allgemein formulierte Gleichgewicht

$$a\,A(g) + b\,B(s) \rightleftharpoons c\,C(g) + d\,D(g)$$

gilt (B ist fest!)

$$K_p = K_c (RT)^{(c+d-a)}$$

3.5.3 Verschiebung der Gleichgewichtslage, Prinzip von Le Chatelier

Die Gleichgewichtslage chemischer Reaktionen kann durch Änderung folgender Größen beeinflusst werden: 1. Änderung der Konzentrationen bzw. der Partialdrücke der Reaktionsteilnehmer. 2. Temperaturänderung. 3. Bei Reaktionen, bei denen sich die Gesamtstoffmenge der gasförmigen Reaktionspartner ändert, durch Änderung des Gesamtdrucks.

Nur im ersten Fall erfolgt eine Änderung der Gleichgewichtslage durch Stoffaustausch des Reaktionssystems mit seiner Umgebung. Die Temperaturänderung und Druckänderung sind Zustandsänderungen, die im geschlossenen System (vgl. Abschn. 3.4) zu Änderungen der Gleichgewichtslage führen.

Die Verschiebung der Gleichgewichtslage durch Konzentrationsänderung soll am Beispiel der Reaktion $SO_2 + \frac{1}{2} O_2 \rightleftharpoons SO_3$ erläutert werden. Die Anwendung des MWG auf diese Reaktion ergibt

$$\frac{c_{SO_3}}{c_{SO_2} \cdot c_{O_2}^{1/2}} = K_c$$

oder umgeformt

$$\frac{c_{SO_3}}{c_{SO_2}} = K_c\, c_{O_2}^{1/2} \tag{3.5}.$$

Wenn man die Konzentration von Sauerstoff erhöht, muss sich, wie Gl. (3.5) zeigt, das Konzentrationsverhältnis c_{SO_3}/c_{SO_2} im Gleichgewicht ebenfalls erhöhen. Man kann also eine Verschiebung des Gleichgewichts in Richtung auf das erwünschte Reaktionsprodukt SO_3 (erhöhter Umsatz von SO_2) durch einen Sauerstoffüberschuss erreichen.

Die Gleichgewichtskonstanten K_p und K_c ändern sich mit der Temperatur. Durch Temperaturänderung verschiebt sich daher auch das Gleichgewicht. Bei Reaktionen mit Stoffmengenänderung der im MWG auftretenden Komponenten hängt die Gleichgewichtslage vom Druck ab, bei dem die Reaktion abläuft. Die Gleichgewichtskonstanten K_c und K_p selbst sind aber nicht vom Druck abhängig. Die Temperatur- und Druckabhängigkeit der Gleichgewichtslage wird qualitativ durch das Prinzip von Le Chatelier beschrieben:

Übt man auf ein System, das im Gleichgewicht ist, durch Druckänderung oder Temperaturänderung einen Zwang aus, so verschiebt sich das Gleichgewicht, und zwar so, dass sich ein neues Gleichgewicht einstellt, bei dem dieser Zwang vermindert ist.

Das Le Chateliersche Prinzip, auch Prinzip des kleinsten Zwangs genannt, soll auf die Reaktionen

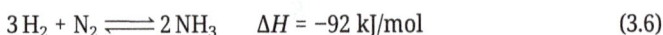

$$3\,H_2 + N_2 \rightleftharpoons 2\,NH_3 \quad \Delta H = -92 \text{ kJ/mol} \tag{3.6}$$

und

$$C\,(s) + CO_2 \rightleftharpoons 2\,CO \quad \Delta H = +173 \text{ kJ/mol} \tag{3.7}$$

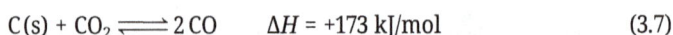

angewendet werden.

Erfolgt eine Temperaturerhöhung, so versucht das System, dem Zwang der Temperaturerhöhung auszuweichen. Der Temperaturerhöhung wird entgegengewirkt, wenn das Gleichgewicht sich so verschiebt, dass dabei Wärme verbraucht wird. Bei der Reaktion (3.6) wird Wärme verbraucht, wenn NH_3 in H_2 und N_2 zerfällt. Das Gleichgewicht verschiebt sich also in Richtung der Ausgangsstoffe. Bei der Reaktion (3.7) wird Wärme verbraucht, wenn sich CO bildet, das Gleichgewicht verschiebt sich in Richtung der Endprodukte.

Allgemein gilt: Temperaturerhöhung führt bei exothermen chemischen Reaktionen zu einer Verschiebung des Gleichgewichts in Richtung der Ausgangsstoffe, bei endothermen Reaktionen in Richtung der Endprodukte.

Quantitativ wird die Temperaturabhängigkeit der Gleichgewichtskonstante K_p durch die Gleichung

$$\frac{d \ln K_p}{dT} = \frac{\Delta H°}{RT^2} \tag{3.8}$$

beschrieben. Nimmt man in erster Näherung an, dass $\Delta H°$ temperaturunabhängig ist, so erhält man durch Integration (vgl. Abb. 3.19)

$$\ln \frac{K_2}{K_1} = -\frac{\Delta H°}{R}\left(\frac{1}{T_2} - \frac{1}{T_1}\right)$$

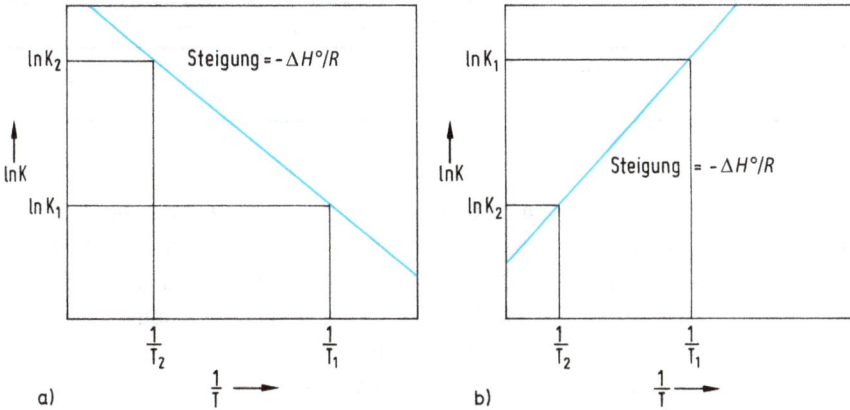

Abb. 3.19: Abhängigkeit der Gleichgewichtskonstante von der Temperatur.
a) endotherme Reaktionen, $\Delta H°$ ist positiv.
b) exotherme Reaktionen, $\Delta H°$ ist negativ.

Beispiel:
Für die Reaktion

$$H_2 + \frac{1}{2}O_2 \rightleftharpoons H_2O\,(g) \qquad \Delta H_B^° = -242 \text{ kJ/mol}$$

beträgt bei 300 K die Gleichgewichtskonstante K_1

$$\frac{p_{H_2O}}{p_{H_2} \cdot p_{O_2}^{1/2}} = K_1 = 10^{40} \text{ bar}^{-1/2}$$

Für die Gleichgewichtskonstante K_2 bei 1000 K erhält man:

$$\lg \frac{K_2}{K_1} = -\frac{-242 \text{ kJ mol}^{-1}}{2{,}30 \cdot 0{,}00831 \text{ kJ K}^{-1} \text{mol}^{-1}} \left(\frac{1}{1000 \text{ K}} - \frac{1}{300 \text{ K}} \right) = -29{,}5$$

$$\lg K_2 = -29{,}5 + \lg K_1 = -29{,}5 + 40 = 10{,}5$$

$$K_2 \approx 10^{10} \text{ bar}^{-1/2}.$$

Die Gleichgewichtskonstante verringert sich um 30 Zehnerpotenzen, die Gleichgewichtslage verschiebt sich in Richtung der Ausgangsstoffe.

Bei großen Temperaturänderungen muss für genaue Berechnungen die Temperaturabhängigkeit von $\Delta H°$ berücksichtigt werden.

Aus der Gl. (3.8) lässt sich leicht das folgende Schema ableiten, das natürlich auch
aus dem Prinzip von Le Chatelier folgt.

ΔT	$\Delta H°$	ΔK	Verschiebung des Gleichgewichts
+	+	+	$\longrightarrow$
+	–	–	$\longleftarrow$

Die Reaktionen (3.6) und (3.7) verlaufen unter Stoffmengenänderung der gasförmigen Komponenten. Bei der Reaktion (3.6) entstehen aus 4 mol der Ausgangsstoffe 2 mol Endprodukt. Dem Zwang einer Druckerhöhung kann das System durch Verschiebung des Gleichgewichts in Richtung des Endprodukts ausweichen, denn dadurch wird die Gesamtzahl von Teilchen im Reaktionsraum und damit der Druck vermindert. Umgekehrt entstehen bei der Reaktion (3.7) aus 1 mol gasförmigen Ausgangsprodukts 2 mol gasförmigen Endprodukts. Durch eine Druckerhöhung wird das Gleichgewicht nun in Richtung der Ausgangsstoffe verschoben. Bei Reaktionen ohne Stoffmengenänderung verschiebt sich die Gleichgewichtslage bei verändertem Druck nicht. Ein Beispiel dafür ist die Reaktion $H_2 + I_2 \rightleftharpoons 2\,HI$.

Allgemein gilt: Bei Reaktionen mit Stoffmengenänderung der gasförmigen Komponenten verschiebt sich durch Druckerhöhung das Gleichgewicht in Richtung der Seite mit der kleineren Stoffmenge.

Δp	$\Delta n = n_{\text{Endst.}} - n_{\text{Ausg. St.}}$	Verschiebung des Gleichgewichts
+	+	$\longleftarrow$
+	0	keine
+	–	$\longrightarrow$

Den quantitativen Einfluss der Druckänderung auf die Gleichgewichtslage kann man mit Hilfe des MWG berechnen.

Beispiel:
Für die Reaktion

$$C + CO_2 \rightleftharpoons 2\,CO$$

beträgt bei 700 °C die Gleichgewichtskonstante

$$\frac{p_{CO}^2}{p_{CO_2}} = K_p = 0{,}81\,\text{bar}$$

Wir wollen die Änderung der Gleichgewichtspartialdrücke p_{CO} und p_{CO_2} bei Änderung des Gesamtdrucks p berechnen. Aus der Kombination der Beziehung

$$p_{CO} + p_{CO_2} = p$$

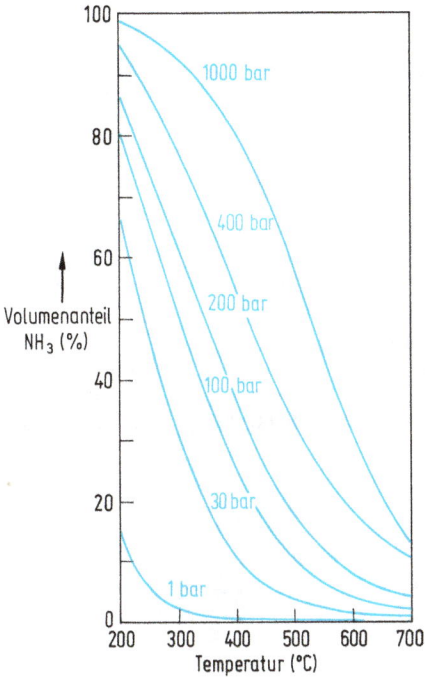

Abb. 3.20: Druck- und Temperaturabhängigkeit der Gleichgewichtslage der Reaktion $3\,H_2 + N_2 \rightleftharpoons 2\,NH_3$.

mit dem MWG erhalten wir

$$p_{CO}^2 + p_{CO}K_p - pK_p = 0$$

und daraus

$$p_{CO} = -\frac{K_p}{2} + \left(\frac{K_p^2}{4} + pK_p\right)^{\frac{1}{2}}$$

Für $p = 1$ bar und $p = 10$ bar erhält man unter Annahme der Gültigkeit des idealen Gasgesetzes die folgenden Werte:

t in °C	p in bar	p_{CO} in bar	p_{CO_2} in bar	p_{CO_2}/p_{CO}	K_p in bar
700	1	0,58	0,42	0,72	0,81
700	10	2,47	7,53	3,05	0,81

In der Abb. 3.20 ist die Druck- und Temperaturabhängigkeit der Gleichgewichtslage der Reaktion $3\,H_2 + N_2 \rightleftharpoons 2\,NH_3$ graphisch dargestellt. Abb. 3.21 zeigt die Temperaturabhängigkeit des Gleichgewichts der Reaktion $C + CO_2 \rightleftharpoons 2\,CO$.

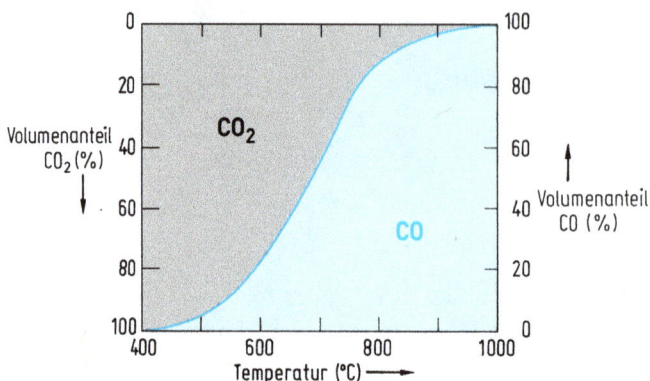

Abb. 3.21: Temperaturabhängigkeit der Gleichgewichtslage der Reaktion $CO_2 + C \rightleftharpoons 2 CO$ beim Druck von 1 bar.

3.5.4 Gleichgewichtsbedingungen

Entropie

Wir wissen aus Erfahrung, dass es Vorgänge gibt, die freiwillig nur in einer bestimmten Richtung ablaufen. So wird z. B. Wärme von einem wärmeren zu einem kälteren Körper übertragen, nie umgekehrt. Zwei Gase vermischen sich freiwillig, aber sie entmischen sich nicht wieder. Solche Prozesse sind irreversible Prozesse. Bei irreversiblen Prozessen nimmt der Ordnungsgrad ab. Eine Gasmischung z. B. befindet sich in einem Zustand größerer Unordnung als vor der Vermischung. Der Ordnungsgrad eines Stoffes oder eines Systems kann durch eine Zustandsgröße (vgl. Abschn. 3.4), die Entropie S, bestimmt werden. Je geringer der Ordnungsgrad eines Systems ist, umso größer ist seine Entropie. Aufgrund des 2. Hauptsatzes der Thermodynamik gilt das folgende fundamentale Naturgesetz. In einem energetisch und stofflich abgeschlossenen Reaktionsraum können nur Vorgänge ablaufen, bei denen die Entropie wächst. Ein solches System strebt einem Zustand maximaler Entropie, also maximaler Unordnung entgegen.

Im Gegensatz zur Enthalpie (vgl. Abschn. 3.4) können für die Entropie Absolutwerte berechnet werden, denn auf Grund des 3. Hauptsatzes der Thermodynamik gilt: Am absoluten Nullpunkt ist die Entropie einer idealen, kristallinen Substanz null. Als Standardentropie $S°$ ist die Entropie von einem Mol einer reinen Phase bei 25 °C und 1 bar festgelegt worden. Für Gase wird ideales Verhalten vorausgesetzt.

Tab. 3.3 enthält die $S°$-Werte einiger Stoffe. Mit den Standardentropien können die Entropieänderungen von Vorgängen bei Standardbedingungen berechnet werden.

Tab. 3.3: Standardentropien einiger Stoffe ($S°$ in $J\,K^{-1}\,mol^{-1}$).

Gasförmiger Zustand				Flüssiger Zustand	
H	114,7	O_3	238,9		
H_2	130,7	H_2O	188,8	H_2O	70,0
F	158,8	H_2S	205,8		
F_2	202,8	SO_2	248,3	**Fester Zustand**	
Cl	165,2	SO_3	256,8	$C_{Graphit}$	5,7
Cl_2	223,1	CO	197,7	$C_{Diamant}$	2,4
I	180,8	CO_2	213,8	Ca	41,6
I_2	260,8	NH_3	192,5	Fe	27,3
N	153,3	NO	210,8	I_2	116,1
N_2	191,6	NO_2	240,1	$P_{weiß}$	41,1
O	161,1	HF	173,8	P_{rot}	22,8
O_2	205,2	HCl	186,9	S	32,1
		HI	206,6	CaO	38,1
				$\alpha\text{-}Fe_2O_3$	87,4

Beispiele für Entropieänderungen bei Phasenumwandlungen:

$$H_2O\,(l) \longrightarrow H_2O\,(g)$$

$$\Delta S^{\circ}_{298} = S^{\circ}\,(H_2O\,(g)) - S^{\circ}\,(H_2O\,(l))$$

$$\Delta S^{\circ}_{298} = 188,8\,J\,K^{-1}\,mol^{-1} - 70,0\,J\,K^{-1}\,mol^{-1} = 118,8\,J\,K^{-1}\,mol^{-1}$$

Die errechnete Entropieänderung würde auftreten, wenn der Phasenübergang $H_2O\,(l) \longrightarrow H_2O\,(g)$ bei 25 °C und 1 bar vor sich ginge. Man gibt also die Entropie von Wasserdampf für 25 °C und 1 bar an, obwohl Wasser bei diesen Bedingungen flüssig ist. In der Tab. 3.3 sind Standardentropien auch für andere fiktive, nur rechnerisch erfassbare, aber nicht tatsächlich existierende Standardzustände angegeben.

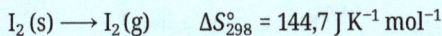

$$I_2\,(s) \longrightarrow I_2\,(g) \qquad \Delta S^{\circ}_{298} = 144,7\,J\,K^{-1}\,mol^{-1}$$

Ein Festkörper mit einer regelmäßigen Anordnung der Atome hat einen höheren Ordnungsgrad als ein Gas mit unregelmäßig angeordneten, frei beweglichen Teilchen. Bei den Phasenübergängen fest-flüssig (Schmelzen), flüssig-gasförmig (Verdampfung) und fest-gasförmig (Sublimation) nimmt der Unordnungsgrad und damit die Entropie sprunghaft zu.

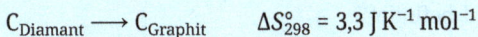

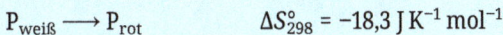

$$C_{Diamant} \longrightarrow C_{Graphit} \qquad \Delta S^{\circ}_{298} = 3,3\,J\,K^{-1}\,mol^{-1}$$

$$P_{weiß} \longrightarrow P_{rot} \qquad \Delta S^{\circ}_{298} = -18,3\,J\,K^{-1}\,mol^{-1}$$

Die Modifikationen mit der höheren Ordnung Diamant und roter Phosphor besitzen die niedrigere Entropie.

Beispiele für Entropieänderungen bei chemischen Reaktionen:

$$\tfrac{1}{2}H_2 + \tfrac{1}{2}Cl_2 \rightleftharpoons HCl$$

$$\Delta S^{\circ}_{298} = S^{\circ}(HCl) - \tfrac{1}{2}S^{\circ}(H_2) - \tfrac{1}{2}S^{\circ}(Cl_2)$$

$$\Delta S^{\circ}_{298} = 186{,}9\ J\,K^{-1}\,mol^{-1} - \tfrac{1}{2} \cdot 130{,}7\ J\,K^{-1}\,mol^{-1} - \tfrac{1}{2} \cdot 223{,}1\ J\,K^{-1}\,mol^{-1}$$

$$\Delta S^{\circ}_{298} = 10{,}0\ J\,K^{-1}\,mol^{-1}$$

$C\,(s) + O_2 \rightleftharpoons CO_2$	$\Delta S^{\circ}_{298} = 2{,}9\ J\,K^{-1}\,mol^{-1}$
$\tfrac{1}{2}H_2 \rightleftharpoons H$	$\Delta S^{\circ}_{298} = 49{,}4\ J\,K^{-1}\,mol^{-1}$
$\tfrac{1}{2}O_2 + C\,(s) \rightleftharpoons CO$	$\Delta S^{\circ}_{298} = 89{,}4\ J\,K^{-1}\,mol^{-1}$
$\tfrac{1}{2}N_2 + \tfrac{3}{2}H_2 \rightleftharpoons NH_3$	$\Delta S^{\circ}_{298} = -99{,}4\ J\,K^{-1}\,mol^{-1}$
$Ca\,(s) + \tfrac{1}{2}O_2 \rightleftharpoons CaO\,(s)$	$\Delta S^{\circ}_{298} = -106{,}1\ J\,K^{-1}\,mol^{-1}$

Große Entropieänderungen treten auf, wenn bei der Reaktion eine Änderung der Stoffmenge der gasförmigen Reaktionsteilnehmer erfolgt. Bei abnehmender Stoffmenge gasförmiger Stoffe nimmt die Entropie ab, bei zunehmender Stoffmenge nimmt sie zu. Aus der Änderung der Stoffmenge der gasförmigen Komponenten kann man ohne Kenntnis der Entropiewerte abschätzen, ob bei einer chemischen Reaktion eine Entropiezunahme oder eine Entropieabnahme erfolgt.

Wenn in einem System Reaktionen ablaufen, bei denen die Entropie abnimmt, so muss – auf Grund des 2. Hauptsatzes – in der Umgebung des Systems eine Entropiezunahme erfolgen. Damit insgesamt eine Entropiezunahme stattfindet, muss

$$\Delta S_{\text{Umgebung}} + \Delta S_{\text{System}} > 0$$

sein. Dies gilt für tatsächlich ablaufende Prozesse, also irreversible Prozesse.

Gedanklich lassen sich Zustandsänderungen durchführen, die reversibel sind. Ein reversibler Vorgang lässt sich nicht experimentell verwirklichen, denn er verläuft unendlich langsam, es erfolgen nur unendlich kleine Änderungen der Zustandsgrößen, die jederzeit wieder umkehrbar sein müssen, so dass das System sich dauernd im Gleichgewichtszustand befindet.

Freie Reaktionsenthalpie, freie Standardbildungsenthalpie

Die Gleichgewichtslage einer chemischen Reaktion hängt sowohl von der Reaktionsenthalpie ΔH als auch von der Reaktionsentropie ΔS ab. Entropie und Enthalpie werden daher zu einer neuen Zustandsfunktion, der freien Enthalpie G, verknüpft. Für eine chemische Reaktion, die bei der Temperatur T abläuft, ist die freie Reaktionsenthalpie

$$\Delta G = \Delta H - T\Delta S. \tag{3.9}$$

Wenn alle Reaktionsteilnehmer im Standardzustand (vgl. Abschn. 3.4) vorliegen, ist die pro Formelumsatz auftretende Änderung der freien Reaktionsenthalpie

$$\Delta G° = \Delta H° - T\Delta S°. \tag{3.10}$$

$\Delta G°$ ist die freie Standardreaktionsenthalpie.

Gewinnt man bei einem chemischen Prozess Arbeit, so kann bei einer isotherm (T = const) ablaufenden chemischen Reaktion ihr Betrag maximal ΔG sein (maximale Arbeit). Dies ergibt sich aus folgender Überlegung: Nimmt bei einer Reaktion die Entropie um ΔS ab, dann muss der Umgebung mindestens die Entropie ΔS zugeführt werden, damit insgesamt keine Entropieabnahme erfolgt. Von der frei werdenden Reaktionsenthalpie ΔH muss daher mindestens der Anteil $T\Delta S$ an die Umgebung abgegeben werden, und nur der Rest steht zur Arbeitsleistung zur Verfügung. Nimmt bei einer Reaktion die Entropie um ΔS zu, so kann bei insgesamt konstanter Entropie auch noch die der Umgebung entnommene Wärme $T\Delta S$ in Arbeit umgewandelt werden. Da bei allen tatsächlich ablaufenden Vorgängen die Entropie wächst, ist die maximale Arbeit ein praktisch nicht erreichbarer Grenzwert, der nur für reversible Prozesse gilt, bei denen die Gesamtentropie konstant ist. Für reale Prozesse ist $W < \Delta G$. Bei elektrochemischen Reaktionen ist die maximale Arbeit mit der elektromotorischen Kraft (EMK) ΔE der Reaktion wie folgt verknüpft (vgl. Abschn. 3.8.4).

$$\Delta G = -zF\,\Delta E \tag{3.11}$$

zF ist die bei vollständigem Umsatz transportierte Ladungsmenge (vgl. Abschn. 3.8.5). Für Standardbedingungen erhält man aus $\Delta G°$ die Standard-EMK (vgl. Abschn. 3.8.5).

$$\Delta G° = -zF\,\Delta E° \tag{3.12}$$

Ebenso wie Absolutwerte der Enthalpie (vgl. Abschn. 3.4) sind auch Absolutwerte der freien Enthalpie nicht messbar. Man setzt daher die freie Enthalpie der Elemente in ihren Standardzuständen null und bestimmt die freie Bildungsenthalpie chemischer Verbindungen, die bei ihrer Bildung aus den Elementen auftritt. Die freie Standardbildungsenthalpie $\Delta G_B°$ ist die freie Enthalpie, die bei der Bildung von 1 mol einer Verbindung im Standardzustand aus den Elementen im Standardzustand auftritt.

Beispiel:

$$C + O_2 \rightleftharpoons CO_2 \qquad \Delta G_B^\circ = -394{,}4 \text{ kJ mol}^{-1}$$

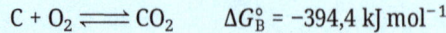

Die Aussage $\Delta G_B^\circ = -394$ kJ mol^{-1} bedeutet, dass die freie Enthalpie von 1 mol CO_2 bei 25 °C und 1 bar um 394 kJ kleiner ist als die Summe der freien Enthalpie von 1 mol $C_{Graphit}$ und 1 mol O_2 unter gleichen Bedingungen.

Tab. 3.4: Freie Standardbildungsenthalpien (ΔG_B° in kJ/mol).

P_4 (g)	+ 24,4	CO	− 137,2	CaO (s)	− 603,3
S_8 (g)	+ 49,7	CO_2	− 394,4	α-Al_2O_3 (s)	−1582,3
O_3	+163,3	NH_3	− 16,4	SiO_2 (s)	− 856,3
HF	−275,4	NO	+ 87,6	α-Fe_2O_3 (s)	− 742,2
HCl	− 95,3	NO_2	+ 51,3	Fe_3O_4 (s)	−1015,4
HBr	− 53,4	P_4O_{10} (s)	−2699,8	FeS_2 (s)	− 166,9
HI	+ 1,7	SO_2	− 300,1	CuO (s)	− 129,7
H_2O (g)	−228,6	SO_3 (g)	− 371,1	H	+ 203,3
H_2O (l)	−237,1	NaCl (s)	− 384,1	O	+ 231,7
H_2O_2 (l)	−120,4	NaF (s)	− 546,3	F	+ 62,3
H_2S	− 33,4	MgO (s)	− 569,3	Cl	+ 105,3
				N	+ 455,5

Die ΔG_B°-Werte einiger Verbindungen sind in der Tab. 3.4 angegeben. Mit den ΔG_B°-Werten lassen sich die freien Enthalpien ΔG° chemischer Reaktionen für Standardbedingungen berechnen.

Beispiel:

$$\tfrac{1}{2} CO_2 + \tfrac{1}{2} C \rightleftharpoons CO$$

$$\Delta G_{298}^\circ = \Delta G_B^\circ (CO) - \tfrac{1}{2}\Delta G_B^\circ (C) - \tfrac{1}{2}\Delta G_B^\circ (CO_2)$$

$$\Delta G_{298}^\circ = 1(-137{,}2 \text{ kJ mol}^{-1}) - 0 - \tfrac{1}{2}(-394{,}4 \text{ kJ mol}^{-1})$$

$$\Delta G_{298}^\circ = 60{,}0 \text{ kJ mol}^{-1}$$

In einem abgeschlossenen System sind nur Vorgänge möglich, bei denen die Entropie zunimmt. Ein chemisches Reaktionssystem ist normalerweise nicht abgeschlossen, mit der Umgebung kann Energie ausgetauscht werden. Bei isotherm und isobar ablaufenden chemischen Reaktionen führt der Austausch der Reaktionsenthalpie zu einer Entropieänderung der Umgebung um

$$\Delta S_{\text{Umgebung}} = -\frac{\Delta H_{\text{Reaktion}}}{T}$$

An die Umgebung abgegebene Reaktionsenthalpie (ΔH negativ) führt zu einer Entropiezunahme der Umgebung (ΔS positiv). Ist die Reaktion endotherm (ΔH positiv), nimmt die Entropie der Umgebung ab (ΔS negativ). Für die Entropie des Gesamtsystems gilt

$$\Delta S_{\text{Gesamtsystem}} = \Delta S_{\text{Reaktion}} + \Delta S_{\text{Umgebung}} > 0$$

Für das chemische Reaktionssystem folgt daraus

$$\Delta S_{\text{Reaktion}} - \frac{\Delta H_{\text{Reaktion}}}{T} > 0 \quad \text{und} \quad \Delta G_{\text{Reaktion}} < 0$$

Die Entropie des Gesamtsystems kann nur zunehmen, wenn die freie Reaktionsenthalpie ΔG negativ ist. Die Größe von ΔG, die sich nur auf das chemische Reaktionssystem und nicht auch auf seine Umgebung bezieht, entscheidet also darüber, ob eine Reaktion möglich ist.

Bei konstanter Temperatur und konstantem Druck kann eine chemische Reaktion nur dann freiwillig ablaufen, wenn dabei die freie Enthalpie G abnimmt.

$\Delta G < 0$ Die Reaktion läuft freiwillig ab, es kann Arbeit gewonnen werden.
$\Delta G > 0$ Die Reaktion kann nur durch Zufuhr von Arbeit erzwungen werden.
$\Delta G = 0$ Es herrscht Gleichgewicht.

Mit Hilfe dieser Gleichgewichtsbedingung kann man das MWG und eine Beziehung zwischen K_p und $\Delta G°$ ableiten.[4] Für Gasreaktionen erhält man

$$\Delta G° = -RT \ln K_p$$

Temperatur und Gleichgewichtslage
Mit der Gleichung

$$\Delta G = \Delta H - T\Delta S$$

kann man die Beziehung zwischen ΔS, ΔH, T und Gleichgewichtslage diskutieren. Bei sehr niedrigen Temperaturen ist $T\Delta S \ll \Delta H$, daraus folgt

$$\Delta G \approx \Delta H \tag{3.13}$$

---

[4] Siehe z. B. Riedel/Janiak, Anorganische Chemie, 10. Aufl., 2022.

Bei tiefen Temperaturen laufen nur exotherme Reaktionen freiwillig ab. Bei sehr hohen Temperaturen ist $T\Delta S \gg \Delta H$ und demnach

$$\Delta G \approx -T\Delta S \qquad (3.14)$$

Bei sehr hohen Temperaturen können nur solche Reaktionen ablaufen, bei denen die Entropie der Endstoffe größer als die der Ausgangsstoffe ist.

Nach den Vorzeichen von $\Delta H°$ und $\Delta S°$ lassen sich chemische Reaktionen in verschiedene Gruppen einteilen (Energiegrößen in kJ mol^{-1}).

Zur Berechnung der Temperaturabhängigkeit von K_p wird die Temperaturabhängigkeit von $\Delta H°$ und $\Delta S°$ nicht berücksichtigt. Aber auch bei hohen Temperaturen liefert die einfache Näherung nur geringe Unterschiede zu den experimentellen Werten.

1. $\Delta H°$ negativ, $\Delta S°$ positiv.

Reaktion	$\Delta H°$	$-T\Delta S°$		$\Delta G°$		lg $K_p/K_p°$	
	298 K	298 K	1300 K	298 K	1300 K	298 K	1300 K
$\frac{1}{2}H_2 + \frac{1}{2}Cl_2 \rightleftharpoons HCl$	− 92,3	−3,0	−13,0	− 95,3	−105,3	+16,7	+ 4,2
$C + O_2 \rightleftharpoons CO_2$	−393,5	−0,9	− 3,8	−394,4	−397,3	+69,1	+16,0

Die Gleichgewichtslage verschiebt sich zwar mit steigender Temperatur in Richtung der Ausgangsstoffe, aber bis zu hohen Temperaturen sind die Verbindungen thermodynamisch stabil.

2. $\Delta H°$ positiv, $\Delta S°$ negativ.

Reaktion	$\Delta H°$	$-T\Delta S°$		$\Delta G°$		lg $K_p/K_p°$	
	298 K	298 K	1300 K	298 K	1300 K	298 K	1300 K
$\frac{1}{2}Cl_2 + O_2 \rightleftharpoons ClO_2$	+102,5	+17,9	+77,9	+120,4	+180,4	−21,1	−7,2
$\frac{3}{2}O_2 \rightleftharpoons O_3$	+142,7	+20,5	+89,4	+163,2	+232,1	−28,6	−9,3
$\frac{1}{2}N_2 + O_2 \rightleftharpoons NO_2$	+ 33,2	+18,1	+79,2	+ 51,3	+112,4	− 9,0	−4,5

Das Gleichgewicht liegt bei allen Temperaturen weitgehend auf der Seite der Ausgangsstoffe. ClO_2, O_3 und NO_2 sind bei allen Temperaturen thermodynamisch instabil und bei tieferen Temperaturen nur deswegen existent, weil die Zersetzungsgeschwindigkeit sehr klein ist (vgl. Abschn. 3.6). Wird bei höherer Temperatur die Zersetzungs-

geschwindigkeit ausreichend groß, dann zerfallen diese Verbindungen rasch oder sogar explosionsartig.

3. $\Delta H°$ und $\Delta S°$ haben das gleiche Vorzeichen.

Reaktion	$\Delta H°_{298}$	$-T\Delta S°$		$\Delta G°$		lg K_p / $K_p°$	
		298 K	1300 K	298 K	1300 K	298 K	1300 K
$\frac{1}{2} H_2 \rightleftharpoons 2H$	+218,1	−14,7	− 64,2	+203,4	+153,9	−35,6	−6,2
$\frac{1}{2} N_2 + \frac{1}{2} O_2 \rightleftharpoons NO$	+ 90,3	− 3,7	− 16,1	+ 86,6	+ 74,2	−15,2	−3,0
$\frac{1}{2} CO_2 + \frac{1}{2} C \rightleftharpoons CO$	+ 86,3	−26,2	−114,4	+ 60,1	− 28,1	−10,5	+1,1
$\frac{1}{2} N_2 + \frac{3}{2} H_2 \rightleftharpoons NH_3$	− 46,1	+29,6	+129,1	− 16,5	+ 83,0	+ 2,9	−3,3
$H_2 + \frac{1}{2} O_2 \rightleftharpoons H_2O$	−242,1	+13,2	+ 57,7	−228,8	−184,3	+40,1	+7,4

Wenn $\Delta H°$ und $\Delta S°$ das gleiche Vorzeichen haben, dann wirken sie auf die Gleichgewichtslage gegensätzlich. Je nach Temperatur können Ausgangsstoffe oder Endstoffe
stabil sein (Abb. 3.22). Bei tiefen Temperaturen bestimmt ΔH die Gleichgewichtslage,
bei hohen Temperaturen ΔS (vgl. Gl. (3.13) und (3.14)). Stark endotherme Reaktionen
mit Entropieerhöhung laufen teilweise erst bei sehr hohen Temperaturen ab. Zum
Beispiel ist bei 2 000 °C nur 1 % NO im Gleichgewicht mit N_2 und O_2. Beim Boudouard-
Gleichgewicht (vgl. Abb. 3.21) ist schon bei 1 300 K CO_2 weitgehend zu CO umgesetzt,
da wegen des größeren $\Delta S°$-Wertes $\Delta G°_{1300}$ bereits negativ ist.

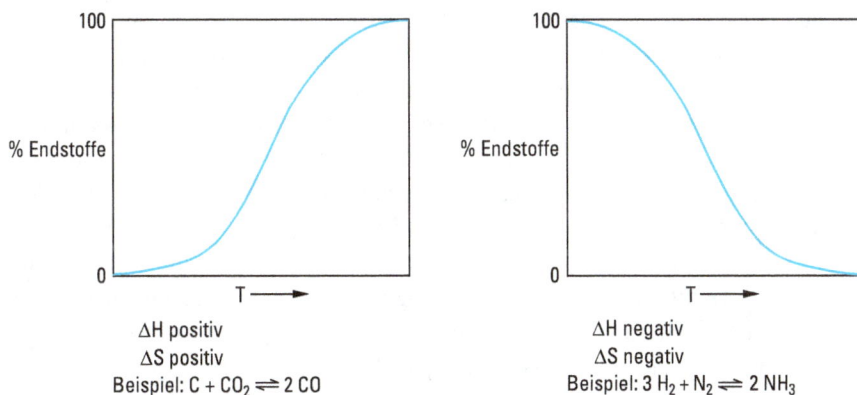

ΔH positiv
ΔS positiv
Beispiel: $C + CO_2 \rightleftharpoons 2\,CO$

ΔH negativ
ΔS negativ
Beispiel: $3\,H_2 + N_2 \rightleftharpoons 2\,NH_3$

Abb. 3.22: Temperaturabhängigkeit der Gleichgewichtslage für Reaktionen mit gleichen Vorzeichen
der Reaktionsenthalpie und Reaktionsentropie.

Verbindungen, bei denen $\Delta H°$ negativ ist, zersetzen sich bei hoher Temperatur, wenn bei der Zersetzung die Entropie wächst. Bei 1 bar ist schon bei 500 °C nur noch 0,1 % NH_3 im Gleichgewicht mit N_2 und H_2 (vgl. Abb. 3.20). Die thermische Zersetzung von H_2O erfolgt erst bei weit höheren Temperaturen (vgl. Rechenbeispiel S. 169), da $\Delta H°$ erst bei höheren Temperaturen von $T\Delta S°$ kompensiert wird.

3.6 Die Geschwindigkeit chemischer Reaktionen

3.6.1 Allgemeines

Chemische Reaktionen verlaufen mit sehr unterschiedlicher Geschwindigkeit. Je nach Reaktionsgeschwindigkeit wird daher die Gleichgewichtslage bei verschiedenen chemischen Reaktionen in sehr unterschiedlichen Zeiten erreicht.

Beispiele sind die Reaktionen

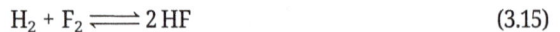

$$H_2 + F_2 \rightleftharpoons 2\,HF \tag{3.15}$$

und

$$H_2 + Cl_2 \rightleftharpoons 2\,HCl \tag{3.16}$$

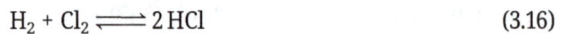

Bei beiden Reaktionen liegt das Gleichgewicht ganz auf der rechten Seite. Wasserstoffmoleküle reagieren mit Fluormolekülen sehr schnell zu Fluorwasserstoff, so dass die Gleichgewichtslage der Reaktion (3.15) momentan erreicht wird. Chlormoleküle und Wasserstoffmoleküle reagieren bei Normalbedingungen nicht miteinander, so dass bei der Reaktion (3.16) sich das Gleichgewicht nicht einstellt. Die Gleichgewichtslage hat also keinen Einfluss auf die Reaktionsgeschwindigkeit.

Für die praktische Durchführung chemischer Reaktionen, besonders technisch wichtiger Prozesse, muss nicht nur die Lage des Gleichgewichts günstig sein, sondern auch die Reaktionsgeschwindigkeit ausreichend schnell sein. Wodurch nun kann man die Reaktionsgeschwindigkeit einer Reaktion in gewünschter Weise beeinflussen?

Die Erfahrung zeigt, dass die Reaktionsgeschwindigkeit von der Konzentration der Reaktionsteilnehmer und von der Temperatur abhängt. So erfolgt z. B. in reinem Sauerstoff schnellere Oxidation als in Luft. Bei Erhöhung der Temperatur wächst die Oxidationsgeschwindigkeit. Nach einer Faustregel wächst die Geschwindigkeit einer Reaktion um das 2–4fache, wenn die Temperatur um 10 K erhöht wird.

Eine Erhöhung der Reaktionsgeschwindigkeit kann auch durch so genannte Katalysatoren erreicht werden.

Mit der Geschwindigkeit und den Mechanismen chemischer Reaktionen befasst sich die Chemische Kinetik.

3.6.2 Konzentrationsabhängigkeit der Reaktionsgeschwindigkeit

In welcher Weise die Geschwindigkeit einer Reaktion von der Konzentration der Reaktionspartner abhängt, muss experimentell ermittelt werden.

Die Reaktionsgeschwindigkeit r ist die zeitliche Änderung der Konzentration jedes Reaktionsteilnehmers $\frac{dc}{dt}$ bezogen auf die stöchiometrische Zahl v: $r = \frac{1}{v}\frac{dc}{dt}$. Für die Reaktionsprodukte ist $\frac{dc}{dt} > 0$, $v > 0$, also r positiv. Für die Ausgangsstoffe ist $\frac{dc}{dt} < 0$, $v < 0$, also r ebenfalls positiv. Für die Reaktion $2\,A + B \longrightarrow C + 2\,D$ ist z. B.

$$r = -\frac{1}{2}\frac{dc_A}{dt} = -\frac{dc_B}{dt} = \frac{dc_C}{dt} = \frac{1}{2}\frac{dc_D}{dt}$$

Für die Spaltung von Distickstoffoxid N_2O in Sauerstoff und Stickstoff entsprechend der Reaktionsgleichung

$$2\,N_2O \longrightarrow O_2 + 2\,N_2 \tag{3.17}$$

gilt die Geschwindigkeitsgleichung

$$r = -\frac{1}{2}\frac{dc_{N_2O}}{dt} = k\,c_{N_2O}$$

Diese Gleichung sagt aus, dass die Abnahme der Konzentration von N_2O pro Zeiteinheit proportional der Konzentration an N_2O ist. In der Geschwindigkeitsgleichung tritt also die Konzentration mit dem Exponenten +1 auf. Reaktionen, die diesem Zeitgesetz gehorchen, werden als Reaktionen erster Ordnung bezeichnet. Der radioaktive Zerfall ist ebenfalls eine Reaktion erster Ordnung (vgl. Abschn. 1.3.1). k wird als Geschwindigkeitskonstante der Reaktion bezeichnet. Sie ist für eine bestimmte Reaktion eine charakteristische Größe und kann für verschiedene Reaktionen sehr unterschiedlich groß sein.

Der Zerfall von Iodwasserstoff in Iod und Wasserstoff erfolgt nach der Gleichung

$$2\,HI \longrightarrow I_2 + H_2$$

Die dafür gefundene Geschwindigkeitsgleichung lautet:

$$r = -\frac{1}{2}\frac{dc_{HI}}{dt} = k\,c_{HI}^2$$

Hier tritt die Konzentration mit dem Exponenten 2 auf, es liegt eine Reaktion zweiter Ordnung vor.

Bei der Reaktion 2. Ordnung hängt die Reaktionsgeschwindigkeit linear von der Konzentration zweier Reaktionspartner oder aber quadratisch von der Konzentration eines Reaktionspartners ab.

Chemische Bruttogleichungen geben nur die Anfangs- und Endprodukte einer Reaktion an, also die Stoffbilanz, aber nicht den molekularen Ablauf, den Mechanismus der Reaktion. Trotz ähnlicher Bruttogleichungen zerfallen N_2O und HI nach verschiedenen Reaktionsmechanismen.

N_2O reagiert in zwei Schritten:

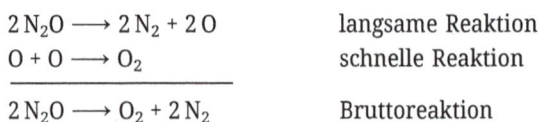

$$2\,N_2O \longrightarrow 2\,N_2 + 2\,O \qquad \text{langsame Reaktion}$$
$$O + O \longrightarrow O_2 \qquad \text{schnelle Reaktion}$$
$$\overline{2\,N_2O \longrightarrow O_2 + 2\,N_2} \qquad \text{Bruttoreaktion}$$

Liegt eine Folge von Reaktionsschritten vor, bestimmt der langsamste Reaktionsschritt die Geschwindigkeit der Gesamtreaktion. Geschwindigkeitsbestimmender Reaktionsschritt für die Reaktion (3.17) ist der Zerfall von N_2O in $N_2 + O$. Bei diesem Reaktionsschritt erfolgt an einer Goldoberfläche spontaner Zerfall von N_2O-Molekülen (vgl. Abb. 3.23). Für den Zerfall ist ein Zusammenstoß mit anderen Molekülen nicht erforderlich. Solche Reaktionen nennt man monomolekulare Reaktionen. Monomolekulare Reaktionen sind Reaktionen erster Ordnung. Der Zerfall von N_2O verläuft daher nach einem Zeitgesetz erster Ordnung.

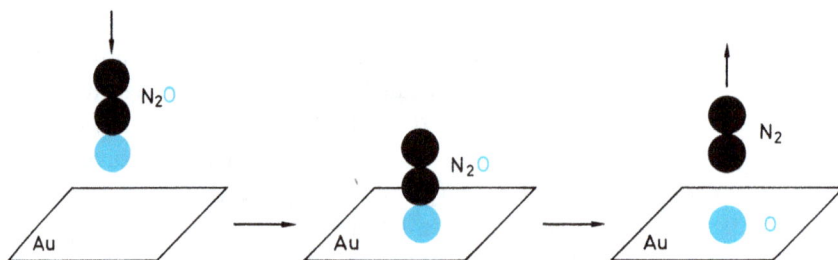

Abb. 3.23: Beispiel einer monomolekularen Reaktion. N_2O-Moleküle zerfallen nach Anlagerung an einer Goldoberfläche in N_2-Moleküle und O-Atome. Die Reaktionsgeschwindigkeit dieses Zerfalls ist proportional der N_2O-Konzentration. Monomolekulare Reaktionen sind Reaktionen erster Ordnung.

Da HI nach einem Zeitgesetz zweiter Ordnung zerfällt, liegt beim HI-Zerfall offenbar ein anderer Reaktionsmechanismus vor. Der geschwindigkeitsbestimmende Schritt ist die Reaktion zweier HI-Moleküle zu H_2 und I_2 durch einen Zusammenstoß der beiden HI-Moleküle, einen Zweierstoß: $HI + HI \longrightarrow H_2 + I_2$. Eine solche Reaktion nennt man bimolekulare Reaktion (vgl. Abb. 3.24). Das Zeitgesetz dafür hat die Ordnung zwei.

Bei einer trimolekularen Reaktion erfolgt ein gleichzeitiger Zusammenstoß dreier Teilchen. Da Dreierstöße weniger wahrscheinlich sind als Zweierstöße, sind trimolekulare Reaktionen als geschwindigkeitsbestimmender Schritt selten.

Aus der experimentell bestimmten Reaktionsordnung kann nicht ohne weiteres auf den Reaktionsmechanismus geschlossen werden. Eine experimentell bestimmte

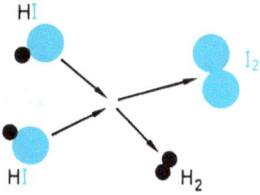

Abb. 3.24: Beispiel einer bimolekularen Reaktion. Zwei HI-Moleküle reagieren beim Zusammenstoß zu einem H_2- und einem I_2-Molekül. Die Reaktionsgeschwindigkeit des HI-Zerfalls ist proportional dem Quadrat der HI-Konzentration. Bimolekulare Reaktionen sind Reaktionen zweiter Ordnung.

Reaktionsordnung kann durch verschiedene Mechanismen erklärt werden und zwischen den möglichen Mechanismen muss aufgrund zusätzlicher Experimente entschieden werden.

Ein Beispiel ist die HI-Bildung aus H_2 und I_2. Als Zeitgesetz wird eine Reaktion zweiter Ordnung gefunden. Dieses Zeitgesetz könnte durch die bimolekulare Reaktion

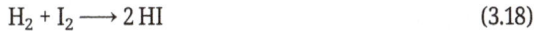

$$H_2 + I_2 \longrightarrow 2\,HI \tag{3.18}$$

als geschwindigkeitsbestimmender Schritt zustande kommen. Wie die folgenden Gleichungen zeigen, ist der Reaktionsmechanismus aber komplizierter.

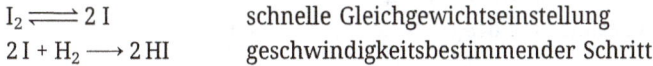

$$I_2 \rightleftharpoons 2\,I \qquad \text{schnelle Gleichgewichtseinstellung}$$
$$2\,I + H_2 \longrightarrow 2\,HI \qquad \text{geschwindigkeitsbestimmender Schritt}$$

Zunächst erfolgt als schnelle Reaktion die Dissoziation eines I_2-Moleküls in I-Atome, wobei sich ein Gleichgewicht zwischen I_2 und I ausbildet. Es folgt als geschwindigkeitbestimmender Schritt eine langsame trimolekulare Reaktion, also ein Dreierstoß von zwei I-Atomen und einem H_2-Molekül (Abb. 3.25) Die Konzentration der I-Atome ist durch das MWG gegeben.

$$\frac{c_I^2}{c_{I_2}} = K \tag{3.19}$$

Die Geschwindigkeitsgleichung der trimolekularen Reaktion ist 3. Ordnung und lautet:

$$r = \frac{1}{2}\frac{dc_{HI}}{dt} = k\,c_I^2\,c_{H_2} \tag{3.20}$$

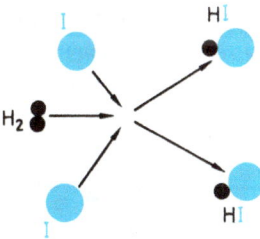

Abb. 3.25: Beispiel einer trimolekularen Reaktion. Bei einem Dreierstoß zwischen einem H_2-Molekül und zwei I-Atomen bilden sich zwei HI-Moleküle. Trimolekulare Reaktionen sind Reaktionen dritter Ordnung.

Setzt man Gl. (3.19) in (3.20) ein, erhält man

$$r = \frac{1}{2}\frac{dc_{HI}}{dt} = K\,k\,c_{I_2}\,c_{H_2} = k'\,c_{I_2}\,c_{H_2} \tag{3.21}$$

Gl. (3.21) ist identisch mit der Geschwindigkeitsgleichung, die für die Reaktion (3.18) bei einem bimolekularen Reaktionsmechanismus zu erwarten wäre.

3.6.3 Temperaturabhängigkeit der Reaktionsgeschwindigkeit

Die Geschwindigkeit chemischer Reaktionen nimmt mit wachsender Temperatur stark zu. Die Temperaturabhängigkeit der Reaktionsgeschwindigkeitskonstante wird durch die Arrhenius-Gleichung beschrieben.

$$k = k_0\,e^{-E_A/RT}$$

k_0 und E_A sind für jede chemische Reaktion charakteristische Konstanten. Für die Geschwindigkeitsgleichung des HI-Zerfalls z. B. erhält man danach

$$r = k_0\,e^{-E_A/RT}\,c_{HI}^2$$

Diese Gleichung kann folgendermaßen interpretiert werden: Würde bei jedem Zusammenstoß zweier HI-Moleküle im Gasraum eine Reaktion zu H_2 und I_2 erfolgen, wäre die Reaktionsgeschwindigkeit die größtmögliche. Die Reaktionsgeschwindigkeit müsste dann aber viel höher sein als beobachtet wird. Tatsächlich führt nur ein Teil der Zusammenstöße zur Reaktion. Dabei spielen zwei Faktoren eine Rolle, die Aktivierungsenergie und der sterische Faktor.

Es können nur solche HI-Moleküle miteinander reagieren, die beim Zusammenstoß einen aktiven Zwischenzustand bilden, der eine um E_A größere Energie besitzt als der Durchschnitt der Moleküle. Man nennt diesen Energiebetrag E_A daher Aktivierungsenergie der Reaktion (vgl. Abb. 3.26). Die Reaktionsgeschwindigkeit wird dadurch um den Faktor $e^{-E_A/RT}$ verkleinert. Je kleiner E_A und je größer T ist, umso mehr Zusammenstöße sind erfolgreiche Zusammenstöße, die zur Reaktion führen.

Der Einfluss der Aktivierungsenergie und der Temperatur auf die Reaktionsgeschwindigkeit ist mit der schon behandelten Geschwindigkeitsverteilung der Gasmoleküle anschaulich zu verstehen. In der Abb. 3.27 ist die Energieverteilung für ein Gas bei zwei Temperaturen dargestellt. Bei einer bestimmten Temperatur besitzt nur ein Teil der Moleküle die zu einer Reaktion notwendige Mindestenergie. Je größer die Aktivierungsenergie ist, umso weniger Moleküle sind zur Reaktion befähig. Erhöht man die Temperatur, wächst die Zahl der Moleküle, die die zur Reaktion notwendige Aktivierungsenergie besitzen, die Reaktionsgeschwindigkeit nimmt zu.

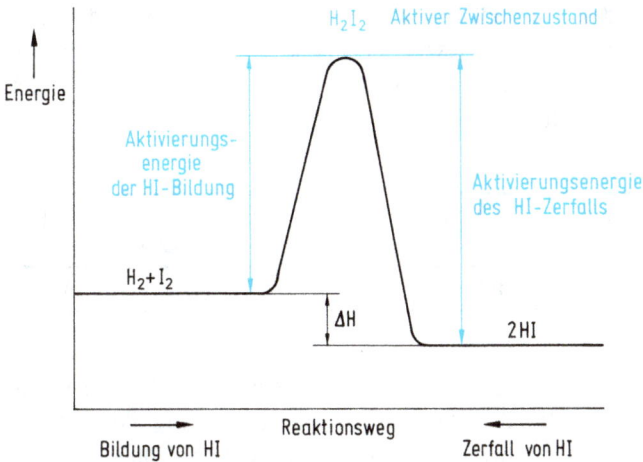

Abb. 3.26: Energiediagramm der Gleichgewichtsreaktion $H_2 + I_2 \rightleftharpoons 2\,HI$. Beim Zusammenstoß von Teilchen im Gasraum kann nur dann eine Reaktion stattfinden, wenn sich ein energiereicher aktiver Zwischenzustand ausbildet. Nur solche Zusammenstöße sind erfolgreich, bei denen die Teilchen die dazu notwendige Aktivierungsenergie besitzen. Dies gilt für beide Reaktionsrichtungen. Aktive Zwischenzustände sind extrem kurzlebig, ihre Dynamik muss im Femtosekunden-Bereich (1 fs = 10^{-15} s) untersucht werden (Femtochemie).

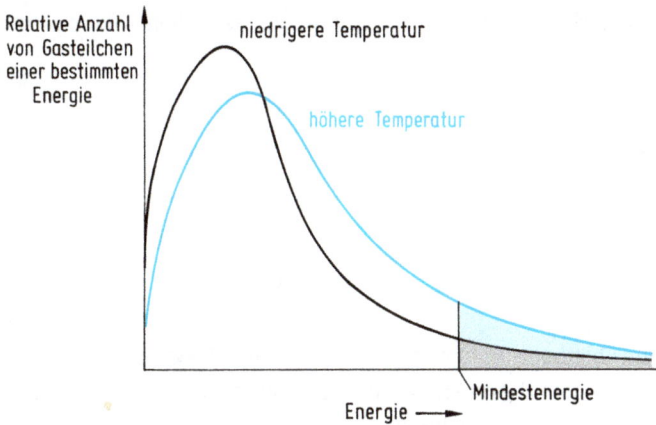

Abb. 3.27: Einfluss der Aktivierungsenergie und der Temperatur auf die Reaktionsgeschwindigkeit. Nur ein Bruchteil der Moleküle besitzt die notwendige Mindestenergie, um bei einem Zusammenstoß einen aktiven Zwischenzustand zu bilden. Mit zunehmender Temperatur wächst der Anteil dieser Moleküle, die Reaktionsgeschwindigkeit erhöht sich.

Der Faktor $e^{-E_A/RT}$ gibt den Bruchteil der Zusammenstöße an, bei denen die Energie gleich oder größer als die Aktivierungsenergie E_A ist. Die Größe des Einflusses der Aktivierungsenergie und der Temperatur auf die Reaktionsgeschwindigkeit der Reaktion $2\,HI \longrightarrow H_2 + I_2$ zeigen die folgenden Zahlenwerte.

Reaktion	E_A in kJ mol^{-1}	k_0 in l mol^{-1} s^{-1}	$e^{-E_A/RT}$		
			300 K	600 K	900 K
$2\,HI \longrightarrow H_2 + I_2$	184	10^{11}	10^{-32}	10^{-16}	10^{-11}

Bei einer Konzentration von 1 mol/l HI würde das Gleichgewicht in 10^{-11} s erreicht, wenn alle Zusammenstöße der HI-Moleküle zur Reaktion führten. Die Aktivierungsenergie verringert die Reaktionsgeschwindigkeit so drastisch, dass bei 300 K praktisch keine Reaktion stattfindet. Bei 600 K zerfallen 10^{-5} mol l^{-1} s^{-1}, bei 900 K wird das Gleichgewicht in etwa 1 s erreicht.

Aber nicht alle Zusammenstöße, bei denen eine ausreichende Aktivierungsenergie vorhanden ist, führen zur Reaktion. Die zusammenstoßenden Moleküle müssen auch in einer bestimmten räumlichen Orientierung aufeinander treffen. Beim HI-Zerfall führen nur etwa 50 % der Zusammenstöße mit ausreichender Aktivierungsenergie zur Reaktion.

Man kann dies in der Arrhenius-Gleichung durch einen sterischen Faktor p berücksichtigen.

$$k = p\,k_{max}\,e^{-E_A/RT}$$

Für den HI-Zerfall ist $p = 0{,}5$.

3.6.4 Reaktionsgeschwindigkeit und chemisches Gleichgewicht

Im Gleichgewichtszustand bleiben die Konzentrationen der Reaktionsteilnehmer konstant. Die Geschwindigkeit der Hinreaktion muss also gleich der Geschwindigkeit der Rückreaktion sein. Für die Gleichgewichtsreaktion

$$H_2 + I_2 \rightleftharpoons 2\,HI$$

findet man für die Bildungsgeschwindigkeit $r_{Bildung}$ von HI die Beziehung

$$r_{Bildung} = k_{Bildung}\,c_{H_2}\,c_{I_2}$$

und für die Zerfallsgeschwindigkeit $r_{Zerfall}$ von HI

$$r_{Zerfall} = k_{Zerfall}\,c_{HI}^2.$$

Im Gleichgewichtszustand gilt daher

$$k_{\text{Zerfall}} c_{\text{HI}}^2 = k_{\text{Bildung}} c_{\text{H}_2} c_{\text{I}_2}.\qquad (3.22).$$

Daraus folgt

$$\frac{c_{\text{HI}}^2}{c_{\text{H}_2} c_{\text{I}_2}} = \frac{k_{\text{Bildung}}}{k_{\text{Zerfall}}} = K_c.$$

Danach ist die Massenwirkungskonstante K_c durch das Verhältnis der Geschwindigkeitskonstanten gegeben. Das MWG lässt sich also kinetisch deuten. Ist die Geschwindigkeitskonstante der Hinreaktion viel größer als die der Rückreaktion, dann wird K_c groß, das Gleichgewicht liegt auf der rechten Seite. Dies bedeutet, dass die kinetische Bedingung des Gleichgewichts der Gleichung (3.22) dadurch erreicht wird, dass die kleinere Geschwindigkeitskonstante des Zerfalls mit einer hohen Konzentration der Endstoffe multipliziert werden muss, die größere Geschwindigkeitskonstante der Bildung mit einer kleineren Konzentration der Ausgangsstoffe.

Da die Aktivierungsenergien E_A für die Bildung und den Zerfall von HI verschieden sind, ist die Temperaturabhängigkeit der Geschwindigkeitskonstanten k_{Bildung} und k_{Zerfall} unterschiedlich. Daher ist der Quotient und damit K_c temperaturabhängig.

3.6.5 Metastabile Systeme

Ist die Aktivierungsenergie E_A einer Reaktion sehr groß, so kann bei Normaltemperatur die Reaktionsgeschwindigkeit nahezu null werden. Bei den Reaktionen

$$\text{H}_2 + \tfrac{1}{2}\text{O}_2 \rightleftharpoons \text{H}_2\text{O}$$

und

$$\tfrac{1}{2}\text{H}_2 + \tfrac{1}{2}\text{Cl}_2 \rightleftharpoons \text{HCl}$$

liegen die Gleichgewichte ganz auf der rechten Seite (vgl. Abschn. 3.5.4). Wegen der sehr kleinen Reaktionsgeschwindigkeiten sind aber bei Normaltemperatur Mischungen aus H_2 und O_2 (Knallgas) und Mischungen aus H_2 und Cl_2 (Chlorknallgas) beständig und reagieren nicht zu H_2O bzw. HCl, wie es aufgrund der Gleichgewichtslage zu erwarten wäre. Im Unterschied zu stabilen Systemen, die sich im Gleichgewicht befinden, nennt man solche Systeme metastabil. Metastabile Systeme sind also kinetisch gehemmte Systeme (vgl. Abb. 3.28). Sie lassen sich aber durch Aktivierung zur Reaktion bringen und in den stabilen Gleichgewichtszustand überführen. Die Aufhebung der kinetischen Hemmung, die Aktivierung, kann durch Zuführung von Energie oder durch Katalysatoren erfolgen.

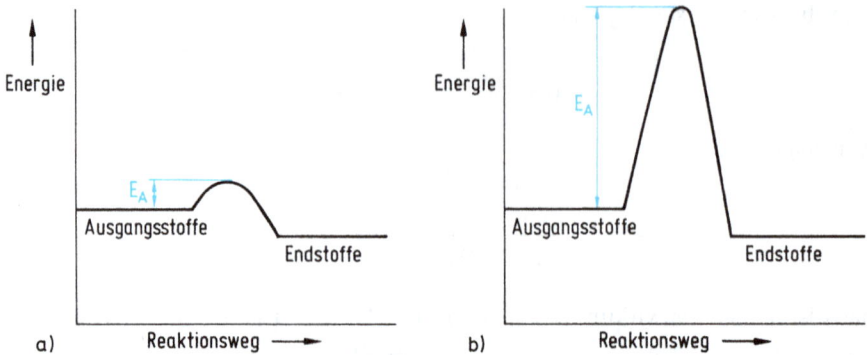

Abb. 3.28: Möglicher Energiediagramme für eine chemische Reaktion. Im Fall a) ist auf Grund der kleinen Aktivierungsenergie die Reaktionsgeschwindigkeit groß, so dass sich das Gleichgewicht rasch einstellt. Im Fall b) ist die Aktivierungsenergie sehr groß und bei Normaltemperatur die Reaktionsgeschwindigkeit so gering, dass sich der Gleichgewichtszustand nicht einstellt. Solche kinetisch gehemmten Systeme nennt man metastabil.

Bei der Zündung von Knallgas mit einer Flamme erfolgt explosionsartige Reaktion. Diese explosionsartige Reaktion kann bei Normaltemperatur auch durch einen Platinkatalysator ausgelöst werden. Die Bildung von HCl aus Chlorknallgas erfolgt durch eine Kettenreaktion, bei der die folgenden Reaktionsschritte auftreten:

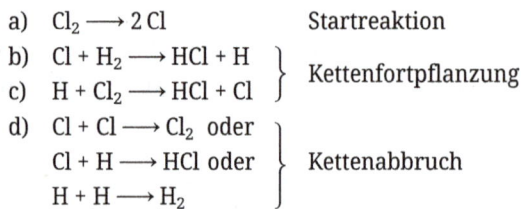

a) $Cl_2 \longrightarrow 2\,Cl$ Startreaktion

b) $Cl + H_2 \longrightarrow HCl + H$ $\left.\begin{array}{l} \\ \\ \end{array}\right\}$ Kettenfortpflanzung
c) $H + Cl_2 \longrightarrow HCl + Cl$

d) $Cl + Cl \longrightarrow Cl_2$ oder
    $Cl + H \longrightarrow HCl$ oder $\left.\begin{array}{l} \\ \\ \end{array}\right\}$ Kettenabbruch
    $H + H \longrightarrow H_2$

Als erster Reaktionsschritt erfolgt eine Spaltung von Cl_2-Molekülen in Cl-Atome (a). Dazu ist eine Aktivierungsenergie von 243 kJ/mol erforderlich. Die Cl-Atome reagieren schnell mit H_2-Molekülen nach b weiter. Die bei der Reaktion b entstehenden H-Atome reagieren mit Cl_2-Molekülen nach c weiter. Die beiden Schritte b und c wiederholen sich solange (Kettenfortpflanzung), bis durch zufällige Reaktion zweier Cl-Atome oder zweier H-Atome miteinander oder eines H-Atoms mit einem Cl-Atom die Kette abbricht (d).

In einer Reaktionskette werden durch Kettenfortpflanzung etwa 10^6 Moleküle HCl gebildet. Die Aktivierungsenergie für die Startreaktion kann in Form von Wärmeenergie oder in Form von Lichtquanten (vgl. Abschn. 1.4.2) zugeführt werden. Lichtquanten haben die erforderliche Energie bei Wellenlängen kleiner 480 nm. Bestrahlt man Chlorknallgas mit blauem Licht (450 nm), erfolgt explosionsartige Reaktion zu HCl.

Analog verläuft die Bildung von HBr aus H_2 und Br_2. Bei HI verläuft die radikalische HI-Bildung erst oberhalb 500 °C, da die Reaktion $I + H_2 \longrightarrow HI + H$ stark endotherm ist. Unterhalb 500 °C erfolgt die HI-Bildung nach dem in Abschn. 3.6.2 beschriebenen Mechanismus.

Ursache von Explosionen. Bei sehr rasch ablaufenden exothermen Reaktionen kann die frei werdende Reaktionswärme nicht mehr abgeleitet werden. Es kommt zu einer fortlaufenden Temperaturerhöhung und Steigerung der Reaktionsgeschwindigkeit (Zerfall von O_3 und ClO_2). Eine andere Ursache für explosionsartig ablaufende Reaktionen sind Kettenreaktionen mit Kettenverzweigung, bei denen sich dadurch im Verlauf der Reaktion die Reaktionsgeschwindigkeit exponentiell steigert (vgl. Knallgas Abschn. 4.2.2).

Eine große Zahl chemischer Verbindungen sind bei Normaltemperatur existent, obwohl sie metastabil sind. Ein Beispiel ist Stickstoffmonooxid NO, das bei Normaltemperatur nicht zerfällt, obwohl das Gleichgewicht $2\,NO \rightleftharpoons N_2 + O_2$ fast vollständig auf der rechten Seite liegt (vgl. Abschn. 3.5.2).

Diamant ist die bei Normalbedingungen metastabile Modifikation von Kohlenstoff. Die stabile Modifikation ist Graphit (vgl. Abschn. 4.7.2).

3.6.6 Katalyse

Manche Reaktionen können beschleunigt werden, wenn man dem Reaktionsgemisch einen Katalysator zusetzt. Katalysatoren sind Stoffe, die in den Reaktionsmechanismus eingreifen, aber selbst durch die Reaktion nicht verbraucht werden und die daher in der Bruttoreaktionsgleichung nicht auftreten. Die Lage des Gleichgewichts wird durch einen Katalysator nicht verändert.

Die Wirkungsweise eines Katalysators besteht darin, dass er den Mechanismus der Reaktion verändert. Die katalysierte Reaktion besitzt eine kleinere Aktivierungsenergie als die nicht katalysierte (**Abb. 3.29**), dadurch wird die Reaktionsgeschwindigkeitskonstante größer und die Reaktionsgeschwindigkeit erhöht. Die Reaktionsgeschwindigkeit bei gleicher Konzentration und gleicher Temperatur ist ein Maß für die Katalysatoraktivität.

Ein Beispiel ist die Oxidation von Schwefeldioxid SO_2 mit Sauerstoff O_2 zu Schwefeltrioxid SO_3. Diese Reaktion wird durch Stickstoffmonooxid NO katalytisch beschleunigt. Die katalytische Wirkung von NO kann schematisch durch die folgenden Gleichungen beschrieben werden:

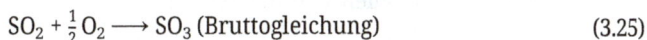

$$NO + \tfrac{1}{2}O_2 \longrightarrow NO_2 \tag{3.23}$$

$$SO_2 + NO_2 \longrightarrow SO_3 + NO \tag{3.24}$$

$$SO_2 + \tfrac{1}{2}O_2 \longrightarrow SO_3 \text{ (Bruttogleichung)} \tag{3.25}$$

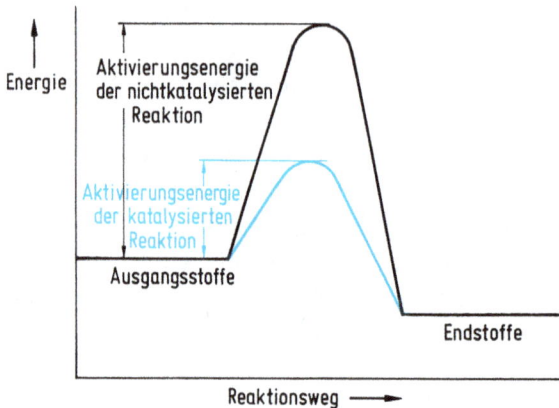

Abb. 3.29: Energiediagramm einer katalysierten und einer nicht katalysierten Reaktion. Durch die Gegenwart eines Katalysators wird der Mechanismus der Reaktion verändert. Die katalysierte Reaktion besitzt eine kleinere Aktivierungsenergie als die nicht katalysierte. Dadurch steigt die Zahl der Moleküle, die die zur Reaktion notwendige Aktivierungsenergie besitzen, stark an, die Reaktionsgeschwindigkeit erhöht sich.

Die Oxidation von SO_2 erfolgt in Gegenwart des Katalysators nicht direkt mit O_2, sondern durch NO_2 als Sauerstoffüberträger. Der Ausgangsstoff O_2 bildet mit dem Katalysator NO die reaktionsfähige Zwischenverbindung NO_2, die dann mit dem zweiten Reaktionspartner unter Freisetzung von NO zum Reaktionsprodukt SO_3 weiterreagiert. Die Teilreaktionen (3.23) und (3.24) verlaufen schneller als die direkte Reaktion, da die Aktivierungsenergien der Reaktionen (3.23) und (3.24) kleiner sind als die Aktivierungsenergie der Reaktion (3.25). Bereits Anfang des 19. Jhs. wurde diese Katalyse für die Herstellung von Schwefelsäure mit dem Bleikammerverfahren industriell genutzt.

Man unterscheidet homogene Katalyse und heterogene Katalyse. Bei der homogenen Katalyse liegen die reagierenden Stoffe und der Katalysator in der gleichen Phase vor. Das Bleikammerverfahren ist eine homogene Katalyse. Bei der heterogenen Katalyse werden Gasreaktionen und Reaktionen in Lösungen durch feste Katalysatoren (Kontakte) beschleunigt. Dabei spielt die Oberflächenbeschaffenheit des Katalysators eine Rolle. Die Wirksamkeit von festen Katalysatoren wird durch große Oberflächen erhöht. In Mehrphasenkatalysatoren ist das Material mit großer Oberfläche nur Träger auf dem der eigentliche Katalysator abgeschieden wird. Geeignete Träger sind γ-Al_2O_3 und Kieselgel. 1 g eines typischen Katalysatorträgers hat eine Oberfläche von der Größe eines Tennisplatzes. Eine hohe katalytische Aktivität besitzen die Metalle der 10. Gruppe, sie werden als fein verteilte Teilchen auf das Trägermaterial aufgebracht. Einphasige Katalysatoren, bei denen das Innere der Substanz eine große Oberfläche mit aktiven Zentren besitzt, bezeichnet man als uniforme Katalysatoren. Dazu gehören Tonmineralien und die Zeolithe (vgl. Abschn. 4.7.6), in deren Struktur Hohlräume vorhanden sind, die durch Kanäle verbunden sind.

Die Vorteile der festen Katalysatoren sind ihre Beständigkeit bei hohen Temperaturen und die Tatsache, dass das Reaktionsprodukt leicht vom Katalysator abgetrennt werden kann.

Ein wichtiger fester Katalysator ist fein verteiltes Platin. Platinkatalysatoren beschleunigen die meisten Reaktionen mit Wasserstoff. Ein Gemisch von Wasserstoff und Sauerstoff, das bei Normaltemperatur nicht reagiert, explodiert in Gegenwart eines Platinkatalysators. Die Wirkung des Katalysators besteht darin, dass bei den an der Katalysatoroberfläche angelagerten Wasserstoffmolekülen die H—H-Bindung gelöst wird. Es erfolgt nicht nur eine physikalische Anlagerung der H_2-Moleküle an der Oberfläche (Adsorption), sondern außerdem eine chemische Aktivierung der adsorbierten Teilchen (Chemisorption). Für die Reaktion von Sauerstoffmolekülen mit dem am Katalysator chemisorbierten Wasserstoff ist nun die Aktivierungsenergie so weit herabgesetzt, dass eine viel schnellere Reaktion erfolgen kann als mit Wasserstoffmolekülen in der Gasphase. Im Gegensatz zur Adsorption erfolgt die Chemisorption stoffspezifisch und erst bei höherer Temperatur, da zur Chemisorption eine relativ große Aktivierungsenergie benötigt wird. Für jede chemische Reaktion müssen daher spezifische Katalysatoren gefunden werden, die im Allgemeinen erst bei höheren Temperaturen wirksam sind. Die Wirkung eines Kontaktes kann durch Zusätze, Promotoren, die allein nicht katalytisch wirksam sind, verbessert werden (Mischkatalysatoren).

Bei der Ammoniaksynthese z. B. (s. unten und Abschn. 4.6.3) wird als fester Katalysator α-Fe als Vollkontakt verwendet. Bei Vollkontakten besteht der Katalysator vollständig aus katalytisch aktivem Material. Für die katalytische Wirkung ist der entscheidende Schritt die dissoziative Chemisorption von Stickstoff zu einem Oberflächennitrid, das dann schrittweise zu NH_3 hydriert wird. Die Hydrierung erfolgt durch chemisorbierte Wasserstoffatome. Nach Desorption eines NH_3-Moleküls steht das katalytische Zentrum wieder für die Aktivierung eines N_2-Moleküls zur Verfügung. Die verschiedenen Flächen der Eisenkriställchen besitzen eine unterschiedliche Aktivität; (111)-Flächen (Oktaederflächen) sind z. B. wirksamer als (100)-Flächen (Würfelflächen). Aktiver als Eisen allein sind Mischkatalysatoren. Kleine Zusätze von Aluminium- und Calciumoxid verhindern das Zusammensintern des feinteiligen Katalysators (Strukturpromotor). Kaliumoxid erhöht die katalytische Aktivität durch Beeinflussung der Reaktion an der Grenzfläche Katalysator-Gas (elektronischer Promotor).

Häufig können kleine Fremdstoffmengen Katalysatoren unwirksam machen (Kontaktgifte). Bei der Katalysatorvergiftung werden wahrscheinlich die aktiven Zentren der Katalysatoroberfläche blockiert. Typische Katalysatorgifte sind H_2S, COS, As, Pb, Hg.

Neben der Katalysatoraktivität ist eine ganz wichtige Eigenschaft der Katalysatoren die Katalysatorselektivität. Häufig können gleiche Ausgangsstoffe zu unterschiedlichen Produkten reagieren. Die Selektivität des Reaktionsablaufs wird dadurch erreicht, dass der Katalysator nur die Reaktionsgeschwindigkeit zum gewünschten Produkt erhöht und dadurch die Entstehung der anderen Produkte unterdrückt wird.

Beispiel für die Katalysatorselektivität:

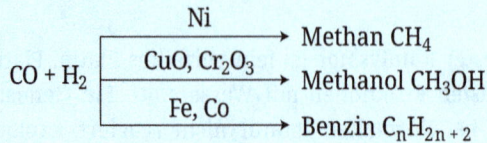

$$CO + H_2 \quad \begin{cases} \xrightarrow{\text{Ni}} \text{Methan } CH_4 \\ \xrightarrow{\text{CuO, Cr}_2O_3} \text{Methanol } CH_3OH \\ \xrightarrow{\text{Fe, Co}} \text{Benzin } C_nH_{2n+2} \end{cases}$$

Je nach Katalysator laufen aus kinetischen Gründen unterschiedliche Reaktionen ab.

Das Zusammenspiel zwischen Gleichgewichtslage und Reaktionsgeschwindigkeit ist für die Durchführung von chemischen Reaktionen in der Technik ganz wesentlich. Dabei sind Katalysatoren von größter Bedeutung. Ein wichtiges Beispiel ist die großtechnische **Synthese von Ammoniak**. Sie erfolgt nach der Reaktion

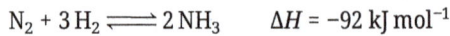

$$N_2 + 3H_2 \rightleftharpoons 2NH_3 \qquad \Delta H = -92 \text{ kJ mol}^{-1}$$

Diese Reaktion ist exotherm, die Stoffmenge verringert sich. Nach dem Prinzip von Le Chatelier verschiebt sich das Gleichgewicht durch Temperaturerniedrigung und durch Druckerhöhung in Richtung NH_3. Die Gleichgewichtslage in Abhängigkeit von Druck und Temperatur zeigt Abb. 3.20. Bei 20 °C ist die NH_3-Ausbeute groß (Ausbeute = Volumenanteil NH_3 in % im Reaktionsraum), die Reaktionsgeschwindigkeit aber ist nahezu null. Eine ausreichende Reaktionsgeschwindigkeit durch Temperaturerhöhung wird erst bei Temperaturen erreicht, bei der die NH_3-Ausbeute fast null ist. Auch Katalysatoren wirken erst ab 400 °C genügend beschleunigend, so dass Synthesetemperaturen von 500 °C notwendig sind. Bei 500 °C und 1 bar beträgt die NH_3-Ausbeute nur 0,1 %. Um eine wirtschaftliche Ausbeute zu erhalten, muss trotz technischer Aufwendigkeit die Synthese bei hohen Drücken durchgeführt werden (Haber-Bosch-Verfahren). Bei Drücken von 200 bar beträgt die NH_3-Ausbeute 18 %, bei 400 bar 32 %.

Ein weiteres Beispiel ist die **Synthese von Schwefeltrioxid** nach dem Kontaktverfahren. SO_3 wird als Zwischenprodukt der Schwefelsäuresynthese großtechnisch hergestellt. Die Herstellung erfolgt nach der Reaktion

$$SO_2 + \tfrac{1}{2}O_2 \rightleftharpoons SO_3 \qquad \Delta H^\circ = -99 \text{ kJ mol}^{-1}$$

Da diese Reaktion exotherm ist, verschiebt sich das Gleichgewicht mit fallender Temperatur in Richtung SO_3. Die SO_3-Ausbeute in Abhängigkeit von der Temperatur zeigt Abb. 3.30. Um hohe Ausbeuten zu erhalten, muss bei möglichst tiefen Temperaturen gearbeitet werden. In Gegenwart von Pt-Katalysatoren ist die Reaktionsgeschwindigkeit bei 400 °C, bei Verwendung von Vanadiumoxidkatalysatoren bei 400–500 °C ausreichend schnell (vgl. Abschn. 4.5.4).

Wie diese Beispiele zeigen, muss für die Durchführung von chemischen Reaktionen nicht nur die Gleichgewichtslage günstig sein, sondern diese muss auch ausrei-

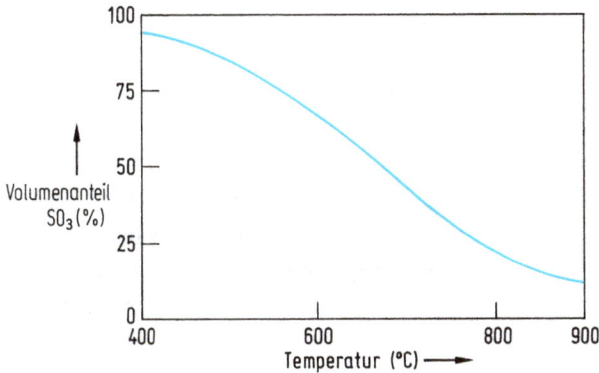

Abb. 3.30: Temperaturabhängigkeit der Gleichgewichtslage der Reaktion $SO_2 + \frac{1}{2}O_2 \rightleftharpoons SO_3$.

chend schnell erreicht werden. Es ist also sehr entscheidend für die Durchführbarkeit einer Reaktion, wenn nötig Katalysatoren zu finden, die eine ausreichende Reaktionsgeschwindigkeit bewirken. Noch immer müssen wirksame Katalysatoren experimentell gefunden werden. Für die Ammoniaksynthese wurden z. B. etwa 20 000 Katalysatorproben untersucht. Obwohl 90 % der Produkte der chemischen Industrie unter Verwendung von Katalysatoren hergestellt werden, sind die einzelnen Vorgänge der Katalyse bei vielen Reaktionen noch ungeklärt.

Katalysatoren sind volkswirtschaftlich wichtig. Neben der Rohstoff- und Energieeinsparung haben sie auch im Umweltschutz Bedeutung. Ihr Einsatz z. B. bei der Autoabgasreinigung wird im Abschn. 6.2.1 besprochen.

3.7 Gleichgewichte von Salzen, Säuren und Basen

3.7.1 Lösungen, Elektrolyte

Lösungen sind homogene Mischungen. Am häufigsten und wichtigsten sind flüssige Lösungen. Feste Lösungen werden im Abschn. 5.5.1 behandelt.

Die im Überschuss vorhandene Hauptkomponente einer Lösung bezeichnet man als Lösungsmittel, die Nebenkomponenten als gelöste Stoffe.

Wir wollen nur solche Lösungen behandeln, bei denen das Lösungsmittel Wasser ist. Diese Lösungen nennt man wässrige Lösungen. Verbindungen wie Zucker oder Alkohol, deren wässrige Lösungen den elektrischen Strom nicht leiten, bezeichnen wir als Nichtelektrolyte. In diesen Lösungen sind die gelösten Teilchen einzelne Moleküle, die von Wassermolekülen umhüllt sind.

Viele polare Verbindungen lösen sich in Wasser unter Bildung frei beweglicher Ionen. Dies wird vereinfacht durch die folgenden Reaktionsgleichungen wiedergegeben:

$$Na^+Cl^- \xrightarrow{\text{Wasser}} Na^+ + Cl^-$$
$$HCl + H_2O \longrightarrow H_3O^+ + Cl^-$$
$$NH_3 + H_2O \longrightarrow NH_4^+ + OH^-$$

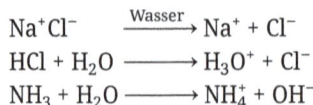

Diese Stoffe nennt man Elektrolyte, da ihre Lösungen den elektrischen Strom leiten. Träger des elektrischen Stroms sind die Ionen (im Gegensatz zu metallischen Leitern, wo der Stromtransport durch Elektronen erfolgt). Die positiv geladenen Ionen (Kationen) wandern im elektrischen Feld zur Kathode (negative Elektrode), die negativ geladenen Ionen (Anionen) zur Anode (positive Elektrode) (Abb. 3.31). Eine besonders große Ionenbeweglichkeit haben H_3O^+- und OH^--Ionen.

In Ionenkristallen liegen im festen Zustand bereits Ionen in bestimmten geometrischen Anordnungen vor. Beim Lösungsvorgang geht die geometrische Ordnung des Ionenkristalls verloren, es erfolgt eine Separierung in einzelne Ionen, eine Ionendissoziation. Bei den polaren kovalenten Verbindungen wie HCl und NH_3 entstehen die Ionen erst durch Reaktion mit dem Lösungsmittel.

In wässriger Lösung sind die Ionen mit einer Hülle von Wassermolekülen umgeben, die Ionen sind hydratisiert, da zwischen den elektrischen Ladungen der Ionen und den Dipolen des Wassers Anziehungskräfte auftreten (vgl. Abb. 3.32).

Cu^{2+} z. B. liegt in Wasser als $[Cu(H_2O)_4]^{2+}$-Ion vor, Co^{2+} bildet das Ion $[Co(H_2O)_6]^{2+}$. Bei der Hydratation wird Energie frei. Die Hydratationsenergie ist umso größer, je höher die Ladung der Ionen ist und je kleiner die Ionen sind. Beispiele zeigt Tab. 3.5.

Auch in vielen kristallinen Verbindungen sind hydratisierte Ionen vorhanden. Beispiele: $[Fe(H_2O)_6]Cl_3$, $[Co(H_2O)_6]Cl_2$, $[Cr(H_2O)_6]Cl_3$, $[Ca(H_2O)_6]Cl_2$.

Die Auflösung eines Ionenkristalls ist schematisch in der Abb. 3.32 am Beispiel von NaCl dargestellt. Die dafür benötigte Gitterenergie von 778 kJ/mol wird durch die Hydratationsenthalpie der Na^+- und Cl^--Ionen von -787 kJ/mol geliefert. Wenn die

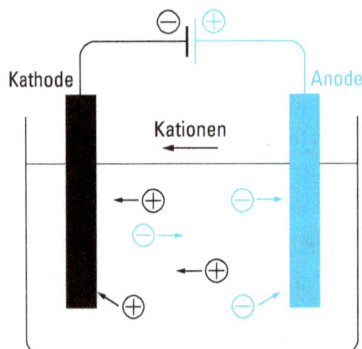

Abb. 3.31: Polare Verbindungen lösen sich in Wasser unter Bildung beweglicher Ionen. Solche Lösungen leiten den elektrischen Strom. Im elektrischen Feld wandern die positiv geladenen Ionen (Kationen) an die negative Elektrode (Kathode), die negativ geladenen Ionen (Anionen) an die positive Elektrode (Anode).

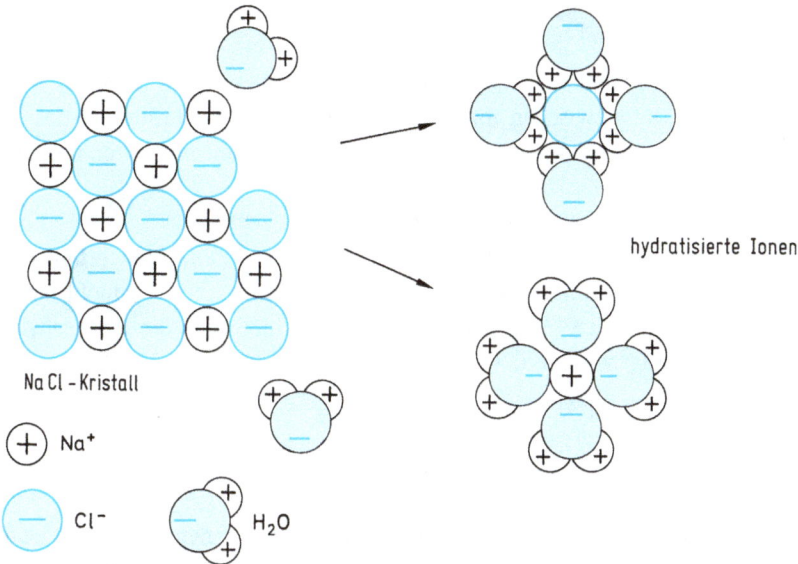

Na Cl - Kristall

$\oplus$ Na$^+$

$\ominus$ Cl$^-$ H$_2$O

hydratisierte Ionen

Abb. 3.32: Zweidimensionale Darstellung der Auflösung eines NaCl-Kristalls in Wasser. Zwischen den Ionen des Kristalls und den Dipolen des Wassers existieren starke Anziehungskräfte. Da die Ionen–Dipol-Anziehung für die Ionen der Kristalloberfläche stärker ist als die Ionen–Ionen-Anziehung, verlassen die Ionen den Kristall und wechseln in die wässrige Phase über. Die in Lösung gegangenen Ionen sind mit einer Hülle von Wassermolekülen umgeben, sie sind hydratisiert.

Tab. 3.5: Hydratationsenthalpien einiger Ionen in kJ/mol. (Die in der Literatur angegebenen Werte unterscheiden sich z. T. erheblich, einige um ca. 10 %)

H^+	−1091	Be^{2+}	−2494	Al^{3+}	−4665
Li^+	− 519	Mg^{2+}	−1921	Fe^{3+}	−4430
Na^+	− 406	Ca^{2+}	−1577	F^-	− 515
K^+	− 322	Sr^{2+}	−1443	Cl^-	− 381
Rb^+	− 293	Ba^{2+}	−1305	Br^-	− 347
Cs^+	− 264	Zn^{2+}	−2046	I^-	− 305

Hydratationsenthalpie größer ist als die Gitterenergie, dann ist der Lösungsvorgang exotherm. Bei vielen löslichen Salzen ist die Gitterenergie größer als die Hydratationsenthalpie, der Lösungsvorgang ist endotherm und erfolgt unter Abkühlung der Lösung.

Beispiel: Beim Lösen von wasserfreiem $CaCl_2$ in Wasser erwärmt sich die Lösung, beim Lösen des Hexahydrats $[Ca(H_2O)_6]Cl_2$ kühlt sie sich ab. Beim Hexahydrat sind die Ca^{2+}-Ionen schon im Kristall hydratisiert und die Hydratationsenthalpie der Cl^--Ionen allein reicht nicht aus, die Gitterenergie zu kompensieren.

3.7.2 Aktivität

Ist in einer Lösung die Ionenkonzentration sehr klein, dann sind die Ionen so weit voneinander entfernt, dass zwischen ihnen keine Wechselwirkungskräfte existieren. Solche Lösungen sind ideale Lösungen. Werden die Lösungen konzentrierter, müssen Wechselwirkungskräfte berücksichtigt werden.

Aufgrund der interionischen Wechselwirkung ist die „wirksame Konzentration" oder Aktivität der Lösung kleiner als die wirkliche Konzentration. Man erhält die Aktivität a durch Multiplikation der auf die Standardkonzentration $c^\circ = 1\,mol/l$ bezogenen Konzentration c mit dem Aktivitätskoeffizienten f, durch den die Wechselwirkungskräfte berücksichtigt werden ($f < 1$).

$$a = f \cdot \frac{c}{c^\circ}$$

Für ideale Lösungen ist $a = c/c^\circ$, also $f = 1$. Die Aktivität einer Ionensorte hängt von der Konzentration aller in der Lösung vorhandenen Ionen ab. Die Berechnung von Aktivitätskoeffizienten ist daher schwierig, sie können aber empirisch bestimmt werden.

Bei der Anwendung des MWG auf Ionengleichgewichte in wässrigen Lösungen darf nur bei idealen Lösungen die Ionenkonzentration in das MWG eingesetzt werden, bei konzentrierteren Lösungen ist die Aktivität einzusetzen.

In den folgenden Abschnitten werden bei der Formulierung von Ionengleichgewichten nur Konzentrationen verwendet. Man muss sich aber darüber klar sein, dass die abgeleiteten Beziehungen dann exakt nur für ideale Lösungen gelten. Zur Vereinfachung der Schreibweise werden manchmal nur die Zahlenwerte der Konzentrationen angegeben, ihre Einheit ist immer mol/l.

3.7.3 Löslichkeit, Löslichkeitsprodukt, Nernst'sches Verteilungsgesetz

Die maximale Menge eines Stoffes, die sich bei einer bestimmten Temperatur in einem Lösungsmittel, z. B. Wasser, löst, ist eine charakteristische Eigenschaft dieses Stoffes und wird seine Löslichkeit (L) genannt. Die Löslichkeit wird, wie allgemein die Konzentration von Salzen in Wasser angegeben. Enthält eine Lösung die maximal lösliche Stoffmenge, ist die Lösung gesättigt. Lösungen, bei denen ein Feststoff gelöst ist, sind gesättigt, wenn ein fester Bodenkörper des löslichen Stoffes mit der Lösung im Gleichgewicht ist. Die Temperaturabhängigkeit der Löslichkeit folgt qualitativ aus dem Le Chatelier-Prinzip. Bei exothermen Lösungsvorgängen nimmt mit steigender Temperatur die Löslichkeit ab, bei endothermen Lösungsvorgängen nimmt sie zu.

Bei Gasen nimmt die Löslichkeit mit zunehmender Temperatur immer ab, da das Lösen von Gasen in Flüssigkeiten exotherm erfolgt.

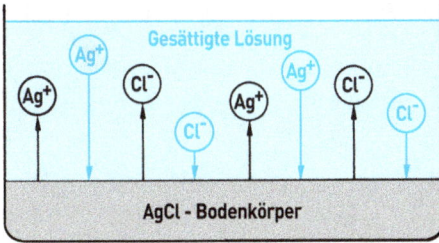

Schematische Darstellung einer gesättigten AgCl-Lösung. Festes AgCl befindet sich im Gleichgewicht mit der AgCl-Lösung: AgCl $\rightleftharpoons$ Ag$^+$ + Cl$^-$. Im Gleichgewichtszustand muss nach dem MWG das Produkt der Ionenkonzentrationen konstant sein. $c_{Ag^+} \cdot c_{Cl^-} = K_{L(AgCl)}$.

Für die Löslichkeit von Gasen in Flüssigkeiten gilt das Gesetz von Henry-Dalton. Die Löslichkeit eines Gases A ist bei gegebener Temperatur proportional zu seinem Druck.

$$c_A = K p_A$$

K wird Löslichkeitskoeffizient genannt. Bei Erhöhung des Druckes um das 5fache nimmt auch die Löslichkeit auf das 5fache zu. Auf Gase, die mit dem Lösungsmittel chemisch reagieren, wie z. B. HCl, ist das Gesetz nicht anwendbar.

Bei einer gesättigten wässrigen Lösung eines Salzes der allgemeinen Zusammensetzung AB ist fester Bodenkörper AB im Gleichgewicht mit den Ionen A$^+$ und B$^-$ (vgl. Abb. 3.33).

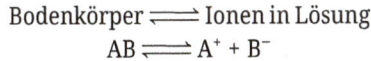

$$\text{Bodenkörper} \rightleftharpoons \text{Ionen in Lösung}$$
$$AB \rightleftharpoons A^+ + B^-$$

Beim Lösungsvorgang treten die Ionen A$^+$ und B$^-$ aus dem Kristall in die Lösung über, dabei werden sie hydratisiert. Da sowohl der Kristall AB als auch die Lösung elektrisch neutral sein müssen, gehen immer eine gleiche Anzahl A$^+$- und B$^-$-Ionen in Lösung. Im Gleichgewichtszustand werden pro Zeiteinheit ebenso viel Ionenpaare A$^+$ + B$^-$ aus der Lösung in die AB-Struktur eingebaut, wie aus der Struktur in Lösung gehen. Somit folgt die Löslichkeit von Salzen (AB) aus dem Löslichkeitsprodukt (K_L) der Ionen A$^+$ und B$^-$. Durch Anwendung des MWG auf den Lösungsvorgang erhält man:

$$c_{A^+} \cdot c_{B^-} = K_{L(AB)}$$

c_{A^+} und c_{B^-} sind die Konzentrationen der Ionen A$^+$ und B$^-$ in der gesättigten Lösung.

$K_{L(AB)}$ ist eine Konstante, sie wird Löslichkeitsprodukt des Stoffes AB genannt. $K_{L(AB)}$ ist temperaturabhängig. Im Gleichgewichtszustand ist also bei gegebener Temperatur das Produkt der Ionenkonzentrationen konstant. Wie schon bei anderen heterogenen Gleichgewichten erläutert wurde (vgl. Abschn. 3.5.2), treten im MWG die Konzentrationen reiner fester Stoffe nicht auf. Auch bei Lösungsgleichgewichten hat die vorhandene Menge des festen Bodenkörpers keinen Einfluss auf das Gleichgewicht. Es spielt keine Rolle, ob als ungelöster Bodenkörper 20 g oder nur 0,2 g vorhanden ist, wesentlich ist nur, dass er überhaupt zugegen ist.

Für die Lösungen eines schwer löslichen Salzes AB, z. B. AgCl, sind drei Fälle möglich.

1. Gesättigte Lösung
    $c_{A^+} \cdot c_{B^-} = K_{L(AB)}$
    $c_{Ag^+} \cdot c_{Cl^-} = K_{L(AgCl)}$
    Die Lösung ist gesättigt. Bei 25 °C beträgt
    $K_{L(AgCl)} = 10^{-10} \text{ mol}^2/\text{l}^2$
    In einer gesättigten Lösung von AgCl in Wasser ist also
    $c_{Ag^+} = c_{Cl^-} = 10^{-5} \text{ mol/l}$

2. Übersättigte Lösung
    $c_{A^+} \cdot c_{B^-} > K_{L(AB)}$
    $c_{Ag^+} \cdot c_{Cl^-} > K_{L(AgCl)}$
    Bringt man in die gesättigte Lösung von AgCl zusätzlich Ag^+- oder Cl^--Ionen, so ist die Lösung übersättigt. Das Löslichkeitsprodukt ist überschritten, und es bildet sich solange festes AgCl (AgCl fällt als Niederschlag aus), bis die Lösung gerade wieder gesättigt ist, also $c_{Ag^+} \cdot c_{Cl^-} = 10^{-10} \text{ mol}^2/\text{l}^2$ beträgt. Setzt man z. B. der gesättigten Lösung Cl^--Ionen zu, bis die Konzentration $c_{Cl^-} = 10^{-2} \text{ mol/l}$ erreicht wird, dann fällt solange AgCl aus, bis $c_{Ag^+} = 10^{-8} \text{ mol/l}$ beträgt. In der gesättigten Lösung ist dann $c_{Ag^+} \cdot c_{Cl^-} = 10^{-8} \cdot 10^{-2} = 10^{-10} \text{ mol}^2/\text{l}^2$. Die gesättigte Lösung von AgCl in Wasser mit $c_{Ag^+} = c_{Cl^-} = 10^{-5} \text{ mol/l}$ ist also nur ein spezieller Fall einer gesättigten Lösung.

3. Ungesättigte Lösung
    $c_{A^+} \cdot c_{B^-} < K_{L(AB)}$
    $c_{Ag^+} \cdot c_{Cl^-} < K_{L(AgCl)}$
    Das gesamte AgCl ist gelöst, das Produkt der Ionenkonzentrationen ist kleiner als das Löslichkeitsprodukt, die Lösung ist ungesättigt. Eine ungesättigte Lösung erhält man durch Verdünnen einer gesättigten Lösung. Sie entsteht auch dann, wenn man einer gesättigten Lösung Ionen durch Komplexbildung entzieht. So bildet z. B. Ag^+ mit NH_3 das komplexe Ion $[Ag(NH_3)_2]^+$, so dass durch Zugabe von NH_3 einer gesättigten AgCl-Lösung Ag^+-Ionen entzogen werden. Als Folge davon geht der im Gleichgewicht befindliche AgCl-Bodenkörper in Lösung. Die Löslichkeit vieler Salze kann durch Zugabe komplexbildender Ionen oder Moleküle sehr wesentlich beeinflusst werden (vgl. Abschn. 5.7.4).

Für Salze der allgemeinen Zusammensetzung AB_2 und A_2B_3 erhält man durch Anwendung des MWG die in den folgenden Gleichungen formulierten Löslichkeitsprodukte.

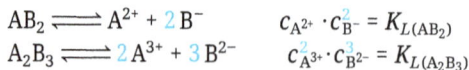

$$AB_2 \rightleftharpoons A^{2+} + 2\,B^- \qquad c_{A^{2+}} \cdot c_{B^-}^2 = K_{L(AB_2)}$$
$$A_2B_3 \rightleftharpoons 2\,A^{3+} + 3\,B^{2-} \qquad c_{A^{3+}}^2 \cdot c_{B^{2-}}^3 = K_{L(A_2B_3)}$$

Es ist zu beachten, dass die Koeffizienten der Reaktionsgleichungen im MWG als Exponenten der Konzentrationen auftreten.

Beispiel: Löslichkeit von Ag_2CrO_4

$$c_{Ag^+}^2 \cdot c_{CrO_4^{2-}} = K_{L(Ag_2CrO_4)} = 4 \cdot 10^{-12} \, mol^3/l^3$$

Aus $c_{Ag^+} = 2\, c_{CrO_4^{2-}}$
folgt $4\, c_{CrO_4^{2-}}^3 = 4 \cdot 10^{-12} \, mol^3/l^3$
und $c_{CrO_4^{2-}} = 10^{-4} \, mol/l,$ $c_{Ag^+} = 2 \cdot 10^{-4} \, mol/l$

Die Löslichkeit von Ag_2CrO_4 beträgt 10^{-4} mol/l.

Die Löslichkeitsprodukte von einigen schwer löslichen Verbindungen sind in der Tab. 3.6 angegeben.

Tab. 3.6: Löslichkeitsprodukte einiger schwer löslicher Stoffe in Wasser bei 25 °C.

Halogenide		Sulfide		Sulfate	
MgF_2	$6 \cdot 10^{-9}$	SnS	$1 \cdot 10^{-26}$	$CaSO_4$	$2 \cdot 10^{-5}$
CaF_2	$2 \cdot 10^{-10}$	PbS	$3 \cdot 10^{-28}$	$SrSO_4$	$8 \cdot 10^{-7}$
BaF_2	$2 \cdot 10^{-6}$	MnS	$7 \cdot 10^{-16}$	$BaSO_4$	$1 \cdot 10^{-9}$
PbF_2	$4 \cdot 10^{-8}$	NiS	10^{-21}	$PbSO_4$	$2 \cdot 10^{-8}$
$PbCl_2$	$2 \cdot 10^{-5}$	FeS	$4 \cdot 10^{-19}$		
PbI_2	$1 \cdot 10^{-8}$	CuS	$8 \cdot 10^{-45}$	**Hydroxide**	
CuCl	$1 \cdot 10^{-6}$	Ag_2S	$5 \cdot 10^{-51}$	$Be(OH)_2$	$3 \cdot 10^{-19}$
CuBr	$4 \cdot 10^{-8}$	ZnS	$1 \cdot 10^{-24}$	$Mg(OH)_2$	$1 \cdot 10^{-12}$
CuI	$5 \cdot 10^{-12}$	CdS	$1 \cdot 10^{-28}$	$Ca(OH)_2$	$4 \cdot 10^{-6}$
AgCl	$2 \cdot 10^{-10}$	HgS	$2 \cdot 10^{-54}$	$Ba(OH)_2$	$4 \cdot 10^{-3}$
AgBr	$5 \cdot 10^{-13}$			$Al(OH)_3$	$2 \cdot 10^{-33}$
AgI	$8 \cdot 10^{-17}$	**Carbonate**		$Pb(OH)_2$	$4 \cdot 10^{-15}$
AgCN	$2 \cdot 10^{-14}$	Li_2CO_3	$2 \cdot 10^{-3}$	$Mn(OH)_2$	$7 \cdot 10^{-13}$
Hg_2Cl_2	$2 \cdot 10^{-18}$	$MgCO_3$	$3 \cdot 10^{-5}$	$Cr(OH)_3$	$7 \cdot 10^{-31}$
Hg_2I_2	$1 \cdot 10^{-28}$	$CaCO_3$	$5 \cdot 10^{-9}$	$Ni(OH)_2$	$3 \cdot 10^{-17}$
		$SrCO_3$	$2 \cdot 10^{-9}$	$Fe(OH)_2$	$2 \cdot 10^{-15}$
Chromate		$BaCO_3$	$2 \cdot 10^{-9}$	$Fe(OH)_3$	$5 \cdot 10^{-38}$
$BaCrO_4$	$8 \cdot 10^{-11}$	$PbCO_3$	$3 \cdot 10^{-14}$	$Cu(OH)_2$	$2 \cdot 10^{-19}$
$PbCrO_4$	$2 \cdot 10^{-14}$	$ZnCO_3$	$6 \cdot 10^{-11}$	$Zn(OH)_2$	$2 \cdot 10^{-17}$
Ag_2CrO_4	$4 \cdot 10^{-12}$	Ag_2CO_3	$6 \cdot 10^{-12}$	$Cd(OH)_2$	$2 \cdot 10^{-14}$

Die Löslichkeitsprodukte von Stoffen unterschiedlicher Zusammensetzungen haben auch unterschiedliche Einheiten. Nur Löslichkeitsprodukte gleicher Einheit sind direkt miteinander vergleichbar.

Schwerlösliche Salze spielen in der analytischen Chemie eine wichtige Rolle, da viele Ionen durch Bildung schwerlöslicher, oft typisch gefärbter Salze nachgewiesen werden können. Beispiele typischer Fällungsreaktionen zum Nachweis der Ionen Cl^-, SO_4^{2-}, Cu^{2+} und Cd^{2+} sind:

$$Cl^- + Ag^+ \longrightarrow AgCl \text{ (weiß)}$$
$$SO_4^{2-} + Ba^{2+} \longrightarrow BaSO_4 \text{ (weiß)}$$
$$Cu^{2+} + S^{2-} \longrightarrow CuS \text{ (schwarz)}$$
$$Cd^{2+} + S^{2-} \longrightarrow CdS \text{ (gelb)}$$

Für die Verteilung eines gelösten Stoffes in zwei nichtmischbaren Lösungsmitteln gilt für ideale Lösungen das Verteilungsgesetz von Nernst. Bei gegebener Temperatur stellt sich bei der Verteilung eines Stoffes A in zwei nichtmischbaren Flüssigkeiten ein Gleichgewicht ein

$$A_{\text{Phase 1}} \rightleftharpoons A_{\text{Phase 2}}$$

Das Verhältnis der Konzentration des Stoffes A im Lösungsmittel 1 zur Konzentration von A im Lösungsmittel 2 ist konstant

$$\frac{c(A \text{ in Phase 1})}{c(A \text{ in Phase 2})} = K$$

K wird Verteilungskoeffizient genannt. Er ist natürlich gleich dem Verhältnis der Sättigungskonzentrationen des Stoffes A in beiden Phasen.

> **Beispiel: Extraktion von Iod**
> Da der Verteilungskoeffizient $K = \frac{c(I_2 \text{ in Chloroform})}{c(I_2 \text{ in Wasser})} = 120$ beträgt, ist die I_2-Konzentration in Chloroform 120mal größer als die I_2-Konzentration in der wässrigen Phase. Es gelingt daher, Iod aus wässriger Lösung mit Chloroform zu extrahieren, d. h. weitgehend in die Chloroform-Phase zu überführen.

Das Nernst'sche Verteilungsgesetz ist aber nur gültig, wenn in beiden Phasen die gleichen Teilchen, also z. B. I_2-Moleküle, gelöst sind.

Das Verteilungsgleichgewicht ist die Grundlage für chromatographische Verfahren, bei denen ein Substanzgemisch in seine Komponenten getrennt wird.

3.7.4 Säuren und Basen

Die erste allgemein gültige Säure-Base-Theorie stammt von Arrhenius (1883). Danach sind Säuren Wasserstoffverbindungen, die in wässriger Lösung durch Dissoziation H^+-Ionen bilden.

> **Beispiele:**
>
> $$HCl \xrightarrow{\text{Dissoziation}} H^+ + Cl^-$$
>
> $$H_2SO_4 \xrightarrow{\text{Dissoziation}} 2\,H^+ + SO_4^{2-}$$

Basen sind Hydroxide, sie bilden durch Dissoziation in wässriger Lösung OH^--Ionen.

Beispiele:

$$NaOH \xrightarrow{\text{Dissoziation}} Na^+ + OH^-$$

$$Ba(OH)_2 \xrightarrow{\text{Dissoziation}} Ba^{2+} + 2\,OH^-$$

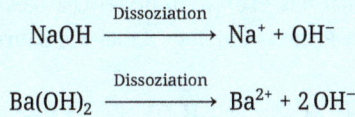

Arrhenius erkannte, dass die sauren Eigenschaften einer Lösung durch H^+-Ionen, die basischen Eigenschaften durch OH^--Ionen zustande kommen.

Vereinigt man eine Säure mit einer Base, z. B. 1 mol HCl mit 1 mol NaOH, so entsteht aufgrund der Reaktion

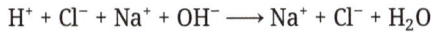

$$H^+ + Cl^- + Na^+ + OH^- \longrightarrow Na^+ + Cl^- + H_2O$$

eine Lösung, die weder basisch noch sauer reagiert. Es entsteht eine neutrale Lösung, die sich so verhält wie eine Lösung von Kochsalz NaCl in Wasser.

Die Umsetzung

$$\text{Säure} + \text{Base} \longrightarrow \text{Salz} + \text{Wasser}$$

wird daher als Neutralisation bezeichnet. Die eigentliche chemische Reaktion jeder Neutralisation ist die Vereinigung von H^+- und OH^--Ionen zu Wassermolekülen. Dabei entsteht eine Neutralisationswärme von 57,4 kJ pro Mol H_2O.

$$H^+ + OH^- \longrightarrow H_2O \qquad \Delta H^\circ = -57{,}4 \text{ kJ mol}^{-1}$$

Die Säure-Base-Theorie von Arrhenius wurde 1923 von Brønsted erweitert.

Nach der Theorie von Brønsted sind Säuren solche Stoffe, die H^+-Ionen (Protonen) abspalten können, Basen sind Stoffe, die H^+-Ionen (Protonen) aufnehmen können.

Die Verbindung HCl z. B. ist eine Säure, da sie Protonen abspalten kann. Das dabei entstehende Cl^--Ion ist eine Base, da es Protonen aufnehmen kann. Die durch Protonenabspaltung aus einer Säure entstehende Base bezeichnet man als konjugierte Base. Cl^- ist die konjugierte Base der Säure HCl.

$$\underset{\text{Säure}}{HCl} \rightleftharpoons \underset{\substack{\text{konjugierte} \\ \text{Base}}}{Cl^-} + \underset{\text{Proton}}{H^+} \qquad \text{Säure-Base-Paar 1} \qquad (3.26)$$

Säure und konjugierte Base bilden zusammen ein Säure-Base-Paar.

$$\text{Säure} \rightleftharpoons \text{Base} + \text{Proton}$$

Die Abspaltung eines Protons kann jedoch nicht als isolierte Reaktion vor sich gehen, sondern sie muss mit einer zweiten Reaktion gekoppelt sein, bei der das Proton verbraucht wird, da in gewöhnlicher Materie freie Protonen nicht existieren können. In wässriger Lösung lagert sich das Proton an ein H_2O-Molekül an, H_2O wirkt als Base. Durch die Aufnahme eines Protons entsteht dabei die Säure H_3O^+.

$$\underset{\substack{\text{konjugierte}\\\text{Base}}}{H_2O} + \underset{\text{Proton}}{H^+} \rightleftharpoons \underset{\text{Säure}}{H_3O^+} \qquad \text{Säure-Base-Paar 2} \qquad (3.27)$$

Fasst man die Teilreaktionen (3.26) und (3.27) zusammen, erhält man als Gesamtreaktion:

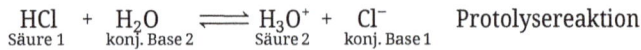

$$\underset{\text{Säure 1}}{HCl} + \underset{\text{konj. Base 2}}{H_2O} \rightleftharpoons \underset{\text{Säure 2}}{H_3O^+} + \underset{\text{konj. Base 1}}{Cl^-} \qquad \text{Protolysereaktion}$$

Bei der Auflösung von HCl in Wasser erfolgt also die Übertragung eines Protons von einem HCl-Molekül auf ein H_2O-Molekül. Bei der Protonenübertragung von der Säure HCl auf die Base H_2O entsteht aus der Säure HCl die Base Cl^- und aus der Base H_2O die Säure H_3O^+. An einer Protonenübertragungsreaktion (Protolysereaktion) sind immer zwei Säure-Base-Paare beteiligt, zwischen denen ein Gleichgewicht existiert.

Beispiele für Protolysereaktionen:

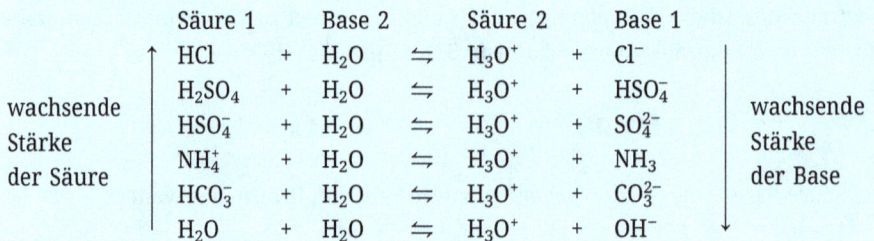

	Säure 1		Base 2		Säure 2		Base 1	
	HCl	+	H_2O	$\rightleftharpoons$	H_3O^+	+	Cl^-	
	H_2SO_4	+	H_2O	$\rightleftharpoons$	H_3O^+	+	HSO_4^-	
wachsende	HSO_4^-	+	H_2O	$\rightleftharpoons$	H_3O^+	+	SO_4^{2-}	wachsende
Stärke	NH_4^+	+	H_2O	$\rightleftharpoons$	H_3O^+	+	NH_3	Stärke
der Säure	HCO_3^-	+	H_2O	$\rightleftharpoons$	H_3O^+	+	CO_3^{2-}	der Base
	H_2O	+	H_2O	$\rightleftharpoons$	H_3O^+	+	OH^-	

Wenn nur Wasser als Lösungsmittel berücksichtigt wird, tritt immer das Säure-Base-Paar H_3O^+/H_2O auf.

Ist die Tendenz zur Abgabe von Protonen groß, wie z. B. bei HCl, sind die Säuren starke Säuren, da viele H_3O^+-Ionen entstehen, die für die saure Reaktion verantwortlich sind. Die konjugierte Base Cl^- ist dann eine schwache Base, die Tendenz zur Protonenaufnahme ist nur gering. Umgekehrt ist bei einer schwachen Säure wie HCO_3^- die konjugierte Base CO_3^{2-} eine starke Base.

Die Brønstedsche Säure-Base-Theorie ist in folgenden Punkten allgemeiner als die Theorie von Arrhenius.

Säuren und Basen sind nicht fixierte Stoffklassen, sondern nach ihrer Funktion definiert. Der Unterschied zeigt sich deutlich bei Stoffen, die je nach dem Reaktionspartner sowohl als Säure als auch als Base reagieren können. Man bezeichnet sie als Ampholyte. Das HSO_4^--Ion kann als Base ein Proton anlagern und in ein H_2SO_4-Molekül übergehen, oder es kann als Säure ein Proton abspalten und in das Ion SO_4^{2-} übergehen. Dasselbe gilt für das Molekül H_2O, das ebenfalls als Säure oder als Base reagieren kann.

Nicht nur neutrale Moleküle, sondern auch Kationen oder Anionen können als Säuren und Basen fungieren. Beispiele: H_3O^+ und NH_4^+ sind Kationensäuren, HSO_4^- und HCO_3^- sind Anionensäuren, CO_3^{2-} und CN^- Anionenbasen.

Basen sind nicht nur die Metallhydroxide (bei ihnen ist die wirksame Base das OH^--Ion), sondern auch Stoffe, die keine Hydroxidionen enthalten, z. B. CO_3^{2-}, S^{2-} und NH_3.

Die Protolysereaktion eines Ions mit Wasser wird auch als Hydrolyse bezeichnet, da man allgemein unter Hydrolyse Umsetzungen mit Wasser versteht (bei denen keine Änderung der Oxidationsstufe erfolgt). Zweckmäßig ist die Verwendung des Begriffs Hydrolyse für die Spaltung kovalenter Bindungen mit Wasser, also z. B. für die Reaktion $>P{-}Cl + H_2O \longrightarrow\ >P{-}OH + HCl$.

3.7.5 pH-Wert, Ionenprodukt des Wassers

Je mehr H_3O^+-Ionen eine Lösung enthält, umso saurer ist sie. Als Maß des Säuregrades, der Acidität der Lösung, wird aber nicht die H_3O^+-Konzentration selbst benutzt, da man dann unpraktische Zahlenwerte erhalten würde, sondern der pH-Wert. Der pH-Wert ist der negative dekadische Logarithmus des Zahlenwertes der H_3O^+-Konzentration (genauer der H_3O^+-Aktivität).

$$pH = -\lg\left(\frac{c_{H_3O^+}}{1\ mol\,l^{-1}}\right)$$

Da Logarithmen nur von reinen Zahlen gebildet werden können, muss die in mol/l angegebene Konzentration durch die Standardkonzentration 1 mol/l dividiert werden. Es ist aber üblich, vereinfachend $pH = -\lg c_{H_3O^+}$ zu schreiben. Bei analogen Definitionen (vgl. Abschn. 3.7.6) wird ebenso verfahren.

Im Wasser ist das Protolysegleichgewicht

$$H_2O + H_2O \rightleftharpoons H_3O^+ + OH^-$$

vorhanden. Darauf kann das MWG angewendet werden.

$$\frac{c_{H_3O^+} \cdot c_{OH^-}}{c_{H_2O}^2} = K_c$$

Da das Gleichgewicht weit auf der linken Seite liegt, reagieren nur so wenige H_2O-Moleküle miteinander, dass ihre Konzentration (55,55 mol/l) praktisch konstant bleibt und in die Gleichgewichtskonstante einbezogen werden kann.

$$c_{H_3O^+} \cdot c_{OH^-} = K_c\, c_{H_2O}^2 = K_W \qquad (3.28)$$

K_W wird Ionenprodukt des Wassers genannt. Bei 25 °C beträgt

$$K_W = 1{,}0 \cdot 10^{-14}\ \text{mol}^2/\text{l}^2$$

In wässrigen Lösungen ist also das Produkt der Konzentrationen der H_3O^+- und OH^--Ionen konstant. Nach Logarithmieren folgt mit $pOH = -\lg c_{OH^-}$

$$pH + pOH = 14$$

Für reines Wasser ist

$$c_{H_3O^+} = c_{OH^-} = \sqrt{K_W} = 10^{-7}\ \text{mol}\,\text{l}^{-1}$$

Hat eine wässrige Lösung eine H_3O^+-Konzentration $c_{H_3O^+} = 10^{-2}$ mol/l (pH = 2), so ist nach Gl. (3.28) die OH^--Konzentration

$$c_{OH^-} = \frac{K_W}{c_{H_3O^+}} = \frac{10^{-14}}{10^{-2}}$$

$$c_{OH^-} = 10^{-12}\ \text{mol/l}$$

In dieser Lösung überwiegen die H_3O^+-Ionen gegenüber den OH^--Ionen, sie reagiert sauer. Für wässrige Lösungen verschiedener pH-Werte erhält man das Schema der Abb. 3.34.

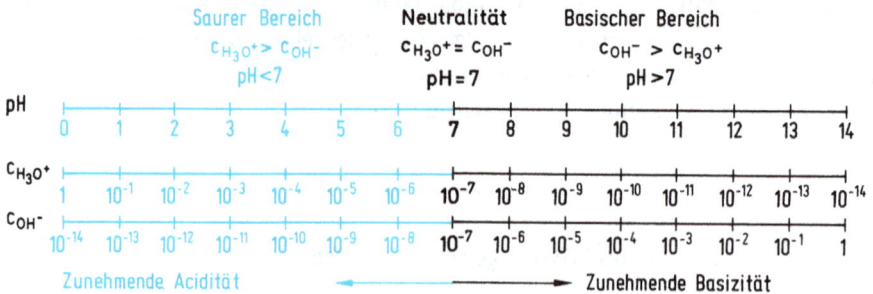

Abb. 3.34: Acidität wässriger Lösungen. Für wässrige Lösungen gilt das Ionenprodukt des Wassers. Es beträgt bei 25 °C $c_{H_3O^+} \cdot c_{OH^-} = 10^{-14}$ mol^2 l^{-2}.

3.7.6 Säurestärke, pK_s-Wert, Berechnung des pH-Wertes von Säuren

Liegt bei der Reaktion einer Säure HA mit Wasser das Gleichgewicht

$$HA + H_2O \rightleftharpoons H_3O^+ + A^-$$

weit auf der rechten Seite, dann ist HA eine starke Säure. Liegt das Gleichgewicht weit auf der linken Seite, ist HA eine schwache Säure. Ein quantitatives Maß für die Stärke einer Säure ist die Massenwirkungskonstante der Protolysereaktion.

$$\frac{c_{H_3O^+} \cdot c_{A^-}}{c_{HA}} = K_S$$

K_S wird Säurekonstante genannt. Da in verdünnten wässrigen Lösungen die H_2O-Konzentration annähernd konstant ist, kann c_{H_2O} in die Konstante einbezogen werden. Statt des K_S-Wertes wird meist der negative dekadische Logarithmus des Zahlenwertes der Säurekonstante K_S (Säureexponent) benutzt.

$$pK_S = -\lg K_S$$

Tab. 3.7 enthält die pK_S-Werte einiger Säure-Base-Paare. Zu den starken Säuren gehören HCl, H_2SO_4 und $HClO_4$. Da $K_S > 100$ ist, reagieren fast alle Säuremoleküle mit Wasser.

Bei den schwachen Säuren CH_3COOH, H_2S und HCN liegt das Gleichgewicht so weit auf der linken Seite, dass nahezu alle Säuremoleküle unverändert in der wässrigen Lösung vorliegen.

Säuren, die mehrere Protonen abspalten können, nennt man mehrbasige Säuren. H_2SO_4 ist eine zweibasige, H_3PO_4 eine dreibasige Säure. Für die verschiedenen Protonen mehrbasiger Säuren ist die Tendenz der Abgabe verschieden groß (vgl. Tab. 3.7).

Beispiel: H_3PO_4

$$H_3PO_4 + H_2O \rightleftharpoons H_3O^+ + H_2PO_4^- \qquad pK_S(I) \ \ = +\,2{,}16$$
$$H_2PO_4^- + H_2O \rightleftharpoons H_3O^+ + HPO_4^{2-} \qquad pK_S(II) \ = +\,7{,}21$$
$$HPO_4^{2-} + H_2O \rightleftharpoons H_3O^+ + PO_4^{3-} \qquad pK_S(III) = +12{,}32$$

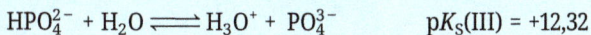

Für die einzelnen Protolyseschritte mehrbasiger Säuren gilt allgemein $K_S(I) > K_S(II) > K_S(III)$. Aus einem neutralen Molekül ist ein Proton leichter abspaltbar als aus einem einfach negativen Ion und aus diesem leichter als aus einem zweifach negativen Ion.

Das Protolysegleichgewicht einer starken Säure, z. B. von HCl, liegt sehr weit auf der rechten Seite:

$$HCl + H_2O \longrightarrow H_3O^+ + Cl^-$$

Tab. 3.7: pK_s-Werte einiger Säure-Base-Paare bei 25 °C. (pK_s = $-\lg K_s$)

	Säure	Base	pK_s
	$HClO_4$	ClO_4^-	$-$ 10
	HCl	Cl^-	$-$ 7
	H_2SO_4	HSO_4^-	$-$ 3,0
	H_3O^+	H_2O	$-$ 1,74
	HNO_3	NO_3^-	$-$ 1,37
	HSO_4^-	SO_4^{2-}	$+$ 1,96
	H_2SO_3	HSO_3	$+$ 1,90
	H_3PO_4	$H_2PO_4^-$	$+$ 2,16
Stärke der Säure	$[Fe(H_2O)_6]^{3+}$	$[Fe(OH)(H_2O)_5]^{2+}$	$+$ 2,46
nimmt zu	HF	F^-	$+$ 3,18
	CH_3COOH	CH_3COO^-	$+$ 4,75
↑	$[Al(H_2O)_6]^{3+}$	$[Al(OH)(H_2O)_5]^{2+}$	$+$ 4,97
	$CO_2 + H_2O$	HCO_3^-	$+$ 6,35
	$[Fe(H_2O)_6]^{2+}$	$[Fe(H_2O)_5OH]^+$	$+$ 6,74
	H_2S	HS	$+$ 6,99
	HSO_3^-	SO_3^{2-}	$+$ 7,20
	$H_2PO_4^-$	HPO_4^{2-}	$+$ 7,21
	$[Zn(H_2O)_6]^{2+}$	$[Zn(H_2O)_5OH]^+$	$+$ 8,96
	HCN	CN	$+$ 9,21
	NH_4^+	NH_3	$+$ 9,25
	HCO_3^-	CO_3^{2-}	$+$ 10,33
	H_2O_2	HO_2^-	$+$ 11,65
	HPO_4^{2-}	PO_4^{3-}	$+$ 12,32
	HS^-	HS^{2-}	$+$ 12,89
	H_2O	OH^-	$+$ 15,74
	OH^-	O^{2-}	$+$ 29

Stärke der Base nimmt zu

Praktisch reagieren alle HCl-Moleküle mit H_2O, so dass pro HCl-Molekül ein H_3O^+-Ion entsteht. Die H_3O^+-Konzentration in der Lösung ist demnach gleich der Konzentration der Säure HCl, und der pH-Wert kann nach der Beziehung

$$pH = -\lg c_{\text{Säure}}$$

berechnet werden.

Beispiele:
Eine HCl-Lösung der Konzentration $c(HCl) = 0,1$ mol/l hat auch die Konzentration $c_{H_3O^+} = 10^{-1}$ mol/l

$$pH = 1$$

Perchlorsäure $HClO_4$ der Konzentration $c(HClO_4) = 0,5$ mol/l hat die Konzentration $c_{H_3O^+} = 5 \cdot 10^{-1}$ mol/l.

$$pH = -\lg (5 \cdot 10^{-1}) = -(-1 + 0,7) = 0,3$$

Bei Säuren, die nicht vollständig protolysiert sind, muss zur Berechnung des pH-Wertes das MWG auf das Protolysegleichgewicht angewendet werden (s. Tab. 3.8).

Beispiel: Essigsäure

$$CH_3COOH + H_2O \rightleftharpoons H_3O^+ + CH_3COO^- \qquad (3.29)$$

$$\frac{c_{H_3O^+} \cdot c_{CH_3COO^-}}{c_{CH_3COOH}} = K_S = 1{,}8 \cdot 10^{-5} \text{ mol/l}$$

Da, wie die Reaktionsgleichung zeigt, aus einem Molekül CH_3COOH ein H_3O^+-Ion und ein CH_3COO^--Ion entstehen, sind die Konzentrationen der beiden Ionensorten in der Lösung gleich groß:

$$c_{H_3O^+} = c_{CH_3COO^-}$$

Damit erhält man aus Gl. (3.29)

$$c_{H_3O^+}^2 = K_S\, c_{CH_3COOH}$$

$$c_{H_3O^+} = \sqrt{K_S\, c_{CH_3COOH}} \qquad (3.30)$$

c_{CH_3COOH} ist die Konzentration der CH_3COOH-Moleküle im Gleichgewicht. Sie ist gleich der Gesamtkonzentration an Essigsäure $c_{Säure}$, vermindert um die Konzentration der durch Reaktion umgesetzten Essigsäuremoleküle:

$$c_{CH_3COOH} = c_{Säure} - c_{H_3O^+}$$

Da die Protolysekonstante K_S sehr klein ist, ist $c_{H_3O^+} \ll c_{Säure}$ und $c_{CH_3COOH} \approx c_{Säure}$. Man erhält aus Gl. (3.39) als Näherungsgleichung

$$c_{H_3O^+} = \sqrt{K_S\, c_{Säure}}$$

$$pH = \frac{pK_S - \lg c_{Säure}}{2}$$

Für eine Essigsäurelösung der Konzentration $c = 10^{-1}$ mol/l erhält man

$$pH = \frac{4{,}75 + 1{,}0}{2} = 2{,}87$$

Diese Essigsäurelösung hat, wie zu erwarten ist, einen größeren pH-Wert als eine Lösung der stärkeren Säure HCl gleicher Konzentration.

3.7.7 Protolysegrad, Ostwald'sches Verdünnungsgesetz

Für die Protolysereaktion

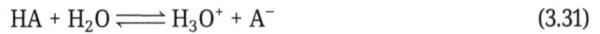

$$HA + H_2O \rightleftharpoons H_3O^+ + A^- \qquad (3.31)$$

kann definiert werden

$$\text{Protolysegrad } \alpha = \frac{\text{Konzentration protolysierter HA-Moleküle}}{\text{Konzentration der HA-Moleküle vor der Protolyse}}$$

$$\alpha = \frac{c - c_{HA}}{c} = \frac{c_{H_3O^+}}{c} = \frac{c_{A^-}}{c} \qquad (3.32)$$

Es bedeuten: c die Gesamtkonzentration HA, c_{HA} die Konzentration von HA-Molekülen im Gleichgewicht.

α kann Werte von 0 bis 1 annehmen. Bei starken Säuren ist $\alpha = 1$ (100 %ige Protolyse). Wendet man auf die Reaktion (3.31) das MWG an und substituiert $c_{H_3O^+}$, c_{A^-} und c_{HA} durch (3.32), so erhält man

$$K_S = \frac{c_{H_3O^+} \cdot c_{A^-}}{c_{HA}} = \frac{\alpha^2 c^2}{c - \alpha c} = c \, \frac{\alpha^2}{1 - \alpha} \qquad (3.33)$$

Diese Beziehung heißt Ostwald'sches Verdünnungsgesetz. Für schwache Säuren ist $\alpha \ll 1$, und man erhält aus Gl. (3.33) die Näherungsgleichung

$$\alpha = \sqrt{\frac{K_S}{c}}$$

Diese Beziehung zeigt, dass der Protolysegrad einer schwachen Säure mit abnehmender Konzentration, also wachsender Verdünnung, wächst.

Beträgt die Konzentration der Essigsäure 0,1 mol/l, ist $\alpha = 0,0134$; nimmt die Konzentration auf 0,001 mol/l ab, so ist $\alpha = 0,125$, die Protolyse nimmt von 1,34 % auf 12,5 % zu.

Bei sehr verdünnten schwachen Säuren kann der Protolysegrad so große Werte erreichen, dass die Näherungsgleichung pH $= \frac{1}{2}$ (pK_S − lg $c_{\text{Säure}}$) zur pH-Berechnung nicht mehr anwendbar ist. Mit dieser Gleichung kann man rechnen, wenn

$$c_{\text{Säure}} \geq K_S$$

ist. Der Protolysegrad ist in diesem Bereich

$$\alpha \leq 0,62$$

Tab. 3.8: Formeln zur Berechnung des pH-Wertes.

Säuren		$pH = -lg\, c_{H_3O^+}$	
Berechnung*	Näherungen		
$\dfrac{c_{H_3O^+}^2}{c_{Säure} - c_{H_3O^+}} = K_S$	$c_{Säure} \geq K_S$ $\alpha \leq 0{,}62$ $pH = \frac{1}{2}(pK_S - lg\, c_{Säure})$	$c_{Säure} \leq K_S$ $\alpha \geq 0{,}62$ $pH = -lg\, c_{Säure}$	
	Maximaler Fehler bei $c_{Säure} = K_S$: $-0{,}2$ pH-Einheiten		
Basen $pK_S + pK_B = 14$		$pOH = -lg\, c_{OH^-}$ $pOH + pH = 14$	
Berechnung*	Näherungen		
$\dfrac{c_{OH^-}^2}{c_{Base} - c_{OH^-}} = K_B$	$c_{Base} \geq K_B$ $\alpha \leq 0{,}62$ $pOH = \frac{1}{2}(pK_B - lg\, c_{Base})$	$c_{Base} \leq K_B$ $\alpha \geq 0{,}62$ $pOH = -lg\, c_{Base}$	
	Maximaler Fehler bei $c_{Base} = K_B$: $-0{,}2$ pOH-Einheiten		
Salze			
Kationensäuren + schwache Anionenbasen Berechnung wie bei Säuren, $c_{Salz} = c_{Säure}$		Anionenbasen + schwache Kationensäuren Berechnung wie bei Basen, $c_{Salz} = c_{Base}$	

* Vernachlässigung der Eigendissoziation von H_2O.

Als größten Fehler erhält man für den Fall $c_{Säure} = K_S$ einen um 0,2 pH-Einheiten zu kleinen Wert.

Im Bereich

$$c_{Säure} \leq K_S$$
$$\alpha \geq 0{,}62$$

ist die Beziehung

$$pH = -lg\, c_{Säure}$$

die geeignete Näherung (vgl. Tab. 3.8).

3.7.8 pH-Wert-Berechnung von Basen

Die Teilchen S^{2-}, PO_4^{3-}, CO_3^{2-}, CN^-, NH_3, CH_3COO^- (vgl. Tab. 3.7) reagieren in wässriger Lösung basisch. Die Reaktion der Base A^- mit Wasser führt zum Gleichgewicht

$$A^- + H_2O \rightleftharpoons OH^- + HA$$

Das MWG lautet

$$\frac{c_{OH^-} \cdot c_{HA}}{c_{A^-}} = K_B$$

K_B bezeichnet man als Basenkonstante und den negativen dekadischen Logarithmus als Basenexponent.

$$pK_B = -\lg K_B$$

Zwischen K_S und K_B eines Säure-Base-Paares besteht ein einfacher Zusammenhang.

$$\frac{c_{H_3O^+} \cdot c_{A^-}}{c_{HA}} = K_S$$

Multipliziert man K_S mit K_B, erhält man K_W, das Ionenprodukt des Wassers.

$$K_S \cdot K_B = \frac{c_{H_3O^+} \cdot c_{A^-} \cdot c_{OH^-} \cdot c_{HA}}{c_{HA} \cdot c_{A^-}} = c_{H_3O^+} \cdot c_{OH^-} = K_W$$

Für eine Säure HA und ihre konjugierte Base A^- gilt daher immer

$$K_B = \frac{K_W}{K_S}$$

und

$$pK_S + pK_B = 14 \tag{3.34}$$

Beispiel: CH_3COO^-

CH_3COONa dissoziiert beim Lösen in Wasser vollständig in die Ionen Na^+ und CH_3COO^-. Das Ion Na^+ reagiert nicht mit Wasser. CH_3COO^- ist die konjugierte Base von CH_3COOH. Es findet daher die Protolysereaktion

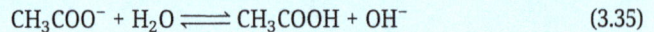

$$CH_3COO^- + H_2O \rightleftharpoons CH_3COOH + OH^- \tag{3.35}$$

statt. Den H_2O-Molekülen werden von den CH_3COO^--Ionen Protonen entzogen, dadurch entstehen OH^--Ionen, die Lösung reagiert basisch. Die Anwendung des MWG führt zu

$$K_B = \frac{c_{CH_3COOH} \cdot c_{OH^-}}{c_{CH_3COO^-}}$$

$$c_{CH_3COOH} = c_{OH^-}$$

$$c_{OH^-} = \sqrt{K_B \, c_{CH_3COO^-}}$$

Wenn das Gleichgewicht der Reaktion (3.35) so weit auf der linken Seite liegt, dass die Gleichgewichtskonzentration von CH_3COO^- annähernd gleich der Konzentration an gelöstem Salz CH_3COONa ist, erhält man

$$c_{OH^-} = \sqrt{K_B \, c_{Base}}$$

$$pOH = \frac{pK_B - \lg c_{Base}}{2}$$

bzw.

$$pOH = \frac{pK_B - \lg c_{Salz}}{2}$$

Aus Gl. (3.34) erhält man für den pK_B-Wert von CH_3COO^-

$$pK_B = 14 - 4{,}75 = 9{,}25$$

Das Protolysegleichgewicht (3.35) liegt danach tatsächlich so weit auf der linken Seite, dass näherungsweise $c_{CH_3COO^-} = c_{CH_3COONa}$ gilt (vgl. Tab. 3.8). Für eine Lösung der Konzentration $c_{CH_3COONa} = 0{,}1$ mol/l erhält man

$$pOH = \frac{9{,}2 + 1}{2} = 5{,}1$$

und

$$pH = 14 - 5{,}1 = 8{,}9$$

Mit der Näherung $pOH = -\lg c_{Base}$ kann man rechnen, wenn $c_{Base} \leq K_B$ ist (vgl. Tab. 3.8). Sie ist aber nur auf verdünnte Lösungen weniger Anionenbasen wie S^{2-} und PO_4^{3-} anwendbar.

Beispiel: S^{2-}
Der pK_S-Wert von HS^- beträgt 12,89. Mit der Beziehung (3.34) erhält man

$$K_B(S^{2-}) = 10^{-1,1}\ mol/l$$

Für eine Lösung der Konzentration $c_{S^{2-}} = 10^{-2}$ mol/l ist also $c < K_B$ und folglich die Näherung für starke Basen anwendbar.

$$pOH = 2$$

und

$$pH = 12$$

3.7.9 pH-Wert-Berechnung von Salzlösungen

Löst man ein Salz in Wasser, so zerfällt es in einzelne Ionen. Außer der Hydratation erfolgt häufig keine weitere Reaktion der Ionen mit den Wassermolekülen. Die Lösung reagiert neutral. In der Lösung sind wie in reinem Wasser je 10^{-7} mol/lH_3O^+- und OH^--Ionen vorhanden. Dafür ist NaCl ein gutes Beispiel.

Viele Salze jedoch lösen sich unter Änderung des pH-Wertes. Zum Beispiel reagieren wässrige Lösungen von NH_4Cl und $FeCl_3$ sauer, Lösungen von Na_2CO_3 und CH_3COONa reagieren basisch.

Beispiel: NH_4Cl

Beim Lösen dissoziiert NH_4Cl in die Ionen NH_4^+ und Cl^-. Cl^- reagiert nicht mit Wasser, es ist eine extrem schwache Brønsted-Base. NH_4^+ ist eine Brønsted-Säure (vgl. Tab. 3.7), es erfolgt daher die Protolysereaktion

$$NH_4^+ + H_2O \rightleftharpoons H_3O^+ + NH_3$$

NH_4^+ gibt unter Bildung von H_3O^+-Ionen Protonen an die Wassermoleküle ab. Eine NH_4Cl-Lösung reagiert daher sauer. Der pH-Wert kann in gleicher Weise berechnet werden wie der von Essigsäure (vgl. Abschn. 3.7.6 und Tab. 3.8). Die Anwendung des MWG führt zu

$$\frac{c_{H_3O^+} \cdot c_{NH_3}}{c_{NH_4^+}} = K_S \tag{3.36}$$

Wegen $c_{H_3O^+} = c_{NH_3}$ folgt

$$c_{H_3O^+} = \sqrt{K_S \, c_{NH_4^+}}$$

Da NH_4Cl vollständig in Ionen aufgespalten wird und von den entstandenen NH_4^+-Ionen nur ein vernachlässigbar kleiner Teil mit Wasser reagiert ($pK_S = 9,25$), ist die NH_4^+-Konzentration im Gleichgewicht nahezu gleich der Konzentration des gelösten Salzes:

$$c_{NH_4^+} = c_{NH_4Cl}$$

Damit erhält man aus Gl. (3.36)

$$c_{H_3O^+} = \sqrt{K_S \, c_{Salz}}$$

und

$$pH = \frac{pK_S - \lg c_{Salz}}{2}$$

Für eine NH_4Cl-Lösung der Konzentration $c_{NH_4Cl} = 0,1$ mol/l erhält man daraus pH = 5,1.

Beispiel: CH_3COONa

Eine CH_3COONa-Lösung der Konzentration 0,1 mol/l hat den pH = 8,9 (vgl. Berechnung Abschn. 3.7.8).

Lösungen von Salzen, deren Anionen starke Anionenbasen und deren Kationen schwache Kationensäuren sind, reagieren basisch. Lösungen von Salzen aus starken Kationensäuren und schwachen Anionenbasen reagieren sauer. Weitere Beispiele enthält Tab. 3.9.

Tab. 3.9: Protolysereaktionen von Salzen in wässriger Lösung.

Salz	Charakter der Ionen in Lösung	Reaktion des Salzes in wässriger Lösung
$AlCl_3$, NH_4HSO_4, $FeCl_2$, $ZnCl_2$	Kationensäure + sehr schwache Anionenbase	sauer
NaCl, KCl, $NaClO_4$, $BaCl_2$	sehr schwache Kationensäure + sehr schwache Anionenbase	neutral
Na_2S, KCN, Na_3PO_4, Na_2SO_3	Anionenbase + sehr schwache Kationensäure	basisch

3.7.10 Pufferlösungen

Pufferlösungen sind Lösungen, die auch bei Zugabe erheblicher Mengen Säure oder Base ihren pH-Wert nur wenig ändern. Sie bestehen aus einer schwachen Säure (Base) und einem Salz dieser schwachen Säure (Base).

Beispiel:
Der Acetatpuffer enthält CH_3COOH und CH_3COONa (Pufferbereich bei pH = 5). Der Ammoniakpuffer enthält NH_3 und NH_4Cl (Pufferbereich bei pH = 9).

Wie eine Pufferlösung funktioniert, kann durch Anwendung des MWG auf die Protolysereaktion

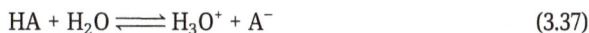

$$HA + H_2O \rightleftharpoons H_3O^+ + A^-$$ (3.37)

erklärt werden.

$$K_S = \frac{c_{H_3O^+} \cdot c_{A^-}}{c_{HA}}$$ (3.38)

$$c_{H_3O^+} = K_S \frac{c_{HA}}{c_{A^-}}$$

$$pH = pK_S + \lg \frac{c_{A^-}}{c_{HA}} \tag{3.39}$$

In der Abb. 3.35 ist die Beziehung (3.39) für den Acetatpuffer graphisch dargestellt. Ist das Verhältnis $c_{A^-}/c_{AH} = 1$ (äquimolare Mischung), dann gilt pH = pK_S. Ändert sich das Verhältnis c_{A^-}/c_{AH} auf 10, wächst der pH-Wert nur um eine Einheit, ändert es sich auf 0,1, dann sinkt der pH-Wert um eins. Erst wenn c_{A^-}/c_{AH} größer als 10 oder kleiner als 0,1 ist, ändert sich der pH-Wert drastisch.

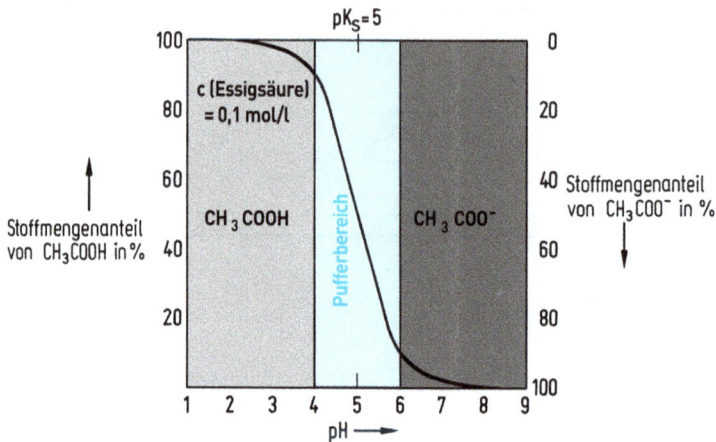

Abb. 3.35: Pufferungskurve einer Essigsäure-Acetat-Pufferlösung. Die beste Pufferwirkung hat eine 1:1-Mischung (pH = 4,75). H_3O^+-Ionen werden von CH_3COO^--Ionen, OH^--Ionen von CH_3COOH gepuffert:

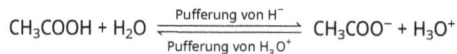

$$CH_3COOH + H_2O \underset{\text{Pufferung von } H_3O^+}{\overset{\text{Pufferung von } H^-}{\rightleftarrows}} CH_3COO^- + H_3O^+$$

Solange dabei das Verhältnis CH_3COOH/CH_3COO^- im Bereich 0,1 bis 10 bleibt, ändert sich der pH-Wert nur wenig.

Versetzt man eine Pufferlösung mit H_3O^+-Ionen, dann müssen, damit die Konstante in Gl. (3.38) erhalten bleibt, die H_3O^+-Ionen mit den A^--Ionen zu HA reagieren. Das Protolysegleichgewicht (3.37) verschiebt sich nach links, die H_3O^+-Ionen werden durch die A^--Ionen gepuffert, und der pH-Wert nimmt nur geringfügig ab. Die Lösung puffert solange, bis das Verhältnis $c_{A^-}/c_{AH} \approx 0,1$ erreicht ist. Erst dann erfolgt bei weiterer Zugabe von H_3O^+ eine starke Abnahme des Verhältnisses c_{A^-}/c_{AH} und entsprechend eine starke Abnahme des pH-Wertes. Fügt man der Pufferlösung OH^--Ionen zu, so reagieren diese mit HA zu A^- und H_2O, das Gleichgewicht (3.37) verschiebt sich nach rechts. Erst wenn das Verhältnis $c_{A^-}/c_{AH} \approx 10$ erreicht ist, wächst bei weiterer Zugabe von OH^--Ionen der pH-Wert rasch an.

Die beste Pufferwirkung haben äquimolare Mischungen, ihr Pufferbereich liegt bei pH = pK_S. Je konzentrierter eine Pufferlösung ist, desto wirksamer puffert sie.

Beispiel:
Ein Liter eines Acetatpuffers, der 1 mol CH_3COOH und 1 mol CH_3COONa enthält, hat nach Gl. 3.39 einen pH-Wert von 4,75. Wie ändert sich der pH-Wert der Puffer-lösung, wenn außerdem noch 0,1 mol HCl zugefügt werden? Die durch Protolyse des HCl entstandenen 0,1 mol H_3O^+-Ionen reagieren praktisch vollständig mit den CH_3COO^--Ionen zu $CH_3COOH + H_2O$.

$$H_3O^+ + CH_3COO^- \longrightarrow CH_3COOH + H_2O$$

Die Konzentration der CH_3COO^--Ionen wird damit (1 – 0,1) mol/l, die Konzentration der CH_3COOH-Moleküle (1 + 0,1) mol/l. Nach Gl. (3.39) erhält man

$$pH = pK(CH_3COOH) + \lg \frac{c_{CH_3COO^-}}{c_{CH_3COOH}} = 4{,}75 + \lg \frac{1 - 0{,}1}{1 + 0{,}1} = 4{,}66$$

Der HCl-Zusatz senkt den pH-Wert des Puffers also nur um etwa 0,1.

Ein Liter einer Lösung, die nur 1 mol CH_3COOH und außerdem 0,1 mol HCl enthält, hat dagegen einen pH von ungefähr 1. Das Gleichgewicht (3.37) liegt bei der Essigsäure so weit auf der linken Seite, dass nahezu keine CH_3COO^--Ionen zur Reaktion mit den H_3O^+-Ionen der HCl zur Verfügung stehen. Reine Essigsäure puffert daher nicht.

3.7.11 Säure-Base-Indikatoren

Säure-Base-Indikatoren sind organische Farbstoffe, deren Lösungen bei Änderung des pH-Wertes ihre Farbe wechseln. Die Farbänderung erfolgt für einen bestimmten Indi-kator in einem für ihn charakteristischen pH-Bereich, daher werden diese Indikatoren zur pH-Wert-Anzeige verwendet.

Säure-Base-Indikatoren sind Säure-Base-Paare, bei denen die Indikatorsäure eine andere Farbe hat als die konjugierte Base. In wässriger Lösung existiert das pH-abhän-gige Gleichgewicht

$$H\,Ind + H_2O \rightleftharpoons H_3O^+ + Ind^-$$

Beispiel: Phenolphthalein

Indikatorsäure H Ind	konjugierte Indikatorbase Ind^-
farblos	rot
liegt vor in saurem Milieu	liegt vor in stark basischem Milieu

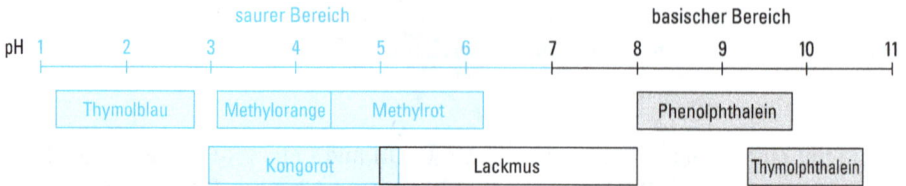

Abb. 3.36: Umschlagbereiche einiger Indikatoren. Im Umschlagbereich ändert der Indikator seine Farbe. Indikatoren sind daher zur pH-Anzeige geeignet.

Die Anwendung des MWG ergibt

$$K_S(\text{HInd}) = \frac{c_{H_3O^+} \cdot c_{Ind^-}}{c_{HInd}}$$

$$\text{pH} = pK_S(\text{HInd}) + \lg \frac{c_{Ind^-}}{c_{HInd}}$$

Ist das Verhältnis $c_{Ind^-}/c_{HInd} = 10$, ist für das Auge meistens nur noch die Farbe von Ind$^-$ wahrnehmbar. Ist das Verhältnis $c_{Ind^-}/c_{HInd} = 0{,}1$, so zeigt die Lösung nur die Farbe von H Ind. Bei dazwischen liegenden Verhältnissen treten Mischfarben auf. Den pH-Bereich, in dem Mischfarben auftreten, nennt man Umschlagbereich des Indikators. Der Umschlagbereich liegt also ungefähr bei

$$\text{pH} = pK_S(\text{H Ind}) \pm 1$$

Bei größeren oder kleineren pH-Werten tritt nur die Farbe von Ind$^-$ bzw. H Ind auf, der Indikator ist umgeschlagen. Der Umschlag erfolgt also wie erwünscht in einem kleinen pH-Intervall (Abb. 3.36).

In der Tab. 3.10 sind Farben und Umschlagbereiche einiger Indikatoren angegeben.

Tab. 3.10: Farben und Umschlagbereiche einiger Indikatoren.

Indikator	Umschlagbereich pH	Farbe der Indikatorsäure	Farbe der Indikatorbase
Thymolblau	1,2–2,8	rot	gelb
Methylorange	3,1–4,4	rot	gelb-orange
Kongorot	3,0–5,2	blau	rot
Methylrot	4,4–6,2	rot	gelb
Lackmus	5,0–8,0	rot	blau
Phenolphthalein	8,0–9,8	farblos	rot-violett
Thymolphthalein	9,3–10,6	farblos	blau

Äquivalenzpunkt

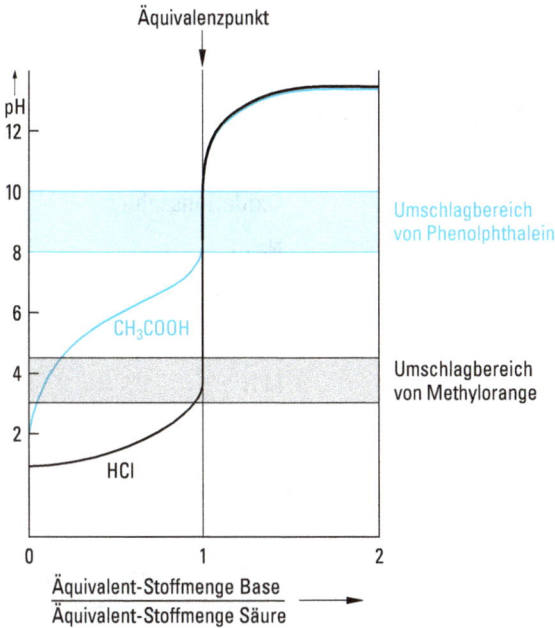

pH
12

10

Umschlagbereich
von Phenolphthalein

8

6

CH₃COOH

4

Umschlagbereich
von Methylorange

2

HCl

0   1   2

Äquivalent-Stoffmenge Base
─────────────────────────
Äquivalent-Stoffmenge Säure

Abb. 3.37: Titrationskurven von Salzsäure und Essigsäure bei der Titration mit einer starken Base. Am Äquivalenzpunkt erfolgt ein pH-Sprung. Für die HCl-Titration ist sowohl Methylorange als auch Phenolphthalein als Indikator geeignet (ebenso alle Indikatoren, deren Umschlagbereiche dazwischen liegen). Zur Titration von CH_3COOH ist Phenolphthalein als Indikator geeignet. Am Äquivalenzpunkt ist eine CH_3COONa-Lösung vorhanden, die ja basisch reagiert (vgl. Abschn. 3.7.9), und der pH-Sprung erfolgt im basischen Bereich.

Der ungefähre pH-Wert einer Lösung kann mit einem Universalindikatorpapier bestimmt werden. Es ist ein mit mehreren Indikatoren imprägniertes Filterpapier, das je nach pH-Wert der Lösung eine bestimmte Farbe annimmt, wenn man etwas Lösung auf das Papier bringt.

Indikatoren werden bei Säure-Base-Titrationen verwendet. Dabei wird eine unbekannte Stoffmenge Säure (Base) durch Zugabe von Base (Säure) bekannter Konzentration bestimmt. Der Äquivalenzpunkt, bei dem gerade die zur Neutralisation erforderliche Äquivalent-Stoffmenge zugesetzt ist, wird am Farbumschlag des Indikators erkannt (Abb. 3.37).

3.8 Redoxvorgänge

3.8.1 Oxidationszahl

Statt der mehrdeutigen Begriffe „Wertigkeit" oder „Valenz" eines Elements wird der Begriff Oxidationszahl oder Oxidationsstufe verwendet.

1. Die Oxidationszahl eines Atoms im elementaren Zustand ist null.

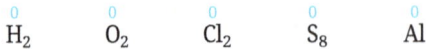

$$\overset{0}{H_2} \qquad \overset{0}{O_2} \qquad \overset{0}{Cl_2} \qquad \overset{0}{S_8} \qquad \overset{0}{Al}$$

2. In Ionenverbindungen ist die Oxidationszahl eines Elements identisch mit der Ionenladung.

Verbindung	Auftretende Ionen	Oxidationszahlen
NaCl	Na^{1+}, Cl^{1-}	$\overset{+1\ -1}{Na\ Cl}$
LiF	Li^{1+}, F^{1-}	$\overset{+1\ -1}{Li\ F}$
CaO	Ca^{2+}, O^{2-}	$\overset{+2\ -2}{Ca\ O}$
LiH	Li^{1+}, H^{1-}	$\overset{+1\ -1}{Li\ H}$
Fe_3O_4	$2\,Fe^{3+}$, Fe^{2+}, $4\,O^{2-}$	$\overset{+8/3\ -2}{Fe_3\ O_4}$

Treten bei einem Element gebrochene Oxidationszahlen auf, sind die Atome dieses Elements in verschiedenen Oxidationszahlen vorhanden.

3. Bei kovalenten Verbindungen wird die Verbindung gedanklich in Ionen aufgeteilt. Die Aufteilung erfolgt so, dass die Bindungselektronen dem elektronegativeren Partner zugeteilt werden. Bei gleichen Bindungspartnern erhalten beide die Hälfte der Bindungselektronen. Die Oxidationszahl ist dann identisch mit der erhaltenen Ionenladung.

Verbindung	Lewisformel	fiktive Ionen	Oxidationszahlen
HCl	H(|C̄l|	H^+, Cl^-	$\overset{+1\ -1}{H\ Cl}$
H_2O	H(|Ō|)H	H^+, O^{2-}, H^+	$\overset{+1\ -2}{H_2\ O}$
H_2O_2	H(—O+O—)H	$2H^+$, $2O^-$	$\overset{+1\ -1}{H_2\ O_2}$
SF_6	|F̄—S(—F̄|	$6F^-$, S^{6+}	$\overset{+6\ -1}{S\ F_6}$
HNO_3	H(—Ō—)N	H^+, N^{5+}, $3O^{2-}$	$\overset{+1\ +5\ -2}{H\ N\ O_3}$
K_2SO_4	$K^+ {}^{\ominus}\|\bar{O}$—S—$\bar{O}\|^{\ominus} K^+$	$2K^+$, S^{6+}, $4O^{2-}$	$\overset{+1\ +6-2}{K_2S\ O_4}$

Die Oxidationszahlen der Elemente hängen von ihrer Stellung im PSE ab. Für die Hauptgruppen gilt:

Die positive Oxidationszahl eines Elements der Gruppen 1 und 2 kann nicht größer sein als die Gruppennummer dieses Elements. Für die Elemente der Gruppen 13–17 resultiert die maximale Oxidationszahl aus der Gruppennummer minus 10.

Beispiele:
Alkalimetalle +1; Erdalkalimetalle +2; B +3; C +4; N +5; Cl +7.

Die elektronegativen Hauptgruppenelemente nehmen oft negative Oxidationszahlen an. Die maximale negative Oxidationszahl beträgt Gruppennummer minus 18.

Beispiele:
Halogene –1; Chalkogene –2; N, P –3.

Aufgrund seiner besonderen Stellung im PSE kann Wasserstoff mit den Oxidationszahlen +1, 0, –1 auftreten. Als elektronegativstes Element kann Fluor keine positiven Oxidationszahlen haben.

Die meisten Elemente treten in mehreren Oxidationszahlen auf. Der Bereich der Oxidationszahlen kann für ein Element maximal acht Einheiten betragen (vgl. Abb. 3.38). Die Oxidationsstufen des Elements Stickstoff z.B. reichen von –3 in NH_3 bis +5 in HNO_3. Bei den Metallen kommen besonders die Übergangsmetalle in sehr unterschiedlichen Oxidationszahlen vor. Mn z.B. hat in MnO die Oxidationszahl +2, in $KMnO_4$ +7.

Die wichtigsten Oxidationszahlen der Elemente der ersten drei Perioden des PSE sind in der Abb. 3.38 zusammengestellt.

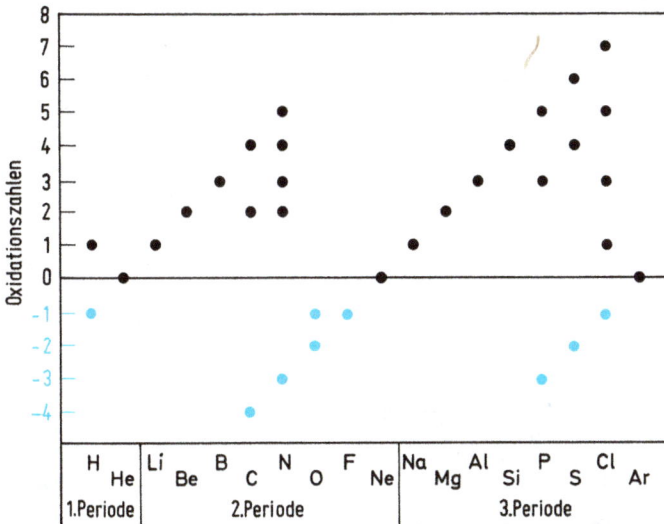

Abb. 3.38: Wichtige Oxidationszahlen der Elemente der ersten drei Perioden.

3.8.2 Oxidation, Reduktion

Lavoisier erkannte, dass bei allen Verbrennungen Sauerstoff verbraucht wird. Er führte für Vorgänge, bei denen sich eine Substanz mit Sauerstoff verbindet, den Begriff Oxidation ein.

Beispiele:

$$2\,Mg + O_2 \longrightarrow 2\,MgO$$
$$S + O_2 \longrightarrow SO_2$$

Der Begriff Reduktion wurde für den Entzug von Sauerstoff verwendet.

Beispiel:

$$Fe_2O_3 + 3\,C \longrightarrow 2\,Fe + 3\,CO$$
$$CuO + H_2 \longrightarrow Cu + H_2O$$

Man verwendet diese Begriffe jetzt viel allgemeiner und versteht unter Oxidation und Reduktion eine Änderung der Oxidationszahl (vgl. Abschn. 3.8.1) eines Teilchens. Die Oxidationszahl ändert sich, wenn man dem Teilchen – Atom, Ion, Molekül – Elektronen zuführt oder Elektronen entzieht.

Bei einer Oxidation werden Elektronen abgegeben, die Oxidationszahl erhöht sich:

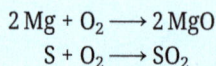
$$\overset{m}{A} \longrightarrow \overset{m+z}{A} + z\,e^-$$

Beispiele:

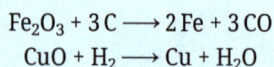
$$\overset{0}{Fe} \longrightarrow \overset{+2}{Fe} + 2\,e^-$$
$$\overset{0}{Na} \longrightarrow \overset{+1}{Na} + e^-$$
$$\overset{+2}{Fe} \longrightarrow \overset{+3}{Fe} + e^-$$

Bei einer Reduktion werden Elektronen aufgenommen, die Oxidationszahl erniedrigt sich:

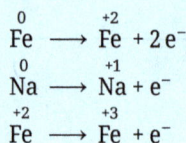
$$\overset{m}{B} + z\,e^- \longrightarrow \overset{m-z}{B}$$

Beispiele:

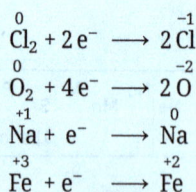
$$\overset{0}{Cl_2} + 2\,e^- \longrightarrow \overset{-1}{2\,Cl}$$
$$\overset{0}{O_2} + 4\,e^- \longrightarrow \overset{-2}{2\,O}$$
$$\overset{+1}{Na} + e^- \longrightarrow \overset{0}{Na}$$
$$\overset{+3}{Fe} + e^- \longrightarrow \overset{+2}{Fe}$$

Schreibt man diese Reaktionen als Gleichgewichtsreaktionen, dann erfolgt je nach der Richtung, in der die Reaktion abläuft, eine Oxidation oder eine Reduktion.

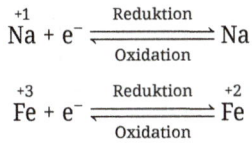

$$\overset{+1}{Na} + e^- \underset{\text{Oxidation}}{\overset{\text{Reduktion}}{\rightleftharpoons}} Na$$

$$\overset{+3}{Fe} + e^- \underset{\text{Oxidation}}{\overset{\text{Reduktion}}{\rightleftharpoons}} \overset{+2}{Fe}$$

Allgemein kann man schreiben

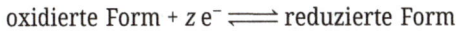

$$\text{oxidierte Form} + z\,e^- \rightleftharpoons \text{reduzierte Form}$$

Die oxidierte Form und die reduzierte Form bilden zusammen ein korrespondierendes Redoxpaar. Na^+/Na, $\overset{+3}{Fe}/\overset{+2}{Fe}$, $Cl_2/2\,Cl^-$ sind solche Redoxpaare.

Da bei chemischen Reaktionen keine freien Elektronen auftreten können, kann eine Oxidation oder eine Reduktion nicht isoliert vorkommen. Eine Oxidation, z.B. $Na \longrightarrow Na^+ + e^-$, bei der Elektronen entstehen, muss stets mit einer Reduktion gekoppelt sein, bei der diese Elektronen aufgenommen werden, z.B. mit $Cl_2 + 2\,e^- \longrightarrow 2\,Cl^-$.

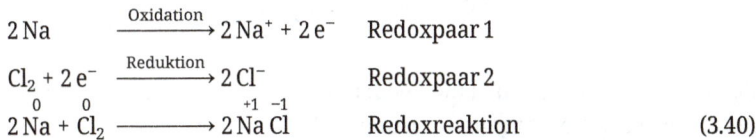

$$2\,Na \xrightarrow{\text{Oxidation}} 2\,Na^+ + 2\,e^- \qquad \text{Redoxpaar 1}$$

$$Cl_2 + 2\,e^- \xrightarrow{\text{Reduktion}} 2\,Cl^- \qquad \text{Redoxpaar 2}$$

$$\overset{0}{2\,Na} + \overset{0}{Cl_2} \longrightarrow \overset{+1}{2\,Na}\overset{-1}{Cl} \qquad \text{Redoxreaktion} \tag{3.40}$$

Reaktionen mit gekoppelter Oxidation und Reduktion nennt man Redoxreaktionen. Bei Redoxreaktionen erfolgt eine Elektronenübertragung. Bei der Redoxreaktion (3.40) werden Elektronen von Natriumatomen auf Chloratome übertragen.

An einer Redoxreaktion sind immer zwei Redoxpaare beteiligt.

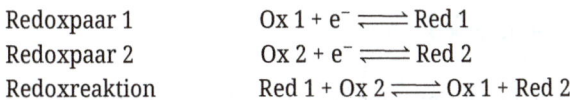

Redoxpaar 1	$Ox\,1 + e^- \rightleftharpoons Red\,1$
Redoxpaar 2	$Ox\,2 + e^- \rightleftharpoons Red\,2$
Redoxreaktion	$Red\,1 + Ox\,2 \rightleftharpoons Ox\,1 + Red\,2$

Je stärker bei einem Redoxpaar die Tendenz der reduzierten Form ist, Elektronen abzugeben, umso schwächer ist die Tendenz der korrespondierenden oxidierten Form, Elektronen aufzunehmen. Man kann die Redoxpaare nach dieser Tendenz in einer Redoxreihe anordnen.

Je höher in der Redoxreihe ein Redoxpaar steht, umso stärker ist die reduzierende Wirkung der reduzierten Form. Man bezeichnet daher Na, Zn, Fe als Reduktionsmittel. Je tiefer ein Redoxpaar steht, umso stärker ist die oxidierende Wirkung der oxidierten Form. Cl_2, Br_2 bezeichnet man entsprechend als Oxidationsmittel. Freiwillig laufen nur Redoxprozesse zwischen einer reduzierten Form mit einer in der Redoxreihe darunter stehenden oxidierten Form ab.

Redoxreihe

Oxidierte Form + Elektronen $\rightleftharpoons$ Reduzierte Form

Zunehmende
Tendenz der
Elektronen-
aufnahme;
zunehmende
oxidierende
Wirkung

$\downarrow$

Na^+	$+ e^-$	$\rightleftharpoons Na$
Zn^{2+}	$+ 2\,e^-$	$\rightleftharpoons Zn$
Fe^{2+}	$+ 2\,e^-$	$\rightleftharpoons Fe$
$2\,H_3O^+$	$+ 2\,e^-$	$\rightleftharpoons H_2 + 2\,H_2O$
I_2	$+ 2\,e^-$	$\rightleftharpoons 2\,I^-$
Cu^{2+}	$+ 2\,e^-$	$\rightleftharpoons Cu$
Fe^{3+}	$+ e^-$	$\rightleftharpoons Fe^{2+}$
Br_2	$+ 2\,e^-$	$\rightleftharpoons 2\,Br^-$
Cl_2	$+ 2\,e^-$	$\rightleftharpoons 2\,Cl^-$

$\uparrow$

Zunehmende
Tendenz der
Elektronen-
abgabe;
zunehmende
reduzierende
Wirkung

Beispiele für in wässriger Lösung ablaufende Redoxreaktionen:

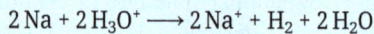

$$Zn + Cu^{2+} \longrightarrow Zn^{2+} + Cu$$
$$Fe + Cu^{2+} \longrightarrow Fe^{2+} + Cu$$
$$2\,Na + 2\,H_3O^+ \longrightarrow 2\,Na^+ + H_2 + 2\,H_2O$$
$$2\,I^- + Br_2 \longrightarrow I_2 + 2\,Br^-$$
$$2\,Br^- + Cl_2 \longrightarrow Br_2 + 2\,Cl^-$$

Bei allen Beispielen können die Redoxreaktionen nur von links nach rechts verlaufen, nicht umgekehrt. Nicht möglich ist auch die Reaktion

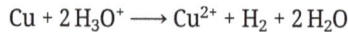

$$Cu + 2\,H_3O^+ \longrightarrow Cu^{2+} + H_2 + 2\,H_2O$$

Man kann demnach Cu nicht in HCl lösen.

3.8.3 Aufstellen von Redoxgleichungen

Das Aufstellen einer Redoxgleichung bezieht sich nur auf das Auffinden der stöchiometrischen Zahlen einer Redoxreaktion. Die Ausgangs- und Endstoffe der Reaktion müssen bekannt sein.

Beispiel:
Bei der Auflösung von Kupfer in Salpetersäure entstehen Cu^{2+}-Ionen und Stickstoffmonooxid NO.

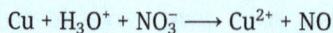

$$Cu + H_3O^+ + NO_3^- \longrightarrow Cu^{2+} + NO$$

Wie lautet die Redoxgleichung? Bei komplizierteren Redoxvorgängen ist es zweckmäßig, zunächst die beiden beteiligten Redoxsysteme getrennt zu formulieren.

Redoxsystem 1 $\qquad$ $Cu^{2+} + 2\,e^- \rightleftharpoons Cu$

Wie man etwas unübersichtlichere Redoxsysteme aufstellen kann, sei am Beispiel des Redoxsystems 2 erläutert.

1. Auffinden der Oxidationszahlen der oxidierten und reduzierten Form.

$$\overset{+5}{N}O_3^- \rightleftharpoons \overset{+2}{N}O$$

2. Aus der Differenz der Oxidationszahlen erhält man die Anzahl auftretender Elektronen.

$$\overset{+5}{N}O_3^- + 3\,e^- \rightleftharpoons \overset{+2}{N}O$$

3. Prüfung der Elektroneutralität. Auf beiden Seiten muss die Summe der elektrischen Ladungen gleich groß sein. Die Differenz wird bei Reaktionen in saurer Lösung durch H_3O^+-Ionen ausgeglichen.

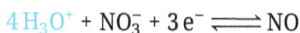

$$4\,H_3O^+ + NO_3^- + 3\,e^- \rightleftharpoons NO$$

In basischen Lösungen erfolgt der Ladungsausgleich durch OH^--Ionen.

4. Stoffbilanz. Auf beiden Seiten der Reaktionsgleichung muss die Anzahl der Atome jeder Atomsorte gleich groß sein. Der Ausgleich erfolgt durch H_2O.

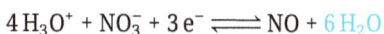

$$4\,H_3O^+ + NO_3^- + 3\,e^- \rightleftharpoons NO + 6\,H_2O$$

Die Redoxgleichung erhält man durch Kombination der beiden Redoxsysteme.

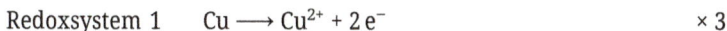

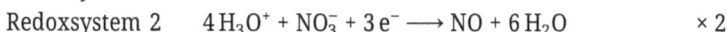

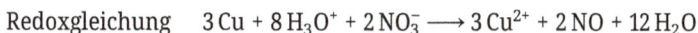

Redoxsystem 1	$Cu \longrightarrow Cu^{2+} + 2\,e^-$	$\times\,3$
Redoxsystem 2	$4\,H_3O^+ + NO_3^- + 3\,e^- \longrightarrow NO + 6\,H_2O$	$\times\,2$
Redoxgleichung	$3\,Cu + 8\,H_3O^+ + 2\,NO_3^- \longrightarrow 3\,Cu^{2+} + 2\,NO + 12\,H_2O$	

3.8.4 Galvanische Elemente

Taucht man einen Zinkstab in eine Lösung, die Cu^{2+}-Ionen enthält, findet die Redoxreaktion

$$Cu^{2+} + Zn \longrightarrow Cu + Zn^{2+}$$

statt. Auf dem Zinkstab scheidet sich metallisches Kupfer ab, Zn löst sich unter Bildung von Zn^{2+}-Ionen (Abb. 3.39).
Diese Redoxreaktion kann man in einer Anordnung ablaufen lassen, die galvanisches Element genannt wird (Abb. 3.40).

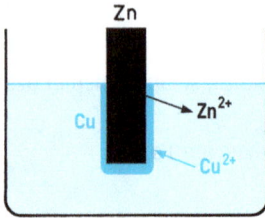

Abb. 3.39: Auf einem Zinkstab, der in eine $CuSO_4$-Lösung taucht, scheidet sich Cu ab; aus Zn bilden sich Zn^{2+}-Ionen. Es findet die Redoxreaktion $Cu^{2+} + Zn \longrightarrow Cu + Zn^{2+}$ statt.

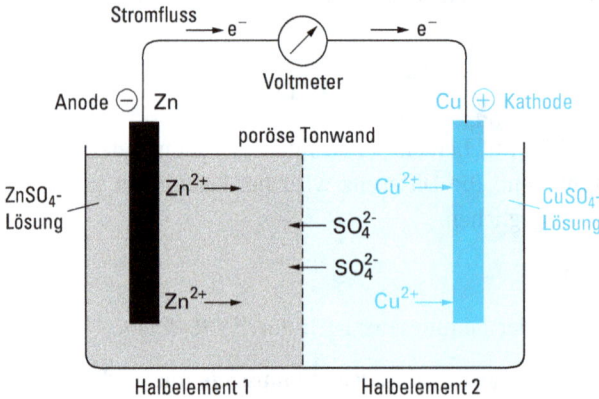

Abb. 3.40: Daniell-Element. In diesem galvanischen Element sind die Redoxpaare Zn^{2+}/Zn und Cu^{2+}/Cu gekoppelt. Da Zn leichter Elektronen abgibt als Cu, fließen Elektronen von Zn zu Cu. Zn wird oxidiert, Cu^{2+} reduziert.

Redoxpaar 1 (Halbelement 1)

$$Zn \longrightarrow Zn^{2+} + 2\,e^-$$

Redoxpaar 2 (Halbelement 2)

$$Cu^{2+} + 2\,e^- \longrightarrow Cu$$

Gesamtreaktion

$$Zn + Cu^{2+} \longrightarrow Zn^{2+} + Cu$$

Redoxpotential 1

$$E_{Zn} = E_{Zn} + \frac{0{,}059\,V}{2}\ \lg c_{Zn^{2+}}$$

Redoxpotential 2

$$E_{Cu} = E^{\circ}_{Cu} + \frac{0{,}059\,V}{2}\ \lg c_{Cu^{2+}}$$

Gesamtpotential

$$\Delta E = E_{Cu} - E_{Zn} = E^{\circ}_{Cu} - E^{\circ}_{Zn} + \frac{0{,}059\,V}{2}\ \lg \frac{c_{Cu^{2+}}}{c_{Zn^{2+}}}$$

Ein metallischer Stab aus Zink taucht in eine Lösung, die Zn^{2+}- und SO_4^{2-}-Ionen enthält. Dadurch wird im Reaktionsraum 1 das Redoxpaar Zn^{2+}/Zn gebildet. Im Reaktionsraum 2 taucht ein Kupferstab in eine Lösung, in der Cu^{2+}- und SO_4^{2-}-Ionen vorhanden sind. Es entsteht das Redoxpaar Cu^{2+}/Cu. Die beiden Reaktionsräume sind durch ein Diaphragma, das aus porösem durchlässigem Material besteht, voneinander getrennt. Verbindet man den Zn- und den Cu-Stab durch einen elektrischen Leiter, so fließen Elektronen vom Zn-Stab zum Cu-Stab. Zn wird in der gegebenen Anordnung zu einer negativen Elektrode (Anode), Cu zu einer positiven Elektrode (Kathode). Die Kathode ist immer die Elektrode an der die Reduktion stattfindet und die Anode die Elektrode an der die Oxidation stattfindet. Zwischen den beiden Elektroden tritt eine Potentialdifferenz auf. Die Spannung des galvanischen Elements wird EMK, elektromotorische Kraft, genannt. Aufgrund der auftretenden EMK kann das galvanische Element elektrische Arbeit leisten (vgl. Abschn. 3.5.4). Dabei laufen in den beiden Reaktionsräumen folgende Reaktionen ab:

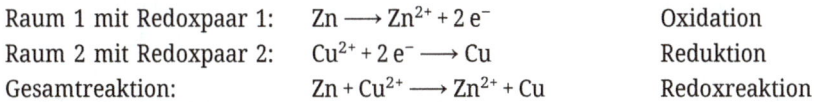

Raum 1 mit Redoxpaar 1:	$Zn \longrightarrow Zn^{2+} + 2\,e^-$	Oxidation
Raum 2 mit Redoxpaar 2:	$Cu^{2+} + 2\,e^- \longrightarrow Cu$	Reduktion
Gesamtreaktion:	$Zn + Cu^{2+} \longrightarrow Zn^{2+} + Cu$	Redoxreaktion

Zn-Atome der Zinkelektrode gehen als Zn^{2+}-Ionen in Lösung, die dadurch im Zn-Stab zurückbleibenden Elektronen fließen zur Kupferelektrode und reagieren dort mit den Cu^{2+}-Ionen der Lösung, die sich als neutrale Cu-Atome am Cu-Stab abscheiden. Durch diese Vorgänge entstehen in der Lösung des Reaktionsraums 1 überschüssige positive Ladungen, im Raum 2 entsteht ein Defizit an positiven Ladungen. Durch Wanderung von negativen SO_4^{2-}-Ionen aus dem Raum 2 in den Raum 1 durch das Diaphragma erfolgt Ladungsausgleich.

Zn steht in der Redoxreihe oberhalb von Cu. Das größere Bestreben von Zn, Elektronen abzugeben, bestimmt die Richtung des Elektronenflusses im galvanischen Element und damit die Reaktionsrichtung.

3.8.5 Berechnung von Redoxpotentialen: Nernst'sche Gleichung

Die verschiedenen Redoxsysteme $Ox + z\,e^- \rightleftharpoons Red$ zeigen ein unterschiedlich starkes Reduktions- bzw. Oxidationsvermögen. Ein Maß dafür ist das Redoxpotential E eines Redoxsystems. Es wird durch die Nernst'sche Gleichung

$$E = E° + \frac{R\,T}{z\,F} \ln \frac{c_{Ox}}{c_{Red}} \qquad (3.41)$$

beschrieben. Es bedeuten: R Gaskonstante; T Temperatur; F Faraday-Konstante, sie beträgt $96\,485$ C mol^{-1}; z Zahl der bei einem Redoxsystem auftretenden Elektronen; c_{Red}, c_{Ox} sind die auf die Standardkonzentration 1 mol/l bezogenen Konzentrationen der reduzierten Form bzw. der oxidierten Form. In die Gleichung von Nernst sind also nur die Zahlenwerte der Konzentrationen einzusetzen. Bei nichtidealen Lösungen muss statt der Konzentration die Aktivität eingesetzt werden (vgl. Abschn. 3.7.2).

Für $T = 298$ K (25 °C) erhält man aus Gl. (3.41) durch Einsetzen der Zahlenwerte für die Konstanten und Berücksichtigung des Umwandlungsfaktors von ln in lg

$$E = E° + \frac{0{,}059 \text{ V}}{z} \lg \frac{c_{Ox}}{c_{Red}} \qquad (3.42)$$

Beträgt $c_{Ox} = 1$ und $c_{Red} = 1$, folgt aus Gl. (3.42)

$$E = E°$$

$E°$ wird Normalpotential oder Standardpotential genannt, die Einheit ist V. Die Standardpotentiale haben für die verschiedenen Redoxsysteme charakteristische Werte. Sie sind ein Maß für die Stärke der reduzierenden bzw. oxidierenden Wirkung eines Redoxsystems (vgl. Tab. 3.11).

Während das erste Glied der Nernst'schen Gleichung $E°$ eine für jedes Redoxsystem charakteristische Konstante ist, wird durch das zweite Glied die Konzentrationsabhängigkeit des Potentials eines Redoxsystems beschrieben.

Mit der Nernst'schen Gleichung kann die EMK eines galvanischen Elements berechnet werden.

Beispiel: Daniell-Element		
Redoxpaar	Redoxpotential bei 25 °C	Standardpotential
$Zn^{2+} + 2e^- \rightleftharpoons Zn$	$E_{Zn} = E°_{Zn} + \dfrac{0{,}059\,V}{2}\, \lg c_{Zn^{2+}}$	$E°_{Zn} = -0{,}76\,V$
$Cu^{2+} + 2e^- \rightleftharpoons Cu$	$E_{Cu} = E°_{Cu} + \dfrac{0{,}059\,V}{2}\, \lg c_{Cu^{2+}}$	$E°_{Cu} = +0{,}34\,V$

Wie im MWG treten auch in der Nernst'schen Gleichung die Konzentrationen reiner fester Phasen nicht auf. Die EMK des galvanischen Elements erhält man aus der Differenz der Redoxpotentiale der Halbelemente. Nach der Konvention ist die Zellspannung = Potential der rechten Elektrode – Potential der linken Elektrode.

$$\Delta E = E_{Cu} - E_{Zn} = E°_{Cu} - E°_{Zn} + \frac{0{,}059\,V}{2} \lg \frac{c_{Cu^{2+}}}{c_{Zn^{2+}}} \tag{3.43}$$

Für $c_{Cu^{2+}} = c_{Zn^{2+}}$ erhält man aus Gl. (3.43)

$$\Delta E = E_{Cu} - E_{Zn} = E°_{Cu} - E°_{Zn} = 1{,}10\,V$$

Die Spannung des Elements ist dann gleich der Differenz der Standardpotentiale. Während des Betriebs wächst die Zn^{2+}-Konzentration, die Cu^{2+}-Konzentration sinkt, die Spannung des Elements muss daher, wie Gl. (3.43) zeigt, abnehmen.

3.8.6 Konzentrationsketten, Elektroden zweiter Art

Da das Elektrodenpotential von der Ionenkonzentration abhängt, kann ein galvanisches Element aufgebaut werden, dessen Elektroden aus dem gleichen Material bestehen und die in Lösungen unterschiedlicher Ionenkonzentrationen eintauchen.

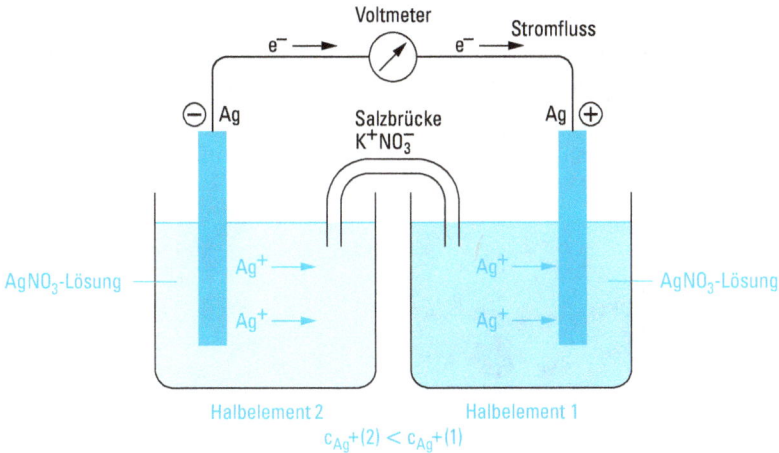

Abb. 3.41: Konzentrationskette. Ag-Elektroden tauchen in Lösungen mit unterschiedlicher Ag⁺-Konzentration. Lösungen verschiedener Konzentration haben das Bestreben, ihre Konzentrationen auszugleichen. Im Halbelement 2 gehen daher Ag⁺-Ionen in Lösung, im Halbelement 1 werden Ag⁺-Ionen abgeschieden, Elektronen fließen vom Halbelement 2 zum Halbelement 1. Die EMK ergibt sich aus dem Potential der rechten Elektrode minus dem der linken Elektrode.

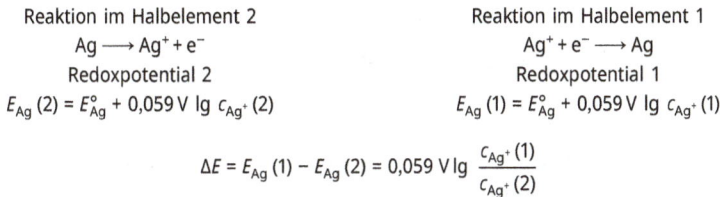

Reaktion im Halbelement 2	Reaktion im Halbelement 1
$Ag \longrightarrow Ag^+ + e^-$	$Ag^+ + e^- \longrightarrow Ag$
Redoxpotential 2	Redoxpotential 1
$E_{Ag}(2) = E_{Ag}^\circ + 0{,}059\,V \lg c_{Ag^+}(2)$	$E_{Ag}(1) = E_{Ag}^\circ + 0{,}059\,V \lg c_{Ag^+}(1)$

$$\Delta E = E_{Ag}(1) - E_{Ag}(2) = 0{,}059\,V \lg \frac{c_{Ag^+}(1)}{c_{Ag^+}(2)}$$

Eine solche Anordnung nennt man Konzentrationskette. Abb. 3.41 zeigt schematisch eine Silberkonzentrationskette. Sowohl im Reaktionsraum 1 als auch im Reaktionsraum 2 taucht eine Silberelektrode in eine Lösung mit Ag⁺-Ionen. Im Reaktionsraum 2 ist die Ag⁺-Konzentration niedriger als im Reaktionsraum 1. Deshalb wird Silber der Elektrode unter Abgabe von Elektronen zu Ag⁺ oxidiert und geht in Lösung. Aufgrund der Elektronenabgabe ist dies die negative Elektrode. Die Silberionen erhöhen die Ag⁺-Konzentration im Halbelement 2. Die Elektronen fließen zum Halbelement 1 und entladen dort Ag⁺-Ionen der Lösung. Der Ladungsausgleich durch die Anionen erfolgt über eine Salzbrücke, die z. B. KNO₃-Lösung enthalten kann.

Die EMK der Kette ist gleich der Differenz der Potentiale der beiden Halbelemente

$$\Delta E = E_{Ag}(1) - E_{Ag}(2) = 0{,}059\,V \lg \frac{c_{Ag^+}(1)}{c_{Ag^+}(2)}$$

Die EMK der Kette kommt also nur durch die Konzentrationsunterschiede in den beiden Halbelementen zustande und ist eine Folge des Bestrebens verschieden konzentrierter Lösungen, ihre Konzentrationen auszugleichen. Leistet das Element Arbeit, wird der Konzentrationsunterschied kleiner, die EMK nimmt ab.

Setzt man einem Ag/Ag⁺-Halbelement Anionen zu, die mit Ag⁺-Ionen ein schwerlösliches Salz bilden, z. B. Cl⁻-Ionen, dann wird das Potential nicht mehr durch die Ag⁺-Konzentration, sondern durch die Cl⁻-Konzentration bestimmt. Solche Elektroden nennt man Elektroden zweiter Art.

Das Potential einer solchen Elektrode erhält man durch Kombination der Gleichung

$$E = E^\circ_{Ag} + 0,059 \text{ V} \lg c_{Ag^+}$$

mit dem Löslichkeitsprodukt

$$c_{Ag^+} \cdot c_{Cl^-} = K_L$$

$$E = E^\circ_{Ag} + 0,059 \text{ V} \lg \frac{K_L}{c_{Cl^-}}$$

Elektroden zweiter Art eignen sich als Vergleichselektroden (Referenzelektroden), da sie sich leicht herstellen lassen und deren Potential gut reproduzierbar ist. Eine Vergleichselektrode ist die Kalomel-Elektrode. Sie besteht aus Quecksilber, das mit festem Hg₂Cl₂ (Kalomel) bedeckt ist. Als Elektrolyt dient eine KCl-Lösung bekannter Konzentration, die mit Hg₂Cl₂ gesättigt ist. In das Quecksilber taucht ein Platindraht, der als elektrische Zuleitung dient. Jetzt werden meistens Ag/AgCl-Referenzelektroden benutzt. Ein Ag-Draht ist mit festem AgCl beschichtet oder taucht in festes AgCl ein. Als Elektrolyt benutzt man eine KCl-Lösung bekannter Konzentration, die mit AgCl gesättigt ist.

Mit Konzentrationsketten lassen sich sehr kleine Ionenkonzentrationen messen und z. B. Löslichkeitsprodukte bestimmen.

Beispiel: Löslichkeitsprodukt von AgI
Versetzt man eine AgNO₃-Lösung mit I⁻-Ionen, fällt AgI aus. Es gilt das Löslichkeitsprodukt

$$c_{Ag^+} \cdot c_{I^-} = K_{L(AgI)}$$

Verwendet man eine I⁻-Lösung der Konzentration 10^{-1} mol/l, so kann durch Messung der Ag⁺-Konzentration das Löslichkeitsprodukt bestimmt werden.

Man erhält die Ag⁺-Konzentration durch Messung der EMK einer Konzentrationskette, die aus dem Halbelement Ag│AgI│Ag⁺ und dem Referenzhalbelement Ag│Ag⁺ besteht

$$\Delta E = 0,059 \text{ V} \lg c_{Ag^+}(R) - 0,059 \text{ V} \lg c_{Ag^+}$$

$$\lg c_{Ag^+} = -\frac{\Delta E}{0,059 \text{ V}} + \lg c_{Ag^+}(R)$$

Beträgt die Ag⁺-Konzentration der Referenzelektrode $c_{Ag^+}(R) = 10^{-1}$ mol/l und $\Delta E = 0,832$ V ist $c_{Ag^+} = 8 \cdot 10^{-16}$ mol/l und $K_{L(AgI)} = 8 \cdot 10^{-17}$ mol²/l².

3.8.7 Die Standardwasserstoffelektrode

Das Potential eines einzelnen Redoxpaares kann experimentell nicht bestimmt werden. Exakt messbar ist nur die Gesamtspannung eines galvanischen Elementes, also die Potentialdifferenz zweier Redoxpaare. Man misst daher die Potentialdifferenz der verschiedenen Redoxsysteme gegen ein Bezugsredoxsystem und setzt das Potential dieses Bezugssystems willkürlich null. Dieses Bezugssystem ist die Standardwasserstoffelektrode.

Abb. 3.42 zeigt den Aufbau einer Wasserstoffelektrode. Eine platinierte – mit elektrolytisch abgeschiedenem, fein verteiltem Platin überzogene – Platinelektrode taucht in eine Lösung, die H_3O^+-Ionen enthält und wird von Wasserstoffgas umspült. Wasserstoff löst sich in Platin unter Bildung einer festen Lösung (vgl. Tab. 5.8). An der Pt-Elektrode stellt sich das Potential des Redoxsystems

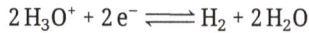

$$2\,H_3O^+ + 2\,e^- \rightleftharpoons H_2 + 2\,H_2O$$

ein. Bei 25 °C beträgt das Potential

$$E_H = E_H^\circ + \frac{0{,}059\ V}{2}\ \lg \frac{a_{H_3O^+}^2}{p_{H_2}}$$

Treten in einem Redoxsystem Gase auf, so ist in der Nernst'schen Gleichung der Partialdruck der Gase einzusetzen. Da das Standardpotential für den Standarddruck 1 bar festgelegt ist, muss in die Nernst'sche Gleichung der auf 1 bar bezogene Partialdruck eingesetzt werden.

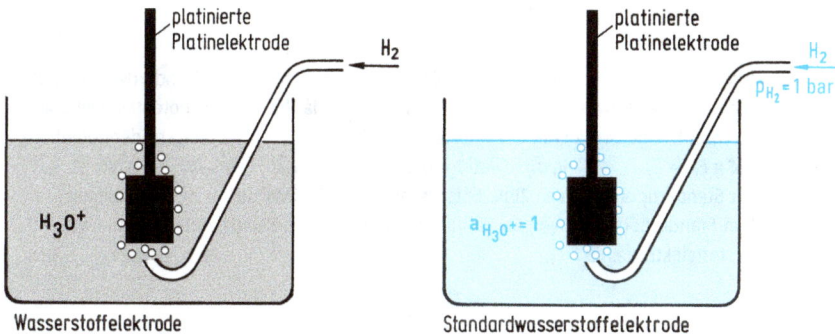

Abb. 3.42: Schematischer Aufbau einer Wasserstoffelektrode.

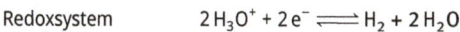

Redoxsystem $\qquad 2\,H_3O^+ + 2\,e^- \rightleftharpoons H_2 + 2\,H_2O$

Redoxpotential $\qquad E_H = E_H^\circ + \frac{0{,}059\ V}{2}\ \lg \frac{a_{H_3O^+}^2}{p_{H_2}}$

Das Standardpotential einer Wasserstoffelektrode wird willkürlich null gesetzt. Für die Standardwasserstoffelektrode ist daher $E_H = 0$.

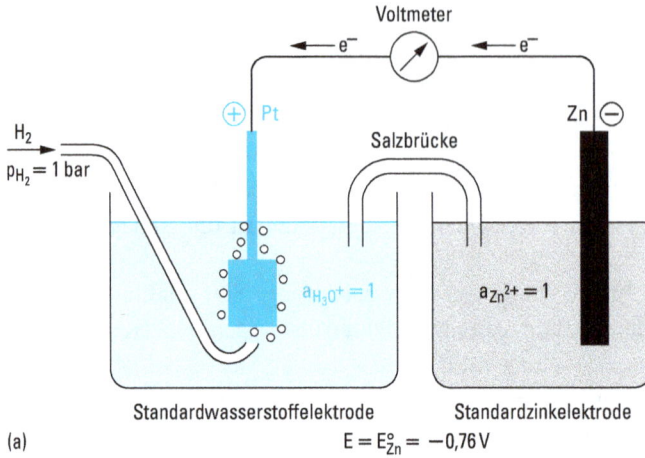

(a)

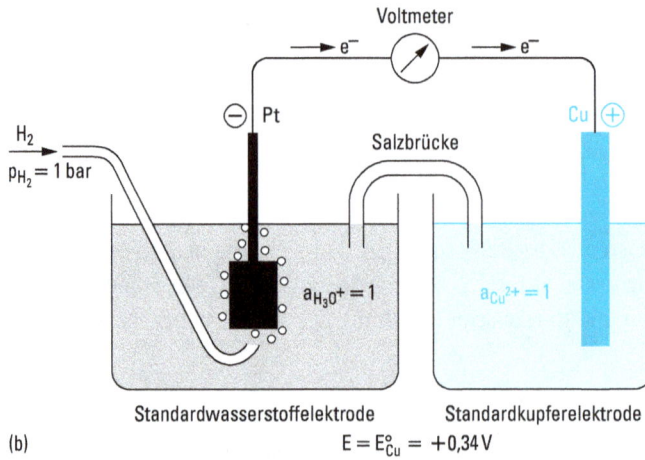

(b)

Abb. 3.43: Bestimmung von Standardpotentialen. Als Bezugselektrode dient eine Standardwasserstoffelektrode. Die Standardwasserstoffelektrode hat das Potential null, da ihr Standardpotential willkürlich mit null festgesetzt wird. Die gesamte EMK der Anordnung a) ist also gleich dem Elektrodenpotential der Zn-Elektrode: $\Delta E = E_{Zn} = E_{Zn}^\circ + \frac{0{,}059\,V}{2} \lg a_{Zn^{2+}}$. Beträgt die Aktivität von Zn^{2+} eins ($a_{Zn^{2+}} = 1$), so ist die EMK gleich dem Standardpotential von Zink. Entsprechend ist die EMK des in b) dargestellten Elements gleich dem Standardpotential von Cu. Standardpotentiale sind Relativwerte bezogen auf die Standardwasserstoffelektrode.

In wässrigen Lösungen bleibt die Konzentration von H_2O nahezu konstant, sie wird in das Standardpotential einbezogen.

Bei einer Standardwasserstoffelektrode beträgt $a_{H_3O^+} = 1$ und $p_{H_2} = 1$ bar. Man erhält daher

$$E_H = E_H^\circ$$

Das Standardpotential der Wasserstoffelektrode E_H° wird willkürlich null gesetzt, das Potential einer Standardwasserstoffelektrode ist also ebenfalls null (vgl. Abb. 3.42).

Die Standardpotentiale von Redoxsystemen erhält man durch Messung der EMK eines galvanischen Elements, bei dem ein Standardhalbelement gegen eine Standardwasserstoffelektrode geschaltet ist. Standardpotentiale sind also Relativwerte bezogen auf die Standardwasserstoffelektrode, deren Standardpotential willkürlich null gesetzt wurde.

Der Aufbau von galvanischen Elementen, mit denen die Standardpotentiale von Zink und Kupfer bestimmt werden können, ist in der Abb. 3.43 dargestellt.

3.8.8 Die elektrochemische Spannungsreihe

Die Standardpotentiale sind ein Maß für das Redoxverhalten eines Redoxsystems in wässriger Lösung. Man ordnet daher die Redoxsysteme nach der Größe ihrer Standardpotentiale und erhält eine Redoxreihe, die als Spannungsreihe bezeichnet wird (Tab. 3.11). Mit Hilfe der Spannungsreihe lässt sich voraussagen, welche Redoxreaktionen möglich sind. Die reduzierte Form eines Redoxsystems gibt Elektronen nur an die oxidierte Form von solchen Redoxsystemen ab, die in der Spannungsreihe darunter stehen. Einfacher ausgedrückt: Es reagieren Stoffe rechts oben mit Stoffen links unten (Abb. 3.44).

Es ist natürlich zu beachten, dass diese Voraussage nur aufgrund der Standardpotentiale geschieht und nur für solche Konzentrationsverhältnisse richtig ist, bei denen das Gesamtpotential nur wenig vom Standardpotential verschieden ist. Beispiele dafür sind die Reaktionen von Metallen

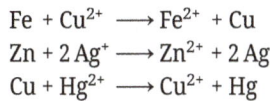

$$Fe + Cu^{2+} \longrightarrow Fe^{2+} + Cu$$
$$Zn + 2\,Ag^+ \longrightarrow Zn^{2+} + 2\,Ag$$
$$Cu + Hg^{2+} \longrightarrow Cu^{2+} + Hg$$

und die Reaktionen von Nichtmetallen

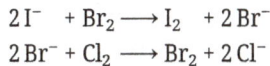

$$2\,I^- + Br_2 \longrightarrow I_2 + 2\,Br^-$$
$$2\,Br^- + Cl_2 \longrightarrow Br_2 + 2\,Cl^-$$

Bei vielen Redoxreaktionen hängt das Redoxpotential vom pH-Wert ab. Beispiele dafür sind Reaktionen von Metallen mit Säuren und Wasser.

In starken Säuren ist nach

$$E_H = E_H^\circ + \frac{0{,}059\ V}{2}\ \lg \frac{c_{H_3O^+}^2}{p_{H_2}} \tag{3.44}$$

Tab. 3.11: Elektrochemische Spannungsreihe.

Oxidierte Form	+z e⁻	⇌ Reduzierte Form	Standardpotential $E°$ in V
Li^+	$+ \ e^-$	Li	−3,04
K^+	$+ \ e^-$	K	−2,92
Ba^{2+}	$+2\,e^-$	Ba	−2,90
Ca^{2+}	$+2\,e^-$	Ca	−2,87
Na^+	$+ \ e^-$	Na	−2,71
Mg^{2+}	$+2\,e^-$	Mg	−2,36
Al^{3+}	$+3\,e^-$	Al	−1,68
Mn^{2+}	$+2\,e^-$	Mn	−1,18
Zn^{2+}	$+2\,e^-$	Zn	−0,76
Cr^{3+}	$+3\,e^-$	Cr	−0,74
S	$+2\,e^-$	S^{2-}	−0,48
Fe^{2+}	$+2\,e^-$	Fe	−0,41
Cd^{2+}	$+2\,e^-$	Cd	−0,40
Co^{2+}	$+2\,e^-$	Co	−0,28
Sn^{2+}	$+2\,e^-$	Sn	−0,14
Pb^{2+}	$+2\,e^-$	Pb	−0,13
Fe^{3+}	$+3\,e^-$	Fe	−0,036
$2\,H_3O^+$	$+2\,e^-$	$H_2 + 2\,H_2O$	0
Sn^{4+}	$+2\,e^-$	Sn^{2+}	+0,15
Cu^{2+}	$+ \ e^-$	Cu^+	+0,16
$SO_4^{2-} + 4\,H_3O^+$	$+2\,e^-$	$SO_2 + 6\,H_2O$	+0,16
Cu^{2+}	$+2\,e^-$	Cu	+0,34
Cu^+	$+ \ e^-$	Cu	+0,52
I_2	$+2\,e^-$	$2\,I^-$	+0,54
$O_2 + 2\,H_3O^+$	$+2\,e^-$	$H_2O_2 + 2\,H_2O$	+0,68
Fe^{3+}	$+ \ e^-$	Fe^{2+}	+0,77
Ag^+	$+ \ e^-$	Ag	+0,80
Hg^{2+}	$+2\,e^-$	Hg	+0,85
$NO_3^- + 4\,H_3O^+$	$+3\,e^-$	$NO + 6\,H_2O$	+0,96
Br_2	$+2\,e^-$	$2\,Br^-$	+1,07
$O_2 + 4\,H_3O^+$	$+4\,e^-$	$6\,H_2O$	+1,23
$Cr_2O_7^{2-} + 14\,H_3O^+$	$+6\,e^-$	$2\,Cr^{3+} + 21\,H_2O$	+1,33
Cl_2	$+2\,e^-$	$2\,Cl^-$	+1,36
$PbO_2 + 4\,H_3O^+$	$+2\,e^-$	$Pb^{2+} + 6\,H_2O$	+1,46
Au^{3+}	$+3\,e^-$	Au	+1,50
$MnO_4^- + 8\,H_3O^+$	$+5\,e^-$	$Mn^{2+} + 12\,H_2O$	+1,51
$O_3 + 2\,H_3O^+$	$+2\,e^-$	$3\,H_2O + O_2$	+2,07
F_2	$+2\,e^-$	$2\,F^-$	+2,87

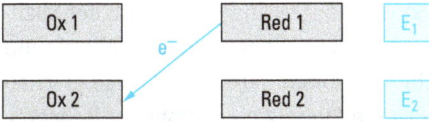

Abb. 3.44: Das Potential E_1 des Redoxsystems 1 ist negativer als das Potential E_2 des Redoxsystems 2. Die reduzierte Form 1 kann Elektronen an die oxidierte Form 2 abgeben, nicht aber die reduzierte Form 2 an die oxidierte Form 1. Es läuft die Reaktion Red 1 + Ox 2 ⟶ Ox 1 + Red 2 ab.

das Redoxpotential H_3O^+/H_2 ungefähr null. Alle Metalle mit negativem Potential, also alle Metalle, die in der Spannungsreihe oberhalb von Wasserstoff stehen, können daher Elektronen an die H_3O^+-Ionen abgeben und Wasserstoff entwickeln. Beispiele:

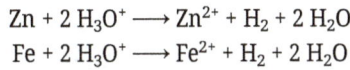

$$Zn + 2\,H_3O^+ \longrightarrow Zn^{2+} + H_2 + 2\,H_2O$$
$$Fe + 2\,H_3O^+ \longrightarrow Fe^{2+} + H_2 + 2\,H_2O$$

Man bezeichnet diese Metalle als unedle Metalle. Metalle mit positivem Potential, die in der Spannungsreihe unterhalb von Wasserstoff stehen, wie Cu, Ag, Au, können sich nicht in Säuren unter H_2-Entwicklung lösen und sind z. B. in HCl unlöslich. Man bezeichnet sie daher als edle Metalle.

Für neutrales Wasser mit $c_{H_3O^+} = 10^{-7}$ mol/l erhält man aus Gl. (3.44)

$$E_H = 0\text{ V} + 0{,}03\text{ V}\lg 10^{-14} = -0{,}41\text{ V}$$

Mit Wasser sollten daher alle Metalle unter Wasserstoffentwicklung reagieren können, deren Potential negativer als $-0{,}41$ V ist (Abb. 3.45). Beispiele:

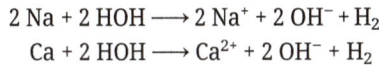

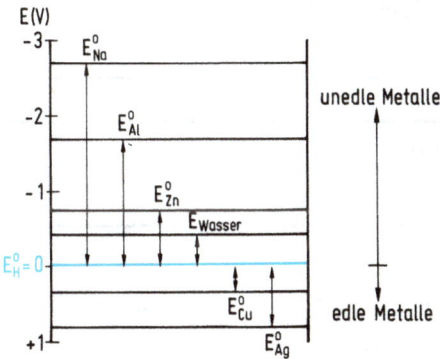

$$2\,Na + 2\,HOH \longrightarrow 2\,Na^+ + 2\,OH^- + H_2$$
$$Ca + 2\,HOH \longrightarrow Ca^{2+} + 2\,OH^- + H_2$$

Abb. 3.45: Unedle Metalle besitzen ein negatives, edle Metalle ein positives Standardpotential. Nur unedle Metalle lösen sich daher in Säuren unter Wasserstoffentwicklung.

Einige Metalle verhalten sich gegenüber Wasser und Säuren anders als nach der Spannungsreihe zu erwarten wäre. Obwohl z. B. das Standardpotential von Aluminium $E_{Al}^\circ = -1,66$ V beträgt, wird Al von Wasser nicht gelöst. Man bezeichnet diese Erscheinung als Passivität. Die Ursache der Passivität ist die Bildung einer festen unlöslichen, oxidischen Schutzschicht. In stark basischen Lösungen löst sich diese Schutzschicht unter Komplexbildung auf. Das Potential des Redoxsystems H_3O^+/H_2 in einer Lösung mit pH = 13 beträgt $E_H = -0,77$ V. Aluminium wird daher von Laugen unter H_2-Entwicklung gelöst. Zn und Cr lösen sich ebenfalls nicht in Wasser, da sie passiviert werden.

Auch bei einer Reihe anderer Redoxsysteme, bei denen H_3O^+-Ionen auftreten, sind die Potentiale sehr stark vom pH-Wert abhängig, und das Redoxverhalten solcher Systeme kann nicht mehr aus den Standardpotentialen allein vorausgesagt werden. Beispiel:

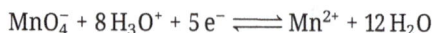

$$MnO_4^- + 8\,H_3O^+ + 5\,e^- \rightleftharpoons Mn^{2+} + 12\,H_2O$$

$$E = E^\circ + \frac{0,059\text{ V}}{5}\,\lg\frac{c_{MnO_4^-}\cdot c_{H_3O^+}^8}{c_{Mn^{2+}}};\quad E^\circ = 1,51\text{ V}$$

Im Zähler des konzentrationsabhängigen Teils der Nernst'schen Gleichung stehen die Produkte der Konzentrationen der Teilchen der oxidierenden, im Nenner die Produkte der Konzentrationen der Teilchen der reduzierenden Seite des Redoxsystems. Wie beim MWG treten die stöchiometrischen Zahlen als Exponenten der Konzentrationen auf. Bei Reaktionen in wässrigen Lösungen werden im Vergleich zu der Gesamtzahl der H_2O-Teilchen so wenig H_2O-Moleküle verbraucht oder gebildet, dass die Konzentration von H_2O annähernd konstant bleibt. Die Konzentration von H_2O wird daher in die Konstante E° einbezogen und erscheint nicht im Konzentrationsglied der Nernst'schen Gleichung.

Berechnet man E unter Annahme der Konzentrationen $c_{MnO_4^-} = 0,1$ mol/l und $c_{Mn^{2+}} = 0,1$ mol/l, so erhält man für verschieden saure Lösungen:

pH	$c_{H_3O^+}$ in mol/l	E in V
0	1	1,51
5	10^{-5}	1,04
7	10^{-7}	0,85

Die Oxidationskraft von MnO_4^- verringert sich also stark mit wachsendem pH.

Ein weiteres Beispiel ist das Redoxsystem

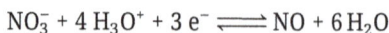

$$NO_3^- + 4\,H_3O^+ + 3\,e^- \rightleftharpoons NO + 6\,H_2O$$

Die Nernst'sche Gleichung dafür lautet

$$E = E^\circ + \frac{0{,}059\ \text{V}}{3} \lg \frac{c_{\text{NO}_3^-} \cdot c_{\text{H}_3\text{O}^+}^4}{p_{\text{NO}}}; \quad E^\circ = 0{,}96\ \text{V}$$

Berechnet man E unter der Annahme $p_{\text{NO}} = 1$ bar und $c_{\text{NO}_3^-} = 1$ mol/l für pH = 0 und pH = 7, so erhält man:

pH	$c_{\text{H}_3\text{O}^+}$ in mol/l	E in V
0	1	+0,96
7	10^{-7}	+0,41

Für das Redoxsystem Ag^+/Ag beträgt $E^\circ = +0{,}80$ V, für Hg^{2+}/Hg ist $E^\circ = +0{,}85$ V. Man kann daher mit Salpetersäure Ag und Hg in Lösung bringen, nicht aber mit einer neutralen NO_3^--Lösung.

Das Redoxpotential kann auch durch Komplexbildung wesentlich beeinflusst werden.

Beispiel:

$$Fe^{3+} + e^- \rightleftharpoons Fe^{2+}$$

$$E = E^\circ + 0{,}059\ \text{V} \lg \frac{c_{\text{Fe}^{3+}}}{c_{\text{Fe}^{2+}}} \qquad E^\circ = +0{,}77\ \text{V}$$

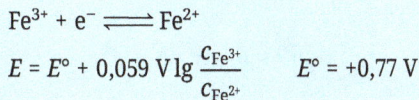

Betragen die Konzentrationen $c_{\text{Fe}^{2+}} = c_{\text{Fe}^{3+}} = 0{,}1$ mol/l, so erhält man für das Redoxpotential $E = +0{,}77$ V. Setzt man der Lösung NaF zu, so bildet sich der stabile Komplex $[FeF_6]^{3-}$ und die Konzentration der nicht komplex gebundenen Fe^{3+}-Ionen beträgt nur noch etwa 10^{-12} mol/l. Das Redoxpotential nimmt dadurch auf $E = +0{,}12$ V ab, die Lösung wirkt jetzt stärker reduzierend. Nur eine NaF-haltige $FeSO_4$-Lösung kann z. B. Cu^{2+} zu Cu^+ reduzieren ($E^\circ_{\text{Cu}^{2+}/\text{Cu}^+} = +0{,}15$ V).

Ein anderes Beispiel ist die Löslichkeit von Gold. Gold löst sich nicht in Salpetersäure, ist aber in Königswasser, einem Gemisch aus Salzsäure und Salpetersäure, löslich. In Gegenwart von Cl^--Ionen bilden die Au^{3+}-Ionen die Komplexionen $[AuCl_4]^-$. Durch die Komplexbildung wird die Konzentration von Au^{3+} und damit das Redoxpotential Au^{3+}/Au so stark erniedrigt, dass eine Oxidation von Gold möglich wird.

Eine Reihe von Redoxprozessen laufen nicht ab, obwohl sie aufgrund der Redoxpotentiale möglich sind. Bei diesen Reaktionen ist die Aktivierungsenergie so groß, dass die Reaktionsgeschwindigkeit nahezu null ist, sie sind kinetisch gehemmt. Die wichtigsten Beispiele dafür sind Redoxreaktionen, bei denen sich Wasserstoff oder Sauerstoff bilden. So sollte sich metallisches Zn ($E^\circ_{\text{Zn}} = -0{,}76$ V) unter Entwicklung von H_2 in Säuren lösen. Reines Zn löst sich jedoch nicht. MnO_4^- oxidiert H_2O nicht zu O_2, obwohl es auf Grund der Redoxpotentiale zu erwarten wäre (vgl. Tab. 3.11).

Die Redoxpotentiale erlauben nur die Voraussage, ob ein Redoxprozess überhaupt möglich ist, nicht aber, ob er auch wirklich abläuft.

3.8.9 Gleichgewichtslage bei Redoxprozessen

Auch Redoxreaktionen sind Gleichgewichtsreaktionen. Bei einem Redoxprozess
$Red\,1 + Ox\,2 \rightleftharpoons Ox\,1 + Red\,2$ liegt Gleichgewicht vor, wenn die Potentiale der beiden
Redoxpaare gleich groß sind.

$$E_1^\circ + \frac{RT}{zF}\ln\frac{c_{Ox\,1}}{c_{Red\,1}} = E_2^\circ + \frac{RT}{zF}\ln\frac{c_{Ox\,2}}{c_{Red\,2}}$$

$$E_2^\circ - E_1^\circ = \frac{RT}{zF}\ln\frac{c_{Ox\,1} \cdot c_{Red\,2}}{c_{Red\,2} \cdot c_{Ox\,2}}$$

$$E_2^\circ - E_1^\circ = \frac{RT}{zF}\ln K$$

Bei 25 °C erhält man daraus

$$(E_1^\circ - E_2^\circ)\,\frac{z}{0{,}059\ \text{V}} = \lg K \qquad (3.45)$$

Je größer die Differenz der Standardpotentiale ist, umso weiter liegt das Gleichgewicht auf einer Seite.

Beispiele:

$$Zn + Cu^{2+} \longrightarrow Zn^{2+} + Cu$$

$$(0{,}34\ \text{V} + 0{,}76\ \text{V})\,\frac{2}{0{,}059\ \text{V}} = \lg\frac{c_{Zn^{2+}}}{c_{Cu^{2+}}}$$

Gleichgewicht liegt vor, wenn die Gleichgewichtskonstante

$$K = \frac{c_{Zn^{2+}}}{c_{Cu^{2+}}} = 10^{37}$$

beträgt. Die Reaktion läuft also vollständig nach rechts ab.

$$2\,Br^- + Cl_2 \longrightarrow Br_2 + 2\,Cl^-$$

$$\frac{2\,(1{,}36\ \text{V} - 1{,}07\ \text{V})}{0{,}059\ \text{V}} = \lg K$$

Obwohl die Differenz der Standardpotentiale nur 0,3 V beträgt, liegt das Gleichgewicht bei $K = 10^{10}$ sehr weit auf der rechten Seite.

3.8.10 Die Elektrolyse

In galvanischen Elementen laufen Redoxprozesse freiwillig ab. Deshalb können galvanische Elemente elektrische Arbeit leisten (Strom erzeugen). Durch die Wanderung von Kationen zur Kathode wird diese zum Pluspol und die Anode wird zum Minuspol (vgl. Abb. 3.40).

Die Elektrolyse ist die Umkehrung der Vorgänge in galvanischen Elementen. Um einen freiwilligen Prozess umzukehren, muss dem System elektrische Arbeit in Form von Gleichstrom zugeführt werden. Dies hat zur Folge, dass bei der Elektrolyse die Kathode der Minuspol und die Anode der Pluspol ist. Generell gilt, dass an der Kathode immer die Reduktion und an der Anode immer die Oxidation stattfindet.

Die Elektrolyse ist eine durch elektrischen Strom erzwungene Redoxreaktion. Als Beispiel betrachten wir den Redoxprozess im Daniell-Element:

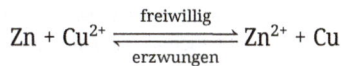

$$Zn + Cu^{2+} \underset{\text{erzwungen}}{\overset{\text{freiwillig}}{\rightleftharpoons}} Zn^{2+} + Cu$$

Im Daniell-Element läuft die Reaktion freiwillig nach rechts ab. Durch Elektrolyse kann der Ablauf der Reaktion von rechts nach links erzwungen werden (Abb. 3.46).

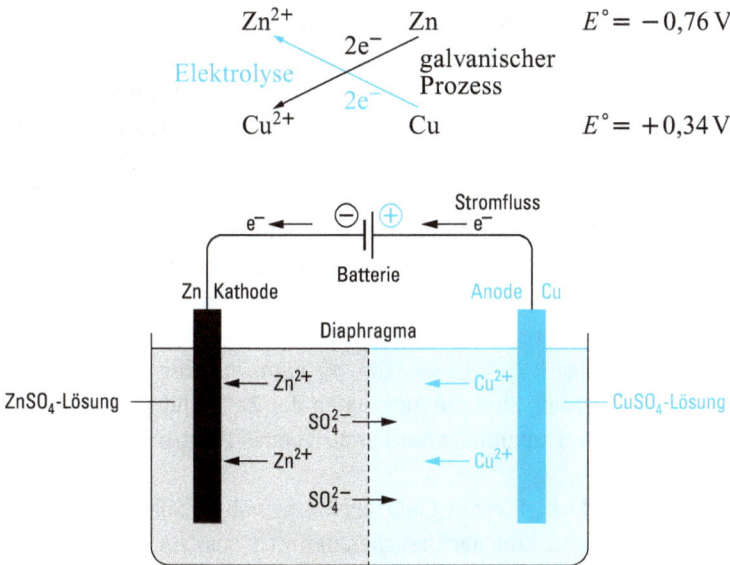

Abb. 3.46: Elektrolyse. Durch Anlegen einer Gleichspannung wird die Umkehrung der im Daniell-Element freiwillig ablaufenden Reaktion $Zn + Cu^{2+} \longrightarrow Zn^{2+} + Cu$ erzwungen. Zn^{2+} wird reduziert, Cu oxidiert.

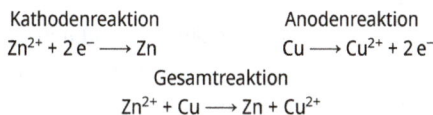

Kathodenreaktion	Anodenreaktion
$Zn^{2+} + 2e^- \longrightarrow Zn$	$Cu \longrightarrow Cu^{2+} + 2e^-$

Gesamtreaktion
$Zn^{2+} + Cu \longrightarrow Zn + Cu^{2+}$

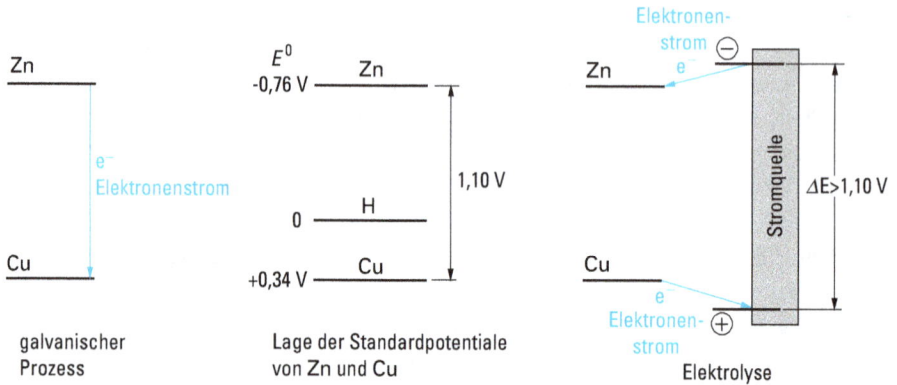

Abb. 3.47: Galvanischer Prozess: Elektronen fließen freiwillig von der negativen Zn-Elektrode zur positiven Cu-Elektrode (Daniell-Element). Da sie von einem Niveau höherer Energie auf ein Niveau niedrigerer Energie übergehen, können sie elektrische Arbeit leisten. Elektrolyse: Der negative Pol der Stromquelle muss eine negativere Ladung haben als die Zn-Elektrode, damit Elektronen zum Zn hinfließen können. Von der Cu-Elektrode fließen Elektronen zum positiven Pol der Stromquelle. Bei der Elektrolyse werden Elektronen auf ein Niveau höherer Energie gepumpt. Dazu ist eine Spannung erforderlich, die größer sein muss als die EMK der freiwillig ablaufenden Redoxreaktion.

Bei der Elektrolyse wird an beide Elektroden eine Gleichspannung gelegt. Die Stromquelle bewirkt einen Elektronenmangel in der mit dem Pluspol verbundenen Elektrode (Cu-Anode). In der Elektrode, die mit dem Minuspol der Stromquelle verbunden ist, entsteht ein Elektronenüberschuss (Zn-Kathode). Elektronen fließen von der Stromquelle zur Zn-Elektrode und entladen dort Zn^{2+}-Ionen. An der Cu-Elektrode gehen Cu^{2+}-Ionen in Lösung, die frei werdenden Elektronen fließen zum positiven Pol der Stromquelle. Die Richtung des Elektronenflusses und damit die Reaktionsrichtung wird durch die Richtung des angelegten elektrischen Feldes bestimmt.

Damit eine Elektrolyse stattfinden kann, muss die angelegte Gleichspannung mindestens so groß sein wie die Spannung, die das galvanische Element liefert. Diese für eine Elektrolyse notwendige Zersetzungsspannung kann aus der Differenz der Redoxpotentiale berechnet werden. Sind die Aktivitäten der Zn^{2+}- und Cu^{2+}-Ionen gerade eins, dann ist die Zersetzungsspannung der beschriebenen Elektrolysezelle 1,10 V (vgl. Abb. 3.47).

In der Praxis zeigt sich jedoch, dass zur Elektrolyse eine höhere Spannung als die berechnete angelegt werden muss. Eine der Ursachen dafür ist, dass zur Überwindung des elektrischen Widerstandes der Zelle eine zusätzliche Spannung benötigt wird. Ein anderer Effekt, der zur Erhöhung der Elektrolysespannung führen kann, wird später besprochen. Zunächst soll ein weiteres Beispiel, die Elektrolyse einer HCl-Lösung, behandelt werden (Abb. 3.48).

In eine HCl-Lösung tauchen eine Platinelektrode und eine Graphitelektrode. Wenn man die an die Elektroden angelegte Spannung allmählich steigert, tritt erst oberhalb einer bestimmten Spannung, der Zersetzungsspannung, ein merklicher Stromfluss auf,

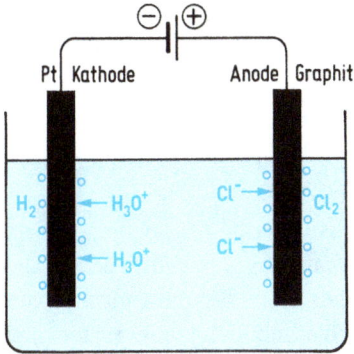

Abb. 3.48: Elektrolyse von Salzsäure.

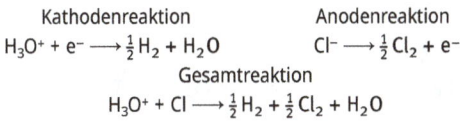

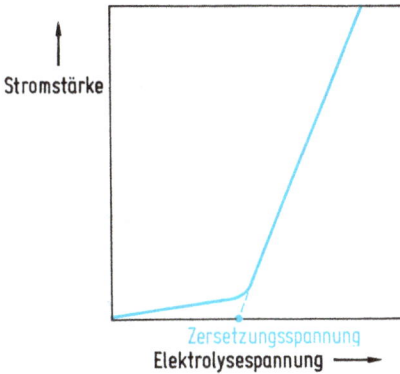

Kathodenreaktion   Anodenreaktion

$H_3O^+ + e^- \longrightarrow \frac{1}{2} H_2 + H_2O$ $Cl^- \longrightarrow \frac{1}{2} Cl_2 + e^-$

Gesamtreaktion

$H_3O^+ + Cl^- \longrightarrow \frac{1}{2} H_2 + \frac{1}{2} Cl_2 + H_2O$

Abb. 3.49: Stromstärke-Spannungs-Kurve bei einer Elektrolyse. Die Elektrolyse beginnt erst oberhalb der Zersetzungsspannung. Die Zersetzungsspannung von Salzsäure der Konzentration 1 mol/l (vgl. Abb. 3.48) ist gleich dem Standardpotential des Redoxpaares Cl^-/Cl_2. Sie beträgt 1,36 V.

und erst dann setzt eine sichtbare Entwicklung von H_2 an der Kathode und von Cl_2 an der Anode ein (Abb. 3.49). Die Elektrodenreaktionen und die Gesamtreaktion der Elektrolyse sind in der Abb. 3.48 formuliert.

Ist die angelegte Spannung kleiner als die Zersetzungsspannung, scheiden sich an den Elektroden kleine Mengen H_2 und Cl_2 ab. Dadurch wird die Kathode zu einer Wasserstoffelektrode, die Anode zu einer Chlorelektrode. Es entsteht also ein galvanisches Element mit einer der angelegten Spannung entgegengerichteten, gleich großen Spannung. Die EMK des Elements ist gleich der Differenz der Elektrodenpotentiale.

$$\text{Kathode} \qquad E_H = 0{,}059 \text{ V} \lg \frac{c_{H_3O^+}}{p_{H_2}^{1/2}}$$

$$\text{Anode} \qquad E_{Cl} = E_{Cl}^\circ + 0{,}059 \text{ V} \lg \frac{p_{Cl_2}^{1/2}}{c_{Cl^-}}$$

$$\text{EMK} \qquad E_{Cl} - E_H = E_{Cl}^\circ + 0{,}059 \text{ V} \lg \frac{p_{Cl_2}^{1/2} \cdot p_{H_2}^{1/2}}{c_{Cl^-} \cdot c_{H_3O^+}}$$

Mit wachsendem Druck von H_2 und Cl_2 steigt die Spannung des galvanischen Elements. Der Druck von Cl_2 und H_2 kann maximal den Wert des Außendrucks von 1,013 bar erreichen, dann können die Gase unter Blasenbildung entweichen. Bei p_{H_2} = 1 atm = 1,013 bar und p_{Cl_2} = 1 atm = 1,013 bar ist also die maximale EMK erreicht. Erhöht man nun die äußere Spannung etwas über diesen Wert, so kann die Gegenspannung nicht mehr mitwachsen, und die Elektrolyse setzt ein. Mit steigender äußerer Spannung wächst dann die Stromstärke linear an.

Die Zersetzungsspannung ist also gleich der Differenz der Redoxpotentiale beim Druck p = 1,013 bar.

$$E_{Cl} - E_H = E_{Cl}^\circ + 0{,}059 \text{ V} \lg \frac{1}{c_{Cl^-} \cdot c_{H_3O^+}}$$

Für die Elektrolyse von Salzsäure mit der Konzentration c_{HCl} = 0,1 mol/l erhält man daraus die Zersetzungsspannung

$$E_{Cl} - E_H = (1{,}36 + 0{,}12) \text{ V} = 1{,}48 \text{ V}$$

In vielen Fällen, besonders wenn bei der Elektrolyse Gase entstehen, ist die gemessene Zersetzungsspannung größer als die Differenz der Elektrodenpotentiale. Man bezeichnet diese Spannungserhöhung als Überspannung.

Zersetzungsspannung = Differenz der Redoxpotentiale + Überspannung.

Die Überspannung wird durch eine kinetische Hemmung der Elektrodenreaktionen hervorgerufen. Damit die Reaktion mit ausreichender Geschwindigkeit abläuft, ist eine zusätzliche Spannung erforderlich. Die Größe der Überspannung hängt vom Elektrodenmaterial, der Oberflächenbeschaffenheit der Elektrode und der Stromdichte an der Elektrodenfläche ab. Die Überspannung ist für Wasserstoff besonders an Zink-, Blei- und Quecksilberelektroden groß. Zum Beispiel ist zur Abscheidung von H_3O^+ an einer Hg-Elektrode bei einer Stromdichte von 10^{-2} A cm^{-2} eine Überspannung von 1,12 V erforderlich. An platinierten Platinelektroden ist die Überspannung von Wasserstoff null. Die Überspannung von Sauerstoff ist besonders an Platinelektroden groß. Bei der Elektrolyse einer HCl-Lösung müsste sich aufgrund der Redoxpotentiale an der Anode eigentlich Sauerstoff bilden und nicht Chlor. Aufgrund der Überspannung entsteht jedoch an der Anode Cl_2.

Elektrolysiert man eine wässrige Lösung, die verschiedene Ionensorten enthält, so scheiden sich mit wachsender Spannung die einzelnen Ionensorten nacheinander ab. An der Kathode wird zuerst die Kationensorte mit dem positivsten Potential entladen. Je edler ein Metall ist, um so leichter sind seine Ionen reduzierbar. An der Anode werden zuerst diejenigen Ionen oxidiert, die die negativsten Redoxpotentiale haben.

In wässrigen Lösungen mit pH = 7 beträgt das Redoxpotential von H_2/H_3O^+ −0,41 V. Kationen, deren Redoxpotentiale negativer als −0,41 V sind (Na^+, Al^{3+}), können daher normalerweise nicht aus wässrigen Lösungen elektrolytisch abgeschieden werden, da H_3O^+ zu H_2 reduziert wird. Aufgrund der hohen Überspannung von Wasserstoff gelingt es jedoch, in einigen Fällen an der Kathode Metalle abzuscheiden, deren Potentiale negativer als −0,41 V sind. So kann z. B. Zn^{2+} an einer Zn-Elektrode sogar aus sauren Lösungen abgeschieden werden. Ohne die Überspannung wäre die Umkehrung der im Daniell-Element ablaufenden Reaktion nicht möglich. Bei der Elektrolyse würden statt der Zn^{2+}-Ionen H_3O^+-Ionen entladen. Die Abscheidung von Na^+-Ionen aus wässrigen Lösungen ist möglich, wenn man eine Quecksilberelektrode verwendet. Durch die Wasserstoffüberspannung am Quecksilber wird das Wasserstoffpotential so weit nach der negativen Seite, durch die Bildung von Natriumamalgam (Amalgame sind Quecksilberlegierungen) das Natriumpotential so weit nach der positiven Seite hin verschoben, dass Natrium und Wasserstoff in der Redoxreihe ihre Plätze tauschen.

Lokalelemente. An einer Zinkoberfläche ist die Reaktion $2 H_3O^+ + 2 e^- \longrightarrow H_2 + 2 H_2O$ kinetisch gehemmt, da eine hohe Überspannung auftritt. An einer Kupferoberfläche ist dies nicht der Fall. Sorgt man für eine Verunreinigung der Zinkoberfläche mit Kupfer (oder anderen edleren Metallen, bei denen keine Wasserüberspannung auftritt), so bildet sich ein Lokalelement. Die bei der Auflösung von Zink gebildeten Elektronen fließen zum Kupfer und können dort rasch mit H_3O^+-Ionen zu H_2 reagieren (Abb. 3.50a). Man kann Lokalelemente durch Zusatz von Cu^{2+}- oder Ni^{2+}-Ionen zum Lösungsmittel erzeugen, da sich dann auf der Zn-Oberfläche Cu bzw. Ni abscheidet.

$$Zn + Cu^{2+} \longrightarrow Zn^{2+} + Cu$$

Berührt man Zn mit einem Pt-Draht, entsteht ebenfalls ein Lokalelement. Die bei der Reaktion $Zn \longrightarrow Zn^{2+} + 2 e^-$ entstehenden Elektronen fließen zum Pt-Draht. Sie reagieren dort mit H_3O^+-Ionen und an der Oberfläche des Pt-Drahtes entwickelt sich H_2.

Lokalelemente sind wichtig bei der Korrosion.

Korrosion. Bei der Oxidation von Aluminium und Chrom bilden sich dichthaftende Oxidschichten, die vor weiterer Oxidation schützen (vgl. S. 234). Beim Eisen entsteht eine schützende Schutzschicht nur in trockener Luft. Bei Gegenwart von Luft und Wasser rostet Eisen. Rost ist keine einheitliche Verbindung, sondern abhängig von den Oxidationsbedingungen entstehen unterschiedliche Eisenoxide, vorwiegend Eisen(III)-oxidhydrat und Eisen(II)-Eisen(III)-oxidhydrat.

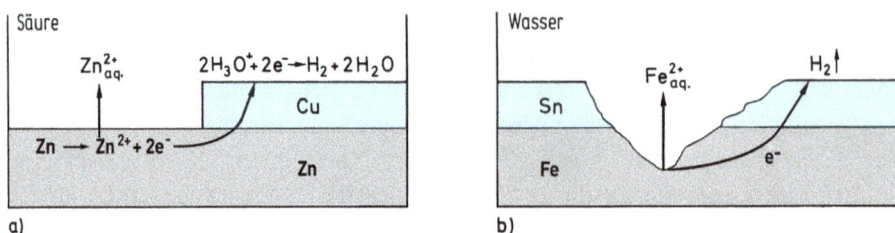

Abb. 3.50: Entstehung von Lokalelementen.

Schutzschichten auf Eisen aus Metallen, die edler als Eisen sind (Cr, Sn, Ni), beschleunigen bei ihrer Verletzung die Korrosion von Eisen durch Bildung eines Lokalelements (Abb. 3.50b). Schutzschichten aus einem unedleren Metall, z. B. Zn, fördern bei ihrer Beschädigung die Korrosion des Eisens nicht.

Bei rostfreiem Stahl (s. Abschn. 5.6.2) wird die Korrosion durch Bildung einer chromreichen Oxidschicht verhindert.

Der technische Korrosionsschutz von Stahl (z. B. Autoblech) erfolgt durch Phosphatierung (s. Abschn. 4.6.5).

Elektrolytische Verfahren sind von großer technischer Bedeutung. Die Gewinnung von Alkalimetallen, Erdalkalimetallen, Aluminium, Fluor, Zink und die Raffination von Kupfer erfolgen durch Elektrolyse, ebenso die Oberflächenveredelung von Metallen, z. B. das Verchromen und die anodische Oxidation von Aluminium (Eloxal-Verfahren). An dieser Stelle soll die Elektrolyse wässriger NaCl-Lösungen besprochen werden.

Chloralkali-Elektrolyse

Diaphragmaverfahren (Abb. 3.51). Bei der Elektrolyse einer NaCl-Lösung mit einer Eisenkathode und einer Titananode (früher Graphit) laufen folgende Reaktionen an den Elektroden ab:

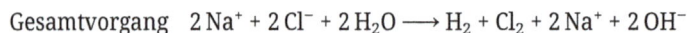

$$\begin{array}{ll} \text{Kathode} & 2\,H_2O + 2\,e^- \longrightarrow H_2 + 2\,OH^- \\ \text{Anode} & 2\,Cl^- \longrightarrow Cl_2 + 2\,e^- \\ \text{Gesamtvorgang} & 2\,Na^+ + 2\,Cl^- + 2\,H_2O \longrightarrow H_2 + Cl_2 + 2\,Na^+ + 2\,OH^- \end{array}$$

Bei der Chloralkali-Elektrolyse entstehen also Natronlauge, Chlor und Wasserstoff. Um eine möglichst Cl⁻-freie NaOH-Lösung zu erhalten, wird der Anodenraum vom Kathodenraum durch ein Diaphragma getrennt.

Da das Diaphragma für Ionen durchlässig ist, wandern auch Cl⁻-Ionen in den Kathodenraum und OH⁻-Ionen in den Anodenraum. Da bei zu hoher OH⁻-Konzentration auch eine unerwünschte OH⁻-Abscheidung erfolgt, wird der OH⁻-Wanderung dadurch entgegengewirkt, dass nur eine verdünnte Lauge (bis 15 %) erzeugt wird. Beim

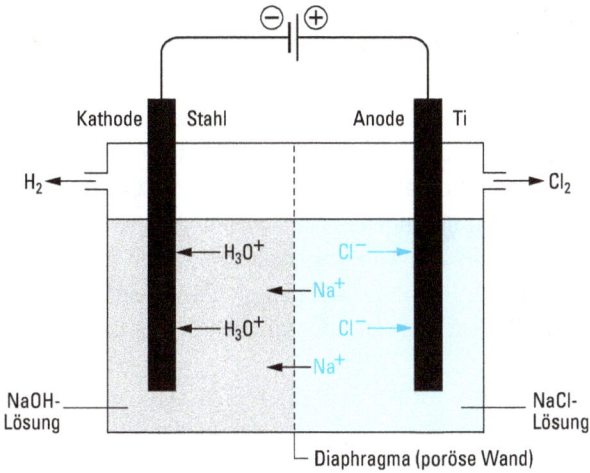

Abb. 3.51: Elektrolyse einer NaCl-Lösung nach dem Diaphragmaverfahren.

Eindampfen der verdünnten Lauge fällt das unerwünschte NaCl fast vollständig aus und wird erneut elektrolysiert.

Quecksilberverfahren. Die Anode besteht aus Graphit oder bevorzugt aus mit Edelmetallverbindungen beschichtetem Titan. Als Kathode wird statt Eisen Quecksilber verwendet. Wegen der hohen Wasserstoffüberspannung bildet sich an der Kathode kein Wasserstoffgas, sondern es werden Na^+-Ionen zu Na-Metall reduziert, das sich als Natriumamalgam (Amalgame sind Quecksilberlegierungen) in der Kathode löst.

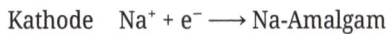

$$\text{Kathode} \quad Na^+ + e^- \longrightarrow \text{Na-Amalgam}$$
$$\text{Anode} \quad Cl^- \longrightarrow \tfrac{1}{2} Cl_2 + e^-$$

Das Amalgam wird mit Wasser unter Bildung von Natronlauge und Wasserstoff an Graphitkontakten zersetzt.

$$Na + H_2O \longrightarrow Na^+ + OH^- + \tfrac{1}{2} H_2$$

Mit dem Quecksilberverfahren erhält man eine chloridfreie Natronlauge und reines Chlorgas. Der Nachteil des Verfahrens ist die Emission von toxischem Quecksilber. Ein neues drittes Verfahren, das Membranverfahren, gewinnt zunehmend technische Bedeutung.

Membranverfahren. An der Anode und der Kathode laufen die gleichen Prozesse ab wie beim Diaphragmaverfahren. Kathoden- und Anodenraum sind durch eine ionenselektive Membran getrennt. Sie soll eine hohe Durchlässigkeit für Na^+-Ionen und keine Durchlässigkeit für Cl^-- und OH^--Ionen besitzen. Die Membranen bestehen aus polymeren fluorierten Kohlenwasserstoffen mit Seitenketten, die Sulfonsäure- bzw.

Carboxylgruppen enthalten (Nafion-Membran). Die Na^+-Ionen treten vom Anodenraum durch die Membran in den Kathodenraum. Bei zu hoher Konzentration an OH^--Ionen erfolgt auch eine Diffusion von OH^--Ionen vom Kathodenraum in den Anodenraum, dadurch sinkt die Stromausbeute. Das Membranverfahren liefert eine chloridfreie Natronlauge mit einem Massenanteil von maximal 35 % und die Umweltbelastung durch Hg entfällt. Nachteile sind die hohen Reinheitsanforderungen an die NaCl-Lösung (wegen der Empfindlichkeit der Membranen) und hohe Kosten der Membranen.

Weltweit wurden 2005 50 % des Chlors mit dem Quecksilberverfahren hergestellt. Obwohl die Quecksilberemission von 26 g Hg/t Chlor auf 1 g Hg/t Chlor gesenkt wurde, sollten bis 2020 alle Hg-Anlagen stillgelegt werden. Für sämtliche Neuanlagen wird die Membrantechnik verwendet.

Die Auslastung der Elektrolysezellen wird zur Zeit durch die Chlornachfrage bestimmt. 97 % des Chlors wird durch Elektrolyse erzeugt, NaOH und H_2 sind Koppelprodukte. In einer Anlage mit 100 Zellen werden täglich 800 t Chlor erzeugt.

Die Elektrolyse von Wasser

Die Elektrolyse von Wasser gewinnt weltweit an Bedeutung mit dem Ziel, Wasserstoff als umweltfreundlichen Energieträger nutzen zu können. Dabei steht der sogenannte grüne Wasserstoff im Mittelpunkt, der mithilfe von erneuerbaren Energien hergestellt wird. Da reines Wasser keine ausreichende elektrische Leitfähigkeit hat, muss bei der Elektrolyse eine geeignete Base (KOH), Säure (z. B. H_2SO_4) oder ein Salz (z. B. Na_2SO_4) als Elektrolyt zugefügt werden. Beim Anlegen eines Gleichstroms muss die Zersetzungsspannung von Wasser überschritten werden, die unter Standardbedingungen bei 1,23 V liegt, aber durch den pH-Wert der Lösung beeinflusst wird. Zusätzlich kommt die Überspannung hinzu, sodass in der Praxis Gleichspannungen zwischen 1,4 und 1,9 V verwendet werden. In der Technik werden einzelne Elektrolysezellen in Stacks zusammengeschaltet.

Alkalische Elektrolyseure arbeiten mit vergleichsweise günstigen Materialien und wurden bereits in den 1950er Jahren etabliert. Bei der alkalischen Elektrolyse (A-EL) wird eine 1 %ige wässrige Kaliumhydroxid-Lösung (KOH) verwendet. Wassermoleküle werden an Metallelektroden (z. B. Ni) in Wasserstoff und Sauerstoff gespalten. An der Kathode (Minuspol) wird Wasserstoff und an der Anode (Pluspol) Sauerstoff gebildet.

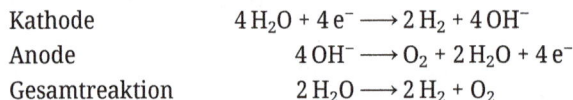

$$\text{Kathode} \qquad 4\,H_2O + 4\,e^- \longrightarrow 2\,H_2 + 4\,OH^-$$
$$\text{Anode} \qquad 4\,OH^- \longrightarrow O_2 + 2\,H_2O + 4\,e^-$$
$$\text{Gesamtreaktion} \qquad 2\,H_2O \longrightarrow 2\,H_2 + O_2$$

Bei der A-EL dient ein poröses Diaphragma als Separator, um die Gase Wasserstoff und Sauerstoff physikalisch zu trennen und den Austausch des flüssigen Elektrolyten zu ermöglichen. Eine Weiterentwicklung dieser Technologie ist die Anionenaustauschmembran-Elektrolyse (*engl.* anion exchange membrane elektrolysis, AEM-EL). Bei dieser Technik wird eine semipermeable Polymermembran verwendet, die für Wasser und bestimmte Anionen (OH⁻) durchlässig ist.

Im Gegensatz zur alkalischen Elektrolyse mit Hydroxid-Ionen als Ladungsträgern, kommt bei der Protonenaustauschmembran-Elektrolyse (*engl.* proton exchange membrane electrolysis, PEM-EL) ein saures Milieu (Protonen) bei der Gewinnung von Wasserstoff zum Einsatz. Die Elektroden werden auf beiden Seiten der polymeren Membran aufgebracht. Wird eine Gleichspannung angelegt, entstehen an der Anode Sauerstoff, freie Elektronen und H^+-Ionen. Letztere diffundieren durch die Membran zur Kathode, wo sie mit Elektronen zu Wasserstoff (H_2) kombinieren. Dabei ermöglicht die Membran den Durchtritt von Protonen und verhindert die Vermischung von Sauerstoff und Wasserstoff.

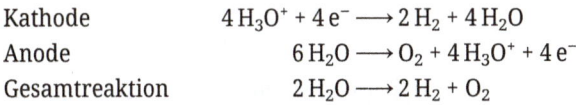

Kathode	$4\,H_3O^+ + 4\,e^- \longrightarrow 2\,H_2 + 4\,H_2O$
Anode	$6\,H_2O \longrightarrow O_2 + 4\,H_3O^+ + 4\,e^-$
Gesamtreaktion	$2\,H_2O \longrightarrow 2\,H_2 + O_2$

Bei der PEM-Elektrolyse kommen Edelmetallelektroden zum Einsatz, die die elektrochemische Aktivität erhöhen und die Überspannung von Wasser herabsetzen. In der Praxis werden Elektrolyseure unter erhöhtem Druck und bei erhöhten Temperaturen betrieben, weil dadurch eine Verringerung des Energieverbrauchs erzielt und der Wirkungsgrad erhöht werden kann. Der elektrische Energieverbrauch der Wasserelektrolyse beläuft sich in der Praxis auf 4–6 kWh pro m³ Wasserstoff. Die so erzeugbare Reinheit von H_2 liegt zwischen 99,9 % (A-EL) und 99,999 % (PEM-EL). Wasserstoff gilt als universeller und umweltfreundlicher Energieträger für die Gewinnung elektrischer Energie, Wärme und als Reduktionsmittel bei der Metallgewinnung.

Die Wasserelektrolyse ist reversibel. Die PEM-Brennstoffzelle (s. Abb. 3.53) beschreibt die Umkehrung der PEM-Elektrolyse. In der Brennstoffzelle entsteht aus der Reaktion von zwei Mol Wasserstoff und einem Mol O_2 Wasser und elektrische Energie. Die Verbrennung von einem m³ H_2 erzeugt einen Heizwert von ca. 3 kWh.

3.8.11 Elektrochemische Stromquellen

Galvanische Elemente sind Energieumwandler, in denen chemische Energie direkt in elektrische Energie umgewandelt wird. Man unterscheidet Primärelemente, Sekundärelemente und Brennstoffzellen. Bei Primärelementen und Sekundärelementen ist die Energie in den Elektrodensubstanzen gespeichert, durch ihre Beteiligung an Redoxreaktionen wird Strom erzeugt. Sekundärelemente (Akkumulatoren) sind galvanische Elemente, bei denen sich die bei der Stromentnahme (Entladen) ablaufenden chemischen Vorgänge durch Zufuhr elektrischer Energie (Laden) umkehren lassen. Bei einer Brennstoffzelle wird der Brennstoff den Elektroden kontinuierlich zugeführt.

Wiederaufladbare Batterien also Akkumulatoren haben für die Gesellschaft eine fundamentale Bedeutung als universelle Energiespeicher erlangt.

Der **Bleiakkumulator** besteht aus einer Bleielektrode und einer Bleidioxidelektrode. Als Elektrolyt wird 20 %ige Schwefelsäure verwendet. Die Potentialdifferenz zwischen den beiden Elektroden beträgt 2,04 V. Wird elektrische Energie entnommen (Entladung), laufen an den Elektroden die folgenden Reaktionen ab:

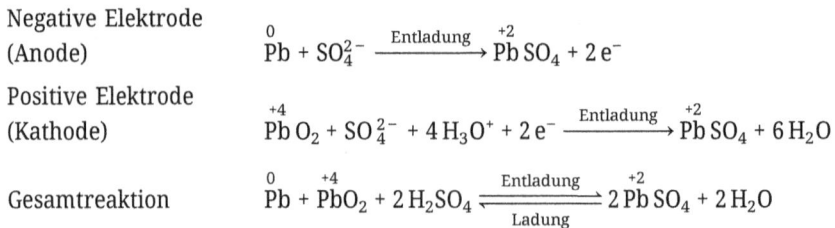

Negative Elektrode
(Anode)

$$\overset{0}{Pb} + SO_4^{2-} \xrightarrow{\text{Entladung}} \overset{+2}{Pb}SO_4 + 2\,e^-$$

Positive Elektrode
(Kathode)

$$\overset{+4}{Pb}O_2 + SO_4^{2-} + 4\,H_3O^+ + 2\,e^- \xrightarrow{\text{Entladung}} \overset{+2}{Pb}SO_4 + 6\,H_2O$$

Gesamtreaktion

$$\overset{0}{Pb} + \overset{+4}{Pb}O_2 + 2\,H_2SO_4 \underset{\text{Ladung}}{\overset{\text{Entladung}}{\rightleftarrows}} 2\,\overset{+2}{Pb}SO_4 + 2\,H_2O$$

Bei der Stromentnahme wird H_2SO_4 verbraucht und H_2O gebildet, die Schwefelsäure wird verdünnt. Der Ladungszustand des Akkumulators kann daher durch Messung der Dichte der Schwefelsäure kontrolliert werden. Durch Zufuhr elektrischer Energie (Laden) lässt sich die chemische Energie des Akkumulators wieder erhöhen. Der Ladungsvorgang ist eine Elektrolyse. Dabei erfolgt wegen der Überspannung von Wasserstoff an Blei am negativen Pol keine Wasserstoffentwicklung. Bei Verunreinigung des Elektrolyten wird die Überspannung aufgehoben, und der Akku kann nicht mehr aufgeladen werden. Die bekannteste Verwendung ist die Starterbatterie für Kraftfahrzeuge.

Im **Natrium-Schwefel-Akkumulator** wird Natrium-β-Aluminiumoxid ($Na_xAl_{11}O_{17+\frac{x}{2}}$) als Na^+-durchlässige Festelektrolytmembran zur Trennung der flüssigen Elektroden verwendet:

$$Na\,(l)\;\mid\;Na\text{-}\beta\text{-}Al_2O_3\;\mid\;S\,(l)$$

Der Akkumulator enthält Schmelzen aus Natrium und Schwefel, weshalb die Betriebstemperatur bei 300–350 °C liegen muss. Die an der Anode gebildeten Natriumionen wandern bei der Entladereaktion durch den Festelektrolyten in die Schwefelschmelze. Bei der Gesamtreaktion

$$2\,Na + x\,S_8 = Na_2S_x$$

entstehen Polysulfide, die sich in der Schwefelschmelze anreichern. Der Na-S-Akku eignet sich als lokaler Stromspeicher; seine Entladespannung beträgt etwa 2 V (bei 300 °C).

Beim **Natrium-Nickelchlorid-Akkumulator** wird die negative Natriumelektrode von der positiven $NiCl_2$-Elektrode durch einen Festkörperelektrolyten ($Na\text{-}\beta\text{-}Al_2O_3$) getrennt, der bei erhöhten Temperaturen den Durchtritt von Na^+-Ionen erlaubt. Als Flüssigelektrolyt wird eine $NaAlCl_4$-Schmelze verwendet, die als Na^+-Ionenleiter zwischen Na-β-Al$_2$O$_3$ und NiCl$_2$ fungiert. Die Betriebstemperatur beträgt 325 °C ± 50 °C, die Spannung 2,6 V.

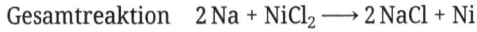

$$\text{Gesamtreaktion} \quad 2\,\text{Na} + \text{NiCl}_2 \longrightarrow 2\,\text{NaCl} + \text{Ni}$$

Im Unterschied zur Na—S-Zelle schadet auch mehrfaches Abkühlen der Batterie nicht. Vorwiegend in Elektrostraßenfahrzeugen verwendet.

Der **Nickel-Metallhydrid-Akkumulator** wird seit den 1980er Jahren kommerziell verwendet. Als negatives Elektrodenmaterial (Anode) werden intermetallische Verbindungen verwendet, die große Mengen Wasserstoff als Metallhydrid (MH) speichern können. Die intermetallische Verbindung LaNi$_5$ kann maximal sechs Wasserstoffatome reversibel ein- und auslagern (LaNi$_5$H$_{6-x}$). Als Elektrolyt dient in der elektrochmemischen Zelle eine 20 %ige KOH-Lösung (pH = 14).

$$\text{MH} \mid \text{KOH}_{aq} \mid \text{NiO(OH)}$$

Beim Entladen wird der im Metallhydrid gespeicherte Wasserstoff oxidiert. Die an der Anodenoberfläche gebildeten H$^+$-Ionen reagieren mit dem an der Kathode gebildeten OH$^-$ zu Wasser. An der Kathode wird Ni^{3+} in NiO(OH) zu Ni^{2+} in Ni(OH)$_2$ reduziert:

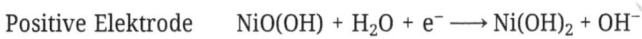

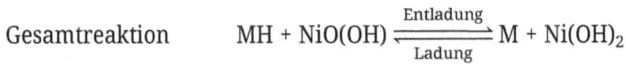

Negative Elektrode	$\text{MH} + \text{OH}^- \longrightarrow \text{M} + \text{H}_2\text{O} + \text{e}^-$
Positive Elektrode	$\text{NiO(OH)} + \text{H}_2\text{O} + \text{e}^- \longrightarrow \text{Ni(OH)}_2 + \text{OH}^-$
Gesamtreaktion	$\text{MH} + \text{NiO(OH)} \underset{\text{Ladung}}{\overset{\text{Entladung}}{\rightleftharpoons}} \text{M} + \text{Ni(OH)}_2$

Die Zellspannung liegt mit 1,3 V am oberen Grenzwert für wässrige Elektrolyte.

Lithium-Ionen-Akkumulatoren sind Batterietypen, die darauf basieren, dass Lithium-Ionen zwischen zwei verschiedenen Wirtsstrukturen, die als Elektroden dienen, ein- und ausgelagert werden. Die Elektroden werden durch einen Elektrolyten getrennt, der elektrisch isolierend ist, also undurchlässig für Elektronen, aber Li$^+$-Ionen den Durchtritt erlaubt.

Als negatives Elektrodenmaterial (Anode) dient häufig Graphit, in dessen Schichtstruktur Lithium-Ionen reversibel eingebaut (interkaliert) werden können (Abschn. 4.7.2). In den Zwischenschichten der Graphitstruktur kann maximal ein Lithiumion auf sechs Kohlenstoffatome (reversibel) eingelagert werden (Li$_x$C$_6$ mit $x \leq 1$). Alternativ hierzu wird nanostrukturiertes Silizium als negatives Elektrodenmaterial verwendet, welches einen deutlich höheren Anteil von Li$^+$-Ionen reversibel aufnehmen kann.

Die Kombination eines solchen Anodenmaterials mit einem geeigneten Kathodenmaterial ist im **Lithium-Cobaltoxid-Akkumulator** verwirklicht. LiCoO$_2$ ist bis heute das bedeutendste Kathodenmaterial in der Entwicklung kommerzieller Lithiumbatterien. In der Praxis werden modifizierte (kostengünstigere) Substitute desselben Strukturtyps als $LiMO_2$ eingesetzt, deren M-Atome durch sehr kobaltarme Gemenge aus d-Metallen (M = Mn, Co, Ni, ...) repräsentiert sind. Beim Entladevorgang diffundieren die Li^+-Ionen aus der Li_xC_n-Struktur (Anode) durch einen Elektrolyten hindurch in die Zwischenschichten der $Li_{1-x}MO_2$-Struktur (Abb. 3.52).

Zellreaktionen:

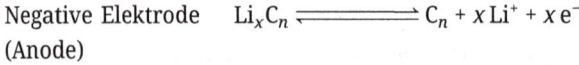

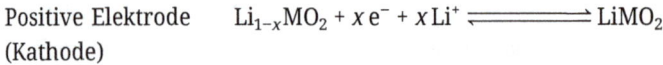

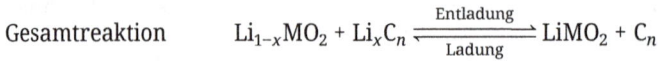

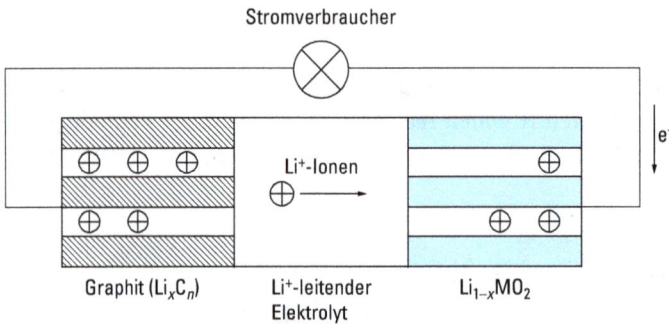

Negative Elektrode (Anode)

$$Li_xC_n \rightleftharpoons C_n + x\,Li^+ + x\,e^-$$

Positive Elektrode (Kathode)

$$Li_{1-x}MO_2 + x\,e^- + x\,Li^+ \rightleftharpoons LiMO_2$$

Gesamtreaktion

$$Li_{1-x}MO_2 + Li_xC_n \underset{\text{Ladung}}{\overset{\text{Entladung}}{\rightleftharpoons}} LiMO_2 + C_n$$

Abb. 3.52: Schematischer Aufbau eines Lithium-Ionen-Akkumulators. Bei der Entladung wandern Li^+-Ionen durch den flüssigen Elektrolyten in die Kathode, während Elektronen über den Stromverbraucher fließen.

Ein Li-Ionen-Akkumulator basiert auf einem reversiblen Li^+-Austausch; die Wirtsstrukturen sind die redoxaktiven Komponenten und bestimmen das Potential der Zelle. Die offenen Zellspannungen von $Li_{1-x}MO_2$ Akkumulatoren betragen etwa 4 V. Lithiumbatterien sind mittlerweile die am meisten verwendeten Batterien für mobile Anwendungen (Mobiltelefon, Laptop, E-Auto) und verdrängen andere Akkumulatoren auf Grund ihrer hohen gewichtsbezogenen Energiedichte. Die Energiedichte von Lithium-Ionen-Akkus wird oft gravimetrisch, also als Kapazität pro Masse angegeben.

Der **Lithium-Eisenphosphat-Akkumulator** basiert auf einem kostengünstigen Kathodenmaterial mit einem Polyanion. $LiFe(PO_4)$ ist im Vergleich zu anderen Kathodenmaterialien ein mäßiger Halbleiter. Eine effektive Nutzung als Kathodenmaterial wird erst durch die Vermengung und Verdichtung der $LiFe(PO_4)$-Kristallite mit amorphen Kohlenstoffpartikeln möglich, wodurch die elektrische Leitfähigkeit angehoben wird. Bei der Entladung wandern die Lithium-Ionen aus der negativen Elektrode durch den Elektrolyten in die Hohlräume der Eisenphosphat-Struktur. Mit einer Zellspannung von etwa 3 V gilt dieses System als ein kostengünstiger Batterietyp, der als häuslicher Energiespeicher eingesetzt wird.

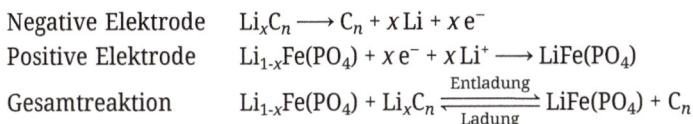

Negative Elektrode	$Li_xC_n \longrightarrow C_n + x\,Li + x\,e^-$
Positive Elektrode	$Li_{1-x}Fe(PO_4) + x\,e^- + x\,Li^+ \longrightarrow LiFe(PO_4)$
Gesamtreaktion	$Li_{1-x}Fe(PO_4) + Li_xC_n \underset{\text{Ladung}}{\overset{\text{Entladung}}{\rightleftharpoons}} LiFe(PO_4) + C_n$

Die **Metall-Luft-Batterie** basiert auf einer Redoxreaktion zwischen einem geeigneten (elektropositven) Metall (z. B. Li, Ca, Al, Fe, Cd oder Zn) und dem Sauerstoff der Luft, gemäß der Gesamtreaktion $M + \frac{x}{2}O_2 \longrightarrow MO_x$. Dieser Batterietyp gehört zu den primären – also zu den nicht wiederaufladbaren Batterien – wie auch die Zink-Luft-Batterie. Die **Zink-Luft-Batterie** findet gemäß dem folgenden prinzipiellen Aufbau Verwendung als Batterie in Hörgeräten:

$$Zn \mid KOH, \text{Graphit} \mid O_2.$$

Bei der Entladung dringt Luft durch eine kleine Öffnung in das Gehäuse der Batterie ein, wobei der Sauerstoff an einer porösen Graphitelektrode (Kathode) zu O^{2-} reduziert wird, um als Hydroxid durch den wässrigen Elektrolyten hindurch zu wandern und mit Zinkpulver (Anode) unter Bildung von Zinkhydroxid, $(Zn(OH)_4)^{2-}$, zu reagieren. Bedingt durch den wässrigen KOH-Elektrolyten beträgt die maximale Zellspannung ca. 1,4 V und liegt damit am oberen Grenzwert für wässrige Elektrolyte.

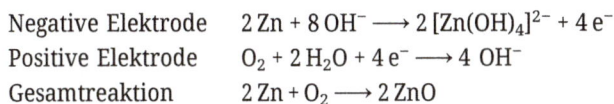

Negative Elektrode	$2\,Zn + 8\,OH^- \longrightarrow 2\,[Zn(OH)_4]^{2-} + 4\,e^-$
Positive Elektrode	$O_2 + 2\,H_2O + 4\,e^- \longrightarrow 4\,OH^-$
Gesamtreaktion	$2\,Zn + O_2 \longrightarrow 2\,ZnO$

Brennstoffzellen. Die Gewinnung von Energie aus fossilen bzw. chemisch aufgearbeiteten Energieträgern erfolgt zumeist durch Verbrennung. Dabei wird chemische Energie zunächst in thermische Energie, dann in mechanische Arbeit und letztlich in Elektrizität umgewandelt. Bei der Brennstoffzelle erfolgt eine direkte Umwandlung gasförmiger Energieträger in elektrischen Strom.

Mit der Brennstoffzelle wird oft die Wasserstoff-Sauerstoff-Brennstoffzelle assoziiert. Dabei ist reiner Wasserstoff ein Rohstoff, der nicht in großen Mengen verfügbar ist (vgl. Wasserelektrolyse). Dennoch gelten Brennstoffzellen als wichtige und umweltfreundliche Energieträger für die elektrische Energieerzeugung in den Bereichen Haushalt, Verkehr, Gewerbe und Industrie.

Brennstoffzellen sind gasgetriebene Batterien, die durch kalte elektrochemische Verbrennung eines gasförmigen Brennstoffs (Wasserstoff, Erdgas, Biogas) Energie in Form von Gleichspannung erzeugen. Das Prinzip einer mit Wasserstoff betriebenen Brennstoffzelle ist in der Abb. 3.53 dargestellt. An der einen Elektrode wird Wasserstoff zu Protonen oxidiert, an der anderen Sauerstoff zu Oxidionen reduziert.

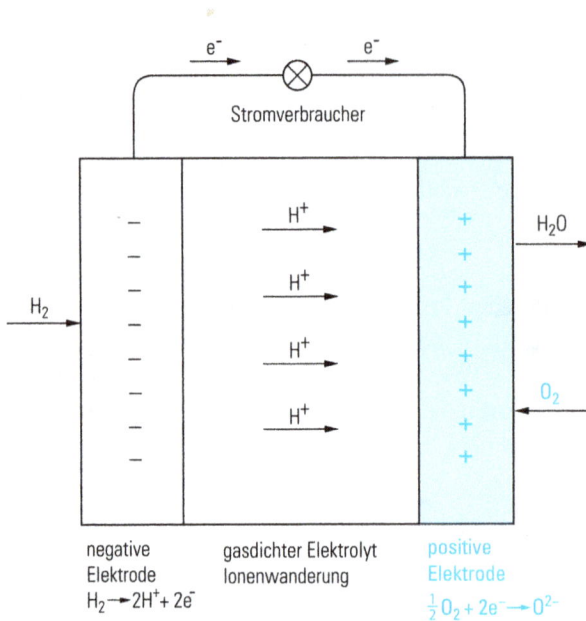

Abb. 3.53: Schematischer Aufbau einer Brennstoffzelle mit Protonenaustauschmembran (PEM). In Brennstoffzellen wird elektrochemisch gasförmiger Brennstoff (H_2, Erdgas) mit Sauerstoff (Luft) zu Wasser umgesetzt und damit Gleichspannungsenergie erzeugt. Der Wirkungsgrad beträgt ca. 60 %. Mit Brennstoffzellen betriebene Automobile haben höhere Wirkungsgrade als mit Verbrennungsmotoren und sind abgasfrei oder zumindest abgasärmer.

Schematische Elektrodenreaktionen:

Negative Elektrode $\quad H_2 \longrightarrow 2\,H^+ + 2\,e^-$

Positive Elektrode $\quad \frac{1}{2}O_2 + 2\,e^- \longrightarrow O^{2-}$

Gesamtreaktion $\quad\quad H_2 + \frac{1}{2}O_2 \longrightarrow H_2O$

Die Gasdiffusionselektroden sind durchlässig für die reagierenden Gase und durch einen protonenleitenden Elektrolyten voneinander getrennt, so dass die Gase sich nicht mischen können. Die H^+-Ionen wandern durch den Elektrolyten und reagieren an der positiven Elektrode mit O^{2-}-Ionen zu H_2O. Es wird also elektrochemisch H_2 mit O_2 zu H_2O umgesetzt. Die abgreifbare Zellspannung unter Betriebsbedingungen beträgt für eine Wasserstoff-Sauerstoff-Zelle 0,5–0,7 V.

Man unterscheidet Brennstoffzellentypen nach ihren Elektrolyten, aber auch nach der Betriebstemperatur (Hoch- und Niedrigtemperaturzellen). Die meisten Brennstoffzellen enthalten Festelektrolyte, die protonen-, hydroxidionen- oder sauerstoffionenleitend sind (vgl. Abschn. 5.4.7). Tabelle 3.12 gibt einen Überblick über diese verschiedenen Typen. Brennstoffzellen haben Wirkungsgrade von etwa 60 %. Konventionelle Systeme wie Dieselmaschinen und Gasturbinen ähnlicher Leistungsbereiche (250 kW bis 10 MW) erreichen nur Wirkungsgrade bis 45 %. Gasturbinenanlagen, die Wirkungs-

Tab. 3.12: Überblick über die fünf Typen von Brennstoffzellen (englisch fuel cell, FC).

Typ	Alkalische BZ (AFC)	Polymerelektrolytmembran BZ (PEMFC)	Phosphorsaure BZ (PAFC)	Carbonatschmelzen BZ (MCFC)	Oxidkeramische BZ (SOFC)
Elektrolyt	KOH-Lösung	Protonenleitende Polymerelektrolytmembran (Nafion)	Konz. H_3PO_4 in poröser Matrix	Li_2CO_3/K_2CO_3-Schmelze in $LiAlO_2$-Matrix	Keramischer Festelektrolyt $ZrO_2(Y_2O_3)$
Arbeitstemperatur in °C	< 100	60–120	160–220	600–660	800–1000
Brennstoff	H_2 (hochrein)	H_2 rein und aus Reformierung (Methanol, Erdgas)	H_2 aus Reformierung (Erdgas, Kohlegas, Biogas)	H_2 aus Reformierung (Erdgas, Kohlegas, Biogas) und direkte Verstromung von Erdgas	H_2 aus Reformierung (Erdgas, Kohlegas, Biogas) und direkte Verstromung von Erdgas
Oxidationsmittel	Sauerstoff (hochrein)	Luftsauerstoff	Luftsauerstoff	Luftsauerstoff	Luftsauerstoff
Wirkungsgrad in %	60	50–70	55	65	60–65
Anwendung	Raumfahrt, U-Boote	Stationäre und portable Stromversorgung, Kleinanlagen, (Elektrofahrzeuge, Kleinkraftwerke)	Stationäre Stromversorgung, Kleinanlagen bis Kraftwerke, Kraft-Wärme-Kopplung	Stationäre Stromversorgung, Kraft-Wärme-Kopplung, Schiffe, Schienenfahrzeuge, Kraftwerke	
Leistung	5–150 kW	5–250 kW	50 kW–11 MW	100 kW–MW	

grade von 60 % erreichen, sind aber ökonomisch nur im Leistungsbereich einiger hundert MW sinnvoll. Es gibt keine Brennstoffzelle, die sich für alle Anwendungen eignen würde. Alkalische Brennstoffzellen finden in der Raumfahrt Verwendung. Für alle anderen Typen gibt es unterschiedliche technische Anwendungen (Tab. 3.12). Einen großen Anwendungsbereich haben Polymerelektrolytmembran-Brennstoffzellen (PEMFC). Für die Elektroden wird als Elektrokatalysator Platin verwendet, das in nanodisperser Form auf die innere Oberfläche von Aktivkohle aufgebracht wird. Die Membran besteht aus Nafion, das für die Chloralkalielektrolyse entwickelt wurde.

Für Automobilhersteller ist die Protonenaustauschmembran-Brennstoffzelle (PEMFC) eine alternative Technik zum Verbrennungsmotor. Der Gesamtwirkungsgrad dieser Zelle ist höher als der des Verbrennungsmotors und mit Wasserstoff betriebene Fahrzeuge sind abgasfrei. Die Probleme bei wasserstoffbetriebenen Fahrzeugen sind die Wasserstoffspeicherung und die nötige Wasserstoffinfrastruktur.

PEM-Brennstoffzellen wurden auch für die Hausversorgung entwickelt und weltweit installiert. Brennstoffzellenakkus zur Stromversorgung für Laptops und Handys sind schnell aufladbar und haben eine lange Lebensdauer.

Die phosphorsaure Brennstoffzelle (PAFC) ist ebenfalls kommerziell verfügbar. Bei Blockheizkraftwerken (BHKWs) mit Wärme-Kraft-Kopplung (Hotels, Fabriken, Büroräume) kann der Wirkungsgrad auf 80 % gesteigert werden. Bei Stromausfällen können sie die Stromversorgung sichern, und in Einzelfällen sind sie ökonomischer als ein konventioneller elektrischer Anschluss.

Oxidkeramische Brennstoffzellen (SOFC) werden im Bereich der Hausenergieversorgung verwendet. Sie bestehen aus einer festen Elektrolytmembran durch die Sauerstoffionen hindurchdiffundieren können. Auf beiden Seiten der Elektrolytmembran sind gasdurchlässige elektrische Leiter als Kathode und Anode aufgebracht. An der Luftseite (Kathode) wird O_2 unter Aufnahme von zwei Elektronen zu O^{2-} reduziert. Nachdem es als O^{2-} durch den Festelektrolyten diffundiert ist, findet an der Anode eine Reaktion mit dem Brenngas (H_2, CH_4, CO) unter Elektronenabgabe statt. Bei diesem Vorgang wird Gleichstrom erzeugt. Ein Nachteil dieses Brennstoffzellentyps ist die hohe erforderliche Betriebstemperatur zwischen 600 °C und 1000 °C.

Diese Beispiele zeigen wie vielfältig die Nutzung von Brennstoffzellen ist.

4 Nichtmetalle

4.1 Häufigkeit der Elemente in der Erdkruste

Die Erdkruste reicht bis in eine Tiefe von 30–40 km. Die Häufigkeit der Elemente in der Erdkruste ist sehr unterschiedlich. Die zehn häufigsten Elemente ergeben bereits einen Massenanteil an der Erdkruste von 99,5 %. Die zwanzig häufigsten Elemente sind in der Tab. 4.1 angegeben. Sie machen 99,9 % aus, den Rest von 0,1 % bilden die übrigen Elemente. Sehr selten sind daher so wichtige Elemente wie Au, Pt, Se, Ag, I, Hg, W, Sn, Pb.

Tab. 4.1: Häufigkeit der Elemente in der Erdkruste.

Element	Massenanteil in %	Element	Massenanteil in %
O	45,50	P	0,112
Si	27,20	Mn	0,106
Al	8,30	F	0,054
Fe	6,20	Ba	0,039
Ca	4,66	Sr	0,038
Mg	2,76	S	0,034
Na	2,27	C	0,018
K	1,84	Zr	0,016
Ti	0,63	V	0,014
H	0,15	Cl	0,013
	99,51		0,444

Die Zahl der Mineralarten in der Erdkruste wird von der International Meteroroligical Organzation mit 5900 angegeben. 91,5 % der Erdkruste besteht aus Si–O-Verbindungen (hauptsächlich Silicate von Al, Fe, Ca, Na, Mg), 3,5 % aus Eisenerzen (vorwiegend Eisenoxide), 1,5 % aus $CaCO_3$. Alle anderen Mineralarten machen nur noch 3,5 % aus.

4.2 Wasserstoff

4.2.1 Allgemeine Eigenschaften

H	
Ordnungszahl Z	1
Elektronenkonfiguration	$1s^1$
Ionisierungsenergie in eV	13,6
Elektronegativität	2,1

H_2	
Schmelzpunkt in °C	−259
Siedepunkt in °C	−253

https://doi.org/10.1515/9783111336244-004

Wasserstoff nimmt unter allen Elementen eine Ausnahmestellung ein. Das Wasserstoffatom ist das kleinste aller Atome und hat die einfachste Struktur aller Atome. Die Elektronenhülle besteht aus einem einzigen Elektron, die Elektronenkonfiguration ist $1s^1$. Wasserstoff gehört zu keiner Gruppe des Periodensystems. Verglichen mit den anderen s^1-Elementen, den Alkalimetallen, hat das Wasserstoffatom eine doppelt so hohe Ionisierungsenergie und eine wesentlich größere Elektronegativität. Atomarer Wasserstoff ist sehr reaktiv und somit instabil. In seiner stabilen Form kommt Wasserstoff als H_2 vor und ist ein typisches Nichtmetall.

Die durch Abgabe der s^1-Valenzelektronen gebildeten H^+-Ionen sind Protonen. In kondensierten Phasen existieren H^+-Ionen nie isoliert, sondern sie sind immer mit anderen Atomen oder Molekülen assoziiert. In wässrigen Lösungen bilden sich H_3O^+-Ionen.

Wie bei den Halogenatomen entsteht aus einem Wasserstoffatom durch Aufnahme eines Elektrons ein Ion mit Edelgaskonfiguration. Von den Halogenen unterscheidet sich Wasserstoff aber durch seine kleinere Elektronenaffinität und Elektronegativität, der Nichtmetallcharakter ist beim Wasserstoff wesentlich weniger ausgeprägt. Verbindungen mit H^--Ionen wie KH und CaH_2 werden daher nur von den stark elektropositiven Metallen gebildet.

Da Wasserstoffatome nur ein Valenzelektron besitzen, können sie nur eine kovalente Bindung ausbilden. Im elementaren Zustand besteht Wasserstoff aus zweiatomigen Molekülen H_2, in denen die H-Atome durch eine σ-Bindung aneinander gebunden sind. Zwischen stark polaren Molekülen wie HF und H_2O treten Wasserstoffbindungen auf (vgl. Abschn. 4.3.4).

4.2.2 Physikalische und chemische Eigenschaften

Wasserstoff ist bei Zimmertemperatur ein farbloses, geruchloses Gas. Es ist das leichteste aller Gase und hat von allen Gasen das größte Wärmeleitvermögen, die größte spezifische Wärmekapazität und die größte Diffusionsgeschwindigkeit. Bei 20 K kondensiert Wasserstoff zu einer farblosen, nichtleitenden Flüssigkeit, bei 14 K kristallisiert Wasserstoff in einer Molekülstruktur mit hexagonal-dichtester Packung (vgl. Abschn. 5.2). Die Wasserstoffmoleküle besitzen eine relativ große Bindungsenergie, Wasserstoff ist daher nicht sehr reaktionsfähig.

$$H_2 \rightleftharpoons 2H \qquad \Delta H^\circ = +436 \text{ kJ/mol}$$

Molekularer Wasserstoff wirkt nur bei höherer Temperatur auf die Oxide schwach elektropositiver Metalle (Cu, Fe, Sn, W) reduzierend.

$$Cu_2O + H_2 \longrightarrow 2Cu + H_2O$$

Bei Normaltemperatur reagiert molekularer Wasserstoff nur dann mit Sauerstoff, wenn die Reaktion gezündet wird (vgl. Abschn. 3.6.5). Die exotherme Reaktion

$$H_2 + \tfrac{1}{2} O_2 \rightleftharpoons H_2O\,(g) \qquad \Delta H_B^\circ = -242 \text{ kJ/mol}$$

läuft dann explosionsartig nach einem Kettenmechanismus ab.

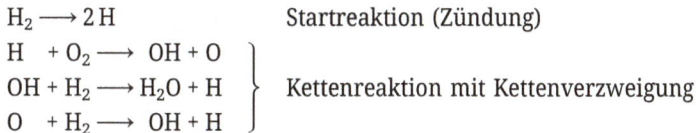

$$H_2 \longrightarrow 2\,H \qquad\qquad \text{Startreaktion (Zündung)}$$

$$\left. \begin{array}{l} H + O_2 \longrightarrow OH + O \\ OH + H_2 \longrightarrow H_2O + H \\ O + H_2 \longrightarrow OH + H \end{array} \right\} \quad \text{Kettenreaktion mit Kettenverzweigung}$$

Aufgrund der großen Verbrennungswärme kann man diese Reaktion zur Erzeugung hoher Temperaturen benutzen (Knallgasgebläse). Damit keine Explosion erfolgen kann, leitet man die Gase getrennt in den Verbrennungsraum.

Atomarer Wasserstoff bildet sich durch thermische Dissoziation bei hohen Temperaturen (z. B. im Lichtbogen) oder durch photochemische Dissoziation. Er ist sehr reaktionsfähig und hat ein hohes Reduktionsvermögen. In der Langmuir-Fackel wird die Rekombinationswärme der H-Atome zum Schweißen (reduzierende Atmosphäre) und Schmelzen höchstschmelzender Stoffe (Ta, W) ausgenutzt.

Wasserstoffisotope. Natürlicher Wasserstoff besteht aus den Isotopen ^{1}H (leichter Wasserstoff, Protium), ^{2}H (Deuterium D) und ^{3}H (Tritium T) (Häufigkeiten $1 : 10^{-4} : 10^{-17}$). Tritium ist ein β-Strahler und wird zur Markierung von Wasserstoffverbindungen verwendet. Die künstliche Darstellung von T und die Kernfusion von T mit D ist im Abschn. 1.3.3 beschrieben.

4.2.3 Vorkommen und Darstellung

Wasserstoff ist das häufigste Element des Kosmos. Etwa $\tfrac{2}{3}$ der Gesamtmasse des Kosmos besteht aus Wasserstoff. In der Erdkruste ist es das zehnthäufigste Element und kommt vor allem in den Rohstoffen Wasser und Erdgas vor. Die Herstellung von Wasserstoff ist ein wichtiger Baustein für eine nachhaltige und klimaneutrale Energiewirtschaft. In diesem Zusammenhang gilt vor allem die Gewinnung von grünem Wasserstoff durch Elektrolyse von Wasser (vgl. Abschn. 3.8.10) als ein vorrangiges Ziel der Energiewende.

Wasserstoff entsteht bei der Reaktion von stark elektropositiven Metallen mit Wasser

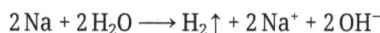

$$2\,Na + 2\,H_2O \longrightarrow H_2\uparrow + 2\,Na^+ + 2\,OH^-$$

oder durch Reaktion elektropositiver Metalle mit Säuren

$$Zn + 2\,HCl \longrightarrow H_2\uparrow + Zn^{2+} + 2\,Cl^-$$

Ausgangsstoffe für die technische Herstellung von Wasserstoff sind Kohlenwasserstoffe und Wasser. Die wichtigsten Verfahren sind:

Steam-Reforming-Verfahren. Methan aus Erdgasen oder leichte Erdölfraktionen (niedere Kohlenwasserstoffe) werden bei Temperaturen zwischen 700 und 830 °C und bei Drücken bis 40 bar mit Wasserdampf in Gegenwart von Ni-Katalysatoren umgesetzt.

$$CH_4 + H_2O \longrightarrow 3\,H_2 + CO \qquad \Delta H° = +206\ kJ/mol$$

Partielle Oxidation von schwerem Heizöl. Schweres Heizöl und Erdölrückstände werden ohne Katalysator bei Temperaturen zwischen 1200 und 1500 °C und einem Druck von 30 bis 40 bar partiell mit Sauerstoff oxidiert.

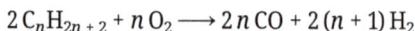

$$2\,C_nH_{2n+2} + n\,O_2 \longrightarrow 2\,n\,CO + 2\,(n+1)\,H_2$$

Kohlevergasung. Wasserdampf wird mit Koks reduziert.

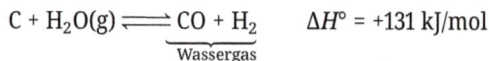

$$C + H_2O(g) \rightleftharpoons \underbrace{CO + H_2}_{\text{Wassergas}} \qquad \Delta H° = +131\ kJ/mol$$

Die Erzeugung von Wassergas ist ein endothermer Prozess. Die dafür benötigte Reaktionswärme erhält man durch Kombination mit dem exothermen Prozess der Kohleverbrennung.

$$C + O_2 \longrightarrow CO_2 \qquad \Delta H°_B = -394\ kJ/mol$$

Bei allen drei Verfahren erfolgt anschließend eine Konvertierung von Kohlenstoffmonooxid. Dabei reagiert CO in Gegenwart von Katalysatoren mit Wasserdampf zu CO_2. Es stellt sich das sogenannte Wassergasgleichgewicht ein.

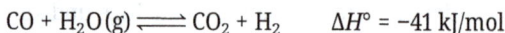

$$CO + H_2O(g) \rightleftharpoons CO_2 + H_2 \qquad \Delta H° = -41\ kJ/mol$$

Bei 1000 °C liegt das Gleichgewicht auf der linken Seite, unterhalb 500 °C praktisch vollständig auf der rechten Seite. CO_2 wird unter Druck durch physikalische Absorption (z. B. durch Methanol) oder durch chemische Absorption (z. B. mit wässrigen K_2CO_3-Lösungen) aus dem Gasgemisch entfernt.

Wasserstoff fällt auch als Nebenprodukt bei der Chloralkalielektrolyse (vgl. Abschn. 3.8.10) und beim Crackverfahren zur Gewinnung von Benzin aus Erdöl an.

Der größte Teil des technisch hergestellten Wasserstoffs wird für Synthesen (NH_3, CH_3OH, HCN, HCl, Fetthärtung) verwendet, mehr als die Hälfte für die NH_3-Synthese. Außerdem benötigt man Wasserstoff als Raketentreibstoff, als Heizgas, zum autogenen Schneiden und Schweißen, sowie als Reduktionsmittel zur Darstellung bestimmter Metalle (W, Mo, Ge, Co) aus Metalloxiden.

4.2.4 Wasserstoffverbindungen

Wasserstoff bildet mit fast allen Elementen Verbindungen. Nach der Bindungsart können drei Gruppen von Wasserstoffverbindungen unterschieden werden.

1. Kovalente Wasserstoffverbindungen. Dazu gehören die flüchtigen Hydride, die mit Nichtmetallen ähnlicher Elektronegativität (z. B. CH_4, SiH_4) und größerer Elektronegativität (z. B. NH_3, H_2O, HCl) gebildet werden.

Die wichtigsten kovalenten Wasserstoffverbindungen werden bei den entsprechenden Elementen behandelt.

2. Salzartige Hydride. Sie werden von stark elektropositiven Metallen (Alkalimetalle, Erdalkalimetalle) gebildet und bilden ionische Strukturen. Li^+H^- z. B. kristallisiert in der Natriumchlorid-Struktur. Der Ionenradius von H^- liegt je nach Bindungspartner zwischen 130 und 200 pm und ähnelt in der Größe F^- und Cl^- (vgl. Tab. 2.2). Salzartige Hydride entstehen durch Erhitzen der Metalle im Wasserstoffstrom.

$$Ca + H_2 \longrightarrow CaH_2$$

Sie sind starke Reduktionsmittel, und sie werden von Wasser unter Entwicklung von H_2 zersetzt.

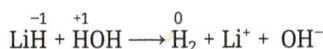

$$\overset{-1}{Li}H + \overset{+1}{H}OH \longrightarrow \overset{0}{H_2} + Li^+ + OH^-$$

In schwer zugänglichen Gebieten werden sie zur H_2-Darstellung verwendet (z. B. Füllung von Wetterballons in Polarregionen). CaH_2 dient zur Trocknung von Lösemitteln.

Als vielseitiges Hydrierungsmittel wird Lithiumaluminiumhydrid $LiAlH_4$ verwendet, das man durch eine Reaktion von $AlCl_3$ mit LiH bei hohen Temperaturen erhält.

$$4\,LiH + AlCl_3 \longrightarrow LiAlH_4 + 3\,LiCl$$

3. Legierungsartige Hydride. Die meisten Übergangsmetalle können in ihren Kristallstrukturen Wasserstoffatome in fester Lösung einlagern. Solche Hydride sind meist nicht stöchiometrisch zusammengesetzt und in ihrem Charakter metallartig (vgl. Einlagerungsverbindungen).

4.3 Gruppe 17 (Halogene)

4.3.1 Gruppeneigenschaften

	Fluor F	Chlor Cl	Brom Br	Iod I
Ordnungszahl Z	9	17	35	53
Elektronenkonfiguration	$1s^2\,2s^2\,2p^5$	[Ne] $3s^2\,3p^5$	[Ar] $3d^{10}\,4s^2\,4p^5$	[Kr] $4d^{10}\,5s^2\,5p^5$
Elektronegativität	4,1	2,8	2,7	2,2
Elektronenaffinität in eV	−3,4	−3,6	−3,4	−3,1
Nichtmetallcharakter		⟶ nimmt ab ⟶		
Reaktionsfähigkeit		⟶ nimmt ab ⟶		

Die Halogene (Salzbildner) sind untereinander recht ähnlich. Sie sind ausgeprägte Nichtmetalle, sie gehören zu den elektronegativsten und reaktionsfähigsten Elementen. Fluor ist das elektronegativste und reaktionsfähigste Element überhaupt. Es reagiert mit nahezu allen Elementen, mit Wasserstoff sogar bei −250 °C. Die Halogene stehen im PSE direkt vor den Edelgasen. Wie die Elektronenaffinitäten zeigen, ist die Anlagerung eines Elektrons ein stark exothermer Prozess. In Ionenverbindungen treten daher die einfach negativ geladenen Halogenidionen X^- mit Edelgaskonfiguration auf.

Die Halogene besitzen im Grundzustand ein ungepaartes Elektron, sie sind daher zur Ausbildung einer kovalenten Bindung befähigt. Für Fluor gibt es nur die Bindungszustände F^- und −F. Da es als elektronegativstes Element stets der elektronegative Bindungspartner ist, ist in Verbindungen seine einzige Oxidationszahl −1. Bei den Halogenen Cl, Br und I können mit elektronegativen Bindungspartnern wie F und O die Oxidationszahlen +3, +5 und +7 erreicht werden. Beispiele dafür sind

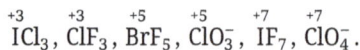

$$\overset{+3}{I}Cl_3,\ \overset{+3}{Cl}F_3,\ \overset{+5}{Br}F_5,\ \overset{+5}{Cl}O_3^-,\ \overset{+7}{I}F_7,\ \overset{+7}{Cl}O_4^-.$$

4.3.2 Die Elemente

	Fluor F_2	Chlor Cl_2	Brom Br_2	Iod I_2
Aussehen	schwach gelbliches Gas	grünes Gas	braune Flüssigk., Dampf rotbraun	blauschwarze Kristalle, Dampf violett
Schmelzpunkt in °C	−220	−101	−7	113
Siedepunkt in °C	−188	− 35	59	184
Dissoziationsenergie $(X_2 \longrightarrow 2\,X)$ in kJ/mol	158	244	193	151
Oxidationsvermögen $X_2 + 2\,e^- \longrightarrow 2\,X^-\,(aq)$		⟶ nimmt ab		

Aufgrund der Valenzelektronenkonfiguration $s^2 p^5$ bestehen die elementaren Halogene in allen Aggregatzuständen aus zweiatomigen Molekülen. Zwischen den Molekülen sind in erster Linie nur schwache van-der-Waals-Kräfte wirksam, die Schmelz- und Siedetemperaturen sind daher z. T. sehr niedrig. Innerhalb der Gruppe steigen sie als Folge der wachsenden van-der-Waals-Kräfte regelmäßig an. Fluor und Chlor sind starke Oxidationsmittel, Fluor ist eines der stärksten überhaupt. Obwohl die Elektronenaffinität von Chlor größer als die von Fluor ist, ist Fluor das wesentlich stärkere Oxidationsmittel. Das liegt an der erheblich kleineren Dissoziationsenergie von F_2 und an der größeren Hydratationsenergie der kleineren F^--Ionen.

Da innerhalb der Gruppe das Oxidationsvermögen abnimmt, kann Fluor alle anderen Halogene aus ihren Verbindungen verdrängen.

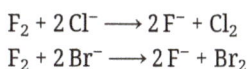

$$F_2 + 2\,Cl^- \longrightarrow 2\,F^- + Cl_2$$
$$F_2 + 2\,Br^- \longrightarrow 2\,F^- + Br_2$$

Chlor kann Brom und Iod, Brom nur Iod in Freiheit setzen.

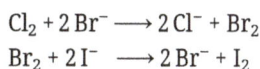

$$Cl_2 + 2\,Br^- \longrightarrow 2\,Cl^- + Br_2$$
$$Br_2 + 2\,I^- \longrightarrow 2\,Br^- + I_2$$

In unpolaren Lösungsmitteln wie CS_2, CCl_4 löst sich Iod violett. Diese Lösungen enthalten I_2-Moleküle. Andere Lösungsmittel wie Alkohol bilden mit I_2 Additionsverbindungen. Solche Lösungen sind braun. In Wasser löst sich nur wenig Iod. Gut löslich ist es in KI-Lösungen, die das Polyhalogenidion I_3^- enthalten. Mit Stärke bildet I_2 eine blauschwarze Additionsverbindung, die zum Nachweis von Iod dient.

Alle Halogene sind starke Atemgifte. Elementares Fluor verursacht üble Verätzungen der Haut.

4.3.3 Vorkommen, Darstellung und Verwendung

Wegen ihrer großen Reaktionsfähigkeit kommen die Halogene in der Natur nicht elementar vor. Die wichtigsten natürlichen Verbindungen gibt es in Salzlagern, NaCl Steinsalz, KCl Sylvin, $KMgCl_3 \cdot 6\,H_2O$ Carnallit. Rohstoffquelle für Fluor ist CaF_2 Flussspat. Die größten Chlormengen befinden sich im Wasser der Ozeane, das 2 % Chloridionen enthält.

Brom kommt als Begleiter von Chlor im Carnallit vor, Iod findet man in Meeresalgen und im Chilesalpeter als $Ca(IO_3)_2$.

Fluor muss durch Elektrolyse wasserfreier Schmelzen von Fluoriden dargestellt werden, denn es gibt kein chemisches Oxidationsmittel, das Fluor aus seinen Verbindungen in Freiheit setzt, und in Gegenwart von Wasser würde sich Fluor nach der Reaktion $F_2 + H_2O \longrightarrow 2\,HF + \frac{1}{2}\,O_2$ umsetzen.

Chlor wird großtechnisch durch Elektrolyse wässriger NaCl-Lösungen hergestellt (vgl. Abschn. 3.8.10).

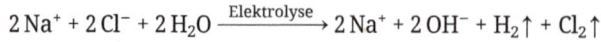

$$2\,Na^+ + 2\,Cl^- + 2\,H_2O \xrightarrow{\text{Elektrolyse}} 2\,Na^+ + 2\,OH^- + H_2\uparrow + Cl_2\uparrow$$

Chlor ist ein Schlüsselprodukt der chemischen Industrie. Etwa 60 % des Umsatzes der deutschen Chemieunternehmen beruhen auf chlorchemischen Verfahren.

Brom erhält man durch Einleiten von Cl_2 in Bromidlösungen.

$$MgBr_2 + Cl_2 \longrightarrow MgCl_2 + Br_2$$

4.3.4 Verbindungen von Halogenen mit der Oxidationszahl −1: Halogenide

Hydrogenfluorid HF, Hydrogenchlorid HCl, Hydrogenbromid HBr und Hydrogeniodid HI sind farblose, stechend riechende Gase. Einige Eigenschaften der sehr ähnlichen Verbindungen sind in der Tab. 4.2 angegeben.

Tab. 4.2: Eigenschaften von Hydrogenhalogeniden.

	HF	HCl	HBr	HI
Bildungsenthalpie ΔH_B° in kJ/mol	−271	− 92	−36	+27
Schmelzpunkt in °C	− 83	−115	−87	−51
Siedepunkt in °C	+ 20	− 85	−67	−35
Verdampfungsenthalpie in kJ/mol	30	16	18	20
Säurestärke		$\longrightarrow$ nimmt zu $\longrightarrow$		

Die Hydrogenhalogenide bilden sich in direkter Reaktion aus den Elementen.

$$H_2 + X_2 \rightleftharpoons 2\,HX$$

Die Reaktionen mit Fluor und Chlor (vgl. 3.6.5) verlaufen explosionsartig. Die Bildungsenthalpien und die thermische Stabilität nehmen von HF nach HI stark ab. HI zersetzt sich bereits bei mäßig hohen Temperaturen zum Teil in die Elemente. In den Hydrogenhalogenidmolekülen liegen polare Einfachbindungen vor. Die Polarität der Bindung wächst entsprechend der zunehmenden Elektronegativitätsdifferenz von HI nach HF.

$$\overset{\delta+}{H} - \overset{\delta-}{\underline{\overline{X}}|}$$

Zwischen den HX-Molekülen wirken nur schwache van-der-Waals-Kräfte, daher sind alle Verbindungen flüchtig. HF zeigt aber anomal hohe Werte des Schmelzpunktes, des Siedepunktes und der Verdampfungswärme. Die Ursache ist die sogenannte Wasserstoffbindung.

Zwischen den stark polaren HF-Molekülen kommt es zu einer elektrostatischen Anziehung, und es bilden sich geordnete Assoziate, in denen die Bindung zwischen den Molekülen über Wasserstoffbrücken erfolgt. Kristallines HF z. B. besteht aus Zickzackketten.

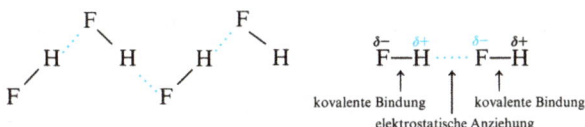

Die Bindungsenergie ist verglichen mit der kovalenten Bindung klein, sie beträgt für HF etwa 30 kJ/mol. Die Größe der Assoziate nimmt mit wachsender Temperatur ab. Wasserstoffbindungen treten auch bei anderen Wasserstoffverbindungen mit stark elektronegativen Bindungspartnern, z. B. bei H_2O (vgl. Abschn. 4.5.3) und NH_3, auf. Eine große Rolle spielen Wasserstoffbindungen in organischen Substanzen, z. B. den Proteinen.

Alle Hydrogenhalogenide lösen sich gut in Wasser. Da sie dabei Protonen abgeben, fungieren sie als Säuren.

$$HX + H_2O \rightleftharpoons H_3O^+ + X^-$$

Die Säurestärke nimmt von HF nach HI zu.

Flusssäure ist eine wässrige Lösung von HF. Sie wirkt stark ätzend auf die Haut und greift selbst Glas an, dabei bildet sich SiF_4. HF ist eine schwächere Säure als HCl.

$$SiO_2 + 4\,HF \longrightarrow SiF_4 \uparrow + 2\,H_2O$$

Salzsäure ist eine starke, nichtoxidierende Säure (konzentrierte Salzsäure enthält einen Massenanteil von etwa 36 % HCl-Gas). Sie löst daher nur unedle Metalle wie Zn, Al, Fe, nicht aber Cu, Ag und Au.

$$Zn + 2\,HCl \longrightarrow H_2 \uparrow + ZnCl_2$$

Die Halogenide der Alkalimetalle und der Erdalkalimetalle sind typische Salze, die überwiegend in ionischen Strukturen kristallisieren ($NaCl$, LiF, $BaCl_2$). Aus den Fluoriden und Chloriden können mit konzentrierter Schwefelsäure die Wasserstoffverbindungen hergestellt werden.

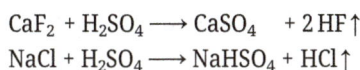

$$CaF_2 + H_2SO_4 \longrightarrow CaSO_4 \quad + 2\,HF \uparrow$$
$$NaCl + H_2SO_4 \longrightarrow NaHSO_4 + HCl \uparrow$$

Die technische Herstellung von HCl erfolgt nach dem Chlorid-Schwefelsäureverfahren oder durch Synthese aus den Elementen.

Mit Nichtmetallen bilden die Halogene flüchtige kovalente Halogenide, die in Molekülstrukturen kristallisieren.

Beispiele:

$$BF_3, SiF_4, SF_6, PF_5, CF_4 \qquad \text{Gase (bei 25 °C)}$$
$$SCl_2, PCl_3, CCl_4, SiBr_4 \qquad \text{Flüssigkeiten (bei 25 °C)}$$

Die schwerlöslichen Silbersalze AgCl, AgBr und AgI werden durch Licht zu metallischem Silber zersetzt. AgBr wird daher als lichtempfindliche Substanz bei der Photographie verwendet. Durch Belichtung entstehen Silberkeime (Latentes Bild), diese werden durch Reduktionsmittel vergrößert (Entwickeln). Das unbelichtete AgBr wird mit Natriumthiosulfat, $Na_2S_2O_3$ (Fixiersalz) unter Bildung eines löslichen Komplexes entfernt (Fixieren).

$$AgBr + 2\,Na_2S_2O_3 \longrightarrow [Ag(S_2O_3)_2]^{3-} + 4\,Na^+ + Br^-$$

4.3.5 Verbindungen mit positiven Oxidationszahlen: Oxide und Sauerstoffsäuren von Chlor

Fluor kann als elektronegativstes Element nur in der Oxidationszahl −1 auftreten. In Verbindungen mit Sauerstoff, z. B. in $\overset{-1\ +2}{F_2O}$, hat Sauerstoff eine positive Oxidationszahl, daher sind diese Verbindungen nicht als Oxide, sondern als Sauerstofffluoride zu bezeichnen. In den Oxiden von Chlor, Brom und Iod, z. B. $\overset{+4\ -2}{ClO_2}$, haben die Halogene positive Oxidationszahlen. Sauerstoff ist der elektronegativere Partner. Die Oxide der Halogene sind zersetzliche oder sogar explosive Substanzen. ClO_2 z. B. zerfällt beim Erwärmen explosionsartig in die Elemente.

$$ClO_2 \longrightarrow \tfrac{1}{2}Cl_2 + O_2 \qquad \Delta H° = -103\ \text{kJ/mol}$$

In verdünnter Form ist ClO_2 ein beständiges Gas und dient zum Bleichen (Mehl, Cellulose) und als Desinfektionsmittel. Wichtiger sind die Chlorsauerstoffsäuren des Chlors. Ihre Formeln, die Nomenklatur und die Bindungsverhältnisse sind in der folgenden tabellarischen Zusammenstellung angegeben.

Der räumliche Bau ist durch σ-Bindungen bestimmt, die von sp³-Hybridorbitalen gebildet werden. Den σ-Bindungen überlagern sich schwache π-Bindungen. Mit der Mesomerie wird die Delokalisierung der π-Bindungen berücksichtigt. Das ClO_4^--Ion ist perfekt tetraedrisch gebaut. Die Entstehung der schwachen Mehrzentren-π-Bindungen

Tab. 4.3: Nomenklatur und Bindungsverhältnisse von Sauerstoffsäuren des Chlors.

$HClO_n$	HClO	$HClO_2$	$HClO_3$	$HClO_4$
Name	Hypochlorige Säure	Chlorige Säure	Chlorsäure	Perchlorsäure
Salze $MeClO_n$	Hypochlorite	Chlorite	Chlorate	Perchlorate
Oxidationszahl von Cl	+1	+3	+5	+7
Lewisformel der Anionen	$|\overline{\underline{O}}{-}\overline{\underline{C}l}|^{\ominus}$			
Mesomere Grenzstrukturen	–	2	3	4
Räumlicher Bau	–	gewinkelt	pyramidal	tetraedrisch
σ-Bindungen	1	2	3	4
Schwache Mehrzentren π-Bindungen	0	1	2	3
Abstände Cl—O in pm	169	156	148	144

ist im Abschn. 2.2.13 zu finden (siehe auch Abb. 2.55). **Hypochlorige Säure** HClO entsteht durch Einleiten von Cl_2 in Wasser.

$$Cl_2 + H_2O \rightleftharpoons \overset{-1}{H}Cl + \overset{+1}{H}ClO$$

Dabei geht Chlor mit der Oxidationsstufe 0 in eine höhere (+1) und in eine niedrigere (–1) Oxidationsstufe über. Solche Reaktionen bezeichnet man als Disproportionierungen. Das Gleichgewicht liegt aber ganz auf der linken Seite (Chlorwasser). Eine Verschiebung des Gleichgewichts nach rechts erfolgt, wenn man Cl_2 in alkalische Lösungen einleitet.

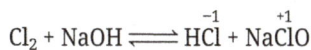

$$Cl_2 + NaOH \rightleftharpoons \overset{-1}{H}Cl + Na\overset{+1}{C}lO$$

Brom und Iod reagieren analog mit NaOH zu Hypobromit und Hypoiodit.

HClO ist nur in verdünnter wässriger Lösung bekannt und ein starkes Oxidationsmittel (Desinfektion von Trinkwasser). **Hypochlorite** sind schwächere Oxidationsmittel als HClO, sie werden als Bleich- und Desinfektionsmittel verwendet.

Chlorsäure ist nur in verdünnten wässrigen Lösungen stabil. Ihre Salze, die **Chlorate** sind starke Oxidationsmittel. $KClO_3$ dient als Oxidationsmittel in Zündhölzern und in der Feuerwerkerei, $NaClO_3$ als Herbizid (Unkrautvertilgungsmittel). Mit Schwefel, Phosphor und organischen Substanzen reagieren Chlorate explosiv.

Reine **Perchlorsäure** ist explosiv, in wässriger Lösung ist $HClO_4$ aber stabil. $HClO_4$ ist eine der stärksten Säuren und die stabilste Chlorsauerstoffsäure.

4.3.6 Pseudohalogene

Einige anorganische Verbindungen haben Ähnlichkeit mit den Halogenen, man bezeichnet sie daher als Pseudohalogene. Dazu gehören Dicyan $(CN)_2$ und Dirhodan $(SCN)_2$. Sie sind flüchtig und giftig. Die Pseudohalogene bilden wie die Halogene Wasserstoffverbindungen, deren Säurecharakter aber schwächer ist. Am bekanntesten ist die sehr giftige Blausäure HCN (vgl. Abschn. 4.7.5).

4.4 Gruppe 18 (Edelgase)

4.4.1 Gruppeneigenschaften

	Helium He	Neon Ne	Argon Ar	Krypton Kr	Xenon Xe
Ordnungszahl Z	2	10	18	36	54
Elektronenkonfiguration	$1s^2$	$1s^2\,2s^2\,p^6$	[Ne] $3s^2\,3p^6$	[Ar] $3d^{10}$ $4s^2\,4p^6$	[Kr] $4d^{10}$ $5s^2\,5p^6$
Ionisierungsenergie in eV	24,5	21,6	15,8	14,0	12,1
Promotionsenergie in eV, $ns^2\,np^6 \longrightarrow ns^2\,np^5\,(n+1)\,s^1$	–	16,6	11,5	9,9	8,3
Schmelzpunkt in °C	−272	−249	−189	−157	−112
Siedepunkt in °C	−269	−246	−186	−153	−108
Farbe des Lichts von Gasentladungsröhren	gelb	rot	rot	gelbgrün	violett

Die Edelgase stehen in der 18. Gruppe des PSE. Sie haben die Valenzelektronenkonfiguration $s^2\,p^6$ bzw. s^2, also abgeschlossene Elektronenkonfigurationen ohne ungepaarte Elektronen. Sie sind daher chemisch sehr inaktiv. Wie die hohen Ionisierungsenergien zeigen, sind Edelgaskonfigurationen sehr stabile Elektronenkonfigurationen. Viele Elemente bilden daher Ionen mit Edelgaskonfigurationen und in zahlreichen kovalenten Verbindungen besteht die Valenzschale der Atome aus acht Elektronen (Oktettregel). Wegen des Fehlens ungepaarter Elektronen sind die Edelgase als einzige Elemente im elementaren Zustand atomar. Bei Zimmertemperatur sind die Edelgase einatomige Gase. Zwischen den Edelgasatomen existieren nur schwache van-der-Waals-Anziehungskräfte. Dementsprechend sind die Schmelzpunkte und Siedepunkte sehr niedrig. Sie nehmen mit wachsender Ordnungszahl systematisch zu, da mit größer werdender Elektronenhülle die van-der-Waals-Anziehungskräfte stärker werden. Im festen Zustand kristallisieren die Edelgase in der kubisch-dichtesten Kugelpackung, Helium außerdem in der hexagonal-dichtesten Packung (siehe Abschn. 5.2).

Edelgase können kovalente Bindungen ausbilden. Da die Ionisierungsenergie und die Promotionsenergie sehr hoch sind (siehe Tab.), sind die Elektronen sehr fest gebunden. Beide nehmen aber von Neon zum Argon auf die Hälfte ab und Verbindungsbildung ist am ehesten bei den schweren Edelgasen zu erwarten. Tatsächlich gibt es hauptsächlich Verbindungen von Krypton und Xenon, in denen diese kovalente Bindungen mit den elektronegativen Elementen F, O, Cl, N und C eingehen. In der Matrix[5] konnte auch die Existenz der Argonverbindung HArF nachgewiesen werden.

4.4.2 Vorkommen, Eigenschaften und Verwendung

Edelgase sind Bestandteile der Luft. Ihr Volumenanteil in der Luft beträgt 0,93 %. Im Einzelnen ist die Zusammensetzung der Luft in der Tab. 4.4 angegeben. Die große Häufigkeit von Argon ist durch den β-Zerfall des natürlich vorkommenden Isotops ^{40}K entstanden.

Tab. 4.4: Zusammensetzung der Luft (Volumenanteile in %).

N_2	78,09	Ne	$1,6 \cdot 10^{-3}$
O_2	20,95	He	$5 \cdot 10^{-4}$
Ar	0,93	Kr	$1 \cdot 10^{-4}$
CO_2	0,04	Xe	$8 \cdot 10^{-6}$

Die Edelgase werden durch fraktionierende Destillation verflüssigter Luft gewonnen, He hauptsächlich aus Erdgasen. Die Edelgase sind farblose, geruchlose, ungiftige und unbrennbare Gase. Wegen ihrer chemischen Inaktivität dienen sie als Schutzgase. Argon wird z. B. als Schutzgas beim Umschmelzen von Titan benutzt. Ar, Kr und Xe werden als Füllgase für Glühlampen verwendet, da dann die Temperatur des Wolframglühfadens und damit die Lichtausbeute gesteigert werden kann. In den Halogenlampen wird vorwiegend Krypton als Füllgas (3–4 bar) verwendet. Spuren von Halogen (meist Iod) transportieren verdampftes Wolfram zurück zum Glühfaden[6] und ermöglichen so eine Steigerung der Glühfadentemperatur bis 3 200 °C (W schmilzt bei 3 410 °C). Hochdruck-Xenonlampen (100 bar) arbeiten mit einem Hochspannungslichtbogen und strahlen ein dem Tageslicht ähnliches Licht aus (Flutlichtlampen, Leuchttürme). Gasentladungsröhren mit Edelgasfüllung dienen als Lichtreklame.

---

5 Bei Raumtemperatur instabile Moleküle kann man bei tiefen Temperaturen isolieren, wenn man sie in eine feste inerte Matrix einbettet.

6 Chemische Transportreaktionen siehe Riedel/Janiak, Anorganische Chemie, 10. Aufl., 2022.

Die effizienteren Gasentladungslampen und Leuchtdioden werden im Abschn. 5.4.8 besprochen.

Helium hat den tiefsten Siedepunkt aller bekannten Substanzen und wird daher in der Tieftemperaturtechnik verwendet. Außerdem ist es zur Füllung von Ballons geeignet. He-O_2-Gemische sind vorteilhaft als Atemgas für Taucher.

4.4.3 Edelgasverbindungen

Edelgasverbindungen sind seit 1962 bekannt. Stabile Verbindungen gibt es von Krypton und Xenon (abgesehen vom radioaktiven Edelgas Radon). Die meisten Edelgasverbindungen sind Xenonverbindungen, die Chemie der Edelgase ist überwiegend die Chemie des Xenons. Vom Krypton ist als binäre Verbindung das Fluorid KrF_2 bekannt. Thermodynamisch stabil sind nur die binären Fluoride des Xenons, nicht die Oxide. Direkt reagiert Xenon nur mit Fluor schrittweise zu XeF_2, XeF_4 und XeF_6. Die Oxide erhält man durch Hydrolyse von Xenonfluoriden.

Beispiel:

$$XeF_6 + 3\,H_2O \longrightarrow XeO_3 + 6\,HF$$

Xenon tritt in den Oxidationszahlen +2, +4, +6 und +8 auf. Xe(VIII)-Verbindungen sind sehr starke Oxidationsmittel. Einige Xenonverbindungen und ihre Eigenschaften sind in der Tab. 4.5 zusammengestellt.

Tab. 4.5: Eigenschaften einiger Xenonverbindungen.

Verbindung	Oxidationszahl von Xe	Aussehen	Schmelz- punkt in °C	Beständigkeit
XeF_2	+2	farblose Kristalle	129	stabil, $\Delta H_B^\circ = -164$ kJ/mol
XeF_4	+4	farblose Kristalle	117	stabil, $\Delta H_B^\circ = -278$ kJ/mol
XeF_6	+6	farblose Kristalle	49	stabil, $\Delta H_B^\circ = -361$ kJ/mol
XeO_3	+6	farblose Kristalle		explosiv, $\Delta H_B^\circ = +402$ kJ/mol
XeO_4	+8	farbloses Gas		explosiv, $\Delta H_B^\circ = +643$ kJ/mol

In festem Zustand sind Xenonverbindungen Molekülkristalle. Innerhalb der Moleküle sind kovalente Bindungen vorhanden.

Die Molekülgeometrie von XeF_2 und XeF_4 nach dem VSEPR-Modell ist im Abschn. 2.2.4 dargestellt. Das linear gebaute Molekül XeF_2 kann man mit den beiden Grenzstrukturen

$$|\overline{F}{-}\overline{Xe}|^{\oplus}\,|\overline{F}|^{\ominus} \longleftrightarrow |\overline{F}|^{\ominus}\,{}^{\oplus}|\overline{Xe}{-}\overline{F}|$$

beschreiben, es liegt eine 3-Zentren-4-Elektronen-Bindung vor. Die drei Atome FXeF werden durch *ein* Elektronenpaar aneinander gebunden. Das MO-Diagramm[7] zeigt damit in Übereinstimmung, dass ein bindendes Molekülorbital existiert, das von p-Orbitalen gebildet wird.

4.5 Gruppe 16 (Chalkogene)

4.5.1 Gruppeneigenschaften

	Sauerstoff O	Schwefel S	Selen Se	Tellur Te
Ordnungszahl Z	8	16	34	52
Elektronenkonfiguration	$1s^2 2s^2 2p^4$	$[Ne] 3s^2 3p^4$	$[Ar] 3d^{10} 4s^2 4p^4$	$[Kr] 4d^{10} 5s^2 5p^4$
Elektronegativität	3,5	2,4	2,5	2,0
Nichtmetallcharakter		$\longrightarrow$ nimmt ab $\longrightarrow$		

Die Chalkogene unterscheiden sich in ihren Eigenschaften stärker als die Halogene. Sauerstoff und Schwefel sind typische Nichtmetalle, Selen und Tellur besitzen bereits metallische Modifikationen mit Halbleitereigenschaften, deswegen werden sie zu den Halbmetallen gerechnet. In ihren chemischen Eigenschaften verhalten sie sich aber überwiegend wie Nichtmetalle.

Sauerstoff hat wie die meisten Elemente der ersten Achterperiode eine Sonderstellung. Er ist wesentlich elektronegativer als die anderen Elemente der Gruppe, nach Fluor ist er das elektronegativste Element. Er tritt daher hauptsächlich in den Oxidationsstufen −1 und −2 auf.

Schwefel hat eine ausgeprägte Fähigkeit Ketten und Ringe zu bilden und ist daher ein Element mit vielen Modifikationen.

Die Chalkogene stehen zwei Gruppen vor den Edelgasen. Durch Aufnahme von zwei Elektronen entstehen Ionen mit Edelgaskonfiguration. Die meisten Metalloxide sind ionische Verbindungen. Wegen der wesentlich geringeren Elektronegativität von Schwefel sind nur noch die Sulfide der elektropositivsten Elemente Ionenverbindungen.

Auf Grund ihrer Elektronenkonfiguration können alle Chalkogenatome zwei kovalente Bindungen ausbilden. Sie erreichen dabei Edelgaskonfiguration.

Von Schwefel, Selen und Tellur gibt es wichtige Verbindungen mit den Oxidationsstufen +4 und +6.

---

7 Edelgase siehe Riedel/Janiak, Anorganische Chemie, 10. Aufl., 2022.

4.5.2 Die Elemente

	Sauerstoff	Schwefel	Selen	Tellur
Farbe	hellblau	gelb	rot/grau	braun
Schmelzpunkt in °C	−219	120*	220**	450
Siedepunkt in °C	−183	445	685	1390

* monokliner Schwefel
** graues Selen

Sauerstoff ist das häufigste Element der Erdkruste, gebunden im Wasser und vielen weiteren Verbindungen (Silicate, Carbonate, Oxide).

Disauerstoff, O_2 ist unter Normalbedingungen ein farbloses, geruch- und geschmackloses Gas, das mit einem Volumenanteil von 21 % in der Luft vorkommt. Verflüssigt oder in dickeren Schichten sieht Sauerstoff hellblau aus. In Wasser ist O_2 etwas besser löslich (0,049 l in 1 l Wasser bei 0 °C und 1 bar) als N_2.

Im O_2-Molekül sind die Sauerstoffatome durch eine σ-Bindung und eine π-Bindung aneinander gebunden. Die Lewis-Formel

$$\overline{O}{=}\overline{O}$$

beschreibt aber nicht den paramagnetischen Zustand des O_2-Moleküls mit zwei ungepaarten Elektronen, sondern einen diamagnetischen angeregten Zustand. Eine befriedigende Beschreibung gelingt mit der Molekülorbitaltheorie (vgl. Abschn. 2.2.12).

Das O_2-Molekül ist ziemlich stabil und es dissoziiert erst bei hohen Temperaturen (6 % bei 3 000 °C).

$$O_2 \longrightarrow 2\,O \qquad \Delta H° = 498\ \text{kJ/mol}$$

Die Umsetzung mit Sauerstoff (Oxidation) erfolgt meist erst bei hohen Temperaturen. Mit vielen Stoffen findet langsame Oxidation („stille Verbrennung") statt, z. B. das Rosten und Anlaufen (dünne Schichten auf der Oberfläche) von Metallen.

Sauerstoff wird großtechnisch durch fraktionierende Destillation verflüssigter Luft (Linde-Verfahren) hergestellt.

Ozon, O_3 entsteht durch Einwirkung elektrischer Entladungen oder von UV-Strahlung auf O_2. Ozon kommt daher in Spuren in der oberen Atmosphäre vor. Da es selbst UV-Strahlung absorbiert, ist diese Ozonschicht wichtig als lebensnotwendiger Schutzschirm für die Erde. Ausführlich wird stratosphärisches und troposphärisches Ozon im Kap. 6 besprochen.

Ozon ist ein charakteristisch riechendes Gas (Sdp. −111 °C), in größeren Konzentrationen giftig und ein sehr starkes Oxidationsmittel (Desinfektion von Trinkwasser). Seine Bildungsreaktion ist endotherm.

$$\tfrac{3}{2}O_2 \longrightarrow O_3 \qquad \Delta H_B^\circ = 143 \text{ kJ/mol}$$

Reines Ozon, besonders im kondensierten Zustand, ist explosiv. Das Molekül ist gewinkelt, die beiden O—O-Abstände sind gleich lang, es ist daher eine delokalisierte π-Bindung vorhanden.

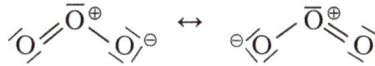

Schwefel kommt in der Natur elementar in ausgedehnten Lagerstätten vor. Verbindungen des Schwefels, vor allem die Schwermetallsulfide, sind von größter Bedeutung als Erzlagerstätten. Einige wichtige Mineralien sind: Pyrit FeS_2, Zinkblende ZnS, Bleiglanz PbS, Kupferkies $CuFeS_2$, Zinnober HgS, Schwerspat $BaSO_4$, Gips $CaSO_4 \cdot 2\,H_2O$. Aus den Lagerstätten von Elementarschwefel wird er nach dem Frasch-Verfahren gewonnen. Der Schwefel wird mit Heißdampf unter Tage geschmolzen und mit Pressluft an die Erdoberfläche gedrückt. Die Hauptmenge des Schwefels erhält man jedoch aus H_2S-haltigen Gasen (Erdgas, Raffineriegas) durch Oxidation von H_2S (Claus-Prozess) in Gegenwart von Katalysatoren.

$$H_2S + \tfrac{1}{2}O_2 \longrightarrow S + H_2O \qquad \Delta H^\circ = -221 \text{ kJ/mol}$$

85 % des Schwefels wird zur Herstellung von Schwefelsäure verwendet. Außerdem ist er wichtig zum Vulkanisieren von Kautschuk, zur Herstellung von Zündhölzern, Feuerwerkskörpern, Schießpulver und Farbstoffen (Zinnober, Ultramarin).

Selen und Tellur sind chemisch gebunden in geringen Konzentrationen in sulfidischen Erzen vorhanden. Man gewinnt sie beim Abrösten (Oxidation) dieser Erze als Nebenprodukte.

Fester Schwefel kristallisiert bei allen Modifikationen in molekular aufgebauten Strukturen mit S_n-Einheiten. Natürlicher Schwefel kristallisiert orthorhombisch (α-S). Er enthält ringförmige S_8-Moleküle (Abb. 4.1) und wandelt sich bei 96 °C in monokli-

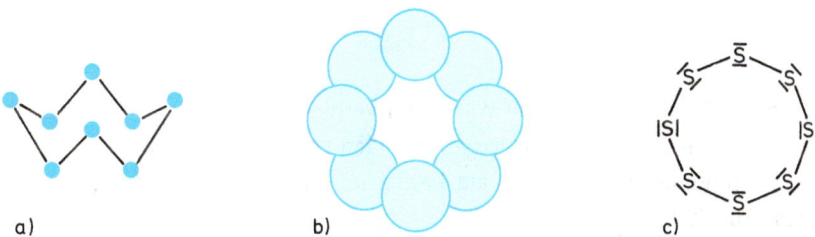

a)

b)

c)

Abb. 4.1: a) Anordnung der Atome im S_8-Molekül.
b) Der S_8-Ring von oben gesehen.
c) Strukturformel des S_8-Ringes.

nen Schwefel (β-S) um, der ebenfalls aus S_8-Molekülen besteht. Synthetisch lassen sich Modifikationen mit Ringmolekülen S_n, n = 6, 7, 9, 10, 11, 12, 13, 15, 18, 20 herstellen.

Schmilzt man Schwefel, dann entsteht eine hellgelbe Flüssigkeit, die im Wesentlichen aus S_8-Molekülen besteht. Ab 160 °C wird die Schmelze hochviskos und dunkelrot. Aus den aufgebrochenen Ringen bilden sich hochpolymere Ketten mit Kettenlängen bis zu 10^6 Atomen. Mit steigender Temperatur werden die Ketten thermisch gecrackt, die Schmelze wird wieder dünnflüssig. In der Gasphase (Sdp. 445 °C) lassen sich Moleküle S_n mit n = 1 bis 8 nachweisen. S-Atome überwiegen erst bei 2 200 °C.

Selen bildet wie Schwefel Molekülkristalle mit Se_8-Ringen, die rot gefärbt sind. Stabil ist jedoch graues, metallisches Selen, dessen Struktur aus spiraligen Se-Ketten besteht (Abb. 4.2).

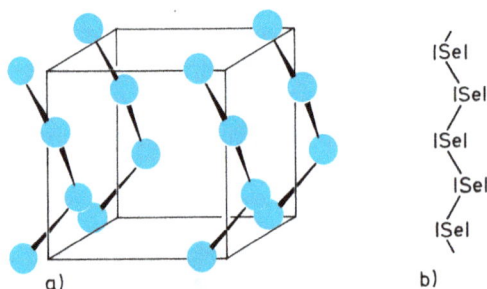

Abb. 4.2: a) Struktur des grauen Selens. Die Kristallstruktur besteht aus unendlichen spiraligen Selenketten. In dieser Struktur kristallisiert auch Tellur.
b) Strukturformel einer Selenkette.

Tellur kristallisiert in der gleichen Struktur wie graues Selen. Beide sind Halbleiter. Graues Selen ist ein Halbleiter, dessen Leitfähigkeit durch Licht verstärkt wird und wird für Selengleichrichter und Photoelemente verwendet.

Sauerstoffatome bilden miteinander (p—p)π-Bindungen. Bei Schwefel-, Selen- und Telluratomen erfolgt die Valenzabsättigung durch zwei σ-Bindungen. Sie bilden daher eindimensionale Moleküle (Ringe oder Ketten) und sind im Gegensatz zum Sauerstoff bei Normaltemperatur kristalline Festkörper.

4.5.3 Wasserstoffverbindungen

Wasser ist die bei weitem wichtigste Wasserstoffverbindung. Es ist auf der Erde die einzige Substanz, die in allen drei Aggregatzuständen vorkommt. Das H_2O-Molekül ist gewinkelt, die Bindungen lassen sich am besten mit einem sp³-Hybrid am O-Atom beschreiben (Abb. 2.30).

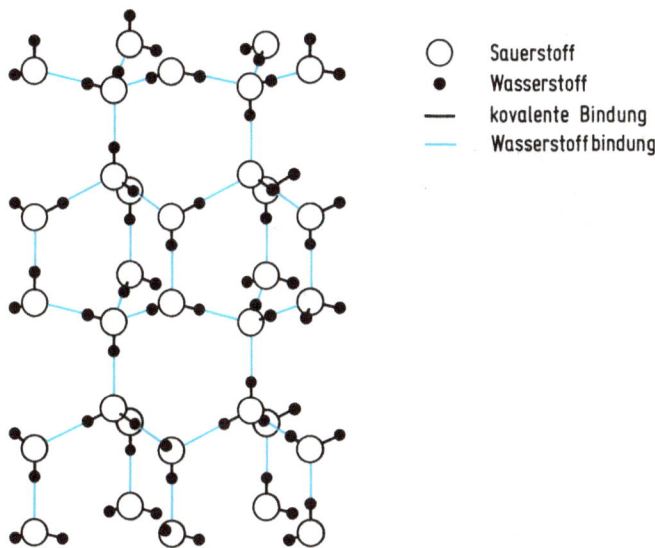

○	Sauerstoff
●	Wasserstoff
—	kovalente Bindung
—	Wasserstoffbindung

Abb. 4.3: Struktur von Eis I.

Die Bindungen sind stark polar, es sind wie beim HF (vgl. Abschn. 4.3.4) zwischen den H_2O-Molekülen Wasserstoffbindungen vorhanden, die für die Eigenschaften des Wassers ausschlaggebend sind.

Wasser besitzt daher eine Reihe anomaler Eigenschaften, in denen es sich charakteristisch von anderen Flüssigkeiten unterscheidet.

Schmelzpunkt. Siedepunkt. Verglichen mit den anderen Hydriden der 16. Gruppe hat Eis einen anomal hohen Schmelzpunkt (0 °C), flüssiges Wasser einen anomal hohen Siedepunkt (100 °C). H_2S z. B. ist bei Normalbedingungen gasförmig.

Dichtemaximum. Die Dichte von Eis bei 0 °C beträgt 0,92 g/cm³. Beim Schmelzen bricht Ordnung in der Struktur zusammen, die Moleküle können sich dichter zusammenlagern und Wasser hat dann eine höhere Dichte als Eis. Das Dichtemaximum liegt bei 4 °C, es beträgt 1,0000 g/cm³. Diese Anomalie ist in der Natur von großer Bedeutung. Da Eis auf Wasser schwimmt, frieren die Gewässer nicht vollständig zu, dies ermöglicht das Weiterleben von Flora und Fauna. Beim Gefrieren dehnt sich das Wasser um 11 % aus, die dadurch auftretende Sprengwirkung gefrierenden Wassers in Rissen von Gesteinen fördert ihre Verwitterung.

Modifikationen von Eis. Derzeit sind 19 verschiedene kristalline Formen von Eis bekannt. Bei Normaldruck existiert nur die Modifikation Eis I (Abb. 4.3). Jedes Wassermolekül ist tetraedrisch von 4 anderen umgeben. Jedes Sauerstoffatom ist an zwei Wasserstoffatome durch kovalente Bindungen und an zwei weitere durch Wasserstoffbindungen gebunden. Die Wasserstoffbindungen sind die Ursache dafür, dass die Struktur locker ist und Ursache für die Dichteanomalie.

Druckanomalie. Wasser geht nicht wie die meisten Flüssigkeiten unter Druck in die kristalline Form über. Im Zustandsdiagramm von Wasser hat die Schmelzkurve daher eine negative Steigung (Abb. 3.6). Unter Druck schmilzt Eis bei Temperaturen unter 0 °C, es wird gleitfähig. Dies ermöglicht Schlittschuhlaufen und fördert Gletscherbewegungen.

Gashydrate. Wassermoleküle bilden Einschlussverbindungen (Clathrate) mit großen Hohlräumen, die mit Gastmolekülen besetzt werden können. Riesige Methanvorkommen sind in Gashydraten im Ozeanboden und in Permafrostregionen gespeichert.

Das Wasservolumen der Erde beträgt $1{,}4 \cdot 10^9$ km^3. Davon sind 2,6 % Süßwasser, nur 0,03 % ist als Trinkwasser verfügbar. Wasserarme Länder können Trinkwasser durch Meerwasserentsalzung gewinnen. Verdampfungsprinzip: Bei der thermischen Entsalzung wird Meerwasser erhitzt, aus dem verdampften Wasser durch Kondensation Trinkwasser gewonnen. Membranverfahren: Meerwasser wird unter hohem Druck durch eine semipermeable Membran gepresst, durch die gelöste Stoffe zu 99 % zurückgehalten werden. Beide Verfahren werden in etwa gleichen Anteilen betrieben.

Wasser ist eine sehr beständige Verbindung. Bei 2 000 °C sind nur 2 % Wassermoleküle thermisch in H$_2$- und O$_2$-Moleküle gespalten.

Die Autoprotolyse und das Lösungsvermögen von H$_2$O, sowie die Protolysegleichgewichte in H$_2$O wurden bereits im Abschn. 3.7 behandelt.

Wasserstoffperoxid H$_2$O$_2$ ist eine farblose Flüssigkeit (Sdp. 150 °C, Smp. −0,4 °C). Sie ist instabil und zersetzt sich nach der Disproportionierungsreaktion

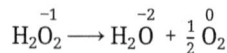

$$\overset{-1}{H_2O_2} \longrightarrow \overset{-2}{H_2O} + \tfrac{1}{2}\overset{0}{O_2}$$

die durch Metallspuren katalytisch beschleunigt wird. Hochkonzentrierte H$_2$O$_2$ kann explosiv zerfallen. Handelsüblich ist eine 3 %ige Lösung, eine 30 %ige Lösung heißt Perhydrol. H$_2$O$_2$ hat die Strukturformel H—$\overline{\text{O}}$—$\overline{\text{O}}$—H. Die O—O-Bindung (Peroxidbindung) besitzt eine geringe Bindungsenergie, H$_2$O$_2$ ist daher metastabil. H$_2$O$_2$ ist ein starkes Oxidationsmittel.

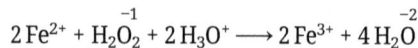

$$2\,Fe^{2+} + \overset{-1}{H_2O_2} + 2\,H_3O^+ \longrightarrow 2\,Fe^{3+} + 4\,\overset{-2}{H_2O}$$

Wegen seiner Oxidationswirkung dient es als Bleichmittel, in Waschmitteln ist es als Perborat NaBO$_2 \cdot$ H$_2$O$_2 \cdot$ 3 H$_2$O Bestandteil. Gegenüber starken Oxidationsmitteln wirkt H$_2$O$_2$ reduzierend

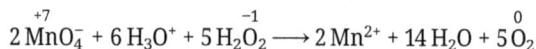

$$2\,\overset{+7}{MnO_4^-} + 6\,H_3O^+ + 5\,\overset{-1}{H_2O_2} \longrightarrow 2\,Mn^{2+} + 14\,H_2O + 5\,\overset{0}{O_2}$$

H$_2$O$_2$ ist eine schwache zweibasige Säure. Salze dieser Säure sind die ionischen **Peroxide** Na$_2$O$_2$ und BaO$_2$, die das Ion O$_2^{2-}$ enthalten. O$_2^{2-}$ ist eine starke Anionenbase. Peroxide sind kräftige Oxidationsmittel, mit Wasser setzen sie sich zu H$_2$O$_2$ um.

Von Peroxiden zu unterscheiden sind die **Hyperoxide**, z. B. KO$_2$, die bei der Oxidation schwerer Alkalimetalle entstehen. Sie kristallisieren in typisch ionischen Strukturen und enthalten das paramagnetische Ion O$_2^-$.

Schwefelwasserstoff (Monosulfan) H_2S ist ein farbloses, sehr giftiges, übelriechendes Gas. Es entsteht bei der Reaktion von Sulfiden mit Säuren

$$FeS + 2\ HCl \longrightarrow H_2S + FeCl_2$$

H_2S ist eine schwache zweibasige Säure (vgl. Tab. 3.7).

$$H_2S + H_2O \rightleftharpoons H_3O^+ + HS^-$$
$$HS^- + H_2O \rightleftharpoons H_3O^+ + S^{2-}$$

Polysulfane H_2S_n sind Hydride mit Schwefelketten, die aber alle instabil sind. So zerfällt das Polysulfid $(NH_4)_2S_n$ beim Ansäuern in H_2S und Schwefel.

Nur die Sulfide der Alkalimetalle sind Ionenverbindungen. Die Schwermetallsulfide kristallisieren in Strukturen mit überwiegend kovalenten Bindungen. ZnS, CdS, HgS, MnS kristallisieren in der Zinkblende-Struktur (Abb. 2.45), TiS, VS, NbS, FeS, CoS, NiS in der weit verbreiteten Nickelarsenid-Struktur (Abb. 4.4).

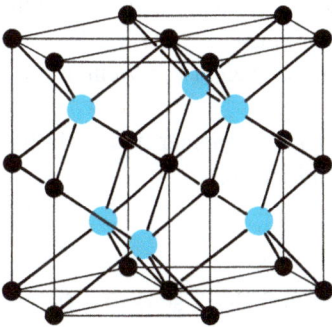

Abb. 4.4: Die Nickelarsenid-Struktur. Die Ni-Atome haben 6 oktaedrisch angeordnete As-Nachbarn, die As-Atome sind von 6 Ni-Atomen in Form eines trigonalen Prismas umgeben. Ni-Atome haben außerdem längs der vertikalen Achsen zwei Ni-Nachbarn. Zusätzlich zu den kovalenten Bindungen sind daher auch Metall—Metall-Bindungsanteile vorhanden.

Die Schwerlöslichkeit der Metallsulfide (vgl. Tab. 3.6) benutzt man in der analytischen Chemie zur Trennung von Metallen. Die am wenigsten löslichen Sulfide fallen mit H_2S schon in stark saurer Lösung aus, weniger schwer lösliche Sulfide erst in ammoniakalischer Lösung, in der die S^{2-}-Konzentration größer ist (siehe Schwefelwasserstoff).

4.5.4 Sauerstoffverbindungen von Schwefel

Schwefeldioxid $\overset{+4}{S}O_2$ ist ein farbloses, stechend riechendes Gas (Sdp. $-10\,°C$). Technisch wird SO_2 durch Verbrennen von Schwefel

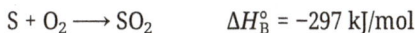

$$S + O_2 \longrightarrow SO_2 \qquad \Delta H_B^\circ = -297\ kJ/mol$$

und durch Erhitzen sulfidischer Erze an der Luft (Abrösten)

$$4\,FeS_2 + 11\,O_2 \longrightarrow 2\,Fe_2O_3 + 8\,SO_2$$

hergestellt und zu Schwefelsäure verarbeitet. Fossile Brennstoffe enthalten Schwefel. Bei ihrer Verbrennung entsteht SO_2, das durch Rauchgasentschwefelung entfernt werden muss (siehe Kapitel 6).

Das Molekül ist gewinkelt

Die beiden σ-Bindungen werden von sp^2-Hybridorbitalen des S-Atoms gebildet. SO_2 löst sich gut in Wasser, die Lösung reagiert sauer und hat reduzierende Eigenschaften

$$SO_2 + 2\,H_2O \longrightarrow H_3O^+ + HSO_3^-$$

Die hypothetische schweflige Säure H_2SO_3 lässt sich nicht isolieren. Von ihr lassen sich zwei Reihen von Salzen ableiten, die **Hydrogensulfite** mit dem Anion HSO_3^- und die **Sulfite**, die das Anion SO_3^{2-} enthalten. Sulfite wirken reduzierend, sie werden zum Bleichen (Wolle, Papier) und als Desinfektionsmittel (Ausschwefeln von Weinfässern) verwendet.

Schwefeltrioxid SO_3 kommt in der Gasphase ($> 44{,}5\,°C$) monomer und im festen Zustand ($\leq 17\,°C$) trimer vor. Flüssiges SO_3 enthält beide Formen.

$$3\,SO_3 \rightleftharpoons S_3O_9$$

Das SO_3-Molekül ist trigonal-planar gebaut und enthält drei gleich starke S—O-Doppelbindungen

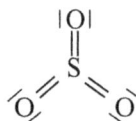

Die σ-Bindungen werden von sp^2-Hybridorbitalen des S-Atoms gebildet. Es gibt eine 4-Zentren-π-Bindung. Die Doppel-Bindungsstriche symbolisieren diese *eine* Mehrzentren-π-Bindung. Analog sind auch im SO_2 und SO_4^{2-} die σ-Bindungen mit schwachen Mehrzentren-π-Bindungen überlagert (siehe auch Abschn. 2.2.13).

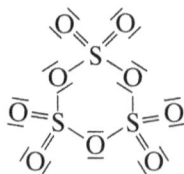

Die Struktur von S_3O_9 besteht aus gewellten Ringen, in denen die S-Atome näherungs-weise tetraedrisch von Sauerstoffatomen umgeben sind. Wenn SO_3 unter −80 °C ab-gekühlt wird, entsteht kristallines γ-S_3O_9. Zwei asbestartige Modifikationen (α-SO_3, β-SO_3) bestehen aus Ketten.

SO_3 ist eine reaktive Verbindung, ein starkes Oxidationsmittel und das Anhydrid der Schwefelsäure (d.h. SO_3 reagiert mit H_2O zu Schwefelsäure).

Schwefelsäure H_2SO_4 ist eines der wichtigsten großtechnischen Produkte (Welt-jahresproduktion ca. 300 Millionen Tonnen). Sie wird fast ausschließlich nach dem Kontaktverfahren hergestellt. SO_2 wird mit Luftsauerstoff zu SO_3 oxidiert.

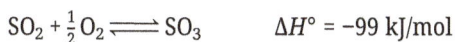

$$SO_2 + \tfrac{1}{2}O_2 \rightleftharpoons SO_3 \qquad \Delta H° = -99 \text{ kJ/mol}$$

Mit zunehmender Temperatur verschiebt sich das Gleichgewicht in Richtung SO_2, da die Reaktion exotherm ist (vgl. Abb 3.30). Bei Raumtemperatur reagieren SO_2 und O_2 praktisch nicht miteinander. Damit die Reaktion bei günstiger Gleichgewichtslage mit gleichzeitig ausreichender Reaktionsgeschwindigkeit abläuft müssen Katalysatoren verwendet werden. Beim Kontaktverfahren benutzt man V_2O_5 auf SiO_2 als Trägerma-terial und arbeitet bei 420–440 °C. (Bei 430 °C sind ca. 90 % SO_3 im Gleichgewicht vor-handen). Bei der Sauerstoffübertragung durch den Katalysator laufen schematisch folgende Reaktionen ab.

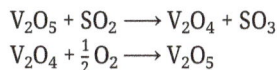

$$V_2O_5 + SO_2 \longrightarrow V_2O_4 + SO_3$$
$$V_2O_4 + \tfrac{1}{2}O_2 \longrightarrow V_2O_5$$

SO_3 löst sich schneller in H_2SO_4 als in Wasser. Dabei bildet sich **Dischwefelsäure**, die dann mit Wasser zu H_2SO_4 umgesetzt wird.

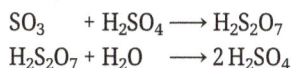

$$SO_3 \quad + H_2SO_4 \longrightarrow H_2S_2O_7$$
$$H_2S_2O_7 + H_2O \quad \longrightarrow 2\,H_2SO_4$$

Schwefelsäure ist eine ölige, farblose Flüssigkeit (Smp. 10 °C). Die konzentrierte Säure des Handels ist 98 %ig, sie siedet azeotrop bei 338 °C. Konzentrierte H_2SO_4 wirkt was-serentziehend und wird als Trocknungsmittel verwendet (Gaswaschflaschen, Exsikka-toren). Auf viele organische Stoffe wirkt H_2SO_4 verkohlend. Beim Vermischen mit Wasser tritt eine hohe Lösungswärme auf. Konz. H_2SO_4 wirkt oxidierend, heiße Säure löst z. B. Kupfer, Silber und Quecksilber. Gold und Platin werden nicht angegriffen.

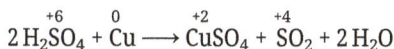

$$2\,\overset{+6}{H_2SO_4} + \overset{0}{Cu} \longrightarrow \overset{+2}{Cu}SO_4 + \overset{+4}{S}O_2 + 2\,H_2O$$

Verdünnte H_2SO_4 ist ein starke, zweibasige Säure und praktisch vollständig in H_3O^+ und HSO_4^- protolysiert. Die Salze der Schwefelsäure heißen **Sulfate**. Schwerlöslich sind Bariumsulfat und Bleisulfat.

H_2SO_4, SO_4^{2-} und $H_2S_2O_7$ können mit den folgenden Strukturformeln beschrieben werden.

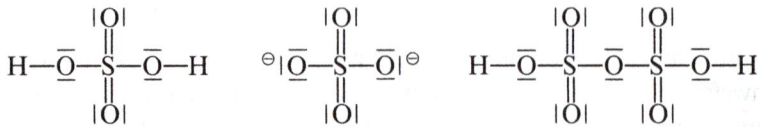

$$H-\overline{O}-\overset{\overset{\displaystyle |O|}{\|}}{\underset{\underset{\displaystyle |O|}{\|}}{S}}-\overline{O}-H \qquad {}^{\ominus}|\overline{O}-\overset{\overset{\displaystyle |O|}{\|}}{\underset{\underset{\displaystyle |O|}{\|}}{S}}-\overline{O}|^{\ominus} \qquad H-\overline{O}-\overset{\overset{\displaystyle |O|}{\|}}{\underset{\underset{\displaystyle |O|}{\|}}{S}}-\overline{O}-\overset{\overset{\displaystyle |O|}{\|}}{\underset{\underset{\displaystyle |O|}{\|}}{S}}-\overline{O}-H$$

Die S—O-Bindungslängen im tetraedrisch gebauten SO_4^{2-}-Ion sind gleich, die π-Bindungen delokalisiert. SO_4^{2-} ist isoelektronisch mit ClO_4^- (siehe Abschn. 2.2.13).

Thioschwefelsäure $H_2S_2O_3$ ist nur bei tiefen Temperaturen beständig. Stabil sind ihre Salze, die Thiosulfate. Sie entstehen durch Kochen von Sulfitlösungen mit Schwefel.

$$S + SO_3^{2-} \longrightarrow S_2O_3^{2-}$$

Die Struktur lässt sich vom SO_4^{2-}-Ion ableiten, wobei man ein Sauerstoffatom durch ein Schwefelatom ersetzt. Die mittlere Oxidationszahl der beiden Schwefelatome beträgt +2. Praktische Bedeutung hat Natriumthiosulfat $Na_2S_2O_3 \cdot 5\,H_2O$ in der Photographie (vgl. Abschn. 4.3.4).

4.6 Gruppe 15

4.6.1 Gruppeneigenschaften

	Stickstoff N	Phosphor P	Arsen As	Antimon Sb	Bismut Bi
Ordnungszahl Z	7	15	33	51	83
Elektronenkonfiguration	[He] $2s^2\,2p^3$	[Ne] $3s^2\,3p^3$	[Ar] $3d^{10}$ $4s^2\,4p^3$	[Kr] $4d^{10}$ $5s^2\,5p^3$	[Xe] $4f^{14}$ $5d^{10}\,6s^2\,6p^3$
Ionisierungsenergie in eV	14,5	11,0	9,8	8,6	7,3
Elektronegativität	3,0	2,1	2,2	1,8	1,7
Nichtmetallcharakter		$\longrightarrow$ nimmt ab $\longrightarrow$			

Die Elemente der 15. Gruppe zeigen in ihren Eigenschaften ein weites Spektrum. Mit wachsender Ordnungszahl nimmt der metallische Charakter stark zu, und es erfolgt ein Übergang von dem typischen Nichtmetall Stickstoff zu dem rein metallischen Element Bismut. Dieser Trend ist auch an den Werten der Ionisierungsenergie und der Elektronegativität zu erkennen.

Auf Grund der Valenzelektronenkonfiguration $s^2\,p^3$ sind in den Verbindungen die häufigsten Oxidationszahlen −3, +3 und +5.

Stickstoff hat innerhalb der Gruppe eine Sonderstellung. Dafür sind mehrere Gründe maßgebend. Stickstoff ist wesentlich elektronegativer als die anderen Elemente, vom Stickstoff zum Phosphor ändert sich die Elektronegativität sprunghaft. Stickstoff bildet im elementaren Zustand und in vielen Verbindungen (p—p)π-Bindungen. In den Verbindungen der anderen Elemente der Gruppe sind (p—p)π-Bindungen seltener und in den elementaren Modifikationen treten nur Einfachbindungen auf. Beim Vergleich der Oxide und der Sauerstoffsäuren des Stickstoffs mit denen des Phosphors wird dieser Unterschied besonders deutlich.

4.6.2 Die Elemente

Die Elemente treten im elementaren Zustand in einer Reihe unterschiedlicher Strukturen auf. In allen Strukturen bilden die Atome auf Grund ihrer Valenzelektronenkonfiguration drei kovalente Bindungen aus.

Stickstoff ist bei Raumtemperatur ein Gas und der Hauptbestandteil der Luft, in der er mit einem Volumenanteil von 78 % enthalten ist. Stickstoff besteht aus N_2-Molekülen (Sdp. −196 °C, Smp. −210 °C)

$$|N{\equiv}N|$$

Die Stickstoffatome sind durch eine σ-Bindung und zwei π-Bindungen aneinander gebunden (vgl. Abb. 2.38), die Dissoziationsenergie ist daher ungewöhnlich hoch.

$$N_2 \rightleftharpoons 2\,N \qquad \Delta H° = +945 \text{ kJ/mol}$$

Die N_2-Moleküle sind dementsprechend chemisch sehr stabil und Stickstoff wird oft als Inertgas bei chemischen Reaktionen verwendet. Man erhält Stickstoff durch fraktionierende Destillation verflüssigter Luft. In gebundener Form ist Stickstoff im Chilesalpeter, $NaNO_3$ enthalten. Stickstoff ist Bestandteil der Eiweißstoffe. Einige Mikroorganismen sind in der Lage, Luftstickstoff enzymatisch aufzunehmen und zum Aufbau von Aminosäuren zu verwenden. Die pflanzliche Stickstoffassimilation ist eine ebenso wesentliche Voraussetzung für das Leben auf der Erde wie die Photosynthese.

Da **Phosphor** sehr reaktionsfähig ist, kommt er in der Natur nur in Verbindungen vor. Häufig ist Apatit $Ca_5(PO_4)_3(OH, F, Cl)$. Hydroxylapatit ($Ca_5(PO_4)_3OH$) ist ein Hauptbestandteil von Knochen und vor allem der Zahnsubstanz des Menschen (der Wirbeltiere).

Phosphor tritt in mehreren festen Modifikationen auf. **Weißer Phosphor** entsteht bei der Kondensation von Phosphordampf. Er besteht im Gaszustand, in der Schmelze, in Lösung und im festen Zustand aus tetraedrischen P_4-Molekülen.

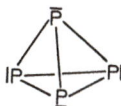

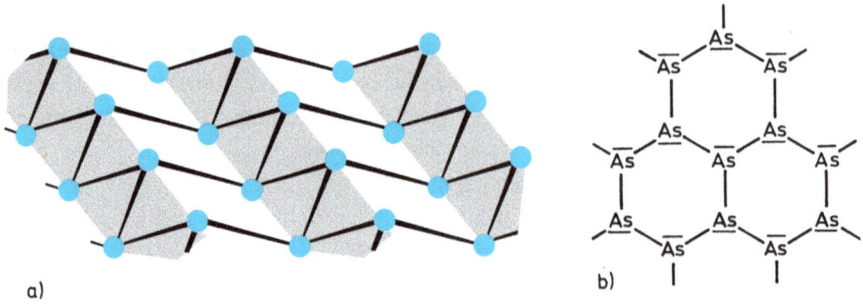

Abb. 4.5: a) Anordnung der Atome in einer Schicht in der Struktur von grauem Arsen. In demselben Strukturtyp kristallisieren rhomboedrischer Phosphor, graues Antimon und Bismut.
b) Strukturausschnitt einer Arsenschicht.

Weißer Phosphor ist wachsweich, weiß bis gelblich und schmilzt bei 44 °C. Er ist sehr reaktionsfähig, sehr giftig und metastabil. Er verbrennt zu P_4O_{10}, in fein verteilter Form entzündet er sich an der Luft von selbst und er wird daher unter Wasser aufbewahrt. Durch brennenden Phosphor entstehen auf der Haut gefährliche Brandwunden. Im Dunkeln leuchtet weißer Phosphor (Chemolumineszenz), da Spuren von Phosphor zunächst zu P_4O_6 und dann unter Abgabe von Licht zu P_4O_{10} oxidiert werden.

Roter Phosphor. Beim Erhitzen unter Luftabschluss wandelt sich weißer Phosphor in den polymeren, amorphen roten Phosphor um. Er ist ungiftig und luftstabil und entzündet sich erst oberhalb 300 °C. Er wird in den Reibflächen von Zündhölzern verwendet. Die Zündholzköpfe enthalten ein leicht brennbares Gemisch von Antimonsulfid Sb_2S_5 oder Schwefel und Kaliumchlorat $KClO_3$. **Violetter Phosphor** (Hittorf'scher Phosphor) entsteht bei Erhitzen von rotem Phosphor auf 550 °C.

Schwarzer Phosphor ist die unter Normalbedingungen thermodynamisch stabile Modifikation. Er entsteht aus weißem Phosphor beim Erhitzen unter Druck, ist ein Halbleiter, reaktionsträge und kristallisiert in einer Schichtstruktur.

Phosphor wird aus Calciumphosphat mit Quarzsand und Koks bei 1 400 °C im Lichtbogenofen hergestellt, wobei der Dampf entweicht und als weißer Phosphor gewonnen wird. 90 % wird zu Phosphorsäure weiterverarbeitet.

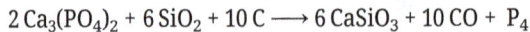

$$2\,Ca_3(PO_4)_2 + 6\,SiO_2 + 10\,C \longrightarrow 6\,CaSiO_3 + 10\,CO + P_4$$

Arsen und **Antimon** kommen in mehreren Modifikationen vor. Am beständigsten sind die metallischen Modifikationen des grauen Arsens und des grauen Antimons, die in einer Struktur mit gewellten Schichten kristallisieren (Abb. 4.5). Sie haben ein metallisches Aussehen und leiten den elektrischen Strom. In derselben Struktur kristallisiert **Bismut**, das nur in dieser Modifikation vorkommt.

4.6.3 Wasserstoffverbindungen von Stickstoff

Die wichtigste Wasserstoffverbindung ist Ammoniak.

Ammoniak $\overset{-3}{N}H_3$ ist ein farbloses, stechend riechendes Gas (Smp. −78 °C, Sdp. −33 °C). Das NH_3-Molekül ist pyramidenförmig gebaut. Die Bindungswinkel von 107° lassen sich mit einem sp³-Hybrid am Stickstoffatom erklären (vgl. Abb. 2.30).

$$\overline{N} \quad H \diagdown \overset{|}{H} \diagup H$$

NH_3 löst sich gut in Wasser (in 1 l Wasser lösen sich bei 15 °C 722 Liter NH_3).

Auf Grund des freien Elektronenpaars lagert NH_3 leicht Protonen an, es ist daher eine Base.

$$NH_3 + H_2O \rightleftharpoons NH_4^+ + OH^-$$

Das tetraedrisch gebaute, stabile Ammoniumion NH_4^+ (sp³-Hybrid) ähnelt den Alkalimetallionen. Es bildet mit HCl Salze, die in der Caesiumchlorid- oder in der Natriumchlorid-Struktur kristallisieren (vgl. Tab. 2.4).

$$NH_3 + HCl \rightleftharpoons NH_4^+Cl^-$$

NH_3 wird großtechnisch mit dem Haber-Bosch-Verfahren aus den Elementen hergestellt.

$$\tfrac{3}{2}H_2 + \tfrac{1}{2}N_2 \rightleftharpoons NH_3 \qquad \Delta H_B^\circ = -46 \text{ kJ/mol}$$

Auch bei Verwendung von Katalysatoren ist die Reaktionsgeschwindigkeit erst bei 400–500 °C ausreichend groß. Bei diesen Temperaturen liegt das Gleichgewicht aber weit auf der linken Seite. Um eine ausreichende NH_3-Ausbeute zu erhalten, muss man daher hohe Drücke anwenden (Abb. 3.20). Der wirtschaftliche Druckbereich liegt bei 250–350 bar, es werden aber auch Anlagen bis 1 000 bar betrieben. Die Synthese ist ein Kreislaufprozess. Die Umsetzung erfolgt in einem Druckreaktor, das gebildete NH_3 wird durch Kondensation aus dem Kreislauf entfernt und das unverbrauchte Synthesegas in den Reaktor zurückgeführt. Der Druckreaktor besteht aus Cr-Mo-Stahl, der gegen Wasserstoff beständig ist. Die Herstellung des Synthesewasserstoffs wurde bereits im Abschn. 4.2.3 behandelt. Der Synthesestickstoff wird heute überwiegend durch fraktionierende Destillation verflüssigter Luft hergestellt. Als Katalysator wird α-Fe eingesetzt. Der geschwindigkeitsbestimmende Schritt bei der Katalyse ist die dissoziative Chemisorption von N_2 an der Eisenoberfläche. Es erfolgt eine stufenweise, schnelle Reaktion mit Wasserstoff zu NH_3. Die Hydrierung erfolgt durch chemisorbierte Wasserstoffatome (siehe auch Abschn. 3.6.6).

Die NH$_3$-Synthese ist das einzige technisch bedeutsame Verfahren, bei dem die reaktionsträgen N$_2$-Moleküle der Luft in eine chemische Verbindung überführt werden. Diese Reaktion hat daher eine zentrale Bedeutung für die Stickstoffindustrie. NH$_3$ wird in riesigen Mengen erzeugt und hauptsächlich zu stickstoffhaltigen Düngemitteln verarbeitet. Außerdem wird es zur Herstellung von Salpetersäure und von Vorprodukten für Kunststoffe verwendet (Weltproduktion ca. $150 \cdot 10^6$ t).

Hydrazin $\overset{-2}{H_2N}—\overset{-2}{NH_2}$ ist eine farblose, rauchende Flüssigkeit, die trotz ihrer positiven Bildungsenthalpie relativ beständig ist. Beim Erhitzen zerfällt sie explosionsartig in NH$_3$ und N$_2$. Wässrige Lösungen lassen sich gefahrlos handhaben, sie sind basisch und reduzierend.

Auf Grund der stark exothermen Reaktion

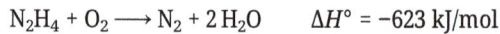

$$N_2H_4 + O_2 \longrightarrow N_2 + 2\,H_2O \qquad \Delta H° = -623 \text{ kJ/mol}$$

wird Hydrazin als Raketentreibstoff verwendet.

Stickstoffwasserstoffsäure HN$_3$ ist eine stark endotherme Flüssigkeit, die zu explosionsartigem Zerfall neigt.

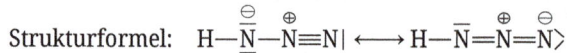

Strukturformel: $H—\overset{\ominus}{\underset{}{N}}—\overset{\oplus}{N}\equiv N| \longleftrightarrow H—\overset{}{\underset{}{N}}=\overset{\oplus}{N}=\overset{\ominus}{N}\rangle$

Ihre Salze heißen Azide. Schwermetallazide, z. B. AgN$_3$ und Pb(N$_3$)$_2$, explodieren auf Schlag (Initialzünder).

4.6.4 Sauerstoffverbindungen von Stickstoff

Es sind die Oxide $\overset{+1}{N_2O}$, $\overset{+2}{NO}$, $\overset{+3}{N_2O_3}$, $\overset{+4}{NO_2}$ und $\overset{+5}{N_2O_5}$ bekannt.

Mit Ausnahme von N$_2$O$_5$ sind es metastabile, endotherme Verbindungen, die beim Erhitzen in die Elemente zerfallen. NO und NO$_2$ besitzen ein ungepaartes Elektron, existieren aber bei Raumtemperatur als stabile Radikale, die bei tiefen Temperaturen Dimere bilden.

Distickstoffmonooxid N$_2$O ist ein farbloses, reaktionsträges Gas. Es wird als Anästhetikum verwendet, unterhält aber die Atmung nicht. Da es eingeatmet Halluzinationen und Lachlust hervorruft, wird es auch Lachgas genannt. Es ist ein klimawirksames Spurengas (dazu siehe Kap. 6).

Stickstoffmonooxid NO ist ein farbloses, giftiges Gas, das aus N$_2$ und O$_2$ in endothermer Reaktion entsteht.

$$\tfrac{1}{2}N_2 + \tfrac{1}{2}O_2 \rightleftharpoons NO \qquad \Delta H_B° = +90 \text{ kJ/mol}$$

Bei Raumtemperatur liegt das Gleichgewicht vollständig auf der linken Seite, bei 2 000 °C ist erst ein Volumenanteil von 1 % NO im Gleichgewicht mit N_2 und O_2. Durch Abschrecken kann man NO unterhalb 400 °C metastabil erhalten.

NO ist ein Zwischenprodukt bei der Salpetersäureherstellung. Früher wurde NO durch „Luftverbrennung" in einem elektrischen Flammenbogen hergestellt. Die technische Darstellung erfolgt heute mit dem billigeren Ostwald-Verfahren, bei dem NH_3 in exothermer Reaktion katalytisch zu NO oxidiert wird.

$$4\,NH_3 + 5\,O_2 \xrightarrow[\text{Pt}]{600-900\,°C} 4\,NO + 6\,H_2O \qquad \Delta H° = -906\ kJ/mol$$

Ein NH_3-Luftgemisch wird über einen Platinnetz-Katalysator geleitet. Die Kontaktzeit am Katalysator beträgt nur etwa $\frac{1}{1000}$ s. Dadurch wird NO sofort aus der heißen Reaktionszone entfernt und auf Temperaturen abgeschreckt, bei denen das metastabile NO nicht mehr in die Elemente zerfällt.

Mit Sauerstoff reagiert NO spontan zu NO_2.

$$2\,NO + O_2 \longrightarrow 2\,NO_2 \qquad \Delta H° = -114\ kJ/mol$$

Stickstoffdioxid NO_2 ist ein braunes, giftiges Gas, das zu farblosen N_2O_4 dimerisiert.

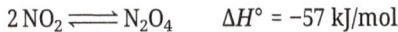

$$2\,NO_2 \rightleftharpoons N_2O_4 \qquad \Delta H° = -57\ kJ/mol$$

Bei 27 °C sind 20 %, bei 100 °C 89 % N_2O_4 dissoziiert. Bei −11 °C erhält man farblose Kristalle von N_2O_4.

NO und NO_2 sind Luftschadstoffe, die an der Bildung von troposphärischem Ozon beteiligt sind (siehe dazu Kap. 6).

Salpetrige Säure $\overset{+3}{H}NO_2$ ist in reinem Zustand nicht darstellbar, sondern nur in verdünnter Lösung einige Zeit haltbar. HNO_2 ist eine mittelstarke Säure, sie zersetzt sich unter Disproportionierung.

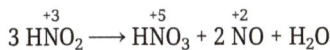

$$3\,\overset{+3}{H}NO_2 \longrightarrow \overset{+5}{H}NO_3 + 2\,\overset{+2}{N}O + H_2O$$

Beständig sind ihre Salze, die **Nitrite,** sie sind mesomeriestabilisiert.

Strukturformel von NO_2^-:

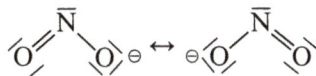

$NaNO_2$ ist giftig, aber in geringer Konzentration unschädlich. Es wird zur Haltbarmachung von Lebensmitteln verwendet (Nitritpökelsalz: Speisesalz mit 0,4–0,5 % $NaNO_2$).

Salpetersäure $\overset{+5}{H}NO_3$ ist ein großtechnisch wichtiges Produkt. Die konzentrierte Säure hat einen Massenanteil von 69 % HNO_3. Das HNO_3-Molekül ist planar gebaut und kann mit den beiden Grenzstrukturen

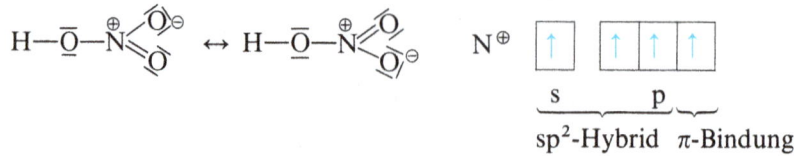

beschrieben werden.

Wässrige Salpetersäure wird durch Einleiten von NO_2 in Wasser hergestellt, zur Oxidation ist noch Sauerstoff erforderlich.

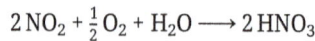

$$2\,NO_2 + \tfrac{1}{2}\,O_2 + H_2O \longrightarrow 2\,HNO_3$$

Letztlich wird also Salpetersäure in mehreren Schritten aus dem Stickstoff der Luft hergestellt.

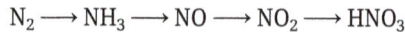

$$N_2 \longrightarrow NH_3 \longrightarrow NO \longrightarrow NO_2 \longrightarrow HNO_3$$

Bei Lichteinwirkung zersetzt sich Salpetersäure unter Braunfärbung nach

$$4\,HNO_3 \longrightarrow 4\,NO_2 + 2\,H_2O + O_2.$$

Salpetersäure wird daher in braunen Flaschen aufbewahrt. HNO_3 ist eine starke Säure und ein starkes Oxidationsmittel. Die konzentrierte Säure löst Kupfer, Quecksilber und Silber, nicht aber Gold und Platin (vgl. Tab. 3.11).

$$3\,Cu + 2\,NO_3^- + 8\,H_3O^+ \longrightarrow 3\,Cu^{2+} + 2\,NO + 12\,H_2O$$

Einige unedle Metalle (Cr, Al, Fe) werden von konzentrierter Säure nicht gelöst, da sich auf ihnen eine dichte Oxidhaut bildet, die das Metall vor weiterer Säureeinwirkung schützt (Passivierung).

Die Mischung aus konzentrierter Salpetersäure und konzentrierter Salzsäure im Volumenverhältnis 1 : 3 heißt **Königswasser**. Sie wirkt stark oxidierend und löst auch Gold und Platin (siehe auch Abschn. 3.8.8).

Die Salze der Salpetersäure heißen **Nitrate**. Das Nitration NO_3^- ist planar gebaut, die Bindungswinkel betragen 120°, es kann durch drei mesomere Grenzstrukturen beschrieben werden.

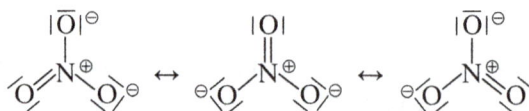

Wie beim HNO_3-Molekül ist das N-Atom sp^2-hybridisiert, die völlige Delokalisierung des π-Elektronenpaars führt zu einer Stabilisierung des NO_3^--Ions, daher ist es stabiler als das HNO_3-Molekül.

Nitrate sind in Wasser leicht löslich. $NaNO_3$ (Chilesalpeter) und NH_4NO_3 sind wichtige Düngemittel. KNO_3 (Salpeter) ist im ältesten Explosivstoff „Schwarzpulver" enthalten, der aus einer Mischung von Schwefel, Holzkohle und Salpeter besteht. Bei höherer Temperatur kann sich NH_4NO_3 explosiv zersetzen.

Schädliche Nitratgehalte im Trinkwasser siehe Kap. 6.

4.6.5 Sauerstoffverbindungen von Phosphor

Die Phosphoroxide sind im Gegensatz zu den Stickstoffoxiden exotherme Verbindungen.

Phosphor(III)-oxid P_4O_6 entsteht bei der Oxidation von Phosphor mit der stöchiometrischen Menge Sauerstoff als wachsartige, giftige Masse.

$$P_4 + 3\,O_2 \longrightarrow P_4O_6 \qquad \Delta H_B^{\circ} = -1641 \text{ kJ/mol}$$

Die Struktur lässt sich aus dem P_4-Molekül ableiten, die P—P-Bindungen sind durch P—O—P-Bindungen ersetzt (Abb. 4.6).

Phosphor(V)-oxid P_4O_{10} entsteht bei der Verbrennung von Phosphor in überschüssigem Sauerstoff als weißes, geruchloses Pulver, das bei 359 °C sublimiert.

$$P_4 + 5\,O_2 \longrightarrow P_4O_{10} \qquad \Delta H_B^{\circ} = -2\,986 \text{ kJ/mol}$$

Die Struktur leitet sich ebenfalls vom P_4-Tetraeder ab. Jedes P-Atom ist tetraedrisch von Sauerstoffatomen umgeben. Das P-Atom ist sp^3-hybridisiert, es bildet vier σ-Bindungen und eine π-Bindung (Abb. 4.7).

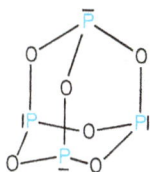

Abb. 4.6: Struktur von P_4O_6.

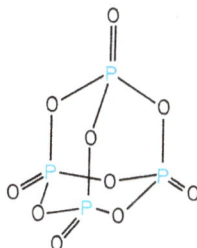

Abb. 4.7: Struktur von P_4O_{10}.

P_4O_{10} ist eine der wirksamsten wasserentziehenden Substanzen und wird als Trockenmittel verwendet. Mit Wasser reagiert es äußerst heftig zu Orthophosphorsäure.

Phosphorsäuren

P_4O_{10} reagiert mit einem Überschuss Wasser zu **Orthophosphorsäure** H_3PO_4. Wasserfreie H_3PO_4 bildet farblose Kristalle (Smp. 42 °C), die sich leicht in Wasser lösen. Handelsüblich ist eine 85 %ige H_3PO_4. Es ist eine mittelstarke dreibasige Säure, sie bildet daher drei Reihen von Salzen. Beispiel Natriumsalze:

NaH_2PO_4	Dihydrogenphosphat	(primäres Phosphat)
Na_2HPO_4	Hydrogenphosphat	(sekundäres Phosphat)
Na_3PO_4	Orthophosphat	(tertiäres Phosphat)

Technisch verwendet wird Orthophosphorsäure zur Zinkphosphatierung, dem wichtigsten Korrosionsschutz von Stählen. Die Phosphatierlösungen enthalten neben H_3PO_4 hauptsächlich Zn-Salze. Die schützenden Schichten sind einige nm dick.

Das PO_4^{3-}-Ion ist tetraedrisch gebaut, die Sauerstoffatome sind gleichartig gebunden. Die Bindungen lassen sich mit einem sp^3-Hybrid am P-Atom und einer delokalisierten schwachen π-Bindung deuten. PO_4^{3-} ist isoelektronisch mit SO_4^{2-} und ClO_4^{-} (siehe Abschn. 2.2.13).

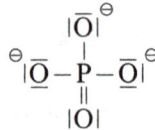

$$
\begin{array}{c}
\overline{|O|}^{\ominus} \\
| \\
{}^{\ominus}\overline{|O} - P - \overline{O|}^{\ominus} \\
\| \\
|O|
\end{array}
$$

Phosphate sind wichtige Düngemittel. Die natürlich vorkommenden Phosphate sind aber unlöslich und müssen in lösliche Phosphate umgewandelt werden. Beim Umsatz von unlöslichem $Ca_3(PO_4)_2$ mit H_2SO_4 entsteht lösliches $Ca(H_2PO_4)_2$ und unlösliches $CaSO_4$. Dieses Gemisch heißt „Superphosphat".

$$Ca_3(PO_4)_2 + 2\,H_2SO_4 \longrightarrow Ca(H_2PO_4)_2 + 2\,CaSO_4$$

Zur Erzeugung von Superphosphat wird etwa 60 % der Welterzeugung von Schwefelsäure verbraucht. Erfolgt der Aufschluss mit H_3PO_4 entsteht „Doppelsuperphosphat", das keine unlöslichen Beimengungen enthält.

$$Ca_3(PO_4)_2 + 4\,H_3PO_4 \longrightarrow 3\,Ca(H_2PO_4)_2$$

Orthophosphorsäure neigt zur Kondensation (intermolekulare Wasserabspaltung).

Polyphosphorsäuren $(H_{n+2}P_nO_{3n+1})$ haben lineare Ketten und sind bis $n = 12$ bekannt.

Beispiel: Triphosphorsäure

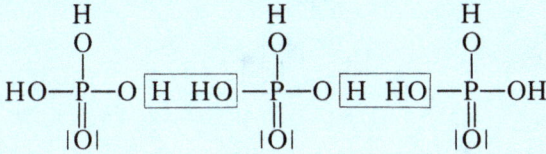

$$\underset{|\underline{O}|}{\overset{\overset{\displaystyle H}{\overset{\displaystyle |}{O}}}{HO-P-O}} \boxed{H \; HO} \underset{|\underline{O}|}{\overset{\overset{\displaystyle H}{\overset{\displaystyle |}{O}}}{-P-O}} \boxed{H \; HO} \underset{|\underline{O}|}{\overset{\overset{\displaystyle H}{\overset{\displaystyle |}{O}}}{-P-OH}}$$

Metaphosphorsäuren $(HPO_3)_n$ sind cyclisch kondensierte Phosphorsäuren.

Beispiel: Trimetaphosphorsäure

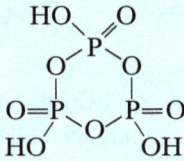

Niedermolekulare **Polyphosphate** sind Wasserenthärter, da die Anionen mit Ca^{2+} lösliche Komplexe bilden. Pentanatriumtriphosphat $Na_5P_3O_{10}$ war lange Zeit Bestandteil von Waschmitteln. Da es umweltschädigend wirkt (Eutrophierung von Gewässern), ist es durch Zeolithe ersetzt worden (siehe Kap. 6).

4.7 Gruppe 14

4.7.1 Gruppeneigenschaften

	Kohlenstoff C	Silicium Si	Germanium Ge	Zinn Sn	Blei Pb
Ordnungszahl	6	14	32	50	82
Elektronenkonfiguration	[He] $2s^2 2p^2$	[Ne] $3s^2 3p^2$	[Ar] $3d^{10}$ $4s^2 4p^2$	[Kr] $4d^{10}$ $5s^2 5p^2$	[Xe] $4f^{14}$ $5d^{10} 6s^2 6p^2$
Ionisierungsenergie in eV	11,3	8,1	7,9	7,3	7,4
Elektronegativität	2,5	1,7	2,0	1,7	1,6
Nichtmetallcharakter		$\longrightarrow$ nimmt ab $\longrightarrow$			

Auch in dieser Gruppe erfolgt ein Übergang von nichtmetallischen zu metallischen Elementen. Kohlenstoff und Silicium sind Nichtmetalle, Germanium ist ein Halbmetall, Zinn und Blei sind Metalle. Wobei unterschiedliche Modifikationen dieser Elemente auch unterschiedliche Eigenschaften haben. Beim Zinn existiert auch eine nichtmetallische Modifikation.

Die gemeinsame Valenzelektronenkonfiguration ist $s^2 p^2$. Für die meisten Verbindungen der Nichtmetalle C und Si ist jedoch der angeregte Zustand maßgebend.

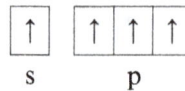

$$\boxed{\uparrow} \quad \boxed{\uparrow} \boxed{\uparrow} \boxed{\uparrow}$$
$$\text{s} \qquad \text{p}$$

Erfolgt eine sp^3-Hybridisierung, dann können die Elemente vier kovalente Bindungen in tetraedrischer Anordnung ausbilden. Charakteristisch für das C-Atom ist seine Fähigkeit mit anderen Nichtmetallen Mehrfachbindungen einzugehen, z. B.:

$$\text{C=C} \qquad -\text{C}\equiv\text{C}- \qquad -\text{C}\equiv\text{N}| \qquad \text{C}=\overline{\text{O}}$$

Das mehrfach gebundene C-Atom ist sp^2-hybridisiert, wenn es eine π-Bindung bildet und sp-hybridisiert, wenn es zwei π-Bindungen bildet.

Von allen Elementen besitzt Kohlenstoff die größte Tendenz zur Verkettung gleichartiger Atome. Von Kohlenstoff gibt es daher mehr Verbindungen als von allen anderen Elementen, abgesehen von Wasserstoff. Die Fülle dieser Verbindungen ist Gegenstand der organischen Chemie. Zum Stoffgebiet der anorganischen Chemie zählen traditionsgemäß nur die Modifikationen und einige einfache Verbindungen des Kohlenstoffs.

4.7.2 Die Elemente

	Kohlenstoff	Silicium	Germanium	Zinn	Blei
Schmelzpunkt in °C	3 800*	1 410	947	332	327

*Graphit

Kohlenstoff kristallisiert in den Modifikationen Diamant und Graphit. Sie sind in ihren Eigenschaften sehr unterschiedlich. Neuere Modifikationen sind die Fullerene.

Kohlenstoff kommt elementar als Diamant und Graphit vor. Die Hauptmenge des Kohlenstoffs tritt chemisch gebunden in Carbonaten auf, die gebirgsbildende Mineralien sind. Die wichtigsten sind $CaCO_3$ (Kalkstein, Marmor, Kreide), $CaCO_3 \cdot MgCO_3$ (Dolomit), $FeCO_3$ (Siderit).

Im Pflanzen- und Tierreich ist Kohlenstoff ein wesentlicher Bestandteil der Organismen. Aus urweltlichen Pflanzen und tierischen Organismen sind Kohlen, Erdöle und Erdgase entstanden.

Die Luft enthält einen Volumenanteil von 0,038 % CO_2, das Meerwasser einen Massenanteil von 0,005 %.

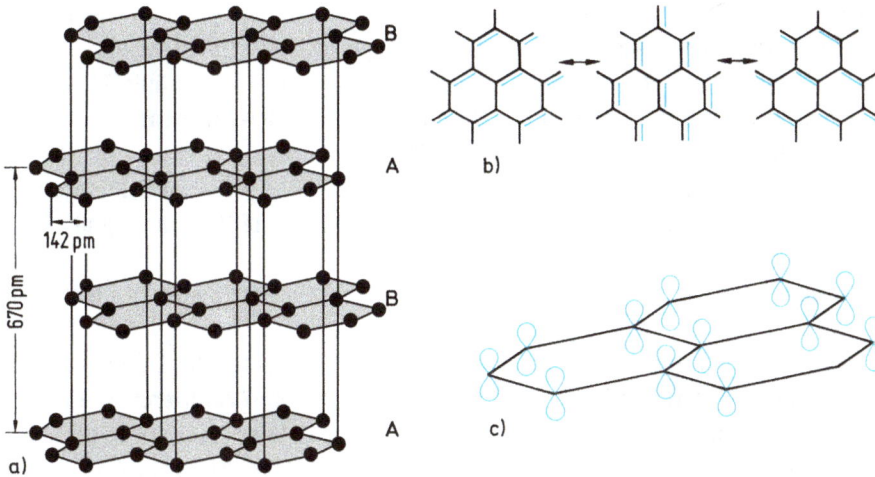

Abb. 4.8: a) Struktur von hexagonalem Graphit. Die Schichtfolge ist ABAB......
b) Mesomere Grenzstrukturen eines Ausschnitts einer Graphitschicht.
c) Darstellung der zu delokalisierten π-Bindungen befähigten p-Orbitale.

Die Kohlenstoffmengen in der Biosphäre, Atmosphäre, Hydrosphäre und Litosphäre verhalten sich wie $1 : 4 : 50 : 10^5$.

Silicium tritt in der Natur nicht elementar auf, sondern als SiO_2 und in einer Vielzahl von Silicaten (vgl. Abschn. 4.7.6).

Im **Diamant** ist jedes C-Atom tetraedrisch von vier C-Atomen umgeben (Abb. 2.44). Die Bindungen entstehen durch Überlappung von sp^3-Hybridorbitalen der C-Atome. Auf Grund der sehr hohen Bindungsenergie (348 kJ/mol) ist Diamant sehr hart (er ist der härteste natürliche Stoff). Alle Valenzelektronen sind in den sp^3-Hybridorbitalen lokalisiert, Diamantkristalle sind daher farblos und elektrische Isolatoren. Wegen der hohen Lichtbrechung, ihrer Härte, ihres Glanzes und ihrer Seltenheit sind Diamanten wertvolle Edelsteine. Durch Spuren von Beimengungen entstehen gelbe, blaue, violette, grüne und schwarze (Carbonados) Diamanten.

Technisch werden sie zum Schleifen und Bohren, zum Schneiden von Glas und als Achslager für Präzisionsinstrumente verwendet.

Diamant ist metastabil, er wandelt sich aber erst bei $1\,500\,°C$ unter Luftabschluss in den thermodynamisch stabilen Graphit um. In Gegenwart von Luft verbrennt er bei $800\,°C$ zu CO_2.

Graphit kristallisiert in Schichtstrukturen. Die bei gewöhnlichem Graphit auftretende Struktur ist in der Abb. 4.8a dargestellt. Innerhalb der Schichten ist jedes C-Atom von drei Nachbarn in Form eines Dreiecks umgeben. Die C-Atome sind sp^2-hybridisiert und bilden mit jedem Nachbarn eine σ-Bindung. Das vierte Elektron befindet sich in einem p-Orbital, dessen Achse senkrecht zur Schichtebene steht (Abb. 4.8c). Diese Orbitale bilden delokalisierte $(p—p)\pi$-Bindungen aus, die sich über die gesamte Schicht erstrecken. Der C—C-Abstand im Diamant beträgt 154 pm, innerhalb der Graphitschichten nur noch 142 pm. Die innerhalb der Schichten gut beweglichen π-Elektronen verursachen den metallischen Glanz und die gute elektrische Leitfähigkeit parallel zu den Schichten ($10^4\,\Omega^{-1}\,cm^{-1}$). Senkrecht zu den Schichten ist die Leitfähigkeit 10^4mal schlechter. Zwischen den Schichten sind nur schwache van-der-Waals-Kräfte wirksam. Dies hat einen Abstand der Schichten von 335 pm zur Folge und erklärt die leichte Verschiebbarkeit der Schichten gegeneinander. Graphit wird daher als Schmiermittel verwendet. Die gute elektrische Leitfähigkeit ermöglicht seine Verwendung als Elektrodenmaterial, z. B. in Lithium-Ionen-Akkumulatoren (Abschn. 3.8.11).

Graphit ist chemisch reaktionsfähiger als Diamant und verbrennt an Luft schon bei 700 °C zu CO_2.

Zwischen den Schichten der Graphit-Struktur können zahlreiche Atome und Verbindungen eingelagert werden. Es gibt daher viele polymere **Graphitverbindungen**. Typisch sind CF und C_8K. Die F-Atome bilden mit den π-Elektronen des Graphits kovalente Bindungen. CF ist daher farblos und nichtleitend. Im C_8K geben die K-Atome ihr Valenzelektron an die Graphit-Struktur ab. Die Verbindung ist metallisch leitend und hat die ionische Struktur $C_8^-K^+$.

Synthetische Diamanten. Bei hohen Drücken ist Diamant thermodynamisch stabiler und Graphit lässt sich in den dichteren Diamant umwandeln. Ausreichende Umwandlungsgeschwindigkeiten erreicht man bei 1 500 °C und 60 kbar in Gegenwart von Metallen, z. B. Fe, Co, Ni, Mn oder Pt. Wahrscheinlich bildet sich auf dem Graphit ein Metallfilm in dem sich Graphit bis zur Sättigung löst und aus dem dann der weniger gut lösliche Diamant – in bezug auf Diamant ist die Lösung übersättigt – abgeschieden wird.

Synthetische Diamanten werden mit dieser Hochdrucksynthese seit 1955 hergestellt, sie decken etwa die Hälfte des industriellen Bedarfs. Auch lupenreine Steine mit Schmuckqualität können synthetisiert werden. Sie können von Natursteinen durch unterschiedliche Phosphoreszenz unterschieden werden.

Offenbar sind auch natürliche Diamanten unter hohem Druck entstanden, denn die primären Diamantvorkommen finden sich in Tiefengesteinen, die an die Erdoberfläche gelangt sind. Der größte bisher gefundene Diamant („Cullinan", Südafrika 1905) hatte eine Masse von 3 106 Karat (1 Karat = 0,2 g).

In den achtziger Jahren wurde die CVD-Diamantsynthese (CVD von chemical vapour deposition) entwickelt. Im Unterschied zur Hochdrucksynthese gelingt bei dieser Niederdrucksynthese die Herstellung dünner Filme aus polykristallinem Diamant. Gasmischungen mit Kohlenwasserstoffen werden in reaktive Radikale und Molekülbruchstücke zerlegt, aus denen sich auf einem heißen Substrat (z. B. Si, W) Diamant abscheidet. Die in der Gasphase erzeugten H-Atome reagieren mit entstandenem Graphit und amorphen Kohlenstoff, aber wenig mit Diamant, so dass der unter diesen Bedingungen metastabile Diamant entsteht. Bei Verwendung von $Ir/SrTiO_3$ als Substrat erhält man einkristalline Diamantschichten.

Graphitischer Kohlenstoff wird durch thermische Zersetzung von Kohle, Erdöl, Erdgas und Fasern als künstlicher Graphit, Pyrokohlenstoff, Faserkohlenstoff, Koks,

Ruß und Aktivkohle hergestellt. Diese verschiedenen Kohlenstoffsorten unterscheiden sich voneinander in der Größe und Anordnung sowie der Schichtstruktur der Graphitkristalle.

Künstlicher Graphit entsteht aus Koks bei Temperaturen von 2800–3000 °C. Hitzebeständigkeit, Leitfähigkeit und Schmiereigenschaften sorgen für breite technische Anwendungen: Auskleidungsmaterial in Hochöfen, Elektrodenmaterial, Bleistiftminen, Schmier- und Schwärzungsmittel. In Kernreaktoren benutzt man ihn als Moderator (vgl. Abschn. 1.3.3).

Koks, Ruß, Holzkohle bestehen aus schlecht kristallisiertem, verunreinigtem, mikrokristallinem Graphit. Industrieruß ist Füllstoff für Elastomere (z. B. Reifenindustrie), er erhöht Abriebwiderstand und Zerreißfestigkeit. Autoreifen enthalten 30–35 % Ruß. Er dient auch als Pigment für Druckfarben und Lacke, sowie zum Einfärben und Stabilisieren von Kunststoffen.

Aktivkohle ist eine feinkristalline lockere Graphitform mit großer Oberfläche (ca. 1000 m^2/g), die ein hohes Adsorptionsvermögen besitzt. Verwendung: Gasmaskeneinsätze (CO wird nur bei vorheriger Oxidation zu CO_2 adsorbiert), Kohletabletten in der Medizin, Entfernung von Farbstoffen und Verunreinigungen aus Lösungen, Entfuselung von Spiritus.

Faserkohlenstoff entsteht durch Pyrolyse synthetischer oder natürlicher Fasern. Durch Streckung während der Pyrolyse richten sich die Graphitschichten parallel zur Faserachse aus. Die Graphitfasern besitzen hohe Zugfestigkeit und Elastizität bei geringer Masse. Verwendung: Tennisschläger, Motorradhelme, Verbundwerkstoff im Flugzeugbau.

Glaskohlenstoff ist eine leichte, spröde, sehr harte, isotrope, gas- und flüssigkeitsdichte Keramik, deren Bruch glasartig ist. Verwendung für Laborgeräte und in der Medizin.

Graphitfolien haben anisotrope Eigenschaften und werden für Dichtungen und Auskleidungen verwendet. Graphitaggregate werden zwischen den Schichten gespalten und dann zu Folien gepresst.

Pyrographit. Die Kohlenstoffschichten sind durch Graphitierung parallel zur Abscheidungsfläche ausgerichtet. Wegen der hohen Anisotropie der thermischen Leitfähigkeit wurde Pyrographit als Hitzeschild für Raumfahrzeuge und für Raketenmotoren verwendet.

Fullerene. Durch Verdampfen von Graphit in einer Heliumatmosphäre entstehen große Moleküle mit Hohlkugelgestalt, die Fullerene C_{60}, C_{70}, C_{76}, C_{78}, C_{80}, C_{82}, C_{84}, C_{86}, C_{88}, C_{90}, C_{94} ... (sie sind nach dem Architekten Buckminster Fuller benannt, der 1967 in Montreal eine Kuppelkonstruktion aus sechseckigen und fünfeckigen Zellen gebaut hatte). 1985 wurde C_{60} entdeckt und seine Struktur erkannt (Abb. 4.9a), 1990 gelang es C_{60} zu isolieren. In dieser dritten Kohlenstoffmodifikation sind die C_{60}-Moleküle kubisch-dichtest gepackt. Die Kristalle sind plättchenförmig, metallisch glänzend und rötlich braun. Die C_{60}-Kristalle sind thermodynamisch instabil (relativ zum Graphit um 38 kJ pro C-Atom), aber kinetisch stabil.

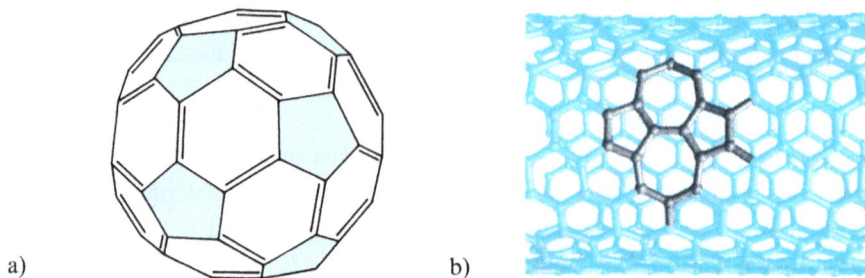

a)

b)

Abb. 4.9: a) Das C_{60}-Molekül (Buckyball). Die Oberfläche ist die eines 60-eckigen Fußballs. Es gibt 12 isolierte Fünfecke und 20 Sechsecke. Das kugelförmige Molekül hat einen Durchmesser von 700 pm, die mittleren C—C-Abstände betragen 141 pm und sind denen im Graphit fast gleich. Wie im Graphit ist jedes C-Atom sp^2-hybridisiert und bildet mit jedem der drei Nachbarn eine σ-Bindung. Da die Atome auf einer Kugeloberfläche liegen, ist die mittlere Winkelsumme auf 348° verringert. Beide Oberflächen der Kugel sind mit π-Elektronenwolken bedeckt. Die π-Elektronen sind aber nicht wie im Graphit delokalisiert, sondern bevorzugt in den Bindungen zwischen den Sechsecken lokalisiert.
b) Modell einer einwandigen Kohlenstoff-Nanoröhre (nanotube). Die Wandung besteht aus einer aufgerollten, in sich geschlossenen Graphitschicht. Der Durchmesser der Röhre beträgt 1–3 nm. Grau dargestellt sind topologische Fünfeck-Siebeneck-Defekte.

In kristalliner Form wurden auch C_{70}, C_{76}, C_{84}, C_{90} und C_{94} isoliert. Es gelang auch die Synthese des kleinsten Fullerens C_{20}, das nur aus kondensierten Fünfringen besteht. Mit der Fullerenfamilie gibt es nun eine Vielzahl neuer Kohlenstoffmodifikationen.

Fullerene wurden auch in Meteoriten gefunden und man nimmt an, dass sie im Weltall entstanden sind.

Das C_{60}-Molekül ist zu vielseitigen Reaktionen befähigt. Es reagiert mit den Alkalimetallen K und Rb, die in die Lücken der kubisch-dichtest gepackten Anordnung der C_{60}-Moleküle eingebaut werden. Es entstehen erstaunliche Eigenschaften. C_{60} ist ein Isolator, K_3C_{60} ein Supraleiter, K_6C_{60} wieder ein Isolator. Die Reaktion mit Fluor führt stufenweise über $C_{60}F_6$ und $C_{60}F_{42}$ zum vollständig fluorierten $C_{60}F_{60}$. Nichtmetallatome (He, N) oder Metallatome können in Fullerenkäfigen eingeschlossen sein: *Endohydrale Fullerenderivate*. Mit Übergangsmetallen bildet C_{60} durch Addition von Metall-Ligand-Spezies Komplexe: *Exohydrale Fullerene. Heterofullerene* sind Käfige, in denen einzelne C-Atome durch Atome wie Bor oder Stickstoff ersetzt sind. In allen Verbindungen bleibt die Käfigstruktur der C_{60}-Moleküle erhalten.

Kohlenstoff-Nanoröhren. Mit Graphitverdampfungsverfahren können weitere geschlossene Formen von Kohlenstoff synthetisiert werden, die röhrenförmig aufgebauten Kohlenstoff-Nanoröhren, „Bucky Tubes" (Abb. 4.9b). Sie können ein- oder mehrwandig sein. Die Wandung ist gleichsam eine aufgerollte Graphitschicht. Durch den Einbau von topologischen Fünfeck-Siebeneck-Defekten kann aus der linearen Röhre eine abgeknickte, gekrümmte oder sogar eine spiralige Struktur werden. Kohlenstoff-Nanoröhren können am Ende geschlossen oder offen sein. Der Innenraum kann leer oder gefüllt sein. Der Abstand zwischen den Graphenschichten bei den mehrwandigen Röhren gleicht mit 340 pm dem Abstand zweier Schichten im Graphit.

Kohlenstoff-Nanoröhren haben eine größere Festigkeit als Kohlenstofffasern und Siliciumcarbidfasern, sie sind oxidationsbeständiger als Fullerene und Graphit. Nanoröhren sind bessere Wärmeleiter als Diamant, die Wärme wird nur in Längsrichtung geleitet. Sie sind Halbleiter wie Silicium. Die Bandlücke hängt nur vom Durchmesser der Röhren ab, sie wird kleiner mit wachsendem Durchmesser. Durch Füllung der Röhren entstehen Nanodrähte.

Nanoröhren und Nanodrähte haben neue Anwendungsmöglichkeiten erschlossen. Beispiele für Kohlenstoffnanoröhren: Wasserstoffspeicherung, Spitzen für Rastersondenmikroskope, Verbundwerkstoffe, molekulare Filter und Membranen.

Nanoröhren wurden auch mit anderen Elementen und deren Verbindungen synthetisiert, z. B. mit Si, SiO_2, BN, BC_3, MoS_2 WS_2. Nanodrähte lassen sich mit vielen Metallen und Metalloxiden herstellen und finden Anwendungen in Mikroelektronik und Mikrosensorik.

Graphen.[8] Die Struktur von Graphen ist durch eine Monoschicht von sp^2-hybridisierten Kohlenstoffatomen, entsprechend einer einzigen Schicht der Graphitstruktur, charakterisiert. Graphen wurde erstmals 2004 durch Ablösung einzelner Schichten von der Oberfläche von kristallinem Graphit erhalten. Dies gelang einfach durch Auflegen und Abziehen eines Klebebandes. Graphen ist ein sehr guter elektrischer Leiter, ist transparent für Licht und hat herausragende physikalische Eigenschaften, wie z. B. eine höhere Zugfestigkeit als Stahl. Stellt man sich die einlagigen Schichten aufgerollt vor, so erhält man Kohlenstoffnanoröhren.

Nanochemie.[8] Teilchen im Größenbereich 1 nm bis hundert Nanometer werden als Nanopartikel bezeichnet (typische Größen: Haare 10 000 nm, biologische Zellen 1 000 nm, Atom ~ 0,1 nm). Nanopartikel haben besondere Eigenschaften, weil die winzigen Teilchen auf Licht, mechanische Spannung oder Elektrizität völlig anders reagieren als Kriställchen im Mikro- oder Millimeterbereich. In Nanopartikeln befinden sich weit mehr Atome an der Oberfläche als in anderen kleinen Teilchen. Mit abnehmender Größe der Nanoteilchen gewinnt die Oberfläche gegenüber den Volumeneigenschaften immer stärkeren Einfluss auf strukturelle und elektronische Eigenschaften. Durch die Verringerung der Teilchengröße in den Nanobereich verändern sich die magnetischen, elektronischen, optischen, katalytischen und mechanischen Eigenschaften von Stoffen.

Dies ermöglicht vielfältige neue Anwendungsbereiche.

Beispiele:
Nanostrukturierte Pigmente werden in Kosmetikfarben eingesetzt, um besondere Farbeffekte zu erzielen. Es gibt selbstreinigende Fassadenfarben und Keramikober-

---

8 Ausführlicher behandelt in Moderne Anorganische Chemie (H.-J. Meyer, Hrsg.), 6. Aufl., 2023, Abschn. 2.3.

flächen mit Lotuseffekt. Nanopulver in der Keramikindustrie verringern die Sinter-temperatur und verbessern die Formbarkeit. Mit SiO_2-Nanopartikeln beschichtete Glasscheiben haben eine erhöhte Lichtdurchlässigkeit (Antireflexglas). Nano-Auto-lack erhöht Härte und Kratzfestigkeit. In der Nanobiotechnologie werden Nanoteil-chen zur Erkennung und Behandlung von Krankheiten eingesetzt, z. B. Fe_2O_3-Nano-partikel als Kontrastmittel für die Kernspintomographie.

Silicium, Germanium und **graues Zinn** kristallisieren in der gleichen Struktur wie Diamant. Die Bindungsstärke nimmt in Richtung Sn ab. Im Gegensatz zum Diamant ist daher ein kleiner Bruchteil der Valenzelektronen nicht mehr in den bindenden Orbitalen lokalisiert, sondern „frei" beweglich. Si, Ge und graues Zinn sind Eigen-halbleiter. Da die Zahl freier Valenzelektronen in Richtung Sn zunimmt, erhöht sich zum Zinn hin die Leitfähigkeit. (vgl. Abschn. 5.4.3). Durch Dotierung (z.B. mit As oder Ga) werden aus Silicium und Germanium Störstellenhalbleiter hergestellt (vgl. Abschn. 5.4.4). Dazu werden hochreine Elemente benötigt.

Zur Darstellung von extrem reinem Silicium wird technisches Silicium mit HCl zu $SiHCl_3$ (Trichlorsilan) umgesetzt, dieses durch Destillation gereinigt und dann zu Si reduziert.

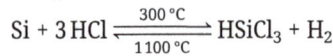

$$Si + 3\,HCl \xrightleftharpoons[1100\,°C]{300\,°C} HSiCl_3 + H_2$$

Man erhält polykristallines Silicium einer Reinheit von 10^{-9} Atom %. Daraus züchtet man Einkristalle mit dem Zonenschmelzverfahren (vgl. Abschn. 5.5.1) oder mit dem jetzt meist eingesetzten Czochralski-Verfahren. Dabei wird das polykristalline Silicium in einem Quarztiegel geschmolzen, in die Schmelze wird ein Impfkristall getaucht, an dem das Silicium auskristallisiert. Der wachsende Einkristall wird langsam aus der Schmelze herausgezogen. Es entstehen anderthalb Meter lange und bis 30 cm dicke Einkristalle, die in 0,5–1 mm dicke Scheiben („Wafer") zerschnitten werden.

Nichtmetallisches graues Zinn (α-Sn) ist nur unterhalb 13 °C beständig, bei höhe-ren Temperaturen ist **metallisches Zinn** (β-Sn) stabiler. Die Umwandlungsgeschwin-digkeit von β-Sn in α-Sn ist sehr klein, schnelle Umwandlung erfolgt aber durch α-Sn-Kristallkeime (Zinnpest)

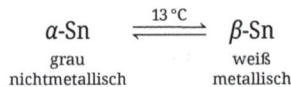

$$\alpha\text{-Sn} \xrightleftharpoons{13\,°C} \beta\text{-Sn}$$

grau   weiß
nichtmetallisch   metallisch

Blei kristallisiert in einer typischen Metallstruktur, nämlich in der kubisch-dichtesten Kugelpackung (vgl. Abschn. 5.2). Es ist ein bläulich-graues, weiches, dehnbares Schwer-metall.

Nur beim Kohlenstoff erfolgt im elementaren Zustand eine Verknüpfung der Atome unter Beteiligung von π-Bindungen. Im Gegensatz zur Diamantstruktur tritt die Graphitstruktur daher bei den anderen Elementen der Gruppe nicht auf.

4.7.3 Carbide

Kohlenstoff bildet mit nahezu allen Metallen Metallcarbide. Sie entstehen durch Reaktionen von Metallen mit Graphit bei hohen Temperaturen. Verbindungen des Kohlenstoffs mit den Halbmetallen B und Si sind als B_4C und SiC bekannt. Metallcarbide können in kovalente, salzartige und metallische Carbide eingeteilt werden.

Siliciumcarbid SiC (Carborund) ist sehr hart, thermisch und chemisch resistent und wie Silicium ein Eigenhalbleiter. Es dient als Schleifmittel, zur Herstellung feuerfester Steine und von Heizwiderständen (Silitstäbe), sowie für hochtemperaturfeste Teile im Apparatebau. SiC kommt in mehreren Modifikationen vor, in allen sind die Atome tetraedrisch von vier Atomen der anderen Art umgeben und durch kovalente Bindungen verknüpft. Eine der Modifikationen kristallisiert in der diamantähnlichen Zinkblende-Struktur (vgl. Abb. 2.45).

Calciumcarbid CaC_2 ist eine ionische Verbindung, von der vier verschiedene Modifikationen bekannt sind. Ihre Strukturen bestehen aus Anordnungen von Ca^{2+}-Ionen und $[|C{\equiv}C|]^{2-}$-Ionen. Mit Wasser zersetzt es sich zu Acetylen, es hat daher technische Bedeutung.

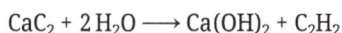

$$CaC_2 + 2\,H_2O \longrightarrow Ca(OH)_2 + C_2H_2$$

Außer den ionischen Carbiden, die als Salze des Acetylens aufzufassen sind, gibt es solche, die sich vom Methan ableiten und die C^{4-}-Ionen enthalten. Bei der Umsetzung mit Wasser entwickeln sie Methan

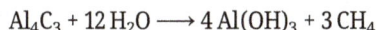

$$Al_4C_3 + 12\,H_2O \longrightarrow 4\,Al(OH)_3 + 3\,CH_4$$

Metallische Carbide, bei denen Kohlenstoffatome die Lücken in den Metallstrukturen besetzen, werden im Abschn. 5.5.2 besprochen.

4.7.4 Sauerstoffverbindungen von Kohlenstoff

Kohlenstoffmonooxid CO ist ein farbloses, geruchloses, sehr giftiges Gas (Smp. $-204\,°C$, Sdp. $-191{,}5\,°C$). Die Moleküle CO und N_2 sind isoelektronisch, in beiden Molekülen sind die Atome durch eine σ-Bindung und zwei π-Bindungen verbunden.

$$|\overset{\ominus}{C}{\equiv}\overset{\oplus}{O}|$$

CO entsteht bei unvollständiger Verbrennung von Kohlenstoff. An der Luft verbrennt CO mit charakteristischer blauer Flamme zu CO_2.

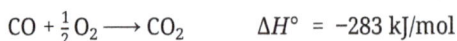

$$CO + \tfrac{1}{2}O_2 \longrightarrow CO_2 \qquad \Delta H° = -283 \text{ kJ/mol}$$

Technisch entsteht CO bei der Erzeugung von Wassergas (vgl. Abschn. 4.2.3). CO war Bestandteil des früheren Stadtgases, das aus H_2, CO, CH_4 und etwas CO_2 und N_2 bestand. CO besitzt reduzierende Eigenschaften, die technisch zur Metallgewinnung ausgenutzt werden (vgl. Hochofenprozess, Abschn. 5.6.2).

Mit Übergangsmetallen reagiert CO zu einer Vielzahl von Carbonylkomplexen, z. B. zu Tetracarbonylnickel.

$$Ni + 4\,CO \rightleftharpoons Ni\,(CO)_4$$

Die Giftigkeit des CO beruht auf der Bildung von Carbonylkomplexen mit dem Eisen des Hämoglobins im Blut, wodurch der O_2-Transport blockiert wird.

Großtechnisch wichtig ist die Umsetzung von CO mit H_2. Man erhält je nach Versuchsbedingungen Methanol, höhere Alkohole oder Kohlenwasserstoffe (Fischer-Tropsch-Synthese).

Kohlenstoffdioxid CO_2 ist ein farbloses, geruchloses Gas, das nicht brennt und als Feuerlöschmittel verwendet wird. Es ist anderthalbmal dichter als Luft und sammelt sich daher in geschlossenen Räumen (Höhlen, Gärkeller) am Boden (Erstickungsgefahr). Das CO_2-Molekül ist linear gebaut.

$$\overline{O}{=}C{=}\overline{O}$$

Das Kohlenstoffatom ist sp-hybridisiert, die beiden verbleibenden p-Orbitale bilden π-Bindungen. Im festen Zustand bildet CO_2 Molekülkristalle (vgl. Abb. 2.46). Festes CO_2 (Trockeneis) sublimiert bei Normaldruck bei $-78\,°C$. Das Zustandsdiagramm ist in der Abb. 3.9 angegeben.

1 l H_2O löst bei $20\,°C$ 0,91 CO_2. CO_2 wird daher für kohlensäurehaltige Getränke verwendet.

CO_2 entsteht bei vollständiger Verbrennung von Kohlenstoff.

$$C + O_2 \longrightarrow CO_2 \qquad \Delta H_B° = -394 \text{ kJ/mol}$$

CO_2 ist eine sehr beständige Verbindung, die sich erst bei hohen Temperaturen in CO und O_2 zersetzt (bei $2\,600\,°C$ erst zu 52 %). Nur durch starke Reduktionsmittel (H_2, C, Na) wird CO_2 reduziert. Zwischen Kohlenstoffdioxid, Kohlenstoffmonooxid und Kohlenstoff existiert das sogenannte Boudouard-Gleichgewicht (vgl. Abb. 3.21).

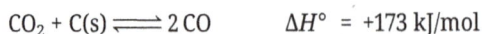

$$CO_2 + C(s) \rightleftharpoons 2\,CO \qquad \Delta H° = +173 \text{ kJ/mol}$$

Mit abnehmender Temperatur verschiebt sich die Gleichgewichtslage in Richtung CO_2. Unter Normalbedingungen ist CO daher thermodynamisch instabil, aber die Disproportionierung in CO_2 und C ist kinetisch gehemmt, CO ist metastabil existent.

CO_2 ist für die belebte Natur von großer Bedeutung. Mensch und Tier atmen es als Verbrennungsprodukt aus. Beim Assimilationsprozess nehmen Pflanzen CO_2 auf und wandeln es mit Lichtenergie in Kohlenhydrate um (Photosynthese). Die Atmosphäre enthält einen Volumenanteil von 0,039 % CO_2. Dieser ist für den Wärmehaushalt der Erdoberfläche wesentlich und der Anstieg des CO_2-Gehalts (Treibhauseffekt) verursacht globale Klimaänderungen. Der Treibhauseffekt wird ausführlich im Kap. 6 behandelt.

Kohlensäure und Carbonate. CO_2 ist das Anhydrid der Kohlensäure H_2CO_3. Eine wässrige Lösung von CO_2 reagiert schwach sauer (pH 4–5). Es treten nebeneinander folgende Gleichgewichte auf:

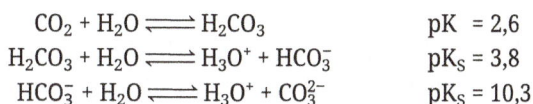

$$CO_2 + H_2O \rightleftharpoons H_2CO_3 \qquad pK = 2,6$$
$$H_2CO_3 + H_2O \rightleftharpoons H_3O^+ + HCO_3^- \qquad pK_S = 3,8$$
$$HCO_3^- + H_2O \rightleftharpoons H_3O^+ + CO_3^{2-} \qquad pK_S = 10,3$$

Das erste Gleichgewicht liegt weitgehend auf der Seite von CO_2, 99,8 % des gelösten Kohlendioxids liegen als physikalisch gelöste CO_2-Moleküle vor. H_2CO_3 ist eine mittelstarke Säure. Da aber nur wenige CO_2-Moleküle mit Wasser zu H_2CO_3 reagieren, wirkt die Gesamtlösung als schwache Säure. Durch Zusammenfassung der ersten beiden Gleichgewichte erhält man die Säurekonstante bezogen auf CO_2.

$$CO_2 + 2\,H_2O \rightleftharpoons H_3O^+ + HCO_3^- \qquad pK_S = 6,4$$

Reines H_2CO_3 lässt sich aus wässriger Lösung nicht isolieren, bei der Entwässerung zersetzt sich H_2CO_3 und CO_2 entweicht. Es gelingt aber reine Kohlensäure zu synthetisieren. Die Kohlensäure

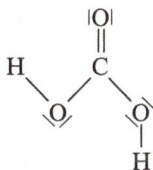

ist im festen Zustand und in der Gasphase kinetisch stabil, in Gegenwart auch von Spuren Wasser zerfällt sie. Als zweibasige Säure bildet Kohlensäure zwei Reihen Salze, **Hydrogencarbonate** („Bicarbonate") mit den Anionen HCO_3^- und **Carbonate** mit den Anionen CO_3^{2-}. CO_3^{2-} ist eine starke Anionenbase. Die Anionen sind trigonal-planar gebaut, das C-Atom ist sp^2-hybridisiert, die π-Bindung ist delokalisiert (vgl. Abschn. 2.2.8).

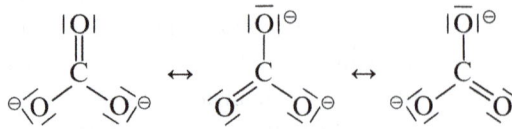

In der Natur weit verbreitet sind $CaCO_3$ (Kalkstein, Marmor, Kreide) und $CaMg(CO_3)_2$ (Dolomit). In Wasser schwer lösliches $CaCO_3$ wird durch CO_2-haltiges Wasser in lösliches Calciumhydrogencarbonat überführt.

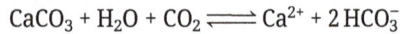

$$CaCO_3 + H_2O + CO_2 \rightleftharpoons Ca^{2+} + 2\,HCO_3^-$$

Auf diese Weise entsteht die Carbonathärte (temporäre Härte) des Wassers. Beim Erhitzen verschiebt sich das Gleichgewicht infolge des Entweichens von CO_2 nach links, und $CaCO_3$ fällt aus. Darauf beruht die Ausscheidung des „Kesselsteins" und die Bildung von „Tropfsteinen". Die Sulfathärte (permanente Härte) wird durch gelöstes $CaSO_4$ verursacht, sie kann nicht durch Kochen beseitigt werden. Die Gesamthärte wird in mmol/l Erdalkalimetallionen angegeben. Häufig erfolgt die Angabe noch in Deutschen Härtegraden, 1°d entspricht 10 mg CaO/l. Sehr harte Wässer haben Härtegrade > 21, weiche Wässer < 7. Zur Enthärtung des Wassers verwendet man Polyphosphate (vgl. Abschn. 4.6.5) oder Ionenaustauscher. Ionenaustauscher bestehen aus einem lockeren dreidimensionalen Gerüst, in dem saure ($-SO_3H$)- oder basische ($-N(CH_3)OH$)-Gruppen eingebaut sind. Die Gruppen sind Haftstellen für Kationen (Kationenaustauscher) oder Anionen (Anionenaustauscher).

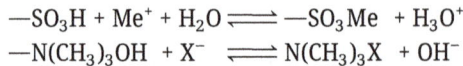

$$-SO_3H + Me^+ + H_2O \rightleftharpoons -SO_3Me + H_3O^+$$
$$-N(CH_3)_3OH + X^- \rightleftharpoons N(CH_3)_3X + OH^-$$

Lässt man z. B. Wasser durch einen Kationenaustauscher fließen, so werden Ca^{2+}- und Mg^{2+}-Ionen gegen H_3O^+-Ionen ausgetauscht, anschließend können im Anionenaustauscher SO_4^{2-}- und CO_3^{2-}-Ionen gegen OH^--Ionen ausgetauscht werden, so dass vollentsalztes Wasser entsteht. Der Austausch ist umkehrbar, mit Kationen und Anionen beladene Austauscher können mit Säure bzw. Lauge wieder regeneriert werden.

4.7.5 Stickstoffverbindungen von Kohlenstoff

Wichtig ist das Cyanidion CN^-. Es ist isoelektronisch mit N_2 und CO und enthält wie diese eine Dreifachbindung.

$$|C\equiv N|^{\ominus}$$

CN^- besitzt eine ausgeprägte Tendenz zur Bildung von Komplexen mit Übergangsmetallionen. Beispiele sind $[Fe(CN)_6]^{4-}$, $[Fe(CN)_6]^{3-}$ und $[Ag(CN)_2]^-$ (vgl. Abschn. 5.7.4). Cyanide bilden mit Säuren Cyanwasserstoff HCN (Blausäure). HCN ist eine nach bitteren Mandeln riechende Flüssigkeit (Sdp. 26 °C) und eine sehr schwache Säure. Blausäure und Cyanide sind äußerst giftig.

4.7.6 Sauerstoffverbindungen von Silicium

Siliciumdioxid SiO_2 ist im Gegensatz zu CO_2 ein polymerer, harter Festkörper mit sehr hohem Schmelzpunkt. Die Si-Atome bilden nicht wie die C-Atome mit O-Atomen $(p—p)\pi$-Bindungen. Die Si-Atome sind sp^3-hybridisiert und tetraedrisch mit vier O-Atomen verbunden. Jedes O-Atom hat zwei Si-Nachbarn, die SiO_4-Tetraeder sind über gemeinsame Ecken verknüpft.

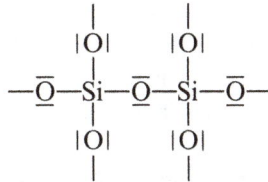

$$
\begin{array}{c}
\quad\;\; | \qquad\quad | \\
\quad |\overline{O}| \qquad |\overline{O}| \\
\quad\;\; | \qquad\quad | \\
-\overline{O}-Si-\overline{O}-Si-\overline{O}- \\
\quad\;\; | \qquad\quad | \\
\quad |\overline{O}| \qquad |\overline{O}| \\
\quad\;\; | \qquad\quad |
\end{array}
$$

Zusätzlich zu den stark polaren Einfachbindungen existieren Wechselwirkungen zwischen den p_π-Elektronenpaaren des Sauerstoffs mit leeren Orbitalen des Siliciums. Diese π-Bindungsanteile erklären die außergewöhnliche Bindungsenergie und den kurzen Bindungsabstand der Si—O-Bindung.

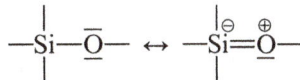

$$
-\overset{|}{\underset{|}{Si}}-\overline{O}- \;\leftrightarrow\; -\overset{|}{\underset{|}{Si}}=\overset{\oplus}{\underset{\ominus}{O}}-
$$

SiO_2 existiert in verschiedenen Modifikationen, die sich in der dreidimensionalen Anordnung der SiO_4-Tetraeder unterscheiden.

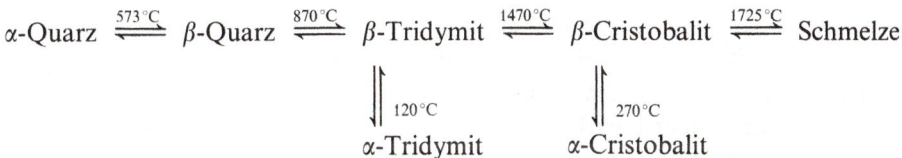

$$
\alpha\text{-Quarz} \overset{573\,°C}{\rightleftharpoons} \beta\text{-Quarz} \overset{870\,°C}{\rightleftharpoons} \beta\text{-Tridymit} \overset{1470\,°C}{\rightleftharpoons} \beta\text{-Cristobalit} \overset{1725\,°C}{\rightleftharpoons} \text{Schmelze}
$$

$$
\qquad\qquad\qquad\quad \updownarrow 120\,°C \qquad\qquad\qquad \updownarrow 270\,°C
$$

$$
\qquad\qquad\qquad\quad \alpha\text{-Tridymit} \qquad\qquad \alpha\text{-Cristobalit}
$$

Die Umwandlungen zwischen **Quarz**, **Tridymit** und **Cristobalit** (vgl. Abb. 2.12) verlaufen nur sehr langsam, da dabei die Bindungen aufgebrochen werden müssen. Außerdem bei Normalbedingungen thermodynamisch stabilen α-Quarz sind daher auch alle anderen Modifikationen metastabil existent. Bei der Umwandlung von den α-Formen in die β-Formen ändern sich nur die Si-O-Si-Bindungswinkel, sie verlaufen daher schnell und bei relativ niedrigen Temperaturen. Nur bei sehr langsamem Abkühlen erhält man aus der Schmelze Cristobalit. Beim raschen Abkühlen erstarrt eine SiO_2-Schmelze glasig (vgl. Gläser).

Quarzglas ist bei Normaltemperatur metastabil und kristallisiert erst beim Tempern (1100 °C) allmählich. In der Hochdruckmodifikation Stishovit kristallisiert SiO_2 in der gleichen Struktur wie Rutil, Si hat darin die ungewöhnliche Koordinationszahl 6.

In der Natur ist SiO_2 weit verbreitet und tritt in zahlreichen kristallinen und amorphen Formen auf. Gut ausgebildete Quarzkristalle werden als Schmucksteine verwendet (Bergkristall, Amethyst, Rosenquarz, Citrin). Mikrokristalliner Quarz wird als Chalcedon bezeichnet (Varietäten: Achat, Onyx, Jaspis, Feuerstein). Amorph und wasserhaltig sind Opale. Quarz ist Bestandteil vieler Gesteine (Quarzsand, Granit, Sandstein).

Quarz ist piezoelektrisch: durch eine angelegte Wechselspannung wird der Kristall zu Schwingungen angeregt. Auf der hohen Frequenzgenauigkeit der Eigenschwingungen ($\Delta \nu / \nu = 10^{-8}$) beruht der Bau von Quarzuhren.

Synthetische Quarzkristalle hoher Reinheit werden mit dem Hydrothermalverfahren hergestellt. Im Druckautoklaven wird bei 400 °C eine wässrige Lösung mit SiO_2 gesättigt. Im kühleren Autoklaventeil ist die Lösung übersättigt und bei 380 °C scheidet sich Quarz an einem Impfkristall ab.

SiO_2 ist chemisch sehr widerstandsfähig. Außer von HF (vgl. Abschn. 4.3.4) wird es von Säuren nicht angegriffen. Laugen reagieren auch beim Kochen nur langsam mit SiO_2.

Kieselsäuren, Silicate. Die einfachste Sauerstoffsäure des Siliciums, die **Ortho-kieselsäure** H_4SiO_4 ist nur in großer Verdünnung beständig. Bei höherer Konzentration kondensiert sie spontan zu Polykieselsäuren.

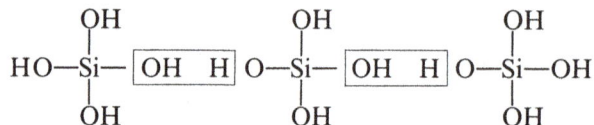

$$\text{HO-Si} \begin{matrix} \text{OH} \\ | \\ | \\ \text{OH} \end{matrix} \boxed{\text{OH} \quad \text{H}} \text{O-Si} \begin{matrix} \text{OH} \\ | \\ | \\ \text{OH} \end{matrix} \boxed{\text{OH} \quad \text{H}} \text{O-Si} \begin{matrix} \text{OH} \\ | \\ \text{-OH} \\ \text{OH} \end{matrix}$$

Das Endprodukt der dreidimensionalen Kondensation ist SiO_2. Die als Zwischenprodukte auftretenden Kieselsäuren sind unbeständig und nicht isolierbar. Eine hochkondensierte Polykieselsäure ist Kieselgel. Entwässertes Kieselgel ist **Silicagel**, ein polymerer Stoff mit großer Oberfläche, der zur Adsorption von Gasen und Dämpfen geeignet ist und daher als Trockenmittel dient.

Als Hauptbestandteil der Erdkruste, aber auch als technische Produkte sind die Salze der Kieselsäuren, die Silicate, von größter Bedeutung. In allen Silicaten hat Silicium die Koordinationszahl vier und bildet mit Sauerstoff SiO_4-Tetraeder. Die Tetraeder sind nur über gemeinsame Ecken verknüpft, nicht über Kanten oder Flächen. Sie sind die Baueinheiten der Silicate, und die Einteilung der Silicate erfolgt nach der Anordnung der SiO_4-Tetraeder. Die wichtigsten in den Silicaten auftretenden Anionen sind in der Abb. 4.10 dargestellt.

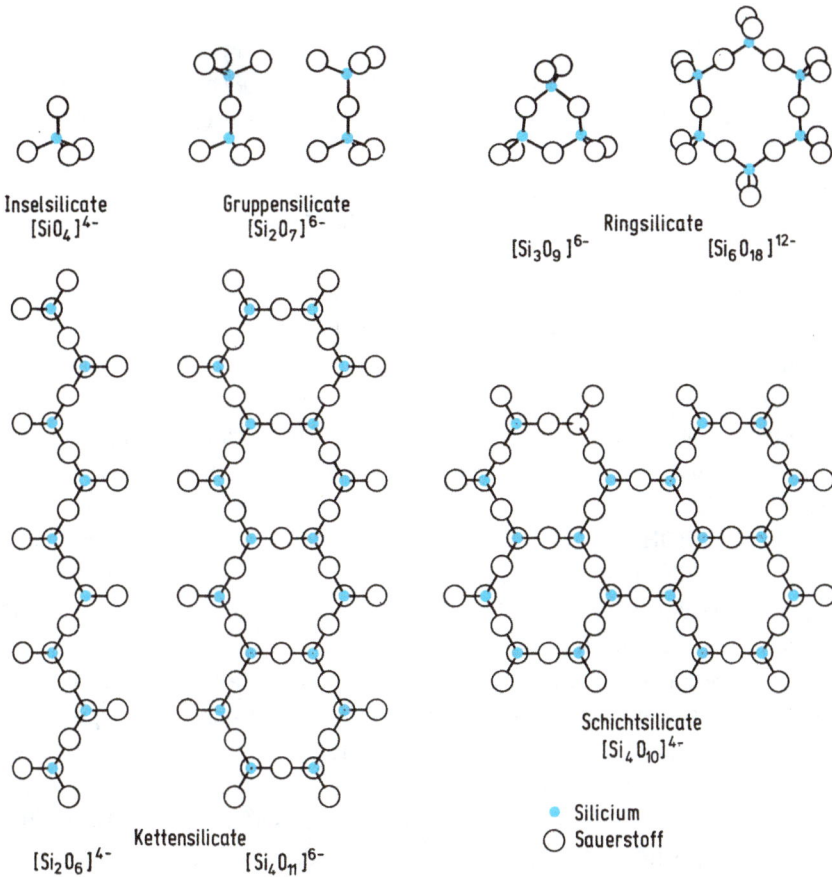

Abb. 4.10: Anionenstrukturen einiger Silicate.

1. Inselsilicate (Nesosilicate) sind Silicate mit isolierten $[SiO_4]^{4-}$-Tetraedern, die nur durch Kationen miteinander verbunden sind. Dazu gehören Zirkon $Zr[SiO_4]$, Granat $Ca_3Al_2[SiO_4]_3$ und Olivin $(Fe,Mg)_2[SiO_4]$. Tetraederfremde Anionen enthält der Topas $Al_2[SiO_4](F,OH)_2$. Es sind harte Substanzen mit hoher Brechzahl und geschätzte Schmucksteine.

2. Gruppensilicate (Sorosilicate) enthalten Doppeltetraeder $[Si_2O_7]^{6-}$. Ein Sorosilicat ist Thortveitit $Sc_2[Si_2O_7]$.

3. Ringsilicate (Cyclosilicate). Dreierringe $[Si_3O_9]^{6-}$ treten im Benitoit $BaTi[Si_3O_9]$, Sechserringe $[Si_6O_{18}]^{12-}$ im Beryll $Al_2Be_3[Si_6O_{18}]$ auf. Abarten des Berylls sind Aquamarin und Smaragd.

4. Kettensilicate (Inosilicate). Die Tetraeder sind zu unendlichen Ketten oder Bändern verknüpft. Aus Ketten mit den Struktureinheiten $[Si_2O_6]^{4-}$ bestehen die Pyroxene, aus Bändern mit den Struktureinheiten $[Si_4O_{11}]^{6-}$ die Amphibole. Es gibt aber weitere Anordnungen der Tetraeder zu Ketten und Bändern. Die kettenförmigen Anionen liegen parallel zueinander, zwischen ihnen sind die Kationen eingebaut, die durch elektrostatische Kräfte den Kristall zusammenhalten. Zu den Pyroxenen gehört z. B. das wichtigste Lithiummineral Spodumen $LiAl[Si_2O_6]$. Die Kettensilicate zeigen parallel zu den Ketten bevorzugte Spaltbarkeit, die Kristalle sind faserig oder nadelig ausgebildet.

5. Schichtsilicate (Phyllosilicate). Jedes SiO_4-Tetraeder ist über drei Ecken mit Nachbartetraedern verknüpft. Es entstehen unendlich zweidimensionale Schichten $[Si_4O_{10}]^{4-}$.

Im Allgemeinen erfolgt die Verknüpfung zu sechsgliedrigen Ringen. Wichtige Schichtsilicate sind die Tonmineralien und die Glimmer. Sind zwischen den Schichten nur van-der-Waals-Kräfte vorhanden (Talk, Kaolinit), resultieren weiche Minerale mit leicht gegeneinander verschiebbaren Schichten. Werden die Schichten durch Kationen zusammengehalten (Glimmer), wächst die Härte, aber parallel zu den Schichten existiert gute Spaltbarkeit. Das Quellungsvermögen der Tone beruht auf der Wassereinlagerung zwischen den Schichten des Tonminerals Montmorillonit.

Talk $Mg_3[Si_4O_{10}](OH)_2$ ist das weichste der bekannten Mineralien (verwendet als Pigment und Füllstoff und ist Grundlage für Puder und Schminken). Kaolinit $Al_4[Si_4O_{10}](OH)_8$ ist das wichtigste Schichtsilicat. Kaolin (Porzellanerde) ist nahezu reiner Kaolinit und Rohstoff für keramische Produkte.

6. Gerüstsilicate (Tektosilicate). Wie in SiO_2 sind die SiO_4-Tetraeder über alle vier Ecken mit Nachbartetraedern verknüpft, so dass ein dreidimensionales Gerüst entsteht. Ein Teil des Si ist durch Al ersetzt; die Struktur enthält dreidimensionale Anionen und die zur Ladungskompensation entsprechende Zahl an Kationen, meist Alkalimetalle und Erdalkalimetalle. Silicate in denen Si durch Al substituiert ist, heißen **Alumosilicate**. Weit verbreitet sind die Feldspate: Albit $Na[AlSi_3O_8]$, Orthoklas $K[AlSi_3O_8]$, Anorthit $Ca[Al_2Si_2O_8]$. Sie sind Bestandteil vieler Gesteine und zu 60 % am Aufbau der Erdkruste beteiligt.

Die außerordentliche Vielfalt der Silicatstrukturen ist natürlich schon durch die zahlreichen Anordnungsmöglichkeiten der SiO_4-Tetraeder bedingt. Hinzu kommen aber weitere Gründe. Nicht nur bei den Tektosilicaten ist Si durch Al substituierbar. Alumosilicate treten auch bei den anderen Strukturen auf. Ein Beispiel ist der Glimmer Muskovit, $KAl_2[Si_3AlO_{10}](OH)_2$.

Ionen mit gleicher Koordinationszahl sind in weiten Grenzen austauschbar, z. B. Fe^{2+} gegen Mg^{2+} und Na^+ gegen Ca^{2+}. Dieser diadoche Ersatz führt häufig zu variablen und unbestimmten Zusammensetzungen.

In vielen Silicaten sind außerdem noch tetraederfremde Anionen wie OH^-, F^-, O^{2-} vorhanden, die nicht an Si gebunden sind.

Zeolithe sind interessante Tektosilicate. Es sind kristalline, hydratisierte Alumosilicate, die Alkalimetall- bzw. Erdalkalimetallionen enthalten. In den Zeolithstrukturen existieren große Hohlräume, die durch kleinere Kanäle verbunden sind. In den Hohlräumen befinden sich die Kationen und Wassermoleküle. Die Kationen sind nicht fest gebunden und können ausgetauscht werden, ebenso ist reversible Entwäs-

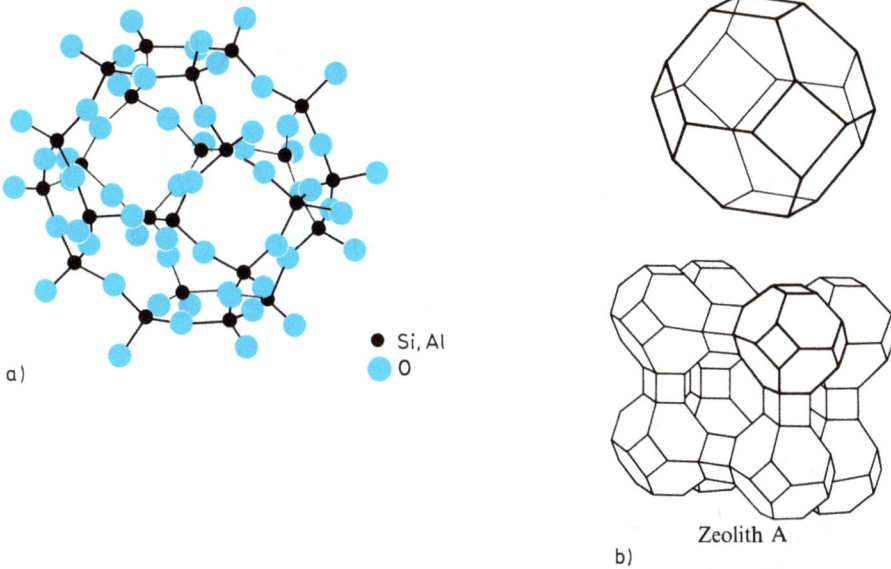

● Si, Al
● O

a)

Zeolith A

b)

Abb. 4.11: a) 12 SiO_4- und 12 AlO_4-Tetraeder sind über gemeinsame Ecken zu einem Oktaederstumpf verknüpft.
b) Im Zeolith A sind die Oktaederstümpfe (oben) über quadratische Flächen dreidimensional verknüpft (unten). Es entstehen Hohlräume (Käfige), die durch Kanäle (Durchmesser 420 pm) miteinander verbunden sind. Der Käfig hat einen Durchmesser von 1140 pm.

serung möglich. Man kennt 60 natürliche Zeolithe und mehr als 500 synthetisch hergestellte. Ein typischer natürlicher Zeolith ist Faujasit $Na_2Ca[Al_4Si_{10}O_{28}] \cdot 20\ H_2O$. Durch Synthese werden Zeolithe mit unterschiedlich großen Hohlräumen und Kanälen hergestellt. Der wichtigste Phosphatersatzstoff in Waschmitteln ist der Zeolith A $Na_{12}[Al_{12}Si_{12}O_{48}] \cdot 27\ H_2O$, die Struktur ist in der Abb. 4.11 dargestellt. Er wird großtechnisch produziert.

Synthetische Zeolithe sind, da vielfältig verwendbar, technisch wichtig.

Ionenaustausch. Wasserenthärtung mit Zeolith A. Die Na^+-Ionen des Zeoliths werden mit den Ca^{2+}-Ionen des harten Wassers ausgetauscht. Aus industriellen Abwässern werden toxische Schwermetallionen (Cd, Pb, Cr) entfernt.

Adsorption. Nur solche Moleküle können adsorptiv zurückgehalten werden, die durch die engen Kanäle in die größeren Hohlräume gelangen können, daher lassen sich Moleküle verschiedener Größe trennen (Molekularsiebe), z. B. Trennung von n- und iso-Paraffinen. Da die innere Oberfläche polar ist, werden bevorzugt polare Moleküle adsorbiert (polare Selektivität), daher Verwendung zur Trocknung von Gasen.

Katalyse. Auf der inneren Oberfläche (1 000 m^2/g) können katalytisch aktive Zentren eingebaut werden. Da die im Inneren entstandenen Moleküle die Zeolithkanäle passieren müssen, können bevorzugt Moleküle mit bestimmter Größe und Gestalt

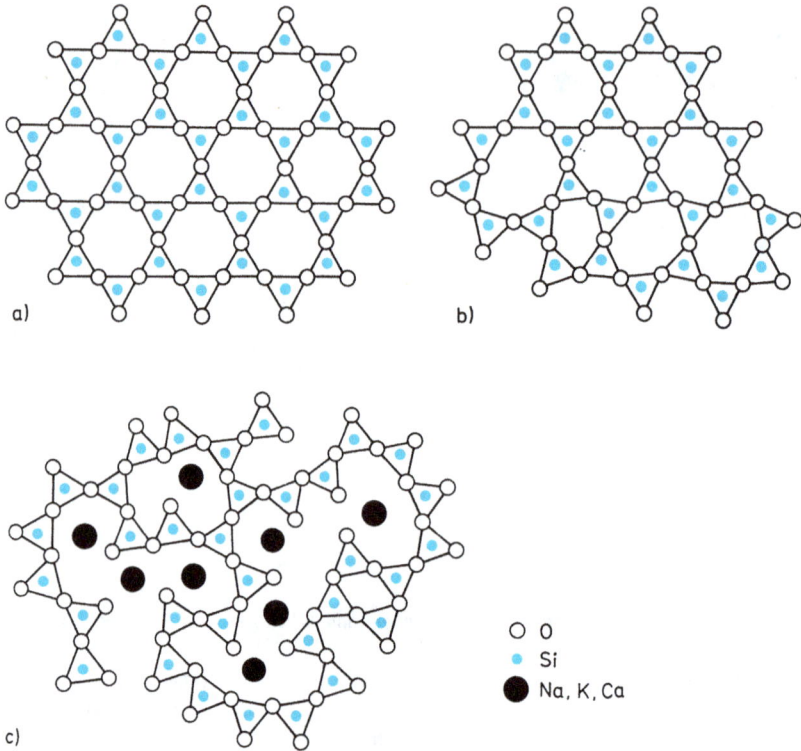

Abb. 4.12: Schematische zweidimensionale Darstellung der Anordnung von SiO$_4$-Tetraedern a) in kristallinem SiO$_2$, b) in glasigem SiO$_2$ und c) in Glas mit eingebauten Netzwerkwandlern.

synthetisiert werden (Formselektivität). Großtechnische Anwendung ist die Synthese von Ethylbenzol aus Benzol und Ethen.

Ultramarine sind Alumosilicate, die wie die Zeolithe aus Oktaederstümpfen aufgebaut sind. Sie sind wasserfrei, die Hohlräume enthalten Anionen, z. B. Cl$^-$. Ersetzt man im Ultramarin Sodalith Na$_4$[Al$_3$Si$_3$O$_{12}$]Cl die Cl$^-$-Ionen durch S$_3^-$-Radikal-Anionen erhält man einen tiefblauen Ultramarin, als Halbedelstein Lapislazuli bekannt.

Gläser sind ohne Kristallisation erstarrte Schmelzen. Im Unterschied zu der regelmäßigen dreidimensionalen Anordnung der Bausteine in Kristallen (Fernordnung) sind in Gläsern nur Ordnungen in kleinen Bereichen vorhanden (Nahordnung). (Abb. 4.12) Beim Erwärmen schmelzen sie daher nicht bei einer bestimmten Temperatur, sondern erweichen allmählich. Die Fähigkeit glasig amorph zu erstarren, besitzen außer SiO$_2$ und den Silicaten auch die Oxide GeO$_2$, P$_2$O$_5$, As$_2$O$_5$ und B$_2$O$_3$. Glas im engeren Sinne sind Silicate, die aus SiO$_2$ und basischen Oxiden wie Na$_2$O, K$_2$O und CaO bestehen. SiO$_2$ bildet das dreidimensionale Netzwerk aus eckenverknüpften SiO$_4$-Tetraedern (Netzwerkbildner), die basischen Oxide (Netzwerkwandler) trennen die Si—O—Si-Brücken (Abb. 4.12c). Gewöhnliches Gebrauchsglas (Fensterglas, Flaschenglas) besteht aus Na$_2$O, CaO und SiO$_2$. Durch Zusätze von K$_2$O erhält man schwerer schmelzbare Gläser (Thüringer Glas). Ein Zusatz von B_2O_3 erhöht die chemische Resistenz und die Festigkeit, Al_2O_3 verbessert chemische Resistenz und Festigkeit, vermindert die Entglasungsneigung und verringert den Ausdehnungskoeffizienten, das Glas wird dadurch unempfindlicher gegen Temperaturschwankungen. Bekannte Gläser mit diesen Zusätzen sind Jenaer Glas, Pyrexglas und Supremaxglas. Ein Zusatz von PbO erhöht das Lichtbrechungsvermögen. Bleikristallglas und Flintglas (optisches Glas) sind Kali-Blei-Gläser.

Unempfindlich gegen Temperaturschwankungen ist Quarzglas (Kieselglas). Es kann von Rotglut auf Normaltemperatur abgeschreckt werden. Färbungen von Gläsern erzielt man durch Zusätze von Metalloxiden (Fe(II)-oxid färbt grün, Fe(III)-oxid braun, Co(II)-oxid blau) oder durch kolloidale Metalle (Goldrubinglas). Getrübte Gläser wie Milchglas erhält man durch Einlagerung kleiner fester Teilchen. Dazu eignen sich $Ca_3(PO_4)_2$ oder SnO_2.

Emaille ist ein meist getrübtes oder gefärbtes Glas, das zum Schutz oder zur Dekoration auf Metalle aufgeschmolzen wird.

Eine **Glasfaser** ist eine aus Glas bestehende Faser, die als Lichtwellenleiter zur Datenübertragung verwendet wird. Sie besteht aus einem Kern, dessen Brechungsindex etwas größer ist als der des Fasermantels. Das Licht wird durch Totalreflexion am Mantel weitergeleitet. Als Faserbündel werden Glasfasern in Form von faserverstärkten Kunststoffen als Konstruktionswerkstoffe eingesetzt.

Glaskeramik entsteht durch eine gesteuerte, teilweise Entglasung. Glasphase und kristalline Phase bilden ein feinkörniges Gefüge. Glaskeramiken mit hoher Temperaturbeständigkeit und Temperaturwechselbeständigkeit werden für Geschirr und Kochflächen verwendet. Sie werden aus Lithiumaluminiumsilicaten hergestellt, die sehr kleine Ausdehnungskoeffizienten besitzen.

Tonkeramik entsteht durch Brennen von Tonen. Die wichtigsten Bestandteile der Tone sind Schichtsilicate (Kaolinit, Montmorillonit). Reiner Ton ist der Kaolin, der überwiegend aus Kaolinit besteht und zur Herstellung von Porzellan dient. Weniger reine Tone verwendet man zur Herstellung von Steingut, Steinzeug, Fayence und Majolika. Sie enthalten auch Quarz, Glimmer und Eisenoxide. Man unterscheidet Tonzeug mit einem dichten, wasserundurchlässigen Scherben (Porzellan, Steinzeug) und Tongut (Steingut, Majolika, Fayence) mit einem wasserdurchlässigen Scherben, das für die meisten Gebrauchszwecke glasiert wird.

Hochleistungskeramik. Dazu gehören chemisch hergestellte hochreine Oxide, Nitride, Carbide und Boride genau definierter Zusammensetzung und Teilchengröße (0,1–0,005 μm), die durch Pressen und Sintern zu Kompaktkörpern verarbeitet werden. Hervorragende Eigenschaften sind Festigkeit und Härte auch bei Temperaturen oberhalb 1 000 °C und ausgezeichnete chemische Beständigkeit, daher besonders verwendbar für hochbeanspruchte, hochtemperaturfeste Teile im Maschinen- und Apparatebau. Man unterscheidet:

Nichtoxidkeramik SiC, Si_3N_4, $B_{13}C_2$, BN, TiC, WC.

Oxidkeramik Al_2O_3, ZrO_2, BeO.

Cermets (Kombination von ceramics und metals) sind Verbundwerkstoffe aus zwei Phasen, in denen in Abhängigkeit von der Zusammensetzung bestimmte Eigenschaften optimiert werden. Beispiel: In WC/Co-Cermets ist die Härte von WC mit der Zähigkeit von Co zu einem Hartstoff kombiniert. Kombinationen keramischer Materialien z. B. Si_3N_4/SiC (bis 2 000 °C stabil) werden Komposite genannt.

Sialone sind Substitutionsvarianten von Si_3N_4. Bei ihnen ist partiell Si^{4+} durch Al^{3+} und N^{3-} durch O^{2-} substituiert. Sie sind als keramische Werkstoffe von Bedeutung. γ-Si_2AlON_3 z. B. kristallisiert in der Spinellstruktur und hat die Härte von Borcarbid.

Silicone sind chemisch und thermisch sehr beständige Kunststoffe, in denen die Stabilität der Si—O—Si-Bindung und die chemische Resistenz der Si—CH_3-Bindung ausgenutzt werden.

$$CH_3-\underset{\underset{CH_3}{|}}{\overset{\overset{CH_3}{|}}{Si}}-O-\underset{\underset{CH_3}{|}}{\overset{\overset{O}{\overset{|}{}}}{Si}}-O-\underset{\underset{O}{\overset{|}{\underset{|}{}}}}{\overset{\overset{CH_3}{|}}{Si}}-O-$$

Silicone sind beständig gegen höhere Temperaturen, Oxidation und Wettereinflüsse, sind hydrophobierend, elektrisch nichtleitend, physiologisch indifferent und daher vielseitig verwendbar. Bei der Synthese kann man den Polymerisationsgrad einstellen und es entstehen in Abhängigkeit davon dünnflüssige, ölige, fettartige, kautschukartige oder harzige Substanzen (Schmier- und Isoliermaterial, Dichtungen, Imprägniermittel, Lackrohstoff, Schläuche und Kabel).

5 Metalle

5.1 Eigenschaften von Metallen, Stellung im Periodensystem

Vier Fünftel aller Elemente sind Metalle. Die Metalle und Nichtmetalle stehen im Periodensystem links und rechts von einer Gruppe von Elementen, die oft als Halbmetalle bezeichnet werden (Abb. 5.1). Die Einordnung als *Halbmetall* (*engl.* metalloid) ist mehrdeutig und bezeichnet Elemente, die eine Zwischenstellung zwischen Metallen und Nichtmetallen einnehmen. Dazu zählen prinzipiell die Elemente B, Si, Ge, Sn, As, Sb, Se und Te. Die unterschiedlichen Modifikationen einiger dieser Elemente (Sn, P, As, Se) zeigen aber unterschiedliche (teils metallische, teils nichtmetallische) Eigenschaften. Graues Zinn kristallisiert in der Diamantstruktur und ist ein Nichtmetall, es wandelt sich oberhalb +13 °C in das metallische weiße Zinn um. Weißer und roter Phosphor sind nichtmetallische Modifikationen, schwarzer Phosphor ist ein Halbleiter.

Bei der Beschreibung von elektrischen Leitfähigkeitseigenschaften wird im Wesentlichen zwischen Metallen, Halbleitern und Isolatoren unterschieden (vgl. Abschn. 5.43). Ein Hauptmerkmal von Metallen ist ihre hohe elektrische Leitfähigkeit. Der metallische Zustand ist dadurch gekennzeichnet, dass die elektrische Leitfähigkeit mit steigender Temperatur abnimmt, weil mit zunehmender Häufigkeit Kollisionen zwischen Ladungsträgern (Elektronen) und Atomrümpfen auftreten. Ein Semimetall (*engl.* semimetal) ist nicht mit einem Halbmetall zu verwechseln. Semimetalle sind Elemente oder Verbindungen mit einer spezifischen elektronischen Situation. Aufgrund einer indirekten Überlappung von Valenz- und Leitungsband existiert bei Semimetallen weder eine direkte Überlappung von Valenz- und Leitungsband noch eine Bandlücke. Neben den Elektronen tragen auch Elektronenlöcher zur elektrischen Leitfähigkeit bei. Semimetalle zeigen das prinzipiell gleiche, aber abgeschwächte Verhalten wie Metalle, weil meistens weniger Ladungsträger zur Verfügung stehen.

Bei Halbleitern steigt die elektrische Leitfähigkeit mit steigender Temperatur an, weil mit steigender Temperatur eine zunehmende Zahl von Ladungsträgern vom Valenz-

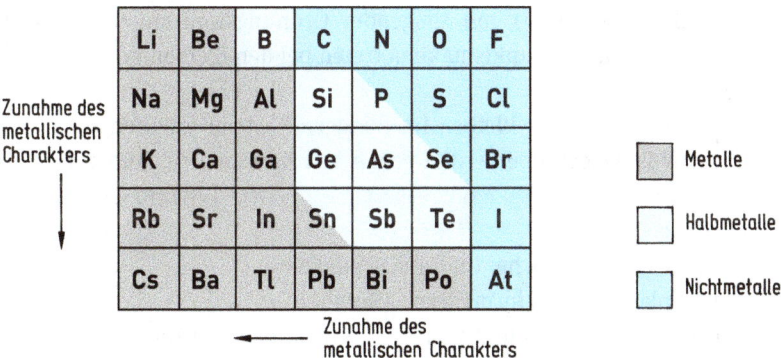

Abb. 5.1: Einteilung der Hauptgruppenelemente in Metalle, Halbmetalle und Nichtmetalle.

https://doi.org/10.1515/9783111336244-005

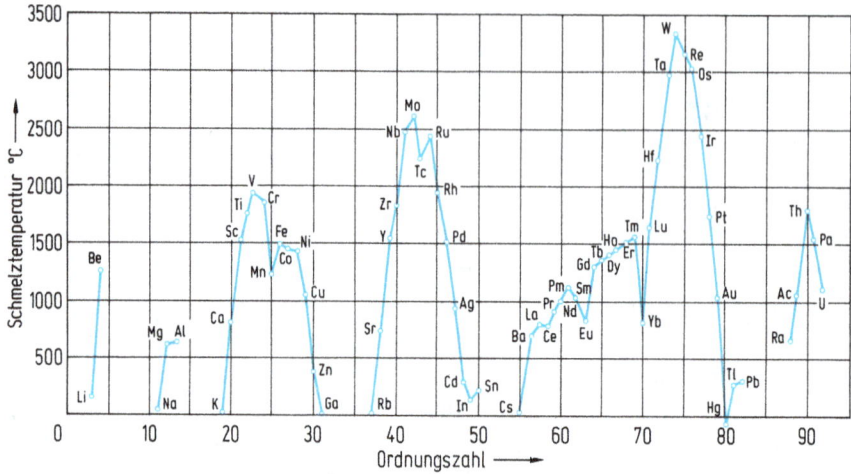

Abb. 5.2: Schmelzpunkte der Metalle.

band in das Leitungsband gelangt. Isolatoren leiten den elektrischen Strom nicht, oder schlecht. Die elektrische Leitfähigkeit von Isolatoren steigt mit der Temperatur an. Damit besteht zwischen Halbleitern und Isolatoren im Prinzip nur ein gradueller Unterschied (vgl. Abb. 5.22). Die meisten Nichtmetalle sind elektrische Isolatoren.

Der metallische Charakter der Elemente wächst in den Hauptgruppen von oben nach unten und in den Perioden von rechts nach links. Alle Nebengruppenelemente, die Lanthanoide und die Actinoide sind Metalle.

Für die Metalle sind also Elektronenkonfigurationen der Atome mit nur wenigen Elektronen auf der äußersten Schale typisch. Die Ionisierungsenergie der Metallatome ist niedrig (< 10 eV), sie bilden daher leicht positive Ionen.

Die Nichtmetalle sind in ihren Eigenschaften sehr differenziert, Metalle sind untereinander viel ähnlicher. Mit Ausnahme von Quecksilber sind alle Metalle bei Zimmertemperatur fest. Die Schmelzpunkte sind sehr unterschiedlich. Sie reichen von −39 °C (Quecksilber) bis 3 410 °C (Wolfram), mit steigender Ordnungszahl ändern sie sich periodisch (Abb. 5.2). Die Schmelzpunktsmaxima treten bei den Elementen der 5. und 6. Gruppe (V, Mo, W) auf.

Die metallischen Eigenschaften bleiben im flüssigen Zustand erhalten – ein bekanntes Beispiel dafür ist Quecksilber – und gehen erst im Dampfzustand verloren. Sie sind also an die Existenz größerer Atomverbände gebunden. Typische Eigenschaften von Metallen sind:

1. Metallischer Glanz der Oberfläche, Undurchsichtigkeit
2. Dehnbarkeit und plastische Verformbarkeit (Duktilität)
3. Gute elektrische (> 10^6 Ω^{-1} m^{-1}) und thermische Leitfähigkeit (Abb. 5.3). Bei Metallen nimmt mit steigender Temperatur die Leitfähigkeit ab, bei Halbleitern nimmt sie zu.

Li 11,8	Be 18													
Na 23	Mg 25										Al 40			
K 15,9	Ca 23	Sc 1,7	Ti 1,2	V 0,6	Cr 6,5	Mn 20	Fe 11,2	Co 16	Ni 16	Cu 65	Zn 18	Ga 2,2		
Rb 8,6	Sr 3,3	Y 1,4	Zr 2,4	Nb 4,4	Mo 23	Tc	Ru 8,5	Rh 22	Pd 10	Ag 66	Cd 15	In 12	Sn 10	Sb 2,8
Cs 5,6	Ba 17	La 1,7	Hf 3,4	Ta 7,2	W 20	Re 5,3	Os 11	Ir 20	Pt 10	Au 49	Hg 4,4	Tl 7,1	Pb 52	Bi 1

Abb. 5.3: Elektrische Leitfähigkeit der Metalle bei 0 °C in $10^6\,\Omega^{-1}\,\mathrm{m}^{-1}$.

s^1	s^2	s^2p^1	s^2p^2	s^2p^3
Li +1	Be +2			
Na +1	Mg +2	Al +3		
K +1	Ca +2	Ga +3		
Rb +1	Sr +2	In +1 +3	Sn +2 +4	
Cs +1	Ba +2	Tl +1 +3	Pb +2 +4	Bi +3 +5

Abb. 5.4: Oxidationszahlen der Hauptgruppenmetalle.

Die metallischen Eigenschaften können mit den Kristallstrukturen der Metalle und den Bindungsverhältnissen in metallischen Substanzen erklärt werden.

In den chemischen Eigenschaften gibt es zwischen den Hauptgruppenmetallen und den Nebengruppenmetallen charakteristische Unterschiede. Bei den Hauptgruppenmetallen stehen für chemische Bindungen nur s- und p-Elektronen zur Verfügung, d-Elektronen sind entweder nicht oder nur in vollbesetzten Unterschalen vorhanden. Die Hauptgruppenmetalle treten daher überwiegend in einer einzigen Oxidationszahl auf, bei einigen kommen zwei Oxidationszahlen vor (Abb. 5.4). Die Ionen haben meist Edelgaskonfiguration. Sie sind farblos und diamagnetisch. Die Hauptgruppenmetalle sind fast alle unedle Metalle. Bei den Nebengruppenmetallen werden die d-Orbitale der zweitäußersten Schale aufgefüllt. Außer den s-Elektronen der äußersten Schale können auch die d-Elektronen als Valenzelektronen wirken. Die Übergangsmetalle treten daher in vielen Oxidationszahlen auf. Die wichtigsten Oxidationszahlen der

Sc $3d^1 4s^2$	Ti $3d^2 4s^2$	V $3d^3 4s^2$	Cr $3d^5 4s^1$	Mn $3d^5 4s^2$	Fe $3d^6 4s^2$	Co $3d^7 4s^2$	Ni $3d^8 4s^2$	Cu $3d^{10} 4s^1$	Zn $3d^{10} 4s^2$
+3	+2 +3 +4	+2 +3 +4 +5	+2 +3 +6	+2 +3 +4 +7	+2 +3	+2 +3	+2	+1 +2	+2
Sc_2O_3	TiO Ti_2O_3 TiO_2	VO V_2O_3 VO_2 V_2O_5	$FeCr_2O_4$ K_2CrO_4	MnO $ZnMn_2O_4$ MnO_2 $KMnO_4$	FeO Fe_2O_3	CoO $ZnCo_2O_4$	NiO	Cu_2O CuO	ZnO

Abb. 5.5: Wichtige Oxidationszahlen der 3d-Elemente. Als Beispiele sind einige Sauerstoffverbindungen aufgeführt.

3d-Elemente sind in der Abb. 5.5 angegeben. Die meisten Ionen der Übergangsmetalle haben teilweise besetzte d-Niveaus. Solche Ionen bilden farbige Salze, sind paramagnetisch und besitzen eine ausgeprägte Neigung zur Komplexbildung (vgl. Abschn. 5.7). Unter den Nebengruppenmetallen finden sich die typischen Edelmetalle.

5.2 Kristallstrukturen der Metalle

Es treten vorwiegend drei Strukturen auf. Ihr Zustandekommen ist zu verstehen, wenn man annimmt, dass die Metallatome starre Kugeln sind und dass zwischen ihnen ungerichtete Anziehungskräfte existieren, so dass sich die Kugeln möglichst dicht zusammenlagern. Es entstehen dichteste Packungen. Abb. 5.6a zeigt eine Schicht mit Kugeln in dichtester Packung. Die Atome sind in gleichseitigen Dreiecken bzw. Sechsecken angeordnet. Packt man auf eine solche Schicht Kugeln, dann ist die Packung am dichtesten, wenn sie in Mulden liegen, die durch drei Kugeln der darunter liegenden Schicht gebildet werden. Wird eine Kugelschicht dichtester Packung raumsparend auf eine darunter liegende Schicht gepackt, gibt es für die obere Schicht zwei mögliche Lagen (vgl. Abb. 5.6b).

Es treten daher unterschiedliche Schichtenfolgen auf. 1. Die Schichtenfolge ABAB. Die dritte Schicht liegt so auf der zweiten Schicht, dass die Kugeln genau über denen der ersten Schicht liegen (Abb. 5.6c und Abb. 5.7a). 2. Die Schichtenfolge ABCABC. Die Kugeln der dritten Schicht liegen in anderen Positionen als die der ersten Schicht. Erst die vierte Schicht liegt wieder genau über der ersten (vgl. Abb. 5.6d und Abb. 5.7b).

Bei der Schichtenfolge ABAB liegt eine hexagonal-dichteste Packung (hdp) vor. Abb. 5.8 zeigt die hexagonale Elementarzelle dieser Struktur. Bei der kubisch-dichtesten Packung (kdp) mit der Schichtenfolge ABCABC entsteht eine Struktur mit einer flächenzentrierten kubischen Elementarzelle. Die kleinste Einheit dieser Struktur ist also ein Würfel, dessen Ecken und Flächenmitten mit Atomen besetzt sind. Jeweils

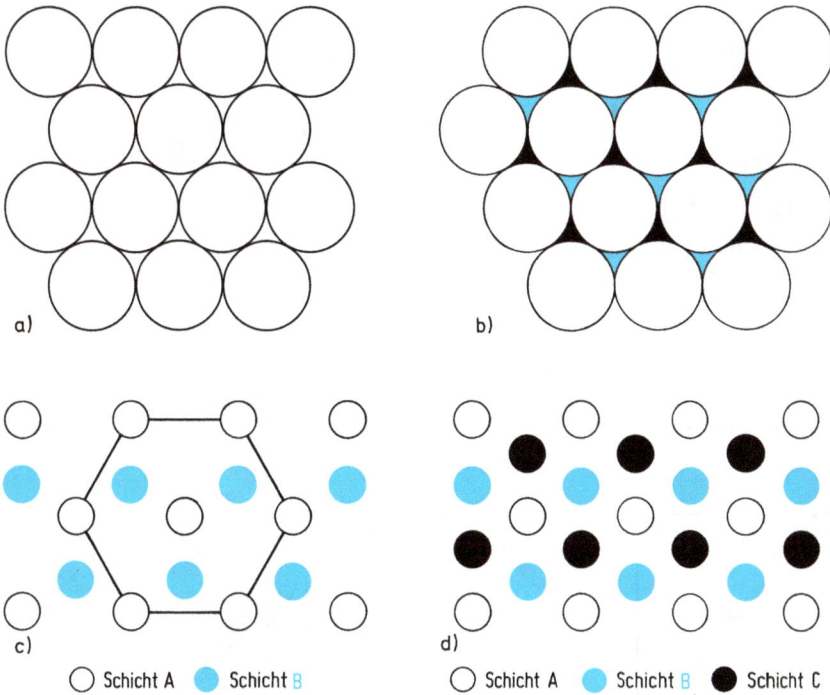

○ Schicht A ● Schicht B   ○ Schicht A ● Schicht B ● Schicht C

Abb. 5.6: Dichteste Kugelpackungen.
a) Eine einzelne Schicht mit dichtest gepackten Kugeln.
b) Eine Schicht dichtester Packung besitzt zwei verschiedene Sorten von Lücken bzw. Mulden (▲ und ▼), in die eine zweite, darüber liegende Schicht dichtester Packung einrasten kann. Für diese Schicht gibt es daher zwei mögliche Positionen.
c) Hexagonal-dichteste Packung. Die Schichtenfolge ist ABAB... Die dritte Schicht liegt genau über der ersten Schicht.
d) Kubisch-dichteste (= kubisch-flächenzentrierte) Packung. Die Schichtenfolge ist ABCABC... Erst die vierte Schicht liegt genau über der ersten Schicht.

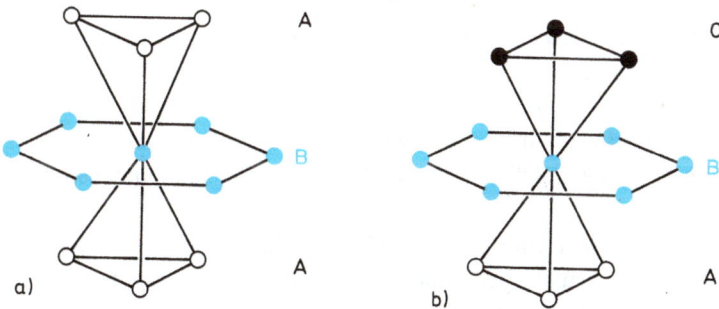

Abb. 5.7: a) Hexagonal-dichteste Kugelpackung. Schichtenfolge ABAB...
b) Kubisch-dichteste (= kubisch-flächenzentrierte) Kugelpackung. Schichtenfolge ABCABC...

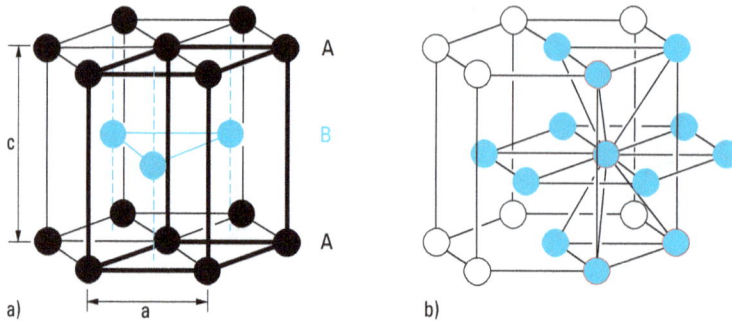

Abb. 5.8: Hexagonal-dichteste Kugelpackung.
a) Atomlagen. Die dick gezeichneten Kanten umschließen die Elementarzelle, $c/a = 1{,}633$.
b) Koordinationszahl. Jedes Atom hat 12 Nachbarn im gleichen Abstand.

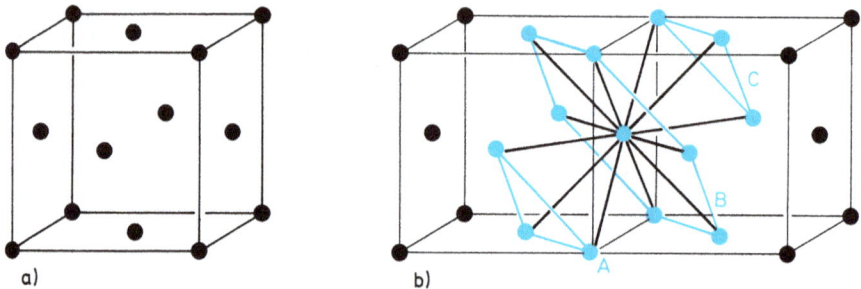

Abb. 5.9: Kubisch-dichteste Packung (oder kubisch-flächenzentrierte Struktur).
a) Flächenzentrierte kubische Elementarzelle.
b) Die Schichten dichtester Packung liegen senkrecht zu den Raumdiagonalen der Elementarzelle.
Jedes Atom hat 12 Nachbarn im gleichen Abstand.

senkrecht zu den vier Raumdiagonalen des Würfels liegen die dichtest gepackten Schichten mit der Folge ABCABC (Abb. 5.9).

Die dritte häufige Struktur ist die kubisch-raumzentrierte Struktur (krz). Die Elementarzelle ist ein Würfel, dessen Eckpunkte und dessen Zentrum mit Atomen besetzt sind. Die Koordinationszahl beträgt 8. Zusammen mit den übernächsten Nachbarn, die nur 15 % weiter entfernt sind, ist die Anzahl der Nachbaratome 14 (Abb. 5.10). Die kubisch-raumzentrierte Struktur ist etwas weniger dicht gepackt (Raumausfüllung 68 %) als die kubisch-dichteste und die hexagonal-dichteste Packung (Raumausfüllung 74 %).

80 % der metallischen Elemente kristallisieren in einer der drei Strukturen. Abb. 5.11 zeigt, wie sich die Strukturtypen über das Periodensystem verteilen.

In der kubisch-raumzentrierten Struktur kristallisieren die Alkalimetalle und die Elemente der 5. und 6. Nebengruppe. In der kubisch-flächenzentrierten Struktur kristallisieren die wichtigen Gebrauchsmetalle γ-Fe, Al, Pb, Ni, Cu und die Edelmetalle.

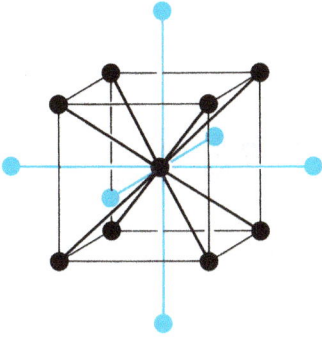

Abb. 5.10: Elementarzelle der kubisch-raumzentrierten Struktur. Die blau gezeichneten Atome gehören zu Nachbarzellen. Jedes Atom hat 8 nächste Nachbarn und 6 übernächste Nachbarn, die nur 15 % weiter entfernt sind.

Li	Be												
Na	Mg											Al	
K	Ca	Sc	Ti	V	Cr	Mn	Fe	Co	Ni	Cu	Zn	Ga	
Rb	Sr	Y	Zr	Nb	Mo	Tc	Ru	Rh	Pd	Ag	Cd	In	Sn
Cs	Ba	La	Hf	Ta	W	Re	Os	Ir	Pt	Au	Hg	Tl	Pb

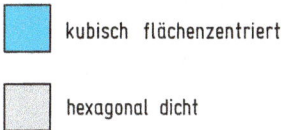

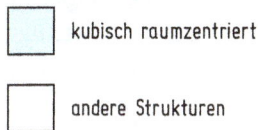

kubisch flächenzentriert   kubisch raumzentriert

hexagonal dicht   andere Strukturen

Abb. 5.11: Kristallstrukturen der Metalle bei Normalbedingungen. Eine Reihe von Metallen kommt in mehreren Strukturen vor. Bei einer für das jeweilige Metall charakteristischen Temperatur findet eine Strukturumwandlung statt.

Viele Metalle sind polymorph, sie kommen in mehreren Strukturen vor. Eisen z. B. kommt in drei Modifikationen vor.

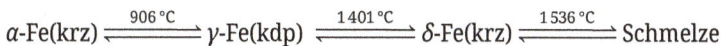

$$\alpha\text{-Fe(krz)} \xrightleftharpoons{906\,°C} \gamma\text{-Fe(kdp)} \xrightleftharpoons{1401\,°C} \delta\text{-Fe(krz)} \xrightleftharpoons{1536\,°C} \text{Schmelze}$$

In der doppelt-hexagonalen Struktur mit der Schichtenfolge ABACABAC... kristallisieren Pr und Nd. Der Wechsel der kubischen und hexagonalen Strukturelemente führt zur Verdoppelung der c-Achse.

Interessant ist das Auftreten von Stapelfehlern. Bei bestimmter Temperaturbehandlung tritt z. B. bei Co durchschnittlich nach 10 Schichten statt der hexagonalen eine kubische Schichtenfolge auf:

ABABAB A B C BCBCBC ...
hexagonal   hexagonal
               kubisch

Bei den Nichtmetallen führen gerichtete Atombindungen zu kleinen Koordinationszahlen. In Ionenkristallen sind die Bindungskräfte ungerichtet; aufgrund der Radienverhältnisse Kation : Anion sind die häufigsten Koordinationszahlen 4, 6 und 8. Bei beiden Bindungsarten ist eine große Strukturmannigfaltigkeit vorhanden. Bei den Metallen führen die ungerichteten Bindungskräfte wegen der gleich großen Bausteine zu wenigen, geometrisch einfachen Strukturen mit großen Koordinationszahlen.

Dichtest gepackte Strukturen besitzen daher auch die Edelgase (vgl. Abschn. 4.4.1), bei denen zwischen den kugelförmigen Atomen ungerichtete van-der-Waals-Kräfte vorhanden sind.

Das Modell starrer Kugeln trifft jedoch nur in erster Näherung zu. Das Auftreten mehrerer typischer Metallstrukturen deutet auf einen individuellen Einfluss der Atome hin. Bisher gelang es aber nicht generell, theoretisch abzuleiten, welcher der drei Strukturtypen bei einem Metall auftritt.

Bei einigen Metallen mit hexagonal-dichtester Packung hat das c/a-Verhältnis (Abb. 5.8a) nicht den idealen Wert 1,633. Beispiele sind: Be 1,58; Seltenerdmetalle 1,57; Zn 1,86; Cd 1,88. Bei Be und den Seltenerdmetallen sind demnach die Abstände zwischen den Atomen in den Schichten dichtester Packung größer als zwischen den Schichten. Bei Zn und Cd ist es umgekehrt. Diese Abweichungen von der idealen Struktur lassen vermuten, dass gerichtete Bindungskräfte eine Rolle spielen.

Zu den Metallen, die in komplizierteren Metallstrukturen kristallisieren, gehören Ga, In, Sn, Hg und Mn.

Die plastische Verformbarkeit von Metallen (Ziehen, Walzen, Hämmern) beruht darauf, dass in ausgezeichneten Ebenen eine Gleitung möglich ist. Gleitebenen entstehen zwischen dichtest gepackten Schichten (z. B. zwischen Schichten A und B), da innerhalb der Ebenen der Zusammenhalt stark ist. In der kubisch-flächenzentrierten Struktur existieren senkrecht zu den vier Raumdiagonalen der kubischen Elementarzelle vier Scharen dichtgepackter Ebenen, bei der hexagonal-dichtesten Packung existiert nur eine solche Ebenenschar. Meist besteht ein Metallstück aus vielen regellos angeordneten Kriställchen, es ist polykristallin. Die Ebenen dichtester Packung liegen in den Kristalliten regellos auf alle Raumrichtungen verteilt. Bei polykristallinen Metallen mit kubisch-dichtester Packung ist wegen der größeren Anzahl an Gleitebenen die Wahrscheinlichkeit, dass Gleitebenen der einzelnen Kristallite in eine günstige Lage zur Verformungskraft kommen, größer als bei polykristallinen Metallen mit hexagonal-dichtester Packung. Die Metalle mit kubisch-dichtester Packung (Cu, Ag, Au, Pt, Al, Pb, γ-Fe) sind daher relativ weiche, gut zu bearbeitende (duktile) Metalle, während Metalle mit hexagonal-dichtester Packung und besonders kubisch-raumzentrierte Metalle (Cr, V, W, Mo) eher spröde sind. Fe tritt in zwei Strukturen auf und ist in der γ-Form duktiler und leichter bearbeitbar als in der α-Form.

In den Kristallstrukturen eingebaute Fremdatome erschweren die Gleitung und mindern die Duktilität. Legierungen enthalten Fremdatome und sind daher härter als das Wirtsmetall, oft sogar spröde oder brüchig.

Es soll noch erwähnt werden, dass bei der plastischen Verformung von Metallen Fehlordnungen in den Strukturen (Stufenversetzungen und Schraubenversetzungen) eine wesentliche Rolle spielen. Gleitebenen sind Ebenen mit hoher Versetzungsdichte.

5.3 Atomradien von Metallen

Der Atomradius eines Metallatoms wird als halber Abstand der benachbarten Metallatome in der Kristallstruktur definiert. In Strukturen mit dichtesten Kugelpackungen (kubisch oder hexagonal) hat jedes Atom 12 nächste Nachbaratome (Abb. 5.8b und 5.9b). In der kubisch raumzentrierten Kristallstruktur hat jedes Atoms acht gleich weit entfernte Nachbarn (Abb. 5.10) aus denen die Metallradien berechnet werden. Aus Untersuchungen polymorpher Metalle und von Legierungssystemen lässt sich die folgende Abhängigkeit der Metallradien von der Koordinationszahl ermitteln:

Koordinationszahl	12	8	6	4
Metallradius	1,00	0,97	0,96	0,88

In der Abb. 5.12 sind Metallradien für die Koordinationszahl 12 angegeben. Die Atomradien der Metalle sind sehr viel größer als die Ionenradien (vgl. Tab. 2.2).

Sie liegen im Bereich 110–270 pm. Mit steigender Ordnungszahl ändern sie sich periodisch. In jeder Periode haben die Alkalimetalle die größten Radien. In jeder Übergangsmetallreihe haben einige Elemente der zweiten Hälfte sehr ähnliche Radien (z. B. Fe, Co, Ni, Cu), da dort ein Minimum auftritt. Die Radien homologer 4d- und 5d-Elemente sind nahezu gleich (Mo, W; Nb, Ta; Pd, Pt; Ag, Au). Ursache dafür ist die so genannte Lanthanoidenkontraktion. Bei den auf das Lanthan folgenden 14 Lanthanoiden werden die inneren 4f-Niveaus aufgefüllt. Dabei erfolgt eine stetige Abnahme des Atomradius, so dass die auf die Lanthanoide folgenden 5d-Elemente den annähernd gleichen Radius besitzen, wie die homologen 4d-Elemente.

Li 157	Be 112													
Na 191	Mg 160											Al 143		
K 235	Ca 197	Sc 164	Ti 147	V 135	Cr 129	Mn 137	Fe 126	Co 125	Ni 125	Cu 128	Zn 137	Ga 153		
Rb 250	Sr 215	Y 182	Zr 160	Nb 147	Mo 140	Tc 135	Ru 134	Rh 134	Pd 137	Ag 144	Cd 152	In 167	Sn 158	
Cs 272	Ba 224	La 188	Hf 159	Ta 147	W 141	Re 137	Os 135	Ir 136	Pt 139	Au 144	Hg 155	Tl 171	Pb 175	Bi 182

Abb. 5.12: Atomradien von Metallen für die Koordinationszahl 12 in pm.

5.4 Metallische Bindung, elektrische Eigenschaften

5.4.1 Elektronengas

Bereits um 1900 wurde von Drude und Lorentz ein Modell der metallischen Bindung entwickelt, das auf klassischen Gesetzen beruht. Danach sind in Metallen die Gitterplätze durch positive Ionenrümpfe besetzt; die Valenzelektronen bewegen sich frei durch die Metallstruktur. Im Gegensatz zu anderen Bindungsarten sind die Valenzelektronen also nicht an ein bestimmtes Atom gebunden, sondern delokalisiert, und ähnlich wie sich Gasatome im gesamten Gasraum frei bewegen können, können sich die Valenzelektronen der Metallatome in der gesamten Struktur frei bewegen. Diese frei beweglichen Elektronen werden daher als Elektronengas bezeichnet.

In Aluminium z. B. nehmen die kugelförmigen Al^{3+}-Rümpfe nur etwa 18 % des Gesamtvolumens des Metalls ein, während das Elektronengas 82 % des Volumens beansprucht (Abb. 5.13).

Die Untersuchung der Elektronendichteverteilung bestätigte, dass zwischen den Atomen in einer Metallstruktur eine endliche Elektronendichte vorhanden ist, die durch das Elektronengas zustande kommt (Abb. 5.14).

Mit diesem Modell kann man viele Eigenschaften der Metalle – zumindest qualitativ – befriedigend erklären.

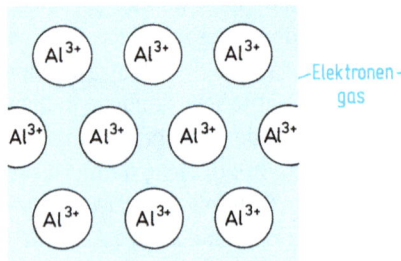

Abb. 5.13: Schnitt durch einen Aluminiumkristall. Eine Schicht von Al^{3+}-Rümpfen ist in Elektronengas eingebettet. In Ionenkristallen und Atomkristallen sind die Valenzelektronen fest gebunden. In Metallen sind die Valenzelektronen nicht lokalisiert, sondern in der Struktur frei beweglich.

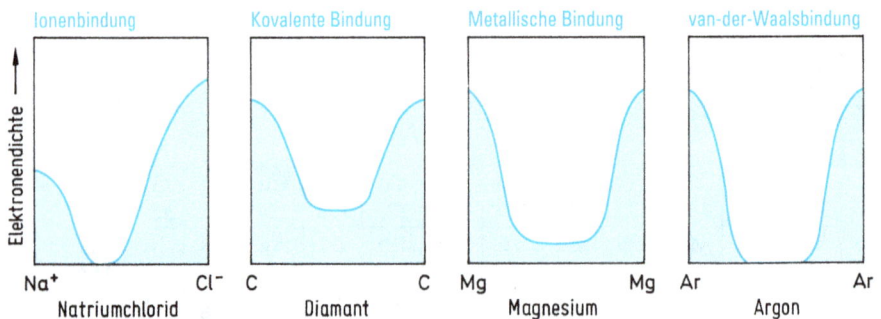

Abb. 5.14: Schematischer Verlauf der Elektronendichte zwischen benachbarten Ionen oder Atomen gemäß ihrer unterschiedlichen Bindungsarten.

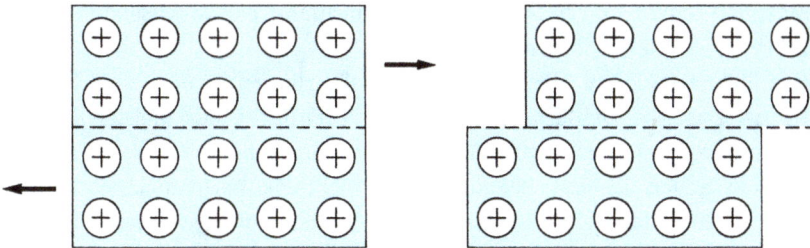

Abb. 5.15: Bei der plastischen Verformung von Metallen führt die Verschiebung der Kristallebenen gegeneinander nicht zu Abstoßungskräften.

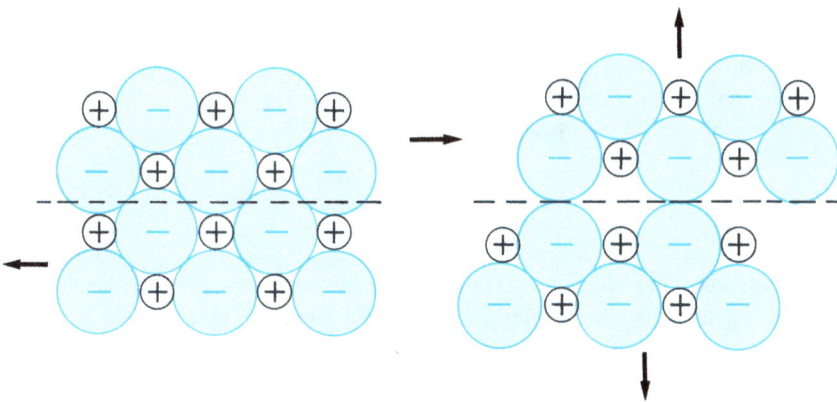

Abb. 5.16: Die dargestellte Verschiebung der Schichten eines Ionenkristalls führt zu starken Abstoßungskräften.

Strukturelle und mechanische Eigenschaften: Der Zusammenhalt der Atome in Metallen kommt durch die Anziehungskräfte zwischen den positiven Atomrümpfen und dem Elektronengas zustande. Diese Bindungskräfte sind ungerichtet, und sie erklären das bevorzugte Auftreten dicht gepackter Metallstrukturen.

Beim Gleiten der Kristallebenen bleiben die Bindungskräfte erhalten, Metalle sind daher plastisch verformbar (Abb. 5.15). Bei Ionenkristallen führt dagegen Gleitung zum Bruch, wenn bei der Verschiebung der Kristallebenen gleichartig geladene Ionen übereinander zu liegen kommen und Abstoßung auftritt. Ionenkristalle sind daher spröde und nicht plastisch verformbar (Abb. 5.16). Bei Atomkristallen werden durch mechanische Deformation Elektronenpaarbindungen zerstört, so dass ein Kristall in kleinere Bruchstücke zerfällt. Diamant und Silicium z. B. sind spröde.

Elektronische Eigenschaften: Die Existenz des Elektronengases erklärt die gute elektrische und thermische Leitfähigkeit der Metalle. Beim Anlegen einer Spannung wandern die Elektronen des Elektronengases im Kristall in Richtung der Anode. Mit steigender Temperatur sinkt die Leitfähigkeit, da durch die mit wachsender Temperatur zunehmenden Schwingungen der positiven Atomrümpfe eine wachsende Störung der freien Beweglichkeit der Elektronen erfolgt.

Da freie Elektronen Licht aller Wellenlängen absorbieren können, sind Metalle undurchsichtig. Das grau-weißliche Aussehen der Oberfläche der meisten Metalle kommt durch Reflexion von Licht aller Wellenlängen zustande.

Mit den klassischen Gesetzen ließ sich jedoch nicht das thermodynamische Verhalten von Metallen erklären. Im Gegensatz zu anderen einatomigen Gasen, beispielsweise den Edelgasen, die auf Grund der drei Translationsfreiheitsgrade die molare Wärmekapazität $\frac{3}{2}R$ besitzen, nimmt das Elektronengas bei einer Temperaturerhöhung nahezu keine Energie auf. Die Wärmekapazität des Elektronengases ist annähernd null. Man bezeichnet das Elektronengas als entartet.

Nach der Regel von Dulong-Petit beträgt die molare Wärmekapazität aller festen Stoffe, auch die metallischer Leiter, annähernd $3R$.

Erst mit Hilfe der Quantentheorie konnte die Entartung des Elektronengases erklärt werden (vgl. Abschn. 5.4.3).

5.4.2 Energiebändermodell

Stellen wir uns vor, dass ein Metallkristall aus vielen isolierten Metallatomen eines Metalldampfes gebildet wird. Sobald sich die Atome einander nähern, kommt es zu zwischen ihnen zu Wechselwirkungen. Aufgrund dieser Wechselwirkungen entsteht im Metallkristall aus äquivalenten Atomorbitalen der einzelnen Atome, die die gleiche Energie besitzen, eine sehr dichte Abfolge von Energiezuständen und damit ein Energieband. Wird ein Metallkristall aus 10^{20} Atomen gebildet – 1 g Lithium enthält 10^{23} Atome –, dann entstehen aus 10^{20} äquivalenten Atomorbitalen der Atome des Metalldampfes 10^{20} Energieniveaus unterschiedlicher Energie (Abb. 5.17).

Die Energiezustände eines Energiebandes lassen sich als Molekülorbitale auffassen und das Zustandekommen des Energiebands mit der MO-Methode beschreiben. Bei der Wechselwirkung zweier Li-Atome entsteht durch Linearkombination der 2s-Orbitale – wie beim Wasserstoffmolekül (Abschn. 2.2.12) – ein bindendes und ein antibindendes MO. Die Linearkombination der 2s-Orbitale von drei Li-Atomen führt zu drei MOs (bindend, nichtbindend, antibindend). Treten vier Li-Atome in Wechselwirkung, so entstehen vier Vierzentren-MOs usw. Durch Linearkombination aller 2s-Orbitale der Li-Atome eines Kristalls entsteht eine dichte Folge von MOs, die sich über den gesamten Kristall erstrecken (Energieband). Die Anzahl der MOs ist gleich der Anzahl der Atomorbitale, aus denen sie gebildet werden. Elektronen, die diese MOs besetzen, sind vollständig delokalisiert, ihre Aufenthaltswahrscheinlichkeit erstreckt sich über den ganzen Kristall (vgl. Abschn. 2.2.12).

Abb. 5.18 zeigt schematisch das Zustandekommen der Energiebänder von metallischem Lithium aus den Atomorbitalen der Li-Atome. Das aus den 1s-Atomorbitalen der Li-Atome gebildete Band ist von dem aus den 2s-Atomorbitalen gebildeten Ener-

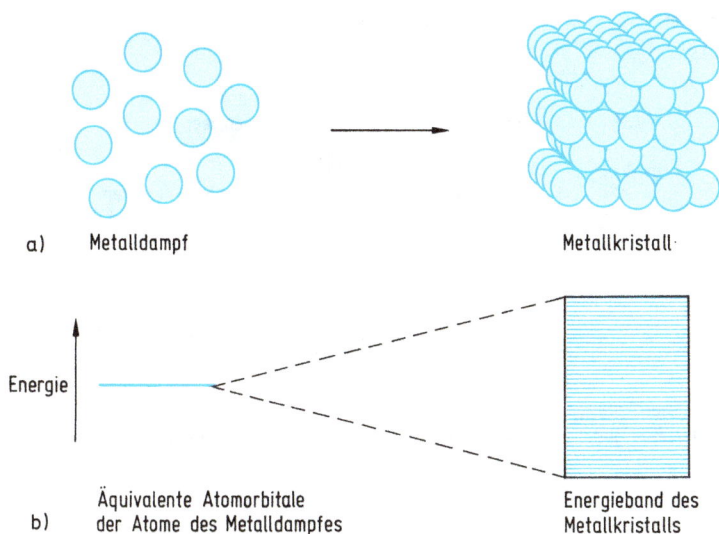

a) Metalldampf — Metallkristall

b) Äquivalente Atomorbitale der Atome des Metalldampfes — Energieband des Metallkristalls

Abb. 5.17: a) Aus isolierten Atomen eines Metalldampfes bildet sich ein Metallkristall.
b) Aufspaltung von Energieniveaus zu einem Energieband im Metallkristall. Aus 10^{20} äquivalenten Energieniveaus von 10^{20} isolierten Atomen eines Metalldampfes entsteht im festen Metall ein Energieband mit 10^{20} Energiezuständen unterschiedlicher Energie (vgl. Bildung von Molekülorbitalen, Abschn. 2.2.12).

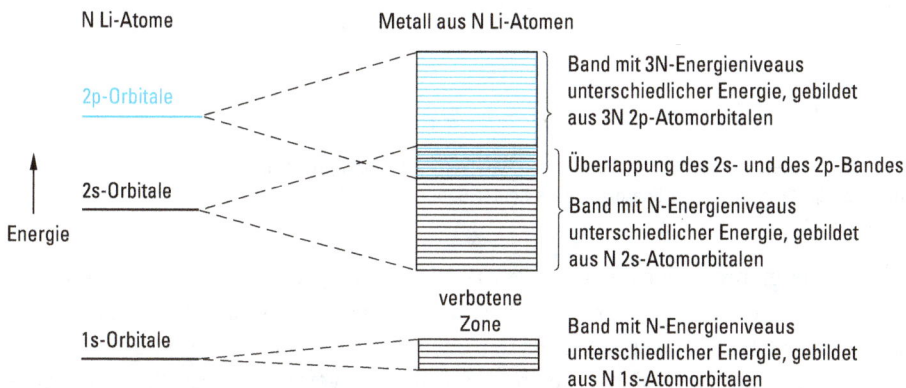

N Li-Atome — Metall aus N Li-Atomen

2p-Orbitale — Band mit 3N-Energieniveaus unterschiedlicher Energie, gebildet aus 3N 2p-Atomorbitalen

Überlappung des 2s- und des 2p-Bandes

2s-Orbitale — Band mit N-Energieniveaus unterschiedlicher Energie, gebildet aus N 2s-Atomorbitalen

verbotene Zone

1s-Orbitale — Band mit N-Energieniveaus unterschiedlicher Energie, gebildet aus N 1s-Atomorbitalen

Abb. 5.18: Schematische Darstellung des Zustandekommens der Energiebänder von Lithium aus den Energieniveaus der Atomorbitale. Die Energiebreite der Bänder liegt in der Größenordnung eV.

gieband durch einen Energiebereich getrennt, in dem keine Energieniveaus liegen. Man nennt diesen Energiebereich verbotene Zone, da für die Metallelektronen Energien dieses Bereiches verboten sind. Die aus den 2s- und 2p-Atomorbitalen gebildeten Energiebänder sind so stark aufgespalten, dass die beiden Bänder überlappen, also nicht durch eine verbotene Zone voneinander getrennt sind.

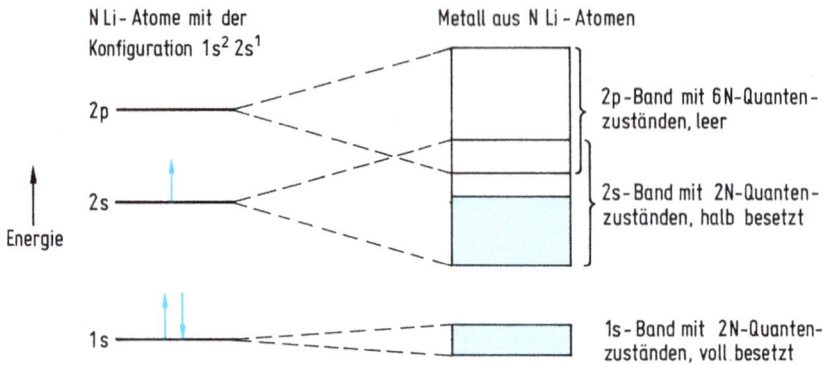

Abb. 5.19: Besetzung der Energiebänder von Lithium. Für die Besetzung der Energieniveaus der Bänder gilt das Pauli-Verbot. Jedes Energieniveau kann nur mit zwei Elektronen entgegengesetzten Spins besetzt werden.

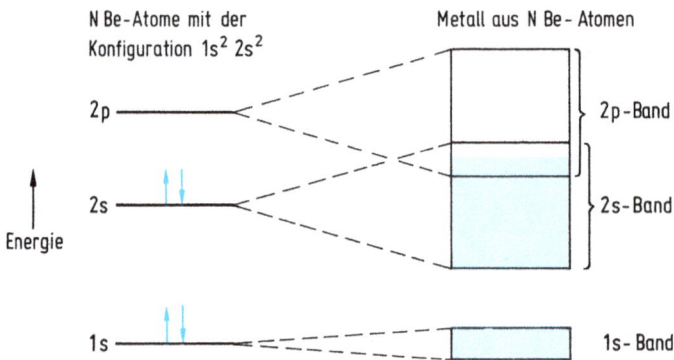

Abb. 5.20: Besetzung der Energiebänder von Beryllium. Im Überlappungsbereich des 2s- und des 2p-Bandes werden Energieniveaus beider Bänder besetzt.

Da die Energiebreite der Bänder in der Größenordnung von eV liegt, ist der Abstand der Energieniveaus innerhalb der Bänder von der Größenordnung 10^{-20} eV, also sehr klein. Wegen des geringen Abstands der Energieniveaus ändert sich in den Bändern die Energie quasikontinuierlich, man darf aber nicht vergessen, dass die Energiebänder aus einer begrenzten Zahl von Energiezuständen bestehen.

Für die Besetzung der Energieniveaus von Energiebändern mit Elektronen gilt genauso wie für die Besetzung der Orbitale einzelner Atome das Pauli-Prinzip (vgl. Abschn. 1.4.7). Jedes Energieniveau kann also nur mit zwei Elektronen entgegengesetzten Spins besetzt werden. Für die Metalle Lithium und Beryllium ist die Besetzung der Energiebänder in den Abb. 5.19 und 5.20 dargestellt.

Die Breite einer verbotenen Zone hängt von der Energiedifferenz der Atomorbitale und der Stärke der Wechselwirkung der Atome in der Kristallstruktur ab. Je mehr sich die Atome einander nähern, umso stärker wird die Wechselwirkung der Elektro-

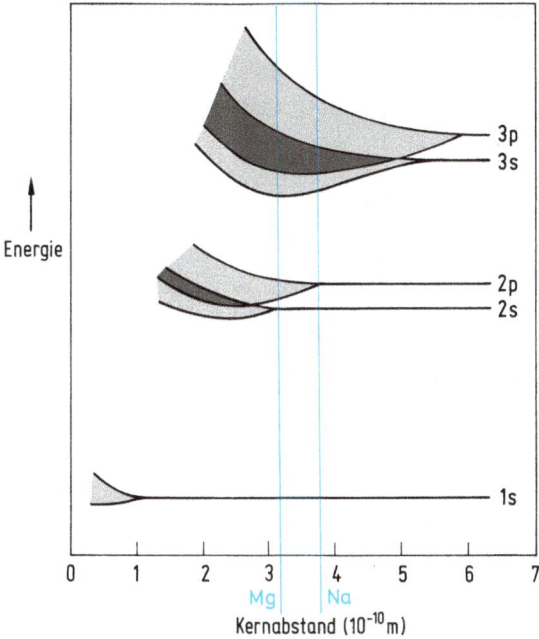

Abb. 5.21: Aufspaltung der Energieniveaus in Abhängigkeit vom Atomabstand. Die Energieniveaus der 3p- und 3s-Orbitale der Na- und Mg-Atome sind in den Metallen zu breiten, sich überlappenden Energiebändern aufgespalten.

nen, die Breite der Energiebänder wächst, und die Breite der verbotenen Zonen nimmt ab, bis schließlich die Bänder überlappen. Abb. 5.21 zeigt am Beispiel von Natrium und Magnesium die Aufspaltung der Atomorbitale in Abhängigkeit vom Atomabstand.

Innere, an die Atomkerne fest gebundene Elektronen zeigen im Festkörper nur eine schwache Wechselwirkung. Ihre Energiezustände sind praktisch ungestört und daher scharf. Die inneren Elektronen bleiben lokalisiert und sind an bestimmte Atomrümpfe gebunden.

Die Energieniveaus der äußeren Elektronen, der Valenzelektronen, spalten stark auf. Die Breite der Energiebänder liegt in der Größenordnung von wenigen eV. Ist ein solches Band nur teilweise mit Elektronen besetzt, dann können sich die Elektronen quasifrei durch den Kristall bewegen, sie sind nicht an bestimmte Atomrümpfe gebunden (Elektronengas). Beim Anlegen einer Spannung ist elektrische Leitung möglich.

5.4.3 Metalle, Isolatoren, Eigenhalbleiter

Mit dem Energiebändermodell lässt sich erklären, welche Festkörper metallische Leiter, Isolatoren oder Halbleiter sind. Bei den Metallen überlappt das von den Orbitalen

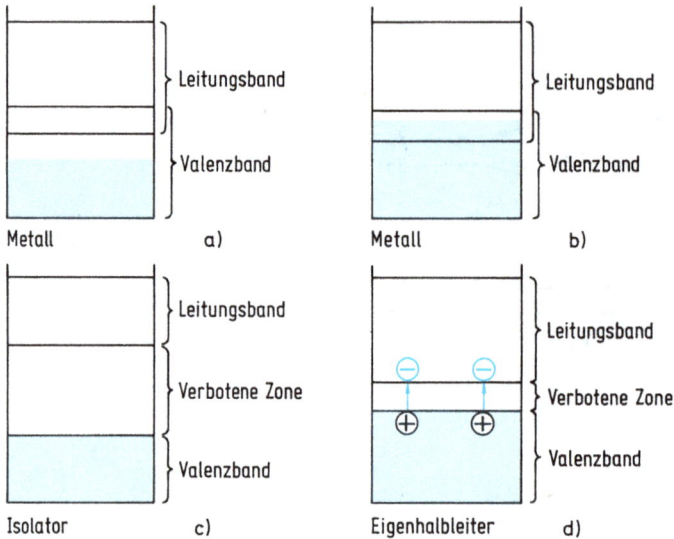

Abb. 5.22: Schematische Energiebänderdiagramme. Es ist nur das oberste besetzte und das unterste leere Band dargestellt, da die anderen Bänder für die elektrischen Eigenschaften ohne Bedeutung sind.
a), b) Bei allen Metallen überlappt das Valenzband mit dem nächsthöheren Band. In der Abb. a) ist das Valenzband teilweise besetzt. Dies trifft für die Alkalimetalle zu, bei denen das Valenzband gerade halb besetzt ist (vgl. Abb. 5.19). In der Abb. b) ist das Valenzband fast aufgefüllt und der untere Teil des Leitungsbandes besetzt. Dies ist bei den Erdalkalimetallen der Fall (vgl. Abb. 5.20).
c) Bei Isolatoren ist das voll besetzte Valenzband vom leeren Leitungsband durch eine breite verbotene Zone (Bandlücke) getrennt. Elektronen können nicht aus dem Valenzband in das Leitungsband gelangen.
d) Bei Eigenhalbleitern ist die verbotene Zone (Bandlücke) schmal. Durch thermische Anregung gelangen Elektronen aus dem Valenzband in das Leitungsband. Im Valenzband entstehen Defektelektronen.
In beiden Bändern ist elektrische Leitung möglich.

der Valenzelektronen gebildete Valenzband immer mit dem nächsthöheren Band (Abb. 5.22a, b). Beim Anlegen einer Spannung ist eine Elektronenbewegung möglich, da den Valenzelektronen zu ihrer Bewegung ausreichend viele unbesetzte Energiezustände zur Verfügung stehen. Solche Stoffe sind daher gute elektrische Leiter.

Bei den Alkalimetallen ist das Valenzband nur halb besetzt (Abb. 5.19). Auch ohne Überlappung mit dem darüber liegenden p-Band wäre eine elektrische Leitung möglich. Die Erdalkalimetalle (Abb. 5.20) wären ohne diese Überlappung keine Metalle, da dann das Valenzband vollständig aufgefüllt wäre.

Da in Metallen auch bei der Temperatur $T = 0$ K die Elektronen wegen des Pauli-Verbots Quantenzustände höherer Energie besetzen müssen, haben die Elektronen bei $T = 0$ K einen Energieinhalt. Die obere Energiegrenze, bis zu der bei $T = 0$ K die Energieniveaus besetzt sind, heißt Fermi-Energie E_F. Bei einer Temperaturerhöhung können nur solche Elektronen Energie aufnehmen, die dabei in unbesetzte Energieniveaus gelangen. Da dies nur wenige Elektronen sind, nämlich die, deren Energieniveaus dicht unterhalb der Fermi-Energie liegen, ändert sich die Energie des Elektro-

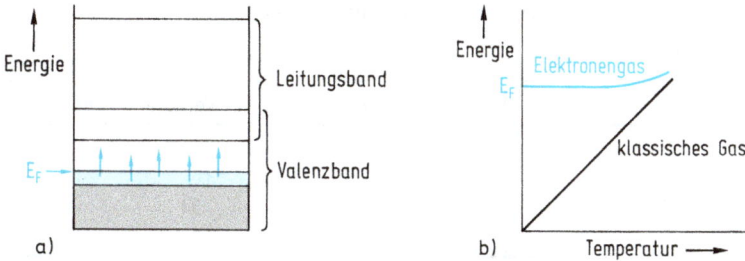

Abb. 5.23: a) Bei $T = 0$ K sind alle Energiezustände unterhalb E_F besetzt. Bei der Temperatur T können nur Elektronen des blau gekennzeichneten Bereichs thermische Energie aufnehmen und unbesetzte Energieniveaus oberhalb E_F besetzen. Mit steigender Temperatur wird dieser Bereich breiter.
b) Da nur ein kleiner Teil der Valenzelektronen thermische Energie aufnehmen kann, nimmt die Energie des Elektronengases bei Temperaturerhöhung nur wenig zu.

nengases mit wachsender Temperatur nur wenig, es ist entartet. Ein einatomiges Gas, für das klassische Gesetze gelten, hat dagegen bei der Temperatur $T = 0$ K die Energie null, und die Energie des Gases nimmt mit der Temperatur linear zu (Abb. 5.23).

In einem Isolator ist das Leitungsband leer, es enthält keine Elektronen und ist vom darunter liegenden, mit Elektronen voll besetzten Valenzband durch eine breite verbotene Zone, bzw. Bandlücke getrennt (Abb. 5.22c). In einem voll besetzten Band findet beim Anlegen einer Spannung keine Leitung statt, da für eine Elektronenbeweglichkeit freie Quantenzustände vorhanden sein müssen, in die die Elektronen bei der Zuführung elektrischer Energie gelangen können. Ist die Bandlücke zwischen dem leeren Leitungsband und dem vollen Valenzband schmal, tritt Eigenhalbleitung auf (Abb. 5.22d). Durch Energiezufuhr (thermische oder optische Anregung) können nun Elektronen aus dem Valenzband in das Leitungsband gelangen. Im Leitungsband findet Elektronenleitung statt. Im Valenzband entstehen durch das Fehlen von Elektronen positiv geladene Stellen. Eine Elektronenbewegung im nahezu vollen Valenzband führt zur Wanderung der positiven Löcher in entgegengesetzter Richtung (Löcherleitung). Man beschreibt daher zweckmäßig die Leitung im Valenzband so, als ob positive Teilchen der Ladungsgröße eines Elektrons für die Leitung verantwortlich seien. Diese fiktiven Teilchen nennt man Defektelektronen. Mit steigender Temperatur nimmt die Anzahl der Ladungsträger stark zu. Dadurch erhöht sich die Leitfähigkeit viel stärker, als sie durch die mit steigender Temperatur wachsenden Gitterschwingungen vermindert wird. Im Gegensatz zu Metallen nimmt daher die Leitfähigkeit mit steigender Temperatur stark zu.

Ein Beispiel für einen Isolator ist der Diamant (vgl. Abb. 2.54). Das vollständig gefüllte Valenzband ist durch eine 5 eV breite Bandlücke vom leeren Leitungsband getrennt. In den ebenfalls in der Diamantstruktur kristallisierenden homologen Elementen Si, Ge, Sn$_{grau}$ wird die verbotene Zone schmaler, es entsteht Eigenhalbleitung.

Eigenhalbleiter sind auch die III-V-Verbindungen (vgl. Abschn. 2.2.11), die in der von der Diamantstruktur ableitbaren Zinkblende-Struktur kristallisieren. Die Breite

Tab. 5.1: Breite der verbotenen Zone von Elementen der 14. Gruppe und einigen III-V-Verbindungen.

Diamant-Struktur	Verbotene Zone in eV	Zinkblende-Struktur	Verbotene Zone in eV
Diamant	5,3		
Silicium	1,1	AlP	3,0
Germanium	0,72	GaAs	1,34
graues Zinn	0,08	InSb	0,18

der Bandlücke ist in der Tab. 5.1 angegeben. GaAs und InAs sind als schnelle Halbleiter technisch interessant. Sie besitzen eine sehr viel größere Elektronenbeweglichkeit als Silicium. GaN wird für Leuchtdioden verwendet (s. Abschn. 5.4.8).

Mit abnehmender Breite der verbotenen Zone nimmt die Energie ab, die erforderlich ist, Bindungen aufzubrechen und Elektronen aus den sp³-Hybridorbitalen zu entfernen. Beim grauen, nichtmetallischen Zinn sind die Bindungen bereits so schwach, dass bei 13 °C Umwandlung in die metallische Modifikation erfolgt.

5.4.4 Dotierte Halbleiter (Störstellenhalbleiter)

In die Kristallstruktur des Siliciums lassen sich Fremdatome einbauen. Fremdatome von Elementen der 15. Gruppe, beispielsweise As-Atome, besitzen ein Valenzelektron mehr als die Si-Atome. Dieses überschüssige Elektron ist nur schwach am As-Rumpf gebunden und kann viel leichter in das Leitungsband gelangen als die fest gebundenen Valenzelektronen der Si-Atome. Solche Atome nennt man Donatoratome. Im Energiebändermodell liegen daher die Energieniveaus der Donatoratome in der verbotenen Zone dicht unterhalb des Leitungsbandes. Schon durch Zufuhr kleiner Energiemengen werden Elektronen in das Leitungsband überführt. Es entsteht Elektronenleitung. Halbleiter dieses Typs nennt man n-Halbleiter (Abb. 5.24b).

In die Kristallstruktur des Siliciums eingebaute Fremdatome der 13. Gruppe, die ein Valenzelektron weniger haben als die Si-Atome, beispielsweise In-Atome, können nur drei Atombindungen bilden. Zur Ausbildung der vierten Atombindung kann das In-Atom ein Elektron von einem benachbarten Si-Atom aufnehmen. Dadurch entsteht am Si-Atom eine Elektronenleerstelle, ein Defektelektron. Durch die Dotierung mit Akzeptoratomen entsteht eine Defektelektronenleitung. Im Energiebändermodell liegen die Energieniveaus der Akzeptoratome dicht oberhalb des Valenzbandes. Elektronen des Valenzbandes können durch geringe Energiezufuhr Akzeptorniveaus besetzen, im Valenzband entstehen Defektelektronen. Diese Halbleiter nennt man p-Halbleiter (Abb. 5.24c).

Wie bei den Eigenhalbleitern, nimmt auch bei den dotierten Halbleitern die Leitfähigkeit mit steigender Temperatur zu. Da nur in sehr geringen Konzentrationen

Strukturschema

Energiebandschema

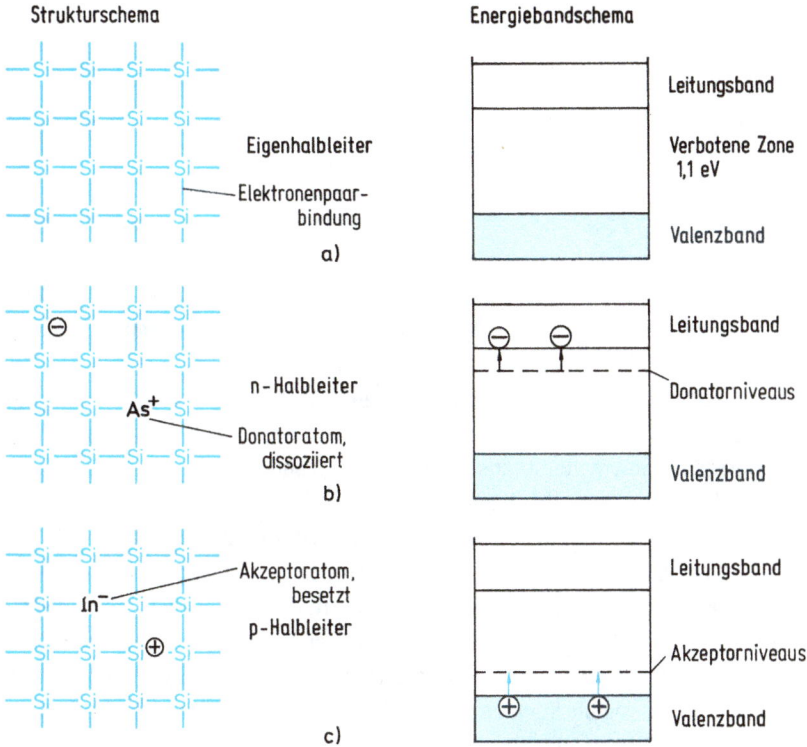

Abb. 5.24: Valenzstrukturen und Energieniveaudiagramme dotierter Halbleiter.
a) Den bindenden Elektronenpaaren der Valenzstrukturen entsprechen im Energiebandschema die Elektronen im Valenzband. Der Übergang eines Elektrons aus dem Valenzband in das Leitungsband bedeutet, dass eine Si—Si-Bindung aufgebrochen wird.
b) Das an den Elektronenpaarbindungen nicht beteiligte As-Valenzelektron ist nur schwach an den As-Rumpf gebunden und kann leicht in die Struktur wandern. Dieser Dissoziation des As-Atoms entspricht im Bandschema der Übergang eines Elektrons von einem Donatorniveau in das Leitungsband. Die Donatorniveaus der As-Atome haben einen Abstand von 0,04 eV zum Leitungsband.
c) Ein Elektron einer Si—Si-Bindung kann unter geringem Energieaufwand an ein In-Atom angelagert werden. Dies bedeutet, dass ein Elektron des Valenzbandes ein Akzeptorniveau besetzt. Die Akzeptorniveaus von In liegen 0,1 eV über dem Valenzband.

dotiert wird, muss das zur Herstellung von Si- und Ge-Halbleitern verwendete Silicium bzw. Germanium extrem rein sein.

Die Konzentration der Störstellen (Fremdatome) liegt in Größenordnungen von meist 10^{21} bis 10^{26} m^{-3}, die der Siliciumatome ist ca. 10^{28} m^{-3}. Die Herstellung von hochreinen Siliciumeinkristallen ist im Abschn. 4.7.2 beschrieben.

5.4.5 Supraleiter

Supraleitung ist bis heute ein Tieftemperaturphänomen und tritt unterhalb einer bestimmten Temperatur, der sog. Sprungtemperatur T_c, auf.[9] Der supraleitende Zustand von Elementen oder Verbindungen ist durch zwei grundliegende Eigenschaften charakterisiert:
1. Unterhalb von T_c sinkt der elektrische Widerstand eines Supraleiters auf einen unmessbar kleinen Wert.
2. Unterhalb von T_c werden die Feldlinien eines äußeren Magnetfeldes vollständig aus dem Inneren des Supraleiters verdrängt (Meissner-Ochsenfeld-Effekt).

Letzterer Effekt wird häufig durch das Schweben eines auf $T < T_c$ abgekühlten Supraleiters über einem Ringmagneten demonstriert. Die wichtigsten Anwendungen von Supraleitern betreffen den widerstandslosen Stromtransport, die Stromspeicherung und die Erzeugung extrem starker Magnetfelder.

Supraleitung ist von zahlreichen Elementen bekannt. Unter diesen hat Niob mit rund 9 K die höchste Sprungtemperatur. In der Technik werden supraleitfähige Verbindung im legierungsartigen System NbTi ($T_c \approx 9$ K) und die intermetallischen Verbindungen Nb_3Sn ($T_c \approx 18$ K) und Nb_3Ge ($T_c \approx 23$ K) unter Kühlung mit flüssigem Helium (Sdp. 4 K) eingesetzt. **$YBa_2Cu_3O_{7-x}$** war die erste Verbindung, die oberhalb der Siedetemperatur von flüssigem Stickstoff (77,4 K) supraleitende Eigenschaften zeigte ($T_c \approx 93$ K) und in Folge dessen als Hochtemperatur-Supraleiter bezeichnet wurde. Die Kristallstruktur von $Y^{(3+)}Ba_2^{(2+)}Cu_2^{(2+)}Cu^{(3+)}O_7$ kann vom Perowskit-Stukturtyp abgeleitet werden, wie auch zahlreiche andere gemischtvalente Cu^{2+}/Cu^{3+}-Oxocuprate. Bei Raumtemperatur sind sie metallische Leiter. Der Mechanismus der Supraleitung in diesen Verbindungen ist nicht vollständig aufgeklärt, aber planare Kupferoxidschichten in den Strukturen gelten als Leitungsschichten von Cuprat-Supraleitern.

5.4.6 Hopping-Halbleiter

Bei vielen Übergangsmetallverbindungen ist das Bändermodell nicht anwendbar. Die äußeren Valenzelektronenorbitale überlappen nicht, es wird kein Leitungsband gebildet. Die elektrische Leitfähigkeit entsteht durch „Hüpfen" von Elektronen von einem Atom zu einem benachbarten Atom, wenn sie genügend Energie besitzen. Diese Halbleiter werden Hopping-Halbleiter genannt. Bei ihnen ist die Ladungsträgerkonzentration konstant, die Beweglichkeit μ der Ladungsträger hängt aber exponentiell von der Temperatur T und der Aktivierungsenergie q ab, die für einen Ladungsträgersprung

---

9 Zum Thema Supraleiter, siehe Moderne Anorganische Chemie (H.-J. Meyer, Hrsg.), 6. Aufl., 2023, Abschn. 2.10.2.13.

erforderlich ist: $\mu \sim e^{-q/kT}$. Die Beweglichkeit nimmt daher mit wachsender Temperatur exponentiell zu, damit auch die Leitfähgkeit.

Hopping-Halbleiter sind z. B. die Spinelle $Li(Ni^{3+}Ni^{4+})O_4$, $Li(Mn^{3+}Mn^{4+})O_4$ und $Fe^{3+}(Fe^{2+}Fe^{3+})O_4$ (vgl. S. 84). Auf den Oktaederplätzen erfolgt ein schneller Elektronenaustausch zwischen Fe^{2+}- und Fe^{3+}-Ionen, Mn^{3+}- und Mn^{4+}-Ionen, bzw. Ni^{3+}- und Ni^{4+}-Ionen. Bei $LiNi_2O_4$ z. B. beträgt die Aktivierungsenergie q = 0,27 eV, bei $LiMn_2O_4$ 0,16 eV. Man bezeichnet die Übergangsmetallverbindungen, bei denen ein kristallographischer Platz mit einer Ionensorte unterschiedlicher Ladung besetzt ist als kontrollierte Valenzhalbleiter.

5.4.7 Ionenleiter

Nicht nur Elektronen, sondern auch Ionen können als elektrische Ladungsträger in Feststoffen fungieren. Voraussetzungen für einen guten ionischen Ladungstransport sind Ladungsträger mit kleinen Ionenradien und Kristallstrukturen, die über Hohlräume, Schichten oder Kanäle für die Ionenbeweglichkeit verfügen (vgl. Lithium-Ionen-Batterien in Abschn. 3.8.11). Weiterhin ausschlaggebend für die Beweglichkeit von Ionen sind Strukturdefekte. Denn in allen kristallinen Stoffen treten thermodynamisch bedingte Punktfehlordnungen auf. Die bekanntesten Fehlordnungen wurden von Frenkel und Schottky beschrieben.

Frenkel-Fehlordnung. Defekte nach Frenkel liegen vor, wenn Kationen ihre regulären Plätze verlassen und Zwischengitterplätze besetzen. Die Konzentrationen beider Fehlordnungsteilchen sind gleich groß. Beispiele dafür sind die Silberhalogenide.

Schottky-Fehlordnung. Im Kationenteilgitter und im Anionenteilgitter sind Leerstellen (nicht besetzte Atompositionen) in gleicher Konzentration vorhanden. Beispiele dafür sind die Alkalimetallhalogenide.

Zur Bildung von Fehlstellen muss Energie aufgewendet werden. Die Fehlordnungsenergie ist bei Silberhalogeniden 60–170 kJ/mol und bei Alkalimetallhalogeniden (Bildung je einer Leerstelle in der Anionen- und Kationenstruktur) 125–250 kJ/mol. Die Konzentration der Fehlstellen ist klein, sie wächst aber mit zunehmender Temperatur. Auch dicht unterhalb des Schmelzpunktes sind z. B. bei NaCl nur $4 \cdot 10^{17}$ Fehlstellen pro cm^3 vorhanden.

Transportvorgänge wie Ionenleitung und Diffusion kommen durch Wanderung von Fehlstellen zustande. Insofern sind Reaktionen im festen Zustand nur in Zusammenhang mit der Fehlordnung zu verstehen. Bei den meisten ionischen Feststoffen ist nur bei hohen Temperaturen die Konzentration der Fehlstellen groß genug, um eine nennenswerte Leitfähigkeit zu erzeugen. Bei 800 °C beträgt z. B. die Leitfähigkeit von NaCl $10^{-3}\,\Omega^{-1}\,cm^{-1}$, bei Raumtemperatur ist es mit $10^{-12}\,\Omega^{-1}\,cm^{-1}$ ein Isolator.

Eine kleine Gruppe von Feststoffen hat eine hohe Ionenbeweglichkeit. Sie werden als **Schnelle Ionenleiter** oder als **Festelektrolyte** bezeichnet. Die Ionenbeweglichkeit wird durch eine strukturelle Fehlordnung und durch die Präsenz von Gitterleerstellen ermöglicht.

β-Aluminiumoxid ist die Bezeichnung für die Verbindungen $Me_2O \cdot n\,Al_2O_3$ (Me = Alkalimetalle, Ag, Cu; $n = 5\text{--}12$). Am wichtigsten ist das Natrium-β-Aluminiumoxid. Die Struktur besteht aus Spinellblöcken. Zwischen den Spinellblöcken befinden sich leicht bewegliche Natriumionen. β-Aluminiumoxide sind zweidimensionale Ionenleiter. Bei 25 °C beträgt für β-Aluminiumoxid (idealisierte Formel $Na_2O \cdot 11\,Al_2O_3$) die Leitfähigkeit $10^{-1}\,\Omega^{-1}\,cm^{-1}$.

Ein Festelektrolyt mit Anionenleitung bei hohen Temperaturen ist z. B. ZrO_2, dotiert mit Y_2O_3. Beim Einbau kleiner Mengen von Y_2O_3 in die Struktur von ZrO_2 werden einige Zr^{4+}-Ionen durch Y^{3+}-Ionen ersetzt. Wenn dabei drei O^{2-}-Ionen vier O^{2-}-Ionen ersetzen, entsteht eine Sauerstoffleerstelle. Die von Sauerstoffleerstellen in der Struktur ermöglicht Mobilität der O^{2-}-Ionen und damit die elektrische Leitfähigkeit. Die ZrO_2-Y_2O_3-Mischkristalle sind dadurch Anionenleiter mit einer Leitfähigkeit von etwa $5 \cdot 10^{-2}\,\Omega^{-1}\,cm^{-1}$ bei 1 000 °C. Sie werden in Brennstoffzellen und zur Bestimmung von kleinen O_2-Partialdrücken verwendet.

5.4.8 Gasentladungslampen, Leuchtdioden

Licht ist elektromagnetische Strahlung im Wellenlängenbereich, der für das menschliche Auge sichtbar ist (vgl. Abb. 1.17). Die klassische Glühbirne (Glühfadenlampe) gibt nur einen geringen Teil ($\approx 5\,\%$) der Gesamtenergie als Licht ab, sie ist im Wesentlichen ein Temperaturstrahler. Da diese Art der Lichterzeugung ineffektiv ist, werden heute vorrangig andere Lichtquellen verwendet. Gasentladungslampen und LEDs können Licht in Wellenlängenbereichen aussenden, die näherungsweise dem Empfindlichkeitsspektrum des menschlichen Auges angepasst sind. Der in diesem Zusammenhang verwendete Begriff Lumineszenz bezeichnet die Aussendung von elektromagnetischer Strahlung im sichtbaren Bereich des Spektrums infolge der Absorption von Energie. Emissionen höherer Energie werden als Fluoreszenz (vgl. Röntgenfluoreszenz und Röntgenspektren in Abschn. 1.4.9) bezeichnet.

Eine **Gasentladungslampe** besteht aus einem gasgefüllten Glasrohr, in dem es beim Anlegen einer spezifischen Mindestspannung zu einer Gasentladung mit Aussendung von Licht oder Fluoreszenzstrahlung kommt. Bei der Niederdruck-Hg-Gasentladungslampe wird Quecksilberdampf mit Hilfe eines elektrischen Feldes angeregt. Die angeregten Hg-Atome (Hg*) kehren unter Aussendung von Ultraviolettstrahlung (UV-Strahlung) in den Grundzustand zurück (Fluoreszenz). Mit der erzeugten UV-Strahlung werden Leuchtstoffe angeregt, die auf dem Glaskörper der Lampe aufgebracht sind und unter Emission von Licht in den elektronischen Grundzustand relaxieren.

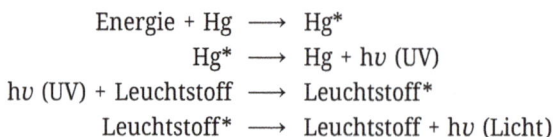

$$\text{Energie} + \text{Hg} \longrightarrow \text{Hg*}$$
$$\text{Hg*} \longrightarrow \text{Hg} + h\upsilon\ (\text{UV})$$
$$h\upsilon\ (\text{UV}) + \text{Leuchtstoff} \longrightarrow \text{Leuchtstoff*}$$
$$\text{Leuchtstoff*} \longrightarrow \text{Leuchtstoff} + h\upsilon\ (\text{Licht})$$

Leuchtstoffe[10] können rotes, gelbes oder blaues Licht emittieren. Die Kombination dieser drei Grundfarben (RGB) führt zur Emission von weißem Licht. Als Leuchtstoffe dienen robuste oxidische Verbindungen (z. B. Yttriumoxid, Y_2O_3), die mit einem sog. Aktivator (z. B. Eu^{3+}) dotiert sind. Ein Beispiel für einen Leuchtstoff, der orangerotes Licht der Wellenlänge 611 nm aussendet, ist $Y_{2-x}Eu_xO_3$ ($x \approx 0{,}02$), der vereinfacht als Y_2O_3:Eu bezeichnet wird. In Kombination mit einem grün emittierenden Leuchtstoff (542 nm, $CeMgAl_{11}O_{19}$:Tb) und einem blau emittierenden Leuchtstoff (448 nm, $BaMgAl_{10}O_{17}$:Eu) entsteht aus diesen drei Grundfarben ein weißes Licht. Ein Nachteil dieses Lampentyps ist die Giftigkeit des in geringen Mengen verwendeten elementaren Quecksilbers.

Die **LED** (*engl.* light-emitting diode) ist eine Halbleiterlichtquelle, die Licht ausstrahlt, wenn ein elektrischer Strom fließt. In der Leuchtdiode werden dünne Schichten eines p- und eines n-leitenden Halbleiters miteinander kombiniert. Wenn der elektrische Strom in Duchlassrichtung fließt, rekombinieren Elektronen (n-Dotierung) und Elektronenlöcher (p-Dotierung). Die dabei freiwerdende Energie wird als elektromagnetische Strahlung freigesetzt, die als Elektrolumineszenz bezeichnet wird. Der Wellenlängenbereich (Lichtfarbe) dieser Strahlung ist abhängig von der Bandlücke des verwendeten Halbleiters und vom Dotierungsmittel.

Die Metallnitride der Gruppe 13, AlN, GaN und InN sind wichtige optische Halbleitermaterialien mit Bandlücken von 6.2 eV, 3.4 eV und 1,9 eV. Durch Dotierung von GaN können n-leitendende (n-GaN:Si) und p-leitende (p-GaN:Mg) Schichten erzeugt (vgl. Abschn. 5.4.4) und zu einer LED kombiniert werden. Eine solche GaN-basierte LED sendet blaues Licht aus. Andere Lichtfarben des RGB-Farbraumes (RGB = Rot, Grün, Blau) können durch modifizierte Halbleiter erzeugt werden: Die binären Nitride, AlN, GaN und InN kristallisieren alle im Wurtzit-Strukturtyp. Die Tatsache, dass sie im gleichen Strukturtyp kristallisieren (Isotypie) begünstigt die Bildung von **festen Lösungen**. Bei festen Lösungen handelt es sich um Mischkristalle, die mit variablen Mischungsverhältnissen ihrer Ionen erzeugt werden können. In gemischten Halbleitern des Typs (Al,Ga,In)N hängt die Bandlücke von der genauen Zusammensetzung der Konstituenten ab und kann über einen weiten Bereich moduliert werden. Mit der Bandlücke ändert sich die Übergangsenergie und damit die Emissionswellenlänge. Blaues Licht erfordert eine große Bandlücke, ist kurzwellig und somit energiereich (vgl. Abb. 1.17). Die Mischkristallreihe $(In_{1-x}Ga_x)N$ emittiert in Abhängingkeit von x im Bereich von grün bis blau. Rotes Licht erfordert eine kleine Bandlücke, ist langwellig und somit energiearm. Rote LEDs basieren häufig auf dem Phosphid (Al,Ga,In)P. Weißes Licht entsteht durch Kombination verschiedenfarbiger LEDs, und zwar durch die Kombination der drei Farben rot, gelb und blau (RGB-LED). Diese Art der Lichterzeugung, bei der ein Feststoff mit Hilfe einer elektrischen Spannung Licht emittiert, nennt man Elektrolumineszenz.

---

10 Zum Thema Leuchtstoffe und Leuchtdioden, siehe Moderne Anorganische Chemie (H.-J. Meyer, Hrsg.), 6. Aufl., 2023, Abschn. 2.10.5.12.

Die **Leuchtstoff-konvertierte LED** (*engl.* phosphor-converted LED, pc-LED) basiert auf einem (In,Ga)N-Halbleiterchip, der blaues Licht aussendet (Elektrolumineszenz). Auf dem Halbleiterchip werden ein oder mehrere Leuchtstoffe aufgebracht, die dazu geeignet sind, das blaue Licht in der pc-LED zu „konvertierten". Die einfachste kommerzielle Bauform einer pc-LED enthält einen blau emittierenden LED-Chip und den Ce^{3+}-dotierten Leuchtstoff $Y_3Al_5O_{12}$:Ce mit Granat-Struktur (Yttrium-Aluminium-Granat (kurz YAG:Ce), der eine breitbandige Emission um 550 nm zeigt, wodurch insgesamt ein (kalt-)weißes Licht emittiert wird. Lampen mit möglichst guter Farbwiedergabe (*engl.* color rendering) enthalten neben der blauen Lichtquelle des LED-Chips einen grün- und einen rot-emittierenden Leuchtstoff (RGB-Konzept).

Die Gasentladungslampe, LED und pc-LED verbrauchen erheblich weniger Energie als eine vergleichbare Wolframdraht-Glühbirne. Allerdings wird diese Energieeinsparung in der Praxis durch die ansteigende Zahl von Lichtquellen zunehmend kompensiert und es entsteht Lichtverschmutzung. Lichtverschmutzung bezeichnet die dauernde Abwesenheit völliger Dunkelheit durch den Betrieb von Lichtquellen. Durch Mangel an Dunkelheit entstehen störende Einflüsse auf den menschlichen Organismus und für die Flora und Fauna.

5.5 Intermetallische Systeme

Ionenverbindungen und kovalente Verbindungen haben in den meisten Fällen rationale Zusammensetzungen, die sich von der elektronischen Situation ihre Atome ableiten lassen. In Verbindungen zwischen Metallen gelten diese Gesetzmäßigkeiten nicht mehr. Lediglich bei polaren intermetallischen Verbindungen, den Zintl-Phasen kann bei den sie konstituierenden Metallatomen zwischen Kationenbildnern und Anionenbildnern unterschieden werden. Die Zusammensetzungen der meisten intermetallischen Verbindungen folgen keinen einfachen, rationalen Regeln. Für einige Metallverbindungen existieren Konzepte, die sich z. B. an einem bestimmten Atomradienverhältnis (Laves-Phasen) oder an bestimmten Valenzelektronenkonzentrationen (Hume-Rothery-Phasen) orientieren. Zur vollständigen Charakterisierung von intermetallischen Verbindungen und -Phasen werden ihre Schmelzdiagramme analysiert. Eine Auswahl von Schmelzdiagrammen wird im folgenden Abschnitt diskutiert. Dazu sollen einige Begrifflichkeiten vorangestellt werden:

Intermetallische Verbindungen sind Verbindungen zwischen zwei oder mehreren Metallen. In der Regel beschreibt der Begriff intermetallische Verbindung ganzzahlig zusammengesetzte Substanzen, wie z. B. Mg_2Ge (Abb. 5.31), Na_2K (Abb. 5.32) oder $AuCu_3$ (Abb. 5.30).

Intermetallische Phasen sind Verbindungen, die über einen bestimmten Bereich variable Zusammensetzungen haben, womit auch veränderliche makroskopische Eigenschaften wie Dichte, Brechungsindex, Leitfähigkeit, oder mechanische Formbarkeit einhergehen können. Die Zusammensetzung einer Phase (Phasenbreite) liegt innerhalb bestimmter Grenzen, in denen das Mengenverhältnis der beteiligten Metallatome variieren kann (z. B. $Cu_{0,34}Zn_{0,66}$ – $Cu_{0,42}Zn_{0,58}$).

Mischkristalle entstehen, wenn Atome in einer gegebenen Kristallstruktur durch eine andere Atomsorte substituiert werden (Substitutionsmischkristall). Dabei besetzen die Atome beider Sorten in statistischer Verteilung alle ursprünglich vorhandenen Gitterplätze. Eine andere Art von Mischkristallen basiert darauf, dass in einer gegebenen Kristallstruktur Zwischengitterplätze besetzt werden (Einlagerungsmischkristall), vgl. Tab. 5.7 und Abb. 5.37). Mischkristallbildung existiert auch für salzartige Verbindungen.

Eine **Legierung** ist ein Substitutionsmischkristall mit metallischen Eigenschaften. Dabei handelt es sich um ein Metall oder eine Verbindung, der ein anderes Metall zugesetzt wird. Dadurch werden die Eigenschaften einer metallischen Verbindung verändert. Beispiele wichtiger Legierungen sind Bronze, Messing und Monel.

Intermetallische Systeme sind bereits in den ersten Hochkulturen als Werkzeuge, Waffen und Zahlungsmittel wichtig gewesen. Auch heute sind sie in ihrer Verwendung als hochschmelzende, hochfeste Legierungen, Supraleiter, magnetische Verbindungen, metallische Gläser usw. von großer technischer Bedeutung.

Obwohl sie die umfangreichste Gruppe anorganischer Verbindungen sind, ist die Beziehung zwischen Struktur und chemischer Bindung vielfach unklar, denn die komplexen Bindungsverhältnisse können nicht mit den sonst gut funktionierenden Valenzregeln der Ionenbindung und der kovalenten Bindung beschrieben werden.

5.5.1 Schmelzdiagramme von Zweistoffsystemen

Schmelzdiagramme sind Zustandsdiagramme bei konstantem Druck, aus denen abgelesen werden kann, wie sich feste Stoffe untereinander verhalten. Hier sollen nur Grundtypen metallischer Zweistoffsysteme (binäre Systeme) behandelt werden.

Unbegrenzte Mischbarkeit im festen und flüssigen Zustand

Beispiele: Silber–Gold (Abb. 5.25) und Kupfer–Gold (Abb. 5.27).

Silber und Gold kristallisieren beide kubisch-flächenzentriert und bilden miteinander Mischkristalle. In den Mischkristallen sind die Atompositionen der kubisch-flächenzentrierten Struktur sowohl mit Ag- als auch mit Au-Atomen besetzt (Abb. 5.26). Die Besetzung ist ungeordnet, statistisch. Da in den Mischkristallen jedes beliebige Ag/Au-Verhältnis auftreten kann, ist die Mischkristallreihe lückenlos (vgl. Abschn. 5.5.2). Mischkristalle werden auch feste Lösungen genannt.

Im System Ag—Au existiert daher bei allen Zusammensetzungen nur eine feste Phase mit derselben Struktur aber unterschiedlicher Verteilung der Atome. Aus einer Ag—Au-Schmelze kristallisiert beim Erreichen der Erstarrungstemperatur (Liquidus-

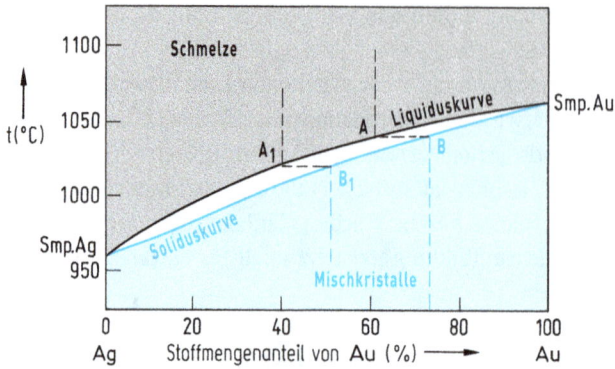

Abb. 5.25: Schmelzdiagramm Silber-Gold. Silber und Gold bilden eine lückenlose Mischkristallreihe. Die Schnittpunkte einer Isotherme mit der Liquidus- und der Soliduskurve geben die Zusammensetzungen der Schmelze und des Mischkristalls an, die bei dieser Temperatur miteinander im Gleichgewicht stehen.

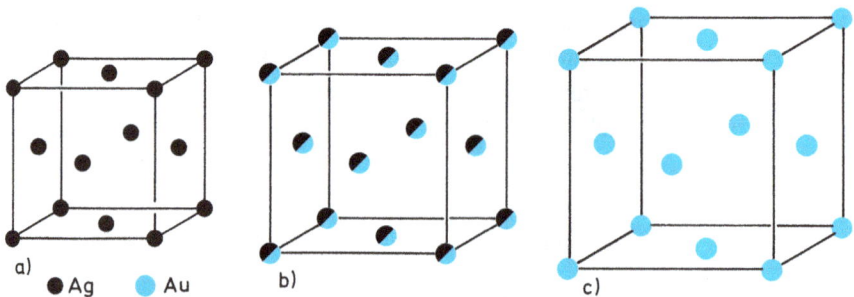

Abb. 5.26: a) Elementarzelle der kubisch-flächenzentrierten Struktur von Silber.
b) Elementarzelle eines Silber-Gold-Mischkristalls. Die Atompositionen der kubisch-flächenzentrierten Struktur sind statistisch mit Gold- und Silberatomen besetzt.
c) Elementarzelle der kubisch-flächenzentrierten Struktur von Gold.

kurve) ein Mischkristall aus, der eine von der Schmelze unterschiedliche Zusammensetzung hat und in dem die schwerer schmelzbare Komponente Au angereichert ist. Die Zusammensetzung einer Schmelze und die Zusammensetzung des Mischkristalls, der mit dieser Schmelze im Gleichgewicht steht, wird durch die Schnittpunkte einer Isotherme mit der Liquiduskurve und der Soliduskurve angegeben (z. B. A—B, A_1—B_1). Infolge der Anreicherung von Au in der festen Phase verarmt die Schmelze an Au, dadurch sinkt die Erstarrungstemperatur, und es kristallisieren immer Au-ärmere Mischkristalle aus, bis im Falle einer raschen Abkühlung zum Schluss reines Ag auskristallisiert. Es bilden sich also inhomogen zusammengesetzte Mischkristalle, die durch Tempern (längeres Erwärmen auf höhere Temperatur) homogenisiert werden können.

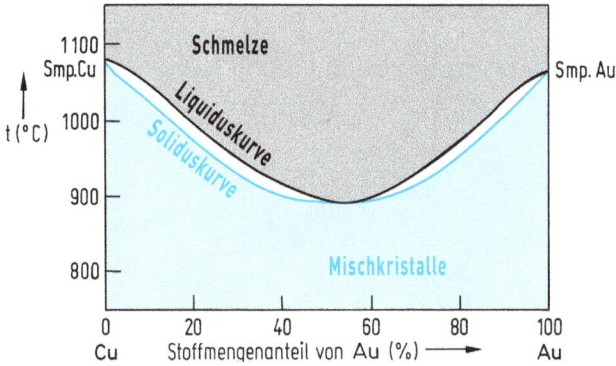

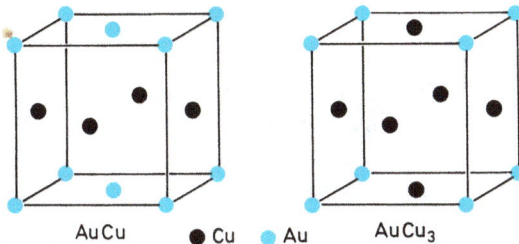

Im System Cu—Au ist ebenfalls unbegrenzte Mischkristallbildung möglich. Es tritt jedoch ein Schmelzpunktsminimum auf (Abb. 5.27a).

Im System Cu—Au treten zwei Überstrukturen auf (Abb. 5.27b). Beim Stoffmengenverhältnis 1:3 von Gold und Kupfer bildet sich unterhalb 390 °C, beim Verhältnis 1:1 unterhalb 420 °C eine geordnete Struktur. Die Ordnung entsteht aufgrund der unterschiedlichen Metallradien von Cu (128 pm) und Au (144 pm) (Differenz 12 %). Beim schnellen Abkühlen (Abschrecken) ungeordneter Mischkristalle bleibt die statistische Verteilung erhalten (der Unordnungszustand wird eingefroren). Bei Zimmertemperatur ist die Beweglichkeit der Atome in der Struktur so gering, dass sich der Ordnungszustand nicht ausbilden kann.

Im System Ag—Au mit nahezu identischen Radien der Komponenten bilden sich keine Überstrukturen.

Bei der Zusammensetzung 1:1 wird aber ein Nahordnungseffekt beobachtet. Abweichend von der statistischen Verteilung umgibt sich Au bevorzugt mit Ag und umgekehrt.

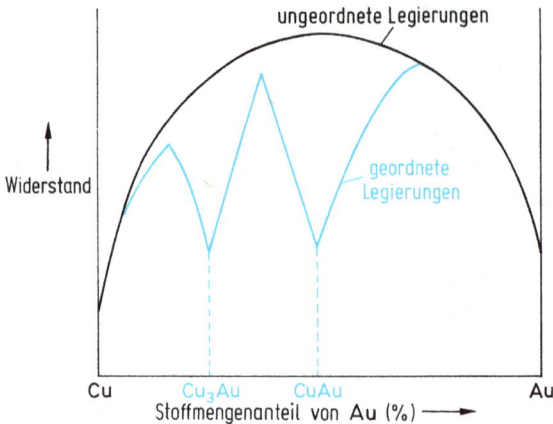

Abb. 5.28: Elektrischer Widerstand im System Cu-Au. Legierungen haben einen höheren elektrischen Widerstand als die reinen Metalle. Die geordneten Legierungen leiten besser als die ungeordneten Legierungen.

In Mischkristallen ist, verglichen mit den reinen Metallen, eine Abnahme der typischen Metalleigenschaften zu beobachten, z. B. eine Abnahme der elektrischen Leitfähigkeit und der plastischen Verformbarkeit (Abb. 5.28). Bei den Überstrukturen sind, verglichen mit den ungeordneten Mischkristallen, die metallischen Eigenschaften ausgeprägter. Die elektrische Leitfähigkeit ist höher (Abb. 5.28), Härte und Zugfestigkeit sind geringer. Die geordnete CuAu-Phase z. B. ist weich wie Cu, während der ungeordnete Mischkristall hart und spröde ist.

Mischbarkeit im flüssigen Zustand, Nichtmischbarkeit im festen Zustand

Beispiel: Bismut–Cadmium (Abb. 5.29)

Bismut und Cadmium sind im flüssigen Zustand in jedem Verhältnis mischbar, bilden aber miteinander keine Mischkristalle. Aus Schmelzen mit einem Stoffmengenanteil 0–45 % Bi scheidet sich am Erstarrungspunkt reines Cd aus. Kühlt man z. B. eine Schmelze der Zusammensetzung 20 % Bi und 80 % Cd ab, so kristallisiert bei 250 °C aus der Schmelze reines Cd aus. In der Schmelze reichert sich dadurch Bi an, und die Erstarrungstemperatur sinkt unter immer weiterer Anreicherung von Bi längs der Kurve Cd—E. Aus Schmelzen mit einem Stoffmengenanteil von 45–100 % Bi scheidet sich am Erstarrungspunkt reines Bi aus. Zum Beispiel kristallisiert aus einer Schmelze mit 90 % Bi und 10 % Cd bei etwa 250 °C Bi aus, die Schmelze reichert sich dadurch an Cd an, und die Erstarrungstemperatur sinkt längs der Kurve Bi—E. Am eutektischen Punkt E erstarrt die gesamte Schmelze zu einem Gemisch von Bi- und Cd-Kristallen, das 45 % Bi und 55 % Cd enthält (eutektisches Gemisch oder Eutektikum). Die Temperatur von 144 °C, bei der das eutektische Gemisch auskristal-

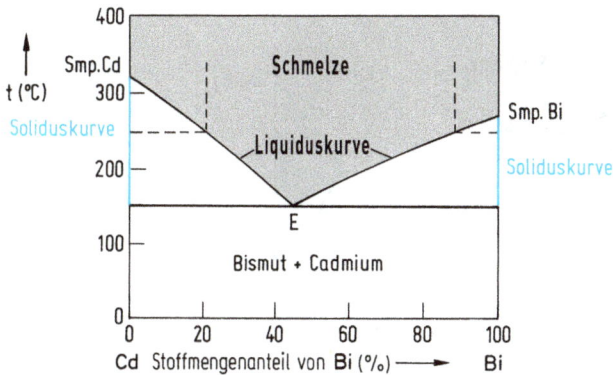

Abb. 5.29: Schmelzdiagramm Bismut-Cadmium. Bi und Cd bilden keine Mischkristalle. Aus Schmelzen der Zusammensetzungen Cd-E kristallisiert Cd aus, aus Schmelzen des Bereichs Bi-E reines Bi.

lisiert, ist die tiefste Erstarrungstemperatur des Systems. Wegen des dichten Gefüges ist das eutektische Gemisch mechanisch besonders gut bearbeitbar.

Unbegrenzte Mischbarkeit im flüssigen Zustand, begrenzte Mischbarkeit im festen Zustand

Beispiel: Kupfer–Silber (Abb. 5.30)

Häufiger als lückenlose Mischkristallreihen sind Systeme, bei denen zwei Metalle nur in einem begrenzten Bereich Mischkristalle bilden.

Im System Cu—Ag ist die Löslichkeit der Metalle ineinander bei der eutektischen Temperatur (779 °C) am größten. In Cu sind maximal 4,9 % Ag löslich, in Ag maximal 14,1 % Cu. Bei tieferen Temperaturen wird der Löslichkeitsbereich etwas enger. Bei 500 °C sind z. B. nur noch 3 % Cu in Ag löslich. Beim Abkühlen einer Schmelze der Zusammensetzung A kristallisieren zunächst die Ag-reicheren Mischkristalle der Zusammensetzung B aus. Die Schmelze reichert sich dadurch an Cu an. Mit Schmelzen des Bereichs A—E sind Mischkristalle der Zusammensetzungen B—C im Gleichgewicht. Aus Schmelzen der Zusammensetzungen Cu—E kristallisieren die damit im Gleichgewicht befindlichen Mischkristalle der Zusammensetzungen Cu—F aus. Bei der Zusammensetzung des Eutektikums E erstarrt die gesamte Schmelze. Dabei bildet sich ein Gemisch der Mischkristalle C (14,1 % Cu gelöst in Ag) und F (4,9 % Ag gelöst in Cu). Mischkristalle der Zusammensetzungen 4,9–85,9 % Ag können also nicht erhalten werden. In diesem Bereich liegt eine Mischungslücke. Beim Abkühlen des eutektischen Gemisches tritt wegen der breiter werdenden Mischungslücke Entmischung auf. Dabei scheiden sich z. B. längs der Linie C—D aus den silberreichen Mischkristallen silberhaltige Cu-Kristalle aus. Durch Abschrecken kann die Entmischung vermieden werden, und der größere Löslichkeitsbereich bleibt metastabil erhalten.

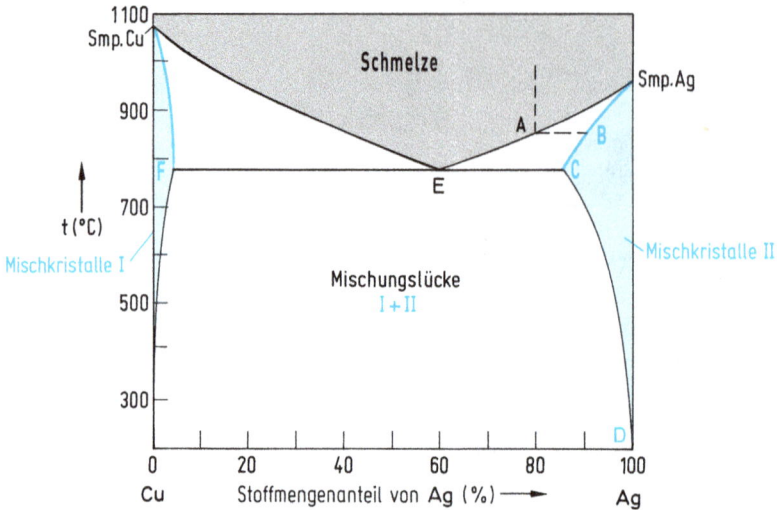

Abb. 5.30: Schmelzdiagramm Kupfer-Silber. Silber und Kupfer sind im festen Zustand nur begrenzt ineinander löslich. Im Bereich der Mischungslücke existieren keine Mischkristalle. Zur Liquiduskurve Cu-E gehört die Soliduskurve Cu-F, zur Liquidskurve Ag-E die Soliduskurve Ag-C.

Durch Tempern abgeschreckter Produkte auf geeignete Temperaturen unterhalb des Eutektikums erhält man vor der Ausscheidung der überschüssigen Komponente eine dauerhafte Erhöhung der Härte und Festigkeit. Diese Vergütung hat z. B. technische Bedeutung beim Duraluminium (3–6 % Cu in Al; abnehmende Löslichkeit mit fallender Temperatur analog C—D im System Cu—Ag). Nach der Ausscheidung geht die Härte verloren.

Mischbarkeit im flüssigen Zustand, keine Mischbarkeit im festen Zustand, aber Bildung einer neuen festen Phase

Beispiele: Magnesium–Germanium (Abb. 5.31) und Natrium–Kalium (Abb. 5.32)

In den bisher besprochenen Systemen traten entweder Gemische der Komponenten A und B oder Mischkristalle zwischen ihnen auf, also immer nur Kristalle mit der Kristallstruktur von A und B. Es gibt jedoch zahlreiche Systeme, bei denen A und B eine Verbindung mit einer neuen Kristallstruktur bilden. Dies ist im System Mg—Ge der Fall. Außer den Kristallindividuen von Mg und Ge existieren noch Kristalle der Verbindung Mg_2Ge.

Ge und Mg sind nicht ineinander löslich, bilden also keine Mischkristalle. Bei der Zusammensetzung Mg_2Ge tritt ein Schmelzpunktsmaximum auf. Dadurch entstehen zwei Eutektika. Im Bereich der Zusammensetzungen Mg—E_1 kristallisiert aus der Schmelze reines Mg aus, zwischen E_1 und E_2 Mg_2Ge und im Bereich E_2—Ge reines Ge.

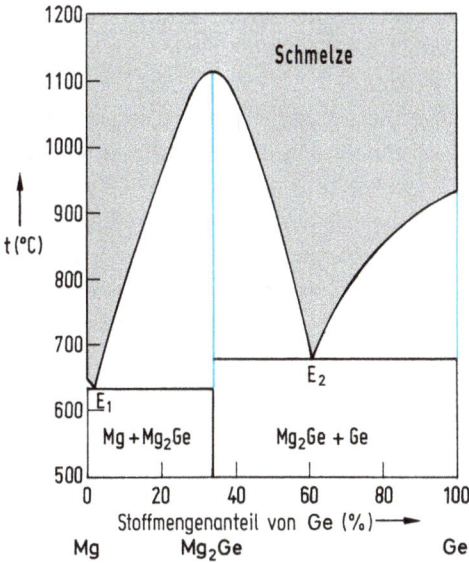

Abb. 5.31: Schmelzdiagramm Magnesium-Germanium. Das System besitzt ein Schmelzpunktsmaximum, das durch die Existenz der intermetallischen Verbindung Mg_2Ge zustande kommt. Mg, Ge und Mg_2Ge bilden miteinander keine Mischkristalle.

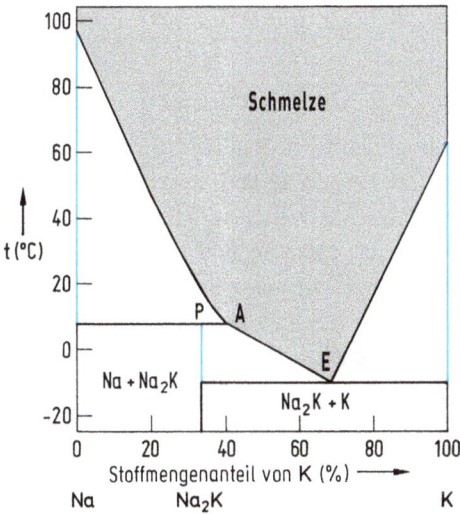

Abb. 5.32: Schmelzdiagramm Natrium-Kalium. Na und K bilden die inkongruent schmelzende intermetallische Phase Na_2K.

Am Eutektikum E_1 scheidet sich ein Kristallgemisch von Mg und Mg_2Ge aus, am Eutektikum E_2 ein Gemisch von Ge und Mg_2Ge. Mg kristallisiert in der hexagonal-dichtesten Packung, Ge in der Diamant-Struktur. Die intermetallische Phase Mg_2Ge kristallisiert in der Fluorit-Struktur (vgl. Zintl-Phasen).

Mg_2Ge kann unzersetzt geschmolzen werden (kongruentes Schmelzen). Intermetallische Verbindungen, die bei gleichzeitiger Zersetzung teilweise schmelzen, werden inkongruent schmelzende Verbindungen genannt. Ein Beispiel dafür ist die Verbindung Na_2K des Systems Na—K (Abb. 5.32). Na_2K ist nur unterhalb 6,9 °C beständig. Bei 6,9 °C zerfällt Na_2K in festes Na und eine Schmelze der Zusammensetzung A. Der Zersetzungspunkt wird Peritektikum genannt. Bei Zusammensetzungen zwischen Na und A scheidet sich aus der Schmelze festes Na aus, zwischen A und E entsteht beim Abkühlen Na_2K. Am eutektischen Punkt E kristallisiert ein Gemisch aus K und Na_2K aus.

Nichtmischbarkeit im festen und flüssigen Zustand

Beispiel: Eisen—Blei

Fe und Pb sind auch im geschmolzenen Zustand nicht mischbar. Das spezifisch leichtere Fe schwimmt auf der Pb-Schmelze. Kühlt man die Schmelze ab, dann kristallisiert bei Erreichen des Schmelzpunkts von Fe (1536 °C) zunächst das gesamte Eisen aus. Sobald der Schmelzpunkt von Blei (327 °C) erreicht ist, erstarrt auch Blei.

Die meisten binären Schmelzdiagramme sind komplizierter, und es treten Kombinationen der behandelten Grundtypen auf.

Das Zonenschmelzverfahren

Zur Reinstdarstellung vieler Substanzen, insbesondere von Halbleitern (Si, Ge, GaAs) wird das Zonenschmelzverfahren (Pfann 1952) benutzt. Man lässt durch das zu reinigende stabförmige Material eine schmale Schmelzzone wandern. Bei der Kristallisation reichern sich die Verunreinigungen in der Schmelze an und wandern mit der Schmelzzone durch die Substanz. Durch mehrfaches Schmelzen und Rekristallisieren erhält man z. B. Silicium mit weniger als 10^{-8} % Verunreinigungen. Neben der Reinigung ermöglicht das Zonenschmelzverfahren gleichzeitig die Gewinnung von Einkristallen.

5.5.2 Häufige intermetallische Systeme

Man kann die Metalle nach ihrer Stellung im Periodensystem in drei Gruppen einteilen.

Zur Gruppe T_1 gehören typische Metalle der Hauptgruppen, zur Gruppe T_2 typische Metalle der Nebengruppen, die Lanthanoide und die Actinoide. In der Gruppe B stehen weniger typische Metalle. Hg, Ga, In, Tl und Sn kristallisieren nicht in einer der charakteristischen Metallstrukturen. Bei Cd und Zn treten Abweichungen von der idealen hexagonal-dichten Packung auf (vgl. Abschn. 2.4.2). Al gehört eher zur T_1-Gruppe.

Typische Metalle										Weniger typische Metalle			
T_1		T_2								B			
Li	Be												
Na	Mg										(Al)		
K	Ca	Sc	Ti	V	Cr	Mn	Fe	Co	Ni	Cu	Zn	Ga	
Rb	Sr	Y	Zr	Nb	Mo	Tc	Ru	Rh	Pd	Ag	Cd	In	Sn
Cs	Ba	La	Hf	Ta	W	Re	Os	Ir	Pt	Au	Hg	Tl	Pb	Bi

Diese Einteilung der Metalle ermöglicht eine Klassifikation intermetallischer Systeme, die in dem folgenden Schema zusammengefasst ist, mit der aber nur die wichtigsten intermetallischen Phasen erfasst sind.

Metall-gruppe	T_1	T_2	B
T_1			Zintl-Phasen
T_2	Mischkristalle Überstrukturen Laves-Phasen		Hume-Rothery-Phasen
B	–	–	Misch-kristalle

Mischkristalle, Überstrukturen

Lückenlose Mischkristallbildung zwischen zwei Metallen erfolgt nur, wenn die folgenden Bedingungen erfüllt sind:

1. Beide Metalle müssen im gleichen Strukturtyp kristallisieren (Isotypie).
2. Die Atomradien beider Metalle dürfen nicht zu verschieden sein. Die Differenz muss kleiner als etwa 15 % sein.
3. Die beiden Metalle dürfen nicht zu unterschiedliche Elektronegativitäten besitzen.

Beispiele für unbegrenzte Mischkristallbildung zwischen zwei Metallen sind in der Tab. 5.2 angegeben.

In einer Mischkristallreihe ändern sich häufig die Gitterkonstanten (Abmessungen der Elementarzelle) linear mit der Zusammensetzung (Vegard-Regel) (Abb. 5.33).

Tab. 5.2: Beispiele für unbegrenzte Mischkristallbildung zwischen zwei Metallen.

System	Unterschied der Atomradien in %	Struktur	Metallgruppe
K—Rb	6	krz	T_1
K—Cs	13	krz	T_1
Rb—Cs	8	krz	T_1
Ca—Sr	9	kdp	T_1
Mg—Cd	5	hdp	T_1—B
Cu—Au	12	kdp	T_2
Ag—Au	< 1	kdp	T_2
Ag—Pd	5	kdp	T_2
Au—Pt	4	kdp	T_2
Ni—Pd	9	kdp	T_2
Ni—Pt	11	kdp	T_2
Pd—Pt	1	kdp	T_2
Cu—Ni	2	kdp	T_2
Cr—Mo	8	krz	T_2
Mo—W	1	krz	T_2

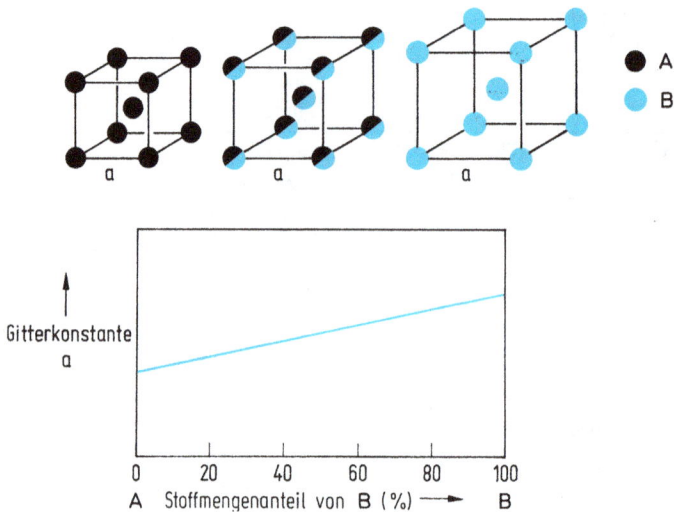

Abb. 5.33: Vegard-Regel. In Mischkristallreihen nimmt bei der Substitution von A-Atomen durch größere B-Atome die Gitterkonstante linear mit dem Stoffmengenanteil von B zu. Im oberen Teil der Abbildung sind die Elementarzellen eines Mischkristallsystems mit kubisch-raumzentrierter Struktur für drei verschiedene Zusammensetzungen dargestellt.

Wenn diese Bedingungen nicht erfüllt sind, sind zwei Metalle entweder nur begrenzt mischbar oder sogar völlig unmischbar. Dies soll mit einigen Beispielen illustriert werden.

System	Struktur	Gruppe	Differenz der Radien in %	Mischkristall-bildung
Na—K	krz	T_1	25	keine
Ca—Al	kdp	T_1	38	keine
Pb—Sn	kdp – X	B	10	begrenzt
Cr—Ni	krz – kdp	T_2	3	begrenzt
Ag—Al	kdp	T_2–T_1	1	begrenzt
Mg—Pb	hdp – kdp	T_1–B	9	begrenzt
Cu—Zn	kdp – hdp	T_2–B	7	begrenzt

X: Keine der drei typischen Metallstrukturen

Außerdem spielen individuelle Faktoren eine Rolle. Im System Ag—Pt tritt eine Mischungslücke auf, obwohl beide Metalle in der kubisch-flächenzentrierten Struktur kristallisieren und die Differenz der Atomradien nur 4 % beträgt. Ag und Pd mit der nahezu gleichen Radiendifferenz von 5 % sind dagegen unbegrenzt mischbar. Entsprechendes gilt für die Systeme Cu—Au und Cu—Ag. (Vgl. Abb. 5.30 und Abb. 5.27).

Aus ungeordneten Mischkristallen können Überstrukturen mit geordneten Atomanordnungen entstehen. Beispiele dafür sind die Überstrukturen AuCu, $AuCu_3$ (vgl. Abb. 5.27) und CuZn (vgl. Abb. 5.35).

Laves-Phasen

Laves-Phasen sind intermetallische Verbindungen mit der Zusammensetzung AB_2. Sie werden überwiegend von typischen Metallen der T-Gruppen gebildet, bei denen das Verhältnis der Atomradien r_A/r_B nur wenig vom Idealwert 1,22 abweicht (Tab. 5.3). Laves-Phasen werden also von Metallen gebildet, bei denen aufgrund der zu großen Radiendifferenzen keine Mischkristallbildung möglich ist. Ein typisches Beispiel dafür ist die Phase KNa_2.

Tab. 5.3: Beispiele für Laves-Phasen.

Phase	r_A/r_B	Phase	r_A/r_B
KNa_2	1,23	$NaAu_2$	1,33
$CaMg_2$	1,23	$MgNi_2$	1,28
$MgZn_2$	1,17	$CaAl_2$	1,38
$MgCu_2$	1,25	WFe_2	1,12
$AgBe_2$	1,29	$TiCo_2$	1,18
$TiFe_2$	1,17	VBe_2	1,20

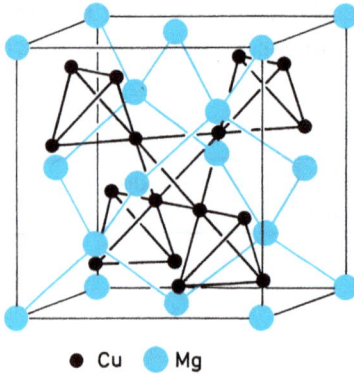

Cu ● Mg (blaue Kugeln)

Abb. 5.34: Kristallstruktur der kubischen Laves-Phase $MgCu_2$. Für diese AB_2-Struktur ist das Verhältnis $r_A/r_B = 1{,}25$.

Die Laves-Phasen treten in drei nahe verwandten Strukturen auf, in denen die gleichen Koordinationszahlen vorhanden sind. Abb. 5.34 zeigt die kubische Struktur des $MgCu_2$-Typs. Jedes Cu-Atom ist von 6 Cu- und 6 Mg-Atomen umgeben. Jedes Mg-Atom ist von 4 Mg- und 12 Cu-Atomen koordiniert. Daraus ergibt sich eine mittlere Koordinationszahl von $13\frac{1}{3}$, die Packungsdichte beträgt 71 %.

Laves-Phasen sind dicht gepackte Strukturen mit stöchiometrischer Zusammensetzung, deren Auftreten durch geometrische Faktoren bestimmt wird und nicht von der Elektronenkonfiguration oder Elektronegativität der Elemente abhängt. Die Bindung ist wie in reinen Metallen echt metallisch ohne heteropolare oder homopolare Bindungstendenzen.

Hume-Rothery-Phasen

Hume-Rothery-Phasen treten bei intermetallischen Systemen auf, die von den Übergangsmetallen T_2 mit B-Metallen gebildet werden. Dabei treten immer gleiche Phasenabfolgen, mit unterschiedlichen Phasenbreiten auf. Ein typisches Beispiel ist das System Cu—Zn (Messing). Bei Raumtemperatur treten im System Cu—Zn die folgenden Phasen auf (Abb. 5.35).

α-Phase: In der kubisch-flächenzentrierten Struktur von Cu können sich 38 % Zn (Stoffmengenanteil) lösen. Es bilden sich Substitutionsmischkristalle.

β-Phase: Stabil im Bereich 45–49 % Zn; die ungefähre Zusammensetzung ist CuZn. Unterhalb 470 °C hat CuZn die Caesiumchlorid-Struktur, darüber eine kubisch-innenzentrierte Struktur mit einer statistischen Verteilung der Cu- und Zn-Atome auf Kationen- und Anionenplätzen eines CsCl-Strukturtyps.

γ-Phase: 58–66 % Zn; annähernde Zusammensetzung Cu_5Zn_8; komplizierte kubische Struktur.

ε-Phase: 78–86 % Zn; Zusammensetzung nahe bei $CuZn_3$; hexagonal-dichteste Packung.

η-Phase: Die Struktur von Zn kann nur 2 % Cu unter Mischkristallbildung aufnehmen; verzerrt hexagonal-dichteste Packung (vgl. Abschn. 5.2).

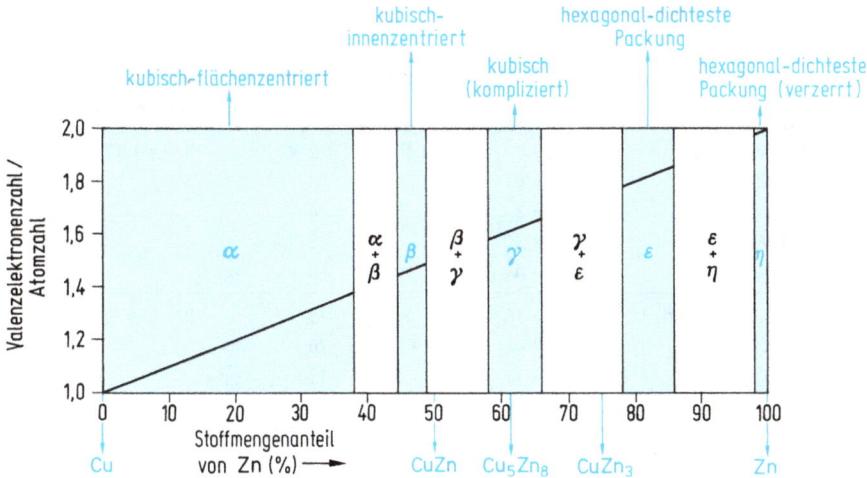

Abb. 5.35: Phasenfolge im System Kupfer-Zink bei Raumtemperatur. Für die Bildung der Hume-Rothery-Phasen ist ein bestimmtes Verhältnis der Anzahl der Valenzelektronen zur Anzahl der Atome erforderlich.

Während reines Cu weich und schmiegsam ist, zeigen die Messinglegierungen mit wachsendem Zn-Gehalt zunehmende Härte. Die γ- und die ε-Phase sind hart und spröde.

Technisch wichtige Messinglegierungen liegen im Bereich bis 41 % Zn. Zu hoch legiertes Cu versprödet.

Hume-Rothery-Phasen sind nicht stöchiometrisch zusammengesetzt wie die Laves-Phasen, sondern haben Phasenbreiten. Die angegebenen Formeln geben nur die idealisierten Zusammensetzungen der Phasen an, sie sind nicht wie bei heteropolaren und homopolaren Verbindungen durch Valenzregeln bestimmt. Bei anderen T_2-B-Systemen treten die analogen Phasen auf, aber die korrespondierenden β-, γ-, ε-Phasen haben ganz unterschiedliche Zusammensetzungen (Tab. 5.4). Die Stöchiometrie spielt also für das Auftreten der Hume-Rothery-Phasen keine Rolle. Die Zusammensetzung der Hume-Rothery-Phasen wird durch das Verhältnis der Anzahl der Valenzelektronen zur Gesamtzahl der Atome bestimmt. In der Tab. 5.4 sind diese Zahlenverhältnisse für einige Systeme angegeben.

Auch die Phasenbreite der α-Phase wird durch das Verhältnis der Valenzelektronenzahl zur Atomzahl bestimmt (Tab. 5.5).

Ausschlaggebend für das Auftreten der Hume-Rothery-Phasen ist offenbar eine bestimmte Konzentration des Elektronengases. Wird diese Elektronenkonzentration überschritten, so ist die Struktur nicht mehr beständig und es bildet sich eine neue Phase.

Tab. 5.4: Beispiele für Hume-Rothery-Phasen.

Phase	Zusammensetzung	Valenzelektronenzahl	Atomzahl	Valenzelektronen-zahl : Atomzahl
β-Phase	CuZn, AgCd	1 + 2	2	3 : 2 = 1,50
	CoZn$_3$	0 + 6	4	
	Cu$_3$Al	3 + 3	4	
	FeAl	0 + 3	2	
	Cu$_5$Sn	5 + 4	6	
γ-Phase	Cu$_5$Zn$_8$, Ag$_5$Cd$_8$	5 + 16	13	21 : 13 = 1,62
	Fe$_5$Zn$_{21}$	0 + 42	26	
	Cu$_9$Al$_4$	9 + 12	13	
	Cu$_{31}$Sn$_8$	31 + 32	39	
ε-Phase	CuZn$_3$, AgCd$_3$	1 + 6	4	7 : 4 = 1,75
	Ag$_5$Al$_3$	5 + 9	8	
	Cu$_3$Sn	3 + 4	4	

Die Valenzelektronenzahl der Metalle der 8. und 9. Nebengruppe muss null gesetzt werden.

Tab. 5.5: Löslichkeit von Metallen mit unterschiedlicher Valenzelektronenzahl in Kupfer.

System	Löslichkeit in % (Stoffmengenanteil)	Valenzelektronenzahl : Atomzahl	
Cu–Zn	38,4	1,38	
Cu–Al	20,4	1,41	
Cu–Ga	20,3	1,41	($\approx$ Cu$_8$Ga$_2$ $\triangleq \frac{14}{10}$ = 1,4)
Cu–Ge	12,0	1,36	
Cu–Sn	9,3	1,28	

Zintl-Phasen

Zwischen den stark elektropositiven Metallen der T$_1$-Gruppe und den weniger elektropositiven Metallen der B-Gruppe ist die Elektronegativitätsdifferenz bereits so groß, dass sich intermetallische Verbindungen mit heteropolarem Bindungscharakter bilden. Zu der großen Zahl dieser Phasen gehören auch Verbindungen mit den Halbmetallen der 14. und 15. Gruppe (Si, Ge, As, Sb) (Tab. 5.6).

Zintl-Phasen sind polare intermetallische Verbindungen, in denen das elektropositivere Teilchen formal ein Kationenbildner und das elektronegativere Teilchen ein Anionenbildner ist. Das elektropositivere Atom überträgt somit Elektronen auf das elektronegativere Atom. Die Struktur des Anionen-Teilgitters der Zintl-Phase entspricht nach E. Busmann und W. Klemm der Elementstruktur eines Elements mit gleicher Valenzelektronenkonfiguration.

Tab. 5.6: Beispiele für Zintl-Phasen.

Verbindung	Zintl-Anion	Anionenstruktur
NaTl	Tl^-	Diamant-Typ
KSi	Si^-	Si_4^{4-}, weißer Phosphor (P_4-Typ)
LiAs	As^-	Spiralketten (Selen-Typ)
CaSi	Si^{2-}	planare Zickzackketten (S_x-Ketten)
CaSi$_2$	Si^-	Schichten aus gewellten Sechsringen (Arsen-Typ)
CaC$_2$	C^-	C_2^{2-}-Dimer (N_2)

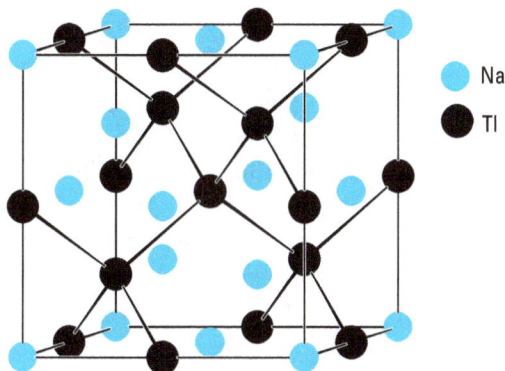

Abb. 5.36: Struktur von NaTl. Die Tl-Atome bilden eine diamantartige Struktur.

Das bekannteste Beispiel ist die NaTl-Struktur (Tab. 5.6, Abb. 5.36). Die Struktur von NaTl besteht aus zwei ineinander gestellten Na- und Tl-Untergittern mit Diamantstruktur. Sowohl Na als auch Tl ist von 4 Na und 4 Tl jeweils tetraedrisch umgeben. Dem ionischen Bindungsanteil entspricht die Grenzstruktur Na^+Tl^-. Tl^- hat dieselbe Valenzelektronenkonfiguration wie C, also die Bindigkeit vier und kann wie dieses eine Diamantstruktur aufbauen, deren Ladung durch die in den Lücken sitzenden Na^+-Ionen neutralisiert wird. Übereinstimmend mit einem ionischen Bindungsanteil liegt der Na-Radius zwischen dem Metallradius und dem Ionenradius.

Weitere Beispiele von Zintl-Phasen sind in der Tab. 5.6 zusammengestellt. In der Kristallstruktur von KSi besitzt das Zintl-Anion Si^- fünf Valenzelektronen und benötigt drei Elektronen, um die Edelgaskonfiguration zu erreichen. Die Ausbildung von drei Bindungen ergibt das tetraedrisch gebaute Si_4^{4-}-Ion, welches der P_4-Einheit der Modifikation des weißen Phosphors entspricht. In der Struktur von LiAs hat das Zintl-Anion As^- sechs Valenzelektronen und entspricht damit der Valenzelektronenkonfiguration von Elementen der Gruppe 16. Wie bei den Elementen der Gruppe 16 müssten zwei Bindungen ausgebildet werden, um eine Edelgaskonfiguration zu erreichen. In der Kristallstruktur von LiAs bilden die Arsenatome Spiralkettten, die der Struktur von elementarem Selen entsprechen. Analoge Beschreibungen gelten für CaSi, CaSi$_2$ und viele andere Zintl-Verbindungen. CaC$_2$ ist keine typische Zintl-Phase, sondern eine salzartige Verbindung, kann aber analog behandelt werden, weil für eine stabile Anordnung letztlich eine Edelgaskonfiguration erreicht werden muss. Dafür benötigt C$^-$ drei zusätzliche Bindungen, die im C$_2^{2-}$-Ion in Form einer Dreifachbindung vorliegen, analog zum N$_2$-Molekül.

Einlagerungsverbindungen

Die kleinen Nichtmetallatome H, B, C, N können in Metallgittern Zwischengitterplätze besetzen, wenn für die Atomradien die Bedingung $r_{\text{Nichtmetall}} : r_{\text{Metall}} \leq 0{,}59$ gilt. Die dabei entstehenden Phasen werden „Einlagerungsverbindungen" genannt. Diese Phasen behalten metallischen Charakter, man spricht daher von legierungsartigen Hydriden, Boriden, Carbiden und Nitriden. Sie werden von Metallen der 4.–10. Nebengruppe, den Lanthanoiden und Actinoiden gebildet. Andere Metalle bilden diese Verbindungen auch bei passender Atomgröße und Elektronegativität nicht. In der elektrischen Leitfähigkeit und im Glanz ähneln die Einlagerungsverbindungen den Metallen. Die Phasenbreite ist meist groß. Unähnlich den Metallen und Legierungen entstehen spröde Substanzen mit sehr hoher Härte und sehr hohen Schmelzpunkten, die daher technisch interessant sind (Hartstoffe). Ein bekanntes Beispiel ist WC, Widia (hart wie Diamant), weitere Beispiele zeigt Tab. 5.7. Technisch von großer Bedeutung sind Hartmetalle. Es sind Sinterlegierungen aus Hartstoffen und Metallen, z. B. WC und Co, die bei relativ niedrigen Temperaturen gesintert werden können und in denen die Härte und die Zähigkeit der beiden Komponenten kombiniert sind.

Die Strukturen der Einlagerungsverbindungen leiten sich oft von kubisch-dichtest gepackten Metallstrukturen ab (vgl. Abb. 5.37). Die N- und C-Atome besetzen die größeren Oktaederlücken, die H-Atome auch die kleineren Tetraederlücken der Metall-

Tab. 5.7: Beispiele für Einlagerungsverbindungen.

Carbide				Nitride	
	Schmelzpunkt in °C		Schmelzpunkt in °C		Schmelzpunkt in °C
TiC	2 940–3 070	β-Mo$_2$C	2 485–2 520	TiN	2 950
ZrC	3 420	WC	2 720–2 775	ZrN	2 985
HfC	3 820–3 930	ThC	2 650	HfN	3 390
VC	2 650–2 680	ThC$_2$	2 655	TaN	3 095
NbC	3 610	UC	2 560	Mo$_2$N	Zersetzung
TaC	3 825–3 985	UC$_2$	2 500	W$_2$N	Zersetzung

Die Mohs-Härte liegt meist bei 8–10. Die härteste Substanz mit der Härte 10 ist der Diamant.

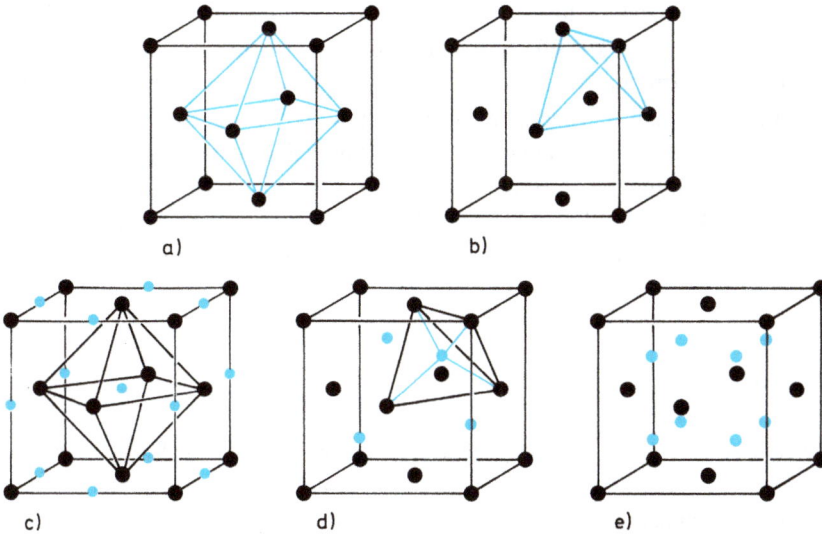

Abb. 5.37: Kubisch-dichtest gepackte Metallatome bilden zwei Sorten von Hohlräumen. Metallatome, die ein Oktaeder bilden, umschließen eine oktaedrische Lücke (a). Pro Metallatom ist eine Oktaederlücke vorhanden. Metallatome, die ein Tetraeder bilden, umschließen eine tetraedrische Lücke (b). Pro Metallatom gibt es zwei Tetraederlücken. Bei der Natriumchlorid-Struktur sind alle Oktaederlücken der kubisch-dichtest gepackten Metallatome mit einer Atomsorte besetzt (c). Die Besetzung aller Tetraederlücken führt zur Fluorit-Struktur (e). Bei der geordneten Besetzung der Hälfte der Tetraederlücken entsteht die Zinkblende-Struktur (d).

Tab. 5.8: Beispiele für Einlagerungsverbindungen, bei denen die Metallatome eine kubisch-dichteste Packung besitzen.

Nichtmetallatome besetzen	Anteil besetzter Lücken in %	Struktur	Beispiele
Oktaederlücken	100	Natriumchlorid	TiC, ZrC, HfC, ThC, VC, NbC, TaC, UC, TiN, ZrN, HfN, ThN, VN, UN, CrN, PdH
	50		W_2N, Mo_2N
	25 (geordnet)		Mn_4N, Fe_4N
Tetraederlücken	100	Fluorit	CrH_2, TiH_2, VH_2, HfH_2, GdH_2

struktur. Die Lücken können auch teilweise besetzt sein. Es wird aber immer nur die eine Lückensorte besetzt. Tab. 5.8 zeigt Beispiele für einige stöchiometrische Phasen und die Strukturen, in denen sie auftreten. Bei anderen Einlagerungsstrukturen sind die Metallatome hexagonal-dichtest gepackt oder kubisch-raumzentriert angeordnet.

Weitere Strukturen entstehen durch Erniedrigung der kubischen Symmetrie als Folge von Strukturverzerrungen. Metallboride haben komplizierte Strukturen.

Eine Kristallstruktur nach dem Motiv des NaCl-Typs entsteht auch dann häufig, wenn das Ausgangsmetall hexagonal-dicht oder kubisch-raumzentriert kristallisiert. Da die Einlagerung der Nichtmetallatome trotz der Vergrößerung des Metall—Metall-Abstandes eine Erhöhung der Härte und des Schmelzpunktes bewirkt und außerdem eine strukturelle Änderung des Metallgitters zur Folge haben kann, müssen starke Bindungen zwischen den Metall- und den Nichtmetallatomen vorhanden sein.

5.6 Gewinnung von Metallen

Die Weltproduktion von einigen wichtigen Metallen ist in der Abb. 5.38 dargestellt. Die Menge produzierten Roheisens ist mehr als zehnmal so groß wie die aller anderen Metalle zusammen. Stahl wird etwa zwanzigmal mehr hergestellt als Aluminium, das in der Weltproduktion den zweiten Platz einnimmt. Die stürmische industrielle Entwicklung nach dem zweiten Weltkrieg ließ die Produktion von Metallen deutlich ansteigen. Dieser Trend hat sich seither verstetigt. Darüber hinaus ist die Produktion von Stahl und Aluminium in den vergangenen Jahrzehnten nochmals stark angestiegen (Abb. 5.39). Damit ist Aluminium nach Eisen bzw. Stahl das zweitwichtigste Metall.

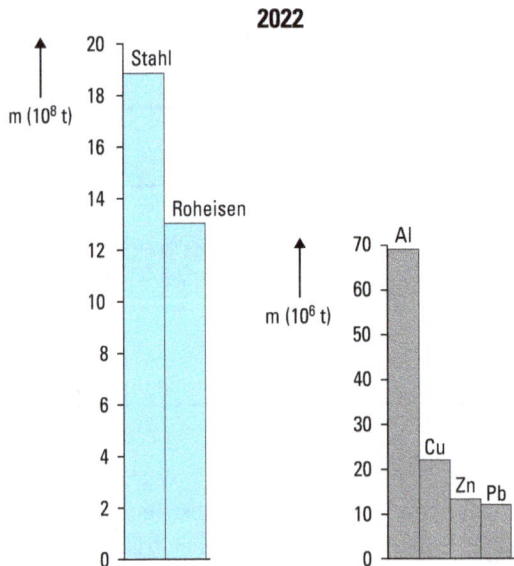

Abb. 5.38: Weltproduktion einiger Metalle.

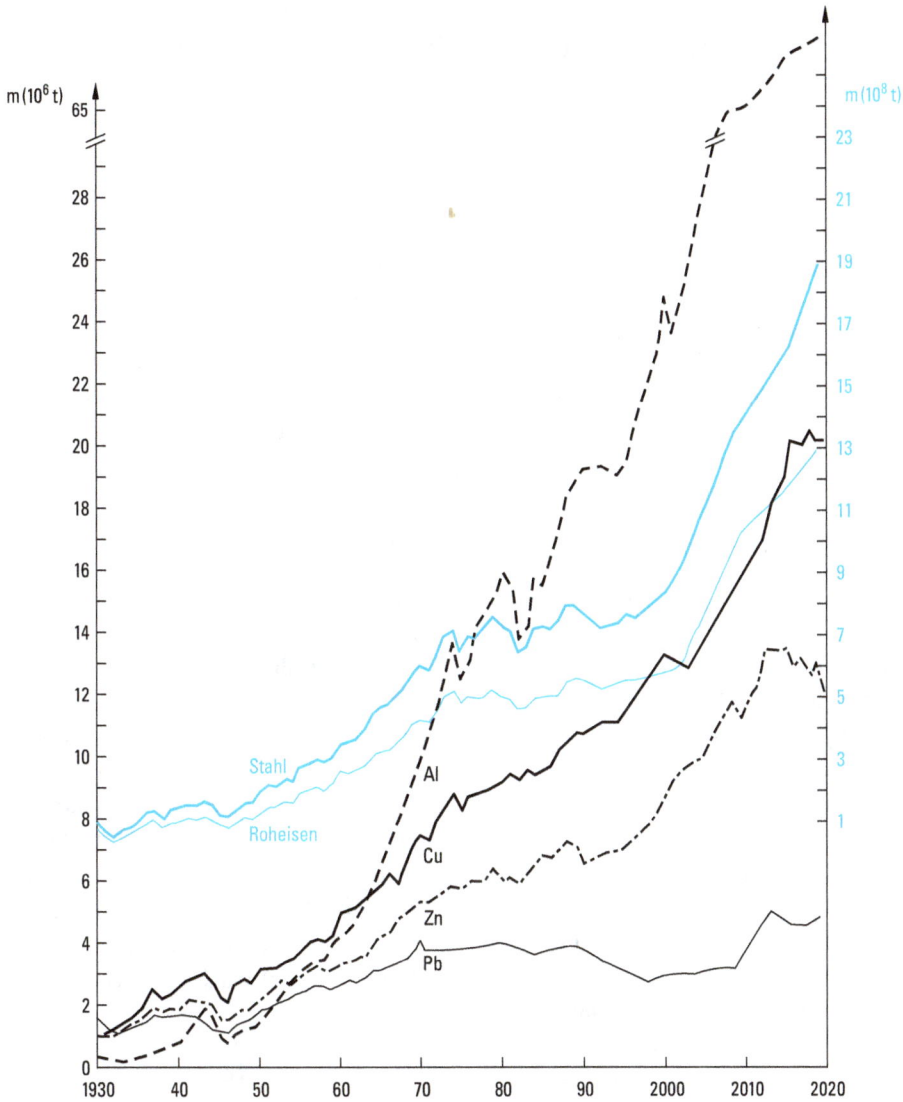

Abb. 5.39: Entwicklung der Weltproduktion von Stahl, Roheisen, Aluminium, Kupfer, Zink und Blei seit 1930.

5.6.1 Elektrolytische Verfahren

Schmelzflusselektrolyse

Unedle Metalle werden durch elektrochemische Reduktion gewonnen. Durch Elektrolyse wässriger Lösungen ist ihre Gewinnung nicht möglich, da die unedlen Metalle hohe negative Standardpotentiale haben und sich daher Wasserstoff und nicht das Metall abscheidet (vgl. Tab. 3.11). Eine Ausnahme ist Zink. Man elektrolysiert daher geschmolzene Salze, die die betreffenden Metalle als Kationen enthalten. Durch Schmelzflusselektrolyse werden technisch die Alkalimetalle, Erdalkalimetalle und Aluminium hergestellt.

Herstellung von Aluminium. Aluminium wird aus Al_2O_3 durch Schmelzfluss-elektrolyse hergestellt. Ausgangsmaterial zur Herstellung von Aluminium ist Bauxit, der überwiegend AlO(OH) enthält. Bauxit ist mit Fe_2O_3 verunreinigt. Fe_2O_3 muss vor der Schmelzflusselekrolyse entfernt werden, da sich bei der Elektrolyse Eisen an der Kathode abscheiden würde. Für die Aufarbeitung zu reinem Al_2O_3 gibt es mehrere Verfahren. Bei allen Verfahren wird der amphotere Charakter von $Al(OH)_3$ ausgenutzt. Amphotere Stoffe lösen sich sowohl in Säuren als auch in Basen. Bauxit kann daher mit basischen Stoffen in das lösliche Komplexsalz $Na[Al(OH)_4]$ überführt werden. Fe_2O_3 ist in Basen unlöslich und wird von der $Na[Al(OH)_4]$-Lösung durch Filtration abgetrennt. Die einzelnen Reaktionsschritte des nassen Aufschlussverfahrens (Bayer-Verfahren) sind im folgenden Schema dargestellt:

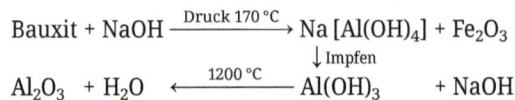

$$\text{Bauxit} + \text{NaOH} \xrightarrow{\text{Druck 170 °C}} \text{Na}[\text{Al(OH)}_4] + \text{Fe}_2\text{O}_3$$
$$\downarrow \text{Impfen}$$
$$\text{Al}_2\text{O}_3 + \text{H}_2\text{O} \xleftarrow{\text{1200 °C}} \text{Al(OH)}_3 + \text{NaOH}$$

AlO(OH) wird mit Natronlauge in Lösung gebracht und durch Filtration von Fe_2O_3 getrennt. Durch Impfen mit $Al(OH)_3$-Kriställchen wird aus dem Hydroxidokomplex $Al(OH)_3$ ausgeschieden. Nach erneuter Filtration wird $Al(OH)_3$ bei hohen Temperaturen zum Oxid entwässert.

Al_2O_3 hat einen Schmelzpunkt von 2 050 °C. Zur Erniedrigung des Schmelzpunktes wird Kryolith, Na_3AlF_6 zugesetzt. Na_3AlF_6 schmilzt bei 1 000 °C und bildet mit Al_2O_3 ein Eutektikum (vgl. Abb. 5.29), das bei 960 °C schmilzt und die Zusammensetzung 10,5 % Al_2O_3 und 89,5 % Na_3AlF_6 hat. Man kann daher die Elektrolyse mit einer Schmelze annähernd eutektischer Zusammensetzung bei 970 °C durchführen (Abb. 5.40). Weitere Zusätze sind AlF_3, CaF_2 und LiF. Als Elektrodenmaterial wird Kohle verwendet. Schematisch spielen sich die folgenden Vorgänge ab:

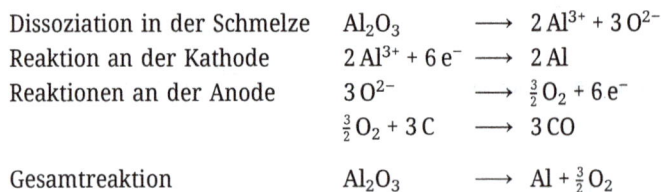

Dissoziation in der Schmelze	Al_2O_3	$\longrightarrow 2\,Al^{3+} + 3\,O^{2-}$
Reaktion an der Kathode	$2\,Al^{3+} + 6\,e^-$	$\longrightarrow 2\,Al$
Reaktionen an der Anode	$3\,O^{2-}$	$\longrightarrow \frac{3}{2}O_2 + 6\,e^-$
	$\frac{3}{2}O_2 + 3\,C$	$\longrightarrow 3\,CO$
Gesamtreaktion	Al_2O_3	$\longrightarrow Al + \frac{3}{2}O_2$

Die chemischen Vorgänge bei der Schmelzflusselektrolyse sind komplizierter und nicht vollständig geklärt.[11] Das abgeschiedene Aluminium ist spezifisch schwerer als

---

11 Siehe z. B. Riedel/Janiak, Anorganische Chemie 10. Aufl., 2022.

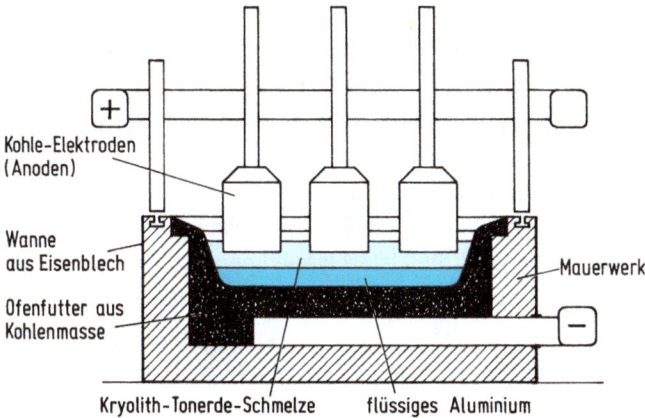

Abb. 5.40: Schematische Darstellung eines Elektrolyseofens zur Herstellung von Aluminium.

die Schmelze und sammelt sich flüssig am Boden des Elektrolyseofens. Der Schmelzpunkt von Aluminium beträgt 600 °C. Durch die Schmelze wird das Aluminium vor
Oxidation geschützt. Das Abgas enthält neben CO und CO_2 Spuren von Fluorverbin-
dungen, die durch Absorption entfernt werden.

Man elektrolysiert mit 4–5 V und bis 150 000 A. Zur Herstellung von 1 t Aluminium
benötigt man 5 t Bauxit, 0,5 t Elektrodenkohle und eine Energiemenge von $15 \cdot 10^3$ kWh.
Die wirtschaftliche Aluminiumherstellung erfordert viel elektrische Energie.

Wichtige Aluminiumlegierungen: Magnalium (10–30 % Mg); Hydronalium (3–12 %
Mg, seewasserfest); Duralumin (2,5–5,5 % Cu; 0,5–1,2 % Mg; 0,5–1,2 % Mn; 0,2–1 % Si;
lässt sich kalt walzen, ziehen und schmieden).

Recycling von Aluminium. Aluminium ist ein wichtiges Metall, das aufgrund
seiner vorteilhaften Eigenschaften in vielen Bereichen Verwendung findet. Al hat eine
geringe Dichte und damit ein geringes Gewicht (Leichtmetall) und ist korrosionsbeständig. In Europa wird ca. 50 % des Aluminiums über das Recyceln von Aluminium-
abfällen zurückgewonnen, weltweit ist der Recyclinganteil geringer.

In der Praxis wird Aluminium nicht in reiner Form verwendet, sondern als Legierung. Dabei bestimmen die Legierungsbestandteile die physikalischen Eigenschaften.
In einem Recycling-Prozess kann aber nur sortenreines Aluminium eingesetzt werden, da Legierungselemente (z. B. Mg, Cu, Mn) beim Umschmelzen nicht entfernt werden können. Anderenfalls kommt es zum sogenannten *downcycling*. Deshalb werden
vorab unterschiedliche Sortierungsverfahren eingesetzt.

Der sortenreine Aluminiumschrott wird mit Zusätzen von Salzen (NaCl, KCl, CaF_2)
bei 700–800 °C an der Luft aufgeschmolzen. Die Salze binden dabei oxidische Bestandteile, die beim Kontakt von flüssigem Aluminium mit Luftsauerstoff entstehen und
bilden eine Schlacke, die auf der Aluminiumschmelze schwimmt. Das flüssige Aluminium wird von der Schlacke getrennt und in Formen gegossen.

Die Recycling-Effizienz für Aluminium ist deswegen sehr gut, weil das Einschmelzen von Aluminiumschrott erheblich energiesparender ist als die Herstellung von Primär-Aluminium. Der Anteil sekundärer Rohstoffe (Recyclingquote) an der Rohstoffproduktion in Deutschland betrug im Jahr 2021 für Aluminium 53 %, für Rohstahl 45 % und für Kupfer 38 %.

Herstellung von Natrium. Die Herstellung von Natrium erfolgt durch Elektrolyse von geschmolzenem NaCl (Downs-Verfahren). Der Schmelzpunkt von NaCl beträgt 808 °C. Durch Zusatz von $CaCl_2$ wird die Elektrolysetemperatur auf etwa 600 °C herabgesetzt. Bei zu hoher Elektrolysetemperatur löst sich das entstandene Natrium in der Schmelze.

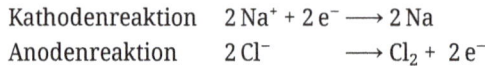

$$\text{Kathodenreaktion} \quad 2\,Na^+ + 2\,e^- \longrightarrow 2\,Na$$
$$\text{Anodenreaktion} \quad 2\,Cl^- \quad\quad \longrightarrow Cl_2 + 2\,e^-$$

Herstellung und Reinigung von Metallen durch Elektrolyse wässriger Lösungen

Zink. Durch Elektrolyse schwefelsaurer $ZnSO_4$-Lösungen wird 99,99 %iges Zink gewonnen. Das Verfahren ist wegen der Überspannung von Wasserstoff am Zink möglich (vgl. Abschn. 3.8.10), verlangt aber sehr reine $ZnSO_4$-Lösungen zur Aufrechterhaltung der Überspannung.

Analog wird **Cadmium** elektrolytisch hergestellt.

5.6.2 Reduktion mit Kohlenstoff

Durch Reduktion der Metalloxide mit Kohlenstoff werden die Metalle **Magnesium, Zinn, Blei, Bismut, Zink** und das wichtigste Gebrauchsmetall **Eisen** hergestellt.

Erzeugung von Roheisen

Roheisen wird im Hochofen (Abb. 5.41) durch Reduktion von oxidischen Eisenerzen mit Koks hergestellt. Sulfidische Eisenerze müssen zur Verhüttung durch Oxidation in Oxide überführt werden. Der Hochofen wird von oben abwechselnd mit Schichten aus Koks und Erz beschickt. Den Erzen werden Zuschläge zugesetzt, die während des Hochofenprozesses mit den Erzbeimengungen (Gangart) leicht schmelzbare Calciumaluminiumsilicate (Schlacken) bilden. Ist die Gangart Al_2O_3- und SiO_2-haltig, setzt man CaO-haltige Zuschläge zu (Kalkstein, Dolomit). Bei CaO-haltigen Gangarten müssen die Zuschläge SiO_2-haltig sein (Feldspat). In den Hochofen wird von unten auf 1 000–1 300 °C erhitzte Luft (Wind) eingeblasen. Die unterste Koksschicht verbrennt zu CO.

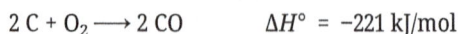

$$2\,C + O_2 \longrightarrow 2\,CO \qquad \Delta H° = -221 \text{ kJ/mol}$$

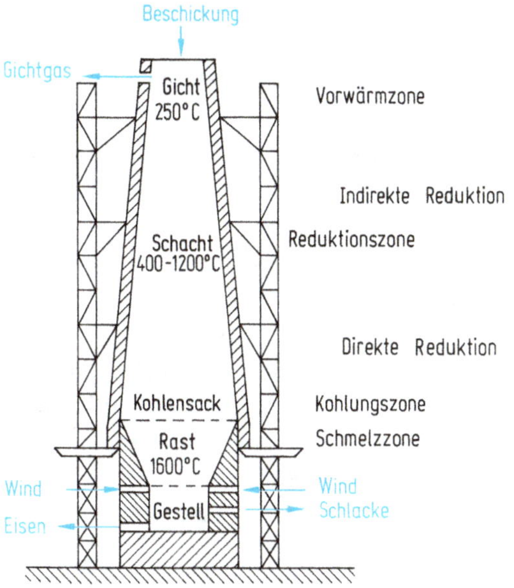

Abb. 5.41: Schematische Darstellung eines Hochofens. Die Höhe beträgt etwa 30 m. Der Gestelldurchmesser 10–15 m, das Fassungsvermögen bis 4 000 m³. 2005 waren in Deutschland 20 Hochöfen in Betrieb, 12 sind museal erhalten.

Die Temperatur steigt dadurch im untersten Teil des Hochofens (Rast) auf 1 600 °C. Im unteren Teil des Hochofens liegt das schon teilreduzierte Eisenerz als Wüstit „FeO" vor. Er wird mit CO zu Eisen reduziert.

$$FeO + CO \longrightarrow Fe + CO_2 \qquad \Delta H° = -17 \text{ kJ/mol}$$

In der darüber liegenden Koksschicht wandelt sich das CO_2 auf Grund des Boudouard-Gleichgewichts (vgl. Abb. 3.21)

$$CO_2 + C \rightleftharpoons 2\,CO \qquad \Delta H° = +173 \text{ kJ/mol}$$

in CO um, dieses wirkt in der folgenden Erzschicht erneut reduzierend usw. Insgesamt findet also die Reaktion

$$2\,FeO + C \longrightarrow 2\,Fe + CO_2 \qquad \Delta H° = +138 \text{ kJ/mol}$$

statt („direkte Reduktion"). Sobald die Temperatur des aufsteigenden Gases kleiner als 900–1 000 °C wird, stellt sich das Boudouard-Gleichgewicht nicht mehr schnell genug ein. Es findet nur noch die Reduktion von Fe_2O_3 und Fe_3O_4 zu FeO unter Bildung von CO_2 statt („indirekte Reduktion"). Im oberen Teil des Schachts erfolgt keine Reduktion, durch die heißen Gase wird nur die Beschickung vorgewärmt. Das entweichende Gichtgas besteht aus etwa 55 % N_2, 30 % CO und 15 % CO_2 (Heizwert ca. 4 000 kJ/m³).

In Eisen können sich maximal 4,3 % Kohlenstoff lösen, dadurch sinkt der Schmelzpunkt auf 1100–1 200 °C (Schmelzpunkt von reinem Eisen 1 539 °C). In der unteren heißen Zone des Hochofens tropft verflüssigtes Eisen nach unten und sammelt sich im Gestell unterhalb der flüssigen, spezifisch leichteren Schlacke. Die Schlacke schützt das Roheisen vor Oxidation durch den eingeblasenen Wind. Das flüssige Roheisen und die flüssige Schlacke werden von Zeit zu Zeit durch das Stichloch abgelassen (Abstich). Die Schlacke wird als Straßenbaumaterial oder zur Zementherstellung verwendet.

Ein Hochofen kann jahrelang kontinuierlich in Betrieb sein und täglich bis 10 000 t Roheisen erzeugen. Für 1 t erzeugtes Roheisen benötigt man etwa 0,5 t Kohle und es entstehen 300 kg Schlacke. Das Roheisen enthält 3,5–4.5 % Kohlenstoff, 0,5–3 % Silicium, 0,2–5 % Mangan, bis 2 % Phosphor und Spuren Schwefel.

Stahlerzeugung

Aus dem Hochofen gewonnenes Roheisen ist wegen seines hohen Kohlenstoffgehalts spröde und erweicht beim Erhitzen plötzlich. Es kann daher nur vergossen, aber nicht gewalzt und geschweißt werden. Um es in verformbares Eisen (Stahl) zu überführen, muss der Kohlenstoffgehalt auf weniger als 2,1 % herabgesetzt werden. Zu diesem Zweck werden Oxidationsverfahren eingesetzt, die Sauerstoff (Luft) in die Roheisen-Schmelze einblasen (Frisch-Verfahren). Dabei werden Kohlenstoff und andere Begleitstoffe des Roheisens in ihre Oxide überführt und es entsteht Wärme, die den Stahl flüssig hält.

Ein zweites Verfahren der Stahlerzeugung ist das Elektrostahlverfahren. Beim Elektrostahlverfahren wird in Lichtbogen- oder Induktionsöfen unlegierter Schrott mit Kohle eingeschmolzen, danach erfolgt das Frischen.

Die Eigenschaften von Stahl werden durch Legieren mit anderen Metallen beeinflusst. Nickel und Vanadium erhöhen die Zähigkeit, Chrom und Wolfram die Härte. Bei Chromgehalten >12 % werden die Stähle korrosionsbeständig. Der korrosionsbeständige V2A-Stahl enthält 70 % Fe, 20 % Cr, 8 % Ni und etwas Si, C, Mn. In Deutschland gibt es 7 500 Stahlsorten.

Roheisengewinnung durch Reduktion mit Wasserstoff. Gegenwärtig werden etwa 70 % des weltweit produzierten Eisens durch die Reduktion von Erzen in Hochöfen mit Kohlenmonoxid als Reduktionsmittel gewonnen. Dieser Prozess verursacht erhebliche Mengen CO_2, die in die Atmosphäre entweichen.

In der Stahlproduktion lassen sich mit Wasserstoff sogenannte Direktreduktionsanlagen betreiben. Die Direktreduktion von Eisenerz mit Erdgas ist nicht neu und wird in Ländern angewandt, in denen Erdgas ausreichend und günstig zur Verfügung steht. Auf diese Weise wird zwar weniger CO_2 als im traditionellen Hochofenprozess mit Kohle freigesetzt, klimaneutral ist der Stahl jedoch ebenfalls nicht.

Die Reduktion von Eisenerz mit reinem Wasserstoff anstelle von Koks oder reformiertem Erdgas von Eisenerz kann ein Weg sein, um CO_2-Emissionen effektiv zu vermindern. Allerdings erfordert die chemische Reaktion mit reinem Wasserstoff eine externe Energiezufuhr.

$$Fe_2O_3 + 3\,H_2 \longrightarrow 2\,Fe + 3\,H_2O$$

Noch reaktiver als reiner Wasserstoff ist ein Wasserstoffplasma.[12] Ein Wasserstoffplasma entsteht beispielsweise in einem elektrischen Lichtbogenofen. Bei der exothermen Reaktion zwischen Wasserstoff und Eisenoxid wird neben Wasser auch Prozesswärme frei, die wieder in den Gesamtprozess einfließen kann.

5.6.3 Reduktion mit Metallen und Wasserstoff

Die meisten Übergangsmetalle können nicht durch Reduktion mit Kohle gewonnen werden, da sich Carbide bilden (vgl. Tab. 5.7). Deshalb werden elektropositive Metalle oder Wasserstoff als Reduktionsmittel verwendet.

Aluminothermisches Verfahren
Man nutzt die große Bildungsenthalpie der Reaktion

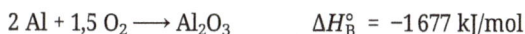

$$2\,Al + 1,5\;O_2 \longrightarrow Al_2O_3 \qquad \Delta H_B^\circ = -1\,677\;\text{kJ/mol}$$

aus. Al kann alle Metalloxide reduzieren, deren Bildungsenthalpien kleiner sind als die von Al_2O_3, z. B. Cr_2O_3.

$$Cr_2O_3 + 2\,Al \longrightarrow Al_2O_3 + 2\,Cr \qquad \Delta H^\circ = -547\;\text{kJ/mol}$$

Technisch werden z. B. mit dem aluminothermischen Verfahren **Chrom** und **Vanadium** hergestellt. Das Thermitschweißen beruht auf der Reaktion

$$3\,Fe_3O_4 + 8\,Al \longrightarrow 4\,Al_2O_3 + 9\,Fe \qquad \Delta H^\circ = -3\,341\;\text{kJ/mol}$$

Es entstehen Temperaturen bis 2 400 °C so dass flüssiges Eisen entsteht, das die Schweißnaht bildet.

---

12 Ein Plasma (*altgriech.* das Gebildete, Geformte) ist ein Teilchengemisch aus Ionen, freien Elektronen, neutralen Atomen oder Molekülen. Diese *angeregte* Form eines Gases verfügt über eine erhöhte Reaktionsfähigkeit. Ein Plasma wird durch Energiezufuhr aus dem gasförmigen Zustand erzeugt.

Redukion mit Alkalimetallen und Erdalkalimetallen

Reines **Vanadium** wird nach der Reaktion

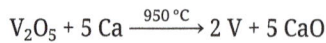

$$V_2O_5 + 5\ Ca \xrightarrow{\ 950\ °C\ } 2\ V + 5\ CaO$$

hergestellt.

Die Reduktion von TiO_2 mit unedlen Metallen (Na, Ca) führt zu Oxiden mit niedrigen Oxidationszahlen. Technisch wird **Titan** durch Reduktion von Titantetrachlorid hergestellt. Man erhält $TiCl_4$ nach der Reaktion

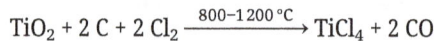

$$TiO_2 + 2\ C + 2\ Cl_2 \xrightarrow{\ 800-1\,200\ °C\ } TiCl_4 + 2\ CO$$

$TiCl_4$ wird mit Magnesium oder Natrium in einer Argonatmosphäre zu Ti reduziert (Halogenmetallurgie).

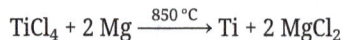

$$TiCl_4 + 2\ Mg \xrightarrow{\ 850\ °C\ } Ti + 2\ MgCl_2$$

Das Titan fällt schwammig an und wird unter Vakuum zu duktilem Metall umgeschmolzen.

Analog wird **Zirconium** hergestellt.

Reduktion mit Wasserstoff

Bei der Reaktion

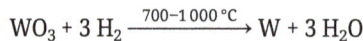

$$WO_3 + 3\ H_2 \xrightarrow{\ 700-1\,000\ °C\ } W + 3\ H_2O$$

fällt **Wolfram** als Pulver an. In einer H_2-Atmosphäre wird es zu kompaktem Metall gesintert.

Analog wird **Molybdän** hergestellt. **Germanium** wird durch Reduktion von GeO_2 bei 600 °C gewonnen.

5.6.4 Spezielle Herstellungs- und Reinigungsverfahren

Röstreaktionsverfahren

Herstellung von Blei. Das Ausgangsmaterial PbS wird unvollständig geröstet und dann weiter umgesetzt.

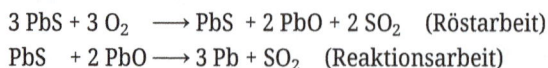

$$3\ PbS + 3\ O_2 \longrightarrow PbS + 2\ PbO + 2\ SO_2 \quad \text{(Röstarbeit)}$$
$$PbS + 2\ PbO \longrightarrow 3\ Pb + SO_2 \quad \text{(Reaktionsarbeit)}$$

Herstellung von Rohkupfer. Das wichtigste Ausgangsmaterial ist Kupferkies ($CuFeS_2$). Durch Rösten wird zunächst der größte Teil des Eisens in Oxid überführt und durch SiO_2-haltige Zuschläge zu Eisensilicat verschlackt. Die Schlacke kann flüssig abgezogen werden. Anschließend erfolgt im Konverter durch Einblasen von Luft zunächst Verschlackung und Abtrennung des restlichen Eisens, dann teilweises Abrösten des Kupfersulfids (Röstarbeit) und Umsatz (Reaktionsarbeit) zu Rohkupfer.

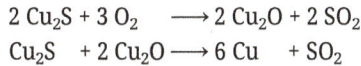

$$2\,Cu_2S + 3\,O_2 \longrightarrow 2\,Cu_2O + 2\,SO_2$$
$$Cu_2S + 2\,Cu_2O \longrightarrow 6\,Cu + SO_2$$

Der größte Teil des Rohkupfers wird elektrolytisch gereinigt.

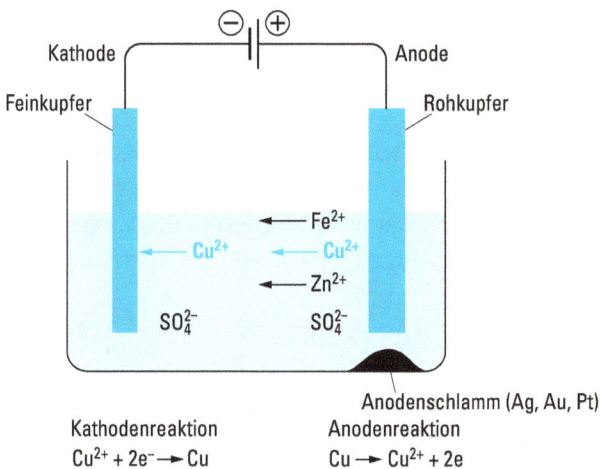

Kathode — Feinkupfer

Anode — Rohkupfer

Fe^{2+}

Cu^{2+} Cu^{2+}

Zn^{2+}

SO_4^{2-} SO_4^{2-}

Anodenschlamm (Ag, Au, Pt)

Kathodenreaktion
$Cu^{2+} + 2e^- \longrightarrow Cu$

Anodenreaktion
$Cu \longrightarrow Cu^{2+} + 2e$

Abb. 5.42: Elektrolytische Raffination von Kupfer.

Raffination von Kupfer. Man elektrolysiert eine schwefelsaure $CuSO_4$-Lösung mit einer Rohkupferanode und einer Reinkupferkathode (Abb. 5.42). An der Anode geht Kupfer in Lösung, an der Kathode scheidet sich reines Kupfer ab. Unedle Verunreinigungen (Zn, Fe) gehen an der Anode ebenfalls in Lösung, scheiden sich aber nicht an der Kathode ab, da sie ein negativeres Redoxpotential als Cu haben. Edle Metalle (Ag, Au, Pt) gehen an der Anode nicht in Lösung, sondern setzen sich bei der Auflösung der Anode als Anodenschlamm ab, aus dem die Edelmetalle gewonnen werden. Man benötigt zur Elektrolyse Spannungen von etwa 0,3 V, da nur der Widerstand des Elektrolyten zu überwinden ist. Das Elektrolytkupfer enthält ca. 99,95 %iges Cu.

In analogen Verfahren werden **Nickel, Silber** und **Gold** elektrolytisch raffiniert.

Cyanidlaugerei

Aus Erzen, in denen **Silber** in elementarer Form oder in Verbindungen vorkommt, kann Ag mit Natriumcyanidlösung als komplexes Silbercyanid herausgelöst werden.

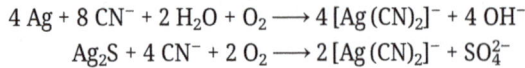

$$4\,Ag + 8\,CN^- + 2\,H_2O + O_2 \longrightarrow 4\,[Ag\,(CN)_2]^- + 4\,OH^-$$
$$Ag_2S + 4\,CN^- + 2\,O_2 \longrightarrow 2\,[Ag\,(CN)_2]^- + SO_4^{2-}$$

Aus Cyanidlösungen lässt sich Silber durch Zinkstaub ausfällen.

$$2\,[Ag\,(CN)_2]^- + Zn \longrightarrow [Zn\,(CN)_4]^{2-} + 2\,Ag$$

Entsprechend kann auch **Gold** als komplexes Cyanid $[Au(CN)_2]^-$ gelöst werden.

Aufwachsverfahren (van Arkel-de Boer-Verfahren)[13]

Mit diesem Verfahren lassen sich sehr reine Metalle, beispielsweise **Titan,** herstellen. Dabei erhitzt man in einer evakuierten Quarzglasampulle eine Mischung von pulverförmigem Titan und wenig Iod auf 600 °C. Es bildet sich gasförmiges TiI_4, das an einem erhitzten Wolframdraht in Umkehrung der Bildungsreaktion bei 1200 °C zersetzt wird.

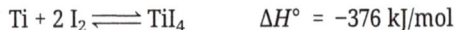

$$Ti + 2\,I_2 \rightleftharpoons TiI_4 \qquad \Delta H° = -376\ kJ/mol$$

Das freiwerdende Iod wandert zurück in die kältere Zone, bildet mit überschüssigem Ti wieder neues TiI_4 und transportiert nach und nach das gesamte Ti an den Wolframdraht, auf dem es als sehr reiner Stab aufwächst. Analog können **Zirconium, Hafnium** und **Vanadium** hoher Reinheit hergestellt werden. Dieses Prinzip wird bei Halogenlampen benutzt (vgl. Abschn. 4.4.2).

Mond-Verfahren

Die Gewinnung von reinem **Nickel** beruht auf der Reaktion

$$Ni + 4\,CO \rightleftharpoons Ni(CO)_4$$

Bei 80 °C bildet sich aus feinverteiltem Nickel und CO Tetracarbonylnickel, das bei 180 °C in Umkehrung der Bildungsreaktion zersetzt wird. Das entstehende Nickel hat eine Reinheit von 99,8–99,9 %.

---

13 Chemische Transportreaktionen siehe Riedel/Janiak, Anorganische Chemie, 10. Aufl., 2022.

5.7 Komplexverbindungen

5.7.1 Aufbau und Eigenschaften von Komplexen

Komplexverbindungen werden auch als Koordinationsverbindungen bezeichnet. Ein Komplex besteht aus dem Koordinationszentrum und der Ligandenhülle. Das Koordinationszentrum kann ein Zentralatom oder ein Zentralion sein. Die Liganden sind Ionen oder Moleküle. Die Anzahl der vom Zentralteilchen chemisch gebundenen Liganden wird Koordinationszahl (KZ) genannt.

Beispiele:

Koordinations-zentrum	Ligand	Komplex	KZ
Al^{3+}	F^-	$[AlF_6]^{3-}$	6
Cr^{3+}	NH_3	$[Cr(NH_3)_6]^{3+}$	6
Fe^{3+}	H_2O	$[Fe(H_2O)_6]^{3+}$	6
Ni	CO	$Ni(CO)_4$	4
Ag^+	CN^-	$[Ag(CN)_2]^-$	2

Komplexionen werden in eckige Klammern gesetzt. Die Ladung wird außerhalb der Klammer hochgestellt hinzugefügt. Sie ergibt sich aus der Summe der Ladungen aller Teilchen, aus denen der Komplex zusammengesetzt ist.

Komplexe sind an ihren typischen Eigenschaften und Reaktionen zu erkennen.

Farbe von Komplexionen. Komplexionen haben häufig eine charakteristische Farbe. Eine wässrige $CuSO_4$-Lösung z. B. ist schwachblau. Versetzt man diese Lösung mit NH_3, entsteht eine tiefblaue Lösung. Die Ursache für die Farbänderung ist die Bildung des Ions $[Cu(NH_3)_4]^{2+}$. Eine wässrige $FeSO_4$-Lösung ist grünlich gefärbt. Mit CN^--Ionen bildet sich der gelbe Komplex $[Fe(CN)_6]^{4-}$.

Elektrolytische Eigenschaften. misst man beispielsweise die elektrische Leitfähigkeit einer Lösung, die $K_4[Fe(CN)_6]$ enthält, so entspricht die Leitfähigkeit nicht einer Lösung, die Fe^{2+}-, K^+- und CN^--Ionen enthält, sondern einer Lösung mit den Ionen K^+ und $[Fe(CN)_6]^{4-}$. Das Komplexion $[Fe(CN)_6]^{4-}$ ist also in wässriger Lösung praktisch nicht dissoziiert.

Ionenreaktionen. Komplexe dissoziieren in wässriger Lösung oft in so geringem Maße, dass die typischen Ionenreaktionen der Bestandteile des Komplexes ausbleiben können, man sagt, die Ionen sind „maskiert". Ag^+-Ionen z. B. reagieren mit Cl^--Ionen zu festem AgCl. In Gegenwart von NH_3 bilden sich $[Ag(NH_3)_2]^+$-Ionen, weshalb mit Cl^- keine Fällung von AgCl erfolgt. Ag^+ ist maskiert. Fe^{2+} bildet mit S^{2-} in ammoniakalischer Lösung schwarzes FeS. $[Fe(CN)_6]^{4-}$ gibt mit S^{2-} keinen Niederschlag von FeS. Fe^{2+} ist durch Komplexbildung mit CN^- maskiert. An Stelle der für die Einzelionen typischen Reaktionen gibt es statt dessen charakteristische Reaktionen des Komplexions. $[Fe(CN)_6]^{4-}$ z. B. reagiert mit Fe^{3+} zu intensiv farbigem Berliner Blau $Fe_4[Fe(CN)_6]_3$.

Die bisher besprochenen Komplexe besitzen nur ein Koordinationszentrum. Man nennt diese Komplexe einkernige Komplexe.

Mehrkernige Komplexe besitzen mehrere Koordinationszentren. Ein Beispiel für einen zweikernigen Komplex ist das

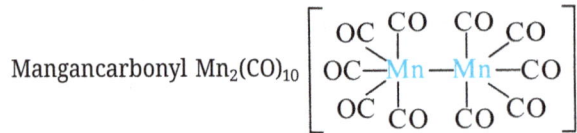

Mangancarbonyl $Mn_2(CO)_{10}$

$$\left[\begin{array}{c} OC \quad CO \quad CO \quad CO \\ OC-Mn-Mn-CO \\ OC \quad CO \quad CO \quad CO \end{array}\right]$$

Die bisher besprochenen Liganden H_2O, NH_3, F^-, CN^- und CO besetzen im Komplex nur eine Koordinationsstelle. Man nennt sie daher einzähnige Liganden. Liganden, die mehrere Koordinationsstellen besetzen, nennt man mehrzähnige Liganden. Ein zweizähniger Ligand ist beispielsweise das CO_3^{2-}-Anion:

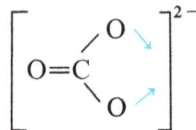

$$\left[\begin{array}{c} O \\ O=C \\ O \end{array}\right]^{2-}$$

Mehrzähnige Liganden, die mehrere Bindungen mit dem gleichen Zentralteilchen ausbilden, wodurch ein oder mehrere Ringe geschlossen werden, nennt man Chelatliganden (chelat, *gr.* Krebsschere).

Beispiele für Chelatliganden:
Ethylendiamin („en") ist zweizähnig.

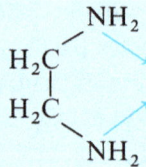

$$\begin{array}{c} NH_2 \\ H_2C \\ | \\ H_2C \\ NH_2 \end{array}$$

Ethylendiamintetraacetat (~essigsäure) (EDTA) ist sechszähnig.

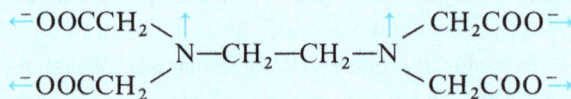

$$\begin{array}{c} {}^-OOCCH_2 \qquad\qquad CH_2COO^- \\ N-CH_2-CH_2-N \\ {}^-OOCCH_2 \qquad\qquad CH_2COO^- \end{array}$$

Die Atome, die mit dem Zentralteilchen koordinative Bindungen eingehen können, sind durch einen Pfeil markiert.

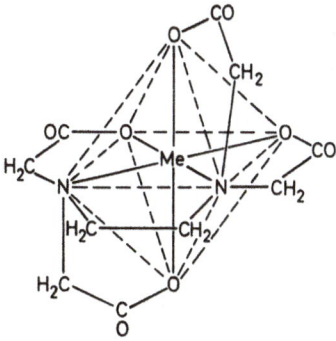

Abb. 5.43: Räumlicher Bau des Chelatkomplexes [Me(EDTA)]$^{2-}$.

Das Tetraanion Ethylendiamintetraacetat ist ein sechszähniger Komplexbildner der besonders stabile 1:1-Chelatkomplexe mit Kationen (Me) der Ladungszahl 2+ ausbildet (Abb. 5.43).

5.7.2 Nomenklatur von Komplexverbindungen

Für einen Komplex wird zuerst der Name der Liganden und dann der des Zentralatoms angegeben. Anionische Liganden werden durch Anhängen eines ido an den Stamm des Ionennamens gekennzeichnet.

Beispiele für die Bezeichnung von Liganden:			
F^-	fluorido	H_2O	aqua
Cl^-	chlorido	NH_3	ammin
OH^-	hydroxido	CO	carbonyl
CN^-	cyanido		

Die Anzahl der Liganden wird mit vorangestellten griechischen Zahlen (mono, di, tri, tetra, penta, hexa) bezeichnet. Die Oxidationszahl des Zentralatoms wird am Ende des Namens mit in Klammern gesetzten römischen Ziffern gekennzeichnet.

Schema für kationische Komplexe am Beispiel von [Ag(NH$_3$)$_2$]Cl.

Di	ammin	silber	(I)	–	chlorid
Anzahl der Liganden	Ligand	Zentral-teilchen	Oxidations-zahl	–	Anion
Kationischer Komplex				–	Anion

Weitere Beispiele:

$[Cu(NH_3)_4]^{2+}$	Tetraamminkupfer(II)
$[Ni(CO)_4]$	Tetracarbonylnickel(0)
$[Cr(H_2O)_6]Cl_3$	Hexaaquachrom(III)-chlorid

(Die Zahl der Cl-Atome braucht nicht bezeichnet zu werden, sie ergibt sich aus der Ladung des Komplexes.)

In negativ geladenen Komplexen endet der Name des Zentralatoms auf -at. Er wird in einigen Fällen vom lateinischen Namen abgeleitet.

Schema für anionische Komplexe am Beispiel von Na[Ag(CN)_2].

Natrium	–	di		cyanido	argent		at		(I)
Kation	–	Anzahl der Liganden		Ligand	Zentral-teilchen		at		Oxidations-zahl

Kation	–	Anionischer Komplex

Weitere Beispiele:

$[CoCl_4]^{2-}$	Tetrachloridocobaltat(II)
$[Al(OH)_4]^-$	Tetrahydroxidoaluminat(III)
$K_4[Fe(CN)_6]$	Kalium-hexacyanidoferrat(II)

(Die Zahl der K-Atome wird nicht bezeichnet. Sie ergibt sich aus der Ladung −4 des Komplexes.)

Bei verschiedenen Liganden ist die Reihenfolge

    in der Formel: Alphabetisch nach Ligandensymbolen

    im Namen: Alphabetische Reihenfolge der Ligandennamen (ohne Berücksichtigung des Zahlwortes)

Beispiel:

$[CrCl_2(H_2O)_4]^+$	Tetraaquadichloridochrom(III)

5.7.3 Räumlicher Bau von Komplexen, Isomerie

Häufige Koordinationszahlen in Komplexen sind 2, 4 und 6. Die räumliche Anordnung der Liganden bei diesen Koordinationszahlen ist linear, tetraedrisch oder quadratisch-planar und oktaedrisch. Beispiele für solche Komplexe sind in der folgenden Tabelle angegeben.

Die meisten Kationen sind in Abhängigkeit von der Art ihrer Liganden unterschiedlich koordiniert. So kann z. B. Ni^{2+} oktaedrisch, tetraedrisch und quadratisch-planar koordiniert sein. Einige Kationen allerdings bevorzugen ganz bestimmte Koordinationen, nämlich Cr^{3+}, Co^{3+} und Pt^{4+} die oktaedrische, Pt^{2+} und Pd^{2+} die quadratisch-planare Koordination. Eine Erklärung dafür gibt die Ligandenfeldtheorie (Abschn. 5.7.6). Die Koordinationszahl 2 tritt bei den einfach positiven Ionen Ag^+, Cu^+ und Au^+ auf.

KZ	Räumliche Anordnung der Liganden	Beispiele
2	linear	$[Ag(NH_3)_2]^+$, $[Ag(CN)_2]^-$, $[AuCl_2]^-$, $[CuCl_2]^-$
4	tetraedrisch	$[BeF_4]^{2-}$, $[ZnCl_4]^{2-}$, $[Cd(CN)_4]^{2-}$, $[CoCl_4]^{2-}$, $[FeCl_4]^-$, $[Cu(CN)_4]^{3-}$, $[NiCl_4]^{2-}$
4	quadratisch-planar	$[PtCl_4]^{2-}$, $[PdCl_4]^{2-}$, $[Ni(CN)_4]^{2-}$, $[Cu(NH_3)_4]^{2+}$, $[AuF_4]^-$
6	oktaedrisch	$[Ti(H_2O)_6]^{3+}$, $[V(H_2O)_6]^{3+}$, $[Cr(H_2O)_6]^{3+}$, $[Cr(NH_3)_6]^{3+}$, $[Fe(CN)_6]^{4-}$, $[Fe(CN)_6]^{3-}$, $[Co(NH_3)_6]^{3+}$, $[Co(H_2O)_6]^{2+}$, $[Ni(NH_3)_6]^{2+}$, $[PtCl_6]^{2-}$

Konfigurationsisomerie (Stereoisomerie)

Komplexe, die dieselbe chemische Zusammensetzung und Ladung, aber einen verschiedenen räumlichen Aufbau haben, sind stereoisomer. Man unterscheidet verschiedene Arten der Stereoisomerie.

Bei dem quadratisch-planaren Komplex $PtCl_2(NH_3)_2$ gibt es zwei mögliche geometrische Anordnungen der Liganden.

cis-Form   trans-Form

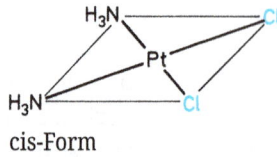

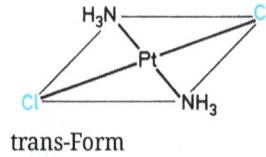

Bei der trans-Form stehen die gleichen Liganden einander gegenüber, bei der cis-Form sind sie einander benachbart.

Bei oktaedrischen Komplexen kann ebenfalls cis/trans-Isomerie auftreten. Ein Beispiel dafür ist der Komplex $[CrCl_2(NH_3)_4]^+$.

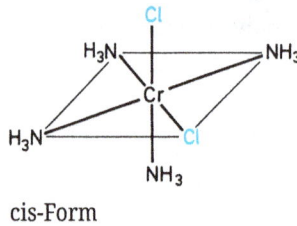

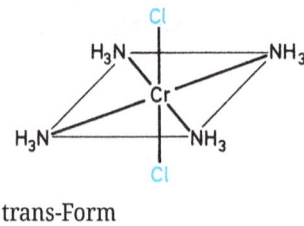

cis-Form   trans-Form

Bei tetraedrischen Komplexen ist keine cis/trans-Isomerie möglich.

Bei oktaedrischen Komplexen gibt es außerdem fac (facial)- und mer (meridional)-Isomerie z. B. bei $[RhCl_3(H_2O)_3]$.

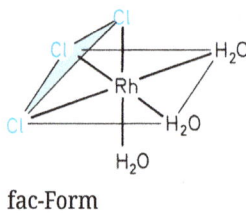

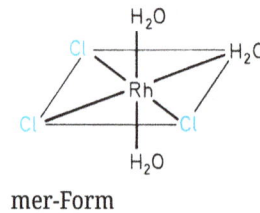

fac-Form   mer-Form

Optische Isomerie (Spiegelbildisomerie)

Bei tetraedrischer Koordination mit vier verschiedenen Liganden sind zwei Formen möglich, die sich nicht zur Deckung bringen lassen und die sich wie die linke und rechte Hand verhalten oder wie Bild und Spiegelbild.

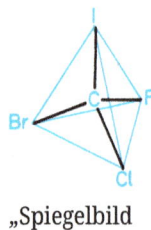

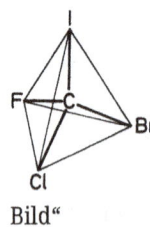

„Spiegelbild   Bild"

Bei oktaedrischer Koordination tritt optische Isomerie häufig in Chelatkomplexen auf.

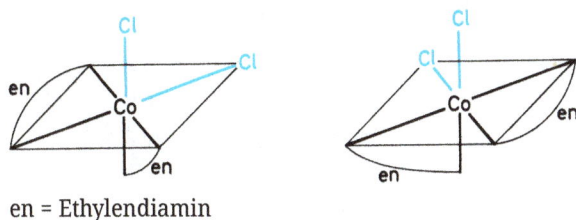

en = Ethylendiamin

Optische Isomere bezeichnet man auch als enantiomorph. Enantiomorphe Verbindungen besitzen identische physikalische Eigenschaften mit Ausnahme ihrer Wirkung auf linear polarisiertes Licht. Sie drehen die Schwingungsebene des polarisierten Lichts um den gleichen Betrag, aber in entgegengesetzter Richtung (optische Aktivität). Ein Gemisch optischer Isomere im Stoffmengenverhältnis 1:1 nennt man racemisches Gemisch.

5.7.4 Stabilität und Reaktivität von Komplexen

Die Bildung eines Komplexes ist eine Gleichgewichtsreaktion, auf die sich das MWG anwenden lässt.

> **Beispiel:**
>
> $$Ag^+ + 2\,NH_3 \rightleftharpoons [Ag(NH_3)_2]^+ \qquad \frac{c_{[Ag(NH_3)_2]^+}}{c_{Ag^+} \cdot c_{NH_3}^2} = K$$
>
> $$Fe^{2+} + 6\,CN^- \rightleftharpoons [Fe(CN)_6]^{4-} \qquad \frac{c_{[Fe(CN)_6]^{4-}}}{c_{Fe^{2+}} \cdot c_{CN^-}^6} = K$$

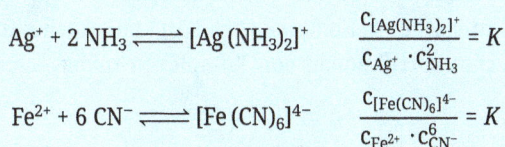

Die Komplexbildungskonstante K wird auch Stabilitätskonstante genannt. Je größer K ist, um so beständiger ist ein Komplex. Komplexe, die nur sehr gering dissoziiert sind, nennt man starke Komplexe. In der Tab. 5.9 sind für einige Komplexe die $\lg K$-Werte angegeben.

Tab. 5.9: Komplexbildungskonstanten einiger Komplexe in Wasser.

Komplex	$\lg K$	Komplex	$\lg K$
$[Ag(NH_3)_2]^+$	7	$[Cu(NH_3)_4]^{2+}$	13
$[Ag(S_2O_3)_2]^{3-}$	13	$[Fe(CN)_6]^{3-}$	44
$[Ag(CN)_2]^-$	21	$[Fe(CN)_6]^{4-}$	35
$[Au(CN)_2]^-$	37	$[Ni(CN)_4]^{2-}$	29
$[Co(NH_3)_6]^{2+}$	5	$[Zn(NH_3)_4]^{2+}$	10
$[Co(NH_3)_6]^{3+}$	35		

Chelatkomplexe sind stabiler als Komplexe des gleichen Zentralions mit einzähnigen Liganden (Chelateffekt).

> **Beispiel:**
>
> $$Ni^{2+} + 6\,NH_3 \rightleftharpoons [Ni(NH_3)_6]^{2+} \qquad \lg K \approx 9$$
> $$Ni^{2+} + 3\,en \rightleftharpoons [Ni(en)_3]^{2+} \qquad \lg K \approx 18$$

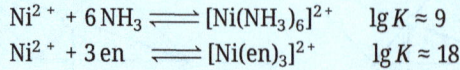

Von Komplexsalzen zu unterscheiden sind Doppelsalze. Sie sind in wässrigen Lösungen in die einzelnen Ionen dissoziiert.

> **Beispiele:**
>
> $$KAl(SO_4)_2 \cdot 12\,H_2O$$
> $$KMgCl_3 \cdot 6\,H_2O$$

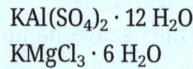

$KMgCl_3 \cdot 6\,H_2O$ dissoziiert in wässriger Lösung in K^+-, Mg^{2+}- und Cl^--Ionen, es existiert kein Chloridokomplex.

Die Größe der Stabilitätskonstante ist für die Maskierung von Ionen wichtig. Die Stabilität des Komplexes $[Ag(NH_3)_2]^+$ reicht aus, um die Fällung von Ag^+ mit Cl^- zu verhindern ($L_{AgCl} = 10^{-10}$), Ag^+ ist maskiert. Sie reicht aber nicht aus, um die Fällung von Ag^+ mit I^- zu verhindern, da das Löslichkeitsprodukt von AgI viel kleiner ist ($L_{AgI} = 10^{-16}$). Aus dem stärkeren Komplex $[Ag(CN)_2]^-$ fällt auch mit I^- kein AgI aus.

Bei Ligandenaustauschreaktionen von Komplexen bildet sich der stärkere Komplex.

> **Beispiele:**
>
> $$[Cu(H_2O)_4]^{2+} + 4\,NH_3 \longrightarrow [Cu(NH_3)_4]^{2+} + 4\,H_2O$$
> hellblau \qquad\qquad tiefblau
> $$[Ag(NH_3)_2]^+ + 2\,CN^- \longrightarrow [Ag(CN)_2]^- + 2\,NH_3$$

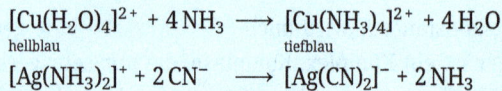

Die Gleichgewichtseinstellung des Ligandenaustauschs kann mit sehr unterschiedlicher Reaktionsgeschwindigkeit erfolgen. Komplexe, die rasch unter Ligandenaustausch reagieren, werden als labil (kinetisch instabil) bezeichnet. Dazu gehören die Komplexe $[Cu(H_2O)_4]^{2+}$ und $[Ag(NH_3)_2]^+$. Bei inerten (kinetisch stabilen) Komplexen erfolgt der Ligandenaustausch nur sehr langsam oder gar nicht. So wandelt sich beispielsweise der inerte Komplex $[CrCl_2(H_2O)_4]^+$ nur sehr langsam in den thermodynamisch stabileren Komplex $[Cr(H_2O)_6]^{3+}$ um. Man muss also zwischen der thermodynamischen Stabilität und der kinetischen Stabilität (Reaktivität) eines Komplexes unterscheiden.

5.7.5 Die Valenzbindungstheorie von Komplexen

Es wird angenommen, dass zwischen dem Zentralatom und den Liganden kovalente Bindungen existieren. Die Bindung entsteht durch Überlappung eines gefüllten Ligandenorbitals mit einem leeren Orbital des Zentralatoms. Die bindenden Elektronenpaare werden also von den Liganden geliefert. Die räumliche Anordnung der Liganden kann durch den Hybridisierungstyp der Orbitale des Zentralatoms erklärt werden. Die häufigsten Hybridisierungstypen (vgl. Abschn. 2.2.6) sind:

$$sp^3 \qquad \text{tetraedrisch}$$
$$dsp^2 \qquad \text{quadratisch-planar}$$
$$d^2sp^3 \qquad \text{oktaedrisch}$$

Abb. 5.44 zeigt das Zustandekommen der koordinativ kovalenten Bindungen (vgl. Abschn. 2.2.3) im Komplex $[Cr(NH_3)_6]^{3+}$. Die Valenzbindungsdiagramme einiger Komplexe sind in der Abb. 5.45 dargestellt.

Mit der Valenzbindungstheorie kann man Geometrie und magnetisches Verhalten der Komplexe verstehen. Diese Theorie kann jedoch einige experimentelle Beobachtungen, vor allem die Farbspektren von Komplexen, nicht erklären.

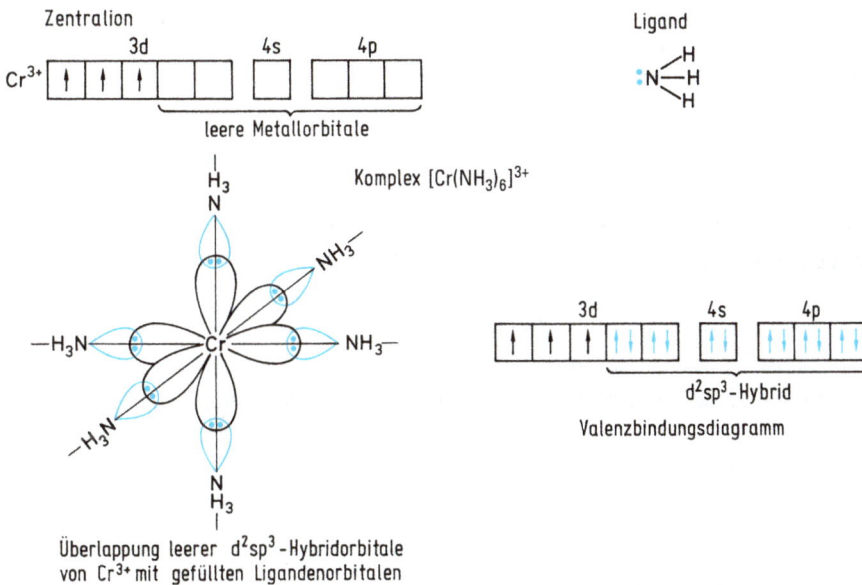

Abb. 5.44: Zustandekommen der Bindungen im Komplex $[Cr(NH_3)_6]^{3+}$ nach der Valenzbindungstheorie.

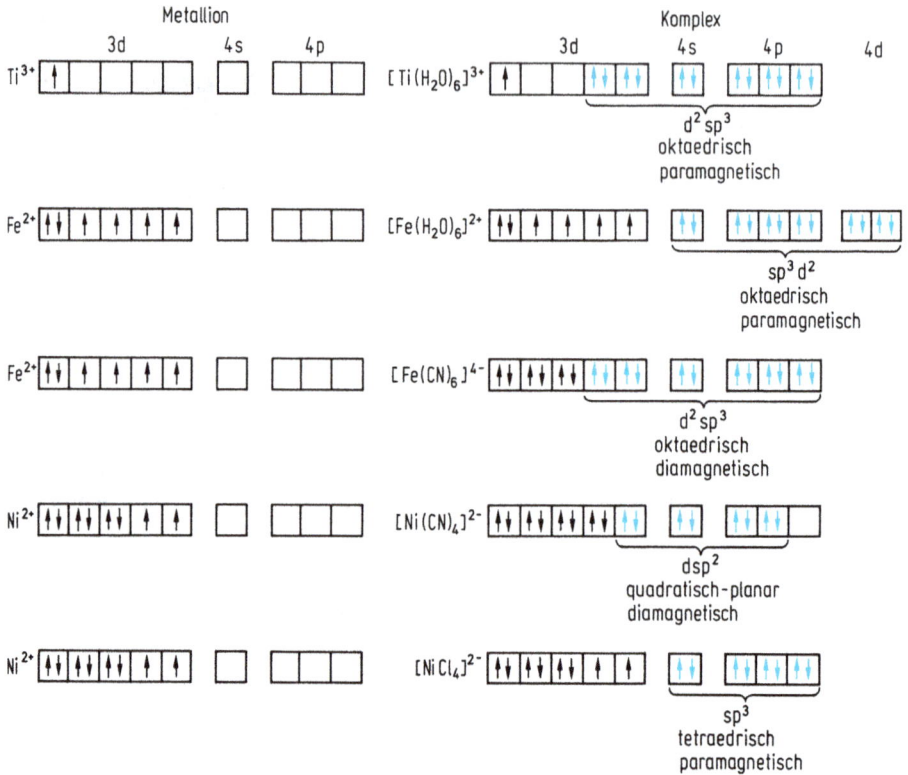

Abb. 5.45: Valenzbindungsdiagramme einiger Komplexe. Die von den Liganden stammenden bindenden Elektronen sind blau gezeichnet. Die Ni^{2+}-Komplexe zeigen den Zusammenhang zwischen der Geometrie und den magnetischen Eigenschaften.

5.7.6 Die Ligandenfeldtheorie

Die meisten Komplexe werden von Ionen der Übergangsmetalle gebildet. Die Übergangsmetallionen haben unvollständig aufgefüllte d-Orbitale. In der Ligandenfeldtheorie wird die Wechselwirkung der Liganden eines Komplexes mit den d-Elektronen des Zentralatoms berücksichtigt. Eine Reihe wichtiger Eigenschaften von Komplexen, wie magnetisches Verhalten, Absorptionsspektren, bevorzugtes Auftreten bestimmter Oxidationszahlen und Koordinationen bei einigen Übergangsmetallen, können durch das Verhalten der d-Elektronen im elektrostatischen Feld der Liganden erklärt werden.

Komplexe mit der Koordinationszahl 6: oktaedrische Komplexe

Ein Übergangsmetallion, z. B. Co^{3+} oder Fe^{2+}, besitzt fünf d-Orbitale. Bei einem isolierten Ion haben alle fünf d-Orbitale die gleiche Energie, sie sind entartet. Betrachten wir nun ein Übergangsmetallion in einem Komplex mit sechs oktaedrisch angeordneten

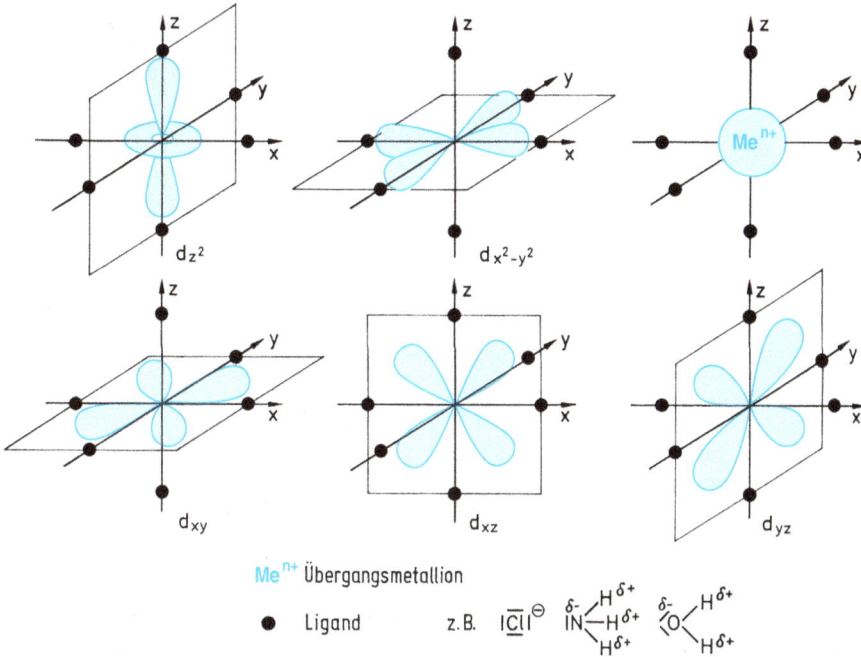

Me^{n+} Übergangsmetallion

● Ligand   z.B. $|\overline{\underline{Cl}}|^{\ominus}$ $^{\delta-}_{}N\diagdown^{H^{\delta+}}_{\diagdown H^{\delta+}}$ $^{\delta-}_{}O\diagdown^{H^{\delta+}}_{H^{\delta+}}$

Abb. 5.46: Oktaedrisch angeordnete Liganden nähern sich den d$_{z^2}$- und d$_{x^2-y^2}$-Orbitalen des Zentralatoms stärker als den d$_{xy}$-, d$_{yz}$- und d$_{xz}$-Orbitalen. Die Abstoßung zwischen den Liganden und den d-Elektronen, die sich in den d$_{z^2}$- und d$_{x^2-y^2}$-Orbitalen aufhalten, ist daher stärker als zwischen den Liganden und solchen d-Elektronen, die sich in den d$_{xy}$-, d$_{xz}$- und d$_{yz}$-Orbitalen befinden.

Liganden. Zwischen den d-Elektronen des Zentralions und den einsamen Elektronen-paaren der Liganden erfolgt eine elektrostatische Abstoßung, die Energie der d-Orbi-tale erhöht sich (Abb. 5.47). Die Größe der Abstoßung ist aber für die verschiedenen d-Elektronen unterschiedlich. Die Liganden nähern sich den Elektronen, die sich in d$_{z^2}$- und d$_{x^2-y^2}$-Orbitalen befinden und deren Elektronenwolken in Richtung der Koor-dinatenachsen liegen, stärker als solchen Elektronen, die sich in den d$_{xy}$-, d$_{xz}$- und d$_{yz}$-Orbitalen aufhalten und deren Elektronenwolken zwischen den Koordinatenach-sen liegen (Abb. 5.46). Die d-Elektronen werden sich bevorzugt in den Orbitalen auf-halten, in denen sie möglichst weit von den Liganden entfernt sind, da dort die Absto-ßung geringer ist. Die d$_{xy}$-, d$_{xz}$- und d$_{yz}$-Orbitale sind also energetisch günstiger als die d$_{z^2}$- und d$_{x^2-y^2}$-Orbitale. Im oktaedrischen Ligandenfeld sind die d-Orbitale nicht mehr energetisch gleichwertig, die Entartung ist aufgehoben. Es erfolgt eine Aufspal-tung in zwei Gruppen von Orbitalen (Abb. 5.47). Die d$_{z^2}$- und d$_{x^2-y^2}$-Orbitale liegen auf einem höheren Energieniveau, man bezeichnet sie als e$_g$-Orbitale. Die d$_{xy}$-, d$_{xz}$- und d$_{yz}$-Orbitale werden als t$_{2g}$-Orbitale bezeichnet, sie liegen auf einem tieferen Energieniveau. Die Energiedifferenz zwischen dem e$_g$- und dem t$_{2g}$-Niveau, also die Größe der Aufspaltung, wird mit Δ oder 10 Dq bezeichnet. Bezogen auf die mittlere Energie der d-Orbitale ist das t$_{2g}$-Niveau um 4 Dq erniedrigt, das e$_g$-Niveau um 6 Dq

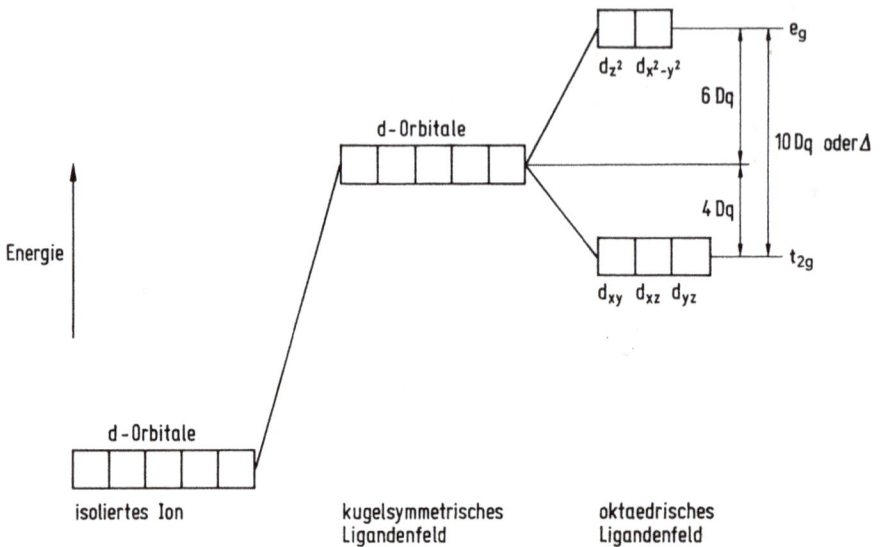

Abb. 5.47: Energieniveaudiagramm der d-Orbitale eines Metallions in einem oktaedrischen Ligandenfeld. Bei einem isolierten Ion sind die fünf d-Orbitale entartet. Im Ligandenfeld ist die durchschnittliche Energie der d-Orbitale um 20–40 eV erhöht. Wäre das Ion von den negativen Ladungen der Liganden kugelförmig umgeben, bliebe die Entartung der d-Orbitale erhalten. Die oktaedrische Anordnung der negativen Ladungen hat eine Aufspaltung der d-Energieniveaus in zwei äquivalente Gruppen zur Folge. Δ hat die Größenordnung 1–4 eV.

erhöht. Sind alle Orbitale mit zwei Elektronen besetzt, gilt +4 · 6 Dq − 6 · 4 Dq = 0. Dies folgt aus dem Schwerpunktsatz. Er besagt, dass beim Übergang vom kugelsymmetrischen Ligandenfeld zum oktaedrischen Ligandenfeld der energetische Schwerpunkt der d-Orbitale sich nicht ändert.

Bei der Besetzung der d-Niveaus mit Elektronen im oktaedrischen Ligandenfeld wird zuerst das energieärmere t_{2g}-Niveau besetzt. Entsprechend der Regel von Hund (vgl. Abschn. 1.4.7) werden Orbitale gleicher Energie zunächst einzeln mit Elektronen gleichen Spins besetzt.

Für Übergangsmetallionen, die 1, 2, 3, 8, 9 oder 10 d-Elektronen besitzen, gibt es jeweils nur einen energieärmsten Zustand. Die Elektronenanordnungen für diese Konfigurationen sind in Abb. 5.48 dargestellt. Für Übergangsmetallionen mit 4, 5, 6 und 7 d-Elektronen gibt es im oktaedrischen Ligandenfeld jeweils zwei mögliche Elektronenanordnungen. Sie sind in der Abb. 5.49 dargestellt.

Man bezeichnet die Anordnung, bei der das Zentralion aufgrund der Hund'schen Regel die größtmögliche Zahl ungepaarter d-Elektronen besitzt, als high-spin-Zustand. Der Zustand, bei dem entgegen der Hund'schen Regel das Zentralion die geringstmögliche Zahl ungepaarter d-Elektronen besitzt, wird low-spin-Zustand genannt.

Wann liegt nun ein Übergangsmetallion mit d^4-, d^5-, d^6- bzw. d^7-Konfiguration im high-spin- oder im low-spin-Zustand vor? Betrachten wir ein d^4-Ion. Beim Wechsel

Elektronen-konfiguration	Ion	Besetzung der d-Orbitale im oktaedrischen Ligandenfeld	Elektronen-konfiguration	Ion	Besetzung der d-Orbitale im oktaedrischen Ligandenfeld
d^1	Ti^{3+}, V^{4+}		d^8	Ni^{2+}, Pd^{2+} Pt^{2+}, Au^{3+}	
d^2	Ti^{2+}, V^{3+}		d^9	Cu^{2+}	
d^3	V^{2+}, Cr^{3+}		d^{10}	Zn^{2+}, Cd^{2+} Hg^{2+}, Cu^+ Ag^+	

Abb. 5.48: Für Metallionen mit 1–3 bzw. 8–10 d-Elektronen gibt es in oktaedrischen Komplexen nur einen möglichen Elektronenzustand.

vom high-spin-Zustand zum low-spin-Zustand wird das 4. Elektron auf dem um Δ energetisch günstigeren t_{2g}-Niveau eingebaut, es wird also der Energiebetrag Δ gewonnen. Andererseits erfordert Spinpaarung Energie. Ist Δ größer als die Spinpaarungsenergie, entsteht ein low-spin-Komplex, ist Δ kleiner als die Spinpaarungsenergie, entsteht ein high-spin-Komplex.

Die Größe der Ligandenfeldaufspaltung Δ bestimmt also, ob der high-spin- oder der low-spin-Komplex energetisch günstiger ist. Δ ist abhängig von der Ladung und Ordnungszahl des Metallions und von der Natur der Liganden (vgl. Tab. 5.10). Ordnet man die Liganden nach ihrer Fähigkeit, d-Energieniveaus aufzuspalten, erhält man eine Reihe, die spektrochemische Reihe genannt wird. Die Reihenfolge ist für die häufiger vorkommenden Liganden

$$I^- < Cl^- < \underset{\text{schwaches Feld}}{F^- < OH^-} < \underset{\text{mittleres Feld}}{H_2O < NH_3} < en < \underset{\text{starkes Feld}}{CN^- \approx CO \approx NO^+}$$

CN^--Ionen erzeugen ein starkes Ligandenfeld mit starker Aufspaltung der d-Niveaus, sie bilden low-spin-Komplexe. In Komplexen mit F^- entsteht ein schwaches Ligandenfeld, und es wird die high-spin-Konfiguration bevorzugt. Beispielsweise sind die Fe^{3+}-Komplexe $[FeF_6]^{3-}$ und $[Fe(H_2O)_6]^{3+}$ high-spin-Komplexe, während $[Fe(CN)_6]^{3-}$ ein low-spin-Komplex ist. Bei gleichen Liganden wächst Δ mit der Hauptquantenzahl

Elektronen-konfiguration	Ion	Besetzung der d-Orbitale im oktaedrischen Ligandenfeld	Elektronen-zustand	Zahl ungepaarter Elektronen	Komplex
d^4	Cr^{2+}, Mn^{3+}	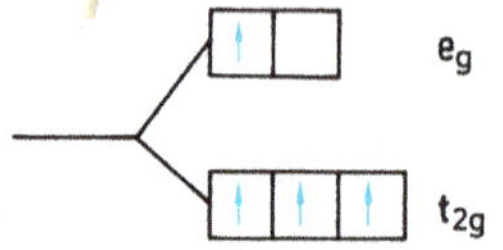 e_g: ↑ ▯ ; t_{2g}: ↑ ↑ ↑	high-spin	4	$[Cr(H_2O)_6]^{2+}$
		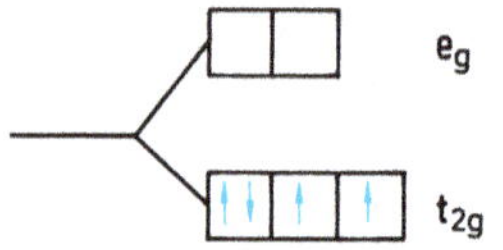 e_g: ▯ ▯ ; t_{2g}: ↑↓ ↑ ↑	low-spin	2	$[Mn(CN)_6]^{3-}$
d^5	Mn^{2+}, Fe^{3+}	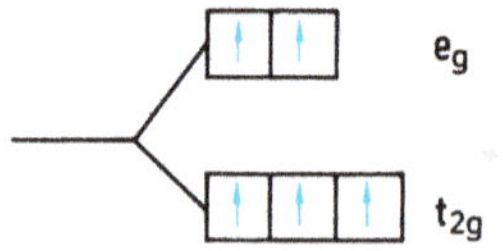 e_g: ↑ ↑ ; t_{2g}: ↑ ↑ ↑	high-spin	5	$[Mn(H_2O)_6]^{2+}$ $[Fe(H_2O)_6]^{3+}$
		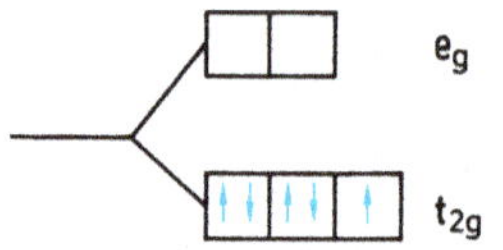 e_g: ▯ ▯ ; t_{2g}: ↑↓ ↑↓ ↑	low-spin	1	$[Fe(CN)_6]^{3-}$
d^6	Fe^{2+}, Co^{3+} Pt^{4+}	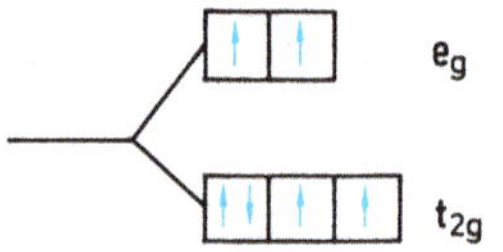 e_g: ↑ ↑ ; t_{2g}: ↑↓ ↑ ↑	high-spin	4	$[CoF_6]^{3-}$
		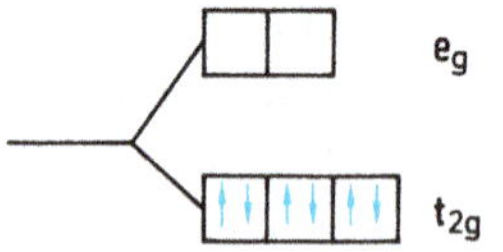 e_g: ▯ ▯ ; t_{2g}: ↑↓ ↑↓ ↑↓	low-spin	0	$[Fe(CN)_6]^{4-}$
d^7	Co^{2+}	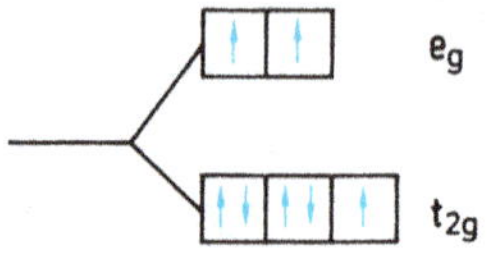 e_g: ↑ ↑ ; t_{2g}: ↑↓ ↑↓ ↑	high-spin	3	$[Co(NH_3)_6]^{2+}$
		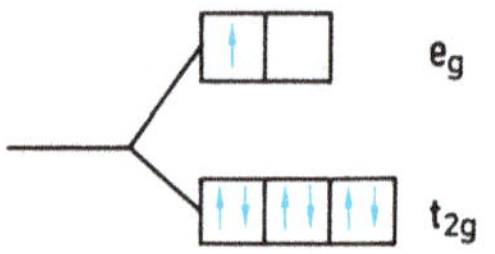 e_g: ↑ ▯ ; t_{2g}: ↑↓ ↑↓ ↑↓	low-spin	1	$[Co(NO_2)_6]^{4-}$

Abb. 5.49: Für Metallionen mit 4–7 d-Elektronen gibt es in oktadrischen Komplexen zwei mögliche Elektronenanordnungen. In schwachen Ligandenfeldern entstehen high-spin-Anordnungen, in starken Ligandenfeldern low-spin-Zustände.

Tab. 5.10: Δ-Werte in kJ/mol von einigen oktaedrischen Komplexen (hs = high-spin, ls = low-spin).

Zentralion	Ligand	Cl^-	F^-	H_2O	NH_3	CN^-
Konfiguration	Ion					
$3d^1$	Ti^{3+}	–	203	243	–	–
$3d^2$	V^{3+}	–	–	214	–	–
$3d^3$	Cr^{3+}	163	–	208	258	318
$3d^5$	Fe^{3+}	–	–	164 hs	–	419 ls
$3d^6$	Fe^{2+}	–	–	124 hs	–	404 ls
	Co^{3+}	–	156 hs	218 ls	274 ls	416 ls
$4d^6$	Rh^{3+}	243 ls	–	323 ls	408 ls	–
$5d^6$	Ir^{3+}	299 ls	–	–	479 ls	–
$3d^7$	Co^{2+}	–	–	111 hs	122 hs	–
$3d^8$	Ni^{2+}	87	–	102	129	–

der d-Orbitale der Metallionen: 5d > 4d > 3d. Eine Zunahme von Δ erfolgt auch, wenn die Ladung des Zentralions erhöht wird. Zum Beispiel ist $[Co(NH_3)_6]^{2+}$ ein high-spin-Komplex, $[Co(NH_3)_6]^{3+}$ ein low-spin-Komplex. Für die Metallionen erhält man die Reihe

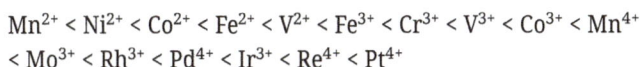

$$Mn^{2+} < Ni^{2+} < Co^{2+} < Fe^{2+} < V^{2+} < Fe^{3+} < Cr^{3+} < V^{3+} < Co^{3+} < Mn^{4+}$$
$$< Mo^{3+} < Rh^{3+} < Pd^{4+} < Ir^{3+} < Re^{4+} < Pt^{4+}$$

Tab. 5.10 enthält die Δ-Werte von einigen oktaedrischen Komplexen.

Die Ligandenfeldaufspaltung erklärt einige Eigenschaften, die für die Verbindungen der Übergangsmetalle – natürlich besonders für die Komplexe – typisch sind.

Ligandenfeldstabilisierungsenergie. Aufgrund der Aufspaltung der d-Energieniveaus tritt für die d-Elektronen bei den meisten Elektronenkonfigurationen ein Energiegewinn auf. Er beträgt für die d^1-Konfiguration 4 Dq, für die d^2-Konfiguration 8 Dq, für die d^3-Konfiguration 12 Dq usw. (Tab. 5.11). Dieser Energiegewinn wird Ligandenfeldstabilisierungsenergie (LFSE) genannt. Die Ligandenfeldstabilisierungsenergie ist groß für die d^3-Konfiguration und für die d^6-Konfiguration mit low-spin-Anordnung, da bei diesen Konfigurationen nur das energetisch günstige t_{2g}-Niveau mit 3 bzw. 6 Elektronen besetzt ist. Dies erklärt die bevorzugte oktaedrische Koordination von Cr^{3+}, Co^{3+} und Pt^{4+} und auch die große Beständigkeit der Oxidationsstufe +3 von Cr und Co in Komplexverbindungen.

Die LFSE liefert einen zusätzlichen Beitrag zur Gitterenergie (Abschn. 2.1.4). In der Abb. 5.50 ist als Beispiel der Verlauf der Gitterenergien der Halogenide MeX_2 für die 3d-Metalle dargestellt.

Auch für die Verteilung von Ionen auf unterschiedliche Plätze in Ionenkristallen spielt die Ligandenfeldstabilisierungsenergie als Beitrag zur Gitterenergie eine wichtige Rolle.

Tab. 5.11: Ligandenfeldstabilisierungsenergien (LFSE) für die oktaedrische und die tetraedrische Koordination und „site preference"-Energie für den Oktaederplatz.

Anzahl der Elektronen	Oktaederplatz Konfiguration	LFSE in Dq	Tetraederplatz Konfiguration*	LFSE in Dq$_{Okt}$**	„site preference"- Energie in Dq LFSE$_{Okt.}$ − LFSE$_{Tetr.}$
1	t_{2g}^1	− 4	e^1	−2,7	−1,3
2	t_{2g}^2	− 8	e^2	−5,3	−2,7
3	t_{2g}^3	−12	$e^2t_2^1$	−3,6	−8,4
4	$t_{2g}^3e_g^1$	− 6	$e^2t_2^2$	−1,8	−4,2
5	$t_{2g}^3e_g^2$	0	$e^2t_2^3$	0	0
6	$t_{2g}^4e_g^2$	− 4	$e^3t_2^3$	−2,7	−1,3
7	$t_{2g}^5e_g^2$	− 8	$e^4t_2^3$	−5,3	−2,7
8	$t_{2g}^6e_g^2$	−12	$e^4t_2^4$	−3,6	−8,4
9	$t_{2g}^6e_g^3$	− 6	$e^4t_2^5$	−1,8	−4,2

* Die Aufspaltung im tetraedrischen Ligandenfeld ist in der Abb. 5.55 dargestellt. Die Orbitale d_{z^2} und $d_{x^2-y^2}$ werden als e-Orbitale, die Orbitale d_{xy}, d_{xz} und d_{yz} als t_2-Orbitale bezeichnet. Die Konfigurationen im oktaedrischen Feld werden zusätzlich durch den Index g (gerade) gekennzeichnet, da das Oktaeder ein Symmetriezentrum besitzt, das beim Tetraeder fehlt.
** Für die Berechnung wird angenommen, dass die tetraedrische Aufspaltung $\frac{4}{9}$ der oktaedrischen Aufspaltung beträgt.

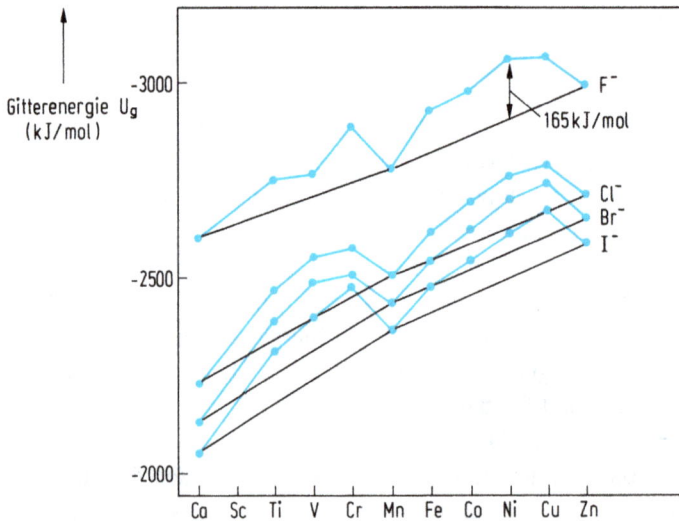

Abb. 5.50: Gitterenergie der Halogenide MeX$_2$ der 3d-Metalle.
Die Ligandenfeldstabilisierungsenergie liefert einen Beitrag zur Gitterenergie (Differenz zwischen blauer und schwarzer Kurve). Entsprechend der theoretischen Erwartung für oktaedrische Koordination ist er meist bei dem d^3-Ion V^{2+} und dem d^8-Ion Ni^{2+} am größten.

Beispiel: Spinelle

In Spinellen besetzen die Metallionen oktaedrisch oder tetraedrisch koordinierte Plätze (vgl. S. 84). Man kann für die 3d-Ionen die Ligandenfeldstabilisierungsenergien für die Tetraeder- und die Oktaederplätze berechnen. Aus der Differenz erhält man die „site preference"-Energie für den Oktaederplatz (Tab. 5.11). Sie gibt den Energiegewinn an, wenn ein Ion von Tetraeder- zum Oktaederplatzwechselt. Die Werte der Tab. 5.11 erklären, warum alle Cr(III)-Spinelle normale Spinelle ($Me^{2+}(Cr_2^{3+})O_4$) sind, die Cr^{3+}-Ionen also immer die Oktaederplätze besetzen, und warum andererseits $NiFe_2O_4$ und $NiGa_2O_4$ die inverse Verteilung $Fe^{3+}(Ni^{2+}Fe^{3+})O_4$ und $Ga^{3+}(Ni^{2+}Ga^{3+})O_4$ besitzen, bei der die Oktaederplätze statistisch mit Ni^{2+}- und Me^{3+}-Ionen besetzt sind.

Magnetische Eigenschaften. Ionen können diamagnetisch oder paramagnetisch sein. Ein diamagnetischer Stoff wird durch ein Magnetfeld abgestoßen, ein paramagnetischer Stoff wird in das Feld hineingezogen. Teilchen, die keine ungepaarten Elektronen besitzen, sind diamagnetisch. Alle Ionen mit abgeschlossener Elektronenkonfiguration sind dementsprechend diamagnetisch. Dazu gehören die Metallionen der Hauptgruppenmetalle, wie Na^+, Mg^{2+}, Al^{3+}, aber auch die Ionen der Nebengruppenmetalle mit vollständig aufgefüllten d-Orbitalen, wie Ag^+, Zn^{2+}, Hg^{2+}. Teilchen mit ungepaarten Elektronen sind paramagnetisch. Alle Ionen mit ungepaarten Elektronen besitzen ein permanentes magnetisches Moment, das umso größer ist, je größer die Zahl ungepaarter Elektronen ist.

Durch magnetische Messungen kann daher entschieden werden, ob in einem Komplex eine high-spin- oder eine low-spin-Anordnung vorliegt. Für $[Fe(H_2O)_6]^{2+}$ und $[CoF_6]^{3-}$ misst man ein magnetisches Moment, das 4 ungepaarten Elektronen entspricht, es liegen high-spin-Komplexe vor. Die Ionen $[Fe(CN)_6]^{4-}$ und $[Co(NH_3)_6]^{3+}$ sind diamagnetisch, es existieren also in diesen Komplexionen keine ungepaarten Elektronen, es liegen d^6-low-spin-Anordnungen vor. Die Zentralionen in low-spin-Komplexen haben im Vergleich zu den high-spin-Komplexen immer ein vermindertes magnetisches Moment, da die Zahl ungepaarter Elektronen vermindert ist.

Farbe der Ionen von Übergangsmetallen. Die Metallionen der Hauptgruppen wie Na^+, K^+, Mg^{2+}, Al^{3+} sind in wässriger Lösung farblos. Diese Ionen besitzen Edelgaskonfiguration. Auch die Ionen mit abgeschlossener d^{10}-Konfiguration wie Zn^{2+}, Cd^{2+} und Ag^+ sind farblos. Im Gegensatz dazu sind die Ionen der Übergangsmetalle mit nicht aufgefüllten d-Niveaus farbig. Das Zustandekommen der Ionenfarbe ist besonders einfach beim Ti^{3+}-Ion zu verstehen, das in wässriger Lösung eine rötlich-violette Farbe erzeugt (Abb. 5.51). In wässriger Lösung bildet Ti^{3+} den Komplex $[Ti(H_2O)_6]^{3+}$. Die Größe der Ligandenfeldaufspaltung 10 Dq beträgt 243 kJ/mol. Ti^{3+} besitzt ein d-Elektron, das sich im Grundzustand auf dem t_{2g}-Niveau befindet. Durch Lichtabsorption kann dieses Elektron angeregt werden, es geht dabei in den e_g-Zustand über. Die dazu erforderliche Energie beträgt gerade 243 kJ/mol, das entspricht einer Wellenlänge von

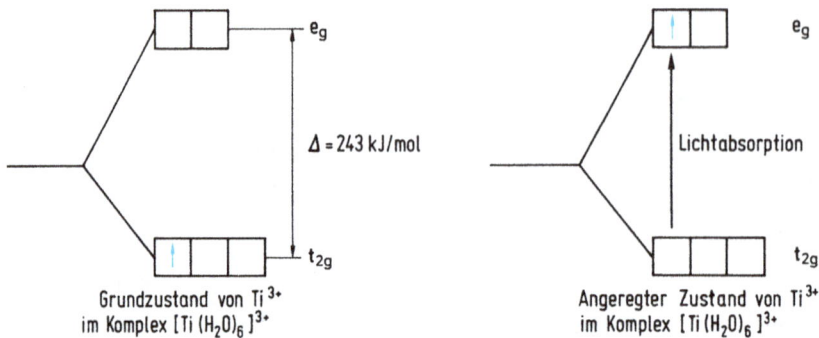

Abb. 5.51: Entstehung der Farbe des Komplexions $[Ti(H_2O)_6]^{3+}$.

etwa 500 nm. Die Absorptionsbande liegt also im sichtbaren Bereich (blaugrün) und verursacht die rötlich-violette Farbe (komplementäre Farbe zu blaugrün).

Die Farben vieler anderer Übergangsmetallkomplexe entstehen ebenfalls durch Anregung von d-Elektronen. Aus den Absorptionsspektren lassen sich daher die 10 Dq-Werte experimentell bestimmen. Die Farbe eines Ions in einem Komplex hängt natürlich vom jeweiligen Liganden ab. So entsteht z. B. aus dem grünen $[Ni(H_2O)_6]^{2+}$-Komplex beim Versetzen mit NH_3 der blaue $[Ni(NH_3)_6]^{2+}$-Komplex. Die Absorptionsbanden verschieben sich zu kürzeren Wellenlängen, also höherer Energie, da im Amminkomplex das Ligandenfeld und damit die Ligandenfeldaufspaltung stärker ist (vgl. Tab. 5.10).

Ionenradien. Die Aufspaltung der d-Energieniveaus beeinflusst auch die Ionenradien. Abb. 5.52 zeigt den Verlauf der Radien der Me^{2+}-Ionen der 3d-Metalle für die oktaedrische Koordination (KZ = 6). Bei einer kugelsymmetrischen Ladungsverteilung der d-Elektronen wäre auf Grund der kontinuierlichen Zunahme der Kernladungszahl (vgl. Abschn. 2.1.2) eine kontinuierliche Abnahme der Radien zu erwarten (gestrichelte Kurve der Abb. 5.52). Auf Grund der Aufspaltung der d-Energieniveaus werden bevorzugt die energetisch günstigeren t_{2g}-Orbitale mit den d-Elektronen besetzt. Die Liganden können sich dadurch dem Zentralion stärker nähern, denn die auf die Liganden gerichteten e_g-Orbitale wirken weniger abstoßend als bei kugelsymmetrischer Ladungsverteilung. Es resultieren kleinere Radien, als für die kugelsymmetrische Ladungsverteilung zu erwarten wäre. Ionen mit low-spin-Konfiguration sind daher kleiner als die mit high-spin-Konfiguration (vgl. Abb. 5.52).

Jahn-Teller-Effekt. Bei einigen Ionen treten aufgrund der Wechselwirkung zwischen den Liganden und den d-Elektronen des Zentralteilchens verzerrte Koordinationspolyeder auf. Man bezeichnet diesen Effekt als Jahn-Teller-Effekt. Tetragonal deformiert-oktaedrische Strukturen werden bei Verbindungen von Ionen mit d^4-(Cr^{2+}, Mn^{3+})- und d^9-(Cu^{2+})-Konfiguration beobachtet. Beispiele sind die Komplexe $[Cr(H_2O)_6]^{2+}$, $[Mn(H_2O)_6]^{3+}$ und der tetragonal verzerrte Spinell $Mn^{2+}(Mn_2^{3+})O_4$. Die bevorzugte Koordination von Cu (II)-Verbindungen ist verzerrt-oktaedrisch und quadratisch-planar.

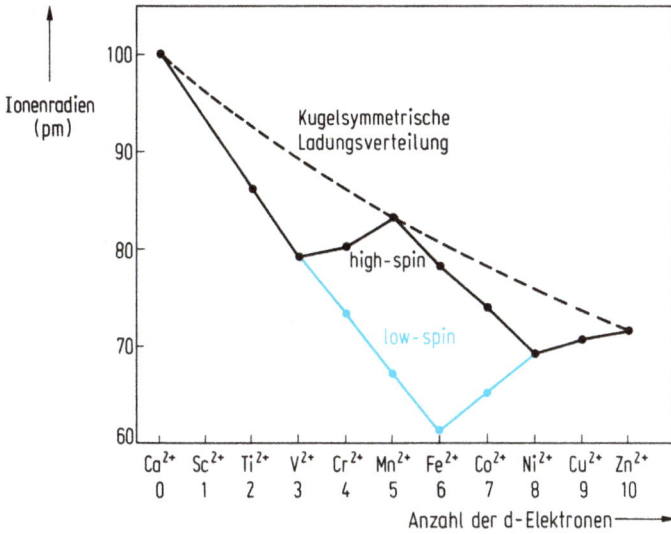

Abb. 5.52: Me^{2+}-Ionenradien der 3d-Elemente (KZ = 6).
Die gestrichelte Kurve ist eine theoretische Kurve für kugelsymmetrische Ladungsverteilungen.
Auf ihr liegt der Radius von Mn^{2+} mit der kugelsymmetrischen high-spin-Anordnung $t_{2g}^3 e_g^2$. Die Kurve
der high-spin-Radien hat Minima bei den Konfigurationen t_{2g}^3 und $t_{2g}^6 e_g^2$, die low-spin-Kurve hat ihr
Minimum bei der Konfiguration t_{2g}^6. Die Kurven spiegeln also die asymmetrische Ladungsverteilung
der d-Elektronen wider.

Die quadratische Koordination ist der Grenzfall tetragonal verzerrter, gestreckter Oktaeder. Zwischen beiden kann nicht scharf unterschieden werden. Das in wässriger Lösung vorhandene, hellblaue Aqua-Ion $[Cu(H_2O)_6]^{2+}$ ist tetragonal verzerrt, zwei der H_2O-Moleküle sind weiter entfernt und schwächer gebunden, die einfachere Formulierung ist daher $[Cu(H_2O)_4]^{2+}$. Ganz entsprechend kann der tiefblaue Amminkomplex als quadratischer Komplex $[Cu(NH_3)_4]^{2+}$ formuliert werden.

Die Ursache des Jahn-Teller-Effekts ist eine mit der Verzerrung verbundene Energieerniedrigung. Das Energieniveaudiagramm der Abb. 5.53 zeigt, wie diese Energieerniedrigung zustande kommt. Bei der Verzerrung zu einem gestreckten Oktaeder werden alle Orbitale mit einer z-Komponente energetisch günstiger. Bei d^4- und d^9-Konfigurationen führt die führt die Besetzung des d_{z^2}-Orbitals zu einem Energiegewinn, wenn das Oktaeder verzerrt ist.

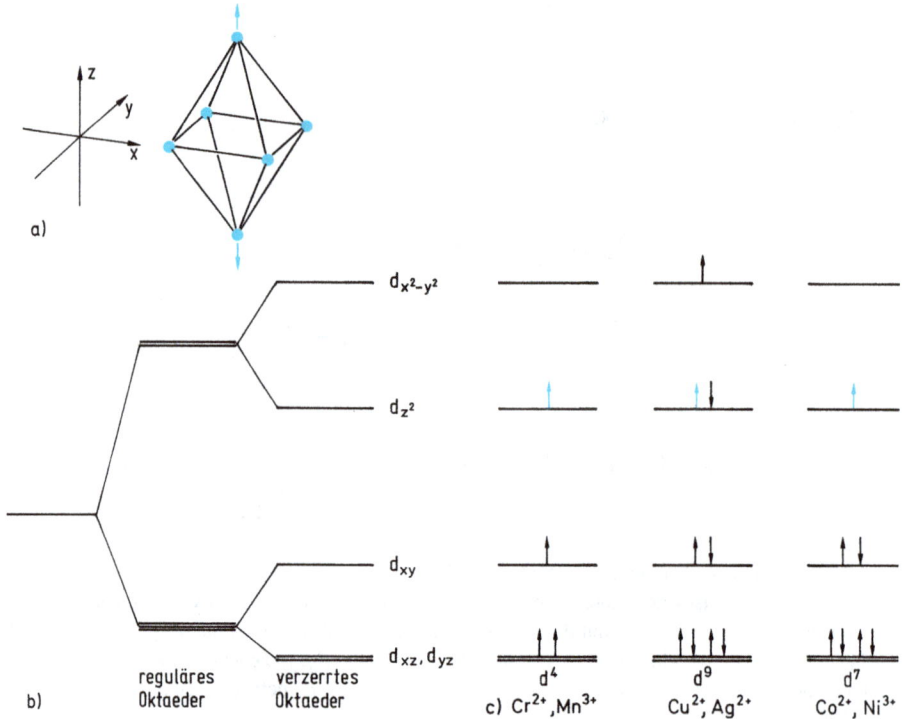

Abb. 5.53: Jahn-Teller-Effekt.
a) Tetragonale Verzerrung eines Oktaeders.
b) Das Energieniveaudiagramm gilt für ein gestrecktes Oktaeder. Diese Verzerrung wird überwiegend beobachtet. Für ein gestauchtes Oktaeder erhält man ein analoges Diagramm. Die Reihenfolge der Orbitale ist dafür d_{xy}; d_{xz}, d_{yz}; $d_{x^2-y^2}$; d_{z^2}. Die Aufspaltungen sind nicht maßstäblich dargestellt. Die durch die Verzerrung verursachte Aufspaltung ist sehr viel kleiner als 10 Dq. Die Aufspaltungen gehorchen dem Schwerpunktsatz.
c) Die Verzerrung führt zu einem Energiegewinn bei der d^4- und der d^9-high-spin- sowie der d^7-low-spin-Konfiguration. (Das durch einen blauen Pfeil dargestellte Elektron bringt den Energiegewinn).

Tetraedrische Komplexe

Auch im tetraedrischen Ligandenfeld erfolgt eine Aufspaltung der d-Orbitale. Aus der Abb. 5.54 geht hervor, dass sich die tetraedrisch angeordneten Liganden den d_{xy}-, d_{xz}- und d_{yz}-Orbitalen des Zentralions stärker nähern als den d_{z^2}- und $d_{x^2-y^2}$-Orbitalen. Im Gegensatz zu oktaedrischen Komplexen sind die d_{z^2}- und $d_{x^2-y^2}$-Orbitale energetisch günstiger (Abb. 5.55). Bei gleichem Zentralion, gleichen Liganden und gleichem Abstand Ligand–Zentralion beträgt die tetraedrische Aufspaltung nur $\frac{4}{9}$ von der im oktaedrischen Feld: $\Delta_{tetr} = \frac{4}{9} \Delta_{okt}$. Die Δ-Werte der tetraedrischen Komplexe VCl_4, $[CoI_4]^{2-}$ und $[CoCl_4]^{2-}$ z. B. betragen 108, 32 und 39 kJ/mol. Prinzipiell sollte es für die Konfigurationen d^3, d^4, d^5 und d^6 high-spin- und low-spin-Anordnungen geben. Wegen der kleinen Ligandenfeldaufspaltung sind aber nur high-spin-Komplexe bekannt.

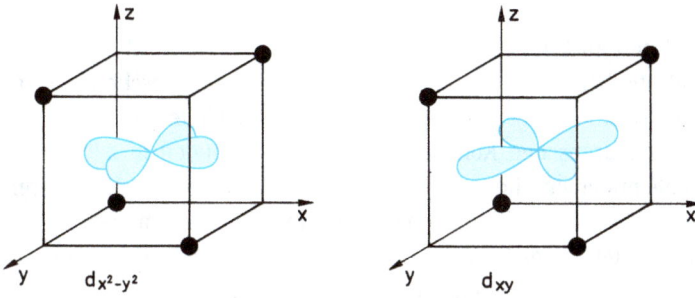

Abb. 5.54: Tetraedrisch angeordnete Liganden nähern sich dem d_{xy}-Orbital des Zentralatoms stärker als dem $d_{x^2-y^2}$-Orbital.

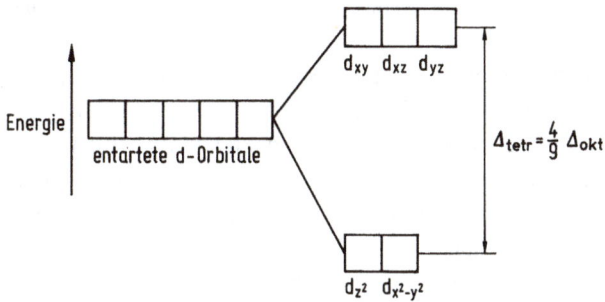

Abb. 5.55: Aufspaltung der d-Orbitale im tetraedrischen Ligandenfeld.

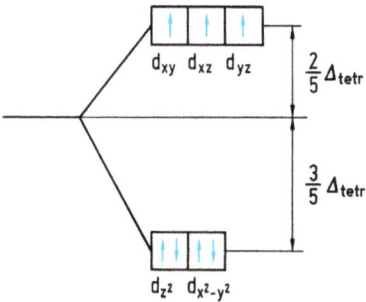

Abb. 5.56: Besetzung der d-Orbitale von Co^{2+} im tetraedrischen Ligandenfeld.

Co^{2+} bildet mehr tetraedrische Komplexe als jedes andere Übergangsmetallion. Dies stimmt damit überein, dass für Co^{2+} ($3d^7$) die Ligandenfeldstabilisierungsenergie in tetraedrischen Komplexen größer ist als bei anderen Übergangsmetallionen (Abb. 5.56).

Quadratisch-planare Komplexe

Für die Ionen Pd^{2+}, Pt^{2+} und Au^{3+} mit d^8-Konfigurationen ist die quadratische Koordination typisch. Alle quadratischen Komplexe dieser Ionen sind diamagnetische low-spin-Komplexe. In Abb. 5.57 ist das Energieniveaudiagramm der d-Orbitale des Komplexes $[PtCl_4]^{2-}$ dargestellt. In quadratischen Komplexen fehlen die Liganden in z-Richtung, daher sind die d-Orbitale mit einer z-Komponente energetisch günstiger als die anderen d-Orbitale. Die d_{xz}- und d_{yz}-Orbitale werden von den Liganden in gleichem Maße beeinflusst, sie sind daher entartet. Da die Ladungsdichte des $d_{x^2-y^2}$-Orbitals direkt auf die Liganden gerichtet ist, ist es das bei weitem energiereichste Orbital. Δ_1, die Energiedifferenz zwischen dem $d_{x^2-y^2}$- und dem d_{xy}-Orbital, ist bei gleicher Ligandenfeldstärke gleich der Aufspaltung im oktaedrischen Feld Δ_{okt}. Wenn Δ_1 größer als die Spinpaarungsenergie ist, entsteht ein low-spin-Komplex, der bei d^8-Konfigurationen die größtmögliche Ligandenfeldstabilisierungsenergie besitzt. Quadratische Komplexe sind daher bei d^8-Konfigurationen mit großen Ligandenfeldaufspaltungen zu erwarten. Dies stimmt mit experimentellen Beobachtungen überein. Bei dem 4d-Ion Pd^{2+} und den 5d-Ionen Pt^{2+} und Au^{3+} ist die Aufspaltung bei allen Liganden groß, es entstehen quadratisch-planare Komplexe. Ni^{2+} ($3d^8$) bildet mit starken Liganden wie CN^- einen quadratischen Komplex, während mit den weniger starken Liganden H_2O und NH_3 oktaedrische Komplexe gebildet werden. Das d_{z^2}-Orbital muss nicht wie in den Komplexen $[PtCl_4]^{2-}$ und $[PdCl_4]^{2-}$ das energetisch stabilste Orbital sein (siehe Abb. 5.57). Wahrscheinlich liegt es bei den quadratischen Komplexen von Ni^{2+} zwischen dem d_{xy}-Orbital und den entarteten Orbitalen d_{yz}, d_{xz}.

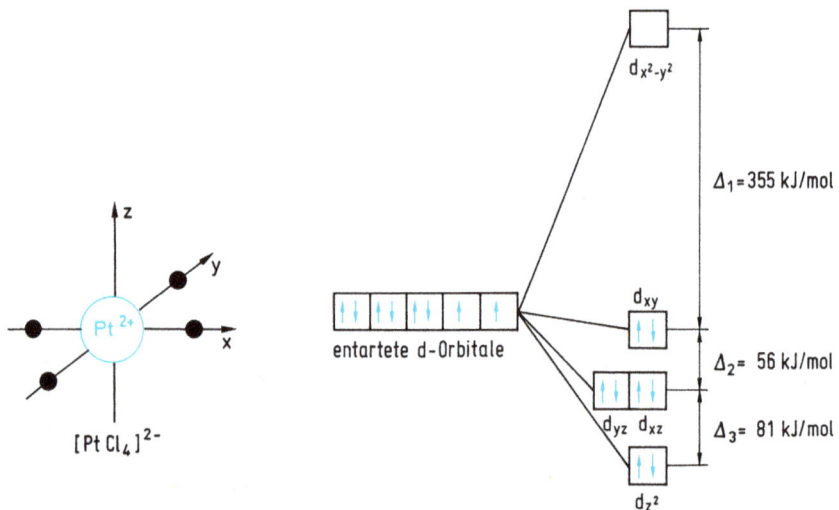

Abb. 5.57: Aufspaltung und Besetzung der d-Orbitalenergien im quadratischen Komplex $[PtCl_4]^{2-}$. Da Δ_1 größer ist als die aufzuwendende Spinpaarungsenergie, entsteht ein low-spin-Komplex mit großer LFSE.

6 Umweltprobleme

Umweltprobleme entstehen durch Veränderungen in der natürlichen Umwelt bzw. im Ökosystem. Sie resultieren aus dem Raubbau an natürlichen Ressourcen, die durch die zunehmende industrielle Entwicklung verbraucht werden. Dazu zählen Brennstoffe, Bodenschätze, Wasser und Böden.

Die Folgen für den Menschen und die Umwelt sind vielfältig und betreffen Probleme wie Wasserknappheit, Luftverschmutzung, Bodenerosion, Abholzung, Artensterben, Plastikmüll, Überfischung und den Welthunger. Sie alle sind letztendlich auch eine Folge der Überbevölkerung.

Die Weltbevölkerung ist in den letzten Jahrzehnten nahezu kontinuierlich angewachsen. Im Jahr 1950 lebten rund 2,5 Milliarden Menschen auf der Erde. Nach dem Weltbevölkerungsbericht des Bevölkerungsfonds der Vereinten Nationen wurde die Marke von acht Milliarden Menschen gegen Ende des Jahres 2022 überschritten, heute liegt ihre Zahl bereits bei über acht Milliarden (Abb. 6.1). In den vergangenen Jahren zeichnete sich eine leichte Abschwächung des Wachstums ab. Das abnehmende Wachstum der Weltbevölkerung wird vor allem durch die jährliche Wachstumsrate beschrieben. Diese erreichte in den 1960er Jahren mit über zwei Prozent ihren Höhepunkt; gegenwärtig wächst die Weltbevölkerung jährlich um nur noch etwa ein Prozent. Bis zum Ende dieses Jahrhunderts soll dieses Wachstum noch weiter zurückgehen auf unter 0,1 Prozent. Auf dieser Basis sagen Prognosen ein vorläufiges Maximum der Weltbevölkerungszahl von mindestens 10 Milliarden Menschen in den Jahren 2050–2100 voraus. Danach wird ein Rückgang der Bevölkerungszahl erwartet.

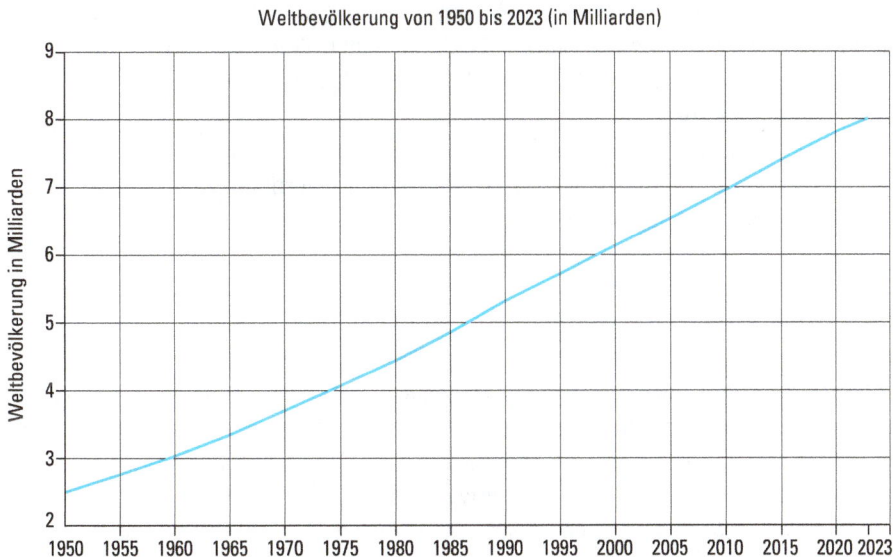

Abb. 6.1: Wachstum der Weltbevölkerung von 1950 bis 2023.

https://doi.org/10.1515/9783111336244-006

Von allen Menschen auf der Erde leben 80 % in den Ländern des globalen Südens, die 95 % des gesamten Wachstums der Weltbevölkerung ausmachen. Dabei handelt es sich um Regionen, die am stärksten von Armut betroffen sind. Mehr als die Hälfte des weltweiten Bevölkerungswachstums verteilt sich auf nur neun Länder. Dabei nimmt die Bevölkerung in Afrika prozentual am stärksten zu.

Bevölkerungszahlen und Bevölkerungswachstum im Jahr 2022 nach Kontinenten.

Kontinent	Bevölkerungszahl in Millionen	Bevölkerungswachstum in %
Nordamerika	372	0,1
Lateinamerika, Karibik	656	0,7
Europa	742	−0,3
Afrika	1419	2,4
Asien	4730	0,8
Ozeanien	44	0,9

Das rasante Bevölkerungswachstum in Ländern des globalen Südens geht mit einer Reihe von ungelösten wirtschaftlichen und sozialen Herausforderungen einher. Dazu zählen Armut, Hunger, Konflikte, Nahrungsmittelknappheit, fehlende soziale Gleichstellung und fehlende Bildung.

Mit dem Bevölkerungswachstum ist auch die Industrieproduktion in den Industrieländern kontinuierlich angewachsen. Seit Beginn der Industrialisierung um 1800, sind die Verbrennung von Kohle, Gas und Öl, die Abholzung von Wäldern und die Massentierhaltung in der Landwirtschaft enorm angestiegen. Dies hat zur Folge, dass der Ressourcenverbrauch, die Umweltverschmutzung und die Emission von Treibhausgasen stark zugenommen haben. Durch die hohen Treibhausgaskonzentrationen in der Atmosphäre kommt es durch den Treibhauseffekt zu einem Anstieg der bodennahen Lufttemperatur.

In zwei Abschnitten werden globale und regionale Umweltprobleme behandelt. Bei allen diesen Umweltproblemen spielen chemische Verbindungen und chemische Reaktionen eine wesentliche Rolle.

6.1 Globale Umweltprobleme

Ein **Klimawandel** kann sowohl menschengemachte als auch natürliche Ursachen haben. Klimaänderungen sind Änderungen des mittleren Zustands der Atmosphäre über einem bestimmten Zeitraum, die zahlreichen Einflüssen unterliegen. In der Gegenwart wird der Begriff Klimawandel überwiegend im Zusammenhang mit der von uns Menschen verursachten globalen Erwärmung verwendet. Seit der vorindustriellen Zeit ist die Durchschnittstemperatur auf unserem Planeten erkennbar angestiegen. Übermäßige Hitzewellen, Dürreperioden, Stürme und Überschwemmungen sind die Folgen.

Die Zunahme solcher Ereignisse weckt die Sorge, dass ein **Kipppunkt** überschritten wird, der eine kritische Grenze beschreibt, jenseits derer ein System sich abrupt und unumkehrbar umorganisiert.

6.1.1 Die Ozonschicht

In der Stratosphäre existiert neben den Luftbestandteilen Stickstoff N_2 und Sauerstoff O_2 auch die Sauerstoffmodifikation Ozon O_3 (vgl. Abschn. 4.5.2). Die sogenannte Ozonschicht hat ein Konzentrationsmaximum in ca. 25 km Höhe (Abb. 6.2). Die Gesamtmenge atmosphärischen Ozons ist klein. Würde es bei Standardbedingungen die Erdoberfläche bedecken, dann wäre die Ozonschicht nur etwa 3,5 mm dick.

Die Existenz der Ozonschicht und ihr ungewöhnliches Konzentrationsprofil wurde bereits 1930 erklärt. Durch harte UV-Strahlung der Sonne ($\lambda < 240$ nm) wird molekularer Sauerstoff in Atome gespalten. Die O-Atome reagieren mit O_2-Molekülen zu Ozon.

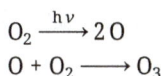

$$O_2 \xrightarrow{h\nu} 2\,O$$
$$O + O_2 \longrightarrow O_3$$

Ozon wird durch UV-Strahlung ($\lambda < 310$ nm) oder durch Sauerstoffatome wieder zerstört.

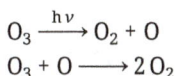

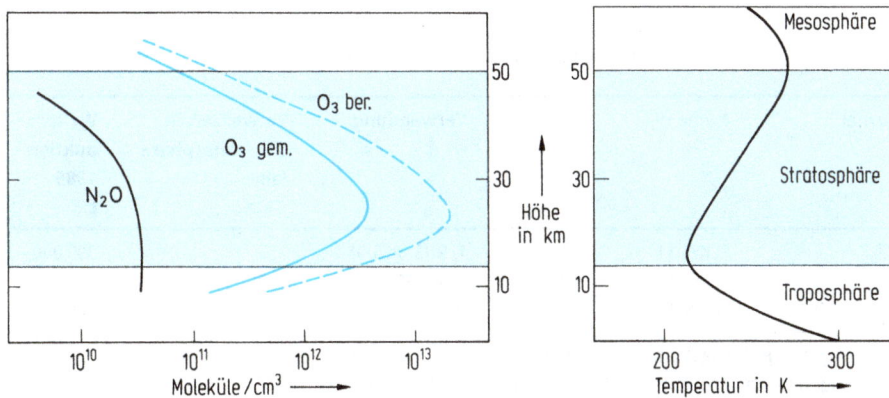

$$O_3 \xrightarrow{h\nu} O_2 + O$$
$$O_3 + O \longrightarrow 2\,O_2$$

Abb. 6.2: Spurengaskonzentration (links) und Temperaturprofil (rechts) in der Stratosphäre.
In der Stratosphäre existiert eine Ozonschicht mit einer maximalen Konzentration von 10 ppm, also einem Partialdruck der hunderttausendmal kleiner ist als der Gesamtdruck. (Als Faustregel gilt, dass der Druck in der Höhe alle 5,5 km auf die Hälfte fällt.) Die Konzentration anderer Spurengase (N_2O, CH_4 und CH_3Cl) ist noch wesentlich kleiner, sie sind aber am Abbau von Ozon beteiligt. Der Temperaturverlauf in der Stratosphäre resultiert aus der Präsenz von Ozon, welches die kurzwellige (UV-) Sonnenstrahlung in Wärme umwandelt.

Bildung und Abbau führen zu einem Gleichgewicht. Die Bildungsgeschwindigkeit von O_3 erhöht sich mit wachsender O_2-Konzentration und mit zunehmender Intensität der UV-Strahlung. Mit abnehmender Höhe führt die zunehmende O_2-Konzentration daher zunächst zu einer Erhöhung der Bildungsgeschwindigkeit, dann jedoch wird die harte UV-Strahlung immer stärker geschwächt und die Bildungsgeschwindigkeit nimmt ab, die O_3-Konzentration muss ein Maximum durchlaufen.

Die Ozonkonzentration wird aber durch die Präsenz von natürlich entstandenen Spurengasen wie CH_4, H_2O, N_2O und CH_3Cl verringert, die zum Ozonabbau beitragen. Als Beispiel wird die Wirkung von N_2O (Lachgas) behandelt. Durch UV-Strahlung ($\lambda < 320$ nm) wird N_2O gespalten, die entstandenen O-Atome reagieren mit N_2O zu NO-Radikalen.

$$N_2O \xrightarrow{h\nu} N_2 + O$$
$$N_2O + O \longrightarrow 2\,NO$$

Die NO-Radikale zerstören in einem katalytischen Reaktionszyklus Ozonmoleküle.

$$\left.\begin{array}{l} NO + O_3 \longrightarrow NO_2 + O_2 \\ NO_2 + O \longrightarrow NO + O_2 \end{array}\right\} \text{ Reaktionskette}$$

Reaktionsbilanz $\quad O_3 + O \longrightarrow 2\,O_2$

Nicht nur natürlich entstandenes N_2O, sondern auch N_2O anthropogenen Ursprungs (Hauptquelle Stickstoffdüngung) gelangt in die Atmosphäre.

Tab. 6.1: Eigenschaften einiger Fluorchlorkohlenwasserstoffe (FCKW).

Formel	Name	Siede-punkt °C	Verwendung	Verweilzeit in der Atmosphäre Jahre	Weltpro-duktion 1985 t
CCl_3F	FCKW 11	+24	T, PUS, PSS, R	75	300 000
CCl_2F_2	FCKW 12	−30	T, K, PSS	100	440 000
$CClF_2—CCl_2F$	FCKW 113	+48	R	85	140 000

T = Treibgas,   PUS Polyurethanschaumherstellung,   PSS Polystyrolschaumherstellung,
R = Reinigungs- und Lösemittel,   K = Kältemittel in Kühlaggregaten.

FCKW sind gasförmige oder flüssige Stoffe. Sie sind chemisch stabil, unbrennbar, wärmedämmend und ungiftig. Auf Grund dieser Eigenschaften werden sie vielfach verwendet und sind nicht leicht zu ersetzen.

Zum ersten Mal wurde 1974 vor einer möglichen Gefährdung der Ozonschicht durch FCKW gewarnt, die das Gleichgewicht zwischen Ozonbildung und Ozonabbau stören. Inzwischen ist sicher, dass anthropogene Spurengase, vor allem Fluorchlorkohlenwasserstoffe (FCKW), aber auch Halogenkohlenwasserstoffe (Halone) und N_2O den beobachteten Abbau der Ozonschicht verursachen (ihre Mitwirkung am Treibhauseffekt wird im Abschn. 6.1.2 besprochen). Die FCKW (Tab. 6.1) sind chemisch inert, sie wandern daher unverändert durch die Troposphäre und erreichen in ca. 10 Jahren die Stratosphäre. Sie werden dort in Höhen ab 20 km durch UV-Strahlung ($\lambda < 220$ nm) gespalten, wobei reaktive Cl-Atome als Cl-Radikale entstehen.

$$CF_3Cl \longrightarrow CF_3 + Cl$$

Jedes Cl-Radikal kann katalytisch im Mittel einige Tausend O_3-Atome zerstören.

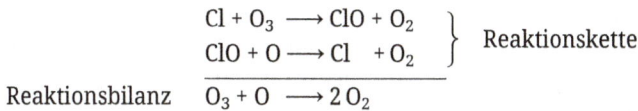

$$\left.\begin{array}{l} Cl + O_3 \longrightarrow ClO + O_2 \\ ClO + O \longrightarrow Cl \ + O_2 \end{array}\right\} \text{ Reaktionskette}$$

$$\text{Reaktionsbilanz} \quad \overline{O_3 + O \longrightarrow 2\,O_2}$$

Halone sind vollhalogenierte bromhaltige Kohlenwasserstoffe, die als Löschmittel verwendet werden.

Beispiele: H 1211 CF_2ClBr (Nummercode: Zahl der C-, F-, Cl-, Br-Atome)
                H 1301 CF_3Br

Die durch UV-Strahlung abgespaltenen Br-Atome verursachen eine den Cl-Atomen analoge Reaktionskette, wirken aber wesentlich stärker ozonabbauend.

Ein Maß für die ozonschädigende Wirkung eines Spurengases ist der ODP-Wert (ozone depletion potential). Er gibt an, um welchen Faktor ein Spurengas die Ozonschicht stärker oder schwächer als Trifluormethan (FCKW 11) abbaut.

	ODP
FCKW 11	1
FCKW 12	0,9
H 1211	5
H 1301	12
HFCKW 22	0,05

Die Konzentration von natürlichem Cl in der Stratosphäre wird auf 0,6 ppb geschätzt, bis 1993 hatte sich der Cl-Gehalt auf 3,4 ppb fast versechsfacht (1 ppb = 1 Teil auf 10^9 Teile).

Insgesamt ist der hauptsächlich durch FCKW verursachte Ozonabbau jedoch besonders über der Antarktis viel komplizierter als die obige Reaktionskette beschreibt. In der Stratosphäre ist der Ozonabbau zwar von Reaktionen beeinflusst, durch die

ClO und Cl der Reaktionskette entzogen werden, diese Gasphasenreaktionen sind aber zu langsam, um einen wirksamen Ozonabbau zu verhindern.

Seit 1984 wurde beobachtet, dass über der Antarktis im Frühling (September und Oktober) die Ozonkonzentration drastisch abnimmt. Dieses so genannte Ozonloch vertiefte sich von Jahr zu Jahr. In den Jahren 1992 bis 1995 betrug der Ozonverlust bis zu 70 % im Vergleich zum Mittel dieser Jahreszeit vor Mitte der siebziger Jahre und das Ozonloch hatte 1995 eine Ausdehnung der Fläche von Nordamerika (Abb. 6.5). Im November und Dezember nimmt die O_3-Konzentration wieder zu, und das Ozonloch heilt weitgehend aus. Die wahrscheinliche Erklärung dafür ist die folgende: Im Polarwinter entsteht über der Antarktis durch stabile Luftwirbel ein von der Umgebung isoliertes „Reaktionsgefäß" für die in der Atmosphäre wirksamen Stoffe. Während der Polarnacht finden keine photochemischen Reaktionen statt, da kein Sonnenlicht in die Antarktisatmosphäre eindringt. Bildung und Abbau des Ozons „frieren ein", die photolytische Bildung von O-Atomen findet nicht mehr statt. Die katalytisch reagierenden Teilchen Cl und ClO werden verbraucht, z. B. nach

$$ClO + NO_2 \longrightarrow ClONO_2$$
$$ClO + OH \longrightarrow HCl + O_2$$
$$Cl + HO_2 \longrightarrow HCl + O_2$$

Die Stickstoffoxide reagieren zu Salpetersäure.

$$NO + HO_2 \longrightarrow HNO_3$$
$$NO_2 + OH \longrightarrow HNO_3$$

(Die Radikale OH und HO_2 entstehen photolytisch aus H_2O-Molekülen nach $H_2O \xrightarrow{h\nu} OH + H$ ($\lambda < 185$ nm) und $O_3 + OH \longrightarrow O_2 + HO_2$.) Bei Temperaturen bis $-90\,°C$ bilden sich Stratosphärenwolken aus Eiskristallen (Aerosole). Die Eiskristalle bestehen hauptsächlich aus Wasser und Salpetersäure. An der Oberfläche der Eiskristalle reagiert $ClONO_2$ in heterogenen Reaktionen mit HCl und H_2O.

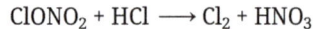

$$ClONO_2 + HCl \longrightarrow Cl_2 + HNO_3$$
$$ClONO_2 + H_2O \longrightarrow HOCl + HNO_3$$

Wenn Ende September die Zeit des Polartages anbricht, entstehen durch Photolyse aus Cl_2 und HOCl Cl-Atome in hoher Konzentration (Abb. 6.3a).

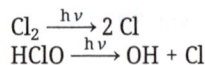

$$Cl_2 \xrightarrow{h\nu} 2\,Cl$$
$$HClO \xrightarrow{h\nu} OH + Cl$$

Da desaktivierende Stickstoffoxide nicht vorhanden sind, bewirken die Cl-Atome einen drastischen Ozonabbau. Da bei beginnendem Polartag aber nicht ausreichend O-Atome

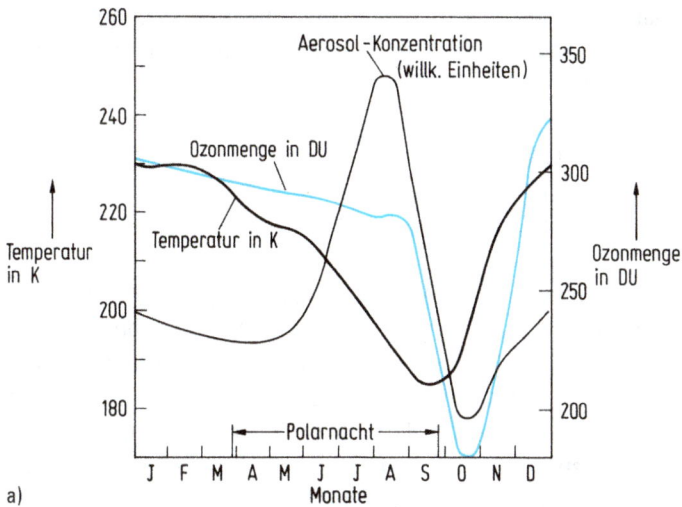

a)

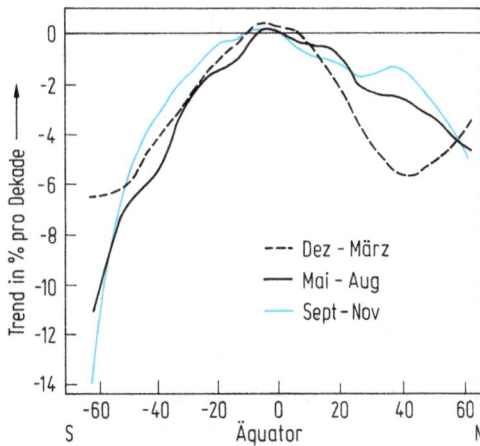

b)

Abb. 6.3: a) Zeitlicher Verlauf von Ozonmenge, Temperatur und Aerosolkonzentration der stratosphärischen Wolken über der Antarktis in 17 km Höhe für das Jahr 1984. Während der Polarnacht fällt die Temperatur, und es bilden sich stratosphärische Wolken. Nach Ende der Polarnacht sinkt die Ozonkonzentration drastisch, es entsteht das Ozonloch, das bald wieder ausheilt. (Die Ozonkonzentration ist in Dobson-Einheiten (DU) angegeben. 1 DU entspricht einem Hundertstel mm und bezieht sich auf die Dicke der Ozonschicht, die entstünde, wenn das Ozon bei Standardbedingungen vorläge. Wenn die Dobson-Einheiten unter 220 DU liegen, spricht man von einem Ozonloch.)
b) Ozonabnahmetrends in % pro Jahrzehnt in Abhängigkeit von geografischer Breite und verschiedenen Jahreszeiten (gemessen 1978–1991). Auf der Südhalbkugel erfolgt ein wesentlich größerer Ozonabbau.

durch photolytische Spaltung aus O_2 oder O_3 für die Rückbildung von Cl aus ClO zu Verfügung stehen (Licht mit $\lambda < 310$ nm ist nur in sehr geringer Intensität vorhanden), nimmt man folgenden Mechanismus an:

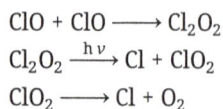

$$ClO + ClO \longrightarrow Cl_2O_2$$
$$Cl_2O_2 \xrightarrow{h\nu} Cl + ClO_2$$
$$ClO_2 \longrightarrow Cl + O_2$$

Nach Zusammenbrechen des antarktischen Wirbels erfolgt Durchmischung mit Luftmassen niederer Breiten und das Ozonloch verschwindet. Der Ozonabbau in der Nordhemisphäre ist geringer. Wegen der anderen meteorologischen Verhältnisse waren in der Arktis keine jährlich auftretenden Ozonlöcher wie in der Antarktis zu erwarten. Im Jahr 2020 wurde jedoch erstmals auch über der Arktis ein Ozonloch beobachtet, das durch außergewöhnlich langanhaltende und starke Polarwinde begünstigt wurde. Über Mitteleuropa nahm die Ozonschicht seit 35 Jahren um etwa 7 % ab, wobei die letzten Jahre keine weitere Abnahme zeigen. Der äquatoriale Bereich ist kaum betroffen.

Ein Maß für die Konzentration von Spurengasen wie Ozon in der Atmosphäre ist die **Dobson-Einheit** (*engl.* Dobson unit, DU). Diese Konzentration wird angegeben als Stoffmenge eines Stoffes innerhalb der kompletten Luftsäule über einer Flächeneinheit (F):

$$DU = \frac{n_{Ozon}}{F} \text{ in mmol/m}^2.$$

Anders betrachtet gibt eine DU die Anzahl von Ozonmolekülen an, die notwendig wären, um auf der Oberfläche des Erdmantels (bei 0 °C und 1.013 bar) eine 0,01 mm dicke Schicht reiner Ozonmoleküle zu bilden. Die Ozonkonzentration wird seit 1979 flächendeckend mit Satelliten gemessen. Die mittlere Dicke der Ozonhülle beträgt in der kompletten Erdatmosphäre etwa 300 DU. Das Auftreten eines Ozonlochs wird durch Unterschreitung des Wertes von 220 DU definiert. Auf dieser Basis kann die Größe eines Ozonloches abgebildet werden (Abb. 6.5).

Der Gesamt-Ozongehalt und die Häufigkeit sehr hoher Ozonwerte haben in Deutschland seit den 1990er Jahren deutlich abgenommen. Dieser Trend kann weithin verallgemeinert werden. Für den Zeitraum 1978–1991 sind die Ozonabnahmetrends in Abhängigkeit von geografischer Breite und Jahreszeit in der Abb. 6.3b dargestellt.

Als Folge der Ausdünnung der Ozonschicht hat die Intensität der UV-Strahlung in mittleren südlichen Breiten zugenommen. Im Zeitraum 1995–2004 ist in Deutschland (4 Messstellen) kein UV-Trend erkennbar.

Durch Abbau des Ozons kühlt sich die Stratosphäre ab (0,6 °C pro Dekade), und der positive Temperaturkoeffizient schwächt sich ab. Die Folge ist eine erhöhte Durchlässigkeit für den Stofftransport zwischen Troposphäre und Stratosphäre. Anthropogene Spurengase können leichter in die Stratosphäre eindringen und sie angreifen. Au-

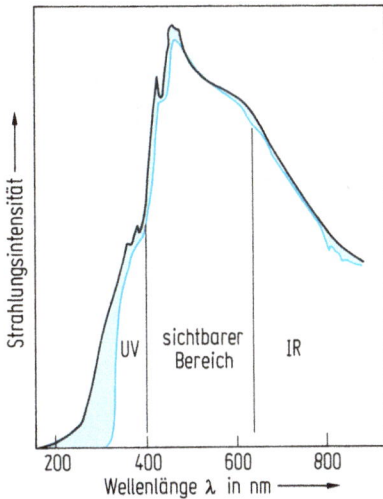

Abb. 6.4: Sonnenlichtspektrum. Wirkung der Ozonschicht.
— Das Sonnenlichtspektrum außerhalb der Lufthülle. — Das Spektrum am Erdboden. Die maximale Strahlungsintensität liegt bei 480 nm, im grünen Bereich des sichtbaren Spektrums. Die UV-B-Strahlung erreicht den Erdboden nicht. Sie wird im Bereich 310–240 nm von O_3 und im Bereich < 240 nm von O_2 fast vollständig absorbiert.

ßerdem wird dadurch das Auftreten polarer stratosphärischer Wolken begünstigt, die maßgeblich am Ozonabbau in polaren Regionen beteiligt sind.

Die Ozonschicht ist für das Leben auf der Erde absolut notwendig. Sie schützt wirksam gegen die gefährliche UV-B-Strahlung (Abb. 6.4). Ihr Abbau bewirkt nicht nur vermehrte Hautkrebserkrankungen und Augenschädigungen, sondern vor allem die Gefährdung des Meeresplanktons, das das Fundament der Nahrungsketten in den Ozeanen ist. Eine Schädigung vieler Populationen wäre die Folge. Wegen der verringerten Photosynthese sind Ernteeinbußen in der Landwirtschaft zu erwarten.

1974 erschien die erste wissenschaftliche Arbeit über die Gefährdung der Ozonschicht durch FCKW. Aber erst 1985 alarmierte die Entdeckung des Ozonloches die Weltöffentlichkeit. Die Weltproduktion von FCKW betrug 1987 1,1 Million t (vgl. Tab. 6.1). Seit 1981 erfolgte ein jährlicher Anstieg der FCKW in der Stratosphäre um 6 %. 1987 kam es in Montreal zum ersten internationalen, historisch bedeutsamen Abkommen. Bis 1999 sollte die FCKW-Produktion stufenweise um 50 % verringert werden. Die alarmierenden Nachrichten über die Vergrößerung des Ozonloches führten zu verschärften Maßnahmen von London (1990), Kopenhagen (1992), Wien (1995), Montreal (1997) und Peking (1999). Die Industriestaaten verpflichteten sich, die Produktion und den Verbrauch von voll halogenierten FCKW und von Halonen bis 1996 zu stoppen. Für die Entwicklungsländer galt ein etappenweiser Ausstieg bis 2010. Insgesamt kann ein Erfolg der internationalen Maßnahmen zum Schutz der Ozonschicht festgestellt werden. Weltweit konnte die Produktion von vollhalogenierten FCKW bis 2000 (relativ zu 1986) um 92 % gesenkt werden. Jedoch werden gespeicherte, ozonschädigende Stoffe (Dämm-

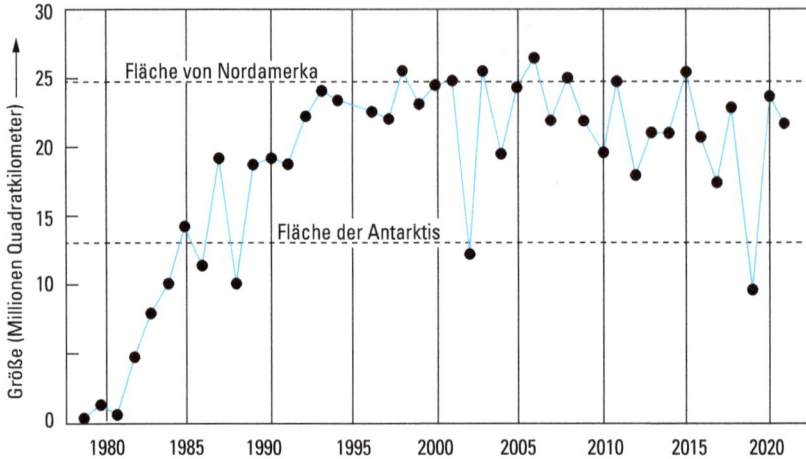

Abb. 6.5: Entwicklung der Flächengröße des Ozonloches (Werte ≤ 220 DU) seit 1980. Unterschiedliche meteorologische Bedingungen beeinflussen die Ausbildung von Ozonlöchern. Ein seltenes Ereignis gab es 2002, als sich der polare Wirbel frühzeitig durch eine ungewöhnliche *Stratosphärenerwärmung auflöste. Das Ozonloch teilte sich, es bildeten sich zwei schwache Zentren und das Ozonloch verschwand vorzeitig.*

stoffe, Feuerlöscheinrichtungen, Klimaanlagen) teilweise weiterhin freigesetzt. Geschätzter Bestand 2,4 Millionen t weltweit. Die Gesamtmenge ozonschädigender Substanzen erreichte 1994 in der unteren Atmosphäre ihren Höchstwert und nimmt seitdem langsam ab. Die Abnahme des stratosphärischen Ozons über den mittleren Breiten hat sich deutlich verlangsamt, allerdings tritt das Ozonloch immer noch auf (Abb. 6.5).

Wegen ihrer langen Verweilzeit in der Stratosphäre (s. Tab. 6.1) werden FCKW noch lange wirksam sein. Aufgrund des allmählichen Rückgangs des Cl-Gehalts in der Stratosphäre gehen Wissenschaftler davon aus, dass die Ozonschicht Mitte dieses Jahrhunderts erholen könnte und das Ozonloch langsam kleiner wird. Die Rückbildung der Ozonschicht hängt jedoch noch von einer Reihe anderer Prozesse in der Atmosphäre ab, sodass derzeit eine verlässliche Abschätzung der zukünftigen Entwicklung schwierig ist.

Die chlorierten Fluorkohlenwasserstoffe (FCKW) wurden in den 1990er Jahren durch reine fluorierte (FKW) und durch teilhalogenierte (H-FCKW) Kohlenwasserstoffe ersetzt, in denen Cl- und F-Atome teilweise durch H-Atome substituiert sind. Diese besitzen zwar ein geringeres Ozonabbaupotential und werden bereits in der Troposphäre weitgehend abgebaut, aber sie verursachen einen starken Treibhauseffekt, der mehrere tausendmal stärker ist als der von CO_2. Deshalb ist ihre Verwendung stark eingeschränkt. Als FCKW-Ersatzstoff für Spraydosen wird oft ein Alkangemisch aus Propan und Butan benutzt; als Kältemittel werden nichthalogenierte Kohlenwasserstoffe wie Propan, Butan, Pentan, Ammoniak oder CO_2 verwendet.

6.1.2 Der Treibhauseffekt

Die Temperatur der Erdoberfläche wird hauptsächlich durch die Intensität der einfallenden Sonnenstrahlung bestimmt. Die Oberflächentemperatur der Sonne beträgt 5 700 K, die maximale Strahlungsintensität liegt im sichtbaren Bereich (Abb. 6.4). Ein Teil der einfallenden Strahlung wird von der Erde reflektiert und als sichtbares Licht in den Weltraum zurückgeworfen. Diese planetare Albedo beschreibt das Reflexionsvermögen des Planeten Erde und schließt die Wirkung der Menschen und der Atmosphäre mit ein. Aus Satellitenmessungen macht der Albedo im Jahresmittel rund 30 % aus. Der verbleibende Rest der einfallenden Strahlung erreicht (nach der Schwächung in der Erdatmosphäre) zu etwa 50 % die Erdoberfläche und wird dort in Wärme umgewandelt. Damit herrscht ein Strahlungsgleichgewicht, d. h. pro Zeiteinheit ist die einfallende und abgegebene Strahlung gleich groß. Die berechnete Strahlungsgleichgewichtstemperatur der Erde beträgt 255 K = −18 °C. Diese Temperatur entspricht einer terrestrischen Strahlung im IR-Bereich.

Die tatsächliche mittlere Temperatur der Erdoberfläche beträgt aber 288 K = 15 °C. Die Differenz von 33 K nennt man den natürlichen Treibhauseffekt. Er wird durch das Vorhandensein der Atmosphäre verursacht. Terrestrische IR-Strahlung wird von Spurengasen der Atmosphäre absorbiert, als Wärmeenergie in der Atmosphäre gespeichert und von dort zum Teil an die Erdoberfläche zurückgestrahlt. Dadurch kommt es in den unteren Luftschichten zu einem „Wärmestau" und dadurch zu einer Erhöhung der mittleren Temperatur der Erdoberfläche. Die wichtigsten natürlichen Spurengase sind H_2O-Dampf, CO_2, N_2O, CH_4 und troposphärisches O_3. Die Anteile der Spurengase am natürlichen Treibhauseffekt enthält Tab. 6.2. Die Hauptbeiträge stammen von H_2O-Dampf (einschließlich Wolken) und CO_2. Obwohl Wasser zu den Spurengasen und nicht zu den Klimagasen gehört, nimmt der sehr mobile Wasserdampf in der Atmosphäre bei einer Klimaerwärmung zu.

Die Emission von Klimagasen (Treibhausgasen) verstärkt die Wirkung der schon vorhandenen Spurengase in der Erdatmosphäre. Spurengase und Treibhausgase lassen die von der Sonne auf die Erde gelangende, energiereiche Strahlung relativ ungehindert passieren, aber absorbieren einen Teil der terrestrischen Strahlung, die von der erwärmten Erdoberfläche emittiert wird. Bei der Absorption werden die Moleküle dieser Gase in einen energetisch angeregten Zustand versetzt, um nach kurzer Zeit unter Emission infraroter Strahlung wieder in den ursprünglichen Grundzustand zurückzukehren. Die Emission von Wärmestrahlung erfolgt in alle Raumrichtungen glei-

Tab. 6.2: Anteil der Spurengase am natürlichen Treibhauseffekt.

	H$_2$O (Dampf)	CO$_2$	O$_3$ (Troposphäre)	N$_2$O	CH$_4$	Rest
ΔT in K ΣΔT = 33 K	20,6	7,2	2,4	1,4	0,8	0,6
ΔT in %	62,4	21,8	7,3	4,3	2,4	1,8

Tab. 6.3: GWP-Werte und Anteile der anthropogenen Spurengase am Treibhauseffekt.

	CO_2	CH_4	N_2O	F-Gase
GWP	1	28	298	
Verweilzeit in Jahren		12	114	
globaler Anteil in %	66,4	16,3	6,5	9,4

chermaßen, das heißt zu einem erheblichen Anteil auch zurück auf die Erdoberfläche. Dadurch erfolgt eine Erwärmung der Erdoberfläche, die letztendlich auf die Wirkung der natürlich vorhandenen Spurengase plus der anthropogenen Treibhausgase zurückzuführen ist. In Deutschland entfielen laut Umweltbundesamt im Jahr 2020 etwa 87,1 % der Freisetzung von Treibhausgasen auf Kohlendioxid, 6,5 % auf Methan, 4,6 % auf Lachgas und rund 1,7 % auf fluorierte Treibhausgase (F-Gase). Global sind die Anteile etwas anders (Tab. 6.3). Zu den F-Gasen zählen die vollfluorierten Kohlenwasserstoffe (FKW), die teilfluorierten Kohlenwasserstoffe (FCKW, HFKW), Schwefelhexafluorid (SF_6) und Stickstofftrifluorid (NF_3).

Das Erderwärmungspotenzial eines bestimmten Treibhausgases beruht neben der Konzentration in der Erdatmosphäre auf dessen spezifischer Fähigkeit Infrarotstrahlung zu absorbieren. Als Richtgröße dient der GWP-Wert (*engl.* Global Warming Potential), der für CO_2 auf eins festgelegt wurde, d. h. die Treibhauspotenziale anderer Gase bemessen sich relativ zu CO_2. Der GWP-Wert ist ein Relativwert, der angibt, wie treibhauswirksam ein Stoff über einen bestimmten Zeitraum, z. B. 20 Jahre oder 100 Jahre, im Vergleich zur selben Masse CO_2 ist. Dadurch wird auch die Abnahme der Spurengase im angegebenen Zeitraum berücksichtigt, also ihre Verweilzeit. Der GWP-Wert vermittelt also außer der Absorptionsfähigkeit auch die Lebensdauer der Spurenmoleküle und ändert sich natürlich mit dem gewählten Zeithorizont. CO_2 besitzt eine sehr lange Verweildauer in der Atmosphäre. Das deutsche Bundesumweltamt geht davon aus, dass nach 1000 Jahren noch etwa 15 bis 40 Prozent in der Atmosphäre übrig ist. Für die verschiedenen langlebigen Klimagase gelten die in Tab. 6.3 aufgeführten GWP-Werte für den Zeithorizont von 100 Jahren. Bezogen auf den GWP-Wert von CO_2 trägt ein Kilogramm Methan innerhalb der ersten 100 Jahre nach der Freisetzung 28-mal so stark zum Treibhauseffekt bei wie ein Kilogramm CO_2. Fluorierte Kohlenwasserstoffe kommen im Gegensatz zu den übrigen Treibhausgasen nicht in der Natur vor. Zu den F-Gasen gehört eine große Gruppe von Verbindungen, die selbst im Vergleich zu Methan und Lachgas extrem treibhauswirksam sind, mit GWP-Werten von 2500 oder mehr. Auch die Verweildauer von F-Gasen in der Atmosphäre ist sehr lang. Seit 2022 ist die Verwendung von Kältemitteln aus F-Gasen mit einem GWP-Wert $\geq$ 150 im europäischen Raum untersagt.

Damit wird insgesamt deutlich, dass nicht nur die Strahlungsintensität der Sonne, sondern auch die Zusammensetzung der Erdatmosphäre einen enormen Einfluss auf unser Klima hat. Seit mehreren hunderttausend Jahren ist die Zusammensetzung der Atmosphäre weitgehend konstant geblieben. In den letzten 650 000 Jahren lag der na-

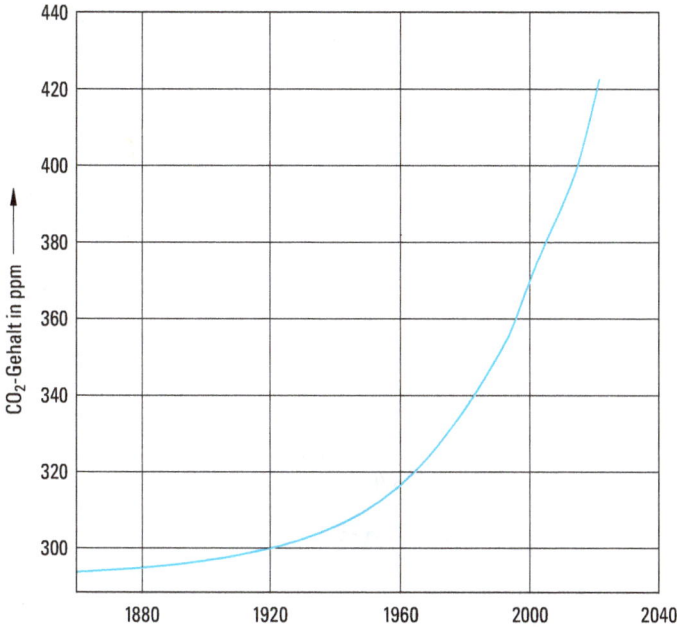

Abb. 6.6: Anstieg des CO_2-Gehalts der Erdatmosphäre seit Beginn der Industrialisierung.
Die Werte vor 1960 wurden durch Analyse von in Eis eingeschlossenen Gasblasen erhalten.
Die Tiefe der entnommenen arktischen und antarktischen Eisproben ist der Zeitmaßstab.

türliche Bereich der CO_2-Konzentration bei 200–300 ppm. Mit Beginn der Industrialisierung ist es zu einem Anstieg der klimarelevanten Spurengase gekommen. Die Zunahme der CO_2-Konzentration seit Beginn der direkten Messungen zwischen 1960–2005 war 1,4 ppm pro Jahr. 2015 erreichte die Konzentration von CO_2 400 ppm. Die von Menschen erzeugten Spurengase verursachen einen zusätzlichen anthropogenen Treibhauseffekt.

Das wichtigste klimarelevante Spurengas ist CO_2. Die Konzentration von CO_2 hat in den letzten 200 Jahren um mehr als 40 % von 280 ppm auf 420 ppm zugenommen (Abb. 6.6).

Anteile der Energieträger an der Primärenergieerzeugung in %.

Energiequelle	Deutschland			Welt
	1990	2010	2020	2020
Mineralöl	35	35	34	30
Kohle	36	22	16	27
Erdgas	15	22	27	24
Kernenergie	11	11	6	5
Erneuerbare Energien	1	9	17	15

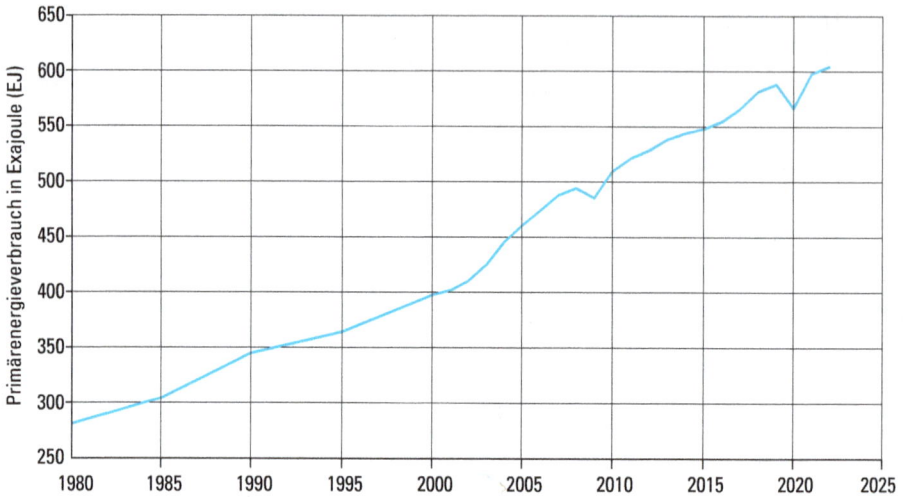

Abb. 6.7: Zunahme des globalen Primärenergieverbrauchs seit 1980.

Die Hauptursachen dieses Anstiegs sind die Verbrennung fossiler Brennstoffe (Kohle, Öl, Gas) und das Abholzen der Regenwälder. Im 20. Jh. hat sich der Verbrauch an Primärenergie verzehnfacht und steigt weiter an (Abb. 6.7). 80 % der Primärenergie wurde 2020 aus fossilen Brennstoffen erzeugt. Durch Abholzung und Brandrodung von Wäldern[14] ist die CO_2-Aufnahme durch die Biosphäre vermindert und wirkt wie eine CO_2-Abgabe. Eine erhebliche CO_2-Emission verursacht auch die Zementherstellung, der ein Anteil von etwa 8 % der weltweiten CO_2-Emissionen zugeschrieben wird. Allerdings nimmt Zement nach der Herstellung wieder einen erheblichen Teil CO_2 auf, wodurch die Netto-Freisetzung unter 5 % liegen würde. Zum Vergleich macht der Luftverkehr etwa 3 % und der Straßenverkehr 18 % der weltweiten CO_2-Emissionen aus.

Die Anreicherung von CO_2 in der Atmosphäre hängt jedoch nicht nur von der Höhe der Emissionen ab, sondern auch von den sogenannten Senken, die CO_2 aufnehmen. Die wichtigsten sind Wälder und Ozeane. Ihre Aufnahmekapazität nimmt aber ab. 2012 wurden 37 % des freigesetzten CO_2 von der Biosphäre, 27 % von den Ozeanen aufgenommen.

---

14 Von 1990–2000 nahm der Bestand an tropischen Regenwäldern um 7 % ab. Die jährliche Abnahme danach beträgt 4 Mio. ha der Waldfläche (Waldfläche in Deutschland 11 Mio. ha). Die FAO (Food and Agriculture Organization of the United Nation) schätzt, dass dies jährlichen Emissionen von 1,8 Mrd. t CO_2 entspricht. Der größte Teil des weltweiten Kahlschlags findet in Brasilien und Indonesien statt. Die Hälfte aller Arten leben im tropischen Regenwald. Seine Zerstörung führt zu einem nicht wieder gut zu machenden Verlust an Lebensformen. Außerdem ist der Regenwald ein wichtiger Wasser- und CO_2-Speicher.

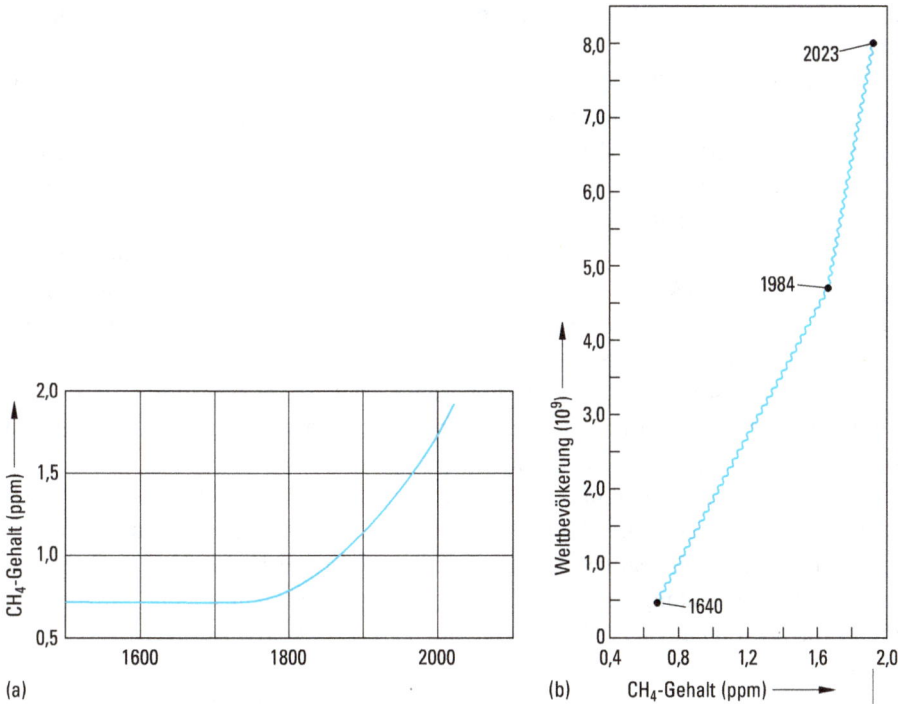

Abb. 6.8: a) Zunahme des CH$_4$-Gehalts in der Atmosphäre seit 1600.
b) Die CH$_4$-Konzentration nimmt linear mit dem Wachstum der Weltbevölkerung zu.

Weitere anthropogene Treibhausgase sind Methan CH$_4$, Distickstoffoxid N$_2$O, Fluorchlorkohlenwasserstoffe FCKW, perfluorierte Kohlenwasserstoffe FKW und Schwefelhexafluorid SF$_6$. Für das Spurengas Methan existiert ein linearer Zusammenhang
zwischen dem Wachstum der Weltbevölkerung und der Zunahme der Methankonzen-
tration in der Atmosphäre (Abb. 6.8). Reissümpfe und Verdauungsorgane von Wieder-
käuern sind ideale Lebensbedingungen für anaerob wirksame Bakterien, die Methan
erzeugen. Der mit der Weltbevölkerung wachsende Viehbestand und Reisanbau sind
die Quellen dieser Zunahme. Weitere Quelle sind Permafrostböden, in denen Kohlendioxid und Methan eingeschlossen sind. Aufgrund des Klimawandels werden diese
Gase zunehmend freigesetzt. Seit 1750 ist die Konzentration von CH$_4$ in der Atmosphäre um 150 % gestiegen.

Weltweite Hauptverursacher von Distickstoffmonoxid (Lachgas) sind die Landwirtschaft und die Industrie. In der Landwirtschaft entsteht N$_2$O in mikrobiellen
Umsetzungen von Stickstoffverbindungen in den Böden (Hauptverursacher Stickstoffdüngung). Industrielle Quellen für N$_2$O sind die Nylon-Produktion, die Salpeter-
säure-Produktion und die Verbrennung fossiler Rohstoffe. Die weltweit jährliche
Konzentrationszunahme beträgt 0,25 %. Seit 1750 ist die Konzentration um 17 % gestiegen. In Deutschland führte die massive Reduktion der industriellen Lachgas-Emissio-

nen seit 1990 dazu, dass die Landwirtschaft in den letzten Jahren die Gesamt-Emissionen dominiert.

Die wichtigsten FKW sind CF_4 und C_2F_6. Die Hauptquellen sind die Aluminiumelektrolyse und die Halbleiterproduktion, die ein sehr hohes Ozonabbaupotential haben. Die atmosphärischen Verweilzeiten betragen 50 000 und 10 000 Jahre, die GWP-Werte sind 5 700 und 11 900. Die Konzentration von CF_4 beträgt 80 ppt (parts per trillion, 10^{-12}), die Hälfte ist natürlichen Ursprungs.

Das spezifisch wirksamste Treibhausgas ist SF_6 mit einer Verweilzeit von 3 200 Jahren und einem GWP-Wert von 22 200. Die Konzentration von SF_6 ist seit 1960 von 3,5 ppt auf über 11 ppt im Jahr 2023 gestiegen. Quellen sind die Verwendung in gasisolierten Schaltanlagen und in Schallschutzfenstern.

Auch Ozon ist ein wichtiges Treibhausgas. Trophosphärisches Ozon wird nicht direkt emittiert, sondern es entsteht durch photochemische Reaktionen (siehe Abschn. 6.2.3). Die globale Konzentration beträgt etwa 50 ppb, seit der vorindustriellen Zeit erfolgte eine Zunahme um 36 %. Der positive Treibhauseffekt ist fast gleich groß wie der der FCKW. Die Abnahme des stratosphärischen Ozons verursacht einen wesentlich kleineren negativen Treibhauseffekt. Wegen der geringen Verweilzeit gibt es zeitliche Schwankungen der troposphärischen Ozonkonzentrationen, sowie auch räumliche Schwankungen. Daher ist der Anteil am Treibhauseffekt unsicherer zu bestimmen als bei langlebigen Treibhausgasen.

Die Verbrennung fossiler Brennstoffe führt auch zu Emissionen von SO_2. In der Stratosphäre bilden sich daraus Sulfat-Aerosole. Sie verursachen einen negativen Treibhauseffekt, sind also treibhausbremsend. Auch bei starken Vulkanausbrüchen entstehen durch SO_2-Emission kurzlebige Aerosole.

Der gegenwärtige Treibhauseffekt der FKW ist klein. Wegen der großen GWP-Werte haben sie aber ein Potenzial für einen zukünftigen Einfluss auf das Klima.

Beobachtete Klimaänderungen: Die Konzentrationen der Treibhausgase Kohlenstoffdioxid, Methan und Lachgas in der Atmosphäre sind die höchsten seit 800 000 Jahren. Die CO_2-Konzentration ist im Vergleich zur vorindustriellen Konzentration um 40 % angestiegen.

Die weltweit wärmsten Jahre seit den Wetteraufzeichnungen (1880) begannen 2015. Im Jahr 2016 war es etwa 1,1 °C wärmer als in der vorindustriellen Zeit. 2023 wurde mit 1,5 °C ein vorläufiger Höhepunkt erreicht. Bei einer dauerhaften Mitteltemperatur von über 1,5 °C der vorindustriellen Zeit setzt laut Einschätzung des Weltklimarats IPCC ein gefährlicher Klimawandel ein.

In den letzten Jahrzehnten haben die Eisschilder in Grönland und in der Antarktis an Masse verloren, die Gletscher sind weiter abgeschmolzen, die Ausdehnung des arktischen Meereises sowie die Schneebedeckung der Nordhalbkugel verringerten sich pro Jahrzehnt um mindestens 10 %.

Die Erwärmung des Ozeans (obere Schicht um 0,11 °C pro Jahrzehnt) und die Schmelzwässer führen zu einem Anstieg des Meeresspiegels. Von 1901–2010 ist der Meeresspiegel um 19 cm gestiegen. Zwischen 2010 und 2023 ist der Meeresspiegel um weitere 5 cm angestiegen. Der Ozean hat ungefähr 30 % des emittierten anthropogenen Kohlenstoffdioxids aufgenommen und dadurch eine Versauerung erfahren.

Prognosen zukünftiger Klimaänderungen: Fortgesetzte Emissionen von Treibhausgasen werden eine weitere Erwärmung bewirken und den Klimawandel beeinflussen. Für die Erwärmung wird es regionale und zeitliche Schwankungen geben. Abhängig von den zukünftigen Treibhausgasemissionen wird bis zum Jahr 2100 ein mittlerer globaler Temperaturanstieg zwischen 1,6 und 4,7 °C gegenüber dem vorindustriellen Zeitraum 1850–1900 erwartet (IPCC, 2018). Werden die Treibhausgasemissionen nicht verringert, ist eine Erwärmung um 0,2 °C pro Dekade für die nächsten 30 Jahre sehr wahrscheinlich.

Zur Begrenzung von Treibhausgasemissionen wurden mehrere internationale Klimakonferenzen abgehalten. Auf der Konferenz in Kyoto (1997) wurde vereinbart, dass die Industriestaaten ihren jährlichen Ausstoß an Treibhausgasen reduzieren müssen. Das zentrale Ziel des Kyoto-Protokolls bestand darin, den Ausstoß von Treibhausgasen im Zeitraum 2008–2012 in ihrer Summe um 6 % im Vergleich zum Wert von 1990 bzw. 1995 zu senken. Erst 2005 haben 150 Staaten das Kyoto-Protokoll ratifiziert und eine rechtlich bindende Mengenbegrenzung der Treibhausgasemissionen beschlossen. Das Klimaabkommen von Paris (2015) sieht eine Begrenzung der globalen Erwärmung auf 1,5 °C als zentrales Ziel an. Um das Übereinkommen von Paris zu erfüllen, hat die Europäische Union im Frühjahr 2021 mit dem neuen EU-Klimagesetz ihre klimapolitischen Zielsetzungen für 2030 (minus 55 % gegenüber 1990 und Klimaneutralität um die Jahrhundertmitte) verschärft und gesetzlich festgelegt.

Der globale Ozean wird sich weiter erwärmen und die Ozeanzirkulation beeinflussen. Die zunehmende Erdoberflächentemperatur wird zu weiterer Abnahme der arktischen Meeresbedeckung und der Schneebedeckung auf der Nordhemisphäre führen. Dies beeinflusst die Albedo. Das Gletschervolumen wird weiter abnehmen. Der globale Meeresspiegel wird schneller ansteigen als bisher beobachtet. Es drohen Überschwemmungen von Inseln und tiefliegenden Küstengebieten. Durch weitere Aufnahme von CO_2 wird sich die Ozeanversauerung erhöhen. Wetterextreme (z. B. Starkniederschläge, Hitzeperioden) werden zunehmen.

Die meisten Aspekte des Klimawandels werden für Jahrzehnte bestehen bleiben, auch wenn die Emissionen der Treibhausgase gestoppt werden. Der Klimawandel ist unabwendbar. Das Klima hat für das Leben auf der Erde größte Bedeutung. Es beeinflusst nicht nur die wirtschaftliche Situation, sondern auch das soziale Leben. Zivilisation erfordert stabile Klimabedingungen.

Um die globale Temperatur auf einem bestimmten Niveau zu halten, müssen gravierende Maßnahmen ergriffen werden. Die Netto-CO_2-Emission muss bis 2050 auf null heruntergefahren werden, um die Erderwärmung bei 1,5 °C zu stoppen (IPCC, 2023). Das bedeutet, dass die Menge an CO_2, die in die Atmosphäre eintritt, gleich der Menge sein muss, die abgebaut wird. So könnte sich langfristig ein neues Gleichgewicht einstellen, in dem das ausgestoßene CO_2 umverteilt und von Ozeanen und der Biosphäre aufgenommen wird. Haupttreiber aller Emissionen bleiben die globalen

Tab. 6.4: Jährliche CO_2-Emissionen und Pro-Kopf-Primärenergieverbrauch ausgewählter Länder in den Jahren 2021 bzw. 2022.

	CO_2-Emissionen in t/Einwohner 2021	Energieverbrauch in 10^{15} J/Einwohner 2022
Katar	36	699
VAR	22	535
Saudi Arabien	19	316
Australien	15	228
USA	15	284
Kanada	14	368
Russland	12	200
Südkorea	12	245
Japan	9	140
Deutschland	8	148
China	8	112
Vereinigtes Königreich	5	108
Frankreich	5	130
Brasilien	2	62

Tab. 6.5: Energiebereitstellung aus erneuerbaren Energien in Deutschland 2022 in %.

Biogene Brennstoffe, Wärme	35
Windenergie	26
Wasserkraft	4
Biokraftstoffe	7
Biogene Brennstoffe, Strom	10
Solarthermie	2
Geothermie	4
Photovoltaik	12

Aktivitäten von Industrie, Energieversorgung, Verkehr, Landwirtschaft und Gebäuden und der damit einhergehende Material- und Energieverbrauch sowie das Bevölkerungswachstum. Die Industrieländer haben den höchsten Pro-Kopf-Verbrauch an Primärenergie und waren dadurch die Hauptverursacher der CO_2-Emissionen (Tab. 6.4). Diese haben auch seit 2000 in den meisten Ländern zugenommen. China hat die höchsten Netto-CO_2-Emissionen von allen Ländern und hat die USA schon 2006 überholt. Deutlich niedriger ist die Pro-Kopf-Emission in China (s. Tab. 6.4). Die weltweit reichsten 10 % der Privathaushalte erzeugen 34–45 % der globalen Treibhausgasemissionen.

In Deutschland umfassen die Maßnahmen zur Minderung der Treibhausgasemissionen die Steigerung der Energieeffizienz (neue Kraftwerke, Verkehr), Energieeinsparung (Gebäudesanierung, Reduktion des Stromverbrauchs), Kraft-Wärme-Kopplung und den Ausbau erneuerbarer Energien (Tab. 6.5). Der Primärenergieverbrauch ist seit

Tab. 6.6: CO_2-Emissionen in Deutschland 2022.

Verursacher	10^6 t	%
Gesamtemission	746	
Energieindustrie (Kraft- und Fernheizwerke etc.)	256	34
Verkehr	148	20
Haushalte, Kleinverbraucher	112	15
Industrieprozesse	164	22
Landwirtschaft	62	8
Abfallwirtschaft, Sonstiges	4	1

1990 nur geringfügig gesunken, jedoch haben Erneuerbare Energien um das fast neunfache zugenommen. Im Jahr 2020 hatte Deutschland mit einem Anteil erneuerbarer Energieerzeugung von 19,1 % bereits sein unter der EU Richtlinie festgelegtes Ziel von 18 % übertroffen. Im Jahr 2022 wurden laut Umweltbundesamt 20,4 % des deutschen Endenergieverbrauchs[15] aus erneuerbaren Energien gedeckt. Der Anteil des aus erneuerbaren Energien erzeugten Stroms am Verbrauch lag im Jahr 2022 bei 48,3 % (2021: 42,7 %). Den größten Beitrag dazu leisteten Windkraftanlagen. On- und Offshore-Anlagen kamen gemeinsam auf einen Anteil von 26 %, auf Photovoltaik entfielen 12 %. Bei der Stromerzeugung aus Wind- und Solarenergie nimmt Deutschland eine weltweit führende Stellung ein.

Für die Energieversorgung der Zukunft wird Wasserstoff eine vorrangige Stellung eingeräumt. Die Erzeugung von Wasserstoff durch die Wasserelektrolyse (Abschn. 3.8.10) erfordert aber große Mengen von Strom aus alternativen Energiequellen. Mit Wasserstoff kann Energie aus Wind und Sonne gespeichert und sogar über weite Strecken transportiert werden. Wasserstoff ist ein breit einsetzbarer Energieträger, der vor allem benötigt wird, um fossile Energieträger in der Industrie zu ersetzen. In Brennstoffzellen (Abschn. 3.8.11) wird aus Wasserstoff ein klimaneutraler elektrischer Antrieb für Schwerlastverkehr, Schiffe oder Flugzeuge.

Die CO_2-Emissionen in Deutschland haben von 1990 bis 2022 um 38 % abgenommen. Die Tab. 6.6 enthält die Anteile der Verursacher 2022. Hauptverursacher ist wie bisher die Industrie.

Das deutsche Kyoto-Ziel, bis 2012 die Emission der sechs Treibhausgase relativ zu 1990 um 21 % zu senken, war 2009 erreicht.

---

15 Energieformen werden in Primär-, End- und Nutzenergie unterteilt. Energieträger in ihrer ursprünglichen Form werden als Primärenergieträger bezeichnet. Die Primärenergie abzüglich aller Energieaufwendungen bis zur endgültigen Bereitstellung bei den Letztverbrauchern ergibt die Endenergie. Die Endenergie ist die Energie, die innerhalb eines Systems unmittelbar zur Erzeugung von Nutzenergie (z. B. Raumwärme; Licht) eingesetzt wird.

6.1.3 Rohstoffe

Die meisten technisch genutzten Metalle sind nur mit einem sehr geringen mittleren Massenanteil in der Erdkruste vorhanden (Tab. 6.7). In geochemischen Prozessen haben sich die Metalle im Laufe von Jahrmillionen in abbauwürdigen Lagerstätten angereichert. Diese sich nicht erneuernden Rohstoffquellen werden jedoch bei vielen Metallen bald erschöpft sein, wenn der gegenwärtige Verbrauch beibehalten wird. Ein aktuelles Beispiel ist Tantal. Mobiltelefone enthalten zwar nur Milligrammmengen, aber die Herstellung von Milliarden Handys führt zu einer drohenden Verknappung.

Man kann für ein Metall einen sogenannten Grenzmassenanteil in % festlegen, der angibt, ob nach technologischen und wirtschaftlichen Maßstäben ein kommerzieller Abbau möglich ist. Eisen, Aluminium und Titan sind ausreichend in der Erdkruste zu finden. Bei den meisten Metallen aber beträgt der Grenzmassenanteil ein Vielfaches des mittleren Massenanteils. Auch bei verbesserten Technologien und Marktfaktoren sind Energieaufwand und Umweltbedingungen dann bei der Gewinnung nicht tragbar. Das Metall ist nur noch durch Wiederverwertung nutzbar, es sei denn man könnte in ferner Zukunft den Mond als Rohstoffquelle nutzen.

„Selbst, wenn es kein weiteres Wachstum gäbe, wären die gegenwärtig umgesetzten Materialmengen längerfristig nicht weiter tragbar. Wenn daher eine wachsende Weltbevölkerung unter materiell zuträglichen Bedingungen leben soll, braucht man dringend alle sich künftig entwickelnden Technologien zur Schonung der Quellen und zur Wiederverwertung von Rohstoffen. Alle Materialien müssen dann als begrenzte und kostbare Gaben der Erde geschätzt und behandelt werden. Mit den Denkstrukturen einer Wegwerfgesellschaft verträgt sich das nicht mehr." (Donella und Dennis Meadows, Die neuen Grenzen des Wachstums, Deutsche Verlags-Anstalt GmbH, Stuttgart, 1992, S. 116)

Tab. 6.7: Mittlerer Massenanteil wichtiger Metalle in der Erdkruste.

Metall	Massenanteil in %
Aluminium	8,3
Eisen	6,2
Titan	0,63
Chrom	0,012
Nickel	0,009
Zink	0,0094
Kupfer	0,0068
Blei	0,0013
Zinn	0,0002
Tantal	0,00017
Wolfram	0,00012

6.2 Regionale Umweltprobleme

6.2.1 Luft

Luftverschmutzung beeinträchtigt die Gesundheit und die Umwelt durch die Freisetzung von Schadstoffen. Durch den erheblichen Rückgang der Emissionen vieler Luftschadstoffe in den letzten Jahrzehnten hat sich die Luftqualität europaweit verbessert. Luftverschmutzung resultiert aus natürlichen und anthropogenen Quellen. Zu den letzteren zählen die Verbrennung fossiler Brennstoffe, industrielle Prozesse, Landwirtschaft und die Abfallbehandlung. Die Luftschadstoffkonzentrationen sind weiterhin hoch. Ein wesentlicher Anteil der europäischen Bevölkerung lebt in Gebieten, ganz besonders in Städten, in denen es zu Überschreitungen der Richtwerte für die Luftqualität kommt. Zu hohe Anteile von Schwefeldioxid, Stickstoffoxiden, Ozon und Feinstaub stellen ein Gesundheitsrisiko dar. Aus Luftverschmutzung können Asthma und chronisch obstruktive Lungenerkrankung (COPD) und sogar frühzeitige Todesfälle hervorgehen. Feinstaub fördert die Entstehung von Arteriosklerose und damit von Herz-Kreislauf-Erkrankungen.

Schwefeldioxid

Bei der Verbrennung schwefelhaltiger Substanzen entsteht Schwefeldioxid SO_2 (vgl. Abschn. 4.5.4). SO_2 als Luftschadstoff entsteht vorwiegend bei der Verbrennung fossiler Brennstoffe in der Energiewirtschaft. In der Tab. 6.8 sind die Schwefelgehalte verschiedener fossiler Brennstoffe angegeben, in der Tab. 6.9 die Verursacher der SO_2-Emissionen in Deutschland für das Jahr 2021. Die SO_2-Emission betrug 2021 $256 \cdot 10^3$ t, etwas mehr als die Hälfte entsteht durch Energieerzeugung. Die jährlichen Emissionen seit 1990 sind in der Abb. 6.9 dargestellt.

In den 80er Jahren ist in den alten Bundesländern Deutschlands durch den Einsatz von Abgasentschwefelungsanlagen ein drastischer Rückgang der SO_2-Emissionen erreicht worden. Zwischen 1990 und 2021 ist in Deutschland gesamt eine Abnahme der SO_2-Emission um 95 % erreicht worden. Der Grenzwert von 20 µg/m³ als Jahresmittelwert wird deutschlandweit eingehalten.

Die Abgase aus Feuerungsanlagen werden als Rauchgase bezeichnet. Der SO_2-Gehalt der Rauchgase beträgt 1–4 g/m³. In einem großen Kraftwerk (700 MW elektrische

Tab. 6.8: Schwefelgehalt verschiedener fossiler Brennstoffe in kg, bezogen auf die Brennstoffmenge mit dem Brennwert 1 GJ = 10^9 J.

Brennstoff	Schwefelgehalt	Brennstoff	Schwefelgehalt
Steinkohle	10,9	Leichtes Heizöl	1,7
Braunkohle	8,0	Kraftstoffe	0,8
Schweres Heizöl	6,7	Erdgas	0,2

Tab. 6.9: SO_2-Emission in Deutschland 2021.

Verursacher	kt	%
Gesamtemission	256	
Energieerzeugung (Kraft- und Fernheizwerke etc.)	134	52
Verarbeitendes Gewerbe	34	13
Haushalte, Kleinverbraucher	14	5
Industrieprozesse	66	26
Diffuse Emissionen aus Brennstoffen	6	2
Verkehr	2	0,2

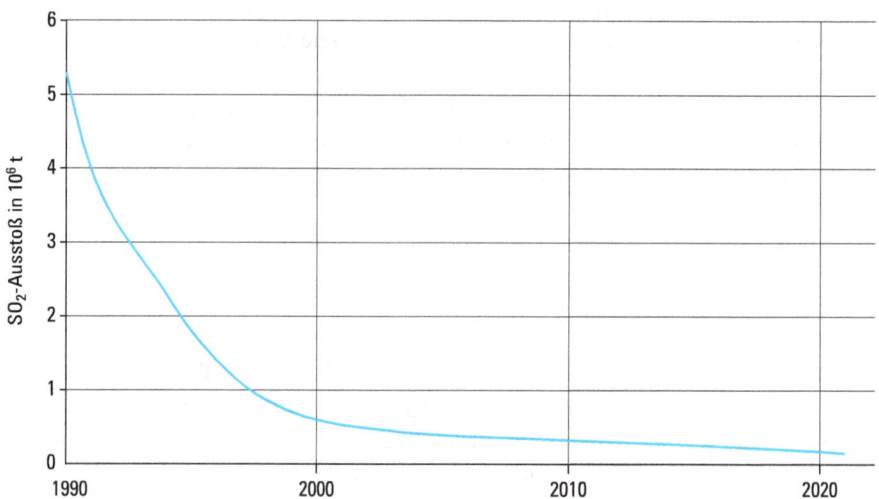

Abb. 6.9: Energiebedingte Schadstoffbelastung durch Schwefeldioxid in Deutschland in den Jahren 1990 bis 2021.

Leistung) z. B. werden stündlich 250 t Steinkohle verbrannt und $2{,}5 \cdot 10^6$ m³ Rauchgas erzeugt, das 2,5 t Schwefel enthält.

Von den zahlreich entwickelten Rauchgasentschwefelungsverfahren sind die drei wichtigsten:

Calciumverfahren. CaO (Kalkverfahren) oder $CaCO_3$ (Kalksteinverfahren) wird mit dem SO_2 der Rauchgase zunächst zu $CaSO_3$ und dann durch Oxidation zu $CaSO_4 \cdot 2\,H_2O$ (Gips) umgesetzt. Dazu wird eine Waschflüssigkeit, die aus einer $CaCO_3$-Suspension oder einer $Ca(OH)_2$-Suspension (entsteht aus CaO mit H_2O) besteht, in den Abgasstrom eingesprüht.

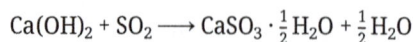

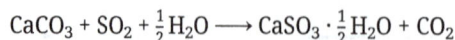

$$Ca(OH)_2 + SO_2 \longrightarrow CaSO_3 \cdot \tfrac{1}{2}H_2O + \tfrac{1}{2}H_2O$$

$$CaCO_3 + SO_2 + \tfrac{1}{2}H_2O \longrightarrow CaSO_3 \cdot \tfrac{1}{2}H_2O + CO_2$$

In der Oxidationszone bildet sich mit eingeblasener Luft Gips.

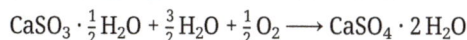

$$CaSO_3 \cdot \tfrac{1}{2}H_2O + \tfrac{3}{2}H_2O + \tfrac{1}{2}O_2 \longrightarrow CaSO_4 \cdot 2H_2O$$

Der anfallende Gips wird teilweise weiterverwendet. 90 % der Abgasentschwefelungsanlagen in Deutschland arbeiten mit dem Calciumverfahren. Regenerative Verfahren, bei denen das Absorptionsmittel zurückgewonnen wird: Wellmann-Lord-Verfahren. Als Absorptionsflüssigkeit wird eine alkalische Natriumsulfitlösung verwendet. Mit SO_2 bildet sich eine Natriumhydrogensulfitlösung.

$$Na_2SO_3 + SO_2 + H_2O \longrightarrow 2NaHSO_3$$

In einem Verdampfer kann die Reaktion umgekehrt werden, es entsteht technisch verwendbares SO_2-Gas und wiederverwendbare Natriumsulfitlösung.

Magnesiumverfahren. Eine Magnesiumhydroxidsuspension, die aus MgO und Wasser entsteht, wird mit SO_2 zu Magnesiumsulfit umgesetzt.

$$Mg(OH)_2 + SO_2 + 5H_2O \longrightarrow MgSO_3 \cdot 6H_2O$$

$MgSO_3 \cdot 6H_2O$ wird thermisch zersetzt, das MgO wird wiedergewonnen.

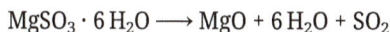

$$MgSO_3 \cdot 6H_2O \longrightarrow MgO + 6H_2O + SO_2$$

Das Magnesiumverfahren wird häufig in Japan und den USA eingesetzt.

Stickstoffoxide

Die anthropogen emittierten Stickstoffoxide entstehen als Nebenprodukte bei Verbrennungsprozessen. Kohle z. B. enthält Stickstoff (bis 2 %) in organischen Stickstoffverbindungen, aus denen bei der Verbrennung Stickstoffmonooxid (NO) entsteht. Bei hohen Temperaturen z. B. in Kfz-Motoren reagiert der Luftstickstoff mit Luftsauerstoff zu NO (vgl. Abschn. 4.6.4). In der Tab. 6.10 sind die Verursacher der NO-Emissionen in Deutschland für das Jahr 2021 angegeben. Die NO_x-Emission betrug $0{,}97 \cdot 10^6$ t (berechnet als NO_2), fast die Hälfte entsteht im Bereich Verkehr. Die jährlichen Emissionen seit 1995 sind in der Abb. 6.10 dargestellt. Von 1990 bis 2021 nahm dank der Umweltschutzmaßnahmen die NO_x-Emission in Deutschland um ca. 60 % ab. Der mit $40\ \mu g/m^3$ für 2010 verbindliche mittlere Jahresgrenzwert wird derzeit noch nicht deutschlandweit eingehalten. Besonders in Ballungsgebieten wurden Grenzwert überschreitende NO_x-Emissionen gemessen.

NO wird in der Atmosphäre zu NO_2 oxidiert. Die Oxidation und die Rolle der Stickstoffoxide bei der Bildung von Photooxidantien werden im Abschn. ‚Troposphärisches Ozon' behandelt.

Tab. 6.10: Stickstoffemission in Deutschland 2021 (berechnet als NO_2).

Verursacher	kt	%
Gesamtemission	966	
Verkehr	354	37
Energieerzeugung (Kraft- und Fernheizwerke etc.)	229	24
Haushalte, Kleinverbraucher	120	12
Industrieprozesse	58	6
Verarbeitendes Gewerbe	89	9
Militärische Quellen	3	0,3
Landwirtschaft	108	11
Andere	5	0,5

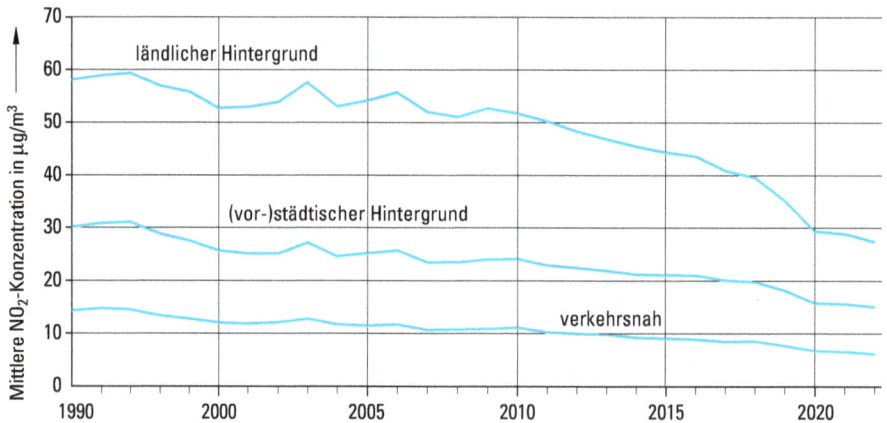

Abb. 6.10: Regionale Mittelwerte der NO_2-Emissionen von 1990 bis 2022 in Deutschland.

Die wichtigsten Umweltschutzmaßnahmen sind:

Entstickung von Rauchgasen. In die Rauchgase wird Ammoniak eingedüst, durch Reaktion mit den Stickstoffoxiden bildet sich Stickstoff und Wasserdampf.

$$6\,NO + 4\,NH_3 \longrightarrow 5\,N_2 + 6\,H_2O$$

Vorhandener Luftsauerstoff reagiert nach

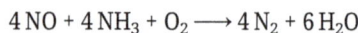

$$4\,NO + 4\,NH_3 + O_2 \longrightarrow 4\,N_2 + 6\,H_2O$$

Analog reagiert das in geringer Konzentration vorhandene NO_2. Beim SNCR-Verfahren (selective noncatalytic reduction) wird bei 850–1 000 °C gearbeitet. Beim SCR-Verfahren (selective catalytic reduction) erfolgt die Reaktion mit TiO_2-Katalysatoren bei 400 °C, mit Aktivkohle bei 100 °C.

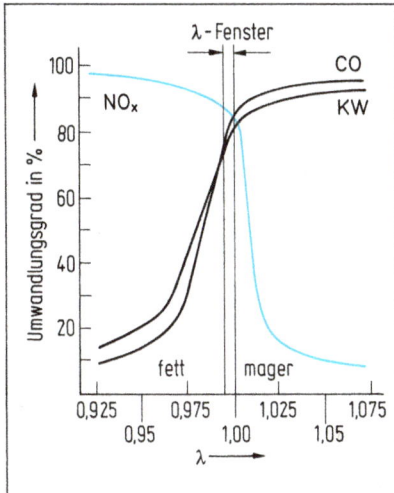

Abb. 6.11: Umwandlungsgrad von NO, CO und Kohlenwasserstoffen beim Dreiweg-Katalysator. Für das gesamte Abgas ist er nur in einem kleinen λ-Bereich (λ-Fenster) günstig.

$$\lambda = \frac{\text{Zugeführte Sauerstoffmenge}}{O_2\text{-Verbrauch bei vollständiger Verbrennung}}$$

Katalysatoren bei Kraftfahrzeugen. Die Hauptschadstoffe in den Abgasen von Kfz-Motoren sind NO, CO und Kohlenwasserstoffe. Geregelte Dreiweg-Katalysatoren beseitigen die Schadstoffe bis zu 98 %. Die wichtigsten nebeneinander ablaufenden Reaktionen sind

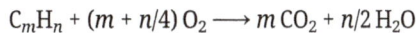

$$NO + CO \longrightarrow CO_2 + \tfrac{1}{2} N_2$$

$$CO + \tfrac{1}{2} O_2 \longrightarrow CO_2$$

$$C_m H_n + (m + n/4) O_2 \longrightarrow m\,CO_2 + n/2\,H_2O$$

Die Reaktionen sind aber gegenläufig vom O_2-Gehalt des Abgases abhängig. Dies zeigt die Abb. 6.11. Daher muss der so genannte λ-Wert, das Verhältnis von zugeführter Sauerstoffmenge zum Sauerstoffbedarf bei vollständiger Verbrennung, nahe bei 1 liegen. Die Regelung des O_2-Gehalts der Kraftstoffmischung erfolgt durch Messung des O_2-Partialdrucks vor dem Katalysator mit der λ-Sonde. Verwendete Katalysatoren sind die Edelmetalle Platin, Rhodium und Palladium, die auf einem keramischen Träger aufgebracht sind. 2000 wurden dazu weltweit 57 t Platin, 175 t Palladium und 25 t Rhodium benötigt.

Katalysatoren für Dieselfahrzeuge

Hauptschadstoffe bei Dieselfahrzeugen sind Stickstoffoxide und Ruß. Die Abgasreinigung gelingt mit der Selective Catalytic Reduction-Technik (SCR). Zunächst werden in einem Oxidationskatalysator teilweise verbrannte Kohlenwasserstoffe und Kohlenmonooxid (CO) in Wasserdampf und Kohlendioxid (CO_2) umgewandelt. Ein Teil des Stickstoffmonooxids (NO) wird zu Stickstoffdioxid (NO_2) oxidiert. Dann werden mit einem Partikelfilter Rußpartikel abgeschieden, die bei 300–400 °C mit dem teilweise im Oxidationskatalysator gebildeten NO_2 abgebrannt werden. Zum Abbau der Stickstoffoxide durchströmen die Abgase den SCR-Katalysator, der bis 550 °C stabil ist. Über eine Düse wird eine wässrige Harnstofflösung (AdBlue) eingespritzt, die bei höherer Temperatur Ammoniak freisetzt.

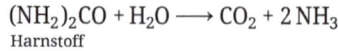

$$(NH_2)_2CO + H_2O \longrightarrow CO_2 + 2\,NH_3$$
Harnstoff

Das Gemisch aus NO und NO_2 wird von Ammoniak zu Stickstoff reduziert.

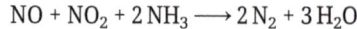

$$NO + NO_2 + 2\,NH_3 \longrightarrow 2\,N_2 + 3\,H_2O$$

Troposphärisches Ozon, Smog

Die in die Atmosphäre gelangten Schadstoffe werden nicht direkt durch den Luftsauerstoff oxidiert, da dafür die Temperatur zu niedrig ist. Es finden jedoch photochemisch induzierte Oxidationsreaktionen statt, die zu vielfältigen Oxidationsprodukten der Schadstoffe führen. Die Oxidationsprodukte, die ebenfalls oxidierende Eigenschaften besitzen, wie z. B. Ozon werden als Photooxidantien bezeichnet.

Durch Diffusion gelangt etwas Ozon O_3 aus der Stratosphäre in die Troposphäre. Durch Licht mit einer Wellenlänge < 310 nm wird es photolytisch gespalten.

$$O_3 \xrightarrow{\;h\nu\;} O_2 + O$$

Da Licht dieser Wellenlänge nur in geringer Intensität vorhanden ist (vgl. Abb. 6.4), erfolgt der Zerfall langsam. Die reaktiven Sauerstoffatome (-Radikale) bilden mit Wassermolekülen OH-Radikale.

$$O + H_2O \longrightarrow 2\,OH$$

Die OH-Radikale leiten Reaktionsketten ein, durch die Spurengase oxidiert werden. In Gegenwart von Stickstoffmonooxid NO führt die Oxidation überraschenderweise zur Bildung von Ozon.

Kohlenwasserstoffe, z. B. Propan C_3H_8, Butan C_4H_{10} (abgekürzt mit RCH_3), werden in Gegenwart von NO zu Aldehyden RCHO oxidiert, aus NO entsteht NO_2.

Reaktionskette:

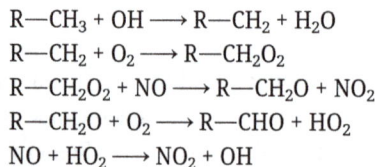

$$R{-}CH_3 + OH \longrightarrow R{-}CH_2 + H_2O$$
$$R{-}CH_2 + O_2 \longrightarrow R{-}CH_2O_2$$
$$R{-}CH_2O_2 + NO \longrightarrow R{-}CH_2O + NO_2$$
$$R{-}CH_2O + O_2 \longrightarrow R{-}CHO + HO_2$$
$$NO + HO_2 \longrightarrow NO_2 + OH$$

Das rückgebildete Startradikal steht wieder für eine neue Reaktionskette zur Verfügung.

Gesamtbilanz:

$$RCH_3 + 2\,O_2 + 2\,NO \longrightarrow RCHO + 2\,NO_2 + H_2O$$

Die Aldehyde können weiter oxidiert werden, z. B. der Acetaldehyd zum Peroxyacetylnitrat (PAN), einem sekundären Luftschadstoff.

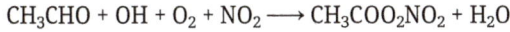

$$CH_3CHO + OH + O_2 + NO_2 \longrightarrow CH_3COO_2NO_2 + H_2O$$

Eine weitere Reaktion, die zum Abbau von NO_2 unter Bildung von Salpetersäure führt, ist die Reaktion mit OH-Radikalen.

$$NO_2 + OH \longrightarrow HNO_3$$

In Bodennähe auftretendes Ozon wird nicht direkt freigesetzt, sondern bei intensiver Sonneneinstrahlung durch photochemische Prozesse über Stickstoffoxide bzw. Sauerstoffradikale gebildet.

NO_2 wird photolytisch gespalten.

$$NO_2 \xrightarrow{\;h\nu\;} NO + O \qquad (\lambda < 400\,nm)$$

Sauerstoffatome reagieren sehr schnell mit Sauerstoffmolekülen zu Ozonmolekülen.

$$O + O_2 \longrightarrow O_3$$

Bei bestimmten Konzentrationsverhältnissen (verkehrsreiche Stadtzentren) findet auch die Abbaureaktion

$$NO + O_3 \longrightarrow NO_2 + O_2$$

statt.

Diese Mechanismen erklären, dass troposphärisches Ozon in verkehrsreichen Großstädten mit hohen Emissionen an NO und Kohlenwasserstoffen bevorzugt in sonnenreichen Sommermonaten entsteht. Die Abb. 6.12 zeigt den zeitlichen Ablauf der photochemischen Reaktionen im Laborexperiment, der eine gute Simulation des tatsächlichen Verlaufs darstellt.

Die höchsten bodennahen Ozonwerte treten nicht in Städten, sondern an Stadträndern und angrenzenden ländlichen Gebieten auf, also entfernt von den Quellen der Vorläuferstoffe. Das liegt daran, dass Stickstoffmonoxid, das in Autoabgasen enthalten ist, mit Ozon in einer Abbaureaktion zu NO_2 und O_2 reagiert. Dabei wird Ozon abgebaut und die Ozonbelastung in den Innenstädten vermindert. Übereinstimmend damit sind die gemessenen jährlichen mittleren Ozongehalte in ländlichen Gebieten höher als in den Städten (vgl. Abb. 6.10), sie sind am höchsten in Bergregionen.

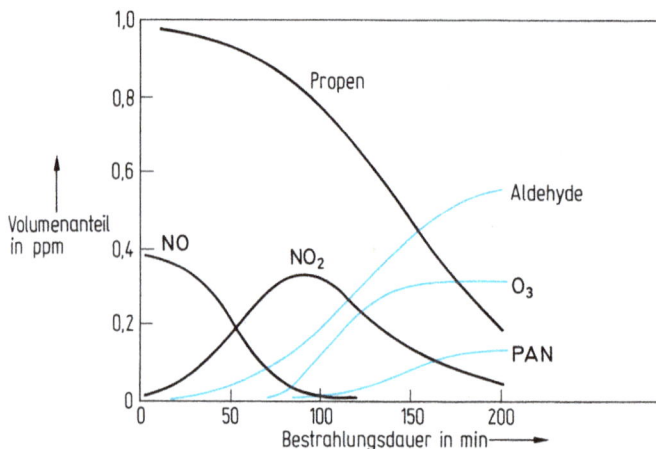

Abb. 6.12: Simulation der Entstehung von troposphärischem Ozon im Laborexperiment. Durch Reaktion von NO mit Propen werden beide abgebaut, es entstehen NO_2 und Aldehyde.

$$CH_3-CH=CH_2 + 2\,O_2 + 2\,NO \longrightarrow CH_3CHO + HCHO + 2\,NO_2$$

Aus NO_2 entstehen durch photolytische Spaltung O-Atome, die schnell mit O_2 zu Ozon reagieren. Die O_3-Konzentration wächst nur so lange, bis sie so groß ist, dass jedes durch Photolyse neu entstandene O_3-Molekül mit dem dabei auch entstandenen NO-Molekül wieder zu NO_2 reagiert. Durch Bildung von PAN (Peroxyacetylnitrat)

$$CH_3CHO + OH + O_2 + NO_2 \longrightarrow PAN + H_2O$$

nimmt die NO_2-Konzentration ab.

Da Ozon nicht direkt emittiert, sondern aus anderen Schadstoffen gebildet wird, gibt es keine Emissionsgrenzwerte wie z. B. beim SO_2. Wichtig zur Bewertung der Ozonbelastung, insbesondere der Gesundheitsgefährdung sind die Überschreitungshäufigkeiten der Ozonschwellenwerte. Es sind daher Schwellenwerte als 1-Stunden-Mittelwerte festgelegt worden: Unterrichtung der Bevölkerung bei 180 µg/m^3 und eine Alarmschwelle bei 240 µg/m^3. Ozon ist wenig wasserlöslich und dringt daher viel weiter in die Atemwege ein als z. B. SO_2.

Seit 1995 hat die Zahl der Stunden mit Ozonwerten über 180 beziehungsweise 240 µg/m^3 für bodennahes Ozon abgenommen. Dieser Trend ist auf die Reduzierung der Emissionen der Vorläuferstubstanzen NO und Kohlenwasserstoffe zurückzuführen. Die Überschreitungshäufigkeiten sind aber von Jahr zu Jahr durch schwankende meteorologische Bedingungen überlagert.

Bei Inversionswetterlagen (kalte Luftschichten in Bodennähe sind durch warme Luftschichten überlagert) entsteht der Photosmog (Los-Angeles-Smog) mit gefährlich hohen lokalen Konzentrationen an O_3, PAN und HNO_3 in der Mittagszeit. Die Spitzenwerte treten in der Peripherie der Städte auf, da in den verkehrsreichen Stadtzentren ein Abbau von O_3 durch NO erfolgt.

Bei zusätzlicher Emission von SO_2 kann auch SO_3 und H_2SO_4 am Photosmog beteiligt sein.

Reaktionskette:

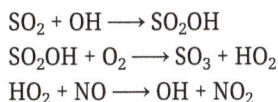

$$SO_2 + OH \longrightarrow SO_2OH$$
$$SO_2OH + O_2 \longrightarrow SO_3 + HO_2$$
$$HO_2 + NO \longrightarrow OH + NO_2$$

Bilanz:

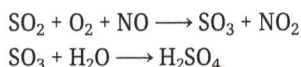

$$SO_2 + O_2 + NO \longrightarrow SO_3 + NO_2$$
$$SO_3 + H_2O \longrightarrow H_2SO_4$$

Für die Entstehung von SO_3 bzw. H_2SO_4 aus SO_2 ohne Beteiligung von NO gibt es mehrere Reaktionswege. Einer davon ist die katalytische Oxidation von SO_2 an schwermetallhaltigen Ruß- und Staubteilchen:

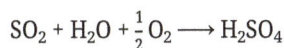

$$SO_2 + H_2O + \tfrac{1}{2}O_2 \longrightarrow H_2SO_4$$

Nebel begünstigt den Reaktionsablauf. Der schwefelsäurehaltige Nebel, der in der Luft bleibt und nicht ausregnet, wird als Saurer Smog (London-Smog; Smog ist eine Kombination aus smoke und fog) bezeichnet. Er entsteht bevorzugt morgens und abends in der feuchtkalten Jahreszeit und beruht auf Feinstaub bzw. Aerosolen.

Feinstaub und Aerosole

Unter Feinstaub oder Aerosol versteht man luftgetragene Partikel oder Teilchen fester oder flüssiger Art. Feste Partikel bestehen aus Metallen, Metallverbindungen, Ruß, Fetten und Ölen aber auch aus Bioaerosolen wie Viren, Bakterien, Sporen, Pollen und Pilzen. Flüssige Partikel sind feine Tröpfchen. In Gegenwart feuchter Luft sind feste Partikel in der Regel mit einer Flüssigkeitshaut überzogen. Der Durchmesser von Aerosolpartikeln liegt in der Größenordnung zwischen 0,1 µm und 10 µm. Größere Partikel sinken schnell zu Boden, kleinere können Stunden bis Tage in der Luft verbleiben. Aerosolpartikel unterliegen ständigen Änderungen und zwar durch Kondensation von Dämpfen an bereits vorhandenen Partikeln, dem Verdampfen flüssiger Bestandteile, der Koagulation kleiner Teilchen zu großen oder der Abscheidung von Teilchen an Oberflächen. Feinstaubteilchen reagieren in der Luft miteinander und bilden den sogenannten „sekundären" Feinstaub. Deshalb wird die Wirkung von Feinstaub durch die Gegenwart von gasförmigen Schadstoffen wie Ammoniak, Schwefeldioxid und Stickstoffoxiden beeinflusst.

Partikel mit einem aerodynamischen Durchmesser von 10 µm werden als PM_{10}-Fraktion (PM, particulate matter) oder Feinstaub bezeichnet. Entsprechend werden Partikel mit Durchmessern über 10 µm als grobe Partikel (Grobstaub), Partikel kleiner als 2,5 µm ($PM_{2,5}$) als lungengängiger Feinstaub, Partikel unter 1 µm als PM_1 als ultra-feine Partikel (Ultrafeinstaub) bezeichnet. Diese Definitionen schließen auch flüssige und gemischtphasige Partikel ein.

Seit 2000 werden in Deutschland flächendeckend Messungen von Feinstaub der Partikelgröße PM_{10} und seit 2008 auch der Partikelgröße $PM_{2,5}$ durchgeführt. Bedingt durch industrielle Anlagen, Verkehr (besonders Diesel-Fahrzeuge), Hausfeuerungsanlagen werden in Ballungszentren besonders hohe Feinstaubkonzentrationen ermittelt. Allerdings sind die zu Beginn der 1990er Jahre in Ballungszentren erfassten mittleren PM_{10}-Messwerte von 50 µg/m³ rückläufig und sind 2022 auf unter 20 µg/m³ zurückgegangen.

Seit langem ist bekannt, dass das Einatmen von feinen und ultrafeinen Partikeln gesundheitliche Auswirkungen haben kann. Aus der Arbeitsmedizin weiß man, dass hohe Konzentrationen von Partikeln chronische Lungenerkrankungen zur Folge haben können. Die Auswirkung, die Partikel auf den Menschen haben, hängt aber neben ihrer Größe auch von der Chemie der Partikel ab.

In der Medizin wird bei Infektionen zwischen der sog. Tröpfcheninfektion und der Infektion über Aerosole unterschieden. Durch die Präsenz infektiöser (z. B. Influenza-, SARS-CoV-2-) Viren im Aerosol kann es bei menschlichem Kontakt zu einer Infektion kommen. Durch das Tragen einer Mund-Nasen-Bedeckung wird die Menge der freigesetzten Aerosolpartikel deutlich reduziert, wobei der Wirkungsgrad von Masken mit der Partikelgröße zunimmt.

6.2.2 Wasser

Trinkwasser

Das auf der Erde vorhandene Wasser ($1,4 \cdot 10^{18}$ m³) besteht zu 97,5 % aus Salzwasser und zu 2,5 % aus Süßwasser. 70 % sind in Eis- und Schneeschichten gebunden, 30 % sind Grundwasser, 0,3 % sind in Flüssen und Seen. Als Trinkwasser verfügbar ist nur 1 % des Süßwassers. Die Mindestmenge von 20 l pro Tag und Person ist ein „Menschenrecht auf Wasser" (UNO 2003).

Laut einer Untersuchung von UNICEF aus dem Jahr 2021 leben weltweit mehr als 1,42 Milliarden Menschen in Gebieten mit insgesamt hoher oder extrem hoher Wasserunsicherheit, darunter 450 Millionen Kinder. Noch immer gehören der Mangel an sauberem Wasser und Hygiene zu den häufigsten Todesursachen bei Kindern unter fünf Jahren. Die Wassergewinnung durch Entsalzung von Meerwasser (Absch. 4.5.3) erfordert Energie.

In Deutschland werden die Grenzwerte für Trinkwasser durch die Trinkwasserverordnung (TrinkwV) festgelegt. So gibt die TrinkwV sowohl für bakterielle als auch für chemische Verunreinigungen Grenzwerte vor, die Gesundheitsgefahren für Verbraucher ausschließen sollen. Seit Dezember 2013 liegt der Grenzwert für Blei bei 0,010 mg/l, Kupfer: 2 mg/l, Nickel: 0,02 mg/l, Cadmium: 0,003 mg/l, Arsen: 0,01 mg/l, Quecksilber: 0,001 mg/l, Eisen: 0,2 mg/l, Mangan: 0,05 mg/l und Nitrat: 50 mg/l.

Der Wasserverbrauch in Deutschland ist zwischen 1990 und 2013 gesunken und danach wieder leicht angestiegen. Waren es hierzulande 1990 im Schnitt 147 Liter am Tag, so liegt tägliche Pro-Kopf-Verbrauch von Trinkwasser im Jahr 2022 bei 125 Liter. Zwei Drittel davon nehmen die Körperpflege (36 %), die Toilettenspülung (27 %) und das Wäschewaschen (12 %) ein.

Etwa 70 % des deutschen Trinkwassers stammt aus Grund- und Quellwasser, der Rest aus Oberflächenwasser. Die jährliche Grund- und Quellwasserförderung ist seit 1990 von rund 4,8 Mrd. m^3 gesunken und hat sich seit etwa 2010 bei 3,6 Mrd. m^3 stabilisiert. Seit 2015 steigen sowohl die geförderte Gesamtwassermenge als auch die Grund- und Quellwassermenge wieder leicht an.

Grundwasser ist die primäre Wasserquelle für Haushalte, Landwirtschaft, Gewerbe, Industrie und Städte auf der ganzen Erde. Der Klimawandel und die übermäßige Wasserentnahme können den Grundwasserspiegel senken und die Verfügbarkeit von Grundwasser einschränken, was zum Versiegen von Wasserquellen, Landabsenkungen und zum Eindringen von Seewasser führen kann.

Der Grundwasserspiegel ist in zahlreichen regionalen Aquiferen (Aquifer: Gesteinskörper, der geeignet ist, Grundwasser weiterzuleiten und abzugeben) der Welt erheblich gesunken, insbesondere in Regionen mit intensiver Landwirtschaft. Einige dieser Gebiete verzeichnen jährliche Absenkungen des Grundwasserspiegels von mehr als einem halben Meter, wodurch die lokale Ökologie und Ökonomie gefährdet werden.

Die durch den Klimawandel verursachten Hitzewellen und Trockenperioden sind nach Analysen des IPCC in vielen Regionen häufiger geworden, in geringerer Häufigkeit auch die Starkregenereignisse. Deshalb werden im Laufe des 21. Jahrhunderts in vielen Regionen der Erde regionale Beeinträchtigungen in der Landwirtschaft und in Europa, vor allem im Mittelmeerraum, verstärkte Dürren befürchtet.

Gewässer

Die seit den 70er Jahren intensivierten Abwasserreinigungsmaßnahmen verbesserten die biologische Gewässerqualität deutlich. Die bisher durchgeführte Gewässergütequalifikation wird ersetzt durch eine EG-Wasserrahmenrichtlinie mit einer umfassenderen Bewertung der Fließgewässer mit dem Indikator „Ökologischer Gewässerzustand". Berücksichtigt wird nicht nur der biologische und chemische Zustand, sondern auch die Hydromorphologie (z. B. Verbauung, Begradigung). Gegenwärtig gilt nur für 8 % der Gewässer ein guter oder sehr guter ökologischer Zustand. Hauptursachen des Nichterreichens des guten ökologischen Zustands, also Abweichung von natürlichen Lebensbedingungen, sind Veränderungen der Hydromorphologie und Nährstoffbelastungen durch die Landwirtschaft.

Für die Schwermetallbelastung in Fließgewässern werden rückläufige Tendenzen beobachtet, welche auf den erhöhten Rückhalt von Schwebstoffen in Kläranlagen und auf verringerte Metallkonzentrationen in Abwässern von Industriebetrieben zurückzuführen sind.

Für Pflanzennährstoffe, die ganz überwiegend aus der Landwirtschaft stammen, gib es seit 1985 einen abnehmenden Trend der Belastung für Gesamtphosphor, Ammonium-Stickstoff und für Nitrat-Stickstoff. Allerdings liegen die Phosphor- und Stickstoffkonzentrationen nicht überall im Bereich eines guten ökologischen Zustands. Die Ursache sind lokal unterschiedliche Bodeneinträge der Landwirtschaft durch Überdüngung. Die Anzahl der Messstellen mit deutlicher Belastung durch Nitrat-Stickstoff und Gesamtphosphor hat zugenommen (vgl. Abschn. 6.2.3).

Eutrophierung

Eine Gefährdung der Gewässer ist die Anreicherung mit anorganischen Pflanzennährstoffen (Stickstoffverbindungen und Phosphat). Die daraus folgende vermehrte Produktion pflanzlicher Biomasse bezeichnet man als Eutrophierung (eutroph = nährstoffreich). Abgestorbene Pflanzenmassen sinken auf den Gewässerboden und werden dort unter Sauerstoffverbrauch (aerob) bakteriell zersetzt. Durch kontinuierliche Überdüngung kommt es zu einem Sauerstoffdefizit, die abgestorbene Biomasse zersetzt sich dann anaerob, es entstehen Methan und toxische Zersetzungsprodukte, z. B. H_2S und NH_3. Am Gewässerboden bildet sich Faulschlamm. Lebewesen, die Sauerstoff benötigen, sterben, das Gewässer „kippt um", es wird hypertroph.

1975 stammten in der Bundesrepublik 40 % der in die Oberflächenwässer gelangten Phosphate aus Waschmitteln. Sie enthielten bis zu 40 % Pentanatriumtriphosphat $Na_5P_3O_{10}$. Nach Erlass der Phosphathöchstmengenverordnung für Waschmittel wurde erreicht, dass 1991/92 nur noch 7 % der Phosphate in Gewässern aus Waschmitteln stammten. 1975 wurden 276 000 t $Na_5P_3O_{10}$ im Haushalt und gewerblichen Bereich verbraucht, 1993 waren es nur noch 15 000 t. Ein Beispiel für die Wirkung der Reduzierung der Phosphatemissionen ist die Reoligotrophierung (Zurücksetzung in den nährstoffarmen Zustand) des Bodensees. Von 1985–2003 konnte der Phosphatgehalt um 75 % gesenkt werden.

Wichtigster Phosphatersatzstoff in Waschmitteln ist der Zeolith A (vgl. Abschn. 4.7.6). Mit den Polyphosphaten erfolgte die Enthärtung des Wassers (vgl. Abschn. 4.7.4) durch Komplexbildung mit den Ca^{2+}-Ionen. Zeolithe wirken als Ionenaustauscher. Die Na^+-Ionen des Zeoliths werden gegen die Ca^{2+}-Ionen des Wassers ausgetauscht. Zeolithe sind ökologisch unbedenklich, vermehren aber die Klärschlammmengen in den Kläranlagen.

Nordsee

Weite Bereiche der südlichen Nordsee bis zur Südküste Norwegens und Schwedens sind Eutrophierungsgebiete. Ebenfalls eutrophiert ist das Wattenmeer. Die Eutrophierung beeinträchtigt die Ökosysteme. Das übermäßige Auftreten von Phytoplanktonblüten verursacht infolge Lichtmangels den Rückgang von Seewiesen und infolge Sauerstoffmangels die Dezimierung von Bodenbewohnern (z. B. Seesterne, Seeigel).

Die Hauptgründe der Eutrophierung sind die Stickstoffeinträge aus deutschen Flüssen und atmosphärische Stickstoffeinträge, überwiegend verursacht durch die

Landwirtschaft. Obwohl Nährstoffeinträge, vor allem über Flüsse in die Meere stark reduziert wurden, konnte das strategische Ziel einer gesunden Meereswelt ohne Eutrophierung bisher nicht erreicht werden. Witterungsbedingt können diese Konzentrationen stark schwanken, da in niederschlagsreichen Jahren mehr Stickstoff aus den Böden ausgewaschen wird. Aus diesem Grund werden die fünf-Jahres-Mittelwerte der Gesamtstickstoff- und Gesamtphosphorkonzentrationen erfasst und mit Bewirtschaftungszielwert verglichen. Für Stickstoff wurde 2016 ein Bewirtschaftungszielwert für die in die Ostsee einmündenden Flüsse von 2,6 mg/l Gesamtstickstoff festgelegt.

6.2.3 Landwirtschaft

Landwirtschaft ist die grundlegende wirtschaftliche Tätigkeit des Menschen. Die landwirtschaftlich genutzte Fläche macht die Hälfte der Fläche Deutschlands aus, die Waldflächen ein knappes Drittel. Auf rund 60 % der Landwirtschaftsflächen werden Futtermittel für die Tierhaltung angebaut. Auf den Anbau nachwachsender Rohstoffe für die Erzeugung von Biogas (vor allem Mais) und Biokraftstoffe (vor allem Raps) entfallen knapp 16 % der landwirtschaftlich genutzten Flächen. Die verbleibenden Flächen dienen der Lebensmittelproduktion.

In den vergangenen Jahrzehnten hat die Landwirtschaft eine enorme Produktionssteigerung erfahren. Gründe dafür sind Verbesserungen in der Pflanzenernährung durch den Einsatz von Dünge- und Pflanzenschutzmitteln, Fortschritte in der Pflanzenzüchtung und den Einsatz von leistungsstarken Maschinen. Dabei geht diese Intensivierung nicht spurlos an der Umwelt (Boden, Wasser, Luft und Biosphäre) vorbei.

Neben einer ausreichenden Wasserversorgung benötigen Pflanzen Nährstoffe (hauptsächlich Stickstoff, Phosphat, Kalium) und Spurenelemente (z. B. Bor, Kupfer, Eisen, Mangan, Zink), um sich entwickeln und wachsen zu können. Bei Nährstoffen wird zwischen organischen oder mineralischen Düngemitteln unterschieden. Neben organischen Düngemitteln (Gülle, Stallmist, Jauche) setzt die moderne Landwirtschaft vor allem auf Mineraldünger und Flüssigammoniakdünger (z. B. gelöstes NH_4NO_3). Dazu werden natürlich vorkommende Salze (KNO_3) oder Derivate (Superphosphate, vgl. Abschn. 4.6.6 Phosphorsäuren) eingesetzt. Die Qualität der Luft kann bei der Ausbringung von Ammoniak- und Harnstoffdüngern durch Emissionen von Ammoniak und Lachgas beeinträchtigt werden. Emissionen von Lachgas machen (mit über 30 %) neben denen von Methan (über 50 %) den Hauptteil der Gesamtemission in der Landwirtschaft aus (vgl. Tab. 6.10).

Mineralische stickstoff- und phosphorhaltige Düngemittel können sich negativ auf die Bodenfruchtbarkeit und die Qualität der Gewässer auswirken. Wenn die verabreichten Nährstoffe nicht vollständig von den Pflanzen aufgenommen werden können, versickern diese als Nährstoffüberschüsse mit dem Niederschlagswasser und gelangen so in Grundwasser und Gewässer, bzw. ins Trinkwasser. Für Nitratbelastungen des Grundwassers und die Nährstoffüberversorgung (Eutrophierung) von Flüssen, Seen und Meeren ist vor allem die intensive Stickstoffdüngung (organisch und mineralisch) verantwortlich. Die Trinkwasserverordnung legt für Nitrat einen Grenzwert von 50 mg/l fest, der nicht überschritten werden darf. Tatsächlich wird dieser Wert an verschiedenen Grundwassermessstellen überschritten („rote Gebiete"). In Folge dessen wurde 2021 eine Düngemittelverordnung ins Leben gerufen, wonach die Düngemenge in roten Gebieten künftig 20 % unter dem durchschnittlichen Düngebedarf liegen muss.

Durch Düngung wachsen nicht nur die Kulturpflanzen, sondern auch die unerwünschten Beikräuter schneller, was den Einsatz von Herbiziden (Unkrautvernichtern) zur Folge hat. Gleichzeitig erhöhen die dichten Pflanzenbestände die Anfälligkeit für Pilze und Schädlinge, was einen erhöhten Einsatz von Insektiziden (Mittel gegen Insekten) und Fungiziden (Mittel gegen Pilze) nach sich zieht.

Pflanzenschutzmittel sind chemische oder biologische Wirkstoffe, die in der Landwirtschaft eingesetzt werden, um unerwünschte Organismen abzutöten. In Deutschland waren 2021 laut Umweltbundesamt 281 Wirkstoffe in insgesamt 950 Mitteln mit 1809 Handelsnamen zugelassen. Die Menge der in Deutschland abgesetzten Pflanzenschutzmittel lag seit 2006 bei jährlich circa 30–35 kT. Die Gruppe der Herbizide macht hierbei mit über 50 % den größten Teil der Spritzmittel aus. Die meisten Pflanzenschutzmittel verfügen über ein relativ breites Wirkungsspektrum, so dass schädliche Nebenwirkungen auf Tiere und Pflanzen, die keine Schadorganismen sind, nicht ausgeschlossen werden können. Der großflächige und umweltoffene Einsatz von Pflanzenschutzmitteln ist daher nicht nur mit einem hohen Nutzen für die landwirtschaftliche Produktion, sondern immer auch mit hohen Risiken für die Natur, das Grundwasser und die biologische Vielfalt verbunden.

Das bekannteste Herbizid wurde seit den 1970er Jahren von Monsanto als Wirkstoff unter dem Namen Roundup zur Unkrautbekämpfung auf den Markt gebracht und ist heute unter dem Namen des Wirkstoffes **Glyphosat** im Handel. Glyphosat ist eine chemische Verbindung aus der Gruppe der Phosphonsäuren, die in der Landwirtschaft gegen einkeim- und zweikeimblättrige Unkräuter im Acker-, Wein- und Obstbau, Gartenbau und im Forst eingesetzt wird. Dieses sog. Breitbandherbizit ist für alle Pflanzen toxisch. Die Blätter nehmen Glyphosat durch Diffusion auf, in deren Folge die Pflanze abstirbt. Über die Fragen, inwieweit Glyphosat der Biodiversität schadet und ob Glyphosat Krebs erzeugt oder die Krebserzeugung fördern kann, hat sich eine intensive öffentliche und wissenschaftliche Debatte ausgebreitet.

6.2.4 Wald

Heute bedecken Wälder etwa 30 Prozent der weltweiten Fläche unseres Planeten – das entspricht rund 41 Millionen Quadratkilometern. Die globale Entwaldung hat sich in den vergangenen Jahren etwas abgeschwächt und liegt in den letzten 10 Jahren bei etwa fünf Millionen Hektar pro Jahr. Der größte Verlust ist auf dem afrikanischen Kontinent zu verzeichnen, gefolgt von Südamerika.

In Deutschland besteht ein Drittel der Landesflächen aus Wald. Die häufigsten Baumarten sind Fichte (25 %), Kiefer (23 %), Buche (16 %) und Eiche (10 %). In den achtziger Jahren entstanden in Einflussgebieten großer Braunkohlekraftwerke in Böhmen und Sachsen massive Waldschäden, die auf die Einwirkung anthropogener Schadstoffe zurückgeführt wurden.

Wenn bestimmte Luftschadstoffe mit anderen Aerosolen in der Luft oder durch Bildung von Tröpfchen reagieren, entstehen Säuren. Als saurer Regen wird Regen bezeichnet, der aufgrund eines überhöhten Säuregehaltes (H_2SO_4 und HNO_3) den pH-Wert des Niederschlagswassers herabsetzt und die Bodenversauerung hervorruft. Erst nachdem erfolgreich Maßnahmen zur Luftreinhaltung ergriffen wurden und Kraftwerke zur Rauchgasentschwefelung nachgerüstet wurden, konnte ein großflächiges Waldsterben abgewendet werden.

Auf den Waldzustand wirken verschiedene Faktoren ein. Infolge anhaltender Trockenheit und Hitze leiden Wälder und Waldböden. Durch Trockenstress werden Bäume geschwächt und anfällig. Dazu kommen Waldbrände, Stürme und Massenvermehrungen von baumschädigenden Insekten wie Borkenkäfer oder Nonnenfalter, wodurch ganze Waldbestände aus Fichten- und Kiefernmonokulturen absterben.

Ursache der Waldschäden sind neben den natürlichen Einflussfaktoren (Witterung, Insektenfraß usw.) auch die von Menschen verursachten atmosphärischen Stoffeinträge. Die schädigenden Luftschadstoffe sind Schwefeldioxid (SO_2), Stickstoffoxide (NO_x), Ammoniak (NH_3) und Ozon (O_3). Zur Verhinderung der Versauerung der Waldböden und Überdüngung wurden in Luftreinhaltungsabkommen (z. B. Göteborg-Protokoll) Grenzwerte zur Minderung der Luftschadstoffe festgelegt. Für SO_2 wurden die Grenzwerte erreicht, aber nicht für Stickstoffoxide und Ammoniak.

Der Lebensraum Wald ist wichtig für den Erhalt der Artenvielfalt. In Deutschland sind nur ca. 50 % sowohl der Pflanzenarten als auch der Tierarten nicht gefährdet. Wälder speichern Kohlenstoffdioxid, ihr Erhalt ist wichtig. In langlebigen Holzprodukten wird Kohlenstoff gespeichert. Bei Verbrennungsprodukten ersetzen sie fossile Brennstoffe und verringern damit die Treibhausgasemission.

6.2.5 Mikroplastik

Der Begriff Mikroplastik ist international nicht einheitlich definiert. Im Allgemeinen werden damit Teilchen aus Kunststoff bezeichnet, deren räumliche Ausdehnung weniger als fünf Millimeter beträgt. Eine präzisere Definition nach der europäischen REACH-Verordnung beschreibt Mikroplastik als feste polymerbasierte Partikel, deren Dimensionen zwischen einem Nanometer und fünf Millimetern liegen. Kunststoffteile von mehr als fünf Millimetern Größe werden als Makroplastik bezeichnet. Diese mit bloßem Auge sichtbaren Teilchen zersetzen sich im Laufe der Zeit zu Mikroplastik. Ihre Präsenz in den Meeren wird als „Marine Litter" bezeichnet. Aus der Forschung zu toxikologischen Effekten von Feinstaub ist bekannt, dass die Wirkungen für Mensch und Natur mit abnehmender Teilchengröße relevanter werden können.

Ursachen: Primäres Mikroplastik wird in gezielten Abmessungen hergestellt und dient dann als Zusatz in Lebensmitteln, Kosmetika, Reinigungsmitteln, Baustoffen und Straßenbelägen. Kunststoffe enthalten oft zusätzliche Stoffe (Additive) wie Farbstoffe, Konservierungsstoffe, Weichmacher (z. B. die gesundheits- und umweltschädlichen Phthalate, die 70 % aller Weichmacher ausmachen), Flammschutzmittel oder UV-Schutzmittel, um ihnen bestimmte Eigenschaften zu verleihen. Kosmetikprodukte enthalten Mikroplastik, das durch Abrieb oder andere Einflüsse bei der Nutzung und nach dem Ende des Lebenszyklus durch Degradation des Produktes emittiert wird.

Sekundäres Mikroplastik entsteht durch Zerfallsprozesse, etwa als Reifenabrieb und beim Waschen von synthetischer Kleidung. Die Bereiche Verkehr, Infrastruktur und Gebäude sind die wichtigsten Emittenten von Mikroplastik. In Deutschland macht der Reifenabrieb von Fahrzeugen den größten Teil der Pro-Kopf-Emissionen von Mikroplastik aus, gefolgt von Freisetzungen aus der Abfallentsorgung. Sekundäres Mikroplastik entsteht nach dem Ende des regulären Lebenszyklus kunststoffbasierter Stoffe, wenn diese in die Umwelt gelangen. Typische Beispiele sind der Zerfall von Kunststoffabfällen wie Plastiktüten oder Kunststofffolien durch molekulare und mechanische Degradation. Der Abbau von Makroplastik erfolgt unter dem Einfluss des ultravioletten Lichts der Sonne, bzw. den Scherkräften von Wind und Wellen und dem Einfluss des Sauerstoffs der Luft. Dabei entstehen unausweichlich immer kleinere Bestandteile und schließlich Mikroplastik. Da Mikroplastik in allen terrestrischen Ökosystemen als anthropogener Fremdstoff vorkommt, sind Luft, Boden und Wasser global mit Mikroplastik belastet.

Luft: Während sich größere Mikroplastikteilchen aufgrund der Schwerkraft am Emissionsort absetzen können, können kleine Mikroplastikteilchen (< 2,5 μm) über die Luft transportiert werden. Da Mikroplastik auch in entlegenen Regionen wie dem Süd- und dem Nordpol nachgewiesen wurde, wird vermutet, dass der Transport über die Atmosphäre eine Rolle spielt.

Wasser: Da Trinkwasser in Deutschland aus tieferen Bodenschichten gefördert wird, ist es frei von Mikroplastik. Ein wichtiger Eintragspfad von Mikroplastik in den Wasserhaushalt hierzulande ist das Abwasser. In konventionellen Kläranlagen wird Mikroplastik nicht vollständig entfernt und es gelangt in Flüsse und Seen. Abriebe von Reifen und Fahrbahnbelägen werden mit den Niederschlägen zumeist ungeklärt in den Wasserhaushalt der Böden transportiert.

Mikroplastik kommt praktisch in allen Süß- und Salzwasserreservoiren der Erde vor. In den Ozeanen zirkuliert Mikroplastik und sinkt infolge von Agglomeration mit biologischen Bestandteilen und direkter Besiedelung mit Organismen in tiefere Wasserschichten. Dort dienen die biologischen Anhaftungen Bakterien als Nahrungsquelle.

Boden: Kunststoffpartikel gelangen auf verschiedenen Wegen in die Böden. Wichtige Eintragspfade in den Boden landwirtschaftlicher Nutzflächen sind die Düngung mit bestimmten organischen Düngemitteln (Klärschlamm, Komposte, Gärreste), kunststoffumhüllte Langzeitdüngemittel, Reifenabrieb von Fahrzeugen auf den Straßen, sowie der Abrieb und die Fragmentierung von landwirtschaftlich genutzten Folien, Vliesen und Netzen und Granulat-Material auf künstlichen Sportflächen. Kleine Partikel in Nanogröße können die Zellwände von Pilzen passieren sowie über die Wurzeln von Pflanzen aufgenommen werden.

Wirkung auf den Menschen: Die allumfassende Belastung der Umwelt mit Mikroplastik bedingt, dass Menschen, Pflanzen und Tiere dem Fremdstoff Mikroplastik ausgesetzt sind. Menschen nehmen Mikroplastik insbesondere aus der Nahrung und der Luft auf. Mikroplastik wurde konkret in Mineralwasser, Bier, Salz, Fisch, Meeresfrüchten, Honig, Gemüse und Obst nachgewiesen.

Partikel aus Mikroplastik werden in der Umwelt nur sehr langsam abgebaut, aber ihre Teilchengröße nimmt kontinuierlich ab. Deshalb ist davon auszugehen, dass sie ähnlich wie Nanoteilchen entzündliche Reaktionen im menschlichen Gewebe hervorrufen können. Hinzu kommt, dass Mikroplastik-Partikel durchgängig mehrere Inhaltsstoffe enthalten, die gesundheitsgefährdende oder toxische Eigenschaften haben (Weichmacher, Farbstoffe, Füllstoffe, UV-Stabilisatoren, Flammhemmer). Hierzu zählen auch bestimmte Schadstoffe wie PCB (polychlorierte Biphenyle), Dioxine und Furane und Metallverbindungen. In feuchter Umgebung entstehen auf Kunststoffoberflächen Biofilme, die von Mikroorganismen und Viren besiedelt und verbreitet werden können.

6.2.6 Baudenkmäler

Bei carbonathaltigen Bauten wird durch SO_2-Emissionen Carbonat in Sulfat umgewandelt.

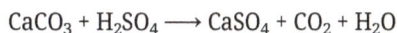

$$CaCO_3 + H_2SO_4 \longrightarrow CaSO_4 + CO_2 + H_2O$$

Das Sulfat hat ein größeres Volumen als das Carbonat, seine Bildung sprengt das Gesteinsgefüge. Da das Sulfat wasserlöslicher ist als das Carbonat, kann es mit Wasser an die Gesteinsoberfläche transportiert werden und dort zu einer weißen Gipskruste auskristallisieren. Carbonathaltige Natursteine sind Kalkstein und basischgebundener Sandstein. Die SiO_2-Körner des Sandsteins werden durch eine basische Matrix z. B. Dolomit $CaMg(CO_3)_2$ verbunden.

Bei Bronzedenkmälern bildet sich bei Einwirkung saurer Gase (SO_2, CO_2) an der Oberfläche grüne Patina. Sie besteht aus basischem Kupfercarbonat $CuCO_3 \cdot Cu(OH)_2$ und basischem Kupfersulfat $CuSO_4 \cdot Cu(OH)_2$, kann einige mm dick werden und abplatzen.

Gläser von alten Kirchenfenstern verwittern durch Korrosion, da sich mit saurem Regen aus dem Kalium des Glases lösliches Kaliumsulfat bildet.

Anhang 1 Einheiten – Konstanten – Umrechnungsfaktoren

Gesetzliche Einheiten im Messwesen sind die Einheiten des Internationalen Einheitensystems (SI) sowie die atomphysikalischen Einheiten für Masse (u) und Energie (eV).

Tab. 1: Konstanten.

Größe	Symbol	Zahlenwert und Einheit
Avogadro-Konstante	N_A	$6{,}022 \cdot 10^{23}\ \text{mol}^{-1}$
Bohr'sches Magneton	μ_B	$9{,}274 \cdot 10^{-24}\ \text{A}\,\text{m}^2$
Bohr'scher Radius	a_0	$5{,}292 \cdot 10^{-11}\ \text{m}$
Boltzmann-Konstante	k_B	$1{,}381 \cdot 10^{-23}\ \text{J}\,\text{K}^{-1}$
Elektrische Feldkonstante	ε_0	$8{,}854 \cdot 10^{-12}\ \text{C}\,\text{V}^{-1}\,\text{m}^{-1}$
Elektron, Ruhemasse	m_e	$9{,}109 \cdot 10^{-31}\ \text{kg}$
Elementarladung	e	$1{,}602 \cdot 10^{-19}\ \text{C}$
Faraday-Konstante	F	$9{,}649 \cdot 10^4\ \text{C}\,\text{mol}^{-1}$
Gaskonstante	R	$8{,}314\ \text{J}\,\text{K}^{-1}\,\text{mol}^{-1}$
Kern-Magneton	μ_K	$5{,}051 \cdot 10^{-27}\ \text{A}\,\text{m}^2$
Lichtgeschwindigkeit	c	$2{,}998 \cdot 10^8\ \text{m}\,\text{s}^{-1}$
Magnetische Feldkonstante	μ_0	$4\pi \cdot 10^{-7}\ \text{V}\,\text{s}\,\text{A}^{-1}\,\text{m}^{-1}$
Molares Gasvolumen	V_0	$22{,}414\ \text{l}\,\text{mol}^{-1}$
Planck-Konstante	h	$6{,}626 \cdot 10^{-34}\ \text{J}\,\text{s}$

https://doi.org/10.1515/9783111336244-007

Tab. 2: Einheiten und Umrechnungsfaktoren.

Größe	SI-Einheit (mit * gekennzeichnet sind Basiseinheiten)	Einheitenzeichen	Andere zulässige Einheiten		Nicht mehr zulässige Einheiten	
Länge	*Meter	m			Ångström	$1\,\text{Å} = 10^{-10}\,\text{m}$
Volumen	Kubikmeter	m^3	Liter	$1\,l = 10^{-3}\,m^3$		
Masse	*Kilogramm	kg	Atomare Masseneinheit	$1\,u = 1{,}660 \cdot 10^{-27}\,\text{kg}$		
			Gramm	$1\,g = 10^{-3}\,\text{kg}$		
			Tonne	$1\,t = 10^3\,\text{kg}$		
			Karat	$1\,\text{Karat} = 2 \cdot 10^{-4}\,\text{kg}$		
Zeit	*Sekunde	s	Minute	$1\,\text{min} = 60\,\text{s}$		
			Stunde	$1\,h = 3\,600\,\text{s}$		
			Tag	$1\,d = 86\,400\,\text{s}$		
Kraft	Newton	$N\,(= \text{kg}\,\text{m}\,\text{s}^{-2})$			dyn	$1\,\text{dyn} = 10^{-5}\,\text{N}$
					pond	$1\,p = 9{,}81 \cdot 10^{-3}\,\text{N}$
Druck	Pascal	$Pa\,(= N\,m^{-2})$	bar	$1\,\text{bar} = 10^5\,\text{Pa}$	Atmosphäre	$1\,\text{atm} = 1{,}013 \cdot 10^5\,\text{Pa}$
					Torr	$1\,\text{Torr} = 1{,}33 \cdot 10^2\,\text{Pa}$
Elektrische Stromstärke	*Ampere	A				
Ladung	Coulomb	$C\,(= A\,s)$	Amperestunde	$1\,A\,h = 3{,}6 \cdot 10^3\,\text{C}$		
Energie	Joule	$J\,(= N\,m$ $= \text{kg}\,m^2\,s^{-2} = W\,s)$	Elektronvolt	$1\,\text{eV} = 1{,}602 \cdot 10^{-19}\,\text{J}$	erg	$1\,\text{erg} = 10^{-7}\,\text{J}$
			Kilowattstunde	$1\,\text{kW}\,h = 3{,}6 \cdot 10^6\,\text{J}$	Kalorie	$1\,\text{cal} = 4{,}187\,\text{J}$
Leistung	Watt	$W\,(= J\,s^{-1} = V\,A)$			Pferdestärke	$1\,\text{PS} = 7{,}35 \cdot 10^2\,\text{W}$

Tab. 2 (fortgesetzt)

Größe	SI-Einheit (mit * gekennzeichnet sind Basiseinheiten)		Andere zulässige Einheiten	Nicht mehr zulässige Einheiten
	SI-Einheit	Einheitenzeichen		
Spannung	Volt	$V \, (= J\,C^{-1})$		
Elektrischer Wiederstand	Ohm	$\Omega \, (= V\,A^{-1})$		
Elektrischer Leitwert	Siemens	$S \, (= A\,V^{-1} = \Omega^{-1})$		
Magnetische Induktion	Tesla	$T \, (= V\,s\,m^{-2})$		Gauß $\quad 1\,G = 10^{-4}\,V\,s\,m^{-2}$
Magnetische Feldstärke		$A\,m^{-1}$		Oersted $\quad 1\,Oe = \dfrac{10}{4\pi}\,A\,m^{-1}$
Temperatur	*Kelvin	K	Grad Celsius °C für $\vartheta = T - T_0$ mit $T_0 = 273{,}15\,K$	
Stoffmenge	*Mol	mol		
Stoffmengenkonzentration	Mol pro Kubikmeter	$mol\,m^{-3}$	Mol pro Liter $1\,mol\,l^{-1}$ $= 10^3\,mol\,m^{-3}$	
Aktivität	Becquerel	$Bq \, (= s^{-1})$		Curie $\quad 1\,C_i = 3{,}7\cdot 10^{10}\,Bq$
Energiedosis	Gray	$Gy \, (= J\,kg^{-1})$		Rad $\quad 1\,rd = 0{,}01\,Gy$
Äquivalentdosis	Sievert	$Sv \, (= J\,kg^{-1})$		Rem $\quad 1\,rem = 0{,}01\,Sv$

Tab. 3: Dezimale Vielfache und Teile von Einheiten.

Zehner-potenz	Vorsatz	Vorsatz-zeichen	Zehner-potenz	Vorsatz	Vorsatz-zeichen
10^1	Deka	da	10^{-1}	Dezi	d
10^2	Hekto	h	10^{-2}	Zenti	c
10^3	Kilo	k	10^{-3}	Milli	m
10^6	Mega	M	10^{-6}	Mikro	μ
10^9	Giga	G	10^{-9}	Nano	n
10^{12}	Tera	T	10^{-12}	Piko	p
10^{15}	Peta	P	10^{-15}	Femto	f

Tab. 4: Griechische Zahlwörter.

ein	mono	zweimal	dis
zwei	di	dreimal	tris
drei	tri	viermal	tetrakis
vier	tetra	fünfmal	pentakis
fünf	penta	sechsmal	hexakis
sechs	hexa	siebenmal	heptakis
sieben	hepta	achtmal	oktakis
acht	octa		
neun	ennea		
zehn	deca		
elf	hendeca		
zwölf	dodeca		

Statt des griechischen ennea, hendeca und dis wird das lateinische nona, undeca und bis verwendet.

Anhang 2 Relative Atommassen –
Elektronenkonfigurationen –
Elektronegativitäten

Tab. 1: Protonenzahlen und relative Atommassen der Elemente.
Quelle der A_r-Werte: Angaben der Internationalen Union für Reine und Angewandte Chemie (IUPAC) nach dem Stand von 2007. (In den Klammern ist die Fehlerbreite der letzten Stelle angegeben.)

* Alle Nuklide des Elements sind radioaktiv; die eingeklammerten Zahlen bei den relativen Atommassen sind in diesem Fall die Nukleonenzahlen des Isotops mit der längsten Halbwertszeit.

+ Die so gekennzeichneten Elemente sind Reinelemente.

r Die Atommassen haben infolge der natürlichen Schwankungen der Isotopenzusammensetzungen schwankende Werte. Die tabellierten Werte sind für normales Material aber benutzbar.

g Es sind geologische Proben bekannt, in denen die Isotopenzusammensetzung des Elements von der in normalem Material stark abweicht.

Element	Symbol	Z	Relative Atommasse (A_r)
Actinium	Ac *	89	(227)
Aluminium	Al +	13	26,9815386(8)
Americium	Am *	95	(243)
Antimon	Sb	51	121,7760(1) g
Argon	Ar	18	39,948(1) g r
Arsen	As +	33	74,92160(2)
Astat	At	85	(210)
Barium	Ba	56	137,327(7)
Berkelium	Bk *	97	(247)
Beryllium	Be +	4	9,012182(3)
Bismut	Bi +	83	208,98040(1)
Blei	Pb	82	207,2(1) g r
Bohrium	Bh	107	(272)
Bor	B	5	10,811(7) g r
Brom	Br	35	79,904(1)
Cadmium	Cd	48	112,411(8) g
Caesium	Cs +	55	132,9054519(2)
Calcium	Ca	20	40,078(4) g
Californium	Cf *	98	(251)
Cer	Ce	58	140,116(1) g
Chlor	Cl	17	35,453(2) g r
Chrom	Cr	24	51,9961(6)
Cobalt	Co +	27	58,933195(5)
Copernicium	Cn*	112	(285)
Curium	Cm *	96	(247)
Darmstadtium	Ds *	110	(281)
Dubnium	Db *	105	(268)
Dysprosium	Dy	66	162,500(1) g
Einsteinium	Es *	99	(252)

https://doi.org/10.1515/9783111336244-008

Tab. 1 (fortgesetzt)

Element	Symbol	Z	Relative Atommasse (A_r)
Eisen	Fe	26	55,845(2)
Erbium	Er	68	167,259(3) g
Europium	Eu	63	151,964(1) g
Fermium	Fm *	100	(257)
Flerovium	Fl *	114	(289)
Fluor	F +	9	18,9984032(5)
Francium	Fr *	87	(223)
Gadolinium	Gd	64	157,25(3) g
Gallium	Ga	31	69,723(1)
Germanium	Ge	32	72,64(1)
Gold	Au +	79	196,96654(3)
Hafnium	Hf	72	178,49(2)
Hassium	Hs *	108	(277)
Helium	He	2	4,002602(2) g r
Holmium	Ho +	67	164,93032(2)
Indium	In	49	114,818(3)
Iod	I +	53	126,90447(3)
Iridium	Ir	77	192,217(3)
Kalium	K	19	39,0983(1) g
Kohlenstoff	C	6	12,0107(8) g r
Krypton	Kr	36	83,798(2) g
Kupfer	Cu	29	63,546(3) r
Lanthan	La	57	138,90547(7) g
Lawrencium	Lr *	103	(262)
Lithium	Li	3	6,941(2) g r
Livermorium	Lv *	116	(293)
Lutetium	Lu	71	174,9668(1) g
Magnesium	Mg	12	24,3050(6)
Mangan	Mn +	25	54,938045(5)
Meitnerium	Mt *	109	(276)
Mendelevium	Md *	101	(258)
Molybdän	Mo	42	95,94(2) g
Natrium	Na +	11	22,98976928(2)
Neodym	Nd	60	144,242(3) g
Neon	Ne	10	20,1797(6) g
Neptunium	Np *	93	(237)
Nickel	Ni	28	58,6934(2)
Niob	Nb +	41	92,90638(2)
Nobelium	No *	102	(259)
Osmium	Os	76	190,23(3) g
Palladium	Pd	46	106,42(1) g
Phosphor	P +	15	30,973762(2)
Platin	Pt	78	195,084(9)
Plutonium	Pu *	94	(244)
Polonium	Po *	84	(209)

Tab. 1 (fortgesetzt)

Element	Symbol	Z	Relative Atommasse (A_r)
Praseodym	Pr +	59	140,90765(2)
Promethium	Pm	61	(145)
Protactinium	Pa *	91	231,03588(2)
Quecksilber	Hg	80	200,59(2)
Radium	Ra *	88	(226)
Radon	Rn *	86	(222)
Rhenium	Re	75	186,207(1)
Rhodium	Rh +	45	102,90550(2)
Roentgenium	Rg *	111	(280)
Rubidium	Rb	37	85,4678(3) g
Ruthenium	Ru	44	101,07(2) g
Rutherfordium	Rf *	104	(267)
Samarium	Sm	62	150,36(2) g
Sauerstoff	O	8	15,9994(3) g r
Scandium	Sc +	21	44,955912(6)
Schwefel	S	16	32,065(5) g r
Seaborgium	Sg *	106	(271)
Selen	Se	34	78,96(3)
Silber	Ag	47	107,8682(2) g
Silicium	Si	14	28,0855(3) r
Stickstoff	N	7	14,0067(2) g r
Strontium	Sr	38	87,62(1) g r
Tantal	Ta	73	180,94788(2)
Technetium	Tc *	43	(98)
Tellur	Te	52	127,60(3) g
Terbium	Tb +	65	158,92535(2)
Thallium	Tl	81	204,3833(2)
Thorium	Th *	90	232,03806(2) g
Thulium	Tm +	69	168,93421(2)
Titan	Ti	22	47,867(1)
Uran	U *	92	238,02891(3) g
Vanadium	V	23	50,9415(1)
Wasserstoff	H	1	1,00794(7) g r
Wolfram	W	74	183,84(1)
Xenon	Xe	54	131,293(6) g
Ytterbium	Yb	70	173,054(5) g
Yttrium	Y +	39	88,90585(4)
Zink	Zn	30	65,38(2) r
Zinn	Sn	50	118,710(7) g
Zirconium	Zr	40	91,224(2) g

424 ——— Anhang 2

Tab. 2: Elektronenkonfigurationen der Elemente.

Z	Ele-ment	Grund-term	K	L		M			N				O			
			1s	2s	2p	3s	3p	3d	4s	4p	4d	4f	5s	5p	5d	5f
1	H	$^2S_{1/2}$	1													
2	He	$^1S_0$	2													
3	Li	$^2S_{1/2}$	2	1												
4	Be	$^1S_0$	2	2												
5	B	$^2P_{1/2}$	2	2	1											
6	C	$^3P_0$	2	2	2											
7	N	$^4S_{3/2}$	2	2	3											
8	O	$^3P_2$	2	2	4											
9	F	$^2P_{3/2}$	2	2	5											
10	Ne	$^1S_0$	2	2	6											
11	Na	$^2S_{1/2}$	2	2	6	1										
12	Mg	$^1S_0$	2	2	6	2										
13	Al	$^2P_{1/2}$	2	2	6	2	1									
14	Si	$^3P_0$	2	2	6	2	2									
15	P	$^4S_{3/2}$	2	2	6	2	3									
16	S	$^3P_2$	2	2	6	2	4									
17	Cl	$^2P_{3/2}$	2	2	6	2	5									
18	Ar	$^1S_0$	2	2	6	2	6									
19	K	$^2S_{1/2}$	2	2	6	2	6		1							
20	Ca	$^1S_0$	2	2	6	2	6		2							
21	Sc	$^2D_{3/2}$	2	2	6	2	6	1	2							
22	Ti	$^3F_2$	2	2	6	2	6	2	2							
23	V	$^4F_{3/2}$	2	2	6	2	6	3	2							
24	Cr*	$^7S_3$	2	2	6	2	6	5	1							
25	Mn	$^6S_{5/2}$	2	2	6	2	6	5	2							
26	Fe	$^5D_4$	2	2	6	2	6	6	2							
27	Co	$^4F_{9/2}$	2	2	6	2	6	7	2							
28	Ni	$^3F_4$	2	2	6	2	6	8	2							
29	Cu*	$^2S_{1/2}$	2	2	6	2	6	10	1							
30	Zn	$^1S_0$	2	2	6	2	6	10	2							
31	Ga	$^2P_{1/2}$	2	2	6	2	6	10	2	1						
32	Ge	$^3P_0$	2	2	6	2	6	10	2	2						
33	As	$^4S_{3/2}$	2	2	6	2	6	10	2	3						
34	Se	$^3P_2$	2	2	6	2	6	10	2	4						
35	Br	$^2P_{3/2}$	2	2	6	2	6	10	2	5						
36	Kr	$^1S_0$	2	2	6	2	6	10	2	6						
37	Rb	$^2S_{1/2}$	2	2	6	2	6	10	2	6			1			
38	Sr	$^1S_0$	2	2	6	2	6	10	2	6			2			
39	Y	$^2D_{3/2}$	2	2	6	2	6	10	2	6	1		2			
40	Zr	$^3F_2$	2	2	6	2	6	10	2	6	2		2			

Tab. 2 (fortgesetzt)

Z	Element	Grundterm	K	L	M	4s	4p	4d	4f	5s	5p	5d	5f	5g	6s	6p	6d	6f	6g	6h	7s
						N				O					P						Q
41	Nb*	$^6D_{1/2}$	2	8	18	2	6	4		1											
42	Mo*	$^7S_3$	2	8	18	2	6	5		1											
43	Tc*	$^6S_{5/2}$	2	8	18	2	6	6		1											
44	Ru*	$^5F_5$	2	8	18	2	6	7		1											
45	Rh*	$^4F_{9/2}$	2	8	18	2	6	8		1											
46	Pd*	$^1S_0$	2	8	18	2	6	10													
47	Ag*	$^2S_{1/2}$	2	8	18	2	6	10		1											
48	Cd	$^1S_0$	2	8	18	2	6	10		2											
49	In	$^2P_{1/2}$	2	8	18	2	6	10		2	1										
50	Sn	$^3P_0$	2	8	18	2	6	10		2	2										
51	Sb	$^4S_{3/2}$	2	8	18	2	6	10		2	3										
52	Te	$^3P_2$	2	8	18	2	6	10		2	4										
53	I	$^2P_{3/2}$	2	8	18	2	6	10		2	5										
54	Xe	$^1S_0$	2	8	18	2	6	10		2	6										
55	Cs	$^2S_{1/2}$	2	8	18	2	6	10		2	6				1						
56	Ba	$^1S_0$	2	8	18	2	6	10		2	6				2						
57	La*	$^2D_{3/2}$	2	8	18	2	6	10		2	6	1			2						
58	Ce	$^3H_4$	2	8	18	2	6	10	2	2	6				2						
59	Pr	$^4I_{9/2}$	2	8	18	2	6	10	3	2	6				2						
60	Nd	$^5I_4$	2	8	18	2	6	10	4	2	6				2						
61	Pm	$^6H_{5/2}$	2	8	18	2	6	10	5	2	6				2						
62	Sm	$^7F_0$	2	8	18	2	6	10	6	2	6				2						
63	Eu	$^8S_{7/2}$	2	8	18	2	6	10	7	2	6				2						
64	Gd*	$^9D_2$	2	8	18	2	6	10	7	2	6	1			2						
65	Tb	$^6H_{15/2}$	2	8	18	2	6	10	9	2	6				2						
66	Dy	$^5I_8$	2	8	18	2	6	10	10	2	6				2						
67	Ho	$^4I_{15/2}$	2	8	18	2	6	10	11	2	6				2						
68	Er	$^3H_6$	2	8	18	2	6	10	12	2	6				2						
69	Tm	$^2F_{7/2}$	2	8	18	2	6	10	13	2	6				2						
70	Yb	$^1S_0$	2	8	18	2	6	10	14	2	6				2						
71	Lu	$^2D_{3/2}$	2	8	18	2	6	10	14	2	6	1			2						
72	Hf	$^3F_2$	2	8	18	2	6	10	14	2	6	2			2						
73	Ta	$^4F_{3/2}$	2	8	18	2	6	10	14	2	6	3			2						
74	W	$^5D_0$	2	8	18	2	6	10	14	2	6	4			2						
75	Re	$^6S_{5/2}$	2	8	18	2	6	10	14	2	6	5			2						
76	Os	$^5D_4$	2	8	18	2	6	10	14	2	6	6			2						
77	Ir	$^4F_{9/2}$	2	8	18	2	6	10	14	2	6	7			2						
78	Pt*	$^3D_3$	2	8	18	2	6	10	14	2	6	9			1						
79	Au*	$^2S_{1/2}$	2	8	18	2	6	10	14	2	6	10			1						
80	Hg	$^1S_0$	2	8	18	2	6	10	14	2	6	10			2						
81	Tl	$^2P_{1/2}$	2	8	18	2	6	10	14	2	6	10			2	1					
82	Pb	$^3P_0$	2	8	18	2	6	10	14	2	6	10			2	2					
83	Bi	$^4S_{3/2}$	2	8	18	2	6	10	14	2	6	10			2	3					

Tab. 2 (fortgesetzt)

Z	Element	Grundterm	K	L	M	N				O					P						Q
						4s	4p	4d	4f	5s	5p	5d	5f	5g	6s	6p	6d	6f	6g	6h	7s
84	Po	$^3P_2$	2	8	18	2	6	10	14	2	6	10			2	4					
85	At	$^2P_{3/2}$	2	8	18	2	6	10	14	2	6	10			2	5					
86	Rn	$^1S_0$	2	8	18	2	6	10	14	2	6	10			2	6					
87	Fr	$^2S_{1/2}$	2	8	18	2	6	10	14	2	6	10			2	6					1
88	Ra	$^1S_0$	2	8	18	2	6	10	14	2	6	10			2	6					2
89	Ac*	$^3D_{3/2}$	2	8	18	2	6	10	14	2	6	10			2	6	1				2
90	Th*	$^3F_2$	2	8	18	2	6	10	14	2	6	10			2	6	2				2
91	Pa*	$^4K_{11/2}$	2	8	18	2	6	10	14	2	6	10	2		2	6	1				2
92	U*	$^5L_6$	2	8	18	2	6	10	14	2	6	10	3		2	6	1				2
93	Np*		2	8	18	2	6	10	14	2	6	10	4		2	6	1				2
94	Pu		2	8	18	2	6	10	14	2	6	10	6		2	6					2
95	Am		2	8	18	2	6	10	14	2	6	10	7		2	6					2
96	Cm*		2	8	18	2	6	10	14	2	6	10	7		2	6	1				2
97	Bk		2	8	18	2	6	10	14	2	6	10	9		2	6					2
98	Cf		2	8	18	2	6	10	14	2	6	10	10		2	6					2
99	Es		2	8	18	2	6	10	14	2	6	10	11		2	6					2
100	Fm		2	8	18	2	6	10	14	2	6	10	12		2	6					2
101	Md		2	8	18	2	6	10	14	2	6	10	13		2	6					2
102	No		2	8	18	2	6	10	14	2	6	10	14		2	6					2
103	Lr		2	8	18	2	6	10	14	2	6	10	14		2	6	1				2

* Unregelmäßige Elektronenfigurationen.

Tab. 3: Elektronegativitäten der Elemente (nach Pauling).

Hauptgruppen

H
2,1

Li	Be	B	C	N	O	F
1,0	1,5	2,0	2,5	3,0	3,5	4,0
Na	Mg	Al	Si	P	S	Cl
0,9	1,2	1,5	1,8	2,1	2,5	3,0
K	Ca	Ga	Ge	As	Se	Br
0,8	1,0	1,6	1,8	2,0	2,4	2,8
Rb	Sr	In	Sn	Sb	Te	I
0,8	1,0	1,7	1,8	1,9	2,1	2,5
Cs	Ba	Tl	Pb	Bi		
0,7	0,9	1,8	1,9	1,9		

Nebengruppen

Sc	Ti	V	Cr	Mn	Fe	Co	Ni	Cu	Zn
1,3	1,5	1,6	1,6	1,5	1,8	1,9	1,9	1,9	1,6
Y	Zr	Nb	Mo	Tc	Ru	Rh	Pd	Ag	Cd
1,2	1,4	1,6	1,8	1,9	2,2	2,2	2,2	1,9	1,9
La	Hf	Ta	W	Re	Os	Ir	Pt	Au	Hg
1,0	1,3	1,5	1,7	1,9	2,2	2,2	2,2	2,4	1,9

Anhang 3 Kurzbiografien bedeutender Naturwissenschaftler

Arrhenius, Svante
Schwedischer Physiker und Chemiker (1859–1927)

Arrhenius wichtigste wissenschaftliche Leistung war die Theorie der elektrolytischen Dissoziation (1887). Dafür erhielt er 1903 den Nobelpreis für Chemie. Aus dem Gebiet Reaktionskinetik ist die nach ihm benannte *Arrhenius-Gleichung* berühmt.

Avogadro, Amadeo
Italienischer Physiker und Chemiker (1776–1856)

Avogadro war der Mitbegründer der physikalischen Chemie. Er untersuchte den Zusammenhang physikalischer Daten mit chemischen Eigenschaften, insbesondere mit der chemischen Affinität. Seine wichtigste Leistung war aber die 1811 veröffentlichte Molekülhypothese. Erst 1860 fand diese allgemeine Anerkennung. Die *Avogadro-Konstante* $6{,}022 \cdot 10^{23}$ mol^{-1} ist nach ihm benannt.

Becquerel, Antoine Henry
Französischer Physiker (1852–1908)

Becquerel entstammte einer Generation bedeutender Physiker. 1908 entdeckte er bei der Untersuchung von Uranverbindungen die radioaktive Strahlung. Zusammen mit dem Ehepaar Curie erhielt er 1903 den Nobelpreis für Physik.

Berzelius, Jöns Jacob
Schwedischer Chemiker (1779–1848)

Berzelius gehörte zu den führenden Chemikern in der ersten Hälfte des 19. Jahrhunderts. Er war ein erfolgreicher Experimentator, bestimmte Atomgewichte von Elementen, entdeckte die Elemente Cer, Selen und Thorium und stellte Silicium dar. Er führte die Elementsymbole ein, die auch heute noch die für jeden Chemiker gültige Zeichensprache für Elemente, Verbindungen und chemische Reaktionen sind.

Anmerkung: Enthalten sind nur Biografien von im Buch genannten Wissenschaftlern.

https://doi.org/10.1515/9783111336244-009

Bohr, Niels
Dänischer Physiker (1885–1962)

Mit dem *Bohrschen Wasserstoffatom* begründete Bohr 1913 in radikaler Abkehr von der klassischen Physik die Quantentheorie der Atome. Mit der Planck-Einstein-Gleichung für Photonen konnte Bohr das Linienspektrum des Wasserstoffs quantitativ erklären.
In den zwanziger Jahren war sein Kopenhagener Institut ein Zentrum der theoretischen Physik. 1926 erhielt Bohr den Nobelpreis für Physik. 1927 führte er den Begriff der „Komplementarität" ein.
Die unter verschiedenen experimentellen Bedingungen im atomaren Bereich erhaltenen Ergebnisse sind komplementär zueinander, sie können nicht in einem einzigen Bild verstanden werden. Erst die Gesamtheit der Phänomene beschreibt ein Objekt in seiner Ganzheit. Zu den Kritikern von Bohr gehörte Einstein. Es gab jahrelang Diskussionen, Einstein hielt am Prinzip der Kausalität fest.

Bosch, Carl
Deutscher Chemiker und Ingenieur (1874–1940)

Bosch war Mitbegründer und Vorstandsvorsitzender der I.G. Farben. Seine wissenschaftlichen Arbeitsgebiete waren Hochdrucktechnologie und Kohlehydrierung. 1931 erhielt er den Nobelpreis für Chemie.
Bei der Entwicklung der Ammoniaksynthese (*Haber-Bosch-Verfahren*) war sein Anteil die großtechnische Herstellung von NH_3 bei hohen Drücken.

Boyle, Robert
Englischer Naturforscher und Schriftsteller (1627–1691)

Boyle gehörte zu den Gründern der Royal Society of London (1662).
Er war nicht nur in vielen Bereichen der Naturwissenschaft tätig, sondern auch ein in seiner Zeit gern gelesener Autor belletristischer Literatur. Sein berühmtestes Werk ist „The Sceptical Chymist" (1661), in dem eine neue Denkweise Grundlage der modernen Chemie wurde. Darin lehnte er die Vierelementtheorie der Naturphilosophen (Feuer, Wasser, Erde, Luft) und die Dreielementtheorie der Alchimisten (Schwefel, Salz, Quecksilber) ab.
Er definierte den naturwissenschaftlichen Elementbegriff, denn nur das Experiment entscheidet darüber, ob ein Stoff ein Element ist. Er fand auch das nach ihm benannte *Boyle-Mariott'sche Gesetz* für ideale Gase, er baute die erste Luftpumpe in England, eine Apparatur zur Vakuum-Destillation und führte zur Untersuchung von Säuren und Basen das Indikatorpapier ein.

Brönsted, Johannes Nicolaus
Dänischer Chemiker (1879–1947)

Seine Arbeitsgebiete waren Reaktionskinetik und Indikatoren. Am bedeutendsten war die Entwicklung eines neuen Säure-Base-Begriffs (1923).

Coulomb, Charles Augustin de
Französischer Physiker (1736–1806)

Mit seinen Arbeiten begann die Elektrizitätslehre als exakte Wissenschaft. Mit einer 1771 von ihm konstruierten Torsionswaage bestimmte er die Anziehungs- und Abstoßungskräfte elektrischer Ladungen und fand so das *Coulombsche Gesetz*. Damit wurde die Einheit der elektrischen Ladungsmenge definiert. Die SI-Einheit, das *Coulomb* (Symbol C) wurde nach ihm benannt.

Curie, Marie (geb. Sklodowska)
Polnische Chemikerin und Physikerin (1867–1934), verheiratet mit
Pierre Curie (1859–1906)

Nach der Entdeckung der Radioaktivität von Uran durch Becquerel (1896) konnten Marie und Pierre Curie 1898 die unbekannten radioaktiven Elemente Polonium und Radium isolieren und die Wirkungen der radioaktiven Strahlung untersuchen. Zusammen mit Becquerel erhielten sie 1903 den Nobelpreis für Physik. Marie Curie erhielt 1911 erstmalig überhaupt einen zweiten Nobelpreis, diesmal für Chemie. Sie starb an Leukämie, die durch die Arbeit mit radioaktiven Substanzen entstanden war.

Dalton, John
Englischer Physiker und Chemiker (1766–1844)

Schon seit Demokrit (460–371 v. Chr.), der als erster annahm, dass die Materie aus Atomen aufgebaut sei, waren auch die führenden Naturforscher von der Atomtheorie überzeugt. Die große Leistung von Dalton war, dass er den Beweis für die Existenz von Atomen erbrachte. 1908 formulierte er die Atomtheorie auf Grund exakter naturwissenschaftlicher Überlegungen. Die Atome stellte er sich als Kugeln vor und jedes Element ist aus einer für das Element typischen Atomsorte aufgebaut. Dalton war Autodidakt, und er experimentierte mit einfachen Apparaturen, aber erfolgreich. Er erkannte als erster, dass der Druck eines Gasgemisches gleich der Summe seiner Partialdrücke ist. Er war farbenblind und entwickelte einen Test zum Nachweis der Rot-Grün-Farbenblindheit.

de Broglie, Louis-Victor
Französischer Physiker (1892–1987)

1924 formulierte de Broglie in seiner Dissertation die fundamentale Gleichung des Teilchen-Welle-Dualismus für alle Elementarteilchen. Nachdem die experimentelle Bestätigung mit der Elektronenbeugung an Kristallgittern erfolgte, erhielt er 1929 den Nobelpreis für Physik.

Einstein, Albert
Deutsch-schweizerischer Physiker (1879–1955)

Einstein ist der bedeutendste Physiker des 20. Jahrhunderts. Er hat die Grundlagen der Physik revolutioniert und wurde weltberühmt. Noch am Patentamt in Bern (Schweiz) tätig, veröffentlichte er 1905 gleich drei nobelpreiswürdige Arbeiten. Die Theorie der Brownschen Bewegung war eine abschließende Bestätigung des atomaren Aufbaus der Materie. Mit der quantentheoretischen Deutung des äußeren Photoeffekts begann die Quantentheorie der Strahlung. Dafür erhielt er 1921 den Nobelpreis für Physik. Die spezielle Relativitätstheorie enthielt eine völlig neue Raum-Zeit Deutung. Von 1907 stammt das berühmte Gesetz der Äquivalenz von Masse und Energie.
Die allgemeine Relativitätstheorie wurde 1914–1916 publiziert. Von 1914–1933 war er Direktor des Kaiser-Wilhelm-Instituts für Physik in Berlin. 1933 legte Einstein als Protest gegen das NS-Regime alle Ämter nieder und emigrierte in die USA.

Faraday, Michael
Englischer Chemiker und Physiker (1791–1867)

Faraday war ein vielseitiger und erfolgreicher Experimentator: Entdeckung von Benzol, Druckverflüssigung von Chlor, Herstellung von kolloidalem Gold, Induktion und Selbstinduktion, Dia- und Paramagnetismus, Drehung der Polarisationsebene des Lichts im Magnetfeld, elektrische Felder („Faraday-Käfig"), Faradaysche Gesetze der Elektrolyse. Nach ihm benannt ist die *Faraday-Konstante* $F = 96\,485$ C/mol. Man erhält sie als Produkt der Avogadro-Konstante und der Elementarladung.

Frenkel, Jakob Iljitsch
Russischer Physiker (1894–1952)

Frenkel war Professor für Physik in Leningrad. Er beschrieb als erster die nach ihm benannte *Frenkel-Fehlordnung*. *Frenkel-Defekte* sind Punktfehler im Kristallgitter. Ein Kristallbaustein verlässt seinen regulären Gitterplatz, wandert auf einen Zwischengitterplatz und hinterlässt eine Leerstelle.

Gay-Lussac, Joseph-Louis
Französischer Chemiker und Physiker (1778–1850)

Seine bedeutendste wissenschaftliche Leistung war die Entdeckung des Chemischen Volumengesetzes 1908: die Volumina gasförmiger Stoffe, die miteinander zu chemischen Verbindungen reagieren, stehen im Verhältnis einfacher ganzer Zahlen zueinander. Es war die Grundlage für die Molekülhypothese von Avogadro (1811). Gay-Lussac's Arbeitsgebiete waren vielseitig. Er isolierte als erster das Element Bor und erklärte die Eigenschaften eines Radikals. Zusammen mit Liebig erkannte er die Isomerie von Knallsäure und Cyansäure. Zur Herstellung von Schwefelsäure mit dem Bleikammerverfahren konstruierte er den nach ihm benannten Gay-Lussac-Turm.

Gillespie, Ronald J.
Englischer Chemiker (geb. 1924)

Nyholm, Sir Ronald Sidney
Englischer Chemiker (1917–1971)

Zusammen veröffentlichten sie 1957 das Valenzschalen-Elektronenpaar-Abstoßungs-Modell (VSEPR-Modell) zur Erklärung und Systematik der Molekülgeometrie.

Guldberg, Cato Maximilian
Norwegischer Mathematiker (1836–1902)

Waage, Peter
Norwegischer Chemiker (1833–1900)

Zusammen (sie waren verschwägert) gelang ihnen 1864 die Formulierung des Massenwirkungsgesetzes (*MWG*).

Haber, Fritz
Deutscher Chemiker (1868–1934)

Haber war in vielen Bereichen der physikalischen Chemie erfolgreich: Redoxreaktionen organischer Substanzen, Thermodynamik von Gasreaktionen, Katalyse und Autoxidation. Seine bedeutendste Leistung aber war die Entwicklung der Synthese von Ammoniak aus Luftstickstoff und Wasserstoff (1905–1910), für die er 1918 den Nobelpreis für Chemie erhielt. Die großtechnische Herstellung von Ammoniak bei Drücken von 200 bar gelang Carl Bosch (1913). Das *Haber-Bosch-Verfahren* ist das einzige großtechnische Verfahren mit dem Luftstickstoff zu einer chemischen Verbindung umgesetzt wird. Ammoniak ist eine Grundchemikalie, die zu vielen Folgeprodukten weiter verarbeitet wird, vor allem zu stickstoffhaltigen Düngemitteln. Im 1. Weltkrieg war Haber verantwortlich für die Produktion und auch den Einsatz von Giftgas. Er war Mitbegründer der Notgemeinschaft der deutschen Wissenschaft (später „Deutsche Forschungsgemeinschaft"). Wegen seiner jüdischen Herkunft musste er 1933 emigrieren.

Hahn, Otto
Deutscher Chemiker (1879–1968)

In der Abteilung Radiochemie des Kaiser-Wilhelm-Instituts für Chemie in Berlin-Dahlem entdeckte Hahn zusammen mit Lise Meitner ab 1912 mehrere radioaktive Elemente und Isotope. Ab 1934 untersuchte er gemeinsam mit Lise Meitner und Fritz Strassmann die durch Bestrahlung von Uran und Thorium mit Neutronen entstandenen Folgeprodukte. 1938 entdeckten Hahn und Strassmann die durch Bestrahlung von Uran mit thermischen Neutronen ausgelöste Kernspaltung der Uranatome. Die erste theoretische Deutung erfolgte von der als Jüdin emigrierten Lise Meitner. Hahn erhielt nach Kriegsende den Nobelpreis für Chemie des Jahres 1944. Mit der Entdeckung der Kernspaltung begann das Zeitalter der militärischen und friedlichen Nutzung der Atomenergie.

Heisenberg, Werner
Deutscher Physiker (1901–1976)

Er gehört mit seinen grundlegenden Arbeiten zur Atomphysik zu den bedeutenden Physikern des 20. Jahrhunderts. 1927 stellte er die *Unbestimmtheitsbeziehung* auf. Danach ist eine vollständige Beschreibung mit der klassischen Physik im atomaren Bereich unmöglich. Mit Bohr entwickelte er die „Kopenhagener Deutung" der Quantentheorie. 1933 erhielt er den Nobelpreis für Physik. Heisenberg war einer der Initiatoren des „Göttinger Manifests" gegen die Atombewaffnung der Bundesrepublik.

Hume-Rothery, William
Britischer Metallurge (1899–1968)

Er untersuchte die Zusammensetzung von Legierungen. 1950 gründete er an der Oxford-University das Department of Metallurgy. Nach ihm benannt sind die *Hume-Rothery-Phasen*.

Hund, Friedrich
Deutscher Physiker (1896–1997)

Hund schuf zusammen mit Mulliken die MO-Theorie. 1927 stellte er die *Hundschen Regeln* auf.

Joliot, Jean Frédéric
Französischer Physiker (1900–1958)

Joliot-Curie, Irène
Französische Physikerin (1897–1956)
(Tochter von Marie Curie und Pierre Curie)

Zusammen (sie waren verheiratet) entdeckten sie die künstliche Radioaktivität und erhielten dafür 1935 den Nobelpreis für Chemie. Wie ihre Mutter starb Irene Curie an Leukämie, verursacht durch radioaktive Substanzen.

Joule, James Prescott
Englischer Physiker (1818–1889)

Er entdeckte unabhängig von Mayer 1843 das Prinzip der Erhaltung der Energie. 1850 bestimmte er bereits ziemlich genau das mechanische Äquivalent der Wärme. Nach Joule ist die Einheit der Energie benannt: 1 *Joule* = 1 Wattsekunde = 1 Newtonmeter. Zusammen mit W. Thomson entdeckte er auch den Abkühlungseffekt realer Gase bei ihrer Ausdehnung (*Joule-Thomson-Effekt*), der für die Verflüssigung von Gasen (Linde-Verfahren) die Grundlage ist.

Laves, Fritz
Deutscher Mineraloge und Kristallograph (1906–1978)

Seine Arbeitsgebiete waren die Röntgenstrukturanalyse kristalliner Feststoffe und die Eigenschaften von Legierungen. Von 1954–1976 war er Professor für Kristallographie und Petrographie an der ETH Zürich. Nach ihm benannt sind die *Laves-Phasen*.

Lavoisier, Antoine Laurent
Französischer Chemiker (1743–1794)

Lavoisier benutzte als erster bei seinen Versuchen die Waage als Präzisionsinstrument. Bei seinen Untersuchungen der chemischen Reaktionen berücksichtigte er auch die Gewichte der Gase und erkannte, dass bei der Oxidation eine Umsetzung mit Sauerstoff erfolgt. Seine Oxidationstheorie ersetzte die bis dahin anerkannte Phlogistontheorie. Nach dieser enthalten alle brennbaren Stoffe Phlogiston, auf dem ihre Brennbarkeit beruht und das beim Verbrennungsvorgang entweicht. 1785 formulierte er das Gesetz der Erhaltung der Masse. Die Elementtabelle von Lavoisier enthielt 15 Elemente. Das Leben von Lavoisier endete tragisch, er wurde auf der Guillotine hingerichtet.

Le Chatelier, Henry Louis
Französischer Chemiker (1850–1936)

Arbeitsgebiete: Spezifische Wärme von Gasen, Entwicklung eines Thermoelements, chemische Gleichgewichte, 1887 formulierte er das Prinzip des kleinsten Zwanges (*Prinzip von Le Chatelier*).

Lewis, Gilbert Newton
Amerikanischer Physikochemiker (1875–1976)

1916 entwickelte er die Ideen der Elektronenpaarbindung und der Oktettregel zur Erklärung kovalenter Bindungen. Von ihm wurde auch die Schreibweise für die *Lewis-Strukturen* eingeführt. Von 1923 stammt sein *Lewis-Säure-Base-Konzept.*

Libby, Willard Frank
Amerikanischer Chemiker und Geophysiker (1908–1980)

Libby entwickelte 1947 die Radio-Kohlenstoffdatierung, 1960 erhielt er dafür den Nobelpreis für Chemie.

Mendelejew, Dmitri Iwanowitsch
Russischer Chemiker (1834–1907)

1859/60 arbeitete Mendelejew im Labor bei Bunsen (Erfinder der Spektralanalyse) in Heidelberg, ab 1866 war er Professor in Petersburg. 1869 gelang ihm mit dem Atomgewicht als Ordnungsprinzip der Elemente die Aufstellung des Periodensystems. Es war eine der ganz großen Leistungen des Jahrhunderts. Dadurch wurde entschieden, dass die Anzahl der Elemente begrenzt ist und dass die Elemente keine Einzelwesen sind, sondern dass sie miteinander in Zusammenhang stehen. Seine Voraussagen über die Elemente Scandium, Gallium und Germanium wurden nach ihrer Entdeckung auf das glänzendste bestätigt.
Foto rechts: Mendelejew-Denkmal in St. Petersburg

Meyer, Julius Lothar
Deutscher Chemiker (1830–1895)

1870 veröffentlichte Meyer den Artikel „Die Natur der chemischen Elemente als Funktion ihrer Atomgewichte" in dem er unabhängig von Mendelejew das Periodensystem der Elemente aufstellte. Er vermutete, dass die Atome aus Teilchen einer Urmaterie zusammengesetzt seien.

Moseley, Henry Gwin Jeffreys
Britischer Physiker (1887–1915)

1913 fand er bei Untersuchungen der Röntgenspektren das nach ihm benannte Gesetz mit dem die Ordnungszahl eines Elements bestimmt werden kann. Er konnte dadurch Unregelmäßigkeiten im Periodensystem (z. B. Cobalt und Nickel) klären und durch Bestimmung der Ordnungszahlen von Seltenerdmetallen ihre Stellung im Periodensystem bestimmen. Röntgenspektroskopisch wurde 1923 das Hafnium und 1925 das Rhenium entdeckt.

Mulliken, Robert Sanderson
Amerikanischer Chemiker und Physiker (1896–1986)

Grundlegend sind seine Arbeiten über die chemische Bindung (Konjugation, Hyperkonjugation). Zusammen mit F. Hund schuf er die MO-Theorie. Er erhielt 1966 den Nobelpreis für Chemie.

Nernst, Walther Hermann
Deutscher Physiker (1864–1941)

Nernst war ein erfolgreicher Physikochemiker. Von ihm stammt der 3. Hauptsatz der Thermodynamik (1905). Er erhielt dafür 1920 den Nobelpreis für Chemie. Bedeutend sind auch seine Leistungen in der Theorie der galvanischen Elemente (*Nernstsche Gleichung*, thermodynamische Theorie der Konzentrationsketten). Das *Nernstsche Verteilungsgesetz* ist Grundlage zur Trennung von Stoffgemischen. 1898 konstruierte er den Nernst-Stift, der ein Jahrzehnt in der Beleuchtungstechnik verwendet wurde.

Ostwald, Wilhelm
Baltischer Chemiker und Physiker (1853–1932)

Ostwald war Mitbegründer der physikalischen Chemie und er gründete auch 1887 die Zeitschrift für physikalische Chemie. Für seine Arbeiten über die Katalyse (er formulierte als erster die noch heute gültige Definition des Katalysators) erhielt er 1909 den Nobelpreis für Chemie. Andere Forschungsbereiche waren Ionenlehre, Elektochemie und chemische Gleichgewichte. Unter seinem Namen bekannt sind das *Ostwaldsche Verdünnungsgesetz*, die *Ostwaldsche Stufenregel* und das *Ostwaldverfahren* der HNO_3-Synthese aus NH_3. Seine 1916 veröffentlichte Farbenfibel beeinflusste die Maler der russischen Avantgarde. Auch auf den Gebieten Naturphilosophie und Geschichte der Chemie war er literarisch tätig.

Pauli, Wolfgang
Österreichischer Physiker (1900–1958)

Anfang der zwanziger Jahre entdeckte er das nach ihm benannte *Pauli-Verbot*, mit dem man den Aufbau des Periodensystems der Elemente verstehen kann. Es ist nicht aus der Quantenmechanik ableitbar, aber als fundamentales Prinzip durch Erfahrung bestätigt. 1931 stellte er seine Neutrinohypothese auf. Erst 25 Jahre später wurde das Neutrino nachgewiesen. 1945 erhielt Pauli den Nobelpreis für Physik.

Pauling, Linus Carl
Amerikanischer Chemiker (1901–1994)

Pauling war einer der kreativsten und bedeutendsten Chemiker des vorigen Jahrhunderts. Seine Arbeiten sind vielseitig. Von ihm stammen die Koordinationsregeln für Ionenkristalle, er entwickelte den Begriff der Elektronegativität. Bahnbrechend sind die Arbeiten zur Theorie der chemischen Bindung: Weiterentwicklung der VB-Theorie, Resonanz, Hybridisierung. Er entdeckte die α-Helixstruktur und bestimmte die Struktur des Hämoglobins. 1954 erhielt er den Nobelpreis für Chemie und 1962 für sein Engagement gegen Atomwaffentests den Friedensnobelpreis. Nur noch Marie Curie erhielt zwei Nobelpreise.

Planck, Max
Deutscher Physiker (1858–1947)

1900 interpretierte Planck die Wärmestrahlung in einem Hohlraum mit der neuen revolutionären Quantenhypothese. Danach sind die Energieänderungen der Strahlen nicht stetig, sondern sie nehmen diskrete Werte an, proportional zu ihrer Frequenz und der neuen Naturkonstante h, dem *Planckschen Wirkungsquantum*.
Für die Begründung der Quantentheorie erhielt er 1918 den Nobelpreis für Physik. Von 1930 bis 1937 und 1945/46 war Planck Präsident der Kaiser-Wilhelm-Gesellschaft, der heutigen Max-Planck-Gesellschaft.

Röntgen, Wilhelm Conrad
Deutscher Physiker (1845–1923)

1895 entdeckte Röntgen bei Versuchen mit Kathodenstrahlen die neuartigen, nach ihm benannten Strahlen (X-rays im englischen Sprachbereich) und führte damit Versuche aus. Er machte die erste photographische *Röntgen-Aufnahme* einer Hand. Röntgen erhielt 1901 den ersten Nobelpreis für Physik. Die Natur der *Röntgenstrahlen* als kurzwellige, elektromagnetische Strahlen erkannte man erst 1912. Dies gelang W. Friedrich und P. Knipping auf Vorschlag M. von Laues durch Beugung der Röntgenstrahlen am Kristallgitter.

Rutherford, Ernest
Englischer Physiker (1871 Nelson, Neuseeland –1937)

Rutherford war der führende Kernphysiker seiner Zeit. Er erkannte 1902, zusammen mit F. Soddy, dass die Radioaktivität eine spontane Elementumwandlung ist, entgegen der herrschenden Annahme, dass Atome unteilbar seien. 1911 entwickelte er das *Rutherfordsche Atommodell*, Elektronen umkreisen einen positiv geladenen Atomkern. Er leitete es aus der Streuung von α-Teilchen ab, die beim Beschuss von Metallfolien erfolgt. 1911 gelang ihm die erste künstliche Elementumwandlung. Rutherford erhielt 1908 den Nobelpreis für Physik, seit 1925 war er Präsident der Royal Society.

Schottky, Walter
deutscher Physiker (1886–1976)

Die Arbeitsgebiete von Schottky waren Halbleiterphysik und Elektronik. Nach ihm benannt sind der *Schottky-Effekt* (eine Glühemission, wichtig für die Röhrentechnik), die *Schottky-Diode* und die *Schottky-Defekte* (Leerstellen gleicher Konzentration im Anionen- und Kationen-Teilgitter von Kristallen). Der Walter-Schottky-Preis wird für hervorragende Leistungen in der Festkörperphysik verliehen.

Schrödinger, Erwin
Österreichischer Physiker (1887–1961)

1926 schuf Schrödinger die Wellenmechanik und veröffentlichte die berühmte nach ihm benannte *Schrödinger-Gleichung*. Die damit errechneten Eigenschwingungen des Wasserstoffatoms werden Orbitale genannt. Aus den Lösungen der Schrödinger-Gleichung erhält man Anzahl, Energie und räumliche Orientierung der Orbitale. 1933 erhielt er den Nobelpreis für Physik.

Thomson, William, Lord Kelvin of Largs
Englischer Physiker und Techniker (1824–1907)

Thomsons größte wissenschaftliche Leistung ist seine Mitbegründung (mit Clausius) und Interpretation des 2. Hauptsatzes der Thermodynamik (1852). Zusammen mit Joule fand er den *Joule-Thomson-Effekt*, die Abkühlung realer Gase bei ihrer Ausdehnung. Von 1854 stammt seine absolute Temperaturskala. Die absolute (thermodynamische) Temperatur T wird mit der Einheit K (*Kelvin*) angegeben.

van-der-Waals, Johannes Diderik
Niederländischer Physiker (1837–1923)

Von ihm stammt und nach ihm benannt ist die Zustandsgleichung für Gase, die *van-der-Waals-Gleichung*. Die intermolekularen Kräfte, die auf Wechselwirkungen zwischen permanenten oder temporären Dipolen zurückzuführen sind, werden als *van-der-Waals-Kräfte* bezeichnet. Er erhielt 1910 den Nobelpreis für Physik.

Zintl, Eduard
Deutscher Chemiker (1898–1941)

Von 1928–1933 war er Professor an der Universität Freiburg, ab 1933 Professor an der TH-Darmstadt. Sein Hauptarbeitsgebiet waren die intermetallischen Phasen. Nach ihm benannt sind die zahlreichen *Zintl-Phasen* und die *Zintl-Klemm-Konzeption*.

Sachregister

https://doi.org/10.1515/9783111336244-010

Formelregister

Das Formelregister ist nach Elementen geordnet. Unter den Elementen sind die Verbindungen in folgender Reihenfolge aufgenommen.

Modifikationen und Ionen des Elements
Hydride
Hydroxide, Oxidhydroxide
Oxide, Peroxide
Sauerstoffsäuren, deren Ionen und Salze
HalogenideSulfide, Phosphide, Arsenide usw.
Salze mit komplexen Anionen
Komplexverbindungen

Salze sind unter dem Kation aufgenommen, ternäre Nitride, Oxide, Sulfide beim Stickstoff, Sauerstoff und Schwefel. Carbide und Metallcarbonyle findet man unter Kohlenstoff, ebenso Stickstoff-Kohlenstoff-Verbindungen.

Aktinoide
UO_2 82

Aluminium
$Al(OH)_3$ 348
Al_2O_3 348
α-Al_2O_3 81
AlAs   121
AlP   119, 121, 322
AlSb   121

Barium
BaO   82, 87
BaO_2 272
$BaCl_2$ 82
BaF_2 82
$BaSO_4$ 269, 275

Beryllium
Be   318
BeO   82
$BeCl_2$ 103
BeF_2 82
BeS   82, 121
BeSe   121
BeTe   121

Blei
PbS   354
Pb   246
PbO_2 82, 246

PbF_2 82
PbS   269
$PbSO_4$ 246, 275

Bor
BCl_3 105
BF_3 117
BN   121
BAs   121
$NaBO_2 \cdot H_2O_2 \cdot 3\,H_2O$ 272

Brom
HBr   117, 189

Cadmium
CdF_2 82
CdS   273

Caesium
CsBr   82
CsCl   78, 81–82
CsF   82
CsI   82

Calcium
CaH_2 257
CaO   82, 87
$CaBr_2$ 82
$CaCl_2$ 82, 195
$Ca(H_2O)_6Cl_2$ 194
CaF_2 79, 82, 259

https://doi.org/10.1515/9783111336244-011

NiGa$_2$O$_4$ 373
ZnAl$_2$O$_4$ 83
ZnFe$_2$O$_4$ 83
YBa$_2$Cu$_3$O$_7$ 324

Schwefel
S$_8$ 110, 269
S^{2-} 211
H$_2$S   100, 117, 273
SO$_2$ 273
SO$_3$ 132, 189, 192, 274
S$_3$O$_9$ 275
H$_2$SO$_4$ 275
H$_2$S$_2$O$_7$ 275
SO$_3^{2-}$ 274
SO$_4^{2-}$ 276
Na$_2$S$_2$O$_3$ · 5 H$_2$O   276
BaSO$_4$ 269, 275
CaSO$_4$ · 2 H$_2$O   269
PbSO$_4$ 246, 275
SF$_4$ 96
SOF$_2$ 98
SO$_2$F$_2$ 98
CdS   273
CoS   273
CuFeS$_2$ 355
FeS   273
FeS$_2$ 269
HgS   269, 273
MnS   273
NbS   273
NiS   273
PbS   269, 354
TiS   273
VS   273
ZnS   269, 273

Silber
Ag   227
AgCl   198, 228
[Ag(CN)$_2$]$^-$ 356
AgI   121, 228
AgN$_3$ 280

Silicium
Si   322
SiO$_2$ 79, 82, 110, 297
H$_4$SiO$_4$ 298
(Fe,Mg)$_2$[SiO$_4$]   299
Ca$_3$Al$_2$[SiO$_4$]$_3$ 299

Zr[SiO$_4$]   299
Al$_2$Be$_3$[Al$_6$O$_{18}$]   299
LiAl[Si$_2$O$_6$]   300
KAl$_2$[Si$_3$AlO$_{10}$](OH)$_2$ 300
Ca[Al$_2$Si$_2$O$_8$]   300
K[AlSi$_3$O$_8$]   300
Na[AlSi$_3$O$_8$]   300
SiC   121, 293

Stickstoff
N$_2$ 108, 128
HN$_3$ 280
NH$_3$ 101, 104, 117, 171, 179, 192, 213, 279
NH$_4^+$ 93, 212, 279
NH$_4$Br   82
NH$_4$Cl   82, 212–213
NH$_4$NO$_3$ 283
N$_2$H$_4$ 280
NO   165, 179, 189, 281
NO/NO$_3^-$ 234
NO$_2$ 281
NO$_2^-$ 281
HNO$_2$ 281
HNO$_3$ 90, 94, 115, 282
NO$_3^-$ 282
N$_2$O   181, 280
N$_2$O$_4$ 281
N$_2$O$_5$ 280

Strontium
SrO   87
SrCl$_2$ 82
SrF$_2$ 82
SrS   82

Thallium
TlBr   82
TlCl   82
NaTl   343

Titan
TiO$_2$ 79, 82
Ti$_2$O$_3$ 81
TiS   273

Vanadium
VO   82
VO$_2$ 82
V$_2$O$_3$ 81
VS   273

Periodensyste

Hauptgruppen

1

1 1,008	
2,2	
- 252,9	**H**
- 259,1	
Wasserstoff	
1s¹	

2

Legende (Beispiel):

Protonenzahl (Ordnungszahl): 25
Elektronegativität (nach Allred u. Rochow): 1,6
Siedetemperatur in °C: 2032
Schmelztemperatur in °C: 1244
Relative Atommasse[1]: 54,94
Symbol[2]: **Mn**
Name: Mangan
Elektronenkonfiguration: [Ar]3d⁵4s²

Nebengruppen

1	2	3	4	5	6	7	8

3 6,941	4 9,012
1,0	1,5
1347 **Li**	2970 **Be**
180,5	1278
Lithium	Beryllium
[He]2s¹	[He]2s²

11 22,990	12 24,305
1,0	1,2
883 **Na**	1107 **Mg**
97,8	651
Natrium	Magnesium
[Ne]3s¹	[Ne]3s²

19 39,10	20 40,08	21 44,96	22 47,87	23 50,94	24 52,00	25 54,94	26 55,85	27
0,9	1,0	1,2	1,3	1,5	1,6	1,6	1,6	1,7
774 **K**	1487 **Ca**	2832 **Sc**	3260 **Ti**	3380 **V**	2672 **Cr**	2032 **Mn**	2750 **Fe**	2870
63,7	≈ 845	1539	1675	1890	1857	1244	1535	1495
Kalium	Calcium	Scandium	Titan	Vanadium	Chrom	Mangan	Eisen	
[Ar]4s¹	[Ar]4s²	[Ar]3d¹4s²	[Ar]3d²4s²	[Ar]3d³4s²	[Ar]3d⁵4s¹	[Ar]3d⁵4s²	[Ar]3d⁶4s²	

37 85,47	38 87,62	39 88,91	40 91,22	41 92,91	42 95,96	43 (98)	44 101,07	45
0,9	1,0	1,1	1,2	1,2	1,3	1,4	1,4	1,5
688 **Rb**	1384 **Sr**	3337 **Y**	4377 **Zr**	4927 **Nb**	4825 **Mo**	4880 Tc	3900 **Ru**	≈ 3730
38,9	769	1523	1852	2468	2610	2200	2310	1966
Rubidium	Strontium	Yttrium	Zirconium	Niob	Molybdän	Technetium	Ruthenium	
[Kr]5s¹	[Kr]5s²	[Kr]4d¹5s²	[Kr]4d²5s²	[Kr]4d⁴5s¹	[Kr]4d⁵5s¹	[Kr]4d⁵5s²	[Kr]4d⁷5s¹	

55 132,91	56 137,33	57 – 71	72 178,49	73 180,95	74 183,84	75 186,21	76 190,23	77
0,9	1,0		1,2	1,3	1,4	1,5	1,5	1,6
678 **Cs**	1640 **Ba**	**La–Lu**	5200 **Hf**	≈ 5430 **Ta**	5657 **W**	≈ 5630 **Re**	≈ 5030 **Os**	4130
28,5	725	Lanthanoide	2230	2996	3410	3180	3045	2410
Caesium	Barium		Hafnium	Tantal	Wolfram	Rhenium	Osmium	
[Xe]6s¹	[Xe]6s²		[Xe]4f¹⁴5d²6s²	[Xe]4f¹⁴5d³6s²	[Xe]4f¹⁴5d⁴6s²	[Xe]4f¹⁴5d⁵6s²	[Xe]4f¹⁴5d⁶6s²	

87 (223)	88 (226)	89 – 103	104 (265)	105 (268)	106 (271)	107 (270)	108 (270)	109
0,9	1,0							
677 Fr	1140 Ra	Ac–Lr	Rf	Db	Sg	Bh	Hs	
26,8	700	Actinoide						
Francium	Radium		Rutherfordium	Dubnium	Seaborgium	Bohrium	Hassium	
[Rn]7s¹	[Rn]7s²							

Lanthanoide

57 138,91	58 140,12	59 140,91	60 144,24	61 (145)	62
1,1	1,1	1,1	1,1	1,1	1,1
3454 **La**	3257 **Ce**	3512 **Pr**	3127 **Nd**	2700 Pm	1778
920	798	931	1010	1170	1072
Lanthan	Cer	Praseodym	Neodym	Promethium	
[Xe]5d¹6s²	[Xe]4f²6s²	[Xe]4f³6s²	[Xe]4f⁴6s²	[Xe]4f⁵6s²	[Xe]4f⁶6s²

Actinoide

DE—G

89 (227)	90 232,038	91 231,036	92 238,029	93 (237)	94
1,0	1,1	1,2	1,2	1,2	1,2
3200 Ac	4790 Th	4030 Pa	3818 **U**	3902 Np	3200
1050	1750	1840	1132	640	641
Actinium	Thorium	Protactinium	Uran	Neptunium	
[Rn]6d¹7s²	[Rn]6d²7s²	[Rn]5f²6d¹7s²	[Rn]5f³6d¹7s²	[Rn]5f⁴6d¹7s²	[Rn]5f⁶6d¹7s²

Walter de Gruyter GmbH, Genthiner Straße 13, 10785 Berlin, Tel.: 030 / 2 60 05 - 0, Fax: 030 / 2 60 05 - 251,

der Elemente

Hauptgruppen
18

ngeklammerte Wert bei radioaktiven
nten ist die Nukleonenzahl (Massen-
es Isotops mit der längsten Halb-
eit

: gasförmig } bei STP
: flüssig ≙ 0 °C und
z: fest   1.0 bar
: alle Isotope
radioaktiv

13	14	15	16	17	
					2 4,003 - - 268,9 - 272,2 **He** Helium 1s²
5 10,811 2,0 3660 2300 **B** Bor [He]2s²p¹	6 12,011 2,5 4827 3550 **C** Kohlenstoff [He]2s²p²	7 14,007 3,1 - 195,8 - 209,9 **N** Stickstoff [He]2s²p³	8 15,999 3,5 - 183,0 - 218,4 **O** Sauerstoff [He]2s²p⁴	9 18,998 4,1 - 188,1 - 219,6 **F** Fluor [He]2s²p⁵	10 20,180 - - 246,1 - 248,7 **Ne** Neon [He]2s²p⁶
13 26,982 1,5 2467 660,4 **Al** Aluminium [Ne]3s²p¹	14 28,086 1,7 2355 1410 **Si** Silicium [Ne]3s²p²	15 30,974 2,1 280(P4) 44(P4) **P** Phosphor [Ne]3s²p³	16 32,065 2,4 444 114,6 **S** Schwefel [Ne]3s²p⁴	17 35,453 2,8 - 34,6 - 101,0 **Cl** Chlor [Ne]3s²p⁵	18 39,948 - - 185,7 - 189,2 **Ar** Argon [Ne]3s²p⁶

	11	12	13	14	15	16	17	18
58,69 **Ni** Nickel]3d⁸4s²	29 63,55 1,8 2595 1083 **Cu** Kupfer [Ar]3d¹⁰4s¹	30 65,38 1,7 907 419,6 **Zn** Zink [Ar]3d¹⁰4s²	31 69,72 1,8 2403 29,8 **Ga** Gallium [Ar]3d¹⁰4s²p¹	32 72,64 2,0 2830 937,4 **Ge** Germanium [Ar]3d¹⁰4s²p²	33 74,92 2,2 subl. **As** Arsen [Ar]3d¹⁰4s²p³	34 78,96 2,5 685 217 **Se** Selen [Ar]3d¹⁰4s²p⁴	35 79,90 2,7 58,8 - 7,2 **Br** Brom [Ar]3d¹⁰4s²p⁵	36 83,80 - - 152,3 - 156,6 **Kr** Krypton [Ar]3d¹⁰4s²p⁶
06,42 **Pd** lladium [Kr]4d¹⁰	47 107,87 1,4 2212 962 **Ag** Silber [Kr]4d¹⁰5s¹	48 112,41 1,5 765 320,9 **Cd** Cadmium [Kr]4d¹⁰5s²	49 114,82 1,5 2080 156,6 **In** Indium [Kr]4d¹⁰5s²p¹	50 118,71 1,7 2270 231,9 **Sn** Zinn [Kr]4d¹⁰5s²p²	51 121,76 1,8 1635 630,7 **Sb** Antimon [Kr]4d¹⁰5s²p³	52 127,60 2,0 990 449,5 **Te** Tellur [Kr]4d¹⁰5s²p⁴	53 126,90 2,2 184,4 113,5 **I** Iod [Kr]4d¹⁰5s²p⁵	54 131,29 - - 107 - 111,9 **Xe** Xenon [Kr]4d¹⁰5s²p⁶
95,08 **Pt** Platin 5d⁶6s¹	79 196,97 1,4 2810 1064 **Au** Gold [Xe]4f¹⁴5d¹⁰6s¹	80 200,59 1,4 356,6 - 38,9 **Hg** Quecksilber [Xe]4f¹⁴5d¹⁰6s²	81 204,38 1,4 1457 303,5 **Tl** Thallium [Xe]4f¹⁴5d¹⁰6s²p¹	82 207,2 1,6 1740 327,5 **Pb** Blei [Xe]4f¹⁴5d¹⁰6s²p²	83 208,98 1,7 1560 271,3 **Bi** Bismut [Xe]4f¹⁴5d¹⁰6s²p³	84 (209) 1,8 962 254 **Po** Polonium [Xe]4f¹⁴5d¹⁰6s²p⁴	85 (210) 2,0 340 300 **At** Astat [Xe]4f¹⁴5d¹⁰6s²p⁵	86 (222) - - 61,8 - 71,2 **Rn** Radon [Xe]4f¹⁴5d¹⁰6s²p⁶
(281) **Ds** adtium	111 (281) **Rg** Roentgenium	112 (283) **Cn** Copernicium	113 (284) **Nh** Nihonium	114 (289) **Fl** Flerovium	115 (288) **Mc** Moscovium	116 (293) **Lv** Livermorium	117 (294) **Ts** Tenness	118 (294) **Og** Oganesson

51,96	64 157,25	65 158,93	66 162,50	67 164,93	68 167,26	69 168,93	70 173,05	71 174,97
Eu opium]4f⁷6s²	1,1 3233 1312 **Gd** Gadolinium [Xe]4f⁷5d¹6s²	1,1 3041 1360 **Tb** Terbium [Xe]4f⁹6s²	1,1 2335 1409 **Dy** Dysprosium [Xe]4f¹⁰6s²	1,1 2720 1470 **Ho** Holmium [Xe]4f¹¹6s²	1,1 2510 1522 **Er** Erbium [Xe]4f¹²6s²	1,1 1727 1545 **Tm** Thulium [Xe]4f¹³6s²	1,1 1193 824 **Yb** Ytterbium [Xe]4f¹⁴6s²	1,1 3315 1656 **Lu** Lutetium [Xe]4f¹⁴5d¹6s²
(243) **Am** ericium]5f⁷7s²	96 (247) ≈ 1,2 - ≈ 1340 **Cm** Curium [Rn]5f⁷6d¹7s²	97 (247) ≈ 1,2 - 990 **Bk** Berkelium [Rn]5f⁹7s²	98 (251) ≈ 1,2 - 900 **Cf** Californium [Rn]5f¹⁰7s²	99 (252) ≈ 1,2 **Es** Einsteinium [Rn]5f¹¹7s²	100 (257) ≈ 1,2 **Fm** Fermium [Rn]5f¹²7s²	101 (258) ≈ 1,2 **Md** Mendelevium [Rn]5f¹³7s²	102 (259) **No** Nobelium [Rn]5f¹⁴7s²	103 (262) **Lr** Lawrencium [Rn]5f¹⁴6d¹7s²

degruyter.com, Internet: www.degruyter.com   (Nach Prof. Ralf Steudel 03/2014)

Protonenzahlen und relative Atommassen der Elemente

Element-name	Element-symbol	Protonen-zahl Z	Relative Atommasse A_r	Element-name	Element-symbol	Protonen-zahl Z	Relative Atommasse A_r
Actinium*	Ac	89	(227)	Natrium	Na	11	22,989769
Aluminium	Al	13	26,981539	Neodym	Nd	60	144,24
Americium*	Am	95	(243)	Neon	Ne	10	20,1797
Antimon	Sb	51	121,760	Neptunium*	Np	93	(237)
Argon	Ar	18	39,948	Nickel	Ni	28	58,69
Arsen	As	33	74,92160	Nihonium*	Nh	113	(284)
Astat*	At	85	(210)	Niob	Nb	41	92,90638
Barium	Ba	56	137,327	Nobelium*	No	102	(259)
Berkelium*	Bk	97	(247)	Oganesson*	Og	118	(294)
Beryllium	Be	4	9,012182	Osmium	Os	76	190,23
Bismut	Bi	83	208,98040	Palladium	Pd	46	106,42
Blei	Pb	82	207,2	Phosphor	P	15	30,973762
Bohrium*	Bh	107	(270)	Platin	Pt	78	195,08
Bor	B	5	10,811	Plutonium*	Pu	94	(244)
Brom	Br	35	79,904	Polonium*	Po	84	(209)
Cadmium	Cd	48	112,411	Praseodym	Pr	59	140,90765
Caesium	Cs	55	132,90519	Promethium*	Pm	61	(145)
Calcium	Ca	20	40,078	Protactinium*	Pa	91	231,03588
Californium*	Cf	98	(251)	Quecksilber	Hg	80	200,59
Cer	Ce	58	140,116	Radium*	Ra	88	(226)
Chlor	Cl	17	35,453	Radon*	Rn	86	(222)
Chrom	Cr	24	51,9961	Rhenium	Re	75	186,21
Cobalt	Co	27	58,93320	Rhodium	Rh	45	102,90550
Copernicium*	Cn	112	(283)	Roentgenium*	Rg	111	(281)
Curium*	Cm	96	(247)	Rubidium	Rb	37	85,4678
Darmstadtium*	Ds	110	(281)	Ruthenium	Ru	44	101,07
Dubnium*	Db	105	(268)	Rutherfordium*	Rf	104	(265)
Dysprosium	Dy	66	162,50	Samarium	Sm	62	150,36
Einsteinium*	Es	99	(252)	Sauerstoff	O	8	15,999
Eisen	Fe	26	55,845	Scandium	Sc	21	44,955912
Erbium	Er	68	167,26	Schwefel	S	16	32,06
Europium	Eu	63	151,96	Seaborgium*	Sg	106	(271)
Fermium*	Fm	100	(257)	Selen	Se	34	78,96
Flerovium*	Fl	114	(289)	Silber	Ag	47	107,8682
Fluor	F	9	18,998403	Silicium	Si	14	28,085
Francium*	Fr	87	(223)	Stickstoff	N	7	14,007
Gadolinium	Gd	64	157,25	Strontium	Sr	38	87,62
Gallium	Ga	31	69,723	Tantal	Ta	73	180,9479
Germanium	Ge	32	72,64	Technetium*	Tc	43	(98)
Gold	Au	79	196,96657	Tellur	Te	52	127,60
Hafnium	Hf	72	178,49	Tenness*	Ts	117	(294)
Hassium*	Hs	108	(270)	Terbium	Tb	65	158,92535
Helium	He	2	4,002602	Thallium	Tl	81	204,38
Holmium	Ho	67	164,93032	Thorium*	Th	90	232,0381
Indium	In	49	114,818	Thulium	Tm	69	168,93421
Iod	I	53	126,90447	Titan	Ti	22	47,87
Iridium	Ir	77	192,22	Uran*	U	92	238,0289
Kalium	K	19	39,0983	Vanadium	V	23	50,9415
Kohlenstoff	C	6	12,011	Wasserstoff	H	1	1,008
Krypton	Kr	36	83,80	Wolfram	W	74	183,84
Kupfer	Cu	29	63,546	Xenon	Xe	54	131,29
Lanthan	La	57	138,9055	Ytterbium	Yb	70	173,05
Lawrencium*	Lr	103	(262)	Yttrium	Y	39	88,90585
Lithium	Li	3	6,94	Zink	Zn	30	65,38
Livermorium*	Lv	116	(293)	Zinn	Sn	50	118,710
Lutetium	Lu	71	174,967	Zirconium	Zr	40	91,224
Magnesium	Mg	12	24,3050				
Mangan	Mn	25	54,93805				
Meitnerium*	Mt	109	(276)				
Mendelevium*	Md	101	(258)				
Molybdän	Mo	42	95,96				
Moscovium*	Mc	115	(288)				

*Elemente, von denen keine stabilen Nuklide existieren. Eingeklammerte Werte: Nukleonenzahl der Isotope mit der längsten Halbwertszeit.

Name

Länge
Zeit
Masse
Stoffmeng
elektrische
thermodyr
Tempera
Lichtstärk

Multipli-kator

10^{18}
10^{15}
10^{12}
10^{9}
10^{6}
10^{3}
10^{2}
10^{1}

Größe

Länge

Masse

Temperatu

Kraft

Druck

Arbeit
(Energie)

Leistung

Aktivität
einer radio
aktiven
Substanz

Energie-dosis

SI-Basiseinheiten

Zeichen	Name	Basiseinheit	Zeichen
l	Meter		m
t	Sekunde		s
m	Kilogramm		kg
n	Mol		mol
I	Ampere		A
T	Kelvin		K
I_v	Candela		cd

SI-Vorsätze

Vorsatz-zeichen	Multipli-kator	Vorsatz	Vorsatz-zeichen
	10^{-1}	Dezi	d
	10^{-2}	Zenti	c
	10^{-3}	Milli	m
	10^{-6}	Mikro	μ
	10^{-9}	Nano	n
	10^{-12}	Piko	p
	10^{-15}	Femto	f
	10^{-18}	Atto	a

Umrechnungsfaktoren

Umrechnung (gerundet)

1 inch = 25,40 mm; 1 foot = 30,478 cm
1 yard = 0,9144 m; 1 mile = 1,6093 km
1 Ångström = 10^{-10} m

1 ounce = 28,35 g; 1 pound = 0,4536 kg
1 atomare Masseneinheit =
1,66054 · 10^{-27} kg

$t \mathrel{\hat{=}} T - 273,15$ K
(Celsius-Temperatur t in °C, thermo-dynamische Temperatur T in K)

1 N = 10^5 dyn = 0,10197 kp

1 Pa = 10^{-5} bar = 0,987 · 10^{-5} atm
= 0,0075 Torr; 1 atm = 1,01325 bar

1 J = 0,2390 cal = 6,242 · 10^{18} eV
= 2,778 · 10^{-7} kWh; 1 cal = 4,187 J

1 W = 1,35962 · 10^{-3} PS

1 Curie (Ci) = 3,700 · 10^{10} Bq

1 Rad (rd) = 0,01 Gy

Wichtige physikalische und mathematische Konstanten

Größe	Symbol	Zahlenwert	Einheit
Bohr-Radius	a_0	0,5291772 · 10^{-10}	m
Elektronenradius	r_e	2,817938 · 10^{-15}	m
Ruhemasse des Elektrons	m_e	0,910938 · 10^{-30}	kg
Ruhemasse des Myons	m_μ	1,883532 · 10^{-28}	kg
Ruhemasse des Neutrons	m_n	1,6749275 · 10^{-27}	kg
Ruhemasse des Protons	m_p	1,6726219 · 10^{-27}	kg
Massenverhältnis Proton/Elektron	m_p/m_e	1,836153 · 10^3	
Atommassenkonstante	u	1,6605655 · 10^{-27}	kg
Elementarladung	e	1,6021766 · 10^{-19}	C
Planck-Konstante	h	6,626070 · 10^{-34}	J s
Boltzmann-Konstante	k	1,380649 · 10^{-23}	J K^{-1}
Magnetisches Moment des Elektrons	μ_e	9,284765 · 10^{-24}	J T^{-1}
Magnetisches Moment des Protons	μ_p	1,41061 · 10^{-26}	J T^{-1}
Bohr-Magneton	μ_B	9,274010 · 10^{-24}	J T^{-1}
Kern-Magneton	μ_N	5,050784 · 10^{-27}	J T^{-1}
Feinstrukturkonstante	a	7,2973526 · 10^{-3}	–
Rydberg-Konstante	R_∞	1,09737316 · 10^7	m^{-1}
Avogadro-Konstante	N_A	6,022141 · 10^{23}	mol^{-1}
Lichtgeschwindigkeit im leeren Raum	c_0	2,99792458 · 10^8	ms^{-1}
Normfall-beschleunigung	g_m	9,80665	ms^{-2}
Gravitationskonstante	G	6,6741 · 10^{-11}	Nm^{2}kg^{-2}
Energieäquivalent der Masse	–	8,987552 · 10^{16}	J kg^{-1}
Elektrische Feldkonstante	ε_0	8,854185 · 10^{-12}	F m^{-1}
Magnetische Feld-konstante	μ_0	1,256637 · 10^{-6}	H m^{-1}
erste Planck-Strahlungskonstante	c_1	3,741832 · 10^{-16}	W m^2
zweite Planck-Strahlungskonstante	c_2	1,438786 · 10^{-2}	K m
Stefan-Boltzmann-Konstante	σ	5,67037 · 10^{-8}	Wm^{-2}K^{-4}
Faraday-Konstante	F	9,648533 · 10^4	C mol^{-1}
molare Gaskonstante	R	8,31446	J mol^{-1}K^{-1}
Normdruck	p_n	1,013250 · 10^5	Pa
Normtemperatur	T_n	273,15	K
Tripelpunkt von Wasser		273,16	K
molares Normvolumen des idealen Gases	V_0	2,241396 · 10^{-2}	m^{3}mol^{-1}
Pi	π	3,14159265	
e	e	2,7182818	
Umrechnung natür-licher in dekadische Logarithmen		$\ln a = 2,3026\, \lg a$ $\lg a = 0,4343\, \ln a$